"十一五"上海重点图书
材料科学与工程专业应用型本科系列教材

混凝土原理与技术

主　编　李玉寿

副主编　阎晓波　徐凤广　蔡树元

華東理工大學出版社
EAST CHINA UNIVERSITY OF SCIENCE AND TECHNOLOGY PRESS

图书在版编目(CIP)数据

混凝土原理与技术/李玉寿主编. —上海:华东理工大学出版社,2011.7(2016.9重印)
材料科学与工程专业应用型本科系列教材
ISBN 978-7-5628-3063-4

Ⅰ.①混… Ⅱ.①李… Ⅲ.①混凝土—高等学校—教材 Ⅳ.①TU528

中国版本图书馆 CIP 数据核字(2011)第 107686 号

"十一五"上海重点图书
材料科学与工程专业应用型本科系列教材

混凝土原理与技术

主　　编 / 李玉寿
副 主 编 / 阎晓波　徐凤广　蔡树元
责任编辑 / 郭　艳
责任校对 / 张　波
出版发行 / 华东理工大学出版社
社　址:上海市梅陇路 130 号,200237
电　话:(021)64250306(营销部)　(021)64252174(编辑室)
传　真:(021)64252707
网　址:press.ecust.edu.cn
印　　刷 / 江苏凤凰数码印务有限公司
开　　本 / 787 mm×1092 mm　1/16
印　　张 / 28.25
字　　数 / 684 千字
版　　次 / 2011 年 7 月第 1 版
印　　次 / 2016 年 9 月第 2 次
书　　号 / ISBN 978-7-5628-3063-4/TB·41
定　　价 / 58.00 元

前　　言

随着市场经济的发展与高等教育改革的深化，应用型本科作为高等教育的一个办学层次，在我国经济发展中越来越显示出强有力的生命力。为适应社会对应用型人才培养的需求，我们对材料科学与工程专业应用型本科人才的培养目标、模式和课程体系改革做了探索与实践。为服务于培养目标、课程体系的改革方向和教学要求，在统一协调与优化整合的基础上，我们编写了体现应用型本科特色的系列教材，《混凝土原理与技术》为其中之一。

本书在编写过程中，力求将胶凝材料学、混凝土学、热工基础及设备、混凝土制品生产机械设备、混凝土制品工艺学、混凝土的检测与测试等方面的相关内容编写进去，考虑到其完整性、系统性和复杂性，故把内容分为三篇，共计十三章，每章之间既有联系，又自成体系，有相对独立的内容。编写的宗旨是使该教材具有代表当代发展水平的先进性，较普遍应用的成熟性和作为应用型本科生学习的基础性，以务实、实用为原则，简化不必要的数学推导，文字做到少而精。

本书由盐城工学院李玉寿教授、阎晓波讲师、张长森教授、杨凤玲讲师、蔡树元讲师、徐凤广高级实验师编写。具体分工如下：李玉寿负责编写第 6、7 章；阎晓波负责编写绪论，第 2、3 章；张长森负责编写第 1 章；杨凤玲负责编写第 4、5 章；蔡树元负责编写第 8、9 章；徐凤广负责编写第 10～13 章。全书由李玉寿负责统稿并整理。

本书涉及内容多而复杂，鉴于编者学识水平有限，书中疏漏在所难免，敬请读者多提宝贵意见。

本书由盐城工学院教材基金资助出版，在此对盐城工学院领导的支持表示感谢。

目　录

第二篇　混凝土技术

第三篇 混凝土检测试验

绪　论

通常，人们对混凝土的认识主要来自于被称为普通混凝土的水泥混凝土，这是最为常见的一种土木工程结构材料，由水泥、砂、石、水等原材料混合搅拌经成型硬化而成。实际上，混凝土还有一个广义的概念，即由胶凝材料、颗粒状集料、必要时掺入的化学外加剂或矿物掺和料组分及其他合理组分的混合料，经过成型、凝结、硬化形成的具有一定强度和耐久性的堆聚状结构的复合材料。广义混凝土包括了普通混凝土、特殊用途混凝土、硅酸盐混凝土、沥青混凝土、二灰碎石混凝土等种类，本书将以普通混凝土为主线展开叙述，分别介绍混凝土原理、混凝土技术和混凝土常规性能检测试验。

混凝土一词源自拉丁文动词“concretus”，意指共同生长，这个词赋予混凝土生命体的意义。事实上，混凝土的整个生命周期可以分为四个阶段，即混合料阶段、凝结硬化阶段、正常荷载阶段及衰退劣化阶段，分别对应于生命体的幼年、少年、成年和老年，符合生命体生长发育的一般规律，这也揭示了对待混凝土应有的基本态度。

尽管混凝土的组成材料看似简单，技术工艺也并不复杂，但是混凝土的结构与其性能之间的关系却错综复杂，通常在如金属、玻璃或者塑料等均质材料那里研究获得的有关材料结构性质方面的知识，无法系统全面地解释混凝土的个性特征，特别是混凝土最为关键的前两个阶段——混合料阶段与成型硬化阶段，两者之间的矛盾需要谨慎地调和，因而从方法论上看，唯物主义思想应该成为混凝土工程师必备的专业素养。由于混凝土所特有的结构、性质的非连续非线性特征，使得通过计算机程序精确预测混凝土性质的难度大大增加，而统计学和经验主义则可能更具现实指导意义。

相对于其他工程结构材料，混凝土广受欢迎的原因可以归结为以下三点：①原材料来源丰富，价格低廉；②可以在常规条件下随模板塑造成任意需要的形状；③环境适应性强，不受水及其他侵蚀性介质的影响，在火灾中也不易受损。当然，混凝土也有其缺点。首先，混凝土是一种脆性材料，其抗拉强度约为抗压强度的$\frac{1}{10}$，抗冲击能力和韧性非常差，必须与钢筋等增强材料配合使用才能发挥其应有的效能；其次，混凝土的表观密度较大，比强度较低；第三，在特殊条件下，混凝土一旦被腐蚀，极易产生不可逆转的严重后果；最后，以目前的技术水平，还无法做到让混凝土中的胶凝材料——水泥像钢材那样可以循环使用。

尽管混凝土的使用使人们体会到极大的便捷，但是，必须清醒地意识到混凝土在社会心理和生态环境方面所造成的负面影响。首先，由于混凝土生产低廉便捷，使得人们拆旧建新的欲望极度膨胀，导致盲目自信，建设规划变得随心所欲、杂乱无章，大规模的城镇化更强化了这种趋势。此外，城市建筑物及设施由大量的混凝土构筑而成，人们犹如生活在冷漠、僵硬的“混凝土丛林”中，与大自然彻底隔绝，容易产生压迫感和孤独感，进而引起各种情绪冲突，使得人们长期处于亚健康状态。其次，混凝土逐年递增的巨大消耗量，必然导致对自然资源更大规模的滥伐滥采，由此引发严重的水土流失，一旦与恶劣的气候条件产生叠加，必然引起泥石流等地质灾害频繁发生。对此，社会管理者和混凝土工程师都需要进行深刻反思，责无旁贷地担负起自己应尽的义务，前者在决策时应该更加谨慎和科学，后者则应从技术层面努力解决混凝土再生循环利用过程中的诸多难题。

第一篇

混凝土原理

第1章 胶凝材料

本章提要

本章主要介绍胶凝材料，包括气硬性胶凝材料（石灰、石膏和水玻璃）与水硬性胶凝材料（通用硅酸盐水泥）的定义、分类、水化硬化原理、性能及其用途。

学习要求

(1) 掌握生石灰的熟化及石灰的硬化机理，了解其质量要求。

(2) 掌握建筑石膏与硬石膏的水化硬化机理及其性能。

(3) 了解水玻璃耐酸材料的技术要求与用途。

(4) 掌握通用硅酸盐水泥的熟料矿物的组成与性能、水化硬化机理、技术要求，以及水泥的性能、腐蚀机理及其防腐措施。

1.1 定义与分类

1.1.1 胶凝材料的定义与分类

凡是在物理、化学作用下，从浆体变成坚固的石状体，并能胶结其他物料，且具有一定机械强度的物质，统称为胶凝材料，又称胶结料。

胶凝材料根据其化学组成可分为无机与有机两大类。有机胶凝材料有沥青和各种树脂等。无机胶凝材料按照其硬化条件不同，又分为水硬性胶凝材料和非水硬性胶凝材料两种。水硬性胶凝材料在拌水后既能在空气中硬化，又能在水中硬化，通常称为水泥，如硅酸盐水泥、铝酸盐水泥、硫铝酸盐水泥等。非水硬性胶凝材料不能在水中硬化，而只能在空气中硬化，故又称为气硬性胶凝材料，如石灰、石膏和耐酸胶结料等。

1.1.2 水泥的定义与分类

凡是磨细成粉末状，与适量的水混合后，经过一系列物理、化学变化能由可塑性浆体变成坚硬的石状体，并能将砂、石等散粒状材料胶结在一起，能保持并发展其强度的水硬性胶凝材料，统称为水泥。

水泥品种很多，通常可按主要水硬性矿物、水泥的用途和性能进行分类。

按主要水硬性矿物不同可分为：硅酸盐水泥、铝酸盐水泥、硫铝酸盐水泥、氟铝酸盐水泥以及少熟料和无熟料水泥等。

按水泥的用途和性能可分为：通用水泥、专用水泥和特种水泥，见表1.1。在混凝土结构工程中，通用水泥的使用可参照表 1.2 选择。

表 1.1　按水泥的用途和性能分类

类别	主要品种举例	用　途
通用水泥	通用硅酸盐水泥的六大品种水泥	用于一般土木建筑工程
专用水泥	油井水泥、大坝水泥、耐酸水泥、砌筑水泥等	用于某一专用工程
特种水泥	双快（快凝、快硬）硅酸盐水泥、低热矿渣硅酸盐水泥、抗硫酸盐硅酸盐水泥、膨胀硫铝酸盐水泥、自应力铝酸盐水泥等	用于对混凝土某些性能有特殊要求的工程

表 1.2　通用水泥的选用

混凝土工程特点或所处环境条件		优先选用	可以使用	不宜使用
普通混凝土	1. 在普通气候环境中的混凝土	普通硅酸盐水泥	矿渣硅酸盐水泥、火山灰质硅酸盐水泥、粉煤灰硅酸盐水泥、复合硅酸盐水泥	
	2. 在干燥环境中的混凝土	普通硅酸盐水泥	矿渣硅酸盐水泥	火山灰质硅酸盐水泥、粉煤灰硅酸盐水泥
	3. 在高湿度环境中或永远处在水下的混凝土	矿渣硅酸盐水泥	普通硅酸盐水泥、火山灰质硅酸盐水泥、粉煤灰硅酸盐水泥、复合硅酸盐水泥	
	4. 厚大体积的混凝土	粉煤灰硅酸盐水泥、矿渣硅酸盐水泥、火山灰质硅酸盐水泥、复合硅酸盐水泥	普通硅酸盐水泥	硅酸盐水泥
有特殊要求的混凝土	1. 要求快硬的混凝土	硅酸盐水泥	普通硅酸盐水泥	矿渣硅酸盐水泥、火山灰质硅酸盐水泥、粉煤灰硅酸盐水泥、复合硅酸盐水泥
	2. 高强（大于 C40 级）的混凝土	硅酸盐水泥	普通硅酸盐水泥、矿渣硅酸盐水泥	火山灰质硅酸盐水泥、粉煤灰硅酸盐水泥
	3. 严寒地区露天混凝土，寒冷地区处在水位升降范围内的混凝土	普通硅酸盐水泥	矿渣硅酸盐水泥	火山灰质硅酸盐水泥、粉煤灰硅酸盐水泥
	4. 严寒地区处在水位升降范围内的混凝土	普通硅酸盐水泥		矿渣硅酸盐水泥、火山灰质硅酸盐水泥、粉煤灰硅酸盐水泥、复合硅酸盐水泥
	5. 有抗渗性要求的混凝土	普通硅酸盐水泥、火山灰质硅酸盐水泥		矿渣硅酸盐水泥
	6. 有耐磨性要求的混凝土	硅酸盐水泥、普通硅酸盐水泥	矿渣硅酸盐水泥	火山灰质硅酸盐水泥、粉煤灰硅酸盐水泥

1.2 无机气硬性胶凝材料

1.2.1 石灰

1.2.1.1 石灰的定义和分类

不同化学组成和物理形态的生石灰与消石灰统称石灰。石灰是人类最早使用的胶凝材料，在土木工程中得到广泛应用。石灰根据氧化镁含量的不同可分为钙质、镁质和白云石质三类。

生石灰是用石灰石、白云石、白垩、贝壳等碳酸钙含量高的原料，在900～1 100℃的高温下煅烧而成。氧化镁含量不大于5%的生石灰称为钙质生石灰；氧化镁含量大于5%的为镁质生石灰。生石灰的密度为3.15～3.40 g/cm^3。生石灰的体积密度与燃烧度关系较大，轻烧石灰的体积密度为1.57 g/cm^3，中等煅烧的生石灰体积密度为1.8～2.2 g/cm^3，硬烧生石灰为2.2～2.6 g/cm^3。

消石灰是以生石灰为原料经消化所得到的产物。氧化镁含量不大于4%的消石灰称为钙质消石灰；氧化镁含量大于4%的消石灰为镁质消石灰；氧化镁含量大于24%、小于30%的消石灰为白云石质消石灰。

1.2.1.2 石灰的熟化(消化)

生石灰(CaO)与水反应生成氢氧化钙的过程，称为石灰的熟化或消化。反应生成的产物氢氧化钙称为熟石灰或消石灰。石灰熟化时放出大量的热，体积增大1～2倍。煅烧良好、氧化钙含量高的石灰熟化较快，放出的热量和增大的体积也较多。

熟化石灰常用两种方法：消石灰浆法和消石灰粉法。根据加水量的不同，石灰可熟化成消石灰粉或石灰膏。石灰熟化的理论需水量为石灰质量的32%。在生石灰中，均匀加入略多于化学反应所需的水量，可得到颗粒细小、分散均匀的消石灰粉。若用过量的水熟化，则得到具有一定稠度的石灰膏。石灰中一般都含有过火石灰，过火石灰熟化慢，若在石灰浆体硬化后再发生熟化，则会因熟化产生的膨胀而引起隆起和开裂。为了消除过火石灰的这种危害，石灰在熟化后，还应“陈化”两周左右。

1.2.1.3 石灰的硬化

石灰浆体的硬化包括干燥结晶和碳化两个同时进行的过程。石灰浆体因水分蒸发或被吸收而干燥，在浆体内的孔隙网中，产生毛细管压力，使石灰颗粒更加紧密而获得强度。这种强度类似于黏土失水而获得的强度，其值不大，遇水丧失。同时，由于干燥失水引起浆体中氢氧化钙溶液过饱和，结晶出氢氧化钙晶体，产生强度；但析出的晶体数量少，强度增长也不大。

在大气环境中，氢氧化钙在潮湿状态下会与空气中的二氧化碳反应生成碳酸钙，并释放出水分，即发生碳化。碳化所生成的碳酸钙晶体相互交叉连生或与氢氧化钙共生，形成紧密交织的结晶网，使硬化石灰浆体的强度进一步提高。但是，由于空气中的二氧化碳含量很低，表面形成的碳酸钙层结构较致密，会阻碍二氧化碳的进一步渗入，因此，碳化过程是十分缓慢的。

生石灰熟化后形成的石灰浆中，石灰粒子形成氢氧化钙胶体结构，颗粒极细(粒径约为1 μm)，比表面积很大(达10～30 m^2/g)，其表面吸附一层较厚的水膜，可吸附大量的水，因而有较强保持水分的能力，即保水性好。将它掺入水泥砂浆中，配成混合砂浆，可显著提高砂浆的和易性。

石灰依靠干燥结晶以及碳化作用而硬化，由于空气中的二氧化碳含量低，且碳化后形成的碳酸钙硬壳阻止二氧化碳向内部渗透，也妨碍水分向外蒸发，因而硬化缓慢，硬化后的强度也不高，1∶3的石灰砂浆28 d的抗压强度只有0.2～0.5 MPa。当处于潮湿环境时，石灰中的水分不蒸发，二氧化碳也无法渗入，硬化将停止；加上氢氧化钙易溶于水，已硬化的石灰遇水还会溶解溃散。因此，石灰不宜在长期潮湿和受水浸泡的环境中使用。石灰在硬化过程中，要蒸发掉大量的水分，使得体积显著收缩，易出现干缩裂缝。所以，石灰不宜单独使用，一般要掺入砂、纸筋、麻刀等材料，以减少收缩，增加抗拉强度，并能节约石灰。石灰具有较强的碱性，在常温下，能与玻璃态的活性氧化硅或活性氧化铝反应，生成有水硬性的产物，产生胶结。因此，石灰还是建筑材料工业中重要的原材料。

石灰的碳化是从其表面开始的，在其表面生成一个外观致密的白色外壳，它能阻止二氧化碳透入内层，因此能使内层在很长时间内保持原状。

1.2.1.4 质量要求

石灰中产生的胶结性成分是有效氧化钙和氧化镁，其含量是评价石灰质量的主要指标。石灰中的有效氧化钙和氧化镁的含量可以直接测定，也可以通过氧化钙与氧化镁的总量和二氧化碳的含量来反映。生石灰还有未消化残渣含量的要求；生石灰粉有细度的要求；消石灰粉则还有体积安定性、细度和游离水含量的要求。国家建材行业将建筑生石灰、建筑生石灰粉和建筑消石灰粉分为优等品、一等品和合格品三个等级，见表1.3。

表1.3 石灰的技术指标

品种	项目	钙质			镁质			白云石质		
		优等品	一等品	合格品	优等品	一等品	合格品	优等品	一等品	合格品
建筑生石灰	$(CaO+MgO)/\%$ 不小于	90	85	80	85	80	75			
	未消化残渣量(5 mm圆孔筛筛余)/% 不大于	5	10	15	5	10	15			
	$CO_2/\%$ 不大于	5	7	9	6	8	10			
	产浆量/(L/kg) 不小于	2.8	2.3	2.0	2.8	2.3	2.0			
建筑生石灰粉	$(CaO+MgO)/\%$ 不小于	85	80	75	80	75	70			
	$CO_2/\%$ 不大于	7	9	11	8	10	12			
	0.90 mm筛筛余/% 不大于	0.2	0.5	1.5	0.2	0.5	1.5			
	0.125 mm筛筛余/% 不大于	7.0	12.0	18.0	7.0	12.0	18.0			
建筑消石灰粉	$(CaO+MgO)/\%$ 不小于	70	65	60	65	60	55	65	60	55
	游离水/%	0.4～2	0.4～2	0.4～2	0.4～2	0.4～2	0.4～2	0.4～2	0.4～2	0.4～2
	体积安定性	合格	合格		合格	合格		合格	合格	
	0.90 mm筛筛余/% 不大于	0	0	0.5	0	0	0.5	0	0	0.5
	0.125 mm筛筛余/% 不大于	3	10	15	3	10	15	3	10	15

1.2.2 石膏

石膏是一种蕴藏丰富、广泛存在的矿产资源，也是一种用途广泛的工业材料和建筑材料。石膏有天然石膏和化学石膏两大类。石膏在自然界中主要以天然二水石膏($CaSO_4 \cdot 2H_2O$)和无水硬石膏($CaSO_4$)的形式存在；化学石膏是含有二水石膏的工业副产品及废渣，如磷石膏、氟石膏和脱硫石膏等。

二水石膏在常温下是一个稳定的相，但在不同的加热温度和不同的脱水工艺条件下，可得到含水和无水硫酸钙的各种变体，而变体又可在一定条件下，加水后水化、硬化形成二水石膏结晶结构硬化体。

1.2.2.1 半水石膏

1. 半水石膏的类型

半水石膏有α半水石膏和β半水石膏两种。二水石膏在与大气相通的敞开装置内加热至110～170℃，脱水生成β半水石膏，亦即建筑石膏；石膏在某些盐溶液中或在一定压力的水蒸气下，加热至120～140℃脱水，可得到α半水石膏，也称高强石膏。α半水石膏和β半水石膏都是气硬性胶凝材料。α半水石膏结晶良好、坚实；β半水石膏是片状并有裂纹的晶体，结晶很细，比表面积比α半水石膏大得多。二者比较见表1.4。

表1.4 β半水石膏与α半水石膏比较

种　类	β半水石膏(建筑石膏)	α半水石膏(高强石膏)
脱水条件	干燥条件下常压脱水	液态或水蒸气压下脱水
制备温度	110～170℃干燥空气中	120～140℃水介质或饱和蒸汽下
密度/(g/cm^3)	2.619～2.637	2.757
溶解度(20℃水中)/%	0.88	0.67
折射率	1.559、1.556、1.584	1.559、1.584
热稳定性	介稳	介稳
水化热(25℃)/(kJ/kg)	132.7	118.3
结晶形态	片状、不规则、细小晶粒组成的次生颗粒	致密、完整、粗大的原生颗粒
比表面积	高	低
硬化强度	低	高
差热曲线	190℃ 吸热峰 370℃ 放热峰	190℃ 吸热峰 230℃ 放热峰
制备机理	1.5个水分子以干蒸汽状态蒸发，并伴有晶格变化	1.5个水分子以液态水形式排出，按溶解析晶机理进行
生产工艺	直接或间接煅烧工艺	饱和蒸汽加压法、常压盐溶液法、水热法、干闷法等
烧成设备	炒锅、回转窑	卧式或立式蒸压釜
应用领域	建材领域、水泥工业	建材领域、模型制造、工艺美术、机械制造、医学应用、造纸填充、石膏纤维、金属铸造等

2. 半水石膏的凝结硬化

一般来说，半水石膏的凝结和硬化是因为同水相互作用生成二水石膏。

$$CaSO_4 \cdot 1/2H_2O(固) + 3/2H_2O(液) = CaSO_4 \cdot 2H_2O$$

当半水石膏和水混合成浆体时，它就溶解并生成介稳态的饱和水溶液，溶液中半水石膏与水作用转变成二水石膏，二水石膏就从溶液中结晶，其结晶体随着增长，二水石膏晶体之间的相互交叉连生，从而造成了浆体的凝结和硬化。整个过程可以分为三个阶段：第一阶段，半水石膏在水中产生溶解，生成半水石膏的饱和溶液；第二阶段几乎与第一阶段同时开始发生水和半水石膏的相互作用，生成高度分散呈胶体微粒状的二水石膏晶体，并伴随着混合物的凝结；第三阶段，具有高溶解性二水石膏的细分散微粒进行重结晶（或称再结晶），生成粗大的二水石膏晶体，从而保证了系统的硬化及系统强度的增长。

石膏的凝结硬化时间和硬化体的最终强度取决于原料的性能及其制备的条件、保存的时间和条件、加水量（水膏比）、胶结料和水的温度、搅拌条件以及采用外加剂的品种。

(1) 水化温度。不同温度时，半水石膏的溶解度不同，二水石膏的析晶速度也不同。石膏过饱和度随温度的升高而降低。在水灰比适当而又不变的条件下，当温度较高时，石膏浆体系的过饱和度较小，则液相中形成的晶核少，晶体较粗大，晶粒接触点少，强度较低。

(2) 水膏比。对胶凝材料来说，水膏比是一个重要的参数。一方面，水膏比直接影响胶凝材料新拌浆体的流动性能；另一方面，水膏比又对胶凝材料硬化体的性能（强度、容重、耐久性等）产生重要的影响。对于水膏比对石膏性能的影响，一般认为，石膏硬化体的力学性能（强度、硬度、弹性模量）主要受孔隙率的影响。材料的抗折强度和抗压强度随着孔隙率的降低而升高，而孔隙率又主要取决于材料的组成和水膏比。如果 β 半水石膏采用与 α 半水石膏相同的水膏比（0.35）拌合，则可获得与 α 半水石膏一样的高强度。随着水膏比的降低，在超低水膏比下，石膏硬化体的抗折、抗压强度并不成线性增加，其经验公式为：$R=a/w^2+b$，式中 a 和 b 为常数，w 为水膏比，其值为 0.5～1.3。

(3) 外加剂。改善石膏的性能可加入多种外加剂，缓凝剂是使用最多的外加剂之一，其目的是为了调整石膏的凝结硬化时间，以满足施工的需要。尽管对缓凝剂的作用机理说法不一，但有一点已被证实，缓凝剂可以改变二水石膏晶体形貌，使晶体普遍粗化，从而显著降低石膏硬化体的强度。减水剂可以在保持石膏浆体流动度不变的情况下大幅度降低拌合用水量，提高成型后的密实度，从而提高强度。另外，其他外加剂如促凝剂、黏结剂也会对石膏硬化体的强度产生影响。

3. 半水石膏的性能

(1) 生产能耗低、成本低。石膏胶凝材料与硅酸盐水泥相比，其能耗仅为硅酸盐水泥的 25%，投资为 40%左右，机械装备约为 1/3。

(2) 凝结硬化快。建筑石膏是二水石膏在常压缺乏水的条件下炒制而成，其中水分以干蒸气状态蒸发，无重结晶过程，因而生成晶形不佳、缺陷较多、呈松散的片状、鳞状晶体，其水化活性高、凝结硬化快。在加水拌合后，浆体在几分钟内便开始失去可塑性，30 min 内完全失去可塑性而产生强度。

(3) 拌合需水量大，制品孔隙率大，强度较低。建筑石膏在拌合时，为使浆体具有施工要求的可塑性，需加入的用水量为石膏用量的 65%～80%，而建筑石膏水化的理论需水量为

18.6%，所以大量的自由水蒸发后，在建筑石膏制品内部形成大量的毛细孔隙。

(4) 质量轻，保温隔热性能好。石膏制品的导热系数为 0.121～0.205 W/(m·K)，大大低于其他常用的建筑材料。使用石膏砌块、条板、粉刷石膏等，可显著提高建筑物的保温隔热性，减少建筑物的使用能耗，并具有较好的吸声隔音性能。

(5) 建筑石膏膨胀收缩小。以纸面石膏板为例，实验表明：板材含湿率分别为 0.53、0.70 和浸水 2 h 时，其长向膨缩率(%)分别为+0.004、+0.01 和+0.01，横向膨缩率(%)分别为+0.002、+0.015 和+0.023，尺寸较稳定。石膏的这种微膨胀性可使硬化体表面光滑饱满，干燥时不开裂，且能使制品造型棱角十分清晰，有利于制作各种复杂图案的石膏装饰制品。

(6) 防火性能好。石膏制品耐火性好，建筑石膏硬化后的主要成分是 $CaSO_4 \cdot 2H_2O$，当其遇火时，$CaSO_4 \cdot 2H_2O$ 脱出结晶水，结晶水吸热蒸发时，在制品表面形成水蒸气膜，能有效地阻止火的蔓延。

(7) 具有调节建筑物内湿度的功能。石膏产品在环境空气湿度较大时，能对湿气具有吸收作用，而当环境的相对湿度下降到 60%以下时，吸收了潮气的石膏产品又会放出潮气。

(8) 可循环利用。建筑石膏水化生成二水石膏，二水石膏煅烧可再生成半水石膏，这样可形成石膏资源的循环利用。

其主要缺点是耐久性、耐水性、抗渗性、抗冻性等性能差。

1.2.2.2 硬石膏胶凝材料

1. 定义和分类

硬石膏胶凝材料是由天然硬石膏或人工制造的硬石膏(在 600～700℃下煅烧)同硬化活化剂共同粉磨而得到的材料。根据硬石膏胶结料的不同，可分为未经煅烧的和煅烧的两类；根据活化剂性能的不同，可分为硫酸盐活化剂的硬石膏胶结料和碱性硬化活化剂的硬石膏胶结料，硫酸盐活化剂有 Na_2SO_4、$NaHSO_4$、K_2SO_4、$KHSO_4$、$Al_2(SO_4)_3$、$FeSO_4$ 和 $KAl(SO_4)_2 \cdot 12H_2O$，碱性硬化活化剂有石灰、煅烧白云石、碱性高炉矿渣及燃料渣等。各种活化剂的掺入量见表 1.5。

表 1.5 硬石膏胶结料中的硬化活化剂掺入量

活 化 剂	掺入量/%
硫酸钠和铜矾或铁矾混合使用	0.6～0.8
熟石灰或生石灰	2～5
800～900℃下煅烧的白云石	5～8
碱性高炉矿渣	10～15
铝矾土矿生产的废渣	3～8
硫酸铝	1～5
铝钾明矾	2～4
氧化钙(燃料灰渣含量在 10%以下)	10～20

2. 凝结硬化过程

硬石膏胶凝材料的凝结硬化过程，就是不溶性硬石膏的水化和水化后析出二水石膏晶体的过程。当硬石膏中加有水和活化剂时，其颗粒的表面即形成不稳定的(盐)·$mCaSO_4 \cdot nH_2O$ 水化物，然后再进行分解，形成高度分散的胶体状二水石膏微晶，逐渐生成粗大而完整的石膏晶体，从而使整个硬石膏胶凝体系得以硬化并保证了硬化体强度的增长。硬石膏的凝结时间受水化过程中石膏成核速度和石膏晶体生长速度两方面的影响，只有这两种速度相匹配达到最佳，才能获得理想的凝结时间。

$$mCaSO_4 + (盐) \cdot nH_2O \longrightarrow (盐) \cdot mCaSO_4 \cdot nH_2O$$
$$(盐) \cdot mCaSO_4 \cdot nH_2O \longrightarrow mCaSO_4 \cdot 2H_2O + (盐) \cdot (n-2)H_2O$$

硬石膏的水化过程也可分为诱导期、加速期和减速期三个阶段。

(1) 诱导期是硬石膏颗粒与水接触，立即进行反应的阶段，即在其表面形成络盐、络盐的分解及硬石膏的溶解和水化。在这一阶段初期具有一定的水化速度，随着晶核数量的增多，水化反应减弱；但整个诱导期中硬石膏的溶解度升高都很快。

(2) 加速期是水化反应进行较快的阶段。二水石膏胶体形成，生成的大量晶核在此阶段生长达到临界尺寸后很快结晶析出，所以这一阶段的水化率大大提高。

(3) 减速期是硬石膏溶解和水化都逐渐减慢的阶段。在此阶段中，石膏晶体继续生成，但由于最活跃的反应阶段已结束，生成了大量的晶体，反应物浓度降低，反应速度也随之降低，最终固液混合体系达到新的平衡。减速期是相对较长的反应阶段。

根据传统的水化理论和硬石膏实际水化的实验结果，诱导期和加速期对硬石膏的水化硬化是最重要的阶段。它们决定着硬石膏的凝结时间、早期强度和耐久性，其中诱导期的长短决定了初凝时间的长短。因此，控制诱导期的反应条件对改善硬石膏的胶凝性能至关重要，这些条件包括：硬石膏的品种、细度、反应温度、水灰比以及激发剂的性质等。

1.2.2.3 半水石膏与石灰胶凝材料

半水石膏与石灰胶凝材料是半水石膏与石灰的混合物，或者是半水石膏与石灰及活性矿物质掺和料（硅藻土、蛋白土、浮石凝灰岩、凝灰岩、浮石、烧黏土、天然烧黏土、粉煤灰、燃料渣等）的混合物。如石膏石灰混合可利用石灰消化的热量煅烧二水石膏而制得。这时，氧化钙通过从二水石膏中析出的水进行消化，转变为氢氧化钙，同时生成半水石膏：

$$2(CaSO_4 \cdot 2H_2O) + 3CaO \longrightarrow 2(CaSO_4 \cdot 1/2H_2O) + 3Ca(OH)_2 + 162\ \mathrm{kJ}$$

理论上，该反应能使材料从 0℃加热到 300℃。实际上，石膏的煅烧在 140～160℃进行，因此要作原材料配比选择，一般石膏与石灰的质量比为 1∶0.5～1∶0.8，可通过预先试验确定。

石膏同石灰的混合物的生产一般是原始石膏和块石灰分别在破碎机（颚式或锤式）中粉碎至 5～10 mm，然后在球磨机内粉磨，细度为 0.08 mm 筛筛余在 10%以下。制备的混合物送入隔热的反应器中，在 140～160℃下产生石灰和二水石膏之间的反应，而制得半水石膏与石灰胶凝材料。

该胶凝材料当用水拌合时，10～20 min 就凝结，可用来制备 C10～C30 砂浆和混凝土。该胶凝材料中加入适当的酸性活性矿物质外加剂时，具有在潮湿介质中硬化的性质，并能改善其抗冻性。

1.2.3 水玻璃型耐酸胶凝材料

1.2.3.1 定义

水玻璃型耐酸胶结料是由耐酸填料（一般采用石英岩、熔融辉绿岩或陶瓷碎片）和硬化剂（一般采用氟硅酸钠）按适当配比共同粉磨，或分别粉磨后混合而成的一种粉状物料。这种物料在使用时，用适量的水玻璃拌合后，能在空气中硬化，并且具有抵抗大多数无机酸和有机酸腐蚀能力的物料。它属于非水硬性胶凝材料类。为了提高耐酸水泥的密实性,可掺入少量的外加剂(如硅质渣等)。所用的水玻璃模数一般为2.40～3.00,相对密度一般为1.38～1.50。

1.2.3.2 技术要求

(1) 细度:0.08 mm 筛筛余不大于15%;

(2) 凝结时间:初凝不早于30 min,终凝不得迟于6 h;

(3) 安定性:试饼在空气中、常温酸中以及在40%的硫酸中煮沸1 h后,应无突出物、裂纹、脱层及损坏;

(4) 耐酸度:应大于91%;

(5) 抗拉强度:试块在空气中养护28 d后,抗拉强度不小于2 MPa,在硫酸中煮沸后,抗拉强度损失不大于25%;

(6) 煤油吸收率:试块在空气中养护10 d后,试块煤油吸收率不大于15%。

1.2.3.3 用途

水玻璃型耐酸胶凝材料可用于化工、造纸、纺织等工业部门的一般耐酸工程中,可制备耐酸砂浆、耐酸混凝土等,但不能用于受氢氟酸、氟硅酸、300℃以上的热磷酸及碱性溶液侵蚀的工程,也不能用于长期受水侵蚀或高级脂肪酸侵蚀的工程。

1.3 通用硅酸盐水泥

1.3.1 定义与分类

以硅酸盐水泥熟料和适量的石膏及规定的混合材料制成的水硬性胶凝材料称为通用硅酸盐水泥。

通用硅酸盐水泥按混合材料的品种和掺入量不同分为硅酸盐水泥、普通硅酸盐水泥、矿渣硅酸盐水泥、火山灰硅酸盐水泥、粉煤灰硅酸盐水泥和复合硅酸盐水泥,详见表1.6。

表1.6 通用硅酸盐水泥品种

品种	代号	组分含量/%				
		熟料+石膏	粒化高炉矿渣	火山灰质混合材料	粉煤灰	石灰石
硅酸盐水泥	P·Ⅰ	100				
	P·Ⅱ	≥95	≤5			
		≥95				≤5
普通硅酸盐水泥	P·O	≥80且<95	>5且≤20			
矿渣硅酸盐水泥	P·S·A	≥50且<80	>20且≤50			
	P·S·B	≥30且<50	>50且≤70			
火山灰硅酸盐水泥	P·P	≥60且<80		>20且≤40		
粉煤灰硅酸盐水泥	P·F	≥60且<80			>20且≤40	
复合硅酸盐水泥	P·C	≥50且<80	>20且≤40			

1.3.2 硅酸盐水泥熟料的组成

水泥的质量主要决定于熟料的质量，优质熟料应具有合适的矿物组成和岩相结构。

硅酸盐水泥熟料主要由氧化钙（CaO）、氧化硅（SiO_2）、氧化铝（Al_2O_3）和氧化铁（Fe_2O_3）四种氧化物组成，通常在熟料中占 95%以上；四种主要氧化物的组成范围：CaO 为 62%～67%，SiO_2 为 20%～24%，Al_2O_3 为 4%～7%，Fe_2O_3 为 2.5%～6%。另外有 5%以下的少量的氧化物，如氧化镁（MgO）、硫酐（SO_3）、氧化钛（TiO_2）、氧化磷（P_2O_5）以及碱（K_2O、Na_2O）等。

硅酸盐水泥熟料中，各种氧化物不是独立存在的，而是在经高温煅烧后，以两种或两种以上的氧化物反应生成多种矿物的集合体，其结晶细小，粒度通常为 30～60 μm。因此水泥熟料是一种多种矿物组成的结晶细小的人造岩石。

硅酸盐水泥熟料的主要矿物组成：

硅酸三钙——$3CaO \cdot SiO_2$，可简写为 C_3S；

硅酸二钙——$2CaO \cdot SiO_2$，可简写为 C_2S；

铝酸三钙——$3CaO \cdot Al_2O_3$，可简写为 C_3A；

铁相固溶体，通常以铁铝酸四钙 $4CaO \cdot Al_2O_3 \cdot Fe_2O_3$ 作为代表式，简写为 C_4AF；另外，还有少量的游离氧化钙（f-CaO）、方镁石（结晶氧化镁）、含碱矿物以及玻璃体。

硅酸三钙通常占 50%左右，可以多至 60%，一般称为阿利特（Alite）或 A 矿，硅酸三钙凝结时间正常，水化较快，放热较多，抗淡水性较差，但强度最高，强度增长率也大，28 d 抗压强度可达 1 年抗压强度的 80%。

硅酸二钙一般占 20%左右，一般称为贝利特（Belite），简称 B 矿，贝利特水化较慢，水化热较低，抗水性较好，早期强度较低，但 1 年后可以达到阿利特的强度。

铝酸三钙占 7%～15%；水化迅速，放热多，凝结快，需加入石膏调节其凝结速度，强度不高，干缩变形较大，抗硫酸盐性能也较差。

铁铝酸四钙占 10%～18%，又称才利特（Celite），简称 C 矿，水化速度介于铝酸三钙和硅酸三钙之间。

由此可见，在水泥熟料中的几种组成矿物中，硅酸三钙是决定水泥早期强度的组分，硅酸二钙是保证水泥后期强度的组分，铝酸三钙是凝结硬化速度最快的组分，铁铝酸四钙是使水泥着色的组分。改变水泥熟料矿物组成的相对含量，水泥技术性能也随之变化。不同特性的硅酸盐水泥正是由此而制得，如：提高硅酸三钙的含量可制得快硬高强的水泥；降低硅酸三钙和铝酸三钙的含量，而提高硅酸二钙的含量可制得低热水泥；减少铁铝酸四钙的含量可制得浅色甚至白色水泥等。

1.3.3 硅酸盐水泥的水化和硬化

硅酸盐水泥与水拌合后，各熟料矿物与水发生化学反应，生成各种水化产物并放出一定热量，其水化反应式如下：

$$3CaO \cdot SiO_2 + nH_2O \longrightarrow xCaO \cdot SiO_2 \cdot yH_2O + (3-x)Ca(OH)_2$$

$$2CaO \cdot SiO_2 + mH_2O \longrightarrow xCaO \cdot SiO_2 \cdot yH_2O + (2-x)Ca(OH)_2$$

$$3CaO \cdot Al_2O_3 + 6H_2O \longrightarrow 3CaO \cdot Al_2O_3 \cdot 6H_2O$$

$$4CaO \cdot Al_2O_3 \cdot Fe_2O_3 + 7H_2O \longrightarrow 3CaO \cdot Al_2O_3 \cdot 6H_2O + CaO \cdot Fe_2O_3 \cdot H_2O$$

由于铝酸三钙与水的反应非常快，能很快使水泥浆凝结，因此为了调节水泥的凝结时间，在熟料磨细时掺入适量（3%～5%）的石膏。这些石膏与水化铝酸钙反应生成难溶的水化硫铝酸钙，它沉淀在水泥颗粒表面，阻碍了铝酸三钙的水化，从而有效地延缓了水泥的凝结。其反应式为：

$$3CaO \cdot Al_2O_3 \cdot 6H_2O + 3(CaSO_4 \cdot 2H_2O) + 19H_2O \longrightarrow 3CaO \cdot Al_2O_3 \cdot 3CaSO_4 \cdot 31H_2O$$

由上可知，硅酸盐水泥与水作用后，生成的主要水化产物是：水化硅酸钙、氢氧化钙、水化铝酸钙、水化铁酸钙和水化硫铝酸钙等。其中水化硅酸钙是尺寸大小与胶体相同、结晶程度很差的纤维状或薄片状颗粒，称为 C—S—H 凝胶，约占水化产物的 70%。水化铁酸钙也是胶体，而氢氧化钙、水化铝酸钙和水化硫铝酸钙均为晶体，氢氧化钙约占水化产物的 20%，水化硫铝酸钙约占水化产物的 7%。

水泥加水拌合成的浆体，起初具有可塑性，随着水化反应的不断进行，浆体逐渐变稠失去可塑性，转变成具有一定强度的固体，称为水泥的凝结和硬化。水化是水泥产生凝结硬化的前提，而凝结硬化是水泥水化的结果。凝结和硬化是一个复杂而连续的物理化学变化过程，是同一过程中的不同阶段。凝结是水泥浆体逐渐变稠失去可塑性的阶段，以有一定的塑性强度为标志；随着水泥浆固化产生一定机械强度，这一阶段称为硬化。

1.3.4 硅酸盐水泥的性能

1.3.4.1 密度

水泥的密度，对于某些工程，如堵塞油井、防护原子能辐射等，这些工程希望水泥生成较致密的水泥石，故要求水泥的密度大一些。水泥的密度主要决定于熟料的矿物组成，此外，存储时间和条件以及熟料的煅烧程度也有一定的影响。

硅酸盐水泥熟料中几种主要矿物的密度：C_3S 为 3.15 g/cm^3，C_2S 为 3.28 g/cm^3，C_3A 为 3.04 g/cm^3，C_4AF 为 3.77 g/cm^3。普通硅酸盐水泥的密度一般介于 3.1～3.2 g/cm^3，如果掺有大量的混合材，如火山灰和矿渣等，则水泥的密度会降到 3.0 g/cm^3 以下。硅酸盐水泥的松散体积密度为 1 000～1 300 kg/m^3，紧密体积密度为 1 400～1 700 kg/m^3。

1.3.4.2 细度

细度反映了水泥颗粒的大小程度，水泥颗粒的大小直接关系到水泥的水化速率和水化完全程度；颗粒愈小，水化速率愈快、水化愈完全，并加快水泥的硬化过程。从试验和资料发现：3～30 μm 的水泥颗粒具有良好的水化活性，对强度起主要作用；小于 3 μm 的细颗粒对凝结时间和早期强度有利；10～30 μm 的颗粒对 7～28 d 的强度增长有重要作用；大于40 μm 的颗粒基本上起微集料的作用；大于 100 μm 的水泥颗粒经几年时间也不能完全水化。但并不是水泥颗粒越小越好，这是因为一方面极小的颗粒水化速度太快，要求的用水量增加，会导致水泥后期强度倒缩、体积收缩较大等不良现象；另一方面磨得过细，导致粉磨能耗增大。故水泥细度应适当。

水泥细度的评定指标有筛余（%）和比表面（m^2/kg）两种。国标 GB175—2007 规定，硅酸盐水泥和普通硅酸盐水泥以比表面积表示，不小于 300 m^2/kg；矿渣硅酸盐水泥、火山灰硅酸盐水泥、粉煤灰硅酸盐水泥和复合硅酸盐水泥以筛余表示，80 μm 方孔筛筛余不大于 10% 或 45 μm 方孔筛筛余不大于 30%。

1.3.4.3 凝结时间

水泥加水拌合后应该在足够的时间内保持塑性状态;使拌合好的混凝土拌合物能适应各种混凝土工程的施工需要、各种场合的运输、浇筑和捣实过程,便于操作,同时在捣实抹面完毕后又应能够尽快硬化和发展强度。水泥的凝结时间对混凝土质量和工程质量控制很重要。

水泥凝结时间分初凝时间和终凝时间。标准稠度水泥净浆从加水拌合起,至开始失去可塑性所需的时间为初凝时间;从加水拌合起,至完全失去可塑性并开始产生强度所需时间为终凝时间。国标 GB175—2009 规定,硅酸盐水泥初凝不小于 45 min,终凝不大于390 min;普通硅酸盐水泥、矿渣硅酸盐水泥、火山灰硅酸盐水泥、粉煤灰硅酸盐水泥和复合硅酸盐水泥初凝时间不小于 45 min,终凝时间不大于 600 min。

影响凝结时间的因素有很多,如果石膏数量不足,水泥加水后将在几分钟内发生激烈反应并放出大量热量,形成疏松多孔结构。这是由于 C_3A 快速水化,生成大量水化铝酸钙引起水泥快凝。如果磨机温度过高(超过 110℃)或储存时高温,将引起部分石膏脱水生成半水石膏,加水拌合后,半水石膏很快水化,生成二水石膏网状结构,引起水泥浆固化,这种现象叫做假凝。产生假凝现象的水泥浆经剧烈搅拌,破坏二水石膏网状结构后,水泥浆又重新恢复塑性状态,混凝土拌合物可以继续使用,不会有任何不良影响。此外,如水泥的细度、水灰比的大小、温度的高低等都对水泥的凝结速度产生影响,水泥愈细、水灰比愈小、温度愈高时,水泥的凝结速度愈快。

1.3.4.4 强度

影响水泥强度的因素有很多,如水泥的矿物组成、水泥的细度、水灰比、养护温度和湿度等都会对水泥强度产生影响,水泥熟料中四种矿物的单矿物的抗压强度见表 1.7。由表可知,C_3S 和 C_3A 水化速度最快,C_3S 的强度最高,故适当提高 C_3S 和 C_3A 的含量,提高粉磨细度,可以得到快硬水泥。提高 C_3S 的含量,可以得到高强度水泥。上述几种矿物的相互影响也会对水泥强度产生影响。其中熟料成分中没有石膏,水泥成分中含有石膏有利于提高早期强度。

表 1.7 水泥熟料单矿物的抗压强度

矿物名称	抗压强度/MPa			
	3 d	7 d	28 d	180 d
C_3S	29.6	32.0	49.6	62.6
C_2S	1.4	2.2	4.6	28.6
C_3A	6.0	5.2	4.0	8.0
C_4AF	15.4	16.8	18.6	19.6

我国 GB175—2007 将通用硅酸盐水泥强度等级规定如下。硅酸盐水泥分为 42.5、42.5R、52.5、52.5R、62.5、62.5R 六个等级(R 表示早强型);普通硅酸盐水泥分为 42.5、42.5R、52.5、52.5R 四个等级;矿渣硅酸盐水泥、火山灰硅酸盐水泥、粉煤灰硅酸盐水泥和复合硅酸盐水泥分为 32.5、32.5R、42.5、42.5R、52.5、52.5R 六个等级。不同品种、不同强度等级的通用硅酸盐水泥,其不同各龄期的强度符合表 1.8 的规定。

表 1.8 各品种水泥的不同各龄期的强度值

品种	强度等级	抗压强度/MPa		抗折强度/MPa	
		3 d	28 d	3 d	28 d
硅酸盐水泥	42.5	≥17.0	≥42.5	≥3.5	≥6.5
	42.5R	≥22.0		≥4.0	
	52.5	≥23.0	≥52.5	≥4.0	≥7.0
	52.5R	≥27.0		≥5.0	
	62.5	≥28.0	≥62.5	≥5.0	≥8.0
	62.5R	≥32.0		≥5.0	
普通硅酸盐水泥	42.5	≥17.0	≥42.5	≥3.5	≥6.5
	42.5R	≥22.0		≥4.0	
	52.5	≥23.0	≥52.5	≥4.0	≥7.0
	52.5R	≥27.0		≥5.0	
矿渣硅酸盐水泥、火山灰硅酸盐水泥、粉煤灰硅酸盐水泥和复合硅酸盐水泥	32.5	≥10.0	≥32.5	≥2.5	≥5.5
	32.5R	≥15.0		≥3.5	
	42.5	≥15.0	≥42.5	≥3.5	≥6.5
	42.5R	≥19.0		≥4.0	
	52.5	≥21.0	≥52.5	≥4.0	≥7.0
	52.5R	≥23.0		≥4.5	

1.3.4.5 体积安定性

水泥体积安定性是指水泥浆体硬化时，体积变化是否均匀的性质。如果水泥硬化后产生不均匀的体积膨胀，就会使构件产生膨胀性裂缝，即为体积安定性不良。

引起水泥安定性不良的原因有以下几点。①水泥熟料中由于配料、烧成及冷却制度不当而存在游离氧化钙(f－CaO)过多。这种高温下死烧的氧化钙结构致密、水化缓慢，当水泥浆凝结硬化后，游离石灰的水化仍在继续，导致固体体积膨胀，当这种应力超过水泥石的承受能力时，水泥石将产生裂纹直至破裂。②熟料中含氧化镁过多。硅酸盐水泥熟料中的氧化镁一般以游离状态存在，称为方镁石。方镁石的水化更为缓慢，水泥已经硬化后才进行，生成氢氧化镁，体积增大两倍以上，使水泥石开裂破坏。③粉磨水泥时掺入石膏过多。由于石膏在水泥硬化后继续与固态的水化铝酸钙反应生成三硫型水化硫铝酸钙而产生体积膨胀。国标规定用沸煮法检验水泥的安定性，水泥安定性不合格为不合格品。

GB175—2007 规定，硅酸盐水泥和普通硅酸盐水泥中氧化镁的含量不大于 5.0%，P·S·A 型矿渣硅酸盐水泥、火山灰硅酸盐水泥、粉煤灰硅酸盐水泥和复合硅酸盐水泥中氧化镁的含量不大于 6.0%，对 P·S·B 型矿渣硅酸盐水泥氧化镁含量不做要求。硅酸盐水泥、普通硅酸盐水泥、火山灰硅酸盐水泥、粉煤灰硅酸盐水泥和复合硅酸盐水泥中三氧化硫的含量不大于 3.5%，矿渣硅酸盐水泥中三氧化硫的含量不大于 4.0%。

1.3.4.6 水化热

水泥水化过程中放出的热量称为水化热。水泥水化热的大小及放热速度主要取决于水泥的矿物组成及细度。水泥熟料中硅酸三钙和铝酸三钙的含量越高，颗粒愈细，则水化热愈大。熟料矿物的水化放热量如表 1.9 所示。

表 1.9 熟料矿物的水化放热量($Q\times10^{-2}$) 单位:J/g

矿物名称	3 d	7 d	28 d	90 d	180 d	360 d
C_3S	4.09	4.60	4.77	5.10	5.06	5.68
C_2S	0.79	0.75	1.84	2.30	2.22	2.60
C_3A	7.11	7.86	8.44	7.86	9.11	—
C_4AF	1.21	1.80	2.00	1.96	3.05	—

各熟料矿物的水化热和放热速率各不相同，C_3A 放热量最大，放热速度最快；C_3S 放热量稍低；C_2S 放热量最低，放热速率也最慢。因此可以通过改变水泥的化学成分来减少水泥的水化热。鲍格(Bogue)研究得出硅酸盐水泥 1～3 d 内水化放热量为总放热量的 50%，7 d 为 75%，6 个月为 83%～91%。可见，水泥水化放热量大部分在 1～7 d 内放出，此后逐渐减少。

如前所述，水泥完全水化放出热量约为 503 kJ/kg，虽然放出的热量也相当大，但与石灰相比，水泥的水化进程相当缓慢，有足够的时间让热量散发出来。但在水化热释放受到阻碍时，例如在大体积混凝土中，如大型基础、大型构筑物以及大坝等，因建筑物体积大、热量不易散失，使混凝土内部温度升高 20～40℃以上，形成很大的内外温差，引起温度应力而使混凝土产生裂缝破坏。在大体积混凝土工程中，不宜采用水化热大的硅酸盐水泥。但水化热一般对冬季施工的混凝土有利，因为它可以保持水泥硬化时的温度要求。

1.3.4.7 水泥石的腐蚀与防止

硅酸盐水泥硬化成水泥石后，在通常使用条件下是耐久的，但在某些环境中的侵蚀性介质作用下，水泥石的结构会逐渐被破坏，强度降低，甚至全部溃裂，这种现象称为水泥石的腐蚀。引起水泥石腐蚀的原因很多，作用也很复杂，几种典型介质的腐蚀及一般防止措施简述如下。

1. 水泥石的腐蚀

水泥石的腐蚀主要有软水侵蚀(溶出性侵蚀)、硫酸盐腐蚀(膨胀性侵蚀)和溶解性化学腐蚀。

(1) 软水侵蚀(溶出性侵蚀)

水泥石中的氢氧化钙易溶于软水，若水泥石长期处于流动的软水环境中，其中的氢氧化钙就会逐渐溶解并流失。氢氧化钙的溶出会促使水泥石中其他水化产物的分解，从而引起水泥石结构的破坏，导致强度降低。在含有一定量重碳酸盐的硬水中，由于水泥石中的氢氧化钙与重碳酸盐作用生成不溶于水的碳酸钙，并积聚在水泥石的孔隙内，形成保护层，因此会阻碍水泥石的腐蚀。

(2) 硫酸盐腐蚀(膨胀性侵蚀)

在海水、地下水及工业污水中常含有钠、钾、铵等硫酸盐。它们与水泥石中的氢氧化钙会发生置换反应，生成二水石膏，如

$$Ca(OH)_2 + Na_2SO_4 + 2H_2O \longrightarrow CaSO_4 \cdot 2H_2O + 2NaOH$$

生成的二水石膏与水泥石中已固化的水化铝酸盐反应，生成高硫型水化硫铝酸钙，其体积增大1.5倍以上，产生局部膨胀应力，导致水泥石开裂破坏。因高硫型水化硫铝酸钙呈针状晶体，故俗称“水泥杆菌”。

$$4CaO \cdot Al_2O_3 \cdot 19H_2O + 3(CaSO_4 \cdot 2H_2O) + 7H_2O \longrightarrow 3CaO \cdot Al_2O_3 \cdot 3CaSO_4 \cdot 31H_2O + Ca(OH)_2$$

(3) 溶解性化学腐蚀

水泥石在某些侵蚀性介质作用下会生成强度低、易溶于水的新的化合物，由于新的化合物的溶解而使水泥石结构破坏、强度降低的腐蚀，称为溶解性化学腐蚀。常见的有以下几种。

① 镁盐腐蚀　海水和地下水中常含有大量镁盐，主要是硫酸镁和氯化镁对水泥石的腐蚀。

② 碳酸盐腐蚀　工业污水、地下水中常溶有较多二氧化碳，对水泥石有腐蚀作用。

③ 一般酸的腐蚀　工业废水、地下水中常含有无机酸和有机酸，工业窑炉中的烟气常含有二氧化硫，遇水后即生成亚硫酸。各种酸类对水泥石有不同程度的腐蚀作用。

2. 防止水泥石腐蚀的措施

引起水泥石腐蚀的原因有三个方面：一是水泥石内部存在容易被腐蚀的组分，主要是氢氧化钙和水化铝酸钙；二是水泥石所处的环境存在侵蚀介质，如镁盐、硫酸盐、碳酸水等；三是水泥石结构不密实，侵蚀介质能进入其内部与易腐蚀组分作用。因此可从三个方面采取防止措施。

(1) 根据侵蚀环境特点，合理选择水泥品种。例如，选用水化产物中氢氧化钙含量少的掺混合材的硅酸盐水泥，可提高对软水侵蚀抵抗能力；在有硫酸盐侵蚀的环境可选用铝酸三钙含量低于5%的抗硫酸盐水泥。

(2) 提高水泥石的密实度。水泥石内部的孔隙是腐蚀作用得以发生的渠道。因此，合理设计混凝土或砂浆配合比，降低水灰比，掺加外加剂以及改善施工方法等，均能提高水泥石的密实度，从而可有效地提高其抗腐蚀能力。

(3) 表面加做保护层。当侵蚀作用较强时，可在混凝土或砂浆表面覆盖上耐蚀性强且不透水的保护层。如采取粘贴耐酸石材、陶瓷、沥青、塑料等材料保护。

思考题与习题

1.1　从硬化过程及硬化产物分析石灰及石膏属气硬性胶凝材料的原因。

1.2　试分析α半水石膏(高强石膏)的强度比β半水石膏(建筑石膏)强度高的原因。

1.3　用于墙面抹灰时，建筑石膏与石灰相比，具有哪些优点？为什么？

1.4　石灰硬化体本身不耐水，但石灰多年后具有一定的耐水性，你认为主要是什么原因？

1.5　硅酸盐水泥熟料由哪些主要矿物成分所组成？这些矿物成分对水泥的性质有何

影响？它们的水化产物是什么？

1.6　试说明以下各项的原因：

(1)制造硅酸盐水泥时必须掺入适量石膏；(2)水泥必须具有一定细度；(3)水泥体积安定性不合格；(4)测定水泥强度等级、凝结时间和体积安定性时都必须规定加水量。

1.7　现有甲、乙两厂生产的硅酸盐水泥熟料，其矿物组成如下表所示，试估计和比较这两厂所生产的硅酸盐水泥的强度增长速度和水化热等性质有何差异，并说明原因。

生产厂	熟料矿物组成/%			
	C_3S	C_2S	C_3A	C_4AF
甲	56	17	12	15
乙	42	35	7	16

1.8　有下列混凝土构件和工程，请分别选用合适的水泥，并说明其理由。

(1)现浇楼板、梁、柱；(2)采用蒸汽养护的预制构件；(3)大体积混凝土坝、大型设备基础；(4)有硫酸盐腐蚀的地下工程；(5)海港码头工程。

1.9　在通用水泥中，采用不同的水泥施工时(包括冬、夏季施工)应分别注意哪些事项？为什么？

1.10　做硅酸盐水泥的强度等级测定，在抗折试验机和压力试验机上的试验结果如下表所示，试评定其强度等级。

	抗折破坏荷载/N		抗压破坏荷载/kN	
龄　期	3 d	28 d	3 d	28 d
试　验 结　果 读　数	1 400	3 100	50	110
			58	130
	1 900	3 300	60	137
			70	150
	1 800	3 200	58	136
			62	137
平均值				

第 2 章　普通混凝土

本章提要

本章主要介绍了混凝土组成材料的性能、特点、品质指标、技术要求及其与混凝土性能和工程质量的关系；混凝土内部结构的形成原理和基本性能；混凝土质量控制和评定的理论基础和评定方法；普通混凝土配合比设计方法。

学习要求

(1) 了解混凝土的分类、混凝土的组成材料及其品质指标、技术要求；掌握其对混凝土性能和工程质量的影响。

(2) 掌握界面过渡区及其对混凝土性能的影响。

(3) 掌握混凝土混合料性能、表征方法及其影响因素。

(4) 掌握硬化混凝土性能、表征方法及其影响因素。

(5) 掌握混凝土质量控制和评定的基本理论和方法。

(6) 掌握普通混凝土配合比设计的方法。

2.1　混凝土概述

2.1.1　混凝土的定义及分类

所谓混凝土(砼)，是指由无机的、有机的或无机有机复合的胶凝材料、颗粒状骨料以及必要时加入的化学外加剂和矿物掺和料等组分按一定的比例拌合，并在一定条件下经硬化后形成的复合材料。目前广泛使用的是以水泥为胶结材，并以石子、砂为骨料加水配制而成的普通混凝土。

随着建筑结构和施工工艺的逐步发展，对混凝土的性能也不断提出新的要求，人们为改善和调节混凝土及其拌合物的性能，已越来越多地在混凝土中加入化学外加剂，如减水剂、引气剂、早强剂、调凝剂等。普通混凝土已经从最初的四组分，发展到现在普遍应用的五组分、六组分，化学外加剂和矿物掺和料已成为高性能普通混凝土的必备组分。

按照不同的分类标准，可以将混凝土作如下分类。

1. 按胶凝材料分类

(1) 无机胶凝材料混凝土

① 水泥混凝土

水泥混凝土是以硅酸盐水泥及各种混合水泥为胶凝材料而制成的，可用于各种混凝土结构，即普通混凝土。

② 石灰-硅质胶凝材料混凝土（即硅酸盐混凝土）

硅酸盐混凝土是由石灰和各种含硅原料（砂及工业废渣）以水热合成方法来产生水化胶凝物质的，可制作各种硅酸盐砌块等。

③ 石膏混凝土

石膏混凝土是以各种石膏为胶凝材料制成的，可制作天花板及内隔墙等。

④ 水玻璃混凝土

以水玻璃为胶凝材料制成的混凝土称为水玻璃混凝土，可制作耐酸结构物，如储酸槽等。

（2）有机胶凝材料混凝土

① 沥青混凝土

沥青混凝土由天然或人造沥青为胶凝材料制成，主要用于建造道路路面及耐酸、耐碱地面等。

② 聚合物胶凝材料混凝土（又称树脂混凝土）

树脂混凝土以聚酯树脂、环氧树脂、尿醛树脂等为胶凝材料制成，适于在有侵蚀介质的环境中使用。

（3）无机有机复合胶凝材料混凝土

① 聚合物水泥混凝土

聚合物水泥混凝土以水泥为主要胶结材，掺入少量聚合物或者用掺有聚合物的水泥制成，适用于路面及修补工程等。

② 聚合物浸渍混凝土

聚合物浸渍混凝土以水泥混凝土为基材，用有机单体液浸渍和聚合制成，适用于耐磨、抗渗、耐腐蚀等混凝土工程。

2．按表观密度分类

（1）重混凝土

用钢球、铁矿石、重晶石等作为骨料，混凝土表观密度大于 2 500 kg/m^3，用于防射线混凝土工程。

（2）普通混凝土

用普通砂、石作为骨料，混凝土表观密度为 2 100～2 400 kg/m^3，可用于制作各种结构。

（3）轻混凝土

用天然或人造轻骨料作为骨料，混凝土表观密度小于 1 900 kg/m^3，可用于承重结构或制作保温隔热制品。

3．按施工工艺分类

混凝土可分为：灌浆混凝土、喷射混凝土、泵送混凝土、真空混凝土、振压混凝土、挤压混凝土、离心混凝土、自密实混凝土等。

4．按用途分类

混凝土可分为：结构混凝土、防辐射混凝土、大坝混凝土、道路混凝土、耐热混凝土、耐火混凝土、耐酸混凝土、耐碱混凝土等。

除此之外，还可按混凝土的强度分类，如高强混凝土（抗压强度≥60 MPa）、超高强混凝土(抗压强度≥100 MPa);按水泥用量分类,如贫水泥混凝土(水泥用量相对较少的混凝土)、富水泥混凝土(水泥用量相对较多的混凝土)等。

2.1.2 混凝土的发展史及今后的发展方向

混凝土的发展史可以追溯到几千年前,我国的万里长城、埃及的金字塔、古罗马的建筑等都已使用了以石灰、石膏或天然火山灰为胶凝材料的混凝土。

中世纪后期,随着罗马帝国的衰落,胶凝材料的生产施工技术也有所退步。到了 18 世纪,资本主义的兴起引起工业、交通和军事设施的发展,迫切需要有更高强度和稳定性的混凝土材料,水硬性石灰和罗马水泥的出现,满足了这种要求。

很早就有人注意到,有些石灰用一般方法调配可以在水中凝结硬化得很好,而另外一些石灰用同样的方法调配,在水中则很快松散了,长期以来其原因就是一个无法解开的谜团。此谜团的谜底直到 1756 年才由美国工程师约翰·斯梅顿(J. Smeaton)揭示出来。斯梅顿受命重建英国康瓦尔海岸外的艾迪斯顿灯塔,为了使灯塔"在狂暴的海浪冲击之下,仍能坚实地矗立在岩石上",就必须研制出能够特别耐水的石灰混凝土,经过反复试验,斯梅顿发现,能够煅烧出符合耐水要求的石灰的石灰石中总是含有相当数量的黏土,从而推翻了通常所认为的最好的石灰是用最纯净的石灰石煅烧成的观点。斯梅顿这一极其重要的发现,拉开了煅烧水硬性胶凝材料的序幕,通过煅烧含有黏土的石灰石,或者将黏土加入到石灰石中煅烧,就能够制造出水硬性胶凝材料。

1796 年,罗马水泥首先被约瑟夫·派克(J. Perker)利用产于第三纪地层的黏土质石灰石(龟甲石)煅烧制成,因其棕色近似于古罗马石灰石火山灰胶凝材料,故称为罗马水泥,其应用兴盛至 1850 年前后,才逐渐被波特兰水泥混凝土取代。

1824 年,英国人阿斯普丁(J. Aspdin)第一个获得了生产波特兰水泥的专利权。此后,水泥和混凝土的生产技术得以迅速发展,混凝土的强度及其他性能也都有了很大的提高,混凝土用量急剧增加。时至今日,混凝土材料已经成为世界上用量最大、用途最广的人造材料。

1850 年,法国人朗波(J. L. Lambat)研究出使用钢筋混凝土的方法,并首次制成了钢丝网水泥船,使得混凝土的应用范围进一步扩大。

1887 年,科伦(M. Kocnen)首先发表了钢筋混凝土的计算方法,为钢筋混凝土的设计提供了理论依据。

1918 年,艾布拉姆斯(D. A. Abrams)发表了著名的水灰比学说。

1925 年,利滋(Lyse)发表了灰水比学说、恒定用水量学说,从而奠定了现代混凝土的理论基础。

1928 年,法国的佛列西涅(E. Freyssinet)提出了混凝土收缩和徐变理论,发明了预应力钢筋混凝土施工工艺,进一步弥补了混凝土抗拉强度低的弱点,为钢筋混凝土结构在大跨度桥梁、高层建筑,以及在抗震、防裂等方面的应用开辟了新的途径。

1960 年前后,各种混凝土化学外加剂、矿物掺和料的不断涌现,特别是减水剂的大量使用,不仅改善了混凝土的各种性能,而且为混凝土施工工艺的发展创造了良好的条件。

混凝土的有机化又使混凝土这种结构材料走上了一个新的发展阶段。如聚合物浸渍混凝土及树脂混凝土,不仅其抗拉、抗压、抗冲击强度都大幅度提高,而且具有高抗腐性等特点，因而在特种工程中得到广泛应用。

混凝土材料由于具有原材料来源广、便于施工、可灌注成任意形状、能适应各种环境、经久耐用等特点，因而其应用已越来越广泛。2010 年我国水泥产量达 18.68 亿吨，约占世界水泥产量的 60%，相对应的水泥混凝土产量，我国约为 100 多亿吨。据国内外专家分析，在今后的 100～200 年内混凝土仍将是最主要的建筑材料之一，混凝土材料将主要沿着高强、轻质、复合、绿色可持续等方向发展。

1. 高强

近几十年来，世界各国使用的混凝土强度均在不断提高。目前混凝土的平均强度为 20～50 MPa，而在一些发达国家已开始使用超过 60 MPa 的高强混凝土和超过 100 MPa 的超高强混凝土。在实验室条件下，不少国家如美国、日本、德国、英国及苏联等已配制出了 200～600 MPa 的更高强度的混凝土。随着水泥强度等级的提高、各种外加剂的开发与应用，以及新的施工工艺的出现，高强混凝土的用量将不断增加，今后混凝土的平均强度将提高到 50～100 MPa。

2. 轻质

比强度较小是普通混凝土的一大弱点，提高混凝土的比强度是混凝土科学发展的重要目标之一。

提高混凝土比强度的方法有两种，一是采用轻骨料（如浮石、火山渣、黏土陶粒、粉煤灰陶粒等）制成轻骨料混凝土；一是在混凝土中加入气泡制成多孔混凝土（如加气混凝土和泡沫混凝土），最近又出现了轻骨料与在水泥浆中引入气泡相结合的轻质混凝土，使混凝土的密度进一步降低。

目前，美国采用高强轻骨料配制的混凝土表观密度为 1 400～1 800 kg/m^3，抗压强度为 30～70 MPa，德国生产的轻骨料混凝土表观密度为 1 600～1 800 kg/m^3，抗压强度也达到了 30～70 MPa。日本已使用抗压强度为 60 MPa 的结构轻骨料混凝土。在轻质方面，除发展传统的轻骨料外，近来有些国家已开始使用废弃的合成树脂制品，如聚苯乙烯、废轮胎等经过加工成多孔骨料，配制出了密度为 200～500 kg/m^3 的超轻骨料混凝土。

多孔混凝土尤其是加气混凝土是近几十年来发展较为迅速的一种轻质材料，它具有良好的保温隔热性能和较好的可加工性能。由于加气混凝土的原材料来源十分广泛，并且可大量使用工业废料（如粉煤灰、矿渣、尾矿粉等），因而已被越来越多的国家所采用。

3. 改性

改变普通混凝土的性能，以满足各种工程的需要，一直是混凝土科学领域研究的重要课题之一。大量使用各种外加剂能够对混凝土性能进行改进。目前，国际上使用的外加剂约有 400～500 种，发达国家已有 70%～80%的混凝土使用了各种外加剂，有些国家甚至达到 100%，如日本、北欧诸国等。由于在混凝土中掺入相应的外加剂后，可使混凝土达到大流动性、高强、速凝、缓凝、抗腐蚀等要求，有专家预测，在不久的将来，外加剂不但成为混凝土的一种不可缺少的组分，而且还可能仅用一种标准水泥，用外加剂调节混凝土的特性即可以满足大多数工程的需要。

4. 复合

普通混凝土的另一大弱点是易脆、易裂、抗拉强度低，使其不可能独立承受较大的拉荷载和冲击荷载。将普通混凝土与某些金属材料或非金属材料复合后，就可克服上述缺点，使其具有较高的抗拉、抗压、抗弯及抗剪应力的能力，满足各种工程结构对混凝土性能的要求。目前，已使用的复合混凝土有：钢筋混凝土、预应力钢筋混凝土、纤维（如钢纤维、碳纤维、合成纤维、玻璃纤维、植物纤维等）混凝土、聚合物浸渍混凝土等。

今后，高强度钢筋将会大量使用，钢筋混凝土及预应力混凝土的设计理论亦将进一步完善，其他复合混凝土的使用范围将会进一步扩大。

5. 绿色可持续

混凝土是人类与自然界进行物质及能量的交换活动中消耗量较大的一种材料，所以混凝土的生产与使用，以及其本身的性能极大地影响着地球环境、资源、能源的消耗量及其所构筑的人类生活空间的质量。长期以来，人类只注意到混凝土为人类所用，给人类带来了方便和财富的一面，却忽略了混凝土给人类和地球带来负面影响的另一面。

混凝土材料给环境带来的负荷主要表现在以下几个方面。首先，混凝土的主要组成材料之一是水泥，约占混凝土总质量的 1/6。在制造水泥时石灰石分解生成氧化钙，同时排出具有温室效应的 CO_2，生产 1 吨水泥约排出相同质量的 CO_2。同时水泥的烧成反应所需能量主要由化石类燃料燃烧获得，每烧制 1 吨水泥熟料，约消耗标准煤 178 千克。由此还将产生 CO_2 和 SO_x 等有害气体，并以温室效应和酸雨的形式增加对地球环境的负荷。目前全世界每年 CO_2 的排放量约为 100 亿吨，其中由于生产水泥而产生的 CO_2 约占 1/10，是温室效应气体的大户。其次，混凝土体积的 2/3～3/4 为砂石骨料，为获得这些原料，需要开山或挖取河床，破坏自然景观，改变河床位置及形态，造成水土流失或河流改道等严重后果。再次，浇注混凝土仍采用大量木模板，消耗森林资源，直接影响生态平衡，进而造成气候的异常。在混凝土的运输和施工过程中，除了消耗大量能源外，还产生振动和噪声，是城市公害的主要来源。据调查，城市噪声的 1/3 来自于建筑施工，其中混凝土的振动占主要部分。就混凝土本身的特性来看，质地脆硬，颜色灰暗，给人以粗、硬、冷的感觉，由混凝土所构成的生活空间色调单一，透气性、透水性差，对温度、湿度的调节能力差，城市大密度的混凝土建筑及道路，使得城市气温上升，产生热岛效应，同时也使得地面蓄水能力变差，容易造成城市内涝。

混凝土材料生产和使用过程中资源过度开发、废弃及其造成的环境污染和生态破坏，与地球资源、环境容量的有限性以及地球生态系统的可持续性之间出现了尖锐的矛盾，因此，应进一步认识资源、环境与材料的关系，开展绿色混凝土材料及其相关理论的研究，进而实现混凝土材料科学与技术的可持续发展。

绿色混凝土具有环境协调性和自适应性，前者是指对资源、能源消耗少，对环境污染小，循环再生利用率高，后者是指具有满意的使用性能，能够改善环境，具有感知、调节和修复等机敏特性。绿色混凝土涉及的研究范围包括：绿色高性能混凝土、再生骨料混凝土、环保型混凝土和机敏混凝土。

绿色高性能混凝土的特征是：更多地节约水泥熟料，减少环境污染；更多地加入以工业废渣为主的活性磨细掺和料；更多地发挥高性能优势，减少水泥和混凝土的用量。

再生骨料混凝土是利用废弃的混凝土、砖块、砂浆等作为骨料，与水泥砂浆拌合制得的混凝土。

环保型混凝土能够改善、美化环境，对人类与自然的和谐相处具有积极的作用，目前研发的品种主要有透水混凝土、净水混凝土和绿化植被混凝土等。

机敏混凝土是通过在传统的混凝土组分中复合特殊的功能组分而制得的，具有感知、调节和修复等功能，是材料科学和信息科学相结合的产物，其目标不仅仅是将混凝土作为具有优良物理力学性能的土木工程材料，同时更加注重混凝土与自然的协调共处。

2.2 普通混凝土的组成材料

普通混凝土是指用水泥、水、砂、石子（必要时加入其他掺和料如粉煤灰）及外加剂，按一定比例配制，经搅拌、成型、养护而得的人造石材。此间经拌合后呈塑性状态而未凝固硬化的混凝土称为新拌混凝土，也称为混凝土混合料。新拌混凝土在一定条件下，随时间逐渐硬化成具有强度和其他性能的块体则称为硬化混凝土。

普通混凝土原材料的组成，主要包括水泥、细骨料（砂）、粗骨料（碎石或卵石）、水、外加剂、矿物掺和料。按各种主要原材料所占的绝对体积看，一般为：水 16%～20%，水泥 9%～15%，砂子 20%～30%，石子 35%～48%，空气 1%～3%。

在混凝土组成材料中，砂、石是骨料，对混凝土起骨架作用，其中小颗粒填充大颗粒的空隙，水泥和水组成水泥浆，包裹在粗、细骨料表面并填充在骨料颗粒间隙中。在混凝土硬化前，水泥浆起润滑作用，使得混凝土混合料具有流动性，在混凝土硬化过程中起胶凝作用，将骨料颗粒胶结成为具有一定形状和强度的整体。

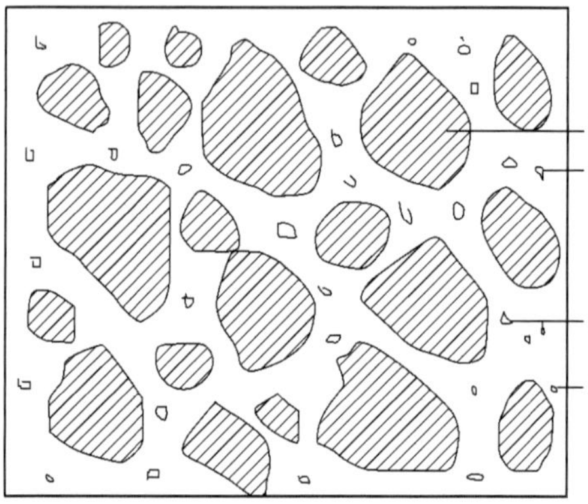

图 2.1 混凝土的组织结构

硬化后普通混凝土的组成大致如表 2.1 所示，组织结构如图 2.1 所示。

表 2.1 硬化混凝土的组成

水泥净浆胶凝材料					填充材料	
空隙	毛细孔	凝胶孔	水泥凝胶	未水化水泥颗粒核心	细骨料	粗骨料
≈30%					≈25%	≈45%

普通混凝土所采用的原材料与所配制的混凝土强度、耐久性、变形性能等有着密切的关系，正确地选择和使用混凝土的原材料是获得高质量混凝土的关键和保证。

2.2.1 水泥

根据普通混凝土的使用要求，选用水泥时必须考虑以下技术条件。

1. 正确选用水泥品种

品种不同的水泥其技术性能不同，适用范围也不同。因此，在实际生产和施工中应根据具体情况选用所需要的水泥（表 2.2）。

表 2.2 土木工程中常用水泥品种的选用

工程特点及所处环境	优先选用	可以选用	不得选用
普通气候环境中的普通混凝土工程	普通硅酸盐水泥	矿渣硅酸盐水泥 火山灰质水泥	
气候干热地区	普通硅酸盐水泥	矿渣硅酸盐水泥	火山灰质水泥 矾土水泥
蒸汽养护或地下、水中的混凝土工程	矿渣硅酸盐水泥 火山灰质水泥	普通硅酸盐水泥	
大体积混凝土工程	大坝硅酸盐水泥 火山灰质水泥	普通硅酸盐水泥	矾土水泥
快硬高强混凝土工程（≥C30）	高强度等级普通硅酸盐水泥 快硬硅酸盐水泥	高级水泥 矾土水泥	火山灰质水泥 矿渣硅酸盐水泥 复合硅酸盐水泥
严寒地区露天、寒冷地区处在水位升降范围的混凝土工程	高强度等级普通硅酸盐水泥 快硬硅酸盐水泥	矾土水泥 矿渣硅酸盐水泥	火山灰质水泥
严寒地区处在水位升降范围的混凝土工程	高强度等级普通硅酸盐水泥 快硬硅酸盐水泥 抗硫酸盐水泥	矾土水泥	火山灰质水泥 矿渣硅酸盐水泥
抗渗混凝土工程	普通硅酸盐水泥 膨胀硅酸盐水泥	火山灰质水泥 自应力水泥	矿渣硅酸盐水泥
耐磨混凝土工程	高强度等级普通硅酸盐水泥	矿渣硅酸盐水泥	火山灰质水泥
海工及抗硫酸盐混凝土工程	抗硫酸盐水泥 火山灰质水泥	大坝硅酸盐水泥 矾土水泥	膨胀硅酸盐水泥
耐火混凝土工程	低钙铝酸盐水泥	矾土水泥、矿渣水泥	普通硅酸盐水泥
耐酸防腐混凝土工程	水玻璃耐酸水泥	硫黄耐酸胶凝材料	
紧急抢修、加固混凝土工程	高级水泥 快硬水泥 特快硬水泥	矾土水泥 矾土水泥 膨胀硅酸盐水泥	火山灰质水泥 矿渣硅酸盐水泥 复合硅酸盐水泥

2. 选择适宜强度等级的水泥

在工程施工中，配制高强度混凝土时应选用高强度等级水泥；配制低强度等级的混凝土时应选用低强度等级水泥。一般的普通混凝土，其水泥与混凝土的强度比以 1.5 为宜，对于高强混凝土，则其水泥与混凝土的强度比以 1.0 为宜，这样才能做到技术和经济上的合理。但若掺入适量的活性混合材，如粉煤灰、磨细矿渣等，也可用高强度等级水泥配制强度等级较低的混凝土。

3. 避免不同水泥混用

不同品种、不同强度等级的水泥不能随意掺用，以免引起质量事故。例如以高铝水泥为例，因高铝水泥水化时反应十分剧烈，1 d 强度可达其强度等级的 80%～90%，硬化时又放出大量水化热，若与硅酸盐类水泥相混合，由于硅酸盐类水泥中 $Ca(OH)_2$ 的作用，将促使高铝水泥中的水化铝酸三钙和氢氧化钙向 C_3AH_6 迅速转化，使水泥出现瞬凝，同时混凝土的强度也比这种水泥单独使用时大大降低。因此，对不同品种、不同强度等级的水泥应分别储运，不能混杂，更不能混合使用。

4. 注意妥善储存和使用

在水泥运输和储存过程中，一定要注意防潮、防水。因为水泥受潮后会发生水化作用，凝结成块，严重时会全部结块而不能使用。

水泥的储存一般不应超过 3 个月。储存 3 个月强度约降低 10%～20%；储存 6 个月强度约降低 15%～30%；储存 1 年强度约降低 40%。因此，对过期水泥应进行检验，重新确定强度等级，并按实际确定的强度等级使用。

2.2.2 骨料

骨料是混凝土中具有一定骨架作用的惰性填充料，又称集料，其用量约占混凝土体积的 3/4。骨料在混凝土中具有比单纯水泥浆高得多的体积稳定性和耐久性，且价格比水泥低廉。骨料的使用可以显著降低混凝土的成本，具有重要的技术经济意义。

骨料有粗骨料和细骨料之分，通常把粒径大于 4.75 mm 的称为粗骨料；粒径为 0.15～4.75 mm 的称为细骨料。

2.2.2.1 粗骨料——石子

1. 石子的分类

普通混凝土常用的粗骨料有碎石和卵石两大类，通称为石子。碎石一般由花岗岩、石英岩、玄武岩、石灰岩等经过人工或机械破碎而成。卵石是由多种硬质岩经风化自然崩解形成的粗细颗粒混合物。粗骨料的分类和堆积密度见表 2.3。

表 2.3 石子分类和堆积密度

名称	按粒径大小分类		堆积密度/(kg·m^{-3})	
	名称	粒径/mm	紧密	松散
碎石	特细碎石	5～10	约 1 400～1 500	约 1 300～1 400
	细碎石	10～20		
	中碎石	20～40		
	粗碎石	40～150		
卵石	特细卵石	5～10	约 1 600～1 800	约 1 400～1 600
	细卵石	10～20		
	中卵石	20～40		
	粗卵石	40～150		

碎石一般比卵石所含杂质少，颗粒富有棱角，表面粗糙，与水泥砂浆的黏结性比较好。同样条件下，碎石混凝土比卵石混凝土的强度高，但前者的拌合性能要差些。

2. 粗骨料的主要技术性能及要求

(1) 表观密度、堆积密度和空隙率

骨料的表观密度是指包括非贯穿毛细孔在内的单位体积的质量。堆积密度是指散粒状材料在堆积状态下单位体积的质量。显然，物料在松散状态下与在振动捣实状态下的堆积密度是不同的,前者称为松散堆积密度,后者称为紧密堆积密度(表 2.3)。

骨料的堆积密度能够反映骨料在堆积状态下的空隙率,对于一定表观密度的骨料而言,堆积密度愈大,所需水泥浆填充的空隙愈少。

根据骨料的表观密度和堆积密度,可以计算出骨料的空隙率

$$P=(1-\rho_0/\rho)\times 100\% \tag{2.1}$$

式中 P——骨料空隙率,%;

ρ_0——骨料的堆积密度,kg/m^3;

ρ——骨料的表观密度,kg/m^3。

(2) 颗粒级配

骨料中各级粒径颗粒的分配情况称为骨料的级配。骨料的级配对混凝土的和易性、强度等均有较大的影响。良好的级配可以制得流动性好、离析泌水少的混凝土混合料,它易于密实成型,并能达到节约水泥的目的。

石子的颗粒级配可通过筛分试验加以确定。石子标准筛的孔径有:2.36 mm、4.75 mm、9.5 mm、13.2 mm、16.0 mm、19.0 mm、26.5 mm、31.5 mm、37.5 mm、53.0 mm、63.0 mm、75.0 mm 及 90.0 mm 等多级。级配技术数据主要是分计筛余和累计筛余,分计筛余是各号筛中所余的石子的质量占试样总质量的百分数,累计筛余是指等于和大于某号筛筛孔的石子质量之和占试样总质量的百分数。

粗骨料的颗粒粒级可分为连续粒级和单粒级两种。连续粒级多属于连续级配,其分级尺寸是连续的,即从某一粒级以下依次有其他粒级。用连续级配骨料配制的混凝土一般工作性好,不易发生离析。单粒级不含较小粒径的颗粒,大部分集中在某一种或两种粒径上。单粒级骨料便于分级储运。通过不同组合,可配制成不同要求的级配骨料,以保证混凝土的质量,此种骨料多用于混凝土搅拌工厂。表 2.4 列出了碎石或卵石的颗粒级配范围。

表 2.4 粗骨料的颗粒级配范围

公称粒径范围/mm	累计筛余(按质量计)/% 筛孔尺寸(方孔)/mm	2.36	4.75	9.5	16.0	19.0	26.5	31.5	37.5	53.0	63.0	75.0	90.0
连续粒级	5~10	95~100	80~100	0~15	0								
	5~16	95~100	85~100	30~60	0~10	0							
	5~20	95~100	90~100	40~80	/	0~10	0						
	5~25	95~100	90~100	/	30~70	/	0~5	0					
	5~31.5	95~100	90~100	70~90	/	15~45	/	0~5	0				
	5~40	/	95~100	70~90	/	30~65	/	/	0~5	0			

续 表

公称粒径范围/mm \ 累计筛余(按质量计)/% \ 筛孔尺寸(方孔)/mm		2.36	4.75	9.5	16.0	19.0	26.5	31.5	37.5	53.0	63.0	75.0	90.0
单粒级	10～20		95～100	85～100		0～15	0						
	16～31.5		95～100		85～100			0～10	0				
	20～40			95～100		80～100			0～10	0			
	31.5～63				95～100			75～100	45～75		0～10	0	
	40～80					95～100			70～100		30～60	0～10	0

与连续级配相对应的是间断级配，即在连续级配的骨料中有意剔除一级或几级中间粒级的骨料级配，这种级配的结果将使骨料的空隙率下降。其原因可通过球体的紧密堆积现象解释：例如，有各种直径的球形颗粒，在大球颗粒排列的空隙中填以足够小的球粒，再在余下的空隙中填以更小的球粒，如此继续下去，最后空隙可趋近于零。例如，当采用连续级配时，若同一粒级最大粒径与最小粒径之比为 $D/d = 2$，相邻粒级的粒径比：$D_1/D_2 = D_2/D_3 = D_3/D_4 = \cdots = 2$。则在最紧密堆积的情况下，空隙率随分级增加而减少的规律如下：一个分级为 0.45，两个分级为 0.40，之后依次为 0.35、0.32、0.31、0.30，亦即有 6 个分级时，空隙率减至 0.30。当相邻粒径比增至 8 时，即为间断级配。在适宜的配比下，空隙率随分级的增加而减少的规律为 0.48、0.25、0.11、0.06、0.03。可见，间断级配当分级增多时空隙率的降低较连续级配快得多，因而可较好地发挥骨料的骨架作用，减少水泥用量。但是，间断级配骨料配制的混凝土往往易于离析，不易达到理想的和易性。

(3) 最大粒径(D_m)

粗骨料的公称粒级的上限为该粒级的最大粒径。在骨料中最大粒径增大将使骨料的总比表面积减少，因而需水量和水泥用量都将有所减少，拌制的混凝土比较经济。但最大粒径的选用要受到搅拌机容量、叶片强度、泵送管道内径、结构物断面尺寸以及钢筋间距等因素的制约。

当混凝土搅拌机的容量小于 0.8 m^3 时，骨料最大粒径不宜大于 80 mm，对于大容量搅拌机，骨料最大粒径也不宜大于 150 mm，否则容易损坏搅拌叶片；对于泵送混凝土，粗骨料最大粒径与输送管内径之比，碎石不宜大于 1∶3，卵石不宜大于 1∶2.5，高层建筑宜在1∶3～1∶4，超高层建筑宜在 1∶4～1∶5，否则容易发生泵送困难，甚至堵泵和烧毁泵机；对于钢筋混凝土结构，粗骨料最大粒径不得大于结构截面尺寸的 1/4，同时不得大于钢筋间最小净距的 3/4，对于混凝土实心板，不宜超过板厚的 1/3，且不得超过 40 mm。

(4) 颗粒形状和表面特征

粗骨料颗粒形状一般有蛋圆形、棱角形、针状和片状等几种类型。比较理想的骨料颗粒形状接近于正多面体。针状颗粒是指颗粒长度大于该颗粒所属粒级的平均粒径(平均粒径指该粒级上、下限粒径的平均值)2.4倍者,片状颗粒是指颗粒厚度小于平均粒径0.4倍者,针片状颗粒不仅本身容易折断,而且会增加骨料的空隙率,使拌合物和易性变差,强度降低。骨料中针、片状颗粒含量必须控制在一定界限以内,才能确保混凝土满足设计要求的性能。

粗骨料的表面特征主要指表面的粗糙度及孔隙特征。它们将影响骨料与水泥浆之间的黏结力,从而影响到混凝土的强度,尤其是抗弯强度,而对于高强混凝土这种影响更为显著。一般说来,表面粗糙多孔的骨料,其与水泥浆的黏结力较强。反之,表面圆且滑的骨料,与水泥浆的黏结力较差。在相同条件下,水灰比较低时,碎石混凝土比卵石混凝土的强度要高10%以上;水灰比为0.65时,两者差别不大。

(5) 有害杂质

粗骨料中常常含有一定数量的有害杂质,如黏土、细屑、盐类、硫化物及有机杂质,不同程度地影响水泥与骨料的黏结,对水泥水化产物具有腐蚀作用,从而降低混凝土强度和耐久性能。

如果怀疑存在碱-骨料反应隐患时,必须对混凝土所使用的骨料进行碱活性检验,经试验判定确有潜在危害时,则应遵循以下法则:使用含碱量小于0.6%的水泥或采用能够抑制碱-骨料反应的掺和料;必须进行严格的试验,才能谨慎使用含钾、钠离子的混凝土外加剂;必须考察混凝土工程将来工作环境中存在碱、并且进入混凝土结构的可能性。以上措施同样适用于细骨料。

碎石或卵石中的杂质及针、片状颗粒的含量应符合表2.5的规定。

表2.5 粗骨料中的杂质及针、片状颗粒含量的规定

项　　目	质量标准		
混凝土强度等级	≥C60	C55~C30	≤C25
含泥量(按质量计)/%	≤0.5	≤1.0	≤2.0
泥块含量(按质量计)/%	≤0.2	≤0.5	≤0.7
针、片状颗粒(按质量计)/%	≤8	≤15	≤25
硫化物及硫酸盐(按 SO_3 质量计)/%	≤1.0		
卵石中有机物(比色法)	颜色应不深于标准色,否则,应按水泥胶砂强度试验方法进行强度对比试验,抗压强度比不小于0.95		

(6) 坚固性

骨料在混凝土中起骨架作用,必须具有充分的强度和坚固性。坚固性是指骨料在气候、环境或其他物理因素作用下抵抗碎裂的能力。骨料的坚固性可用硫酸钠溶液法检验,试样经5次循环后,粗骨料的质量损失应符合表2.6的规定。

表 2.6　碎石或卵石的坚固性指标

混凝土所处环境条件及性能要求	5 次循环后的质量损失/%
严寒及寒冷地区室外使用并经常处于潮湿或干湿交替状态； 有抗疲劳、耐磨、抗冲击要求； 有腐蚀介质作用或经常处于水位变化区的地下结构	≤8
其他使用条件下	≤12

注：1. 寒冷地区系指最冷月份的平均温度为－5～15℃的地区，严寒地区则是指最冷月份里的平均温度低于－15℃的地区；
2. 在干燥条件下使用，但有抗疲劳、耐磨、抗冲击等要求，或混凝土强度等级在 C40 以上时，其骨料的坚固性要求为经 5 次循环后的质量损失不大于 5%；
3. 除注 2 要求外，一般在干燥条件下，使用的混凝土仅发现有显著缺陷(指风化状态及软弱颗粒过多)时，方进行坚固性检验；
4. 对于同一产源的碎石或卵石，在类似的气候条件下，使用已有可靠的经验时，可不作坚固性检验。

(7) 强度

碎石与卵石的强度，在对其强度有严格要求或对质量有争议时应采用立方体岩石强度作检验。其水饱和极限抗压强度与所采用的混凝土强度等级之比不应小于 1.5。一般情况下，沉积岩试件抗压强度不宜低于 30 MPa，岩浆岩试件抗压强度不宜低于 80 MPa，变质岩强度不宜低于 60 MPa。

在经常性生产质量控制时，则采用压碎指标值检验石子质量。其方法如下：用一定规格的钢圆筒，内装一定量 9.5～19 mm 粒径气干状态的试样，置于压力试验机在 3～5 min 内均匀加荷至 200 kN，卸荷后称取试样质量(g_0)。再筛分试样，称取 2.36 mm 筛余试样质量(g_1)，求出骨料的压碎指标值 Q_a

$$Q_a = (g_0 - g_1)/g_0 \times 100\% \tag{2.2}$$

Q_a 值愈小，表示石子抵抗碎裂能力愈强。石子的压碎指标值可参照表 2.7 选用。

表 2.7　碎石或卵石的压碎指标值

	岩石种类	混凝土强度等级	压碎指标/%
碎石	沉积岩	C60～C40	≤10
		≤C35	≤16
	深成岩 变质岩	C60～C40	≤12
		≤C35	≤20
	喷出岩	C60～C40	≤13
		≤C35	≤30
卵石		C60～C40	≤12
		≤C35	≤16

2.2.2.2　细骨料——砂

细骨料是指颗粒粒径在 0.15～4.75 mm 的岩石颗粒。

1. *砂的分类*

通常混凝土所用细骨料为天然砂，按照天然砂的产地和来源，可分为河砂、海砂和山砂。

(1) 河砂　河砂的颗粒由于长期受流水冲洗和摩擦，多为圆形，表面光滑洁净。一般工程中多采用河砂。

(2) 海砂 海砂的颗粒表面也比较圆滑洁净,但常混有贝壳碎片,且氯盐含量较高,应进行冲洗处理,使氯盐及有机物含量限制在一定范围内,一般的混凝土结构谨慎使用,重要的钢筋混凝土结构禁用。

(3) 山砂 山砂颗粒多带棱角,表面粗糙,与水泥浆的黏结力较强,但其含泥量较多。

2. *砂的主要技术性能及要求*

(1) 砂的表观密度、堆积密度和空隙率

通常使用的砂,表观密度约为 2 600~2 700 kg/m³,松散堆积密度为 1 300~1 400 kg/m³,捣实堆积密度为 1 600~1 700 kg/m³。砂的空隙率计算方法与石子相同。

如果砂粒的粗细几乎相同,则空隙率较大,可高达 40%~42%,如果砂中的粗、中、细颗粒配合得当,由中粒填充于粗粒空隙,细粒填充其余的空隙,则空隙率可降到 30%左右,为了节约水泥,空隙率不应大于 40%。小于 37%者,可以认为品质优良。

(2) 砂的粒度和级配

砂的粗细程度,即粒度及颗粒级配的评定方法可通过筛分试验测定。

称取一定量的砂样,在一套筛孔尺寸依次为 4.75 mm、2.36 mm、1.18 mm、0.60 mm、0.30 mm 及 0.15 mm 的标准筛上过筛。称出余留在各号筛上的砂子质量,计算出各筛的分计筛余和累计筛余。

分计筛余是各号筛中所余的砂的质量占砂样总质量的百分数。4.75 mm、2.36 mm、1.18 mm、0.60 mm、0.30 mm 及 0.15 mm 号筛分计筛余分别用 α_1、$\alpha_2 \cdots \alpha_6$ 表示。累计筛余是指等于和大于某号筛筛孔的砂子质量之和占砂样总质量的百分数,以 A_1、$A_2 \cdots A_6$ 分别代表 4.75 mm、2.36 mm …及 0.15 mm 各筛的累计筛余。如

$$A_6 = \alpha_1 + \alpha_2 + \cdots + \alpha_6$$

根据累计筛余可计算出砂的细度模数。细度模数可定义为各号筛上累计筛余百分数的总和,以整数或小数表示,即

$$M_k = \sum A_i \tag{2.3}$$

式中 M_k——细度模数;

A_i——各号筛上的累计筛余,%。

根据砂的定义,4.75 mm 筛以上的筛余部分不属于砂的范围。因此,在计算时,各号筛上的累计筛余必须扣除 4.75 mm 筛上的筛余,即

$$M_k = \frac{A_2 + A_3 + A_4 + A_5 + A_6 - 5A_1}{100 - A_1} \tag{2.4}$$

砂的细度模数愈大,表示砂子愈粗。根据 M_k 值可把砂子分为四种:$M_k = 3.7 \sim 3.1$ 为粗砂,$M_k = 3.0 \sim 2.3$ 为中砂,$M_k = 2.2 \sim 1.6$ 为细砂,$M_k = 1.5 \sim 0.7$ 为特细砂。

砂子的粗细程度也可通过计算其比表面积和平均粒径的大小来进行评定。但由于这两种方法不能全面反映砂的实际情况,且计算繁杂,测定值误差较大,现已很少采用。相反,细度模数法则由于其计算简便,能基本反映出各分级砂的含量,对粗颗粒含量情况反映敏感,因此被大多数国家用以评定砂的粗细程度,并间接反映砂的级配情况。

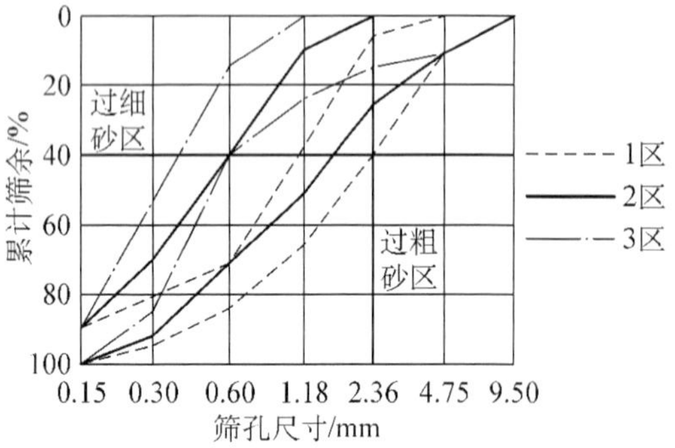

图 2.2 天然砂的级配区曲线

根据筛分结果，以筛孔尺寸为横坐标，累计筛余百分数为纵坐标，可绘制出砂的级配曲线来直观地表示砂的级配。

一般说来，好的砂子级配应当是：空隙率小，以节约水泥；总表面积小，可减少润湿集料表面的需水量；要有适当含量的细颗粒以满足和易性要求。考虑到以上条件，并根据我国具体情况，规定了混凝土用砂的三个级配范围。表 2.8 为天然砂的合理级配区规定范围，图 2.2为相应的天然砂级配区域。

表 2.8 天然砂颗粒各级配区累计筛余(按质量计)

筛孔尺寸/mm	各级配区累计筛余/%		
	1 区	2 区	3 区
9.50	0	0	0
4.75	0～10	0～10	0～10
2.36	5～35	0～25	0～15
1.18	35～65	10～50	10～25
0.60	71～85	41～70	16～40
0.30	80～95	70～92	55～85
0.15	90～100	90～100	90～100

注：1. 除 4.75 mm 和 0.15 mm 筛外，允许稍有超出分界线，但总量不应大于 5%；
2. 各区砂细度模数 M_k 大致为：1 区——3.9～2.8；2 区——3.4～2.1；3 区——2.7～1.6。

(3) 砂的含水率和吸水率

骨料的含水率与吸水率取决于骨料的孔隙结构、孔隙大小和数量，并影响到混凝土的耐久性。骨料的含水率是指在自然堆积中，从大气吸附的水量与其烘干质量的比值。吸水率是指按规定方法测得的骨料饱和面干(内部饱水而表面干燥)状态下骨料的含水量与其烘干质量的比值。砂的各种含水状态可见图 2.3。

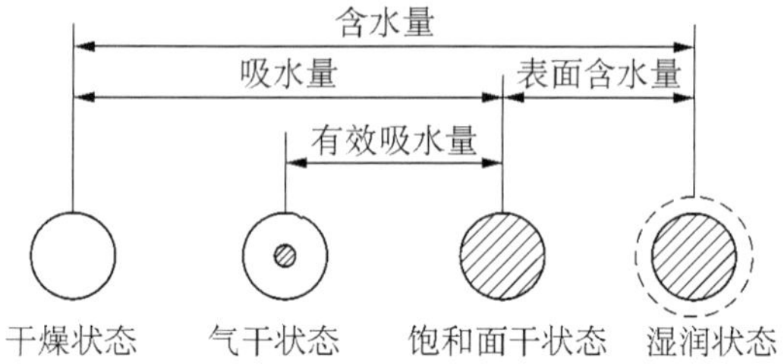

图 2.3 砂的几种含水状态

砂在吸水后，表面会形成一层水膜，引起砂子的体积膨胀，这种现象称为砂的湿胀。湿胀程度取决于砂的含水率和细度。一般，在含水率增大到 5%～8%时，湿胀最大，可达 20%～30%。再增加含水率时，吸附水膜增厚，在自重作用下发生流动，并迁移到砂粒的空隙，水膜消失。砂子完全浸泡时的体积与干燥时的体积相同。

砂的湿胀在实际应用中应加以注意，在按体积配料时，若忽视砂的湿胀，将造成混凝土混合料缺砂，出现离析和蜂窝现象。

(4) 砂中的有害杂质

和石子一样，砂中的有害杂质亦会对混凝土的强度和耐久性等产生不良影响。砂中含有有机物质，可能会阻碍水泥的正常水化、降低混凝土强度，故应引起注意。云母及视密度小于 2.0 g/cm^3 的煤粒、贝壳等轻物质，常呈薄片状，表面光滑，本身强度很低，且与水泥石的黏结力很差。当这些杂质含量较多时，会使混凝土和易性变差，并会明显降低混凝土的强度、抗冻性、抗渗性等性能。

此外，砂中氯盐也可能会对混凝土（主要是钢筋混凝土）产生一定的破坏作用。因为氯盐能促使钢筋的锈蚀，混凝土中钢筋不断锈蚀的结果，不但削弱了钢筋截面，而且由于锈蚀产物的膨胀作用而使混凝土保护层开裂进而影响到结构的正常使用。氯盐对于预应力钢筋混凝土的危害可能更大。我国规定：对位于水下或干燥条件下使用的钢筋混凝土，氯盐含量不做限制；对位于水上、水位变动区，以及在潮湿或露天条件下使用的钢筋混凝土，砂中氯盐量应不大于 0.1%（以全部氯离子换算成氯化钠，并以干砂质量的百分含量计）；对于预应力混凝土，砂中氯盐含量应从严要求。

普通混凝土用砂对有害杂质的限制见表 2.9～表 2.11。

表 2.9 天然砂含泥量和泥块含量

混凝土强度等级	≥C60	C55～C30	≤C25
含泥量(按质量计)/%	≤2.0	≤3.0	≤5.0
泥块含量(按质量计)/%	≤0.5	≤1.0	≤2.0

表 2.10 人工砂或混合砂中石粉含量(按质量计)

混凝土强度等级	≥C60	C55～C30	≤C25
MB 值<1.4 或合格	≤5.0	≤7.0	≤10.0
MB 值≥1.4 或不合格	≤2.0	≤3.0	≤5.0

表 2.11 砂中有害杂质的含量

项　　目	质量指标	项目	质量指标
云母(按质量计)/%	≤2.0	有机物（比色法）	颜色应不深于标准色，否则，应按水泥胶砂强度试验方法进行强度对比试验，抗压强度比不小于 0.95
轻物质(按质量计)/%	≤1.0		
硫化物及硫酸盐(按 SO_3 质量计)/%	≤1.0		

（5）坚固性

砂的坚固性可用硫酸钠溶液法检验，经 5 次循环后试样质量损失应符合表 2.12 的规定。

表 2.12 砂的坚固性指标

混凝土所处环境条件及性能要求	5 次循环后的质量损失/%
严寒及寒冷地区室外使用并经常处于潮湿或干湿交替状态； 有抗疲劳、耐磨、抗冲击要求； 有腐蚀介质作用或经常处于水位变化区的地下结构	≤8
其他使用条件下	≤10

2.2.3 水

一般来讲，混凝土对拌合用水中杂质的影响不太敏感，故几乎可以用任何天然水。但是有些杂质，即使是微量也会影响到混凝土的凝结与硬化。例如：水中溶解有由植物纤维变质产生的腐殖质、丹宁酸、糖等有机物，就会阻碍混凝土的凝结硬化。如果含量过大则可导致混凝土不硬化。此外，当水中的无机盐超过一定值时，对混凝土也会产生比较显著的影响。表 2.13 列出了对混凝土拌合水的质量要求。

表 2.13 混凝土拌合水的质量要求

项目	预应力混凝土	钢筋混凝土	素混凝土
pH 值	≥5.0	≥4.5	≥4.5
不溶物/(mg/L)	≤2 000	≤2 000	≤5 000
可溶物/(mg/L)	≤2 000	≤5 000	≤10 000
氯化物(以 Cl^- 计)/(mg/L)	≤500	≤1 000	≤3 500
硫酸盐(以 SO_4^{2-} 计)/(mg/L)	≤600	≤2 000	≤2 700

符合表 2.13 要求的海水也可用来配制混凝土，但这样的混凝土不能用于民用及公用建筑的内部结构，且不宜拌制钢筋混凝土。

当对某一种水是否适合做混凝土拌合水有争议时，必须用这种水与普通饮用水同时拌制混凝土，并进行混凝土的质量检验，以验证其是否适用。

2.2.4 外加剂

混凝土外加剂是指在混凝土拌合时或拌合后掺入的掺量不大于水泥质量 5%，并能对混凝土的正常性能按要求改性的材料(详见 2.3 节)。

根据外加剂的不同类别，使用混凝土外加剂能起如下作用。

(1) 改善施工条件，减轻劳动强度，有利于机械化施工，对保证及提高工程质量有积极作用。能够在现场条件下完成未掺外加剂的混凝土所难以完成的有较高质量要求的混凝土工程。

(2) 减少养护时间，缩短养护周期，加速模板周转。此外，还可以提前对预应力钢筋混凝土放张、剪筋，加快施工进度。

(3) 能提高或改善混凝土质量。许多混凝土外加剂可以提高混凝土的强度和增强其抗冻、抗渗及耐腐蚀的能力等。

(4) 在采取一定措施的条件下，可以适量地节约水泥，并不致影响混凝土的质量。

(5) 可以节省能源。由于外加剂的使用，使得混凝土的和易性得到改善。混凝土混合料的浇灌、振捣抹平等变得易于进行，减少了能源的消耗。养护时间尤其是蒸汽养护时间的减少，也降低了能源的消耗。

总之，由于混凝土外加剂的上述作用，外加剂越来越受到人们的重视，并被广泛地应用在各种混凝土工程中，以致混凝土外加剂已成为混凝土不可或缺的第五种组分。

2.2.5 矿物掺和料

用作混凝土矿物掺和料的来源主要有两种途径，即天然的（如火山灰）和由工业废料加工而成的（如矿渣、粉煤灰、硅粉等）。目前使用最多的主要是以工业废料制成的矿物掺和料。其使用方式有两种，一是与水泥熟料一起粉磨制成各种混合材水泥；二是以粉料形式直接掺入到混凝土中。

2.2.5.1 粉煤灰

粉煤灰是从燃煤的电厂锅炉烟气中收集到的细粉末，其颗粒多呈球形，表面光滑，色灰或淡。密度为 1.95～2.4 g/cm^3，堆积密度为 550～800 kg/m^3。

粉煤灰的主要化学成分为 SiO_2（占 45%～60%）、Al_2O_3（占 20%～30%）和 Fe_2O_3（占 5%～10%）。此外还有一部分 CaO、MgO 和未燃炭等。在碱性条件下，粉煤灰中的 SiO_2 和 Al_2O_3 会与水泥水化生成的 $Ca(OH)_2$ 发生化学反应，生成不溶性的水化硅酸钙和铝酸钙。但这种反应在常温下较慢。

粉煤灰的这种活性是以火山灰活性指标表示的，它主要取决于粉煤灰的化学成分、玻璃体含量、细度、颗粒形状等。其活性指标的确定，是以掺粉煤灰的水泥砂浆平均强度与标准砂浆平均强度之比求得。英国标准规定：粉煤灰的火山灰活性指标在 85%以上时，才能保证其有足够的活性。

试验表明，以粉煤灰代替一部分水泥时，混凝土的早期强度会降低，但随着龄期的增加其强度不断增加。当龄期超过 3～6 个月时，其强度可大于或等于不掺粉煤灰的混凝土。同时，混凝土的抗化学侵蚀和抗渗性均有提高。又因粉煤灰颗粒大部分呈光滑的玻璃体，故可改善混凝土的和易性，减少混凝土的离析。

粉煤灰的矿物组成主要为硅铝玻璃体，呈实心或空心微细颗粒。其中实心微细颗粒最细，表面光滑，是粉煤灰中需水量最小、活性最高的成分。粉煤灰还含有多孔玻璃体、玻璃体碎块、结晶体及未燃尽碳粒等。这些成分形体较大，颗粒粗糙，需水量较大，降低了火山灰活性，使粉煤灰品质下降。表 2.14 是各等级粉煤灰的品质指标。

表 2.14 粉煤灰的分级及品质指标 单位：%

品质指标	等级		
	Ⅰ	Ⅱ	Ⅲ
细度（45 μm 方孔筛余）	≤12	≤20	≤45
烧失量	≤5	≤8	≤12
需水量比	≤95	≤105	≤115
含水率	≤1	≤1	不作规定
SO_3 含量	≤3	≤3	≤3

注：代替细骨料或用以改善和易性的粉煤灰不受此规定的限制。

其中Ⅰ级粉煤灰适用于后张预应力钢筋混凝土结构及跨度小于 6 m 的先张预应力钢筋混凝土；Ⅱ级用于普通钢筋混凝土及轻骨料混凝土；Ⅲ级适用于建筑砂浆及无筋混凝土。粉煤灰在混凝土中的最大允许掺量见表 2.15。

表 2.15　粉煤灰取代水泥的最大允许掺量　　单位：%

混凝土种类	粉煤灰取代水泥的最大限量			
	硅酸盐水泥	普通硅酸盐水泥	矿渣硅酸盐水泥	火山灰质水泥
预应力钢筋混凝土	25	15	10	/
钢筋混凝土 高强混凝土 高抗冻混凝土 蒸养混凝土	30	25	20	15
中、低强混凝土 泵送混凝土 大体积混凝土 水下混凝土 地下混凝土 压浆混凝土	50	40	60	20
碾压混凝土	65	55	45	35

2.2.5.2　硅粉

硅粉的研究始于 20 世纪 50 年代的挪威、丹麦等国家，直到 20 世纪 70 年代中期，由于高效减水剂的出现才开始被实际应用。

硅粉主要是冶炼硅钢和硅金属时产生的一种粉末，其主要成分是 SiO_2（占 85%～98%），且绝大部分为无定形态。硅粉是一种极细的球形颗粒，其粒径为 0.1～1.0 μm，是水泥颗粒的1/50～1/100，其比表面积为 20～25 m^2/g，密度约为 2.2 g/cm^3，堆积密度为 250～300 kg/m^3。

由于硅粉具有很高的无定形二氧化硅成分、极高的比表面积和分散度，颗粒圆整且致密，与其他活性掺和料相比，具有反应快、活性高、能明显改善混凝土的性能，可以大幅度提高混凝土强度。例如，掺入占水泥质量 5%～10% 的硅粉，可使混凝土强度提高至 80～100 MPa，且混凝土空隙率大大减少，抗渗性能显著提高，其他耐久性能亦能得到改善。用硅粉取代水泥，其有效取代系数可达 3～4，即 1 kg 硅粉可取代 3～4 kg 水泥。

但硅粉在混凝土中往往不减水，而且憎水，需水量比达到 134%，当硅粉掺量超过 15% 时，会导致新拌混凝土变得干硬以致无法操作。因此，在掺用硅粉时应同时加入高效减水剂，以减少混凝土的需水量，才能达到提高强度、节约水泥的目的。

2.2.5.3　高炉矿渣

所谓矿渣是指熔融的高炉矿渣经水或空气急冷而成的细小颗粒状物料，前者称水淬矿渣，后者称气淬矿渣。其主要成分为 SiO_2、CaO、Al_2O_3，三者之和一般达 90%以上。目前，我国大部分钢铁厂排出的矿渣为水淬矿渣。

水淬矿渣依其化学成分又可分为碱性矿渣和酸性矿渣。前者活性优于后者，即当 CaO、Al_2O_3 含量高而 SiO_2 含量低时，矿渣活性就高。

水淬矿渣作为混凝土的掺和料，对混凝土的和易性几乎不能改善，因为其颗粒形状不如粉煤灰。但水淬矿渣的活性比粉煤灰高。因此，掺用水淬矿渣的混凝土硬化后性能与掺粉煤灰的相同，而且水淬矿渣的掺量范围也大。

2.3 混凝土外加剂

2.3.1 混凝土外加剂的定义与分类

在混凝土拌合前或拌合时加入的、掺量不大于水泥质量5%(特殊情况除外),并能按要求改变混凝土性能的材料,称为混凝土外加剂。

混凝土外加剂与水泥掺和料不同。对于掺和料,一方面它们的掺量均较大,一般大于5%;另一方面掺和料大多是在水泥生产时掺入,有时为水泥生产及控制水泥质量而加入的少量物质如助磨剂、石膏等,一般也不划归混凝土外加剂的范畴。

混凝土外加剂按其主要功能,具体命名及定义如下。

(1) 减水剂　在不影响混凝土工作性的条件下,能使单位用水量减少;或在不改变单位用水量条件下,能改善混凝土工作性;或同时具有以上两种效果,又不显著改变混凝土含气量的外加剂。

(2) 高效减水剂　在不改变混凝土工作性的条件下,能大幅度减少单位用水量,并显著提高混凝土强度;或不改变单位用水量的条件下,可显著改善混凝土工作性的减水剂。

(3) 早强剂　加速混凝土早期强度发展的外加剂。

(4) 缓凝剂　延长混凝土凝结时间的外加剂。

(5) 引气剂　在搅拌混凝土过程中能引入大量均匀分布、稳定而封闭的微小气泡的外加剂。

(6) 早强减水剂　兼有早强作用的减水剂。

(7) 缓凝减水剂　兼有缓凝作用的减水剂。

(8) 引气减水剂　兼有引气作用的减水剂。

(9) 加气剂　混凝土制备过程中因发生化学反应放出气体而在混凝土中形成大量气孔的外加剂。

(10) 防水剂　能降低混凝土在静水压力下的透水性的外加剂。

(11) 阻锈剂　能抑制或减轻混凝土中钢筋或其他金属预埋件锈蚀的外加剂。

(12) 膨胀剂　能使混凝土产生一定体积膨胀的外加剂。

(13) 防冻剂　能使混凝土在负温下硬化,在规定时间内达到足够防冻强度的外加剂。

(14) 着色剂　能制备具有稳定色彩混凝土的外加剂。

(15) 速凝剂　能使混凝土迅速凝结硬化的外加剂。

(16) 泵送剂　能改善混凝土拌合物泵送性能的外加剂。

此外,外加剂也可作如下分类:

1. 按照外加剂的作用功能分类见表2.16。

表 2.16 混凝土外加剂的分类

序号	按外加剂功能分类	品种
1	改善新拌混凝土混合料工作性	普通减水剂 高效减水剂 早强减水剂 缓凝减水剂 引气减水剂
2	调节混凝土凝结硬化性能	早强剂 速凝剂 缓凝剂
3	调整混凝土孔隙结构特征	引气剂 加气剂 泡沫剂 消泡剂
4	改善混凝土耐久性	抗冻剂 抗渗剂(防水剂) 阻锈剂 碱-骨料反应抑制剂
5	赋予混凝土特殊性能	膨胀剂 养护剂 着色剂

2. 按照外加剂的化学组成，又可分为如下两大类。

(1) 无机物类 无机物外加剂包括各种无机盐类、一些金属单质、少量氧化物和氢氧化物等。这类物质多用作早强剂、速凝剂、着色剂和加气剂等。

(2) 有机物类 这类物质种类很多，其中大部分属表面活性剂，常用作减水剂等。

2.3.2 减水剂

减水剂又称塑化剂，是目前应用最为广泛的混凝土外加剂。

减水剂的种类很多，按其对混凝土凝结时间的影响，可分为三类：标准型、缓凝型和促凝型；若按是否引气可分为引气型和非引气型两种；按化学成分则主要有：木质素磺酸盐及其衍生物，多环芳基聚合磺酸盐及其衍生物，羟基羧酸盐及其衍生物，多羟基碳水化合物及其衍生物；水溶性密胺甲醛树脂磺酸盐及其衍生物等。

2.3.2.1 减水剂的物理化学基础

减水剂多为表面活性剂，其在混凝土中的作用也主要是表面活性作用，因此了解一些表面活性剂的知识是十分必要的。

表面活性剂(或称界面活性剂)，是指能显著降低液体表面张力或两相间界面张力的物质。表面活性剂分子是由憎水基团和亲水基团两部分组成，如图 2.4(a)所示。表面活性剂的憎水基团一般是各种有机化合物烃类，亲水基团一般是能够解离出各种离子的盐类。

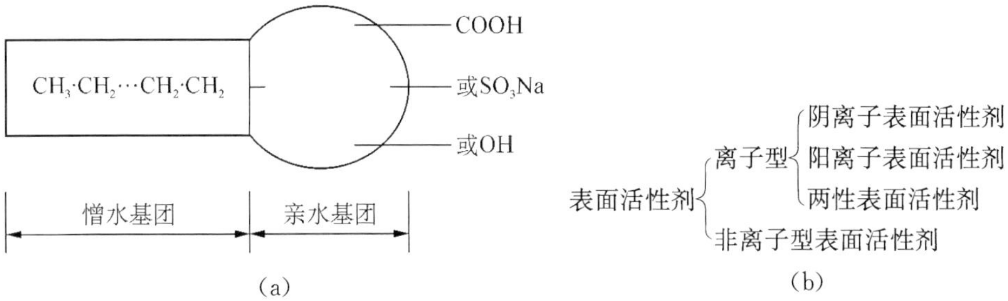

图 2.4 表面活性剂分子结构模型及分类

根据亲水基团在溶液中的解离情况，可以把表面活性剂分为：能电离出离子的离子型表面活性剂，如 R—SO_3Na(R 为憎水基团，—SO_3Na 为亲水基团)；不能电离出离子的非离子型表面活性剂，如 R—OH。其分类如图 2.4(b)所示。

离子型表面活性剂又可分为阳离子、阴离子和两性表面活性剂。阳离子表面活性剂的亲水基团能解离出阴离子，使亲水基团带正电荷。阴离子表面活性剂的亲水基团解离出的是阳离子，使亲水基团带负电荷。这类表面活性剂的使用较广泛，如混凝土减水剂多属于阴离子表面活性剂。而有些表面活性剂的亲水基团既能解离出阳离子又能解离出阴离子，故又称为两性表面活性剂。

表面活性剂的主要作用在于降低液体的表面张力或液体间及液体与固体间的界面张力。当表面活性剂加入溶液中后，亲水基团就会指向极性液体(如水)，憎水基团指向非极性液体、固体或气体，从而在液体或固体表面上产生定向吸附，形成定向排列的单分子膜。使得液体和固体表面或界面上的不饱和力场得到某种程度的平衡，降低了表面张力和界面张力。

溶液的表面张力随表面活性剂浓度增加而急剧降低，如图 2.5 所示。但当浓度达到一定程度后，再继续增加，则表面张力将不再有明显的变化。这是因为当表面活性剂所形成的单分子膜占据了液体的整个表面，再增加表面活性剂浓度时，表面活性剂分子将不再进入液体表面，而是在液体内部形成胶束。

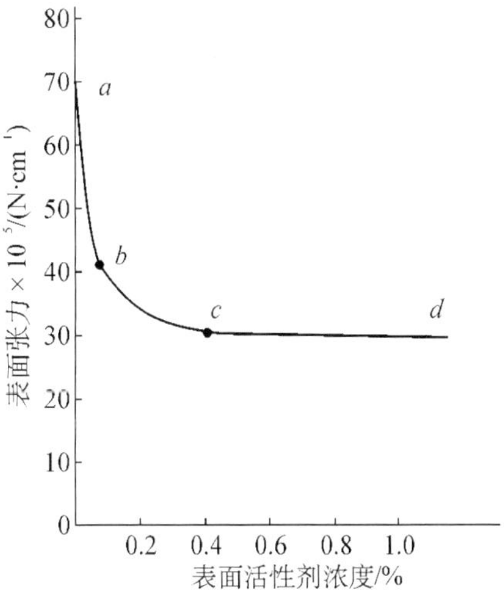

图 2.5 表面活性剂浓度与表面张力的关系

表面活性剂浓度逐渐增加时，水溶液中表面活性剂分子的活动情况如图 2.6 所示。

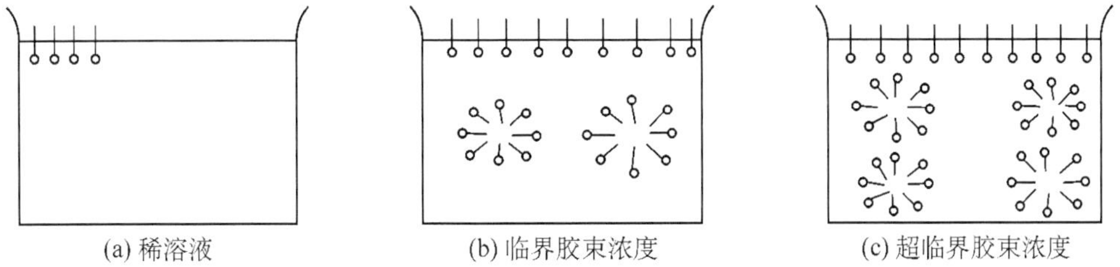

图 2.6 表面活性剂的浓度变化与表面活性剂活动情况的关系

图 2.6(a)为稀溶液时的情况。随着表面活性剂浓度的增加,表面张力显著下降。

图 2.6(b)为达到临界胶束浓度的情况。随表面活性剂浓度的逐渐提高,在水溶液的表面形成一层较致密的单分子膜,使水与空气近于完全隔绝状态。如果继续增加表面活性剂浓度,水溶液中表面活性剂分子便排列成憎水基团向里、亲水基团向外的胶束。通常把表面活性剂形成胶束的最低浓度称为临界胶束浓度。

图 2.6(c)为超过临界胶束浓度时的情况。这时水的表面已被表面活性剂占满,再增加浓度只能增加胶束的数量。胶束和单分子不同,并不具有活性,仅仅作为与吸附层相平衡的一种包含有表面活性剂的聚集体,因此表面张力不再下降,此种情况相当于图 2.5 曲线上的水平部分($c-d$ 段)。

表面活性剂在水溶液中的浓度以达到临界胶束浓度为界限,若高于或低于此浓度,其水溶液的表面张力以及其他性质都有较大差别。

由于表面活性剂的表面活性作用,决定了其具有如下几方面的作用。

1. 润湿作用

一般把液体能附着在固体上的现象称为润湿。严格地讲,当液固两相接触时系统界面自由焓降低的现象称为润湿。其界面自由焓降低的大小即为润湿程度的大小。

为了表示润湿程度,常以液固界面间的接触角 θ 作为衡量尺度。如图 2.7 所示,当把一滴水滴在固体表面上时,可能出现三种情况。

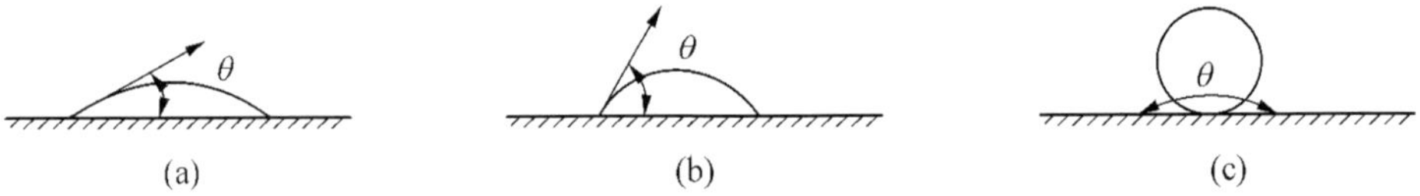

图 2.7 润湿与润湿角

θ 角愈接近于零,表示润湿得愈好;若愈接近于 180°,则表示愈难润湿;当 θ 角为 180°时,表示完全不能润湿。故接触角 θ 又称为润湿角。

2. 分散作用

固体微粒均匀地分散于一种液体中,这种液体就叫做分散液。将磨细的固体颗粒分散到溶液中,可能出现三种情况。一是固体微粒相互黏结,形成粒子凝聚体;二是固体微粒保持独立状态(良好的分散);三是介于两者之间。一般情况下,固体微粒在易于扩散的液体中会很好地分散,而在不能扩散的液体中会产生凝聚。易凝聚的固体微粒其凝聚倾向受到抑制的作用称为分散作用;而促进其凝聚倾向的作用称为凝聚作用。

表面活性剂一般是由以下一些原因显示出分散作用的。即在固-液界面上进行吸附,使界面附近溶液浓度变大,从而降低了表面能,使分散相变得稳定,减少了凝聚倾向。离子型表面活性剂解离后拥有电荷,使吸附了表面活性剂的固体粒子表面带电,这些带有同性电荷的粒子因相互排斥而不能或较难形成凝聚结构。另外,固体粒子因表面活性剂的作用会在其周围形成溶剂化层,这也使固体粒子难以形成凝聚结构。

3. 发泡和消泡作用

泡沫是空气分散在液体中的一种现象。如果某种液体易于成膜,不易破裂,则液体在搅拌时就会产生许多泡沫。因此,液体成膜能力的大小,决定着该种液体的起泡性。

当表面活性剂吸附于气-液表面时,其憎水基团朝向空气,形成较牢固的液膜,并使表面张力下降,从而增加了液体和空气的接触面。再加上被吸附的表面活性剂对液膜的保护作用,使液膜比较牢固。这就是表面活性剂的发泡作用。

消泡作用就其现象来说,有破泡和抑制作用的区别。破泡作用是在所产生的泡膜上滴上数滴破泡剂就能使泡沫破裂,达到消泡的目的。而抑泡作用是在溶液中预先掺入起抑制气泡作用的表面活性剂,使其在较长的时间内保持破泡的条件。

2.3.2.2　减水剂的作用机理

1. 吸附-分散作用

水泥加水搅拌后,仍有一些絮凝状结构,如图2.8所示。产生絮凝状结构的原因有很多,可能是由于水泥矿物组成(C_3A、C_4AF、C_3S、C_2S等)在水化过程中所带电荷不同,产生异性电荷相互吸引而引起的;也可能是由于水泥颗粒在溶液中的热运动,在某些边棱角处互相碰撞,相互吸引而形成的;还可能是粒子间的范德瓦尔斯力作用以及初期水化反应引起的。在这些絮凝状结构中包裹着很多拌合水,从而降低了新拌混凝土的和易性。施工中为了保持所需的和易性就必须相应增加拌合水量,这样将会严重影响硬化混凝土的物理力学性能。若能将这些包裹的水分释放出来,混凝土的用水量就会大大减少。在混凝土的制备过程中,掺入适量的减水剂就能很好地起到减少用水量的作用。

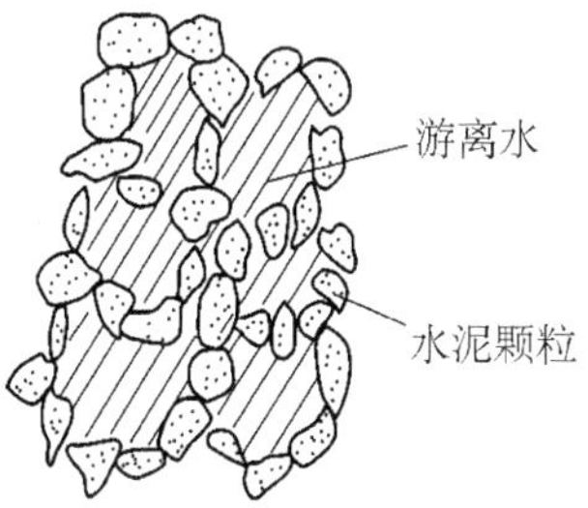

图2.8　絮凝状结构

如图2.9所示,掺入减水剂后,减水剂的憎水基团定向吸附于水泥颗粒表面,而亲水基团指向水溶液,构成了单分子或多分子吸附膜。使水泥颗粒表面带有相同符号的电荷,于是在电性斥力下,不但能使水泥-水体系处于相对稳定的悬浮状态,而且能使水泥加水初期所形成的絮凝状结构分散解体,从而将絮凝状聚集体内的游离水释放出来,达到减水的目的。

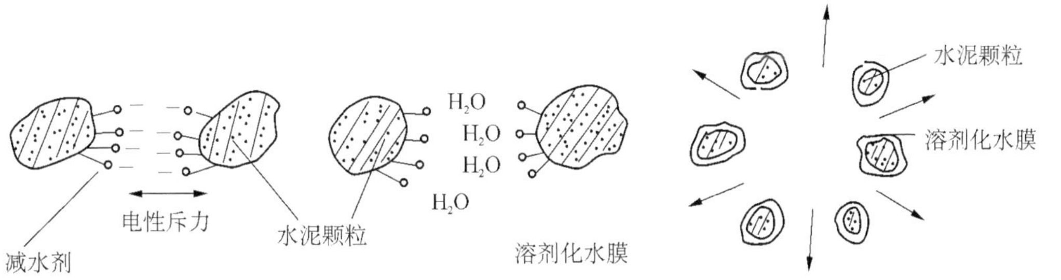

图2.9　减水剂作用示意图

2. 润湿作用

表面活性剂的掺入能大大降低水的表面张力,这样不但能使水泥颗粒有效地分散,并且由于润湿作用,亦会增大水泥颗粒的水化面积,加速水泥水化。

根据式(2.5)可知

$$G=\sigma\cdot S \tag{2.5}$$

式中,G为体系自由能;σ为表面张力;S为面积。

当 G 一定时，σ 与 S 成反比。随着表面张力 σ 的降低，S 增大，即水泥颗粒在水溶液中的分散度增加。

3. 润滑作用

减水剂大多为阴离子表面活性剂，离解后其分子一端是憎水基团，另一端是极性很强带负电荷的亲水基团。亲水基团定向吸附于水泥颗粒表面，易与水分子以氢键形式缔合起来，如图 2.10 所示。

这种氢键缔合作用的作用力远大于该分子与水泥颗粒间的分子引力。如图 2.11 所示，当水泥颗粒表面吸附足够的减水剂后，借助于上述的缔合作用，使水泥颗粒表面形成一层稳定的溶剂化水膜，阻止了水泥颗粒间的直接接触，增加了水泥颗粒间的滑动能力。另外，减水剂的掺入，一般伴随着引入一定量的微小气泡，这些气泡被减水剂定向吸附的分子膜所包围，与水泥颗粒吸附层电荷的符号相同。气泡与气泡、气泡与水泥颗粒间也因具有电性斥力而使水泥颗粒易于分散，从而也增加了水泥颗粒间的滑动能力。

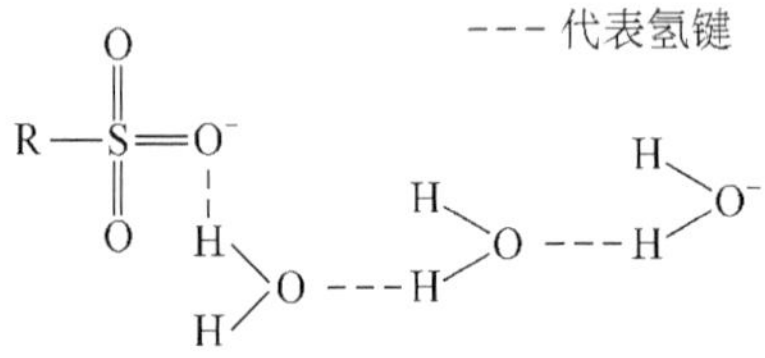

图 2.10　减水剂极性亲水基团以氢键形式与水分子缔合示意图

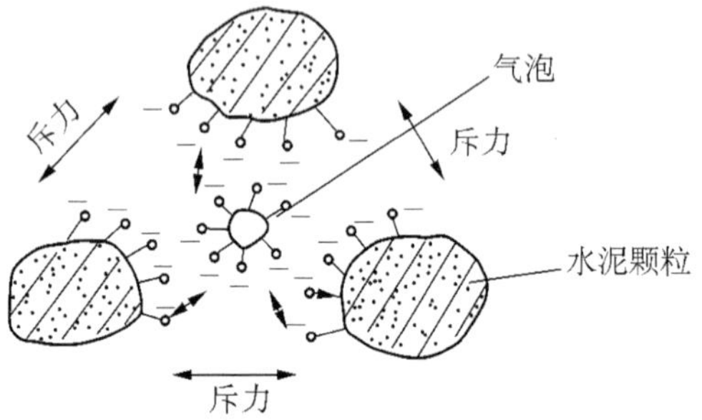

图 2.11　极性气泡所起润滑作用示意图

由于减水剂所起的吸附-分散作用、润湿和润滑作用，所以只要使用较少量的水就可以较容易地将混凝土拌合均匀，使新拌混凝土的和易性得到改善，或在保持和易性不变的条件下，显著降低混凝土的水灰比，起到减水增强的作用。

2.3.2.3　减水剂对新拌混凝土性质的影响

1. 和易性

影响混凝土和易性的因素很多，如水泥、骨料、用水量、外加剂及温度等。当其他条件相同时，则和易性与减水剂的种类、掺量有一定关系。在减水剂作用下，当用水量不变时，可大大改善混凝土的和易性。通常在相同水灰比下，混凝土坍落度可增加 10～20 cm。若保持相同的坍落度，则可使混凝土用水量减少 10%～25%，使强度提高 10%～30%；或在保持相同强度下，节约水泥用量 10%～15%。

2. 坍落度损失

混凝土混合料卸出搅拌机后，其坍落度随时间的延长而降低的现象，称坍落度损失。一般说来，掺入减水剂后，混凝土坍落度损失要比未掺者大。这对于混凝土的运输和浇灌来说都是不利的。但坍落度的绝对值还是比未掺减水剂的混凝土要大，经过振捣，混凝土仍然可以表现出良好的塑性，而不致影响施工质量。

引起混凝土坍落度损失较大的原因可能有如下几个方面。

(1) 减水剂的掺入提高了水泥的分散度，因而使水泥的初期水化速度加快，整个体系的稠度增加，凝聚趋势明显，致使坍落度下降较快，在高温下，这种趋势更严重。

(2) 因掺减水剂而引入的一些气泡，在混凝土中起润滑作用。而这些气泡在运输、堆放、浇灌过程中不断外溢，并伴随着水分的蒸发，使得坍落度明显下降。掺入高效减水剂的混凝土，因减水量较大，其坍落度损失尤为明显。

(3) 由于水泥中各矿物组成对减水剂的吸附能力不同($C_3A > C_4AF > C_3S > C_2S$)，而促使减水剂过多地吸附到水泥颗粒表面，使整个液相中的减水剂浓度明显下降，当浇灌成型时，对水泥起分散作用的减水剂将显得不足，因而坍落度值随时间延长而逐渐减小。

为减少坍落度损失，可在混凝土混合料拌合后几分钟再加入减水剂，或分几次加入；若在使用减水剂的同时复合使用缓凝剂，一方面可使初始坍落度变大，另一方面也能使坍落度损失减小。

3. 泌水性

混凝土的泌水性除受水泥细度、矿物成分及单位用水量等的影响外，还与是否掺入外加剂和矿物掺和料等因素有关。多数减水剂能减少混凝土的泌水，掺入木质素磺酸盐的混凝土其泌水量的减少更显著。

减水剂减少泌水的原因，是因其提高了水泥-水悬浮体系的稳定性，使颗粒沉降速度减慢。同时减水剂使水泥的分散度提高，增大了水泥与水的接触面积，使得多余的水分减少，也就相应减少了泌水。

4. 凝结时间

一般认为，减水剂对混凝土的凝结硬化或多或少地有延缓作用。这种作用对同一种水泥而言，又因减水剂分子的大小、极性基团的强弱，以及对水泥颗粒的水化矿物吸附能力的大小而有所不同。

减水剂延缓凝结时间主要是在水泥水化潜伏期。此时，水泥颗粒表面定向吸附着一层减水剂分子，加之水化初期生成的水化矿物，形成了一层具有一定强度的表面保护膜。它一定程度上阻碍着水分子进一步渗入到水泥颗粒内部，从而延缓了水泥的凝结硬化时间。木质素类减水剂对水泥的缓凝作用更为显著。这是因为除了上述原因外，更重要的是它含有一定量的糖分。无论是什么糖，其分子结构中均有羟基，它们能与 O^{2-} 产生氢键结合，使其具有很好的亲水性。同时它还与水分子中氢原子形成氢键，生成缔合分子，束缚了水分子的运动，使得一定阶段内的水泥水化反应速度降低，凝结时间明显延长。例如，在混凝土中掺入占水泥质量 0.25%的缓凝型木质素磺酸钙后，与基准混凝土比较，在坍落度相同的情况下，普通硅酸盐水泥的初、终凝时间分别延缓 1～2 h 和 2～3 h；矿渣水泥的初、终凝时间分别延缓了 2～4 h 和 2～3 h。

2.3.2.4 减水剂对混凝土物理力学性能的影响

1. 强度

在相同水泥用量、含气量和坍落度的条件下，由于减水剂的掺入，可使混凝土的水灰比明显降低，混凝土的 28 d 强度则因此而较基准混凝土提高约 10%～20%，但缓凝型减水剂对混凝土早期强度没有提高。由于减水剂对混凝土强度的这一性质，对于缩短预制构件的生产周期，加快施工速度有重要意义。

另外，掺减水剂混凝土的抗拉、抗折等强度也有相应提高，但没有抗压强度的增长幅度大。

2. 收缩与徐变

一般认为,混凝土掺减水剂后早期收缩稍有增加。但随着混凝土龄期的延长,越来越接近于未掺者,有时甚至更小。因此,从总的收缩值看,基本上与不掺者接近,或略有增大的趋势。

减水剂对徐变的影响,有的研究者认为,掺入非引气型减水剂,由于水灰比降低而使混凝土强度明显提高,因而在同一龄期和施加相同应力情况下,徐变将有所减小。若掺入引气型减水剂,则由于混凝土含气量增加,徐变将有较大增加。

3. 耐久性

混凝土掺入减水剂后,由于其减水增强作用及引入一定数量的微小气泡,使得混凝土的耐久性特别是抗冻性有明显提高。因此,对于有抗冻性要求的混凝土工程,可采用引气型减水剂。但引入的空气量宜控制在 2%～6%,在此范围内既可改善混凝土的耐久性,又可使混凝土保持强度不致下降。若超过 6%,则因强度下降而产生不利影响。

由于减水剂降低了混凝土的水灰比,改善了混凝土的内部结构,使混凝土密实度提高,从而提高了混凝土的抗渗性及抵抗各种有害介质侵蚀的能力。例如,有资料表明,不掺减水剂时,抗压强度为 40～45 MPa 的混凝土,其抗渗等级小于 P_{10},而掺了减水剂后,在 3.0 MPa 大气压下混凝土被水渗透的高度只有 3～5 cm。其抗化学腐蚀性试件,在 5%和 10%硫酸钠溶液和海水中经近百次循环,结果不掺减水剂的试件强度下降,而掺有减水剂的试件强度则略有提高。由此可见,减水剂对提高混凝土的抗渗性及抗化学侵蚀性能是有利的。

另外,减水剂对混凝土的抗碳化、抗钢筋锈蚀等性能均有改善和提高。

2.3.3 引气剂

引气剂为憎水性表面活性剂,在混凝土中发挥起泡、分散、润湿等表面活性作用。掺入引气剂可在混凝土中形成无数分散性的独立气泡,尺寸一般在 0.05～1.25 mm。

引气剂的主要作用是提高混凝土的耐久性,改善混凝土混合料的工作性,还可降低混凝土的泌水和离析。

引气剂的使用始于 20 世纪 30 年代的美国,引气剂主要被用于严寒地区的大坝、港口、桥梁、道路等混凝土工程中,可大大延长它们的使用寿命。

常用的引气剂有如下几种。

(1) 松香热聚物类　该类引气剂是由松香经硫酸、石碳酸起聚合反应,再经 NaOH 中和而得。其适宜掺量为水泥质量的 0.005%～0.01%。在使用时大都需热水溶解,且掺量较难控制。

(2) 非离子型表面活性剂类　该类引气剂的主要成分是烷基酚环氧乙烷缩合物。常见的牌号有 OP 乳化剂、平平加、JFC 和 801 等。

(3) 烷基苯磺酸盐类　许多合成洗涤剂即属此类。

(4) 木质素磺酸盐类　这一类物质既具一定的引气性,又具减水性。

(5) 皂素类　其主要成分为植物三萜皂甙,来源多为含皂素的植物,如皂荚、木花生、苦楝核、龙眼核等。

2.3.3.1 引气剂的作用原理

引气剂的作用原理主要是由于表面活性剂的表面活性作用。引气剂加入混凝土拌合物后使混凝土在拌合时引入的空气能均匀分布在混凝土中,并以较稳定的形式存在。

所谓“泡”就是由液体薄膜包围着的气体。若某种液体易于成膜而不易破裂,则此液体在搅拌时就会产生许多泡沫。引气剂溶于水中并被吸附于气-液界面上时,就会形成较为牢固的液膜,并会使溶液的表面张力下降,从而增加了液体和空气的接触面,加上被吸附的引气剂分子对液膜的保护作用,也使得液膜比较牢固,气泡不易破灭。

引气剂的表面活性作用,基本上与减水剂的表面活性作用相同,区别在于减水剂的表面活性作用主要发生在液-固界面上,而引气剂的表面活性作用主要发生在气-液界面上。

2.3.3.2 影响引气剂引气效果的因素

气泡形成的数量与加入的引气剂种类和数量有关,同时与水溶液的温度、黏度、相对密度、pH 值等有关。对于水泥混凝土来说,气泡的形成又与下列几方面因素有关。

1. 引气剂掺量

一般说来,混凝土含气量随引气剂掺量的增加而加大,如图 2.12 所示。但引气剂掺量不能太大。因为混凝土内的含气量每增加 1%,其强度损失约 4%~6%。引气量过大,就会使强度大幅度下降。反之,引气量偏低,则不能达到改善混凝土抗冻、抗渗等耐久性要求的目的。一般混凝土含气量宜控制在 3%~5%。为此,引气剂的适宜掺量约为水泥质量的 0.005%~0.02%,具体的掺量则必须通过试验确定。

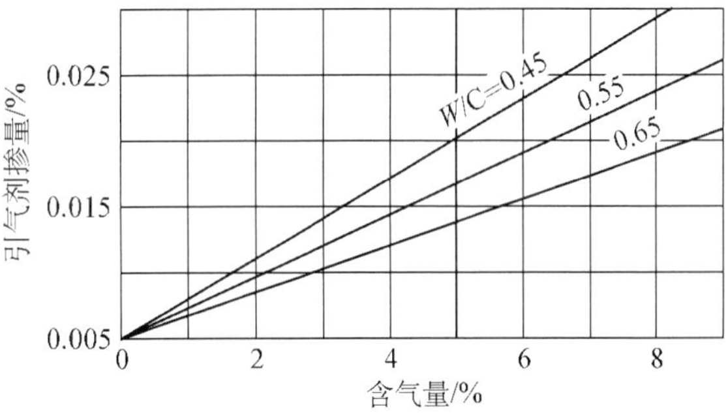

图 2.12 引气剂掺量与含气量的关系

2. 原材料及配合比

混凝土中引入的空气大部分是包含在砂浆中的,因此,骨料粒径的大小和砂率的高低与混凝土含气量有密切的关系。混凝土含气量随石子粒径的增大和砂率的减少而降低。粒径为 0.15~0.60 mm 的细骨料所配制的砂浆,引入空气的作用较大。水泥用量愈多,引入同样气泡所需的引气剂掺量愈大。粉煤灰能较强烈地吸附引气剂,因此,混凝土中掺有粉煤灰时,其引气剂掺量要明显增多。

3. 拌合时间和拌合方法

用机械拌合时,含气量随拌合时间的增加而增大。但到一定时间,含气量就不再增加,时间过长含气量反而减少。采用人工拌合时的含气量则少得多,要引入相同含气量就需增加引气剂掺量和延长拌合时间。

4. 气温的影响

混凝土的含气量通常是随气温的升高而减少。一般,拌合温度相差 10℃,含气量约增减 20%。温度与混凝土含气量的关系曲线如图 2.13 所示。

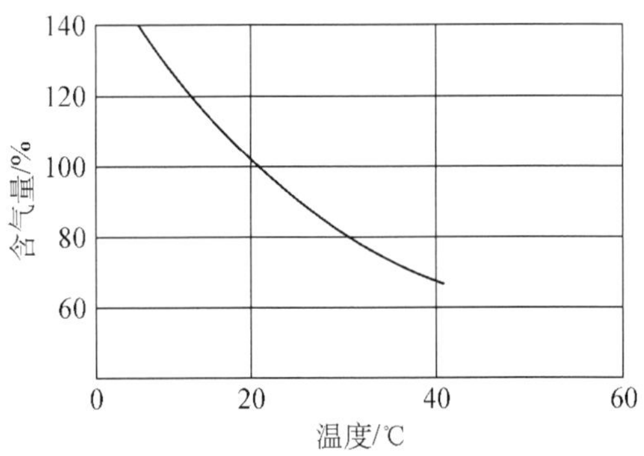

图 2.13 混凝土温度与含气量间的关系

5. 其他因素

混凝土搅拌后的运输和放置时间愈长，含气量损失愈大。但引气剂种类不同，其含气量损失率就不同。不同的捣实方法与运输方式对混凝土含气量损失的影响也很大。若采用高频振捣，其含气量损失则更为严重。

2.3.3.3 引气剂对混凝土性能的影响

1. 和易性

引气剂由于在混凝土中引入了大量微小、独立的气泡，这些球形气泡如同滚珠一样，使混凝土的和易性得到很大改善。引气剂的这种作用对骨料形状不良的碎石和人工砂混凝土表现得尤为显著。

混凝土和易性的改善，在其配合比设计中可以考虑以下几点。

(1) 可以减少与含气量体积大致相同的细骨料用量。

(2) 坍落度和单位水泥用量一定时，可减少单位用水量。其减少量随骨料最大尺寸、配合比不同而异。含气量每增加 1%，水灰比减少 2%～4%（单位用水量减少 4～6 kg/m^3）。通常越是贫水泥混凝土，掺入引气剂改善和易性的效果越显著。

(3) 混凝土拌合物易于浇灌。

2. 泌水性

掺引气剂的混凝土混合料由于存在大量分布均匀而封闭的微小气泡，阻止了固体颗粒的沉降和水分的上升。同时气泡的薄膜消耗了部分的水分，减少了能够自由移动的水量。因此，在水泥用量、水灰比和坍落度相同的情况下，引气混凝土的泌水率小于普通混凝土，一般泌水率可减少 37%～44%。同时也使得混凝土混合料的分层离析现象得到明显改善，其沉降收缩也大为减少。

3. 强度

在水泥用量和水灰比相同的情况下，掺引气剂可使混凝土的和易性显著改善，但其强度与基准混凝土相比则有所降低。通常混凝土中每增加 1%的含气量，28 d 龄期的抗压强度下降 4%～6%。若掺引气减水剂时，由于其减水效果，混凝土强度可以不降低，甚至略有提高。但是，当含气量一定时，混凝土强度的降低还受骨料形状、最大粒径和单位水泥用量等因素的制约。粗骨料最大粒径愈大，则强度降低愈小。对于贫水泥混凝土（强度在 20 MPa 以下），引气剂对强度则略有提高。

4. 耐久性

加入引气剂的混凝土，硬化后的耐久性特别是抗冻性能有显著提高。

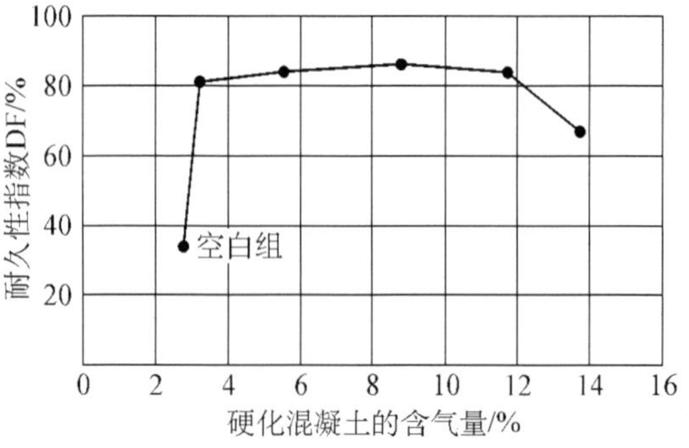

图 2.14 含气量对抗冻性的影响

图 2.14 为硬化混凝土的含气量与其抗冻性的关系，从图中可以看出，混凝土内部引入少量空气就可使耐久性获得显著提高。但过量的气体反而有可能使混凝土耐久性下降。

由于掺引气剂后可使混凝土用水量减少、泌水率降低，因而混凝土中大毛细孔数量也减少。同时，大量微小气泡占据着混凝土中的自由空间，切断了毛细管通道，也使得混凝土的抗渗性得以改善。尤其是掺入引气减水剂还能使水泥颗粒有效地分散,水泥浆体的内部结构得到改善,抗渗性能显著提高,与抗渗性有关的抗化学腐蚀性及抗碳化性能等也同时得到提高。

2.3.3.4 引气剂的使用

在引气剂使用前,应该参照产品说明书及有关资料,结合工地现场使用的材料及工程要求,进行实地试配试验。然后才能确定该种引气剂能否在工程中使用,以及工程中使用的合理掺量。

引气剂在使用时,其掺加量一般比较小(只占水泥质量的万分之几),每袋水泥仅掺数克,所以必须严格而准确地加以控制。为此,一般是将引气剂配成溶液,稀释到合适浓度后使用。另外,在施工中要求混凝土的原材料、配合比及搅拌、装卸、浇灌等方面都尽可能保持一致,以使含气量的波动范围尽可能小。振动成型时应尽可能选用低频振捣以减少含气量损失,频率在 12 000～19 000 Hz 高频振动将使含气量损失增大。

掺引气剂的混凝土,由于其引气量的增加,将会导致混凝土的体积增加。因此,在配合比设计时应予以考虑。

2.3.4 调凝剂

调凝剂就是调节水泥凝结时间的外加剂,这类外加剂对水泥、混凝土的凝结时间和强度发展有明显的影响。有些调凝剂能使混凝土凝结加快,有些则使凝结时间减慢,调凝剂主要包括速凝剂、早强剂和缓凝剂等。

2.3.4.1 速凝剂

1. 速凝剂的作用机理

根据速凝剂化学组成的不同,其作用机理目前主要有以下两种观点。

(1) 生成水化铝酸钙而速凝

一些速凝剂的主要成分是 $NaAlO_2$、Na_2CO_3、CaO 等,当将它们掺入水泥中并与水混合时,会进行如下的化学反应过程:

$$Na_2CO_3 + CaO + H_2O \longrightarrow CaCO_3 + 2NaOH$$
$$Na_2CO_3 + CaSO_4 \longrightarrow CaCO_3 + Na_2SO_4$$
$$NaAlO_2 + 2H_2O \longrightarrow Al(OH)_3 + NaOH$$
$$2NaAlO_2 + 3CaO + 7H_2O \longrightarrow 3CaO \cdot Al_2O_3 \cdot 6H_2O + 2NaOH$$

由反应中得到的 NaOH 会与加入的石膏成分之间建立如下的平衡关系:

$$2NaOH + CaSO_4 \Longleftrightarrow Na_2SO_4 + Ca(OH)_2$$

当水泥继续水化时,C_3S 不断析出 $Ca(OH)_2$,使液相中 $Ca(OH)_2$ 浓度大大增加。这时,将会促使上述平衡向左边的方向移动而多生成 $CaSO_4$,这种新生成的 $CaSO_4$ 与 C_3A 的水化产物 C_3AH_6 作用,生成钙矾石($C_3A \cdot 3CaSO_4 \cdot 31H_2O$)。

掺有速凝剂的水泥之所以能迅速凝结,获得较高的早期强度,其原因就在于水泥石的内部结构发生了变化,即水泥粉磨过程中加入的石膏在水化初期就与速凝剂中的反应物 NaOH 作用生成 Na_2SO_4,使水泥中的 SO_4^{2-} 浓度明显降低,此时水泥中的 C_3A 迅速进入溶液,并析出水化产物 C_3AH_6,使 $CaSO_4$ 所起的缓凝作用丧失,从而导致水泥浆迅速凝结,水化热大量释放。

(2) 生成水化硫铝酸钙而速凝

有些速凝剂的主要成分为$\alpha-Al_2O_3$、$Al_2(SO_4)_3$、$Ca(OH)_2$、$NaAlO_2$和$\alpha-SiO_2$等,当将它们掺入水泥中并与水混合时,将会发生如下反应:

$$Al_2(SO_4)_3+3CaO+5H_2O \longrightarrow 3CaSO_4+2H_2O+2Al(OH)_3$$

$$2NaAlO_2+3CaO+7H_2O \longrightarrow 3CaO\cdot Al_2O_3\cdot 6H_2O+2NaOH$$

$$3CaO\cdot Al_2O_3\cdot 6H_2O+3CaSO_4\cdot 2H_2O+25H_2O \longrightarrow 3CaO\cdot Al_2O_3\cdot 3CaSO_4\cdot 31H_2O$$

$Al_2(SO_4)_3$等电解质的解离及水泥中的石膏溶解,使水化初期溶液中的SO_4^{2-}浓度骤增,并与溶液中的Al_2O_3、$Ca(OH)_2$等组分迅速反应生成微细针柱状的钙矾石和次生石膏。这些新生晶体的增长、发展,在水泥颗粒间交叉连生成网络状结构而呈现速凝。同时,速凝剂中的铝氧熟料及石灰不仅提供了有利于钙矾石等水化产物生成的有效成分,而且在加水初期就产生强烈的放热反应,为整个水化体系提供了一定的反应温度,促进了水化产物的生成与发展。

掺速凝剂后水泥浆的凝结时间及强度发展如表2.17所示。

表2.17 凝结时间及试件抗压强度

速凝剂掺量/%	凝结时间		水泥净浆试件抗压强度/MPa					
	初凝	终凝	4(h)	1(d)	3(d)	7(d)	14(d)	28(d)
0	7:00	8:40	/	6.0	18.8	36.4	52.3	62.4
6	0:02	0:04	1.25	10.7	27.0	36.9	46.5	53.0

对水泥石强度发展起主要作用的是C_3S,其次是C_2S和C_4AF,而C_3A仅在水化初期有所影响。因此,C_3S的水化速度和水化程度将对水泥石的强度发展产生决定性影响。由于在水化初期溶液中的$Ca(OH)_2$、SO_4^{2-}、Al_2O_3等组分结合形成高硫型水化硫铝酸钙,因而液相中的$Ca(OH)_2$浓度明显下降。这样也促使硅酸盐组分的水解,使C—S—H凝胶提前形成,所以水泥石早期强度较高。

但是,由于速凝剂能使水泥浆体过早地形成结晶网络结构,这会妨碍水泥水化产物的搭接连生效果。同时,高硫型水化硫铝酸钙向单硫型的转化,也会使水泥石内部空隙增加,这些都使得水泥在后期强度较不掺者为低,虽然后期强度仍在持续增长。

2. 速凝剂对混凝土性能的影响

(1) 对强度的影响

掺有速凝剂的混凝土与不掺者比较,其水泥石内部结构有所不同。早期生成的疏松的铝酸盐水化物结构较硅酸盐水化物结构的强度低得多,而且速凝剂不仅加速了硅酸盐组分的水化,同时也促进了C_4AF组分的水化,所析出的水化铁酸钙胶体(C—F—H)包裹在C_3S表面上,抑制了C_3S的进一步水化。其次,水化产物内部的晶型转变,将会产生一定的结构缺陷。这些均导致了水泥石后期强度偏低,一般在7 d以后,比不掺者约低30%。

(2) 对混凝土干缩的影响

一般说来,掺速凝剂的混凝土,1年后的干缩率有增加的趋势。

混凝土产生干缩的主要原因是在其内部毛细水的蒸发和凝胶水的迁移。因此,胶体的数量及其特性对混凝土干缩起主要作用。一般,水泥用量多、用水量大的混凝土干缩也大。

例如，掺速凝剂的喷射混凝土，其水泥用量较普通混凝土多，砂率也大，故最终的干缩也比普通混凝土大。另外，掺速凝剂的混凝土由于其初期的干燥蒸发水分比较少，又具有较好的保水性，使其受到的毛细管作用更大。因此，其干缩值还可能更大。

在潮湿状态下养护时间愈长，干缩率愈小。因而对掺速凝剂的混凝土应加强潮湿养护。

(3) 对抗渗性的影响

掺速凝剂的混凝土的抗渗性较不掺者为低，这主要是由于速凝剂中的盐类阻碍了水泥矿物水化作用。如，掺速凝剂的喷射混凝土龄期在 14 d 到 1 年时的扩散系数为不掺者的 2～6倍。而且其抗渗性随速凝剂掺量的增大而降低。

对于混凝土的一系列物理力学性能，除抗压强度外，不论密度、弹性模量、抗拉、抗剪强度等，速凝剂的掺入均会使其有不同程度的降低，并且对混凝土与钢筋间的黏结强度也有一定影响。

2.3.4.2 早强剂

能提高混凝土早期强度，并对后期强度无显著影响的外加剂，称为早强剂。

早强剂按其化学成分，可分为无机盐类、有机物类、无机和有机复合早强剂三大类。

(1) 无机早强剂类

主要是一些盐类，又可分为氯盐类、硫酸盐类等。

氯盐类中常用的有氯化钠、氯化钙等。硫酸盐类有硫酸钠(Na_2SO_4)、硫酸铝[$Al_2(SO_4)_3$]、硫代硫酸钠($Na_2S_2O_3$)、硫酸钙($CaSO_4$)，亚硝酸钠、硫酸铝钾[$Al \cdot K(SO_4)_3 \cdot 2H_2O$]等。

(2) 有机早强剂类

常用的有三乙醇胺[$N(C_2H_4OH)_3$]、三乙丙醇胺[$N(CH_5CHOH)_3$]、甲醇、乙酸钠(CH_3COONa)、甲酸钙[$Ca(HCOO)_2$]、草酸锂、尿素等。

(3) 复合早强剂类

工程中常用的复合早强剂有三乙醇胺与氯化钠复合；亚硝酸钠、二水石膏和三乙醇胺复合；亚硝酸钠、氯化钠和三乙醇胺复合等。

早强剂种类不同，其作用机理也不尽相同。

1. 氯盐类早强剂

氯盐加入水泥混凝土中促进其硬化和早强的机理可以从两方面加以分析。一是增加水泥颗粒的分散度。加入氯盐后，能使水泥在水中充分分解，增加水泥颗粒对水的吸附能力，促使水泥的水化和硬化速度加快。二是与水泥熟料矿物发生化学反应。氯盐首先与 C_3S 水解析出的 $Ca(OH)_2$ 作用，形成氧氯化钙[$CaCl_2 \cdot 3Ca(OH)_2 \cdot 12H_2O$ 和 $CaCl_2 \cdot Ca(OH)_2 \cdot H_2O$]，并与水泥组分中的 C_3A 作用生成氯铝酸钙($3CaO \cdot Al_2O_3 \cdot 3CaCl_2 \cdot 31H_2O$)。这些复盐是不溶于水和 $CaCl_2$ 溶液的。氯盐与氢氧化钙的结合，就意味着水泥水化液相中石灰浓度的降低，导致 C_3S 水解的加速。而当水化氯铝酸钙形成时，胶体膨胀，使水泥石孔隙减少，密实度增大，从而提高了混凝土的早期强度。

掺入 1%(按水泥质量计)的 $CaCl_2$ 时，3 d 强度相当于未掺时的 120%。但在钢筋混凝土中掺入氯盐早强剂，由于 Cl^- 离子的作用，会使钢筋发生锈蚀。

为了防止 $CaCl_2$ 对钢筋的锈蚀，在使用氯盐的同时，可在混凝土中掺入阻锈剂。常用的阻锈剂有亚硝酸钠($NaNO_2$)，亚硝酸钠能在钢筋表面生成氧化保护膜，起抑制钢筋锈蚀的作用。除此之外，各种铬酸盐、磷酸盐、锰酸盐等氧化剂均能起阻锈作用。

掺入 $CaCl_2$ 后对混凝土收缩的影响较为显著，掺 0.5%的 $CaCl_2$，收缩约增加 50%，掺

2.5%和掺 3%的收缩值分别增加 115%和 165%。

在冬季施工中，由于氯盐降低冰点的效果显著，虽然可以作为混凝土中一种抗冻剂使用，但是对于钢筋混凝土结构必须谨慎考虑。

表 2.18 为几种常用的早强剂掺量限值。

表 2.18 常用早强剂掺量限值

混凝土种类	使用环境	早强剂	掺量限值/%(按水泥质量计)
预应力混凝土	干燥	三乙醇胺	≤0.05
		硫酸钠	≤1.0
钢筋混凝土	干燥	氯离子	≤0.6
		硫酸钠	≤2.0
		与缓凝减水剂复合的硫酸钠	≤3.0
		三乙醇胺	≤0.05
	潮湿	硫酸钠	≤1.5
		三乙醇胺	≤0.05
有饰面要求的混凝土		硫酸钠	≤0.8
素混凝土		氯离子	≤1.8

注:预应力混凝土及潮湿环境中使用的钢筋混凝土中禁止掺用氯盐早强剂。

2. 硫酸盐早强剂

常用的有 Na_2SO_4，易溶于水，能与水泥水化时析出的 $Ca(OH)_2$ 反应，生成高分散度的石膏。其活性比生产水泥时加入的石膏要高。因而它与水泥熟料中的 C_3A 反应生成硫铝酸钙的速度要快得多。而反应生成的氢氧化钠是一种活化剂，能够提高水泥熟料中 C_3A 和石膏(生产时加入的)的溶解度，这又加速了铝酸钙的形成，使水泥石中硫铝酸钙数量增加，促进了水泥凝结硬化的加快和早期强度的提高。但混凝土中加入硫酸钠后，它与 $Ca(OH)_2$ 反应生成的 $CaSO_4$ 溶解度不大，使混凝土内部碱度升高，因此，使用 Na_2SO_4 早强剂时，应禁止使用混有活性二氧化硅的骨料，以免产生碱骨料反应而引起混凝土的膨胀开裂。

硫酸钠的早强效果与水泥品种有一定关系，一般它对火山灰质水泥和矿渣水泥较之普通水泥更有效。使用普通水泥时，其适宜的掺量应控制在 0.5%～2%。掺量过多，对混凝土后期强度及耐久性有不利影响。

3. 三乙醇胺复合早强剂

三乙醇胺为无色或淡黄色油状液体，碱性，无毒，不易燃，易溶于水，分子式为$N(C_2H_4OH)_3$。

在水泥中加入微量的三乙醇胺，不会改变水泥的水化生成物，但对水泥的水化速度和强度有加速作用。而且早期比后期显著，它在水泥水化过程中起催化剂的作用。当它与无机盐类复合时，不仅能对水泥的水化起催化作用，而且，还能在无机盐与水泥的反应中起催化作用。故其作用效果要较单掺三乙醇胺显著，并有互补作用。

2.3.4.3 缓凝剂

缓凝剂是一种能推迟水泥水化反应，从而延缓混凝土凝结的外加剂。缓凝剂大致可分为有机和无机两大类。较常使用的缓凝剂有以下几类。

(1) 羟基羧酸盐,如酒石酸、酒石酸甲钠、柠檬酸、水杨酸等。

(2) 多羟基碳水化合物,如糖蜜、含氧有机酸、多元醇等。

(3) 无机化合物,如 Na_3PO_4、$Na_2B_4O_7$ 等。

1. 缓凝剂作用机理

有机类缓凝剂和无机类缓凝剂对水泥混凝土的作用机理是不同的。

由于有机类缓凝剂多为表面活性剂,其对水泥颗粒表面具有较强的活性作用,能吸附在水泥颗粒表面,使整个水泥-水体系的自由焓降低,稳定性提高,并抑制了水泥颗粒的凝聚。同时因表面活性剂的亲水基团能吸附大量水分子,使扩散层水膜增厚,阻碍了水泥的水化,起到了缓凝作用。此外,表面活性剂也能被吸附在新生成的水化产物上,也部分地延缓了结构的形成过程。

无机缓凝剂能在水泥颗粒表面形成一层难溶性的薄膜,起抑制水泥水化的作用。如各种磷酸盐可能在水泥颗粒表面形成一层难溶性磷酸钙薄层,从而阻碍了水泥的正常水化。

2. 缓凝剂对混凝土性能的影响

缓凝剂具有延缓水泥混凝土凝结硬化时间的能力。其缓凝时间的长短,与拌合物组分、水泥品种、缓凝剂类型及掺量有关。当凝结阶段缓凝剂的作用已经完成后,水化反应仍以正常速度进行,有时还可能使水化速度略有增加。

缓凝剂由于使混凝土凝结速度减慢,因而使混凝土早期强度有所降低,但后期强度的增长与未掺者一样。若控制得当,或使用缓凝型减水剂(并适当减少用水量),则混凝土后期强度将有所提高。

有些缓凝剂,如酒石酸类缓凝剂,因具有一定的分散作用而使混凝土混合料的流动性增大;而另外一些缓凝剂,如羟基羧酸等,则可能使混凝土的含气量有所降低。

缓凝剂的使用通常可使混凝土的干缩减小,对混凝土的徐变亦无有害影响,但是混凝土泌水量和泌水速度有所增加。

3. 缓凝剂的使用

在实际施工中,可在如下几种情况中使用缓凝剂。

(1) 在高温环境下浇灌或运输的混凝土,易因失水等使混凝土变硬,为了保持较好的流动性就需增加用水量,一般温度每增高 10℃,需增加用水量 3%~5%,这就使得混凝土的后期强度降低。加入缓凝剂后,因混凝土的凝结硬化时间延缓而使混合料的流动度得以保持较长时间。

(2) 在大体积混凝土中,由于其内部的水化热不易散失,从而使混凝土产生温差应力并可导致施工裂缝。掺入缓凝剂使水化放热速度减慢,便于热量散失,因而可减少或避免裂缝的产生。

(3) 商品混凝土长距离运输或泵送混凝土,加入缓凝剂可使混合料在运输过程中不发生凝结,以利于施工的正常进行。

(4) 缓凝剂也可以与其他外加剂复合使用,以达到各种目的。

另外,缓凝剂在使用时,其掺量应准确。有些缓凝剂适量使用具有较好的缓凝效果,而超量使用则可能起促凝作用,如 Na_2CO_3、$CaSO_4$ 等,而另外一些缓凝剂,如 H_3PO_3 等,因其缓凝作用较强,超量时,有可能导致长时间不凝结,不仅影响到工程的顺利进行,甚至导致早、后期强度的降低,影响混凝土工程质量。

4. 超缓凝剂

超缓凝剂(又称 SR)是一种对混凝土具有较强缓凝效果的外加剂,不引气,在适当掺量下可使混凝土的凝结硬化延迟几小时至几天,而且对以后的强度增长无不良影响。用这种超缓凝剂,可以使在不同时间内浇灌的混凝土不致因间隔时间较长而产生冷接缝,保证了先后浇混凝土的整体性,并可相应减少连续作业次数减轻劳动强度。对于夏季或热带地区施工的混凝土可大大减少其坍落度损失。

常用的超缓凝剂可分为两类:一类是非引气型并具有减水效果的以有机类羟基羧酸盐为主要成分的超缓凝剂;一类是仅具缓凝性的以无机类氟硅酸盐为主要成分的超缓凝剂。前者的超缓凝作用,有人认为是由于羟基羧酸盐与水泥中的金属离子(特别是 Ca^{2+})强螯合作用,它与 Ca^{2+} 所形成的螯合环最强,并被水泥熟料矿物中的 C_3S 强烈吸附,因而延缓了水泥的水化。后者的超缓凝作用,一般认为是氟硅酸盐与水泥水化早期溶出的 Ca^{2+} 化合成难溶盐覆盖并沉积在 C_3S 等熟料矿物表面,延缓了水泥水化。

掺超缓凝剂的混凝土其泌水量及泌水速度均随掺量的增加而增大,而混凝土干缩值则较空白混凝土减少,28 d 强度与空白混凝土相同或略有提高。

2.3.5 膨胀剂

在混凝土的凝结硬化过程中,以化学作用使混凝土膨胀的外加剂称为膨胀剂。根据其在混凝土中产生的膨胀率不同,膨胀剂可分成两种:为降低混凝土收缩而产生较小膨胀的称补偿收缩剂;能使混凝土的膨胀在钢筋约束下产生较大自应力的称膨胀剂。由膨胀剂所配制的混凝土,根据膨胀能级和用途可分为三种:补偿收缩混凝土(σ=0.2～0.7 MPa);填充性膨胀混凝土(σ=0.5～1.0 MPa)和自应力混凝土(σ=2.0～7.0 MPa),σ 表示自应力值。

2.3.5.1 常用混凝土膨胀剂简介

混凝土膨胀剂首先由日本研制成功,并在 1966 年正式向市场出售硫铝酸钙膨胀剂(CSR)。此后,世界上许多国家相继研发出各种膨胀剂,如石灰系膨胀剂、铁系膨胀剂、明矾石膨胀剂、复合膨胀剂、U 型膨胀剂等。

1. 石膏系膨胀剂

(1) 硫铝酸钙膨胀剂(CSR)

CSR 的主要矿物组成为蓝方石 $3CaO \cdot 3Al_2O_3 \cdot CaSO_4$(简写为 C_4A_3S)、游离 CaO 和无水石膏,当其与水泥、水混合后反应生成水化硫铝酸钙:

$$3CaO \cdot Al_2O_3 \cdot CaSO_4 + 6CaO + 8CaSO_4 + 93H_2O \longrightarrow 3CaO \cdot Al_2O_3 \cdot 3CaSO_4 \cdot 31H_2O$$

依靠水化硫铝酸钙的体积膨胀促使混凝土膨胀,并在钢筋的约束作用下产生内应力。这种膨胀剂在硅酸盐水泥中内掺 8%～12%可制成补偿收缩混凝土,内掺 17%～25%可配制成自应力混凝土。

(2) 石膏类膨胀剂

在难溶性的石膏和石灰中掺入各种助剂,经烧成、磨细即制成石膏类膨胀剂,其作用主要是石膏与水泥石中的 C_3A 反应生成水化硫铝酸钙而膨胀。由于这类膨胀剂主要是依靠与水泥中的 C_3A 作用,故一般被用来配制补偿收缩混凝土。

(3) 明矾石膨胀剂

明矾石膨胀剂是用明矾石和二水石膏或无水石膏，按一定比例共同磨细而成的。其作用是由膨胀剂中的硫酸铝与水泥中的水化产物反应生成水化硫铝酸钙：

$$Al_2(SO_4)_3 + 6Ca(OH)_2 + 25H_2O \longrightarrow C_3A \cdot 3CaSO_4 \cdot 31H_2O$$

同样，膨胀剂中的石膏亦能和水泥中的 C_3A 作用，生成水化硫铝酸钙。

此类膨胀剂掺量为水泥的 15%～20%时可配制补偿收缩混凝土，自应力值可达 0.2～0.7 MPa。

(4) U 型膨胀剂

U 型膨胀剂的成分主要是 C_4A_3S、明矾石和石膏，经磨细而成。加水拌合后，能生成大量的水化硫铝酸钙而使混凝土膨胀。该膨胀剂在普通水泥中的掺量为 8%～12%时，可制成补偿收缩混凝土；25%～30%时可配制成自应力混凝土。

石膏系膨胀剂的特点是生成水化硫铝酸钙，利用水化硫铝酸钙的不断结晶膨胀而使混凝土内部产生大于 0.2 MPa 的自应力，从而对混凝土起到补偿收缩、防止开裂等作用。反应所生成的水化硫铝酸钙填充于混凝土内的毛细孔或大孔中，并能与纤维状的 C—S—H 凝胶交织成网络状结构，使水泥石更为密实，因而也使得混凝土的强度及抗渗性能等均有较大幅度提高。

2. *石灰系膨胀剂*

此类膨胀剂的主要成分是生石灰，利用其加水后生成消石灰的反应：

$$CaO + H_2O \longrightarrow Ca(OH)_2$$

由于结合了一个分子水，致使体积膨胀。这类膨胀剂的特点是：膨胀速度快，膨胀量大，但在钢筋约束下产生的自应力值较小。对于石灰的反应速度，通常是利用松香酒精溶液或硬脂酸来调节和控制。石灰系膨胀剂可配制补偿收缩混凝土，其掺量约为水泥的 8%～9%。

我国研制的复合膨胀剂也属此类，其主要成分为 CaO、明矾石和石膏，膨胀源为 $Ca(OH)_2$ 和硫铝酸钙。当掺量为水泥的 8%～12%时，可配制补偿收缩混凝土；掺量为 25%～30%时，可配制自应力混凝土。

3. *铁系膨胀剂*

以高纯度的铁粒或铁粉为原料，加入一定的催化剂，通过 Fe_2O_3 水化生成 $Fe(OH)_3$，而使混凝土体积膨胀，达到补偿收缩的效果。这类膨胀剂使用较少，多用于浇注机械底座和地脚螺丝。

此外，一些专家还提出了以 MgO 为膨胀剂，利用 MgO 水化生成 $Mg(OH)_2$ 所产生的膨胀，起到补偿收缩作用。

综上所述，用于制备膨胀水泥或膨胀剂的主要材料有 CaO、MgO、Fe_2O_3 以及能生成水化硫铝酸钙的几种矿物。由于 CaO、MgO、Fe_2O_3 对反应温度和材料的物化性能非常灵敏，反应较难控制，故很少使用。使用较为广泛的是以生成水化硫铝酸钙为主要膨胀成分的膨胀剂。

2.3.5.2 掺膨胀剂混凝土的性能

使用膨胀剂的混凝土，其密实度大为提高，混凝土的抗渗、抗裂等性能有较大改善，抗压强度也有明显提高，见表 2.19。

表 2.19 明矾石膨胀剂对混凝土性能的影响

水泥品种及强度等级	膨胀剂掺量/%	水泥用量/(kg/m³)	28 d 抗压强度/MPa	配筋率/%	自应力值/MPa		抗渗等级(P)
					7 d	28 d	
矿渣水泥 32.5	0	340	26	0.56	0	0	/
	15	291	27	0.56	0.38	0.56	4
	0	300	19	0.25	0	0	/
	15	255	21	0.25	0.14	0.20	/
普硅水泥 42.5	0	313	28	0.56	0	0	/
	15	268	37	0.60	0.36	0.58	4

由表 2.19 可以看出，采用明矾石膨胀剂的混凝土，其抗渗能力提高了一倍，抗压强度提高了 10%～30%。

掺入膨胀剂一般并不影响混凝土的和易性及凝结硬化速度。但若与缓凝剂一起使用时，可能会使混凝土膨胀量过大，若无适当限制，则可能导致混凝土强度下降。

掺膨胀剂的混凝土应注意供水养护，一般在两周内可达全部膨胀值的 60%～80%。但若无约束时，则会因膨胀量过大而使混凝土强度和弹性模量降低。有约束时，掺量越大，其约束应力越大，获得的自应力值也越大。加强早期养护，可使混凝土获得较大的约束应力。

目前，膨胀剂被广泛地用于防漏防渗工程。若用于地下防水工程时，可取代油毡防水层和其他有机涂料，从而降低工程造价。同时，用膨胀剂配制自应力混凝土也较用自应力水泥更为经济。

2.3.6 防冻剂

防冻剂是在一定的负温条件下，能够显著降低混凝土中液相冰点，使混凝土不发生冻结或部分冻结，并能保持水泥正常水化的外加剂。

2.3.6.1 常用防冻剂种类

常用防冻剂主要有如下几种。

(1) 氯盐类

氯盐类防冻剂的主要成分为氯盐，如 $NaCl$、$CaCl_2$ 或氯盐与其他外加剂的复合物。此类防冻剂的优点是早强效果好，降低冻点能力强，且原材料来源广泛，价格便宜。缺点是容易引起钢筋的锈蚀。

(2) 氯盐阻锈剂类

氯盐与阻锈剂(亚硝酸钠、重铬酸盐、磷酸盐)复合而成的防冻剂，或以此为主与减水剂、引气剂、早强剂等复合而成的为氯盐阻锈剂类防冻剂。

(3) 非氯盐类

非氯盐类主要以亚硝酸盐、硝酸盐、乙酸盐、尿素等作为防冻剂，并与早强剂、减水剂、引气剂等复合。此类外加剂适用于钢筋混凝土，但对于钢筋与锌材、铝材接触的钢筋混凝土，要慎用含硝酸盐、亚硝酸盐、碳酸盐的外加剂，以免引起电化学腐蚀。

2.3.6.2 防冻剂在混凝土中的作用

防冻剂加入混凝土混合料中后，使混凝土的防冻性能大大提高，究其原因，一般认为是由以下几方面综合作用的结果。

1. 降低混凝土中液相的冰点

我们知道，纯水的冰点为0℃，而当水中溶解有各种溶质时，水的蒸气压降低，冰点就要下降。根据拉乌尔定律，溶液中水的冰点下降值可由式(2.6)求得

$$\Delta T = Kc \tag{2.6}$$

式中 ΔT——掺有溶质的溶液冰点下降值，℃；

K——水的冰点下降常数，$K=1.86$；

c——溶液中溶质的浓度。

上式仅适用于非电解质的溶液。对于电解质溶液，由于电解质溶液中的质点数增加，水的蒸气压将进一步降低，冰点的降低值也随之增大，即

$$\begin{aligned}\Delta T &= iKc \\ &= [(N-1)\alpha+1]Kc\end{aligned} \tag{2.7}$$

式中 i——修正系数；

N——电解质分子电离后的离子数；

α——电离度。

由此可知，在稀溶液范围内，水的结冰温度随溶液浓度增大而降低。而且离子数和电离度越大，冰点降低也越大。

采用复合防冻剂时，若它们之间无化学反应，则冰点的降低是这些化合物分别降低冰点效果的叠加。单组分防冻剂，如亚硝酸钠、硝酸钙、碳酸钾、尿素等，当其掺量为水泥质量的2%时，则水溶液开始结冰温度 T_1 为-2～-3℃，完全结冰温度 T_2 为-8～-10℃。若采用复合防冻剂，如($NaNO_2$＋WF＋尿素＋Na_2SO_4)，此时水溶液的 T_1 为-4.5～-5℃，T_2 则降至-16℃左右。

此外，掺防冻剂的混凝土中液相的冰点又比同浓度的水溶液冰点低，这可能是由于水泥中的 K^+、Na^+ 进入混凝土中的液相，增大了液相中离子浓度。

2. 降低了水泥浆冻结时的冻胀应力

纯水结冰时会出现冻胀应力，若温度继续下降，冻胀应力也会急剧增加，当温度降至-20～-23℃时，其最大冻胀应力达208.2 MPa。若在水中加入一定量电解质，如NaCl，则冻胀应力也会降低。而且溶液浓度越大，冻胀应力越小。例如，在温度为-20℃，NaCl浓度分别为4%、9%和16.7%时，其冻胀应力分别降至138.9 MPa、85.7 MPa和28.19 MPa，分别只占纯水冻胀应力的66.7%、41.2%和13.5%。由此可见，在混凝土中掺入防冻剂，可显著降低液相结冰时对混凝土造成的结冰压力，从而减轻混凝土的冻害。

3. 改变了冰的结晶型态

掺入防冻剂的液相在结冰时，其结晶型态与纯水结冰时的结晶型态有很大差异。纯水结冰时，冰体呈板块结构，且质地紧硬。而掺入NaCl、$NaNO_2$、K_2CO_3等的盐溶液后，结冰时析出的冰体结构为针状、片状或呈絮凝状结构，交错重叠、质地松软，因而对混凝土所造成的破坏亦会显著降低。

4. 提高混凝土早期强度

大部分防冻剂均具有提高混凝土早期强度的作用，使其较早地获得足够的临界强度，增强了抵抗冻胀应力的能力。

此外，有些防冻剂还具有减水效果，这对于减缓混凝土的受冻破坏是有益的。但若选用减水剂与防冻剂复合时，应注意不应选择缓凝型减水剂，以免因缓凝作用影响负温下水泥石结构形成。

2.3.6.3 防冻剂对混凝土性能的影响

1. 强度

与标准养护下的空白混凝土相比，大部分防冻剂掺入混凝土后早期强度均有提高。但其后期强度则有所下降，一般可达10%～20%。早期养护对混凝土后期强度的发展影响也较大，在混凝土强度未达到早期允许受冻的临界强度以前，切忌使混凝土处于低于防冻剂的设计温度环境中，以防因早期强度不足而使混凝土受冻害。根据有关资料，混凝土的临界强度约为其设计强度的25%。

防冻剂对混凝土的其他力学性能没有太大影响。

2. 抗渗性

对处于硫酸盐侵蚀环境中的混凝土，若使用如 $CaCl_2$、$Ca(NO_3)_2$ 等防冻剂时，则有加剧硫酸盐侵蚀的趋势。这是因为这些防冻剂与水泥水化生成的水化氯铝酸钙等物质，能与硫酸盐反应生成水化硫铝酸钙。如：

$$3CaO \cdot Al_2O_3 \cdot 3CaCl_2 \cdot 31H_2O + 3SO_4^{2-} \longrightarrow 3CaO \cdot Al_2O_3 \cdot 3CaSO_4 \cdot 31H_2O + 6Cl^-$$

该反应生成的水化硫铝酸钙与硫酸盐侵蚀过程中生成的水化硫铝酸钙共同对混凝土结构造成破坏。因此，在受硫酸盐侵蚀的环境中，应选用 $NaNO_2$ 和尿素作为混凝土防冻剂，以避免上述反应发生。

3. 碱离子的影响

使用含 K^+、Na^+ 的防冻剂时，由于这些离子不能进入水泥的水化生成物中，而是留于混凝土液相中，当水分蒸发后，这些碱离子所形成的盐会析出于混凝土表面，使表面变白、影响美观。同时，由于盐的析晶还可能破坏混凝土表面的结构。

此外，使用这类防冻剂时还可能加剧碱-骨料反应。因此，对这类防冻剂应慎用，或限制其掺量。

2.3.7 其他外加剂

2.3.7.1 防水剂

防水剂是通过减少孔隙和填塞毛细通道，能够降低混凝土在静水压力下的透水性的外加剂。防水剂可按照材料种类分为无机类防水剂和有机类防水剂两种。

1. 无机类防水剂

无机类防水剂包括三氯化铁、硅酸钠（水玻璃）、硅质粉末、锆化合物等。

三氯化铁、硅酸钠与水泥在水化过程中产生的 $Ca(OH)_2$ 化合，分别形成氢氧化铁胶体和不溶性硅酸钙，填充于砂浆和混凝土的空隙和裂缝中，使混凝土抗渗性提高。

硅质粉末类是以细度适宜的粉末直接填充于砂浆和混凝土的空隙和裂缝中，并能与水泥石中的$Ca(OH)_2$反应生成水化硅酸钙，使混凝土密实度增大。硅质粉末类主要有粉煤灰、火山灰、硅粉、石粉等。掺量一般为水泥质量的15%左右。这类物质对改善混凝土的透水性较为有效，特别是在后期，能显著提高混凝土的抗渗性能。

2. 有机类防水剂

有机类防水剂有脂肪酸系物质、石蜡乳液、沥青乳液、水溶性树脂等，大部分为憎水性表面活性剂。这些防水剂加入混凝土中后，一方面同水泥中的某些金属离子反应（如脂肪酸盐与Ca^{2+}）生成不溶性的盐，这些不溶性盐沉淀于毛细管壁上，起到了堵塞毛细管通道的作用；另一方面，由于毛细管表面吸附了这些活性剂而产生憎水作用，也提高了混凝土的抗渗性。

树脂乳液及橡胶乳液防水剂，在混凝土中会形成高分子不透水薄膜，较显著地提高了混凝土的抗渗性。并且，此类防水剂还能提高混凝土的抗冲击、耐化学腐蚀的能力。

2.3.7.2 加气剂和泡沫剂

加气剂是在拌合时或浇灌后作用于混凝土中，因化学或物理作用产生气体，并均匀分布于混凝土中，使混凝土体积膨胀，呈多孔结构的物质，又称发气剂。

一般说来，经过反应放出气体的物质均可作为加气剂，较常用的主要是铝粉。

所谓泡沫剂，就是能降低液体表面张力，大量产生均匀而稳定泡沫的物质。泡沫剂主要用于生产泡沫混凝土，以改善混凝土耐久性和热物理性能。

2.3.7.3 阻锈剂

通常把能阻止或减小混凝土中钢筋或金属预埋件发生锈蚀作用的外加剂，称为阻锈剂。

金属锈蚀的本质是失去电子的过程，如Cl^-离子对钢筋的腐蚀。所以阻锈剂应选择能减少金属失去电子趋势的物质。对于钢筋，就是选择能电离出比铁的还原性强的离子的化合物作为阻锈剂。

将2%的苯甲酸盐掺入拌合水中，或将10%的苯甲酸盐配成水泥浆涂于钢筋及金属预埋件表面，就可起到阻锈作用。在蒸压混凝土中，亚硝酸钠掺量在2%～3%时，对钢筋也有明显阻锈作用。此外，氯化亚铁、铬酸钾、草酸钠、硫代硫酸钠也可作为阻锈剂。低溶解度盐，如某些磷酸盐或氟铝酸盐及氟硅酸盐也有很好的阻锈作用，但掺量应限制在水泥质量的1%以下。

2.3.7.4 水中不分离外加剂

水中不分离外加剂是能够保证混凝土混合料在水下输送、施工过程中不会因水流的作用而分散、离析的特殊外加剂。水中不分离外加剂是水溶性高分子化合物，分为纤维素类、聚丙烯酸类和聚乙烯醇类等类型，其相对分子质量通常达百万数量级。此类外加剂以粉末状掺入混凝土混合料，加水过程中逐步溶解，成为黏性液体，黏度随外加剂浓度的增大而增大，某些情形下，浓度为2%的外加剂即可使水溶液黏度提高10^4倍。

纤维素类水中不分离外加剂的增稠机理是，纤维素长分子链在水中溶解，其羟基和醚键上的氧原子与水分子形成氢键，产生缔合，使水失去流动性，溶液黏度随之显著提高。

聚丙烯酸类水中不分离外加剂属于阴离子型高分子电解质，在碱性介质中容易离解成带多电荷大分子阴离子，同电荷强电场的排斥作用使大分子由"线团"状变为直线状，从而很快增大溶液的黏度。

水中不分离外加剂掺入水泥浆中，形成保护性胶体，极大地增加了分散的水泥浆的黏聚性，稳定了整个混合料体系。纤维素类外加剂对混凝土有缓凝作用，聚丙烯酸类外加剂没有缓凝效果。

2.3.7.5 碱-骨料反应抑制剂

碱骨料反应在混凝土中所引起的主要是膨胀破坏。减少活性骨料与碱离子的反应，或减缓由于膨胀所产生的压力，均能使碱骨料反应对混凝土造成的破坏得到一定程度的控制。例如，在混凝土中掺入一些可溶性锂盐、引气剂、减水剂及蛋白酶等，均能降低反应程度、缓解膨胀压力；加入火山灰质混合材，也能起到减少碱骨料反应的破坏作用。

2.4 混凝土混合料的工作性

混凝土混合料为多相复合系统，包括微细分散状的水泥颗粒，较大颗粒的粗、细骨料、外加剂、水和拌制过程中吸入的空气。由于固体颗粒和水之间存在着相互作用的力(包括分子引力、黏滞阻力、毛细管力等)，所以混凝土混合料具有黏性及用以表征黏性液体的某种性能。混凝土混合料的这种性能介于液体和固体之间。与真黏性液体的差别在于，混凝土混合料具有由于黏滞阻力而产生的某种结构黏度和结构强度。与固体不同的是缺少足够的弹性性能，及在很小的荷载作用下也会产生的不可逆的塑性变形。

2.4.1 混凝土混合料工作性的定义

混凝土混合料的工作性又称和易性，其定义为：混凝土混合料在施工过程中，即在搅拌、运输、浇灌等过程中能最大限度地保持均匀密实而不发生分层离析现象的性能。也可表述为，工作性是混凝土混合料所具有的一种性质，决定着在最小限度丧失均匀性的前提下，施工处置一定数量混凝土混合料所需消耗能量的多少。工作性是混凝土混合料多种性质(如流动性、可塑性、稳定性、易密性及保水性等)的综合指标。

流动性是指混合料在本身自重或外力作用下产生流动，能均匀密实地填满模型的性能，主要反映混凝土混合料的稠度。

可塑性是指在一定外力作用下不产生“脆断”的塑性变形的能力，混合料的可塑性与水灰比及水泥浆或砂浆的含量有关。

稳定性指在分散系统中固体的重力所产生的剪切应力不超过液相的屈服应力，稳定性好的混合料，其骨料颗粒发生分层离析的概率较小。

易密性是指混合料在成型过程中，克服骨料颗粒之间的内摩擦力以及混合料与模板之间的滑动阻力，以达到完全密实的能力。

保水性是指混合料具有保持一定量的水分不泌出的能力。保水性差的混凝土混合料易在混凝土内部形成泌水通道，降低混凝土的密实度和抗渗性，使硬化混凝土的强度和耐久性受到影响。

作为一项综合性能，混凝土混合料的工作性至少由两个主要的部分组成：稠度——表征混合料流动的难易程度；黏聚性——表征混合料发生分层离析的可能性高低。另外，必须指出的是，评价混凝土混合料的工作性，应该结合特定的建筑类型以及浇灌、成型和抹面等具体的施工工艺，否则，所作判断是难以具备实践指导意义的。

2.4.2 混凝土混合料工作性的测定

混凝土混合料工作性的内容错综复杂，通常采用一定的试验方法测定混凝土混合料的流动性，主要以坍落度或者维勃稠度作为指标，同时目测评定黏聚性和保水性。坍落度试验适用于流动性较大的混凝土混合料，维勃稠度试验适用于干硬性混凝土混合料。

2.4.2.1 坍落度试验

这是一种采用最为普遍的方法，是混凝土混合料的通用指标，具有操作简便的优点。坍落度试验用的模具为高 300 mm、上口直径 100 mm、下口直径 200 mm 的圆锥台形钢筒。筒内表面光滑、平整，以减少其对混凝土的摩擦。试验时将坍落度筒放在平整光洁的地面上，混凝土混合料按规定的方法填满筒内，经捣实、抹平，然后将圆锥筒小心垂直提起。混凝土混合料在自重作用下，克服内部阻力而流动、塌落。其塌落的高度(以 mm 计)即为混凝土混合料的坍落度，见图 2.15。

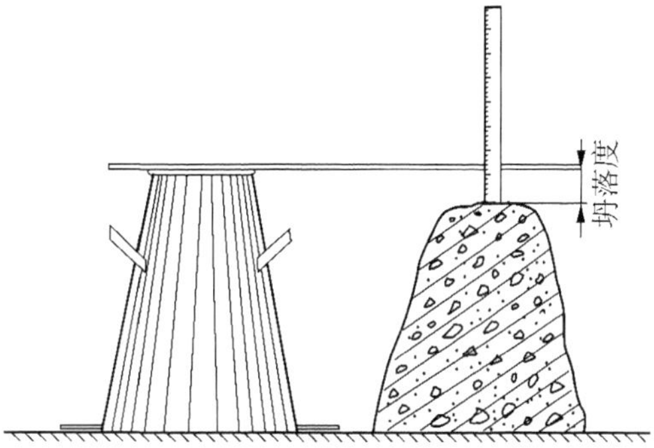

图 2.15 坍落度测定示意图

测定坍落度的同时，用捣棒轻轻敲击混合料试体，观察其下沉及泌水情况，判定混合料的黏聚性和保水性。

根据混合料的坍落度，可将混凝土分为 4 级，见表 2.20。

表 2.20 混凝土混合料按坍落度分级

级别	名　称	坍落度/mm
T_1	低塑性混合料	10～30
T_2	塑性混合料	40～90
T_3	流动性混合料	100～150
T_4	高流动性混合料	≥160

坍落度法适用于流动性较大的塑性混凝土，而对于流动性较小的混凝土混合料(坍落度小于 30 mm)则不适宜。

坍落度相同的混凝土混合料，并不一定说明它们的工作性相同，用坍落度所反映的混合料工作性也不十分准确。不过在工程施工中，坍落度的变化对于反映原材料或配合比、特别是用水量的变化比较敏感，用于施工质量的评定仍然是十分有效的。

2.4.2.2 维勃稠度试验

维勃稠度试验是 20 世纪 40 年代由瑞典人 V. Bahrener 提出的，是用来测定干硬性混凝土稠度的最主要的方法，目前为世界各国广泛使用，我国也将此法列入标准试验方法中。

维勃稠度试验是通过维勃稠度仪来进行的，如图 2.16 所示。按规定方法测定混凝土混合料由圆锥截体被振动至水平所需的时间以秒(s)计，即为该混合料的维勃稠度值。具体操作方法如下：将需测定的混凝土混合料按规定方法加入维勃仪上的坍落度筒中，捣实抹平后，垂直提起坍落度筒，然后把透明圆盘转到混凝土试体上并轻轻下落使与混凝土顶面相接触，同时开启振动台和秒表，记下透明圆盘的底面被水泥浆面布满所需的时间作为维勃稠度值。

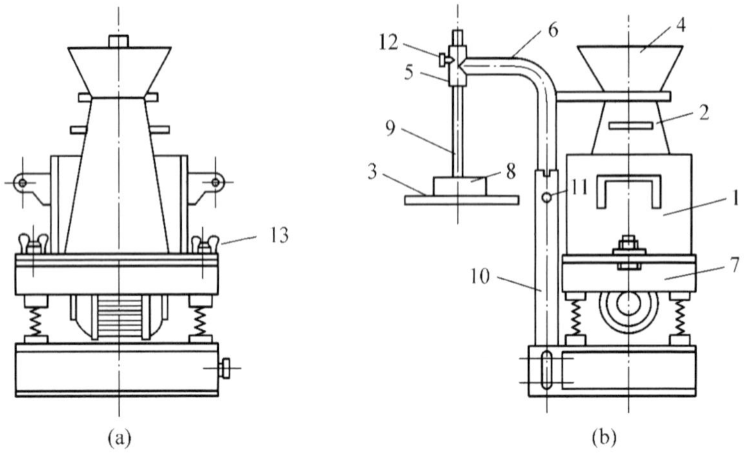

图 2.16　维勃稠度仪

1—容器；2—坍落度筒；3—透明圆盘；4—喂料斗；5—套筒；6—旋转架；7—振动台；
8—荷重块；9—测杆；10—旋转架支柱；11，13—固定螺丝；12—测杆螺丝

维勃稠度试验适用于测定维勃稠度值为 5～30 s 的干硬性混凝土混合料。但其准确性随骨料尺寸增大而降低。当骨料最大粒径超过 30 mm 时，试验结果欠可靠；当最大粒径超过 40 mm 时，则不应采用此法。

根据混合料的维勃稠度，可将混凝土分为 4 级，见表 2.21。

表 2.21　混凝土混合料按维勃稠度分级

级别	名　称	维勃稠度/s
V_0	超干硬性混合料	≥31
V_1	特干硬性混合料	30～21
V_2	干硬性混合料	20～11
V_3	半干硬性混合料	10～5

2.4.2.3　泵送混凝土混合料稳定性的测定

泵送混凝土混合料稳定性常用相对压力泌水率（S_{10}）进行评定，试验采用普通混凝土压力泌水仪测定。具体方法：将混合料按规定方法装入试料筒，称取试样质量 G_0，加压至 3.5 MPa，立即开启泌水阀，同步计时，并保持恒压，泌出的水接入 1 000 mL 量筒，10 s 时读取泌水量 V_{10}，140 s 时读取泌水量 V_{140}。混凝土加压至 10 s 时的相对泌水率为

$$S_{10} = V_{10}/V_{140} \tag{2.8}$$

混凝土混合料的流动性（坍落度）和稳定性（相对压力泌水率）综合反映了其泵送过程中的摩擦阻力的性质，即可泵性。

2.4.2.4 其他工作性试验方法

1. 捣实因数试验 此法是根据对混凝土混合料做标准数量的功后，测定混合料所达到的密实度。捣实因数主要反映混合料的易密性，但试验效果不如坍落度和维勃稠度试验。

2. 流动度试验 该试验是将堆成一定形状的混合料置于跳桌上，经跳动一定次数后，测定混凝土混合料的扩展程度，以鉴定混合料的流动度及离析程度。

3. 沉球贯入试验 这是用形状和质量一定的金属半球体，置于混凝土混合料表面，在自重作用下沉入混合料中，以沉入的深度作为评价混合料稠度的标准。对同一混凝土混合料，沉球贯入度的数值约为坍落度的一半。

4. 重塑性试验 该试验是以改变混合料形状所做的功来评价混凝土混合料的工作性。维勃试验就是在重塑性试验基础上的改进，其主要区别就在于前者以振动台取代了跳桌并省去了重塑仪中的内圆环。

5. 工业黏度试验 本试验也是以改变混凝土混合料的形状所做的功来评价混合料工作性的。其试验方法是在标准振动台上(频率为(3 000±200)次/min；有效荷载振幅0.35 mm以上)，放置工业黏度计或相应的试模，在模内放入坍落度筒，按坍落度试验方法测出混合料的坍落度，然后开动振动台，振至混合料表面出现平整砂浆所需的时间以秒计，即为该混凝土混合料的工作度或干硬度。工作度小，间接地表示出改变这种混合料的形状所需的功少，即混合料的可塑性好。此法适用于坍落度近于零的混凝土混合料。

2.4.2.5 混凝土混合料坍落度的选择

根据混凝土构件截面尺寸、配筋疏密程度和密实成型工艺，可以进行混凝土混合料坍落度的选择，见表2.22。

表2.22 混凝土混合料施工坍落度的选择

结构种类	坍落度/mm
基础或地面等的垫层；无配筋大体积结构或配筋稀疏的结构	10～30
板、梁、柱(大、中型截面)等	30～50
配筋密的结构(薄壁、斗仓、筒仓、细柱等)	50～70
配筋特密的结构	70～90

考虑到可泵性，泵送混凝土混合料的坍落度选择可参见表2.23。

表2.23 泵送混凝土混合料的坍落度选择

泵送高度/m	≤30	30～60	60～100	≥100
坍落度/mm	100～140	140～160	160～180	180～200

2.4.3 影响混凝土混合料工作性的因素

影响混凝土混合料工作性的因素很多，其中主要因素有：混合料中各组分的特性及相对含量、外加剂、温度等。

2.4.3.1 水与水泥浆

混凝土混合料的流动性主要取决于水泥浆的相对含量。水泥浆填充于骨料颗粒间的空隙，并包裹骨料，使其表面形成一层水泥浆膜。水泥浆的存在起到了润滑剂的作用，使得骨料间的相对运动更易进行。水泥浆膜层的厚度越大，骨料颗粒产生相对运动的阻力就越小。所以混凝土中水泥浆含量增多（骨料含量相对减少），混凝土混合料的流动性就加大。

此外，混凝土混合料的流动性还与水泥浆的稠度有关，而稠度的变化又取决于水灰比（即水与水泥质量之比 W/C）。稠度愈大，水灰比愈小，骨料相互运动的阻力就愈大，混合料的流动性也就愈小。反之，混合料的流动性就大。

在水泥用量不变的条件下，水灰比小，用水量减少，混凝土混合料的黏聚性好，析水少。但水灰比过小，则会因混合料的流动性太小而不易密实成型。同样，增大水灰比，即增加用水量，可以使混合料的流动性增大。但随着用水量的进一步增大，混凝土混合料的黏聚性和保水性也会随之恶化。同时，在水灰比不变的条件下，水泥用量也随之增多。因此，不应盲目增加混凝土拌合用水量。

混凝土混合料流动性与单位用水量之间的关系为

$$Y = KW^n \tag{2.9}$$

式中 Y——混凝土混合料的流动性，以坍落度的 cm 表示；

W——用水量，kg/m^3 混凝土；

n——由流动性试验方法而定的仪器常数；

K——由材料特性、搅拌方法等而定的常数。

根据试验，在采用一定的骨料的情况下，流动性混合料的坍落度，如果单位加水量一定，在实际应用范围内，单位水泥用量即使变化，坍落度大体上也保持不变，这一规律称为固定加水量定则，或称需水性定则。亦即，在其他条件不变时，即使水泥用量有某种程度的变化，式(2.9)中的 K 值也没有多大影响，因而对流动性也没多大影响。但实际上 K 值是变化的，即固定加水量定则是不严密的，但可作为混凝土配合比设计时参考使用。

混凝土混合料用水量的确定可参见表 2.24。

表 2.24　普通混凝土混合料用水量

项目	指标	碎石最大粒径/mm				卵石最大粒径/mm			
		16	20	31.5	40	10	20	31.5	40
坍落度/mm	10～30	200	185	175	165	190	170	160	150
	30～50	210	195	185	175	200	180	170	160
	50～70	220	205	195	185	210	190	180	170
	70～90	230	215	205	195	215	195	185	175
维勃稠度/s	15～20	180	170	/	155	175	160	/	145
	10～15	185	175	/	160	180	165	/	150
	5～10	190	180	/	165	185	170	/	155

注：1. 本表用水量是采用中砂时的平均取值，采用细砂时，每立方米砼用水量可增加 5～10 kg；

2. 掺用外加剂及矿物掺和料时，用水量应作调整；

3. 水灰比小于 0.4 或大于 0.8 的混凝土及特殊工艺混凝土用水量应通过试验确定。

2.4.3.2　水泥

水泥对混凝土混合料工作性的影响主要表现在水泥的需水性上。需水性大的水泥，在相同的流动性条件下，需要较多的用水量。通常，普通硅酸盐水泥所配制的混凝土混合料的流动性和保水性好。其他水泥中，矿渣、火山灰等混合材对需水性都有影响，其中以火山灰的影响最为显著，相同加水量时，可使混凝土坍落度显著降低。采用火山灰质硅酸盐水泥配制的混凝土混合料，其加水量比用普通硅酸盐水泥增加 15～20 kg/m^3。

水泥矿物组成中，以铝酸钙的需水性最大，而硅酸二钙的需水性较小。因此，矾土水泥的需水性比普通水泥高。

水泥细度愈小，则比表面积愈大，其需水性也相应增加。但细度较小时，可以提高混合料的黏聚性，减少离析和泌水现象。

2.4.3.3　骨料

骨料在混凝土混合料中占据的体积最大，对混合料工作性的影响较大。级配良好的骨料，其空隙率小，在水泥浆数量相同的情况下，填充骨料空隙的水泥浆越少，则剩余水泥浆越多，就可在骨料表面形成较厚的浆层而提高混合料的流动性。但在水泥用量较大的混合料中，这种影响将显著减少。

粒径小于 10 mm、大于 0.3 mm 的中等颗粒对工作性的影响更大。如果中等颗粒过多（即粗骨料偏细，细骨料偏粗），则会导致混合料粗涩、松散、工作性差。反之，则会使混合料黏聚性变差，并发生离析。

骨料最大粒径愈大，其总比表面积愈小，获得相同坍落度的混合料所需的加水量愈少，见图 2.17。如果骨料中最大颗粒粒径减小，但仍要保持其工作性不变，则必须多加水；如果要使混凝土强度也保持不变，则还应增加水泥用量。因此适当选用粗骨料是有必要的。

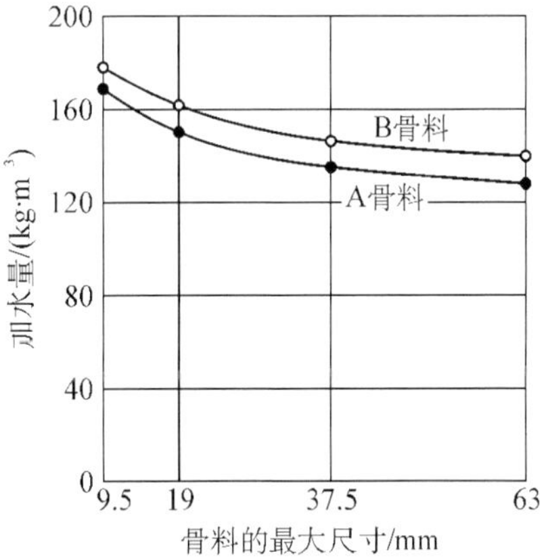

图 2.17　骨料的最大粒径对一定坍落度的混合料加水量的影响

颗粒较圆、表面较平滑的骨料，空隙率小，用于填充空隙和包裹颗粒所需的水泥浆少。同时这种骨料与水泥浆间的摩擦力也较小，骨料易于移动。而表面粗糙、成棱角状的骨料，其与水泥浆的摩擦力较大，混凝土混合料的流动性就小。因此，卵石混凝土比碎石混凝土的流动性好。但卵石同水泥浆之间的黏结力不如碎石，所以在水灰比相同时，卵石混凝土的强度较碎石混凝土的强度低，早期影响更大。

砂率是指细骨料含量占粗细骨料总量的百分数。由适当含量细骨料组成的砂浆，在混合料中起着润滑作用，可减少粗骨料颗粒之间的摩擦阻力。所以在一定砂率范围内，随着砂率的增加，润滑作用也明显增加，混合料流动性提高。但当砂率过大时，因砂子用量过多，其总表面积过分增加，需要的润湿砂表面的水也增加。在一定的加水量条件下，混合料流动性降低，而砂率过小，即石子用量过大砂子用量过少时，水泥砂浆的数量不足以包裹石子，使混合料易于产生石子离析现象。同时由于砂浆过稀，还会使析水增多。因此，在进行混凝土配合比设计时，要根据不同情况选择最佳砂率。所谓最佳砂率是：在满足工作性要求的条件下，使得单位体积用水量最小时的含砂率。砂率对混凝土混合料坍落度的影响见图 2.18，砂率和水泥用量的关系见图 2.19。

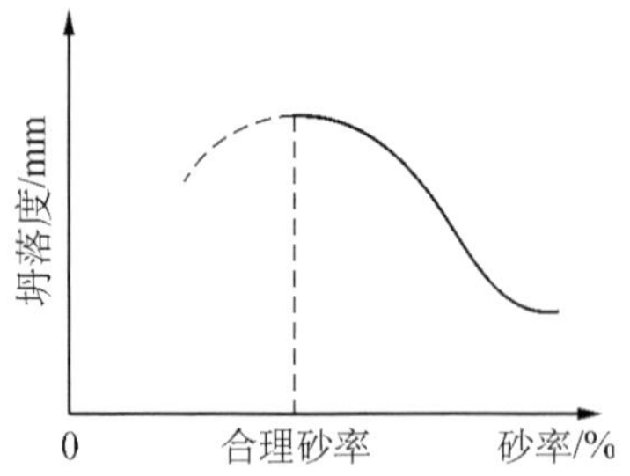

图 2.18 砂率对混凝土混合料坍落度的影响(水和水泥用量一定)

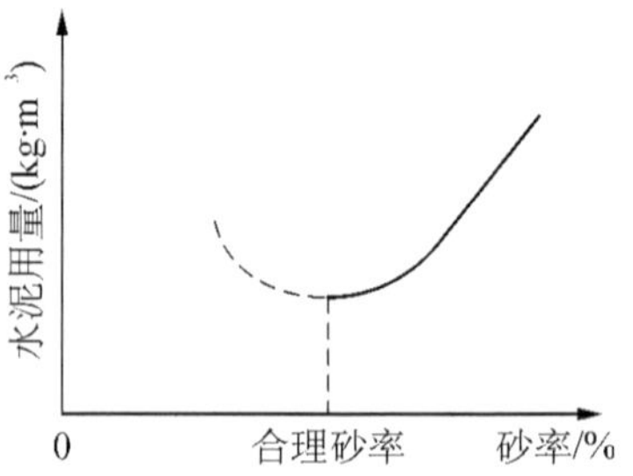

图 2.19 砂率和水泥用量的关系图(达到相同坍落度)

混凝土砂率的确定可参见表 2.25。

表 2.25 混凝土的砂率 单位：%

水灰比(W/C)	碎石最大粒径/mm			卵石最大粒径/mm		
	16	20	40	10	20	40
0.40	30～35	29～34	27～32	26～32	25～31	24～30
0.50	33～38	32～37	30～35	30～35	29～34	28～33
0.60	36～41	35～40	33～38	33～38	32～37	31～36
0.70	39～44	38～43	36～41	36～41	35～40	34～39

注：1. 表中数值系中砂的选用值，对于细砂或粗砂，可相应减小或增大砂率；
2. 只用一个单粒级粗骨料配制混凝土时，砂率应适当增大；
3. 对薄壁构件，砂率取偏大值。

2.4.3.4 外加剂

混凝土混合料中掺入减水剂、引气剂等可有效地改善其工作性能。而引气剂对混凝土工作性的改善较为显著，混凝土混合料的流动性增加，离析和泌水减少。混合料的黏聚性也大大提高。掺引气剂对改善大体积混凝土的工作性尤为显著。

此外，粉煤灰等混合材料也能改善混凝土混合料的工作性。有资料表明，当粉煤灰的密度较大，标准稠度需水量较小和细度较细时，掺入 10%～40%的粉煤灰，可使混凝土混合料的坍落度平均增大 15%～70%。

2.4.3.5 时间和温度

混凝土混合料的工作性随着时间的延续而降低。这是由于混合料中的水分因水化反应、骨料颗粒的吸附及蒸发等原因而逐渐减少。如图 2.20 所示，混凝土混合料的坍落度随时间延长而逐渐降低，这种现象称坍落度损失。混合料坍落度损失的速率与水泥浆数量、水泥组成、水化时间、温度以及所掺的外加剂等有关。

由于混合料的上述变化，其在浇灌时的工作性更具有实际意义，所以相应地将工作性测定时间推迟至搅拌后 15 min 或者运输至工地施工之前更为适宜。

随着温度升高，混凝土混合料的流动性也要降低，如图 2.21 所示。由图可知，温度每升

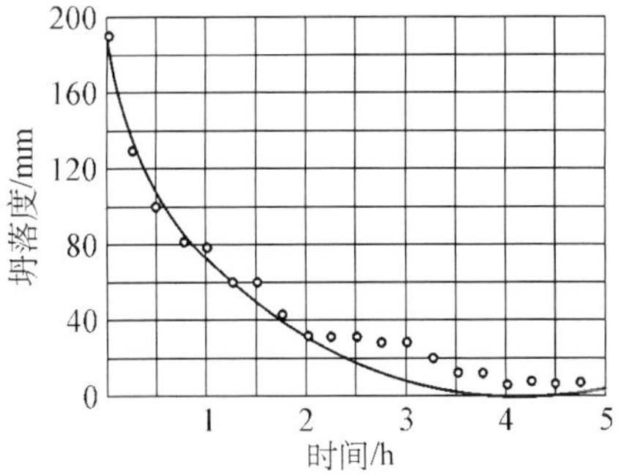

图 2.20 坍落度和拌合后时间的关系(混合料配合比 1∶2∶4, $W/C=0.775$)

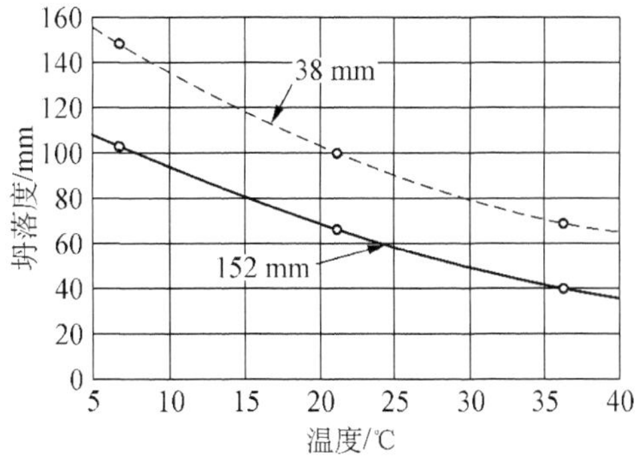

图 2.21 湿度对混合料坍落度的影响(曲线上数值为骨料的最大粒径)

高 10℃,坍落度大约减少 2～4 cm。因此,在夏季施工时,为了保持一定的工作性,应适当增加混合料的用水量。

2.4.4 混凝土混合料的离析和泌水

混凝土在尚未凝结前,由于各种原因可能发生混合料的离析和泌水,使混凝土的结构均匀性变差,硬化后混凝土的强度和耐久性也将受到很大影响。如何最大限度地减少离析和泌水,已成为普通混凝土生产、运输和施工过程中广为重视的技术关键。

2.4.4.1 离析

混凝土混合料在运输、浇灌过程中各组分分离,造成不均匀和失去连续性的现象,称为离析。离析有两种形式:一是粗骨料从混合料中分离;二是稀水泥浆从混合料中流出。

1. 产生离析的原因

粗骨料的离析是指粗骨料与砂浆分离而导致混合料不均匀的状态。离析主要是由混凝土混合料各组分的密度不同,粗骨料和砂浆的流动特性不同,粗细骨料粒径不同等因素造成的。

水泥砂浆由于和粗骨料的密度不同,使粗骨料产生沉降和上浮(轻骨料),造成混合料的不均匀和不连续性。两者的密度差越大,离析越严重。

运输和装卸混凝土混合料,都将对混凝土的离析产生影响。远距离运输产生离析的危险性较大。当沿斜槽卸料时,质量较大的颗粒移动速度快;混合料的表面部分比底部的移动速度快,这些均导致了离析的发生。若使用泵送混凝土时,由于在输送过程中管内混凝土沿输送方向存在一个压力梯度,使流动性良好的砂浆先进,粗骨料滞后,从而造成离析。若这种离析严重时,就可能造成管道堵塞。泵送施工出料口至模板距离太大,也是产生离析的重要原因。

混凝土在振捣时,由于振动器使用不当,如振动时间过长等,也能产生离析。

当粗骨料尺寸大于钢筋间距时,在钢筋部位仅能通过砂浆而阻留粗骨料,于是沿着钢筋就会产生空洞,影响混凝土的密实度并使混凝土强度下降。

当混合料的水灰比过大时,将会发生水泥浆从混合料中分离出来的现象,即水泥浆的离析。由于粗骨料的沉降及水泥浆的上浮或外漏,使混凝土表面浮浆,不仅影响构件的外观,并且由于表面起粉和产生微裂缝,而降低其与邻接混凝土层间的黏结力。

2. 离析的防止

由于产生离析的原因较多，因此防止离析的措施也是多种多样。但最基本的要求是，水泥浆或砂浆应具有较高的黏性和与骨料的黏结力。单位用水量少、水灰比小而坍落度低的混凝土具有较高的抗离析能力。

适当掺加引气剂、粉煤灰等，也能改善混凝土混合料的离析倾向。

为防止或减轻离析的发生，在混合料的配制、运输、浇注成型等过程中还应注意以下几点。

(1) 控制好混凝土配合比设计环节，水灰比不宜过大，砂率不宜过小，水泥用量不应过少，并尽量采用干硬性混凝土。

(2) 使用级配良好的骨料，特别注意细骨料中的微粒成分不能太少。粗骨料的最大粒径要考虑钢筋保护层厚度和间距。

(3) 为防止漏浆，应使用能充分承受振捣作业、抗渗漏的坚固模板。

(4) 不要使用已产生离析的混凝土，当发生离析时应重新搅拌至质量均匀后再使用。

(5) 浇注时，最好将混合料直接浇到最终位置。应力求避免如下情况：混合料从高处自由落下；在模板中长距离横向流动，特别是当混合料处于被横向加速状态时，应避免向模板投料。当用泵和溜槽浇灌时，可以用容器接料后再行浇灌。

(6) 对于离析程度较小的混凝土，利用振动器充分振实，就可获得均质的混凝土。但必须注意，过长的振捣时间反而引起混合料的离析。

混凝土的离析是不易避免的，但采取适当措施则可减轻离析程度。

2.4.4.2 泌水

泌水是混凝土混合料在浇灌入模振捣成型后且尚未凝结前，因固体颗粒下沉，水上升并在混凝土表面析出的现象，是离析的一种形式，是由于固体组分沉降时，组成材料的保水能力不足以使全部拌合水处于分散状态引起的。

1. 泌水的有害影响

混凝土混合料的泌水，将会导致如下后果。

(1) 泌水使混凝土的上层含水量增多，水灰比加大，使面层混凝土的强度较下层混凝土低，其耐磨性降低，并造成混凝土质量的不均匀性，影响了混凝土的使用效果。部分泌水还会夹带一部分细颗粒一直上升到混凝土表面，使表面产生大量的浮浆，面层形成疏松层。对于分层浇注的混凝土，这种疏松层的存在大大降低了水平施工缝处两层混凝土间的黏结强度，影响了工程质量。

(2) 部分泌水停留在水平钢筋或粗骨料的下表面，形成薄弱的过渡相，降低了骨料同水泥浆、粗骨料与砂浆、钢筋与混凝土之间的黏结力，致使混凝土强度下降、耐久性降低。

根据对高 3 m 的混凝土柱的试验，使用塑性混凝土，在发生泌水时，上部混凝土的强度与下部相比，降低约 20%～30%；同中部混凝土相比，强度降低约 5%～20%。试验还表明，混凝土与钢筋的黏结强度降低达 50%，且水平钢筋的黏结强度只为垂直钢筋的 1/2 左右，其原因就是由于固体颗粒沉降和泌水，在钢筋下侧出现孔隙，在该部位几乎丧失了黏结力。

(3) 若泌水过大，部分泌水停留在粗骨料下面或绕过粗骨料上升，形成连通的孔道。水分蒸发后，在混凝土内形成缝隙，成为外界水分浸入的捷径，从而使混凝土的抗渗性大大降低。

(4) 因泌水而形成的表面疏松层，在混凝土硬化后还会产生起皮或粉尘，影响混凝土的外观质量。

(5) 由于泌水和其他原因，使混凝土比凝固前的体积略有减小，造成混凝土沉降收缩。

2. 泌水特性的表示方法

对于混凝土混合料的泌水特性，一般用泌水量、泌水率、泌水速度、泌水容量表示，它们的意义如下。

(1) 泌水量。混凝土混合料单位面积上平均泌水量，单位为 $cm^3 \cdot cm^{-2}$混合料，即

$$泌水量 = \frac{W_b}{A} \tag{2.10}$$

式中 W_b——混凝土混合料表面析出的水量，cm^3；

A——混凝土混合料的断面积，cm^2。

(2) 泌水率。泌出水量与混凝土混合料的含水量之比，单位为%，即

$$泌水率 = \frac{W_b}{W} \tag{2.11}$$

式中 W——混凝土混合料的用水量，cm^3。

(3) 泌水速度(析出水的速度)，单位为 cm/s，即

$$泌水速度 = \frac{Q}{A} \tag{2.12}$$

式中 Q——单位时间内的平均泌水量，cm^3/s。

(4) 泌水容量。混凝土混合料单位厚度的平均泌水深度，单位为 $cm \cdot cm^{-1}$，即

$$泌水容量 = \frac{H_b}{H} = \frac{W_b}{V} \tag{2.13}$$

式中 H_b——析出水的深度，cm；

H——混凝土混合料的浇注高度，cm。

3. 泌水的防止

混凝土混合料泌水的防止，应根据其影响因素制定相应的防止措施，具体如下。

(1) 尽量降低混凝土单位用水量，使用干硬性混凝土。

(2) 选择级配良好的骨料，对粗骨料来说，碎石混凝土较卵石混凝土的泌水率高，如图 2.22所示。这是因为在相同流动度下，前者单位用水量较后者高 8%～10%。

适当增加细骨料的用量；当砂较粗时，在满足一定规范要求的情况下，适当增加细砂用量均能减少泌水。

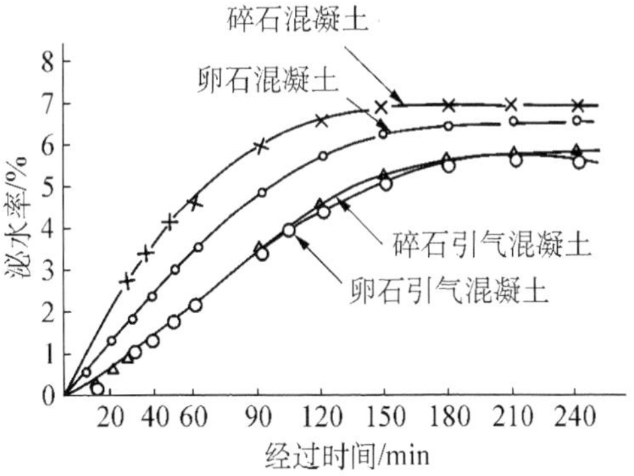

图 2.22 混凝土的泌水曲线

(3) 提高水泥细度,也可以减少泌水。水泥愈细,比表面积愈大,需水量增加。在相同水灰比情况下,泌水得到改善。

水泥凝结时间越短,则泌水越少。如超快硬水泥的凝结时间极为迅速,就几乎看不到泌水现象。

(4) 适当掺入一部分减水剂和引气剂,都可降低泌水率,因为减水剂可减少混合料的拌合用水,而引气剂所引入到混凝土中的气泡吸附了一定量的水,增加了混凝土的保水性,故使混合料的泌水减少。

此外,掺入粉煤灰或其他火山灰掺和料时,也能减少混凝土混合料的泌水。

(5) 严重的泌水现象应当避免,不过,少量的泌水,只要蒸发过程不受到扰动,则可以降低混合料的水灰比,并且有利于进行抹面操作。

2.5 普通混凝土的结构

普通混凝土的结构可分为宏观结构和亚微观结构。混凝土的宏观结构呈堆聚状态,是由各种不同大小、形状各异的骨料颗粒与水泥石组成,其中起胶结作用的物质是由水泥浆经凝结硬化而成的水泥石。可以把混凝土看作是水泥石与粗细骨料组成的复合材料,其力学性能主要取决于水泥石和粗、细骨料的性能,以及水泥石与骨料间的黏结力和它们的相对含量。水泥浆所形成的结构为亚微观结构,其组成主要是水化生成物、未水化的水泥颗粒核心以及不同尺寸的孔隙,水泥石实际上也是呈堆聚结构。系统地了解水泥石的亚微观结构特征,对于全面理解混凝土的诸多性能具有重大意义。

2.5.1 水泥石的亚微观结构

水泥石是影响混凝土性能的主要成分。水泥石的矿物组成和水化条件决定了水泥石的强度和结构。改变这些条件可得到各种不同类型的水泥石亚微观结构。通常,构成水泥石结构的组成成分有:水化生成物、孔隙、水、未水化水泥颗粒等。这些成分的性质、相对含量和相互作用决定了水泥石的性质。

水泥的矿物组成及水化硬化条件对水化生成物的数量影响很大。普通硅酸盐水泥在常温条件下反应生成的水化产物,按其结晶程度可分为两大类:一类是结晶较差、尺寸较小的水化硅酸钙刚性纤维凝胶,即 C—S—H 凝胶,这是水泥石主要的强度来源;另一类是结晶比较完整、晶粒比较大的水化物,如 $Ca(OH)_2$、水化铝酸钙及水化硫铝酸钙等。这两类水化物的相对含量对水泥石的一系列性能都有影响。当后一类结晶物的含量较高时,可使水泥石的抗酸、抗硫酸盐等的侵蚀以及力学性能降低。

水泥石含有多种孔隙,不同类型的孔隙,其意义不尽相同。凝胶孔(C—S—H 层间孔)在凝胶体中的孔隙率为 28%,尺寸范围为 5~25 Å,这个数量级的孔隙不会对水泥石的强度和渗透性有负面影响,只是其中被氢键所固定的水在某些条件下会失去,可导致干缩和徐变。

毛细孔是未被水泥水化产物固相所填充的空间。一个单位体积的水泥完全水化需要两个单位体积的空间容纳其水化产物,而混合料总体积在水化过程中基本保持不变。水泥水化可以看成是原来为水泥和水所占据的空间被逐渐生成的水化产物不断填充的过程，未被水泥及其水化产物占据的空间构成了毛细孔，其尺寸和体积由新拌水泥浆体中未水化颗粒原来的间距（W/C）以及水泥水化程度决定。水化良好的低水灰比浆体中的毛细孔尺寸为10～50 nm，而高水灰比浆体中的早期毛细孔可大至3～5 μm，大于50 nm的毛细孔被认为是强度和抗渗性的负面影响因素，小于50 nm的毛细孔则更多地影响水泥石的干缩和徐变。

气孔一般经由两个途径进入水泥石，通过加气剂或引气剂在混凝土中引入的气孔尺寸在50～200 μm，而混合料拌合及操作过程中陷入的气孔则可大至3 mm，气孔对强度和抗渗性都有不良影响。图2.23为水泥石中固体和孔隙的尺寸范围。

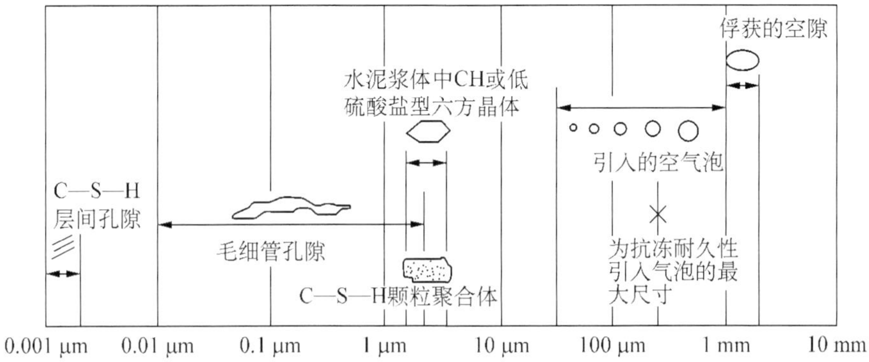

图2.23 水泥石中固体和孔隙的尺寸范围

水泥石中水的存在有四种类型：①毛细孔水存在于50 Å左右的孔隙中，可以被认为是不受固体表面所施加引力影响的重力水。其中大于50 nm的孔隙中的毛细孔水可看作是自由水，其散失不会导致水泥石体积的变化，5～50 nm孔隙中毛细孔水则为毛细张力所固定，失去这种水会引起系统的收缩。②吸附水位于固体表面，在引力影响下，水分子物理性地吸附于水泥水化产物的表面，借氢键可以吸附六个水分子层，当干燥至相对湿度为30%时，大部分吸附水会失去，从而引起干燥收缩。③C—S—H层间水是为氢键所强力固定的单分子水，仅在强烈干燥时（相对湿度在11%以下）才会失去，将使得C—S—H结构产生明显收缩。④化学结合水是各种水化产物结构的组成部分，通常的干燥并不会影响其存在，只有当水化产物受热分解时才会释放出化学结合水。

根据以上分析，硬化后的水泥石又可看作是由两部分组成：一部分是固体物质（水化生成物及未水化水泥颗粒）及凝胶孔；另一部分是较大的毛细孔。由于水泥凝胶的凝胶孔隙率是一定的，它和原始水灰比、水化程度等没有明显的关系，因此，在水化过程的不同阶段，整个水泥石的结构变化，可看作是毛细孔体积的变化。若水泥浆的水灰比较小，且水化程度较高，则毛细孔被凝胶体填充得愈多，其在水泥石整个体积中所占的比例愈小，水泥石的结构愈致密。反之，若毛细孔在水泥石中所占的体积愈大，水泥石的结构愈疏松。

2.5.2 混凝土的结构及形式

2.5.2.1 混凝土结构的形式及类型

混凝土的宏观结构与水泥石的亚微观结构有许多共同点，且都呈堆聚状结构，这时可以把水泥浆看作基材，粗、细骨料分布在水泥浆中。对于混凝土的宏观结构，除基材和骨料本身的性能外，骨料的分布也有很大的意义。

根据水泥浆和骨料的比例，混凝土的结构可以大致分成三类，如图 2.24 所示。

(a) 骨料呈悬浮状的混凝土　(b) 骨料呈紧密排列的混凝土　(c) 水泥浆量不够的大孔混凝土

图 2.24　混凝土的结构类型

第一类结构中，骨料间距很大，粗骨料悬浮在砂浆中。这种结构的特点是，骨料对混凝土影响不大，混凝土性质主要由砂浆性能决定。这类结构常见的有钢丝网水泥混凝土。

随着骨料用量的增加，水泥砂浆层厚度变薄，但骨料尚未相互接触，形成相当紧密的骨架，此即第二类结构。这种骨架对混凝土的性能影响很大，并首先影响混凝土的强度。属于这类结构的主要有普通混凝土。

第三类结构中，骨料中间的孔隙未被砂浆或水泥石完全填满，形成大孔结构。此类主要有贫水泥混凝土、无细骨料混凝土等。

加入了粗、细骨料的混凝土结构与水泥石的结构在性能上有所不同，骨料的存在对水泥浆的硬化条件有显著影响。在混凝土中，水泥和水的相互作用及其硬化，是在与其长期作用的骨料颗粒间很薄的夹层间进行的。骨料能够提高水泥浆的保水能力，限制水泥石的收缩变形，有利于水泥石晶体骨架的形成，此外，由于骨料与水泥浆体间的黏结力，将会使浆体的流动性降低，混凝土结构形成期缩短。

在混凝土混合料凝结硬化的初始阶段，由于固体颗粒间的沉降作用，一般会发生分层现象。

沉降是由于混合料中固体颗粒密度不同和粒径大小不一所引起的。粗骨料颗粒从砂浆中沉降，砂子从水泥浆中沉降，如图 2.25 所示。粗骨粒沉降于下部，较细的颗粒位于混凝土中部，而水泥浆和水则被挤于上部，这种分层称为外分层。由于混凝土的这种外分层现象，使混凝土沿浇灌方向的宏观堆聚结构不均匀，其下部强度大于顶部。又由于水分被挤上升，混凝土表层成为最疏松和最软弱的部分。

在紧接粗骨料下方可能会聚积着一些水分，因而在水泥砂浆中也存在着部分分层，称内分层。在紧接粗骨料下方的区域称为充水区域，它是混凝土最弱的部分；砂浆中分布较均匀的区域称为正常区域；在骨料上部因较小颗粒的沉降可能形成较正常区域或密实度更大的密实区域。由于混凝土的内分层，使混凝土具有各向异性的特征，表现为沿着浇灌方向的抗拉强度较垂直该方向为低。

在混凝土结构形成及随后的硬化过程中，不仅是混凝土强度，其他性能也有所变化。结构形成过程还伴随着混凝土体积的变化，这种变化在混凝土混合料由塑性结构向硬固结构转化时尤为显著，以后随着时间的增长而逐渐减弱。

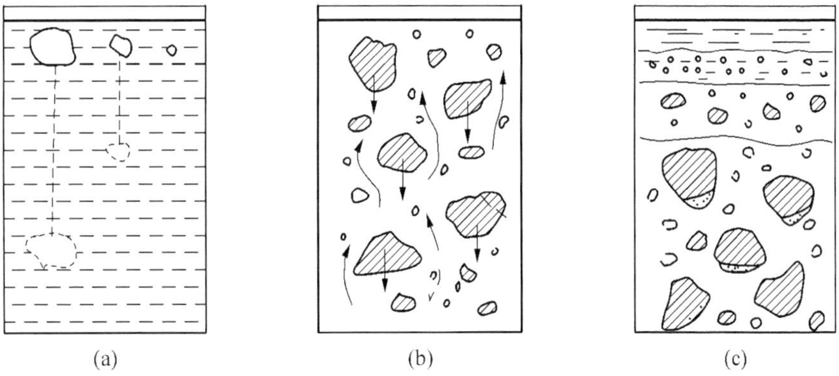

图 2.25　混凝土外分层形成过程示意图

2.5.2.2　水泥石与骨料的黏结

在硬化的混凝土中，水泥石与骨料的黏结对混凝土的强度有很大影响。混凝土的破坏往往就发生在水泥石与骨料界面黏结处。黏结强度越高，混凝土越不易破坏。反之，越易破坏，混凝土强度也就越低。

构成水泥石与骨料界面黏结强度的作用主要有物理的和化学的两种。物理作用有：水泥石和骨料表面在范德瓦尔斯力的作用下形成的黏附力；水泥浆体嵌入骨料表面凹坑及孔隙内形成的机械啮合力。骨料的表面形态和刚度对物理作用的影响很大。例如，用表面粗糙的碎石制成的混凝土，其抗拉和抗弯强度要比用表面光滑的卵石制成的混凝土高 30%左右。化学作用是由于水泥浆与骨料在界面发生一定程度的化学反应而形成的。根据化学作用的不同，骨料可分为两类：能与水泥石形成强接触层的骨料和形成弱接触层的骨料。强接触层的黏结强度可大于水泥石的强度而小于骨料的强度。这一类的骨料主要为石英石，因为石英石能吸收水泥浆体中因水化而生成的 $Ca(OH)_2$，在界面处生成水化硅酸钙，并使界面附近水化程度增大、强度提高。弱接触层的黏结强度既小于骨料强度又小于水泥石强度。这一类的骨料主要是碳酸盐岩石，其原因可能是在骨料表面生成碳铝酸盐，使界面层强度降低。

水泥石与骨料界面间存在过渡区（又称过渡环）。虽然过渡区中的化学成分与水泥浆体中的基本相同，但其结构和性质则与水泥浆本体有所不同。

关于过渡区的形成，可以认为：在新拌混凝土中沿骨料颗粒表面吸附了一层几微米厚的水膜，水泥中向外扩散的离子浓度在靠近骨料表面处则很低，从而使得该处的水灰比较水泥浆本体大。

对于普通硅酸盐水泥，其中的离子一般依下述次序扩散，即：Na^+ 和 K^+、SO_4^{2-}、Al^{3+}、Ca^{2+}，最后为硅离子。因此，在骨料周围的水中首先形成钙矾石和氢氧化钙晶体。在这种高水灰比的水膜中，晶体生长所受限制较小，其晶体尺寸要比在水泥浆本体中过饱和度高而空间有限的条件下所形成的晶体大。因而晶体所形成骨架结构中的孔隙也比水泥浆本体中晶体骨架结构的孔隙多。另外，氢氧化钙晶体在骨料影响下（与骨料性质无关）具有择优取向的趋势，例如以其 C 轴垂直于骨料表面。这对水泥石与骨料界面间的黏结强度是不利的，并易于造成裂缝的扩展。

随着水泥的不断水化，C—S—H 凝胶及结晶尺寸较小的钙矾石和氢氧化钙填充于大的钙矾石和氢氧化钙晶体构成的骨架空隙中，使过渡区的密实度提高。

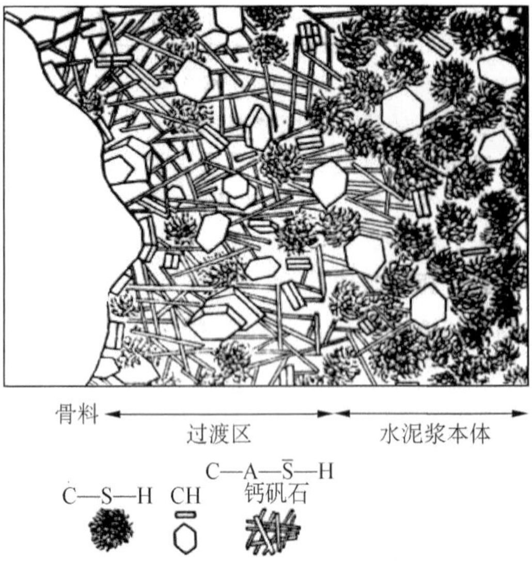

图 2.26 混凝土中水泥浆本体和过渡示意图

混凝土中过渡区的示意图如图 2.26 所示。

由于过渡区具有比水泥浆本体高的孔隙率以及晶体的择优取向，影响了水泥石与骨料的黏结强度，从而使得过渡区成为混凝土中最薄弱的环节。

除上述因素外，在过渡区内还存在着许多微裂缝。当混凝土承受荷载作用时，这些微裂缝在应力作用下在其尖端附近形成较大的应力集中，并导致裂缝的扩展。随着应力增加，裂缝不断扩展，并从一个过渡区扩展到另一个过渡区直至相互连通，从而使混凝土结构遭到破坏。

过渡区中微裂缝的数量和大小与骨料尺寸、颗粒级配、水泥用量、水灰比、养护条件等因素有关，例如级配差的混凝土混合料易发生离析和泌水，并易在粗骨料周围尤其下部形成一层较厚的水膜，而且骨料尺寸愈大，水膜愈厚。这些均导致了过渡区中孔隙和微裂缝数量的增多。混凝土的干燥收缩又将会使微裂缝的数量和尺寸进一步增加。

由上可知，普通混凝土中因过渡区的存在使得混凝土强度较其两个主要组分——骨料与水泥石的强度低得多。同时也使得混凝土的弹性模量大大降低。

此外，由于过渡区的孔隙率较大，微裂缝数量较多，也使得混凝土的抗渗性大大降低，对于钢筋混凝土来说，则会因水分的渗透而使钢筋锈蚀。

对于某些部分可溶性骨料，由于骨料的部分溶解，增加了骨料表面的粗糙程度，有利于水泥浆与骨料的机械黏结，同时因骨料的表面积增加，也增大了骨料与水泥石的相互吸附作用。而骨料所释放出的离子与水泥离子间可能会发生反应而形化学黏结，因此，可溶性骨料与水泥浆所形成的过渡区强度或许会超过不溶性骨料的过渡区强度。

2.6 普通混凝土的体积变形

普通混凝土从浇注成型、凝结硬化直至投入正常的工作过程中，由于受到各种物理、化学以及环境等因素的影响而发生程度不一的体积变形，是普遍存在的现象。这种变形由于受到混凝土内部材料如骨料、钢筋的约束及外部相邻构件的牵制作用而极易导致裂缝的产生，进而影响到混凝土的强度和耐久性，那种“钢筋混凝土结构可以带缝工作”的观念早已被证明是不合适的。对于水工结构混凝土，裂缝的破坏性则更大。因此，必须重视普通混凝土的变形性能，并积极探索可以降低混凝土体积变形以减少裂缝产生的各种技术途径。

混凝土的体积变形一般以长度作测量标准，如果按立方体考虑，其体积变化率约为长度变化率的 3 倍。

2.6.1 混凝土的早期体积变形

混凝土早期体积变形主要是水泥与骨料的沉降、泌水及水泥石的收缩而引起的。

混凝土混合料在浇灌后约 2 h 左右，沉降所引起的变形剧烈。当构件厚度很大时，这种沉降可用肉眼观察到。图 2.27 为混凝土随时间的沉降曲线，从图中可以看出，随时间的延续，沉降逐渐减小并趋于稳定。

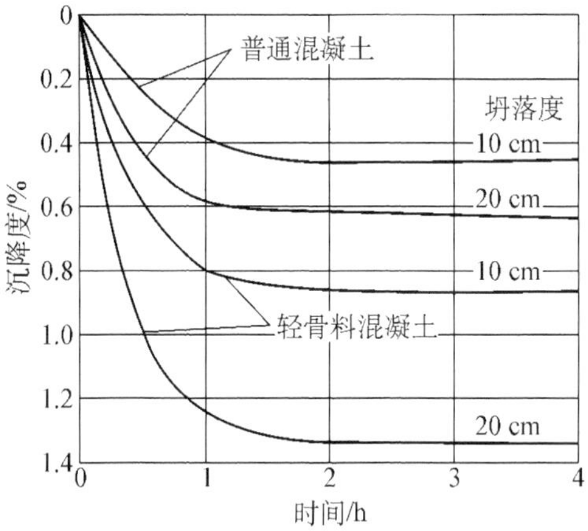

图 2.27 混凝土的沉降曲线

混凝土的单位用水量对沉降的影响很大，用水量愈大，沉降量也愈大。混凝土混合料的泌水率愈大，沉降量也愈大。

当局部的沉降因水平钢筋而受阻时，会引起沉降裂缝，此类裂缝的处理可在混凝土浇灌后约 2 h 待沉降停止后，即在裂缝附近的混凝土表面重新抹面，可有效地使裂缝闭合。

混凝土在浇灌后约 2.5 h 到 8～9 h 发生的体积收缩，称早期收缩。这种收缩是由水泥浆体的塑性收缩和化学减缩共同构成的。塑性收缩的成因较复杂，通常认为水泥浆体中游离水的蒸发是其中主要影响因素之一。水泥与水发生水化反应，生成水化产物时，水泥-水系统的总体积将减小，即化学减缩。化学减缩是不可恢复的收缩，一般在 40 天内逐渐趋于稳定，混凝土的化学收缩值通常小于 1%，塑性收缩和化学减缩可导致混凝土内部细微裂缝的产生。

影响混凝土早期收缩的因素有材料的性质，混凝土配合比等。

2.6.2 混凝土的干缩与湿胀

2.6.2.1 湿胀

混凝土吸湿后所出现的质量增加和体积膨胀现象，称为湿胀。湿胀是由于水泥凝胶吸水引起的，水分破坏了胶体的凝聚力，迫使凝胶粒子分离，从而使混凝土体积膨胀。此外，水的浸入使凝胶体的表面张力减小，也产生了微小的膨胀。

水泥净浆的线膨胀（以浇注后 24 h 的尺寸为基准）的典型数值为：100 d 后，$1\,300\times10^{-6}$；1 000 d 后，$2\,000\times10^{-6}$；2 000 d 后，$2\,200\times10^{-6}$。

混凝土的膨胀要小得多。例如，水泥用量为 300 kg/m^3 的混凝土，在水中浸泡 6～12 个月，其线膨胀值仅为$(100\sim150)\times10^{-6}$。以后的湿胀极其微小。

湿胀引起混凝土质量的增加，要比体积的增加大得多。这是由于浸入的水分还占据了水泥水化时体积的减少所形成的空间。

混凝土在空气中干燥后再使其在水中浸泡，质量虽基本上可回到原值，但长度不能完全恢复，其中约 30%～50%是不可逆的，见图 2.28。

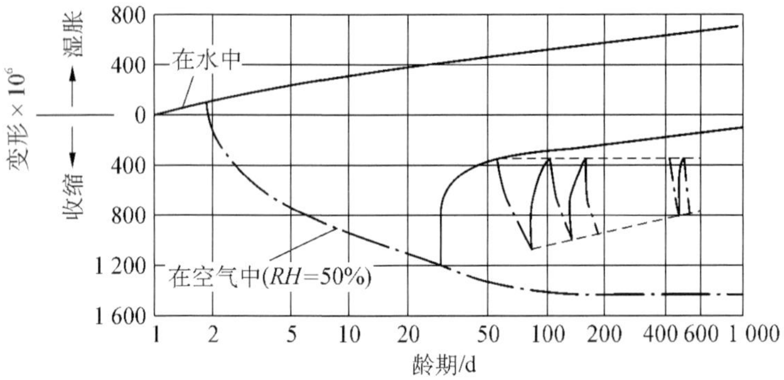

图 2.28　1∶1 水泥玄武岩粉浆交替贮存在水及相对湿度为 50%的空气中的变形(循环周期为 28 d)

2.6.2.2　干缩

浸水饱和的混凝土试件，一旦完全干燥，长度将发生(700～1 000)$\times 10^{-6}$的收缩。实际的混凝土构件的收缩值可能没有这么大。但在存在约束不能自由收缩时，则易发生收缩裂缝。混凝土随着失水而产生的收缩称干燥收缩。

引起混凝土干缩的主要原因是水分的蒸发。混凝土的蒸发干燥过程是由表及里进行的，因而整个混凝土的湿度和干燥变形是不均匀的，即表面收缩大，而内部收缩小。致使混凝土表面承受拉应力，内部承受压应力，当表面混凝土所受拉力超过其抗拉强度时，便产生裂缝。

混凝土的干缩机理是比较复杂的，但主要原因可能是因混凝土内部毛细管失水所引起的毛细管压力所致。毛细管水的蒸发，使毛细管内水面的弯月面曲率半径变小，在表面张力作用下使毛细管内水的压力较外部小，其压力差为

$$\Delta p = \frac{2\sigma}{r} \tag{2.14}$$

或

$$\Delta p = \frac{RT\rho}{M}\ln\frac{p}{p_0} \tag{2.14'}$$

式中　p——曲面水的饱和蒸气压，Pa；

p_0——平面水的饱和蒸气压，Pa；

σ——水的表面张力，N/m；

M——水的相对分子质量，M=18.02 g/mol；

R——气体常数，R=8.314 J/(mol·K)；

T——绝对温度，K；

ρ——水的密度，g/cm^3；

r——水面的曲率半径，cm。

随着空气湿度的降低，毛细孔中的负压逐渐增大，产生收缩力，使混凝土收缩。当毛细管中水分蒸发完后，若继续干燥，则水泥凝胶颗粒的吸附水就开始溢出。失去水膜的凝胶颗粒由于分子引力的作用，使粒子间的距离变小，甚至发生新的化学结合而收缩。

2.6.2.3 影响混凝土干缩的主要因素

影响混凝土干缩的因素较多，主要有原材料的性质、配合比、养护条件、构件形状和尺寸、配筋率等。

1. 水泥

对纯熟料水泥，水泥净浆干缩率主要取决于它的矿物组成及细度。一般说来，C_3A 含量较高、细度较细的水泥收缩率大。不同品种的水泥其收缩率亦不相同。根据资料，不同品种水泥的收缩率有如下顺序：掺量多的矿渣水泥＞混合(硅质)水泥＞矿渣水泥＞普通水泥＞早强水泥＞中热水泥＞粉煤灰水泥。国外采用经电收尘获得的、含有大量球形颗粒的粉煤灰掺入水泥中，能减少水泥的需水性，这是粉煤灰水泥干缩较小的主要原因。图 2.29 为各种水泥的干缩率值。

细度较细的水泥，因其比表面积大而使其需水量增大，水泥石中毛细管增多，故一般干缩值较大。

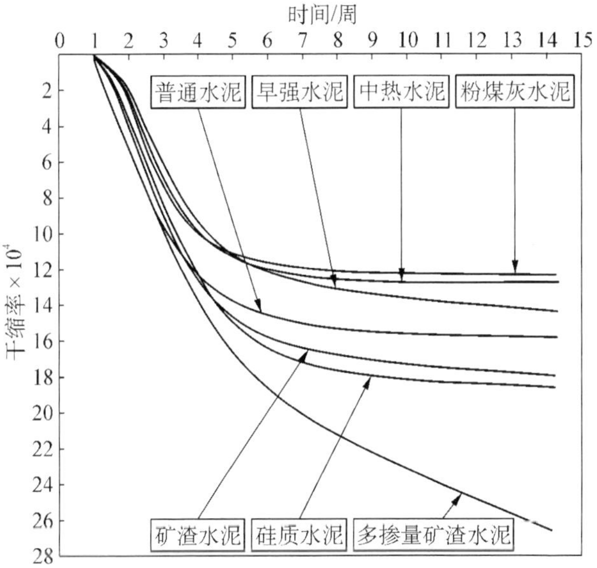

图 2.29 各种水泥的干缩率

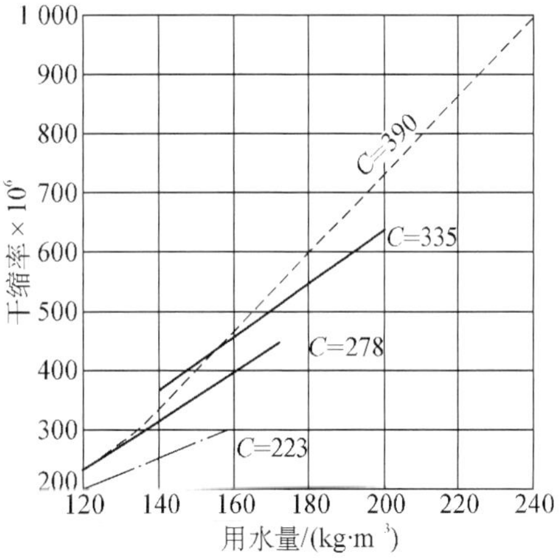

图 2.30 混凝土用水量与干缩率的关系

2. 配合比

在原材料一定的条件下，混凝土配合比对干缩率的影响很大，由表 2.26 和图 2.30 可以看出，随单位用水量和水泥用量的变化，混凝土的干缩率有很大的变化，其中尤以用水量的影响更大。在用水量一定的条件下，干缩率随水泥用量的增加而增大，但变化范围比较小。

表 2.26 水泥用量对混凝土干缩率的影响

用水量/(kg·m^{-3})	水泥用量/(kg·m^{-3})	W/C	S_P/%	骨-灰比	150 d 干缩率×10^6
190	238	0.80	39	8.25	248
190	271	0.70	39	7.11	270
190	317	0.60	39	5.98	304
190	380	0.50	39	4.85	318
190	475	0.40	39	3.70	330

在水灰比相同的情况下，干缩率还随含砂率的增大而增大，见表 2.27。

表 2.27　含砂率对混凝土干缩率的影响

S_P/%	W/C	骨-灰比	150 d 干缩率×10^6
32	0.60	6	280
36	0.60	6	288
39	0.60	6	302
42	0.60	6	328

由此可见，水泥用量较少的贫水泥混凝土、砂率低的干硬性混凝土，一般干缩率都比较小。

3. 骨料

骨料在混凝土中起着抑制水泥石收缩的作用，它的数量和弹性模量，对混凝土收缩的影响很大。混凝土收缩率与水泥石收缩率之间关系为

$$\varepsilon_c = \varepsilon_p(1 - V_a)^n = \varepsilon_p \cdot V_p^n \tag{2.15}$$

式中　ε_c——混凝土的收缩率；

ε_p——水泥石的收缩率；

V_a——骨料的绝对体积；

V_p——水泥石的绝对体积；

n——经验系数，介于 1.2～1.7。

骨料的体积增加，混凝土的收缩则减少。例如，若骨料由占总体积含量的 60%提高到 80%，收缩将减小到 1/3。

骨料的弹性模量决定了其所能抑制水泥石收缩的程度。弹性模量愈高，对水泥石的抑制作用愈大，混凝土收缩愈小。例如，钢骨料混凝土收缩值约为普通骨料的 1/3；而膨胀页岩骨料的混凝土则比用普通骨料混凝土的收缩值大 1/3。

另外，骨料中若含有黏土，则将使骨料对水泥石收缩的抑制作用减弱。同时，由于黏土本身也易收缩，可增大混凝土的收缩。

4. 养护时间及条件

混凝土的收缩可持续很长时间(甚至数十年后仍能观察到一些变化)，但收缩的速率却随时间而急剧减小，见图 2.31，纵坐标数值是百分数，横坐标是对数标尺。但图中的一部分收缩可能是由碳化作用引起的。

延长潮湿养护期可推迟收缩的开始，但对收缩大小的影响甚微。

混凝土在水中养护约膨胀(100～20)×10^{-6}。普通蒸气养护可减少混凝土的收缩，其 120 d 的收缩值比标准养护的收缩值约低 20%，蒸压养护对减少混凝土的收缩更为显著，约可减少 50%以上。

5. 构件尺寸及配筋率

因混凝土的干燥是由表及里逐步扩展的，所以其收缩值与构件的形状、尺寸有一定的关系。尺寸较小的构件干燥较快，故其收缩率也较大尺寸构件为大，如图 2.32 所示。

一般认为，配筋率越高，混凝土的收缩越小。但配筋率太高，则将因混凝土收缩应力增大而导致结构出现裂缝。因此，配筋率一般应控制在 3%以下为宜。

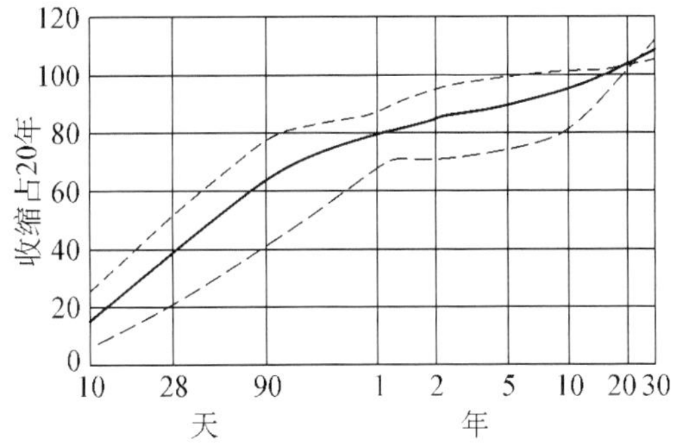

图 2.31 置于相对湿度 50%和 70%下不同混凝土的收缩-时间曲线

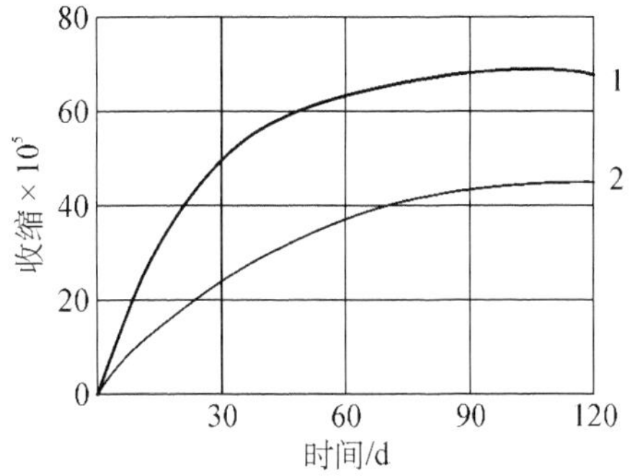

图 2.32 构件尺寸对混凝土收缩的影响

1—(40×40)mm^2 试件；

2—(260×40)mm^2 试件

2.6.3 普通混凝土的温度变形

普通混凝土的温度膨胀系数为(0.6～1.3)×10^{-5}℃$^{-1}$，一般取 1.0×10^{-5}℃$^{-1}$，即温度每变化 1℃，每米长度的普通混凝土将产生 0.01 mm 的膨胀或收缩变形。混凝土的温度变形对大体积混凝土、大面积混凝土以及狭长的混凝土结构影响很大，极易产生温度裂缝。

普通混凝土是热的不良导体，传热速度较慢，特别是大体积混凝土在硬化初期，内部水泥水化放热积聚较多热量，可造成高达 40～50℃的内外温度差，使混凝土内部的热胀远超混凝土表面的膨胀，在表面产生较大拉应力而开裂。大体积混凝土结构施工常采用低热水泥、掺加缓凝剂或其他降低温度差的措施。

对于大面积混凝土结构和狭长混凝土结构，常采取设置伸缩缝及温度钢筋等措施，以防止其受温度影响而产生开裂。

2.6.4 普通混凝土的碳化收缩

在普通混凝土的长期收缩值中，一部分可能是由碳化引起的，实际上干缩和碳化收缩是相伴发生的。

在潮湿条件下，暴露在大气中的混凝土，其内部的水化产物[如 $Ca(OH)_2$、水化铝酸盐、水化硅酸盐等]与空气中的 CO_2 作用，生成碳酸盐，使混凝土的碱度降低。这种现象称为混凝土的碳酸盐化，简称碳化。例如：

$$C_3A \cdot 3CaSO_4 \cdot 31H_2O + 3CO_2 + aq \Longrightarrow 3CaCO_3 + 2Al(OH)_3 + 3CSO_4 \cdot 2H_2O + aq$$

引起混凝土碳化收缩的原因，可能是由于 $CaCO_3$、硅胶、铝胶和游离水的生成和溶出，在水泥石中形成了许多毛细孔，这些毛细孔在弯月面的表面张力作用下，以及水泥石内晶体因碳化而脱离的结晶接触点在范德瓦尔斯力的吸附下，使水泥石产生了收缩。

混凝土的碳化是由表及里进行的，且比较缓慢。但随着 CO_2 浓度的增高而加快，尤其是水灰比高的混凝土更是如此。碳化作用的速度与混凝土含水量及周围介质的相对湿度有关，见图 2.33。相对湿度为 50%左右时碳化作用最大，湿度过高(100%)或过低(25%)时碳化作用都较小。这是因为过高的湿度使混凝土孔隙中充满水，CO_2 不易扩散到水泥石中；也

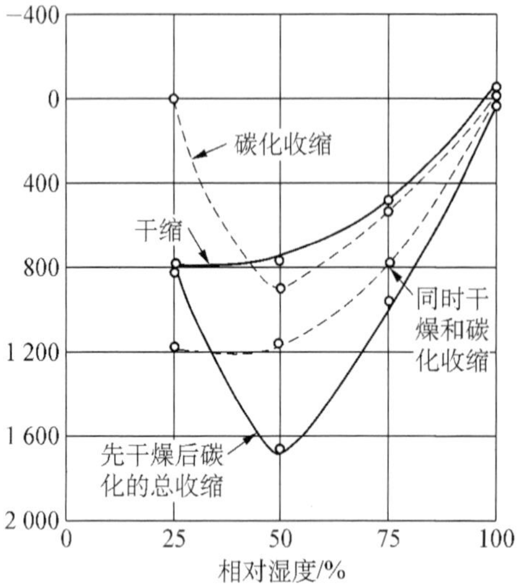

图 2.33 不同相对湿度下的干缩与碳化收缩

可能是从浆体中扩散出来的钙离子导致 $CaCO_3$ 沉淀，而堵塞了表面孔隙。相反，过低的湿度，则水泥石孔隙中的水不足以使 CO_2 形成碳酸，故碳化也不易进行。

干燥与碳化的先后次序对总收缩值的影响很大。干燥与碳化同时进行产生的总收缩比先干燥后碳化的总收缩小，见图 2.33。

经高压蒸汽养护的混凝土其碳化收缩很小，这可能是因为经高压养护的混凝土形成了一些结晶度好、强度高、抗碳化性强的水化产物。

当混凝土在含有 CO_2 的空气中受干、湿交替循环时，由于碳化作用产生的收缩逐渐变得更加明显，而且其总收缩要比无 CO_2 空气中的干缩大。因此，碳化作用不仅增加了不可逆收缩部分的数量，并可能使混凝土表面产生裂缝。

2.6.5 普通混凝土在荷载作用下的变形

2.6.5.1 普通混凝土在短期荷载作用下的变形

1. 混凝土的弹塑性变形

混凝土是一种多相弹塑性复合材料。在静力受压时，其应力(σ)与应变(ε)之间的关系如图 2.34 所示。由图可知，当在 A 点卸荷时，应力-应变曲线为 AO 弧线，卸荷后弹性变形($\varepsilon_{弹}$)恢复，残留塑性变形($\varepsilon_{塑}$)。其应力与应变的比值随着应力的增大而减小。

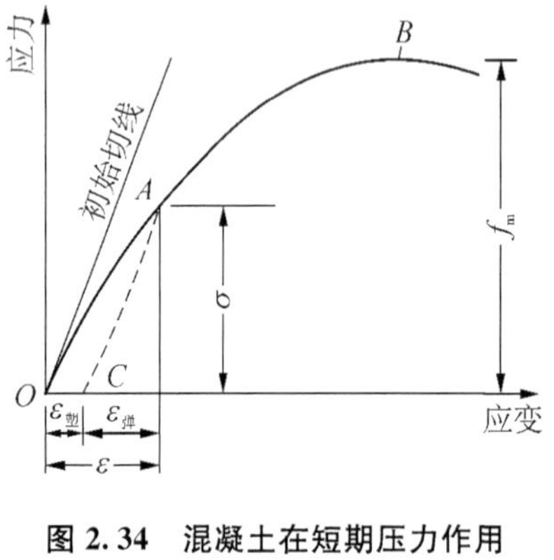

图 2.34 混凝土在短期压力作用下的应力-应变曲线

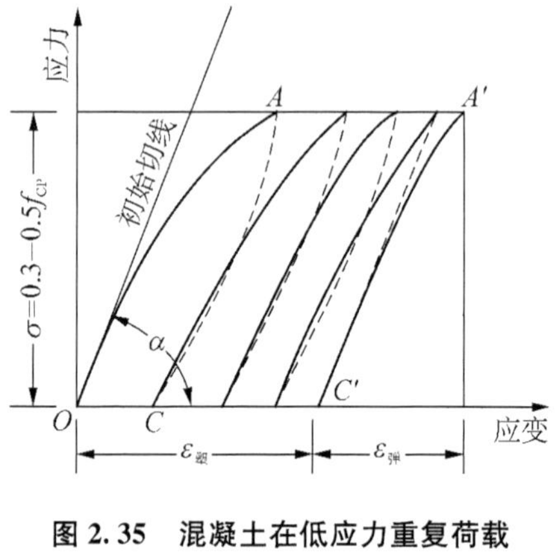

图 2.35 混凝土在低应力重复荷载作用下的应力-应变曲线

2. 混凝土弹性模量的测定

因为普通混凝土是弹塑性体，很难准确测定其弹性模量，不过可以间接求其近似值，即在低应力(轴心抗压强度 f_{cp} 的 30%～50%)水平，随着荷载重复次数的增加(3～5 次)，混凝土的塑性变形的增量逐渐减少，最终得到一条应力-应变曲线，该曲线只有很小的曲率，几乎与初始切线(最初受压时的应力-应变曲线在原点的切线)相平行，如图 2.35 中 $A'C'$，就此可以测得混凝土的割线弹性模量(静力受压弹性模量)。

按相关标准的规定,混凝土弹性模量的测定采用 150 mm×150 mm×300 mm 的棱柱体试件,取其轴心抗压强度 f_{cp}的 1/3 作为试验控制应力值,经 3 次以上反复加荷和卸载后,测得应力与应变的比值,即为混凝土的弹性模量,在数值上与 $\tan\alpha$ 相近。

混凝土的弹性模量随着混凝土强度的提高而增大,通常当混凝土强度等级在 C10~C60 时,其弹性模量变化范围约为(1.75~3.60)×10^4 MPa。混凝土弹性模量主要用于计算钢筋混凝土的变形、裂缝展开以及大体积混凝土的温度应力。

影响普通混凝土弹性模量的因素主要包括以下几点。

(1) 当混凝土的浆-骨比较小(水泥浆数量少,骨料用量多)时,其弹性模量较大;

(2) 当混凝土所用骨料的弹性模量较大时,其弹性模量较大;

(3) 早期养护温度较低的混凝土具有较大的弹性模量。相同强度的混凝土,经过蒸汽养护的弹性模量比在标准条件下养护的弹性模量小;

(4) 孔隙率高的混凝土的弹性模量较低。引气混凝土的弹性模量比普通混凝土的弹性模量低约 20%~30%;

(5) 含水率高的混凝土试件,测得的弹性模量较大。

2.6.5.2 普通混凝土在长期荷载作用下的变形

1. 徐变及其对混凝土的影响

混凝土在长期持续荷载作用下随时间增长的变形称徐变。混凝土的徐变在加荷早期增长较快,然后逐渐减慢,在若干年后增加很少。承受持续荷载的混凝土试件,其变形随时间增长的曲线如图 2.36 所示。

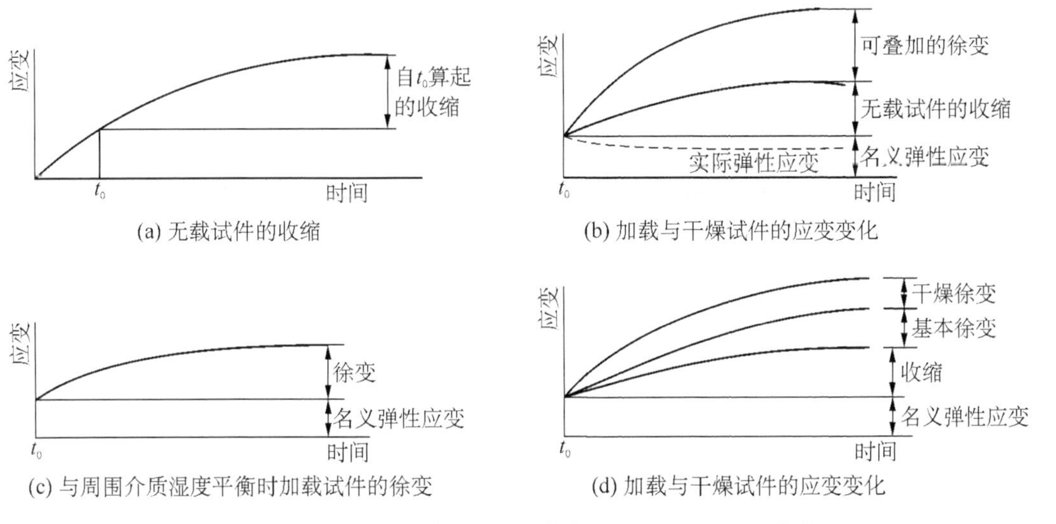

图 2.36 承受持续荷载的混凝土试件的变形随时间增长的曲线

由图 2.36(b)可知,混凝土在荷载作用下的变形包括:在加荷瞬间发生的弹性变形、徐变、与徐变同时并存的干缩。要从试件中单独测定出徐变是比较困难的,为此,在实际应用中常假定干缩与徐变具有叠加性质。通过测定在同一环境状态下,同样形状、尺寸的无荷载试件的变形,然后从荷载试件量测出的干缩与徐变的总变形中减去无荷载试件的变形,即为徐变变形。

混凝土的徐变又包括基本徐变和干燥徐变[图 2.36(d)]。将周围介质没有湿度迁移时的徐变称为基本徐变，由干燥引起的徐变称为干燥徐变。

混凝土在持荷一定时间后，当荷载卸去时，在卸荷瞬间将有一部分变形恢复，称为徐变的瞬时恢复。此瞬时恢复的变形等于混凝土在卸荷时的弹性变形，较在加荷时的小。卸荷后1～2个月的时间，还可产生一部分徐变恢复。最后残留下不可恢复的变形称残余变形，见图2.37。

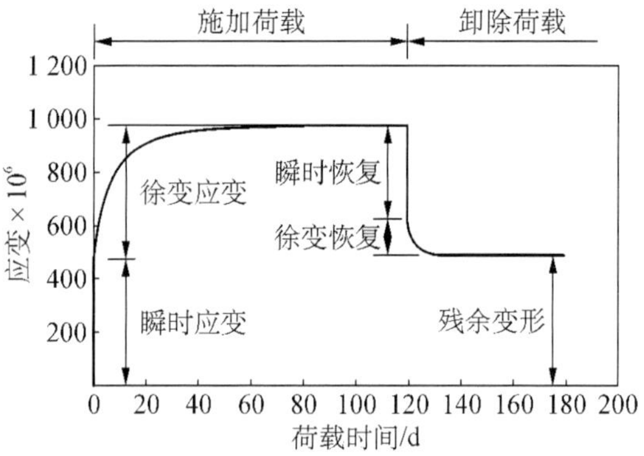

图2.37 混凝土徐变示意图

混凝土的徐变对混凝土及钢筋混凝土结构物的应力和变形状态有很大的影响。徐变变形有时数倍于弹性变形，而这对改变混凝土的应力状态是有利的。例如，在静不定结构中，徐变可以消除由于收缩、温度变化或支座移动引起的应力集中。在一些混凝土结构中，徐变能使因不均匀收缩引起的内应力减小，因而亦能使裂缝减少。但就结构的正常使用而言，徐变的影响也可能是有害的。例如，庞大的涡轮机基础是一种超静定的结构，由于徐变，将引起支座的不均匀沉陷，以及收缩引起的大梁倾角变化，就可能导致机器竖轴倾斜。另外，在预应力混凝土结构中，徐变还会导致预应力损失。

因此，在进行结构计算时，如果仅考虑弹性应变是不够的，还必须考虑混凝土的徐变，否则就不能得到正确的设计。

混凝土的徐变与作用应力的大小有关，在作用力小于混凝土强度的35%～40%时，徐变ε_c与应力σ成正比，即

$$\varepsilon_c = C\sigma \tag{2.16}$$

式中，C为比徐变，即单位应力时的徐变。

同时，作用应力又与混凝土的弹性变形ε成正比，即

$$\varepsilon = \frac{\sigma}{E_h} \tag{2.17}$$

因此得

$$\varepsilon_c/\varepsilon = CE_h = \varphi$$

式中，φ为徐变系数，它表示混凝土徐变的特性，则

$$\varepsilon_c = \frac{\sigma}{E_h}\varphi$$

当ε_c为极限值时，则徐变系数用$\varphi\infty$表示，这时混凝土在应力σ作用下的总变形$\varepsilon\infty$为

$$\varepsilon\infty = \frac{\sigma}{E_h}(1+\varphi\infty) \tag{2.18}$$

一般认为，当作用应力超过混凝土强度的75%时，就会发生徐变破坏。

引起混凝土徐变的原因尚不十分清楚，一般认为徐变的根源是水泥石，是水泥石的黏弹性和水泥石与骨料间塑性性质的综合结果，即主要由于持续荷载的作用使凝胶体中水分缓慢渗出，水泥石中C—S—H凝胶的黏性流动、微细空隙的闭合、晶体内部的滑动等各种因素

的累加所造成的。

2. 影响徐变的因素

(1) 水泥品种与水灰比

水泥品种对混凝土徐变的影响，与它对混凝土强度发展规律的影响有密切的联系。在一定龄期和施加相同应力的情况下，强度发展快的水泥徐变小，反之则徐变大。这是由于不同品种的水泥在同一龄期加荷时的水化程度不同引起的。在同一龄期内，水泥的水化程度越高，水泥石结构越密实，徐变就越小。

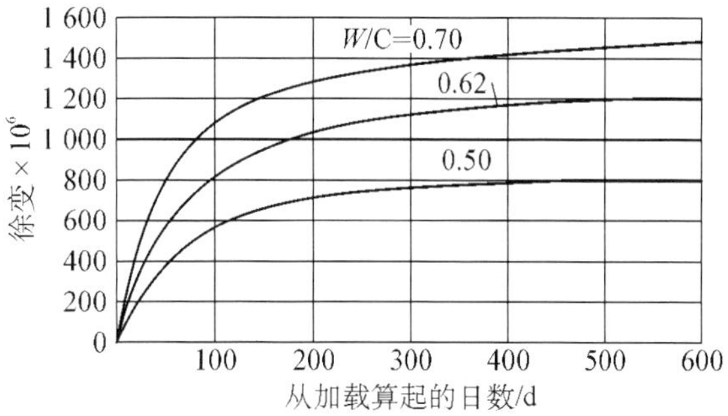

图 2.38 水灰比和徐变的关系

混凝土的徐变与水灰比成正比，如图 2.38 所示。水灰比越大或水泥用量越多，徐变就越大。

(2) 水泥石和骨料体积率

混凝土的徐变主要是水泥石的徐变，水泥石和骨料的相对体积含量对混凝土的徐变影响较大，见式(2.19)。

$$C = C_P(1-g-U)^a \tag{2.19}$$

式中 C——混凝土的徐变；

C_P——水泥石的徐变；

g——骨料的体积率；

U——未水化水泥的体积率；

其中

$$a = \frac{3(1+\mu)}{1+\mu+2(1-2\mu_a)\dfrac{E}{E_a}}$$

式中 μ_a——骨料的泊松比；

μ——骨料周围材料的泊松比；

E_a——骨料的弹性模量；

E——骨料周围材料的弹性模量。

由上式可知，骨料增加时，水泥石含量$(1-g)$减少，混凝土徐变减小。在配制混凝土时，骨料的级配、最大粒径、形状等对混凝土中骨料的体积率有着直接或间接的影响。因此，这些性质对混凝土徐变的影响也主要体现在骨料体积率上。

另外，骨料的品种对混凝土徐变的影响也很大。骨料的弹性模量越大，其对水泥石徐变的约束也越大。不同岩石的骨料对混凝土徐变的影响见图 2.39。

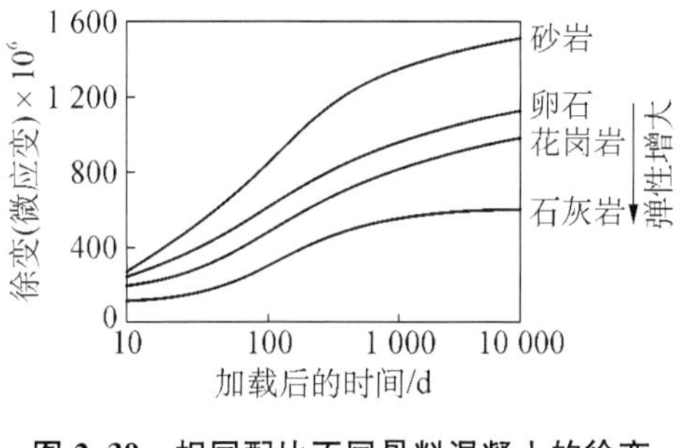

图 2.39 相同配比不同骨料混凝土的徐变

(3) 外加剂

在混凝土中加入外加剂(如减水剂等),若在保持加水量不变的情况下可改善混凝土和易性,但其徐变也往往增大。若掺入非引气型减水剂并减小水灰比,混凝土的徐变将有所减小。同样,掺入缓凝型减水剂的混凝土徐变也会减小。

(4) 尺寸效应

混凝土试件的体积/表面积比以及试件厚度对总徐变的影响与对收缩的影响十分相似,见图 2.40。

混凝土试件尺寸越大,徐变越小。这可能是由于试件尺寸大,增加了部分水分的迁移阻力,从而减少了水分的渗出。也可能是由于干缩的原因,干缩而使其表面的干燥徐变大于其内部,当干燥深入到内部时,内部的混凝土已充分水化而达较高强度,因而徐变相对较低。

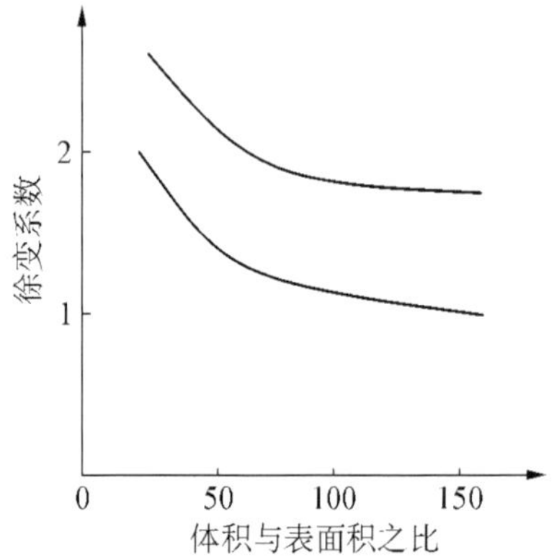

图 2.40　体积/表面积比对徐变的影响

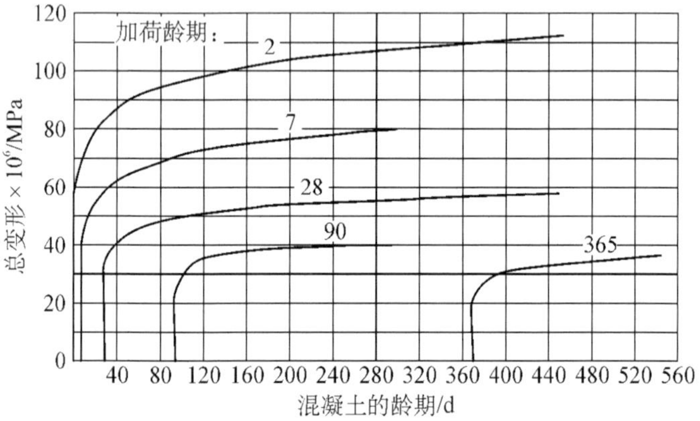

图 2.41　加荷龄期对徐变的影响

(5) 加荷龄期和持荷时间

加荷时混凝土的龄期越短,其徐变越大,如图 2.41 所示。

徐变可持续很长时间,但随时间的延长,徐变增长率急剧降低,并趋于平缓。当持荷时间无限长时,可假定徐变趋向极限值。

根据有关资料显示,20 年徐变的 18%～35%(平均 26%)在 2 周内完成;20 年徐变的 40%～70%(平均 55%)在 3 个月内完成;20 年徐变的 64%～83%(平均 76%)在 1 年内完成。

如果取荷载下 1 年的徐变为 1,则后期徐变的平均值为:2 年——1.14; 5 年——1.20; 10 年——1.26; 15 年——1.33; 20 年——1.36,为方便计算,常假定极限徐变为 1 年的 4/3。

(6) 环境湿度与温度

周围空气的相对湿度是影响徐变最重要的外部因素之一。对于给定的混凝土,相对湿度越低,则徐变越大。相对湿度为 50%的混凝土徐变可达相对湿度 100%的 2～3 倍,见图 2.42。若试件施加荷载之前已与周围介质达到湿度平衡,则相对湿度对徐变的影响很小,甚至没有影响。混凝土徐变随温度升高而增大,如图 2.43 所示。在 20～70℃的范围内,徐变与温度大致成正比。

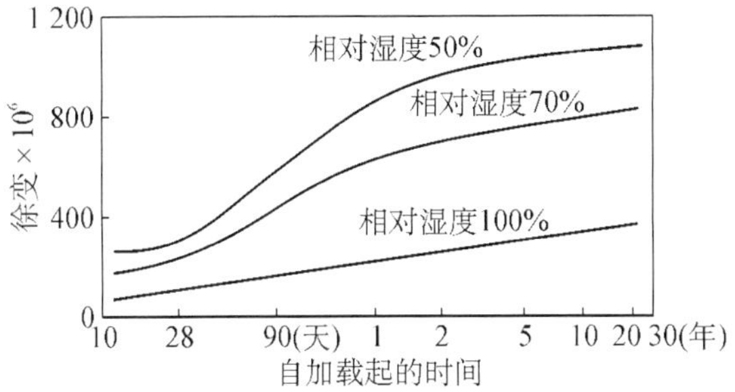

图 2.42 雾养 28 d 后加载，置于不同相对湿度下的混凝土徐变（横坐标是对数标尺）

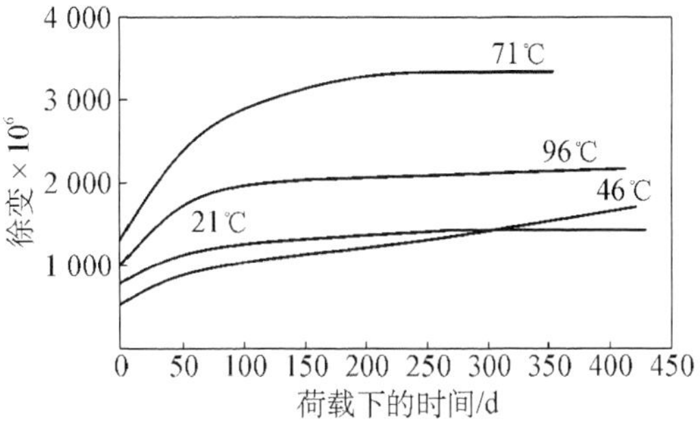

图 2.43 放置于不同温度下的混凝土徐变（应力/强度比＝0.1）

2.6.6 普通混凝土的裂缝

混凝土在结构形成以后，其内部将会存在许多裂缝。导致形成这些裂缝的因素是多方面的。除外力的因素外，其他尚有诸如混凝土内外温差、干燥收缩、碳化等引起的裂缝，以及混凝土的碱骨料反应、各种化学侵蚀、冻融循环、钢筋锈蚀等均能使混凝土产生裂缝导致混凝土结构破坏。

不同的影响因素，其所形成的裂缝的特征也不相同，见表 2.28。根据各种裂缝所形成的原因，宜采取相应的措施加以防止。

表 2.28 混凝土的裂缝及特征

类 别	特 征
沉降裂缝	顺筋方向表面开裂
塑性收缩裂缝	细微的表面裂纹
干缩裂缝	表面开裂，走向无规律，形似龟裂，宽度、长度均很小，与发丝相近
温度裂缝	表层、深层或贯穿裂缝。表层裂缝走向无规律，在钢筋混凝土中深层和贯穿裂缝一般平行或接近平行于主筋方向。裂缝宽度受温度影响大，热胀冷缩较明显
应力裂缝	走向与主筋方向接近垂直，一般较宽，并且沿长度或深度方向变化明显
施工因素裂缝	大体积混凝土拆模过早时产生的表面开裂；起吊或加载过早时发生的垂直于主筋的横向裂缝；因采用滑模或拉模而引起的裂缝多产生于垂直模板移动的方向
化学作用裂缝	混凝土多为龟裂；在钢筋混凝土中由于钢筋锈蚀导致的裂缝多为顺筋

(1) 沉降裂缝

此种裂缝出现在混凝土浇筑后 0.5～2 h。引起沉降裂缝的原因有：混凝土沉降时受到钢筋的抑制；模板移动、基础沉陷等迫使混凝土变形；浇筑面不平而使混凝土沉降不匀，斜面浇筑使混凝土向下流淌。

对于此类裂缝可通过控制单位用水量、分层浇筑，控制基础的整体性等措施预防。当出现此类裂缝时，可在裂缝出现后立即抹平压实。

(2) 塑性收缩裂缝

这种裂缝是在混凝土仍处于塑性状态时出现的。由于基础、模板的吸水或漏水、骨料的吸水及水分的蒸发等使新拌混凝土脱水而引起体积收缩,同时这种收缩又受到基础、骨料、钢筋等的约束而引起拉应力,此时混凝土的抗拉强度很低,几乎为零,故混凝土在这种塑性收缩作用下易产生裂缝。

此类裂缝的防止首先应避免骨料、模板、基础过多吸水。其次是加强养护,并采取必要的防风措施以防水分的过多蒸发。

(3) 干缩裂缝

干缩裂缝发生于混凝土硬化后,是因其内部的水泥石失水收缩引起的。当水泥石发生收缩时,由于骨料收缩值小于水泥石而对其产生约束作用,并在水泥石中产生拉应力。当拉应力大于混凝土的抗拉强度时即产生裂缝。

防止干缩裂缝的方法有:减少混凝土单位加水量、加强养护措施等。

(4) 温度裂缝

引起温度裂缝的原因有内部与外部之分。

内部原因是由于体积较大的混凝土因水泥水化热积蓄,造成与外界的温差过高,产生不均匀膨胀从而导致混凝土开裂。防止方法有:采用低热水泥、控制浇筑速度不宜太快、浇筑温度不宜太高,以及在混凝土内部埋设散热管以降内外温差。

外部原因主要是气候变化,冰霜作用引起的混凝土大面积结构开裂和表面剥落。防止方法可采用预留伸缩缝;在混凝土中掺入引气剂使其内部产生大量均匀分布的气泡,以提高混凝土的抗冻性等措施。

(5) 应力裂缝

主要是由于超载、地基下沉或配筋量不足等,引起应力超过混凝土抗拉强度而产生应力裂缝。对此可通过正确设计、严格施工、合理使用加以防止。

(6) 施工因素裂缝

引起此类裂缝的原因可能是,在混凝土尚未达到足够的强度时即过早地拆模、起吊或加载。因此,必须严格施工,采用合理的工艺措施以防止此类裂缝的产生。

(7) 化学作用裂缝

引起这类裂缝的原因较多,如水泥安定性不良、碱骨料反应、钢筋锈蚀、各种介质对混凝土的有害侵蚀等均可导致混凝土的开裂。

针对上述原因,其相应的防止措施有:使用合格水泥;选用低碱水泥及惰性骨料;设置足够厚度的钢筋保护层;提高混凝土密实度;采用抗蚀性外加剂或掺入一定量的矿物掺和料等。

2.7 普通混凝土的物理性能

2.7.1 表观密度

普通混凝土的表观密度受骨料的表观密度、级配、最大粒径、混凝土的配合比、含气量及干湿程度等因素影响而变化。其中影响最大的是骨料的表观密度,见表 2.29。

表 2.29 已硬化的混凝土平均干密度

骨料最大粒径/mm	平均配合比			平均表观密度/(kg/m^3)				
	砂率/%	水泥/(kg/m^3 砼)	水/(kg/m^3 砼)	骨料表观密度/(kg/m^3)				
				2.55	2.60	2.65	2.70	2.75
20	42	355	190	2 200	2 220	2 260	2 300	2 330
40	39	310	175	2 230	2 260	2 290	2 340	2 370
80	34	265	160	2 240	2 280	2 320	2 360	2 400
150	26	225	130	2 300	2 330	2 380	2 410	2 460

普通混凝土的密度一般在 2 200～2 450 kg/m^3，钢筋混凝土的密度大约在 2 450～2 500 kg/m^3。

混凝土密度 ρ 的理论计算式为

$$\rho = 10G_\alpha(100 - a) + C(1 - G_\alpha / G_c) - W(G_\alpha - 1) \quad (2.20)$$

式中 ρ——混凝土的密度；

G_α——骨料混合平均密度，一般在 2.65 g/cm^3 左右；

α——混凝土含气量；

G_c——水泥密度，一般在 3.1 g/cm^3 左右；

C，W——分别为混凝土中水泥用量和用水量。

2.7.2 密实度

一定体积的混凝土中，其固体物质的填充程度称为密实度。可表示为

$$D = V/V_0 \quad (2.21)$$

式中，D 为密实度；V 为混凝土绝对体积；V_0 为混凝土表观体积。

绝对密实的混凝土是不存在的，混凝土中总是含有一定量的孔隙，因此密实度 D 值总是小于 1。混凝土的孔隙率 P 可按下式计算

$$P = 1 - D = 1 - V/V_0 \quad (2.22)$$

混凝土的密实度几乎与混凝土的所有主要技术性能，如强度、抗冻性、抗渗性、隔音隔热等有着密切的关系。不过，混凝土的密实度或孔隙率并不能完全说明混凝土的结构，仅这些指标尚不能反映混凝土中孔隙的特征，如孔隙的大小、形状、分布及其封闭程度等，而孔隙的这些特征却直接影响着混凝土的主要技术性能。

2.7.3 热工性能

混凝土的热工性能是设计大体积混凝土以及混凝土在各种条件下长期使用时所必须考虑的重要性质，是绿色混凝土的重要技术指标。例如，对绝热程度有特殊要求的建筑，对因温度变化产生的应力可能导致的开裂和变形有特殊要求的构筑物，以及在大体积混凝土中，由于水泥水化热引起的温度升高和扩散对混凝土的影响等，均必须进行热工计算，以便采取相应措施。

混凝土的热工性能所包括的基本参数有：比热容、导热系数、导温系数、热膨胀系数。现分述如下。

(1) 比热容

1 kg 混凝土材料的温度升高 1 K 所吸收的热量称为混凝土的比热容。普通混凝土的比热容一般在 840～1 087 J/(kg·K)。混凝土的比热容随含水率的增加而显著增加。

骨料及水泥石对混凝土比热容的影响可由下式表示

$$c = c_P(1-W_\alpha) + c_P W_\alpha \tag{2.23}$$

式中 c——混凝土的比热容，J/(kg·K)；

c_P——水泥石的比热容，J/(kg·K)；

c_α——混凝土中骨料的比热容，约在 710～840J/(kg·K)；

W_α——混凝土中骨料质量占总体质量的百分数。

(2) 导热系数

单位面积($1\ m^2$)的混凝土材料，当其单位厚度(1 m)的两侧温差为 1 K 时，在单位时间内通过混凝土材料的热量，称为混凝土的导热系数(λ)，单位为 W/(m·K)。

导热系数反映了材料传递热的能力。导热系数 λ 值越小，则混凝土的绝热保温性能越好。

影响混凝土导热系数的主要因素有：骨料的种类、骨料用量、混凝土的温度及其含水率，见表 2.30～表 2.32。

表 2.30　不同骨料混凝土的导热系数

骨料品种	混凝土表观密度/(kg/m^3)	导热系数/[W/(m·K)]
重晶石	3 640	1.372
火成岩	2 540	1.442
轻混凝土(干燥)	480～1 760	0.14～0.60

表 2.31　不同含水状态下混凝土的导热系数

含水率(体积)/%	0	2.0	4.0	8.0
导热系数/[W/(m·K)]	1.279	1.860	2.035	2.320

表 2.32　不同温度下普通混凝土的导热系数

温度/℃	0	10	20	30
水中养护，在 70℃干燥的混凝土 λ/[W/(m·K)]	1.081	1.221	1.360	1.500
上述干燥混凝土吸水至 14%(体积) λ/[W/(m·K)]	1.709	1.919	2.110	2.326

空气的导热系数非常小，仅为 0.026 W/(m·K)，是水的导热系数[0.605 W/(m·K)]的 1/25，所以干燥的混凝土比含水状态的混凝土导热系数小。同样，由于空气导热系数小，混凝土密度愈小，其导热系数愈低，尤其是轻混凝土，影响更显著。

(3) 导温系数

混凝土的导温系数是表示混凝土在冷却或加热过程中，各点达到同样温度的速度。导温系数越大，则各点达到同样温度的速度越快。

导温系数与导热系数成正比，与比热容成反比。即

$$\alpha = \lambda/(c\rho) \tag{2.24}$$

式中 α——混凝土的导温系数，m^2/s；

λ——混凝土的导热系数，$W/(m \cdot K)$；

c——混凝土的比热容，$J/(kg \cdot K)$；

ρ——混凝土的密度 kg/m^3。

(4) 热膨胀系数

混凝土的体积随着温度的变化而发生热胀或冷缩。混凝土的热膨胀系数大致可以表示成水泥石和骨料的热膨胀系数的加权平均值。即

$$a_c = (a_p E_p V_p + a_a E_a V_a)/(E_p V_p + E_a V_a) \tag{2.25}$$

式中 a_c——混凝土的热膨胀系数；

a_p——水泥石的热膨胀系数；

E_p——水泥石的弹性模量；

E_a——骨料的弹性模量；

V_p——水泥石的体积率；

V_a——骨料的体积率，$V_a = 1 - V_p$。

水泥石的膨胀系数约为$(10\sim20)\times10^{-6}/℃$，骨料的膨胀系数为$(6\sim12)\times10^{-6}/℃$，混凝土的膨胀系数则约为$(7\sim14)\times10^{-6}/℃$。

混凝土作为一种多孔材料，其热膨胀系数不仅取决于水泥石和骨料，而且还取决于孔隙的含水状态。当环境的相对湿度为 70%时，水泥石的线膨胀系数最大，而在相对湿度为100%和 0 时为最小。

2.8 普通混凝土的强度

在普通混凝土的设计和生产、施工质量控制过程中，强度是最常用的技术性能指标，这主要由两个因素决定：①强度试验相对容易操控，结果评判简单明了；②普通混凝土的诸多性质，如弹性模量以及抗冻、抗渗、耐磨、耐腐蚀等耐久性能，都与强度有着直接的关联，可以经由强度数据大致推导出来，并且，通常是正相关的关系。

2.8.1 普通混凝土的主要强度

普通混凝土的强度有抗压、抗拉、抗弯、抗剪、钢筋握裹强度等。混凝土是属于具有良好抗压性能的材料，而其他性能，如抗拉、抗剪强度等则较差。因此，在进行混凝土结构设计时，应使混凝土承受压荷载，当必须承受拉应力时，结构必须配置钢筋或钢纤维等增强材料。在钢筋混凝土中，主要由钢筋承担拉应力和剪应力。

2.8.1.1 混凝土立方体抗压强度及强度等级

1. 混凝土立方体抗压强度

材料的抗压强度是指标准试件在压力作用下直至破坏,单位面积所能承受的最大压力。混凝土的抗压强度在诸强度中受到特别的重视。用标准试件测定的混凝土抗压强度值作为划分混凝土强度等级的标准,并以此作为评定混凝土质量的重要指标。此外,抗压强度与其他各种强度及变形特性等具有良好的相关性,只要获得抗压强度值,就可推测该混凝土的其他强度特性和变形性能。

国内相关规范规定,以 150 mm×150 mm×150 mm 的立方体试件为标准试件,按标准方法制作并在标准条件下[温度(20±2)℃、相对湿度 95%以上]或在温度(20±2)℃的不流动的 $Ca(OH)_2$ 饱和溶液中养护 28 d 龄期,用标准试验方法测得的,具有 95%保证率的抗压强度即为立方体标准抗压强度,以 $f_{cu,k}$表示,以此作为确定混凝土强度等级的依据。

当骨料最大粒径较大或较小时,可采用边长为 200 mm 或 100 mm 的立方体试件,但此时测得的抗压强度值须乘以相应的换算系数 1.05 或 0.95,以换算成标准试件的强度值,见表 2.33。

表 2.33 粗骨料最大粒径与立方体试件尺寸、抗压强度换算系数

粗骨料最大粒径/mm	试件尺寸/mm	抗压强度换算系数
31.5	100×100×100	0.95
40	150×150×150	1.00
60	200×200×200	1.05

在混凝土生产以及施工过程中,应采用与混凝土结构同条件养护的标准尺寸试件的抗压强度,作为现场混凝土质量控制的依据,对于蒸汽养护的混凝土构件,其标准试件应先随同构件同条件蒸养,再转入标准养护条件下养护至 28 d。

2. 混凝土受压破坏过程

在尚未承受外力荷载之前,混凝土内部已存在一定数量的界面微裂缝,主要是化学减缩以及成型过程中离析作用等导致的界面微裂缝,当混凝土承受外力时,这些微裂缝逐渐扩展、延伸,进而连接成裂缝网络,致使混凝土结构丧失整体连续性,遭到彻底破坏。

采用混凝土立方体试件进行单轴向静力受压试验,可以观察到混凝土内部裂缝发展的四个阶段。混凝土受压破坏过程的荷载-变形曲线以及各阶段的裂缝状态如图 2.44 和图 2.45 所示。

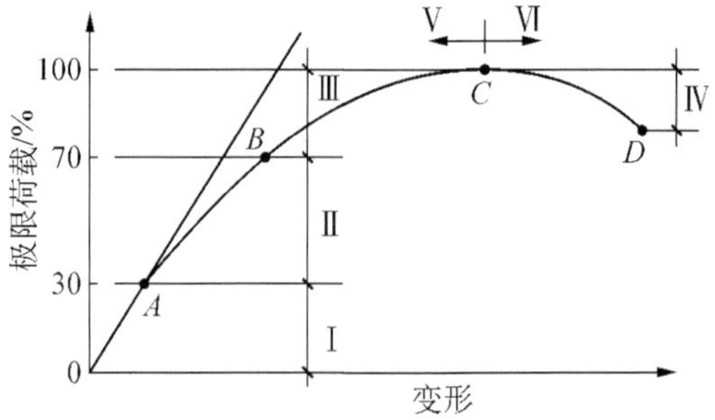

图 2.44 混凝土受压变形曲线

Ⅰ—界面裂缝无明显变化;Ⅱ—界面裂缝增大;Ⅲ—出现砂浆裂缝和连续裂缝;
Ⅳ—连续裂缝迅速发展;Ⅴ—裂缝缓慢增长;Ⅵ—裂缝迅速增长

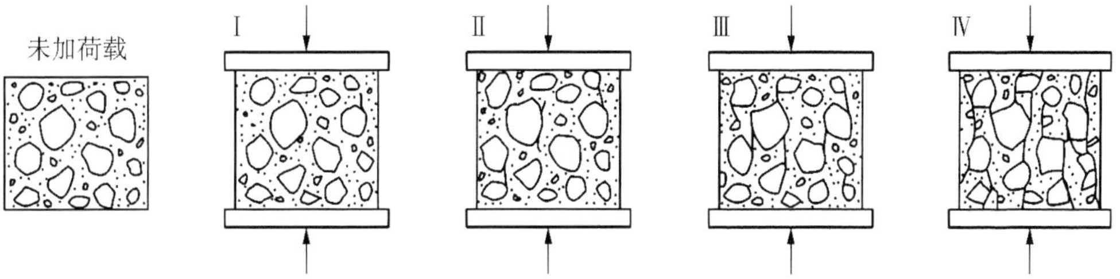

图 2.45 混凝土不同阶段裂缝示意图

Ⅰ阶段：荷载达“比例极限”（约为极限荷载的 30%）以前，界面裂缝无显著变化，荷载与变形近似直线关系（图中 *OA* 段）。

Ⅱ阶段：荷载超过“比例极限”后，界面裂缝的数量、长度以及宽度不断增大，界面借摩擦阻力继续分担荷载，而砂浆内尚未出现明显的裂缝。此时变形速率超过荷载的增加速率，荷载与变形不再保持线性关系（图中 *AB* 段）。

Ⅲ阶段：荷载超过“临界荷载”（约为极限荷载的 70%～90%）以后，界面裂缝继续发展，砂浆中裂缝开始出现，部分界面裂缝连接成连续裂缝，变形速度进一步加快，曲线明显倾向变形坐标轴（图中 *BC* 段）。

Ⅳ阶段：外力超过极限荷载值以后，连续裂缝急速扩展，混凝土承载能力下降，荷载减小，变形则迅速增大，直至完全破坏，曲线下弯终止（图中 *CD* 段）。

3. 混凝土强度等级

混凝土强度等级是按照混凝土立方体标准抗压强度进行划分的，既是混凝土结构设计强度计算取值的根据，同时也是混凝土生产、施工过程中质量控制和工程验收评定的根据。混凝土强度等级采用“C”加立方体标准抗压强度值（MPa）表示，通常可分为：C7.5、C10、C15、C20、C25、C30、C35、C40、C45、C50、C55、C60、C65、C70、C75、C80 等。

2.8.1.2 混凝土轴心抗压强度

通常，确定混凝土强度等级是采用立方体试件，然而，在实际工程中，钢筋混凝土受压构件绝大部分是棱柱体或圆柱体。为了使所测混凝土强度尽可能真实反映混凝土结构的实际受力状况，规定在钢筋混凝土结构设计中计算轴心受压构件（柱、桁架腹杆等）时，应当采用混凝土轴心抗压强度作为计算依据。

混凝土轴心抗压强度（f_{cp}），又称棱柱体抗压强度，应采用 150 mm×150 mm×300 mm 的棱柱体作为标准试件，如采用非标准试件，其高宽比应在 2～3。标准棱柱体试件的制作条件与标准立方体试件相同。相关数据显示，当混凝土立方体标准抗压强度 $f_{cu,k}=10\sim50$ MPa时，其轴心抗压强度 $f_{cp}=(0.7\sim0.8)f_{cu,k}$。

2.8.1.3 混凝土抗拉强度

混凝土的抗拉强度比较低，一般只有抗压强度的 1/10～1/20，在其他条件不变时，其拉压比值随抗压强度的提高而减小。一般在普通钢筋混凝土结构设计中只考虑混凝土的抗压强度，但抗拉强度对混凝土的抗裂性起着重要作用，进而影响到混凝土的耐久性。因此，除要求混凝土的抗压强度外，结构的抗拉强度也是混凝土结构设计中的重要参数。

混凝土抗拉强度的试验方法，常采用轴向拉伸法和劈裂法两种。轴向拉伸试验使混凝土单纯承受拉力，受力条件简单，但需要体积较大的试件和相应的拉力试验机。劈裂法试验方法简单，所需的试件较小，工作量也少，与普通抗压强度的试验条件相似，除了简单的夹具和垫条外无需增加其他设备(图 2.46)。但它的断面上并不完全是拉力，在受拉的同时还有一定的压应力。另外加荷条件对试验也有一定影响，因此，试验结果往往与轴向拉伸不同。

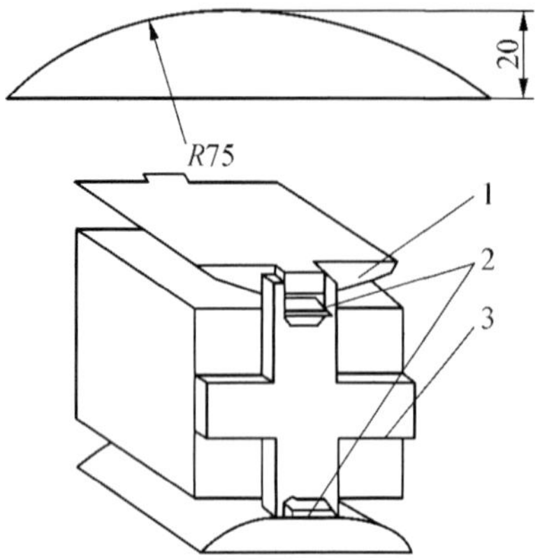

图 2.46 混凝土劈裂抗拉试验示意图

1—垫块 2—垫条 3—支架

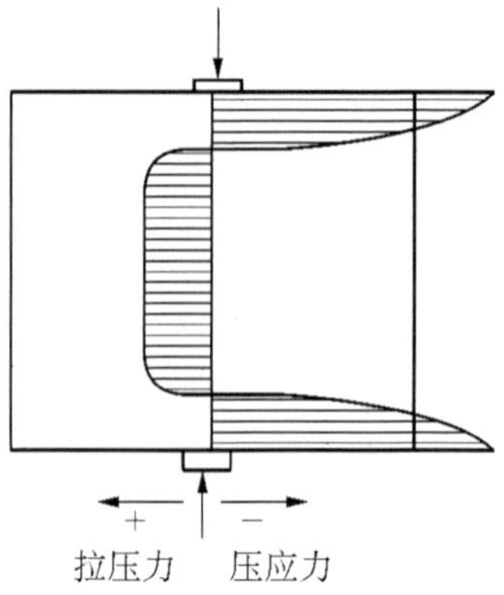

图 2.47 劈裂试验截面应力分布图

用轴向拉伸试验测定的强度称轴心抗拉强度，用劈裂抗拉试验测定的强度称劈裂抗拉强度(f_{ts})。相关标准规定，混凝土劈裂抗拉强度试验采用 150 mm×150 mm×150 mm 的立方体试件为标准试件，在其上、下表面中部作用一对均布荷载，在试件垂直方向截面内，产生均布拉伸应力，见图 2.47。混凝土劈裂抗拉强度计算公式为

$$f_{ts} = 2F/(\pi A) = 0.637F/A \quad (2.26)$$

式中 f_{ts}——混凝土劈裂抗拉强度，MPa；

F——破坏荷载，N；

A——试件劈裂面积，mm^2。

劈裂抗拉强度的测定值大小，与试验所采用的垫条形状尺寸、有无垫层、试件尺寸、加荷方向和粗骨料的最大粒径等有关。表 2.34 为不同尺寸试件的劈拉强度值，可见，随尺寸增大，劈拉强度逐渐减小。混凝土劈裂抗拉强度与其抗压强度的关系见图 2.48，也可用经验公式表达为

$$f_{ts} = 0.35 f_{cu,k}^{3/4} \quad (2.27)$$

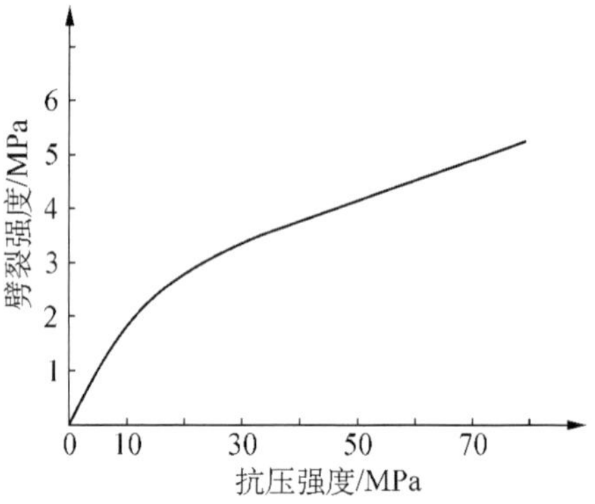

图 2.48 混凝土劈裂抗拉强度与抗压强度的关系

表 2.34 劈裂抗拉强度与试件尺寸的关系

试件尺寸/mm	抗 拉				抗压
	100×100×100	150×150×150	200×200×200	ϕ150×150	
受拉断面/mm^2	10 000	22 500	40 000	22 500	/
强度均值/MPa	2.19	1.98	1.72	1.92	33.2

2.8.1.4 混凝土抗折强度

混凝土材料在承受弯曲时，达到破坏前单位面积上的最大应力，称混凝土的抗折强度(f_{cf})(也称抗弯强度)。混凝土的抗折强度是道路、飞机跑道等混凝土工程设计中的重要参数。

混凝土抗折强度的试验方法有中心加荷法和三等分加荷法两种。我国主要采用后者，其试件尺寸为 150 mm×150 mm×600 mm(或550 mm)的小梁，并以此测定的值为标准值。若采用 100 mm×100 mm×400 mm 的小梁进行试验时，应乘以尺寸换算系数 0.85。三等分加荷所得的抗折强度值约为中心加荷试验值的 0.75～0.8 倍，而且试验值的离差小，见图 2.49。

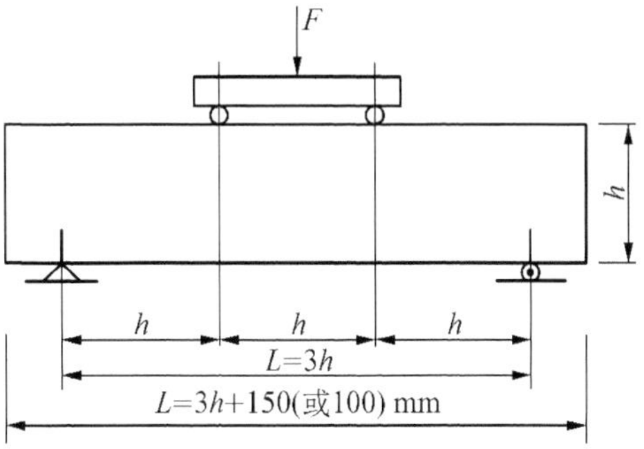

图 2.49 混凝土抗折强度试验示意图

混凝土的抗折强度约为抗压强度的 10%～20%，约为劈裂抗拉强度的 1.5～3.0 倍。

混凝土的抗折强度可通过下式计算

$$f_{cf} = FL/(bh^2) \tag{2.28}$$

式中 f_{cf}——混凝土抗折强度，MPa；

F——破坏荷载，N；

L——两支点间距离，mm；

b——试件截面平均宽度，mm；

h——试件截面平均高度，mm。

2.8.1.5 混凝土抗剪强度

以图 2.50 所示的方法求出的混凝土抗剪强度称为直接抗剪强度。图中(a)所示的方法是以两个断面抗剪，而且剪应力一样分布，则其抗剪强度为

$$\tau_s = \frac{F}{A} \tag{2.29}$$

式中，F 为破坏荷载；A 为剪断面积。

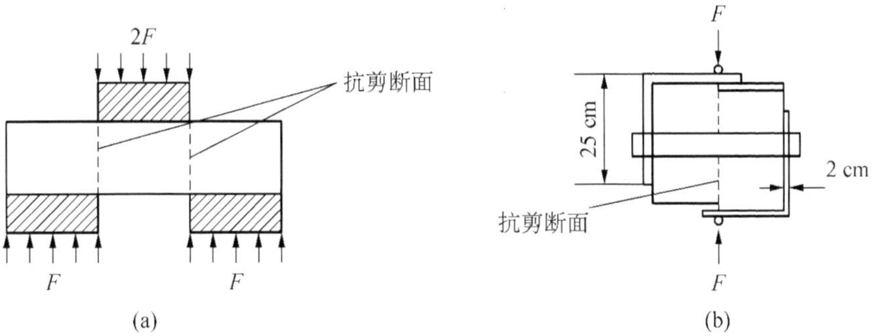

图 2.50 抗剪强度试验方法

在抗剪试验中，图 2.50(a)的试验不能消除弯曲和斜压力的影响，故不易求出真正的抗剪强度。图 2.50(b)所示的单面抗剪试验则可以消除上述影响。试验表明，抗剪强度与抗压强度的比值与抗压强度呈直线关系，且随抗压强度的增大而下降。

一般，直接抗剪强度约为抗压强度的1/4～1/6，为抗拉强度的2.5倍左右。

此外，还可用摩尔圆法间接求取混凝土抗剪强度，见图2.51。

$$\tau_s = \sqrt{\frac{RR_L}{2}} \qquad (2.30)$$

式中，R、R_L 分别为抗压和抗拉强度值。

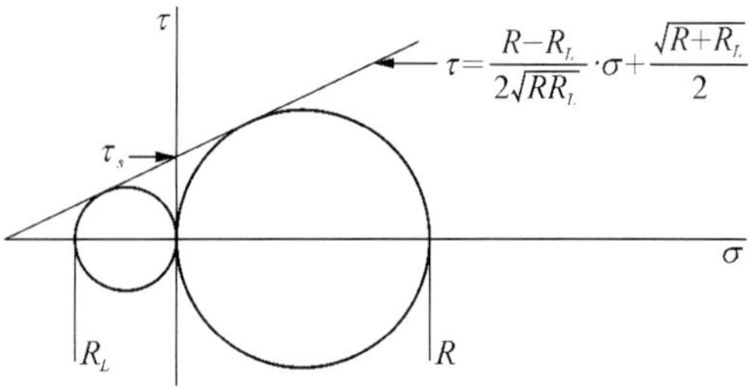

图2.51 混凝土抗剪强度的推算

2.8.1.6 混凝土与钢筋的握裹强度

钢筋混凝土是由钢筋和混凝土所构成的一个整体承载结构。因此，钢筋与混凝土间必须具有充分的握裹强度。埋入混凝土中的钢筋在被拔出一定量时，所产生的抵抗力称之为握裹力（或黏结力），握裹力除以钢筋埋入混凝土中的表面积，即为握裹强度（或称黏结强度）。

构成钢筋握裹力的主要因素是：①水泥浆凝结后与钢筋的黏结力；②由混凝土对钢筋的侧压力所产生的摩擦力；③钢筋表面凸凹不平产生的机械抵抗力。

钢筋的握裹强度随混凝土抗压强度增加而提高，如图2.52所示。但对于光面钢筋，当抗压强度超过35 MPa时，握裹强度基本不再增加。

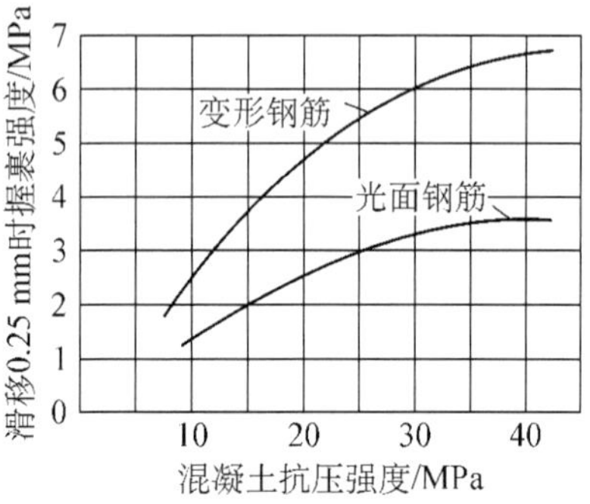

图2.52 混凝土抗压强度对握裹强度的影响

对于经干燥收缩的混凝土其钢筋的握裹强度，较潮湿条件下的混凝土的握裹强度高。

混凝土中钢筋的位置与方向对钢筋的握裹强度也有较大影响，见图2.53。

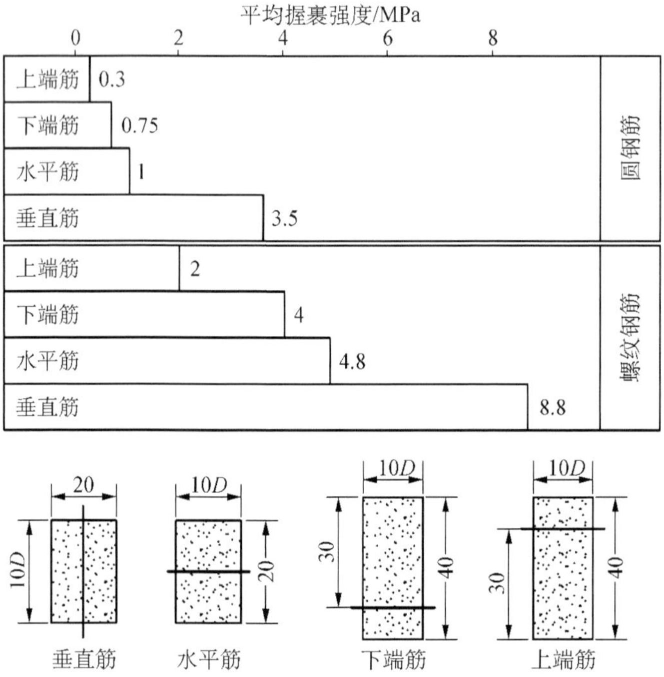

图2.53 钢筋的位置与握裹强度的关系

2.8.2 普通混凝土强度的主要影响因素

作为堆聚状多相复合材料的普通混凝土，它所表现出的承受外界应力的能力，不仅取决于它所受应力的类型，而且还取决于其内部结构的特征。对于固相材料，孔隙率和强度之间存在着相反的趋势依赖关系，普通混凝土各组成相的孔隙率均能限制其整体强度。天然骨料一般是致密且强度相对较高的，水泥浆本体及其与粗骨料间过渡区域的孔隙率则成为决定普通混凝土强度特征的首要因素。水灰比是决定水泥浆本体及其与粗骨料间过渡区域的孔隙率的核心因素。此外，水泥、骨料、矿物掺和料、外加剂等原材料特性，成型、养护工艺以及试验条件参数等同样是混凝土强度影响因素系统不可或缺的重要组成部分。

2.8.2.1 水泥强度等级和水灰比

水泥强度等级和水灰比(W/C)是影响混凝土强度的最主要因素，因为混凝土强度主要取决于水泥石的强度及水泥石与骨料的黏结力，水泥强度等级越高、水灰比越小，水泥石强度越高，其与骨料的黏结力越大。在水泥强度等级相同的情况下，混凝土强度将随水灰比的增大而降低。通常，加入到混凝土混合料中的水分为两部分，一部分满足水泥水化的需要，这些水仅占水泥质量的 23%左右，另一部分则提供施工所需要的流动性。一般的塑性混凝土的水灰比约为 0.40～0.80。水灰比的增加虽能使混凝土工作性得到改善，但多余的水分会残留在混凝土中，当水分蒸发后在混凝土内部就形成了许多孔缝，而使混凝土强度降低。

1918 年，D. 艾布拉姆斯(Abrams)提出了混凝土在充分密实情况下，其强度和水灰比的关系，即水灰比定理

$$R = \frac{K_1}{K_2^{W/C}} \tag{2.31}$$

式中，R 为混凝土抗压强度；W/C 为水灰比；K_1，K_2 为经验常数。

强度与水灰比的典型曲线如图 2.54 中实线所示。

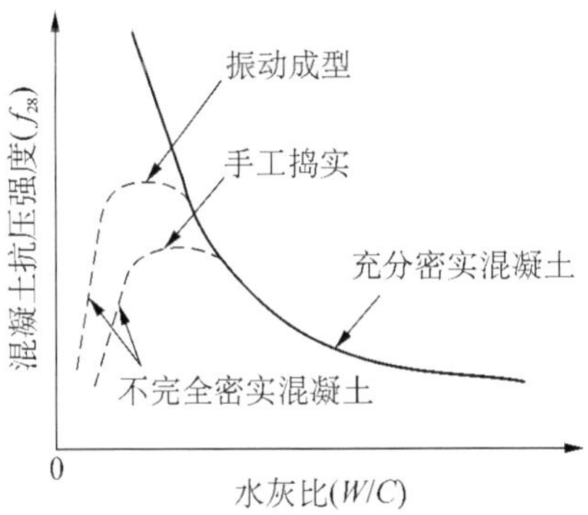

图 2.54 混凝土强度与水灰比的关系图

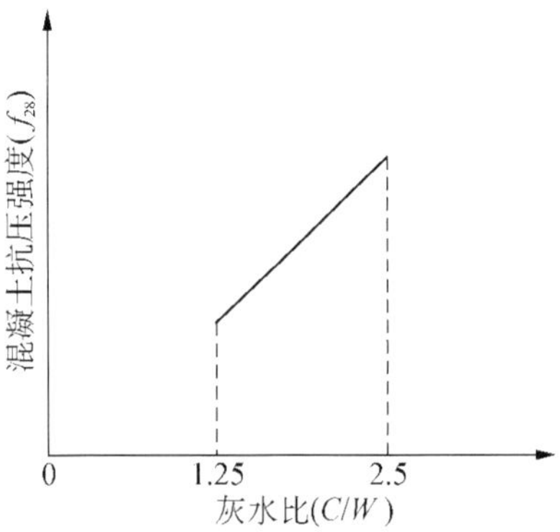

图 2.55 混凝土强度与灰水比的关系

在常用的水灰比范围(0.40～0.80)内，混凝土的强度与水泥强度等级及灰水比之间呈线性关系，如图 2.55 所示，其经验公式(鲍罗米公式)为

$$f_{cu} = \alpha_a f_{ce}(C/W - \alpha_b) \tag{2.32}$$

式中 f_{cu}——混凝土 28 d 龄期抗压强度，MPa；

f_{ce}——水泥 28 d 龄期抗压强度实测值，MPa，无此值时，可按式 $f_{ce}=\gamma_c \cdot f_{ce,g}$ 确定，其中，γ_c 为水泥强度等级的富余系数，该值可按实际统计资料确定，$f_{ce,g}$ 为水泥强度等级值；

C/W——混凝土的灰水比；

α_a、α_b——经验系数，按工程所使用的水泥和骨料，通过试验建立灰水比与混凝土强度关系式来确定。当不具备上述试验统计资料时，则可按表 2.35 的数值取用。

表 2.35 回归系数 α_a、α_b 值

粗骨料种类	α_a	α_b
碎石	0.46	0.07
卵石	0.48	0.33

2.8.2.2 骨料

粗骨料本身的强度对混凝土强度的影响，一般情形下不是个问题，只有当配制高强混凝土时，其影响才会“浮出水面”。骨料颗粒的粒径、形状及表面状况和矿物成分等对混凝土强度的影响则更为普遍，然而，与水泥和水灰比相比，其受到关注的程度显然不够。

一般来说，粗骨料的粒径愈大，需要湿润的比表面积愈小。增大骨料的粒径可以降低混凝土的需水性，在混凝土和易性不变的情况下，可相应地降低水灰比从而提高混凝土的强度。但是研究表明，随着骨料粒径的增大，混凝土强度有下降的趋势，见图 2.56。骨料粒径的增大加剧了弱过渡区的形成，同时，由于粗骨料粒径的增大，削弱了粗骨料与水泥砂浆的黏结力，减少了黏结面积，并造成了混凝土内部结构的不连续性。并且，干缩在粗骨料表面上产生的拉应力和剪应力，一般随骨料粒径的增大而增大。当拉应力和剪应力超过粗骨料与水泥砂浆界面间的黏结强度时，则将出现裂缝，使混凝土强度降低。粒径效应在富水泥（水泥用量＞350 kg · m^{-3}混凝土）混凝土中表现得较为明显，而对于贫水泥（水泥用量＜280 kg · m^{-3}混凝土）混凝土，采用大粒径的粗骨料则是有利的。

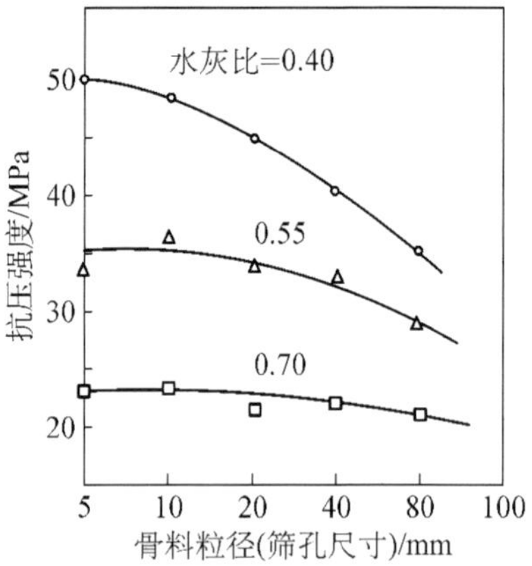

图 2.56 骨料粒径与混凝土抗压强度的关系

骨料的形状和表面状态对其与水泥砂浆的黏结力有较大的影响。表面粗糙、多棱角的碎石骨料较表面光滑的卵石骨料与水泥砂浆之间有更高的黏结力，因而混凝土强度也较后者高。例如，当 $W/C<0.4$ 时，碎石混凝土比卵石混凝土的抗压强度高约 30%以上。但随着水灰比的增大，这种影响逐渐减弱。当 $W/C=0.65$ 时，两者的强度几乎无明显差别。骨料表面的粗糙度对抗压强度的影响要较对抗拉及抗弯强度的影响小。

骨料的矿物组成对混凝土强度的影响表现在，采用钙质骨料比采用硅质骨料更容易达到改善混凝土强度的目的。骨料的润湿性也是一个值得注意的因素。如果骨料颗粒憎水而润湿不良，则有减少水化生成物与骨料共生物的可能性，从而降低了水泥石与骨料界面过渡区的显微硬度。有资料表明，有些憎水的碎石，由于其与水泥石黏结强度的降低，还会使混凝土的弹性模量也降低 2%～15%，使混凝土的徐变变形在相同应力值时有所增加。所以在配制混凝土时应该使用亲水性骨料。对于憎水性骨料，可掺入能改善其表面润湿性的外加剂，以提高骨料与水泥石的黏结强度。

混凝土中骨料与水泥用量之比称为骨灰比。骨灰比对混凝土强度的影响，一般认为是一个次要因素。但对于抗压强度大于 35 MPa 的混凝土，骨灰比的影响较显著。在水灰比相同的情况下，混凝土强度随骨灰比的增大而增加。这可能是因为骨料数量增大，吸水量也增大，使有效水灰比降低的缘故；也可能是与混凝土内孔隙总体积减少有关；或者与骨料对混凝土强度所起的作用得以更好地发挥有关。

2.8.2.3 矿物掺和料

采用矿物掺和料(粉煤灰、矿渣、硅灰等)可以强化水泥浆体的结构，更为重要的是，矿物掺和料能够显著改善混凝土的强度极限相——界面过渡区的结构。一般混凝土界面过渡区的典型特征包括：C—S—H 数量较少；CH 晶粒粗大，定向性强；钙矾石浓度较高；未水化水泥颗粒数量较少；孔隙率较高，孔径较大。矿物掺和料参与到混凝土的组成中后，可以充分发挥微颗粒填充效应和火山灰活性效应，使得混凝土混合料的内部泌水现象大为减少，优化了流变性能，提高了浆体-骨料的黏结性能；火山灰活性反应限制了 CH 的生成或使 CH 转变成 C—S—H；细化均匀了过渡区的孔结构。

对于高性能混凝土体系，如高强混凝土(>60 MPa)、高强纤维增强混凝土或者含有分级不锈钢等特殊骨料的混凝土，为获得其技术价值的最大化，利用矿物掺和料致力于改善界面过渡区结构显得尤为重要。

2.8.2.4 外加剂

就外加剂本身而言，对混凝土的极限强度影响是很小的，但是，其存在若导致了混凝土 W/C 或孔隙率的改变，则情形就有所不同了。作为典型，引气剂或加气剂主要是通过增加孔隙率普遍降低了混凝土的强度，如图 2.57 所示。例外的是引气剂给低水泥用量混凝土混合料工作性带来的改善效应，超过了孔隙率增量引起的强度下降效应，结果表现为混凝土强度的提高。在固定 W/C 下，减水剂、超塑化剂的应用改善了水泥颗粒的分散状况，使得水泥水化更加充分，内部大尺寸孔缺陷更容易得到排除，进而促使混凝土强度提高。

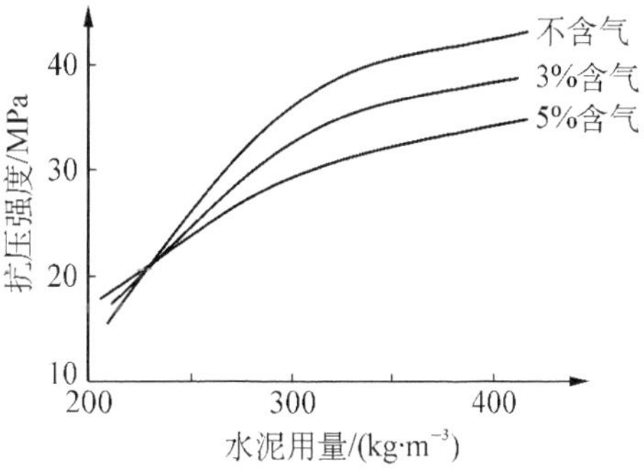

图 2.57 引气剂、水泥用量与混凝土强度的关系

外加剂通过延缓或加速水泥的水化而直接影响到混凝土强度的发展速率。通常，混凝土强度增长初始速率的降低将致使其终极强度峰值的提高，反之，加快混凝土强度增长初始速率则使得混凝土总是达到相对低的终极强度峰值。

2.8.2.5 搅拌、运输和成型

在混凝土混合料的制备过程中，因所采用的搅拌机类型、投料方式、搅拌时间、运输和成型方法的不同，对混凝土强度也有影响。

为获得较好的搅拌效果，不同性质的混凝土混合料应采用与之匹配的搅拌机类型。如干硬性混凝土宜采用强制式搅拌机，塑性混凝土宜采用鼓筒式搅拌机。

表 2.36 列出了几种分次投料法与常规方法的比较，分次投料法较常规方法搅拌的混凝土强度有明显的提高。

表 2.36　分次投料搅拌工艺的强度平均增长率(%)

投料方式	f_{cu}(7 d)	f_{cu}(28 d)
常规法	0	0
净浆法	12.2	6.7
砂浆法	11.1	7.3
裹砂法	14.1	8.8
裹石法	13.2	9.5
裹砂石法	14.0	12.0
净浆裹石法	12.2	10.9

在一定的时间内，混凝土混合料搅拌时间越长，混合料越均匀，混凝土强度也越高。对于水泥用量较少或干硬性混凝土，搅拌时间应适当延长，以使水泥与水能充分接触。搅拌时间还与搅拌机类型、拌筒容量等有关。一般，强制式搅拌机的搅拌时间约为 1 min，鼓筒式搅拌机约为 1.5 min。

混凝土混合料在运输过程中，应保持混合料的均匀性，尽量避免分层离析，并应考虑有适当的运输距离，以免影响混合料的质量。

为获得结构密实的混凝土，混凝土混合料必须充分捣实。在采用机械振捣时，通常振捣时间愈长，混凝土愈密实。但对流动性较大的混凝土，过分振捣会产生分层离析，从而降低混凝土强度。所以，应有一个合适的振动时间。表 2.37 为坍落度与振捣时间的关系，可供参考。

表 2.37　坍落度和振捣时间的关系

坍落度/mm	0～30	40～70	80～120	130～170	180～200	>200
建议振动时间/s	20～28	17～22	13～17	10～13	7～10	5～7
有效振动半径/mm	250	250～300		300～350	350～400	

注：采用 ϕ28 mm 插入式振动棒。

2.8.2.6　养护

养护的目的是为了确保水泥水化的正常进行。通常对已成型的混凝土应使其处于饱水或接近于饱水状态。因水泥的水化反应进行时间很长，如果在早期终止湿润养护，则混凝土强度增长极为缓慢。图 2.58 所示为潮湿养护对混凝土强度的影响。早期湿润养护时间愈短，则后期强度愈低。

养护温度对于强度的影响，随水泥品种、混凝土配合比等条件而异。通常养护温度愈高，早期强度也愈高。而早期养护温度低，则后期强度倾向达到较高值。图 2.59 为 $W/C=0.5$ 时，混凝土在各种温度的水中养护下的抗压强度的比较。

由图 2.59 可见，大致在 4℃以下混凝土强度的增长缓慢，从 13～38℃，龄期为 28 d 的强度几乎相同。如果早期养护温度低，则一般在后期的强度发展较好。这是因为提高养护温度，可增大初期水化速度，混凝土早期强度也高。但这种急剧的初期水化会导致水化物的不均匀分布，水化物稠密程度低的区域成为水泥石的薄弱点，从而降低整体强度。另外，

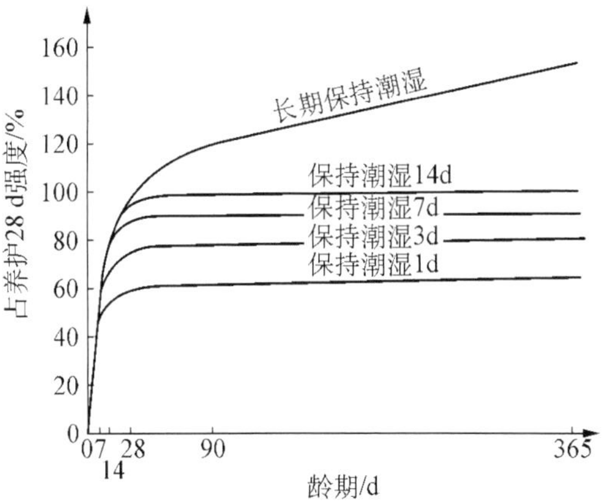

图 2.58 混凝土强度与保湿养护时间的关系

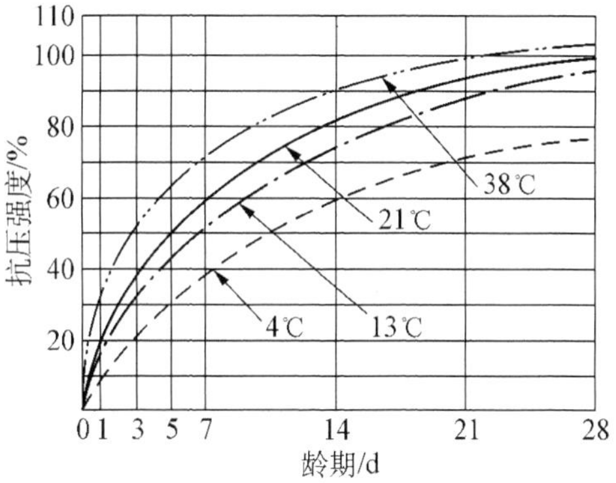

图 2.59 养护温度对混凝土强度的影响

水化物稠密程度高的区域包裹在水泥粒子周围，妨碍水化反应，从而使水化产物减少。在养护温度较低的情况下，由于水化缓慢使水化产物有充分的扩散时间而得以均匀分布。一般，夏天浇灌的混凝土比同样的混凝土在冬天浇灌的强度低。

为了加快混凝土强度的发展速度，可采用常压蒸气养护或压蒸养护(高压蒸气养护)。常压蒸气养护的最重要的一个问题是升温速度。一般认为，若自搅拌开始到升温至 49℃的时间少于 2～3 h，或升温至 99℃的时间少于 6～7 h，则会对随后几小时的强度发展有不利的影响。这是因为极快的升温速度使水泥初始反应速度加快，不利于水化产物的均匀分布，并可能阻碍水泥的进一步水化。有时这种作用造成的混凝土强度损失可达室温养护的 1/3。水灰比越大，这种影响也越大。因此，采用将浇灌好的混凝土静置一段时间后再进行高温养护，对混凝土的强度发展是比较有利的。

混凝土的常压蒸气养护制度与混凝土制品的类型有关。典型的养护制度为：①静置期，3～5 h；②升温期，以 15～25℃/h 的升温速度升至最高温度；③恒温期，保持最高温度；④冷却期，以中等速度冷却至室温。总的养护时间(除静置期外)以不超过 18 h 为佳。一般经高温养护后的混凝土强度可达标准养护 28 d 强度的 70%～80%。

若对混凝土进行高温高压养护(压力达 0.7～1 MPa，温度为 170～185℃)，则能使混凝土达到高早强、高耐久性和减小干缩。对掺硅质混合材的混凝土，用蒸压养护的效果更佳。

与高温养护的情况相反，温度降低时，水泥水化速度缓慢，混凝土强度发展也将迟缓。当温度降至冰点以下时，则由于混凝土中的水分大部分结冰而使混凝土强度发展停滞。同时孔隙中水分结冰对孔壁产生很大压力，使孔壁开裂，混凝土内部结构遭到破坏。混凝土早期强度越低，越容易冻坏，故应特别防止混凝土早期受冻。图 2.60 为冻结时间对混凝土强度的影响。

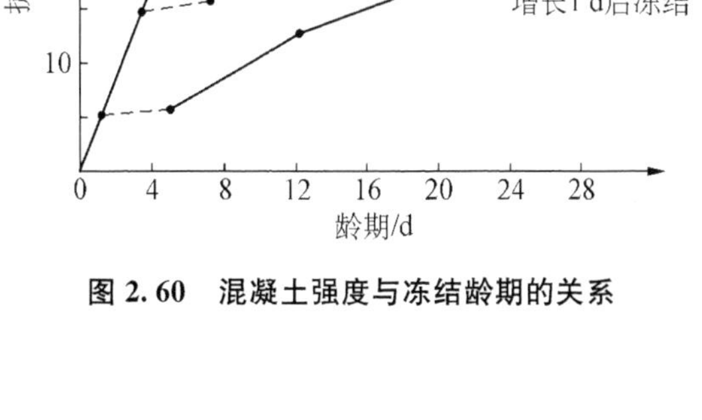

图 2.60 混凝土强度与冻结龄期的关系

2.8.2.7 龄期

混凝土的强度随龄期的增长而逐渐提高，在正常养护条件下，混凝土的强度发展有如下规律：早期发展快，一般 28 d 即可达到设计强度的规定值，而后期发展较缓慢，甚至可延续数十年之久。主要水泥品种不同龄期的混凝土强度增长规律见表 2.38。

表 2.38 不同龄期混凝土强度的增长比率(%)

水泥品种	W/C	7天	28天	91天	6个月	1年	2年	3年
普通硅酸盐水泥	0.50	64	100	113	119	122	122	124
	0.65	53	100	118	123	126	126	127
早强型硅酸盐水泥	0.50	80	100	109	115	113	117	118
	0.65	71	100	109	111	110	112	116
低热硅酸盐水泥	0.50	52	100	128	139	142	145	148
	0.65	43	100	148	157	160	160	165
矿渣硅酸盐水泥	0.50	50	100	121	129	134	134	134
	0.65	40	100	130	140	141	142	141
火山灰质硅酸盐水泥	0.50	67	100	115	121	123	126	128
	0.65	58	100	117	127	130	134	139
粉煤灰硅酸盐水泥	0.50	56	100	129	133	140	141	139
	0.65	56	100	143	164	174	174	173

由中等强度等级普通水泥配制的混凝土，在标准养护条件下，其强度发展与相应龄期的对数大致成正比关系，有如下的经验公式

$$f_{28} = f_n \cdot \lg 28/\lg n \tag{2.33}$$

式中 f_{28}——28 d 龄期的混凝土抗压强度，MPa；

f_n——n 天龄期的混凝土抗压强度，MPa；

n——天数，$n \geqslant 3$ d。

由此可推出：$f_{28} = 3.03f_3$；$f_{28} = 1.71f_7$；$f_{28} = 1.26f_{14}$。

以结构设计作为对象的混凝土抗压强度，通常需考虑上述的强度增长情况。以龄期 28 d的抗压强度为标准，龄期 28 d 以后的强度增长部分，则作为结构物的富余安全考虑。

混凝土强度的发展受养护的温度和龄期的影响很大。因此，把混凝土所经历的养护时间和温度的乘积的总和，称为混凝土的成熟度

$$M = \sum(tT) \tag{2.34}$$

式中 M——成熟度，h·℃或 d·℃；

t——温度 T 持续的时间，h 或 d；

T——温度，℃。

成熟度与混凝土抗压强度间基本符合如下关系

$$R/R_0 = A + B\lg M \tag{2.35}$$

式中 R——对任意成熟度的混凝土抗压强度；

R_0——标准成熟度(20℃，28 d 养护)的混凝土抗压强度；

A，B——与水泥质量有关的常数。

上述经验式只有在混凝土的初始温度为 16～27℃，并且养护期间不发生干燥失水的情况下，才可较好地适用。

2.8.2.8 试验条件

混凝土的强度只有通过试验才能表达为量化的数值，但试验条件对此产生的影响却未能引起足够的重视。试验条件包括试件参数和加荷参数。

1. 试件参数

(1) 外形及几何尺寸

混凝土强度(抗压)试验试件主要有立方体和圆柱体两种形状，中国、英国、德国及欧洲其他一些国家和地区，采用立方体试件进行标准抗压试验，美国等国家则采用圆柱体试件。立方体试件的优点是制作相对简单，缺点在于试验时支承板与试件的受压端面之间的摩擦在试件内部所引起的约束作用(三轴压力)，比使用圆柱体试件时大很多，导致采用立方体试件测得的强度比采用圆柱体测得的强度高。通常立方体与圆柱体强度之比的范围，从低强度混凝土的约 1.30 到高强度混凝土的约 1.04，一般取 1.25，如图 2.61 所示。

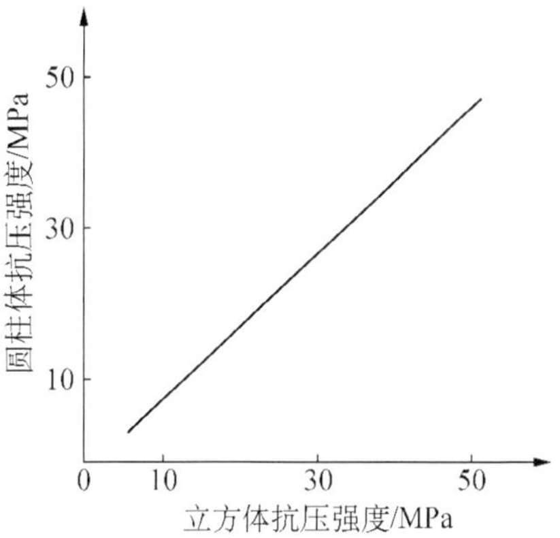

图 2.61 立方体强度与圆柱体强度的关系

理想化的抗压强度试验似乎应该是纯粹的单轴向压应力状态，然而，实际情形并非如此。由钢材制成的支承板与混凝土的弹性模量、泊松比是不同的，如果两者之间相对自由运动，支承板的横向应变远远小于混凝土试件受压端部的横向膨胀，借助摩擦作用，支承板约束了混凝土试件端部的横向膨胀，并在接近试件端部的混凝土内部引起横向限制压应力(环箍效应，图 2.62)，这种压应力在端部最大，在距离端部约 0.866d 处逐渐消失，d 为混凝土试件的横截面尺寸，精准的应力分布特征取决于混凝土试件与支承板之间具体的接触类型。证明存在这种横向限制压应力的现象是，破坏试件中常常出现相对完整、尚未彻底损坏的混凝土角锥(或圆锥)。对于 $l/d=2.0$ 的标准圆柱体试件(ASTM 标准)，仅中间极少部分处于纯单轴向压力下，其余则处于三轴向应力状态，这种环箍效应使得试件表现出来的强度(表观强度)比“真实”的强度高。当试件承受横向约束的相对体积增大时，表观强度会相应增加，这可以解释为什么 $l/d<2.0$ 的圆柱体试件强度明显增大，以及立方体试件比圆柱体试件具有更高的表观强度，见图 2.63、图 2.64。

混凝土试件受压端面的平整性也是影响混凝土强度测试值的因素之一。

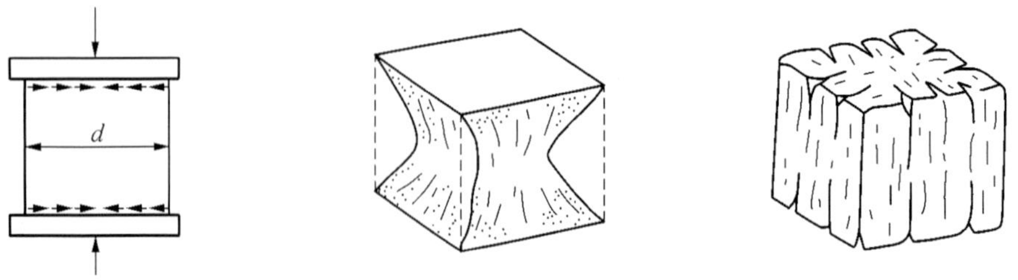

(a) 压力机压板对试块的约束作用　(b) 受压板约束试块破坏残存的棱锥体　(c) 不受压板约束时试块破坏情况

图 2.62　环箍效应

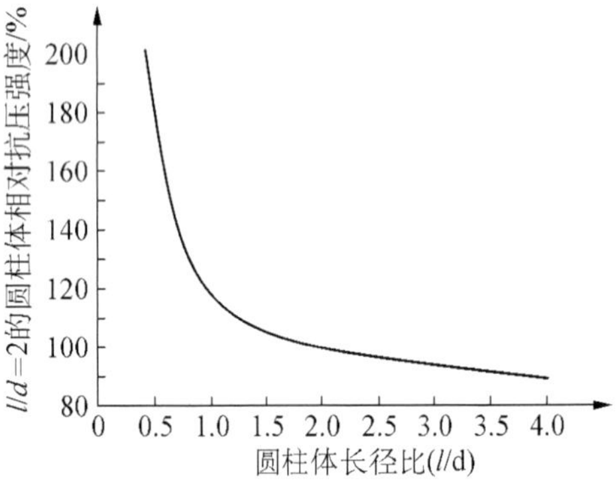

图 2.63　l/d 与抗压强度之间的关系

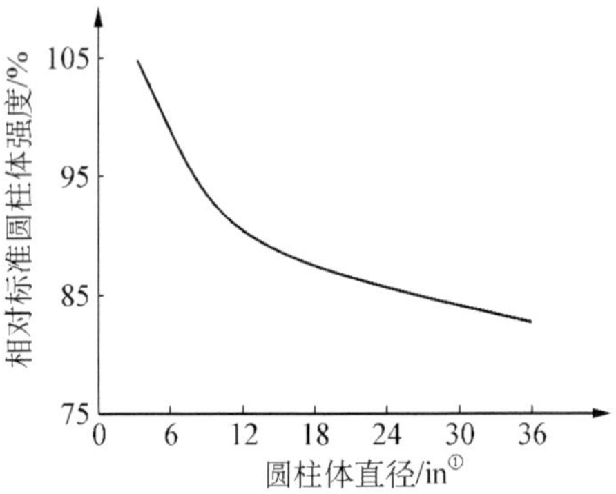

图 2.64　$l/d=2.0$ 时，圆柱体尺寸与抗压强度之间的关系

（2）潮湿状态

混凝土试件的含水状态直接影响强度测试值。气干状态的混凝土试件比饱和状态的试件强度高 20%～25%，原因可能是液膜的拆开作用使得固体粒子更容易产生滑动所致。标准试验方法要求试件在试验期间应处于潮湿状态。

2. *加荷参数*

荷载施加的速度在一定程度上影响着混凝土强度，一般的情形是，加载速度越快，测得的强度值越高，如图 2.65 所示。标准试验方法要求遵循规定的加荷速度。

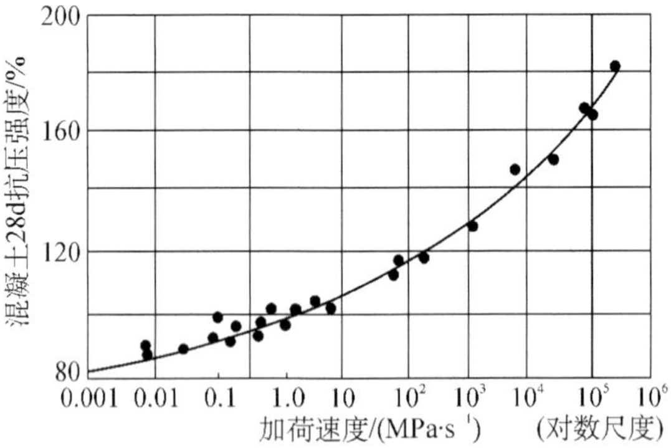

图 2.65　加荷速度对混凝土表观强度的影响

① 1 in=0.025 4 米

影响普通混凝土强度的诸因素系统，见图 2.66。

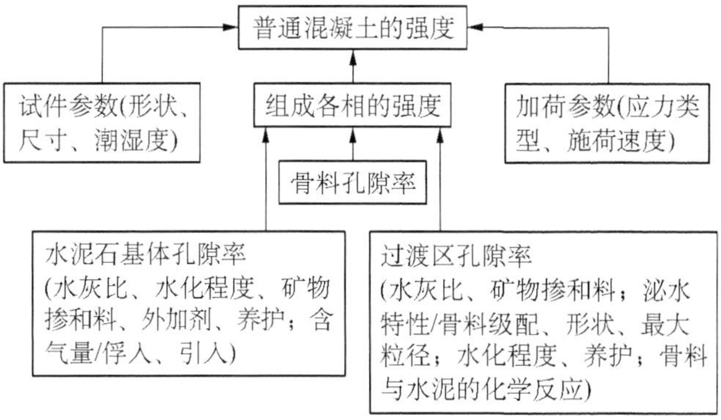

图 2.66 普通混凝土强度影响因素系统

2.9 普通混凝土的耐久性质

2.9.1 普通混凝土耐久性概述

从广义上来说，普通混凝土的耐久性是指用于土木工程的普通混凝土材料，在环境的多种因素作用下，能经久不改变其原有性质、不破坏，能长久地保持其使用性能的性质。也可表述为：混凝土耐久性是其对磨耗、化学侵蚀、风化作用或者任何其他类型破坏过程的抵抗能力在时间上的量度，耐用的混凝土材料在使用环境中将长久地保持其正常的功能适用性。

从狭义上来讲，普通混凝土的耐久性是指混凝土材料在设计使用寿命期间，经受各种内在或外来自然因素及有害介质的作用，能够始终保持其正常工作性能的性质。

在混凝土工程结构设计阶段，就给予混凝土材料的耐久性质充分的考虑，基于以下三个理由。①材料的耐久性具有重大的社会经济意义。因为材料损坏引发的结构维护费用在整个项目预算中占有相当大的比例，有资料显示，在西方发达国家，建筑业总投资的 40%以上消耗在现有工程的维护，60%以下则用于建设新的设施，这种状况迫使习惯于重视初始造价和力学性能的结构设计工程师们自觉地思考材料的耐久性问题。②材料的耐久性与濒临崩溃的地球生态环境系统有着密切的联系，尽量延长材料的使用寿命，是保护自然资源和拯救人类的重要技术手段之一。③日益恶化的工作条件导致混凝土结构过早或突然破坏的情况时有发生，造成惨重的生命和财产损失，所以建立混凝土耐久性问题的预警机制是极为必要的。

在自然界中，很多物质形成和分解的主要介质是水，大多数混凝土耐久性问题的主角同样是水。水可以导致多孔材料发生形式各异的物理性分解。作为侵蚀性离子的载体，水可以成为化学性溶解的幕后推手。多孔固相材料中与水的移动相关的某些物理化学现象，是由材料的孔隙结构特征决定的。多孔固相材料的化学组成与水中侵蚀性离子的种类及浓度，共同决定着发生破坏的速度。

在实验室条件下模拟混凝土结构长期工作的实际综合环境状况是非常困难的，关于混凝土耐久性问题的知识，大部分源自典型工程实例。单一因素导致混凝土耐久性问题的情形十分罕见，已发现在混凝土材料破坏进程中时常伴随有一种以上的作用因素。应当谨慎对待混凝土耐久性问题单纯的分类，这样分类的动机在于系统地认知单一因素的作用过程及其造成的后果，然而，当多种作用因素同时出现时，更应该注重其相互之间的影响所产生的叠加效应。

2.9.2 普通混凝土耐久性问题(破坏原因)的分类

普通混凝土耐久性问题(破坏原因)的分类如图 2.67 所示。

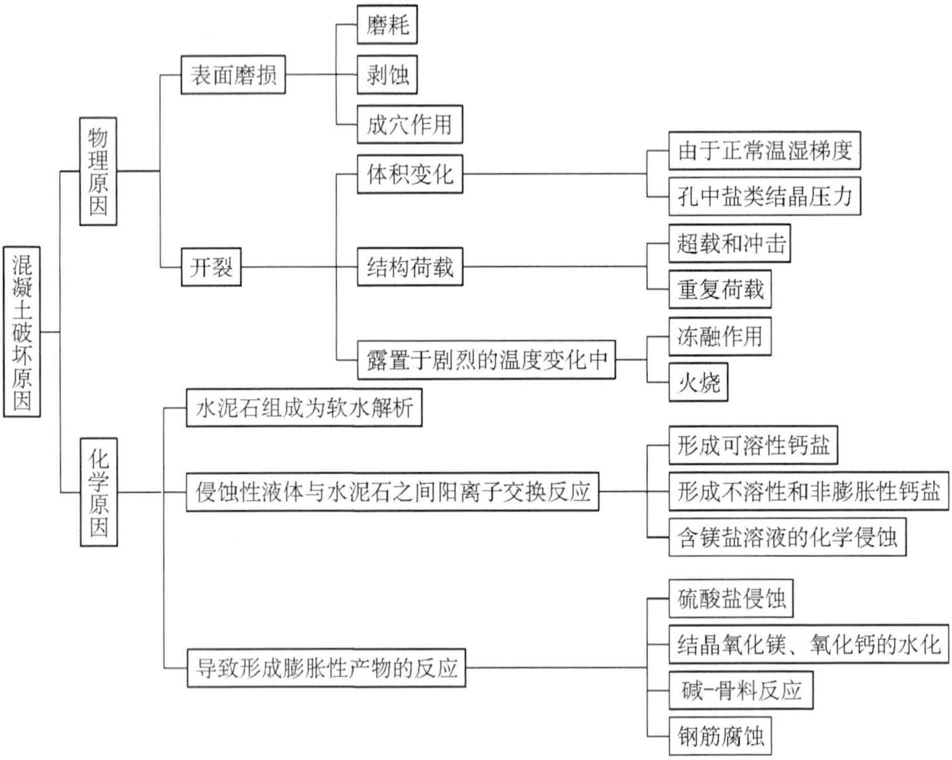

图 2.67 普通混凝土破坏原因的分类

2.9.3 普通混凝土破坏的物理原因

2.9.3.1 表面磨损

磨耗、剥蚀和成穴作用可以导致混凝土结构面层材料的逐渐散失。磨耗是指在干燥状态下造成的磨损，如在道路、场地、飞机跑道上因轮胎转动带来的摩擦。剥蚀则是发生于水工混凝土结构(如自来水、污水输送管道，隧道衬砌以及水坝溢洪道等)表面，由含有悬浮固体颗粒的液体磨耗作用引起的磨损。成穴作用是水工混凝土结构可能遭受的另一种破坏作用，是水中形成的气泡因高速水流突然改变方向而消失，引起内向爆破，冲击结构表面产生的损坏。

硬化水泥石并不普遍地具有高的耐磨性，水泥熟料矿物组成中 C_4AF 被认为具备相对较高的抗磨性能。显然，混凝土的耐磨性能还应取决于其密实度以及骨料的硬度。凡是能够提高混凝土面层结构密实度和硬度的措施，都可以增强混凝土抵抗表面磨损的能力。

相对于磨耗和剥蚀，成穴作用则有些特别，高强度的优质混凝土未必能够有效防范成穴作用的危害。尽管优质混凝土在稳定的快速水流中表现良好，但是速度超过 12.2 m/s(在封闭导管中为 7.6 m/s)的非线性水流可以通过成穴作用严重损毁混凝土面层。在流水中，当某给定点处的局部绝对压力低于相应环境温度的水蒸气压力时，即形成气泡，当气泡随水流下进入高压区时，高速水流进入原先由水蒸气所占据的空间，进而产生冲击力巨大的内向爆破，形成严重的局部剥蚀。与悬浮固体颗粒剥蚀形成的光滑磨损面相比，成穴作用则在混凝土表面留下不规则或局部的剥蚀。解决成穴作用危害最有效的方法，是在结构设计时就把此因素考虑在内，混凝土结构的表面尽可能地避免不平整的构造以及坡度的急速变化。

评价混凝土的耐磨损性能，可以采用钢球磨耗试验、磨削钢轮试验、旋转钢盘试验以及喷砂试验，磨损的程度用磨耗一定时间后的质量损失进行衡量。由于剥蚀与磨耗之间存在着直接的关系，因此，耐磨耗资料可以作为抗剥蚀性能的参考。

2.3.9.2 开裂

1. 盐类结晶

混凝土孔隙中盐类结晶的纯粹物理作用所形成的压应力就足以引起严重的开裂现象，这常常发生在盐溶液与混凝土结构直接接触，并且能够通过孔隙进入混凝土内部，而结构的另一侧具备水分蒸发条件的情形下。

一定温度下，当溶质浓度(c)超过饱和浓度(c_S)时即发生盐溶液的结晶。过饱和度(c/c_S)越大，结晶压力就越高。Winkler 通过测定混凝土和岩石孔隙中通常存在的盐类结晶压力发现，当 $c/c_S=2$ 时，根据密度、分子量和分子体积计算得到的结晶压力如表 2.38 所示。

表 2.38 盐类结晶压力

盐的名称	压力计算值($c/c_S=2$)/MPa	
	8℃	50℃
无水石膏	33.5	39.8
水氯镁石($MgCl_2 \cdot 6H_2O$)	11.9	14.2
十二水硫酸镁	6.7	8.0
七水硫酸镁	10.5	12.5
二水石膏	28.2	33.4
岩盐($NaCl$)	55.4	65.4
七水碳酸钠	10.0	11.9
六水硫酸镁	11.8	14.1
水镁矾(一水硫酸镁)	27.2	32.4
芒硝(十水硫酸钠)	7.2	8.3
含水苏打(十水碳酸钠)	7.8	9.2
溢晶石($2MgCl_2 \cdot CaCl_2 \cdot 12H_2O$)	5.0	5.9
硫酸钠	29.2	34.5
水碱(一水碳酸钠)	28.0	33.3

2. 冰冻作用

混凝土在大气中遭受冻融破坏的机理还不十分清楚。一般认为，主要是由于在某一冻结温度下，存在结冰的水和过冷的水，水结成冰产生体积膨胀，过冷水则因迁移产生较大的渗透压而导致混凝土结构破坏。

混凝土内部水的结冰是一个渐进的过程，一方面因为热量是以一定的速率向混凝土内部传递；另一方面因为尚未结冰的水中碱溶液浓度逐渐增加。根据稀溶液的性质，此时混凝土中水的冰点将低于纯水的冰点。同时，水的冰点还随所处的孔隙尺寸而异。根据

$$\Delta p = \frac{2\sigma}{r} \tag{2.36}$$

可见，毛细孔中曲面水的曲率半径愈小，其孔内的压力就愈大。压力的变化引起了相平衡温度的变化。根据克拉贝龙方程应用于冰-水系统的公式

$$\frac{\mathrm{d}p}{\mathrm{d}T} = \frac{\Delta H}{T \cdot \Delta V} \tag{2.37}$$

式中 T——绝对温度，K；

p——绝对压力，Pa；

ΔH——冰水相变热，J/mol；

ΔV——冰水两相摩尔体积之差，L/mol。

将上式积分处理得

$$\ln \frac{T_2}{T_1} = \Delta p \frac{\Delta V}{\Delta H} = \frac{2\sigma \Delta V}{r \cdot \Delta H} \tag{2.38}$$

式中，ΔV 为负值，由此可以看出，随着压力的增大，水的冰点降低。因此，混凝土中水的冻结是从最大孔隙中开始，并逐渐扩展到极小的孔隙中。凝胶孔的尺寸极小，一般在 1.5 nm 左右。按式(2.38)计算可得到形成冰核的温度在－73～－78℃。亦即，通常冻结温度下凝胶孔中的水是不结冰的，而是处于过冷状态。

水结冰时体积膨胀达 9%，即当某一密闭容器中水分占容积的 91.7%时，水结冰刚好充满整个容器而不对容器壁产生结冰压力。但当容器中水大于 91.7%时，则因结冰时的体积大于密闭容器的体积而对器壁产生压力。所以把水与容器容积之比等于 91.7%视为密闭容器的临界饱和度。

混凝土的毛细孔可看作密闭容器，当其内部含水率超过临界饱和度时，则会因水的结冰对孔壁产生很大压力而使毛细孔周围的混凝土遭受破坏。此压力的大小除取决于毛细孔的含水率外，还取决于冻结速度及尚未结冰的水向周围能容纳水的孔隙流动的阻力。显然，迁移的通道越长、结冰的孔隙与能容纳水的空隙间浆体渗透性越差，则结冰压力就越大，对混凝土的破坏就越严重。使用引气剂在混凝土中引入均匀分布微小气孔，可以为未冻结水的迁移提供较短的溢出边界，从而提高混凝土抵抗冻结的能力。

当毛细孔水结冰的时候，凝胶水处于过冷状态。过冷水的蒸气压比同温度下冰的蒸气压高，因而将发生凝胶水向毛细孔中冰的界面渗透，直至达到平衡状态。渗透压与蒸气压之间的关系，由热力学推导得

$$\Delta p=\frac{RT}{V}\ln\frac{p_w}{p_i} \tag{2.39}$$

式中 Δp——渗透压力，atm①；

p_w——凝胶水的蒸气压；

p_i——毛细孔内冰的蒸气压；

V——水的摩尔体积，L/mol；

T——绝对温度，K；

R——气体常数，0.082 06 atm·L/mol·K。

由于渗透压达到平衡状态需要一定时间，所以水泥石即使保持在一定的冻结温度上，由渗透压力引起的水泥石的膨胀将持续一段时间。这是凝胶水渗透所引起的膨胀的特点。

混凝土冻结产生的膨胀压力，不仅使混凝土发生直接的结构破坏，还由于冻融时膨胀、收缩部分的不同，如骨料和水泥石部分的不同、表层混凝土与内部混凝土的不同等，也导致混凝土发生破坏。从外观上看，混凝土出现棱角及棱线变圆和表层砂浆剥落等现象。

混凝土在冻结膨胀后，即使融解后也不能恢复到原状，即膨胀有所残留。这是由于混凝土发生了塑性变形和部分内部结构破坏而造成的。膨胀残留使混凝土吸水性增大。若吸水，则在下一次的冻融中会引起新的膨胀残留。由冻融循环逐渐累积的膨胀残留越大，则混凝土越易发生破坏。我国东北地区许多水坝在经过多年冻融循环后坝体逐年抬高，就是因为这个原因。

混凝土抵抗冻融的性能一般以抗冻等级表示。抗冻等级是采用慢冻法以28 d龄期的试件吸水饱和后，承受反复冻融循环，以质量损失不超过5%，且抗压强度下降值不超过25%时所承受的最大冻融循环次数确定，通常可划分为：F10、F15、F25、F50、F100、F150、F200、F250和F300等九个等级，"F"后的数字表示混凝土所能够承受的反复冻融循环次数。抗冻混凝土的抗冻等级应当高于F50。

提高混凝土抗冻性的措施包括：降低混凝土的渗透性、使用引气剂和防冻剂等。

混凝土抵抗液体和气体渗透的性能，称为混凝土的抗渗性，通常是抵抗水的渗透。抗渗性较差的混凝土，由于水分的渗入，会加剧混凝土的冻融、侵蚀等破坏作用，对于钢筋混凝土，还将加速碳化，进而引起钢筋的锈蚀和保护层的开裂及剥落。

混凝土抗渗性的指标是抗渗等级。抗渗等级按规定试验方法进行测定，以每组6个试件中有4个试件未出现渗水时的最大水压表示，分为：P4、P6、P8、P10、P12等五个等级，"P"后面的数字表示相应的水压，单位为0.1 MPa，抗渗混凝土的抗渗等级应当高于P6。

混凝土的渗透性主要取决于其孔隙率和孔隙结构分布特征。混凝土抗渗性的影响因素主要是原材料组成、水灰比及养护工艺等。

3. 火灾的影响

相对于钢、木结构，普通混凝土结构在火灾中的表现可以说是优异的，能够长时间过火而不垮塌，为逃生和营救赢得宝贵的时间。但是在高温下由于混凝土各组分的物理、化

① 1 atm=101.325 kPa

学变化，使混凝土体积变形，严重时可导致开裂。通常，普通混凝土的使用温度在200～250℃以下，当采用掺混合材的硅酸盐水泥及耐火骨料时，则混凝土使用温度可提高到700℃。

普通混凝土在100～110℃的温度下，游离水脱除，并因受热蒸发产生蒸气压力。此时可加速水泥的水化，有利于混凝土强度增长。当温度继续升高时，C—S—H凝胶脱水。超过500℃时，脱水的凝胶发生龟裂。$Ca(OH)_2$在560～590℃、水化铝酸钙在540～570℃脱水分解，晶格受到破坏。由于上述水化产物的脱水使水泥石发生体积收缩。但在同时，混凝土中的骨料受热膨胀，而且随温度升高膨胀增大。这两种相反的作用结果，将使包裹着骨料的水泥石开裂。在高温时，$Ca(OH)_2$脱水成为CaO，当混凝土降至常温时CaO又会吸收空气中的水分而再次生成$Ca(OH)_2$，并伴随着体积的膨胀，这可能导致高温时未曾遭到破坏的混凝土二次受损。

由上述可见，硅酸盐水泥的耐火性差，主要是由于在高温下凝胶脱水收缩和晶型转变，以及$Ca(OH)_2$脱水后又遇水再结晶。改善胶凝材料的组成或选择耐火性好的胶凝材料，可提高混凝土的耐火性。例如，加入足够量的混合材，可用来分散水泥水化产生的凝胶，减小骨料间凝胶层的平均厚度。混合材越细，这种作用就越明显，整个水泥石的收缩就越小，从而可降低在高温下因水泥石和骨料之间变形的差异引起的破坏作用。同时，由于加入的混合材降低了水泥熟料的含量，也使得水泥石中$Ca(OH)_2$量减少。

受热时，不同骨料有不同的特性。含有石英的砂子、卵石在受热时具有很大的破坏性。这是因为石英在573℃以下时体积逐渐膨胀，在573℃时突然膨胀0.85%，并由低温型石英转变为高温型石英。由硅质卵石、燧石和花岗岩的骨料配制的混凝土，当受到高温作用时，会发生碎裂。因此，这类骨料是属于耐火性最差的骨料。不含硅质材料的骨料，如石灰岩、碱性火成岩，尤其是碎砖、高炉矿渣作为骨料，所配制的混凝土具有较好的耐火性。但是，即使耐火性最好的普通混凝土，也经不起超过600℃温度长时间的作用。低于600℃时，也会发生强度的显著降低。

混凝土受热时，在低于300℃的情况下，温度的升高对强度的影响比较小，但超过300℃时，强度的损失将随温度升高而增加，见图2.68。对于用含硅质的或石灰岩的骨料配制的混凝土，随温度的升高将发生颜色的变化。因此，在高温火灾情况下，混凝土所经受的最高温度及剩余强度可近似地从颜色上加以估计。一般说来，混凝土变成粉红色时就值得怀疑了，变成灰色时，混凝土可能变脆，变得多孔了。

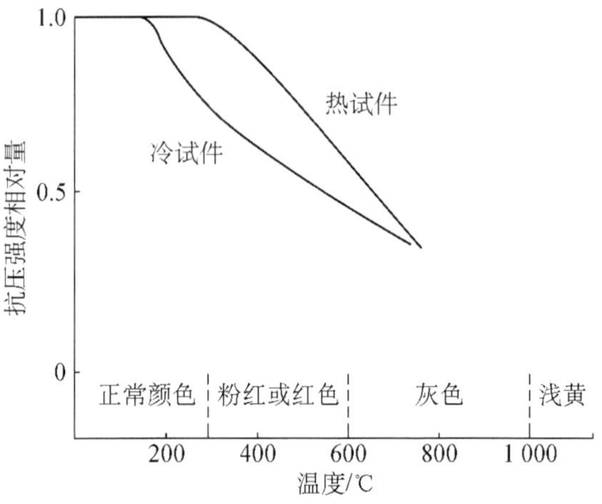

图2.68 高温对混凝土强度的影响

2.9.4 普通混凝土破坏的化学原因

化学作用对普通混凝土的破坏，实际上是通过物理过程实现的，可能同时存在几种化学和物理的作用，相互增强彼此的破坏效率，如图2.69所示。

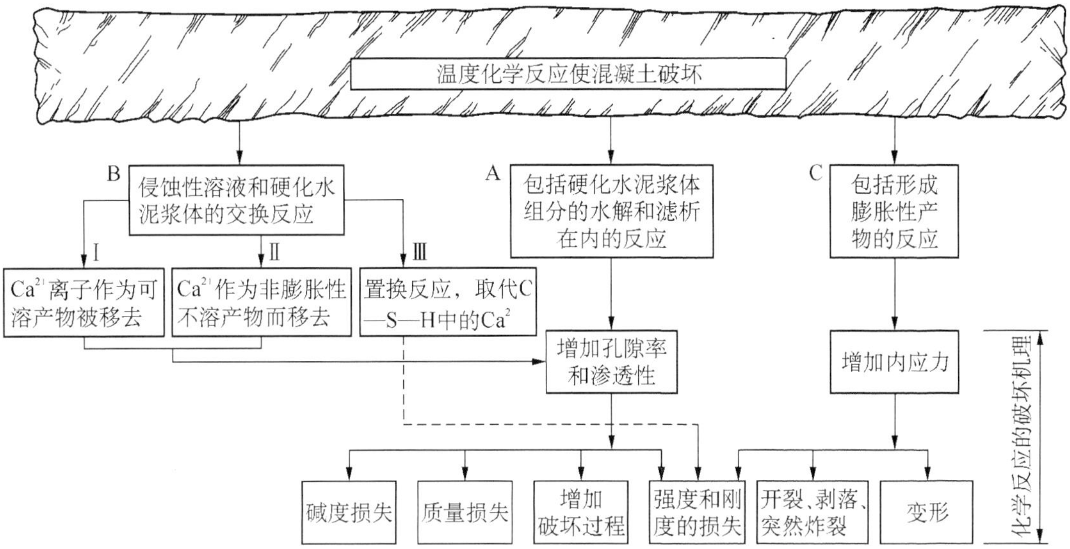

图 2.69 混凝土破坏的化学原因

2.9.4.1 软水的侵蚀

软水在与混凝土的长时间接触中，往往也会对混凝土发生侵蚀。这主要是水泥石中 $Ca(OH)_2$ 的不断溶解，使水泥石液相中 CaO 浓度低于某些水泥水化产物稳定存在的极限浓度。这时水化产物随即发生分解，直至形成一些没有黏结力的 $SiO_2 \cdot nH_2O$ 及 $Al(OH)_3$，使混凝土强度降低。但是这种作用只发生在水可以不断渗透进混凝土时的情况，否则几乎可以忽略不计。

上述侵蚀，若水中含有溶解的 CO_2，这时碳酸和混凝土的含钙化合物作用，生成可溶性的碳酸盐，往往会使混凝土遭受更显著的破坏。掺用矿渣、粉煤灰等混合材，可以吸收游离 $Ca(OH)_2$，对改善混凝土的抗侵蚀性是有效的。

2.9.4.2 阳离子交换反应

1. 形成可溶性钙盐

当混凝土与各种无机酸接触时，混凝土内部的水化产物将与这些酸发生化学反应，生成可溶性钙盐而使其受到侵蚀。例如，1%的硫酸或硝酸溶液在数月内对混凝土的侵蚀能达到很深的程度，这是因为它们和水泥石中的 $Ca(OH)_2$ 作用，生成水和可溶性钙盐，同时也能直接与硅酸盐、铝酸盐作用使之分解，这样就破坏了水泥石中凝胶体的结构，使混凝土破坏。醋酸、乳酸、甲酸等与水泥中的游离氧化钙化合，生成水溶性盐类，使混凝土受到较大的侵蚀。

2. 形成不溶性和非膨胀性钙盐

草酸、酒石酸等则生成不溶性盐类，附着于混凝土表面形成保护层，使受侵蚀程度大为减小。有些酸(如磷酸)与 $Ca(OH)_2$ 作用虽然生成不溶性钙盐，堵塞在混凝土的毛细孔中，侵蚀速度可以减慢，但混凝土强度则因水化矿物的不断分解而持续降低，直至最后破坏。

使用高铝水泥的混凝土对柠檬酸、亚硫酸、腐殖酸等具有很好的抵抗作用。但若这些酸的浓度大于1%时，混凝土所受的侵蚀程度比使用硅酸盐水泥还要大。高铝水泥这种抗弱酸侵蚀的能力，是由于它在水化反应时几乎不生成 $Ca(OH)_2$，同时大量的铝胶又包围了易与酸作用的其他含钙水化物。而对于 pH<4 的强酸,混凝土仍会迅速破坏。

由于水泥石本身就具有很高的碱性,有很强的抗碱侵蚀能力,故碱对混凝土的影响一般很小。仅当 NaOH 这类强碱在浓度比较高时才可能对混凝土产生侵蚀。NaOH 对混凝土的化学侵蚀是碱溶液与水泥石组分之间产生反应,生成胶结力不强的产物:

$$2CaO \cdot SiO_2 \cdot nH_2O + 2NaOH \longrightarrow 2Ca(OH)_2 + Na_2SiO_3 + mH_2O$$

$$3CaO \cdot Al_2O_3 \cdot 6H_2O + 2NaOH \longrightarrow 3Ca(OH)_2 + Na_2O \cdot Al_2O_3 + 4H_2O$$

2.9.4.3 形成膨胀性产物的反应

1. 硫酸盐的侵蚀

一些地下水和工业污水常含有硫酸盐,如 Na_2SO_4、$CaSO_4$、$MgSO_4$ 等。它们能和水泥石中的 $Ca(OH)_2$ 及水化铝酸钙反应,生成石膏和硫铝酸钙,使混凝土因体积膨胀而开裂。

硫酸钠与 $Ca(OH)_2$ 的反应如下:

$$Ca(OH)_2 + Na_2SO_4 \cdot 10H_2O \longrightarrow CaSO_4 \cdot 2H_2O + 2NaOH + 8H_2O$$

由 $Ca(OH)_2$ 转变成二水石膏,体积增加了 1 倍。上述反应若在流动的硫酸盐水中,可一直进行下去直至 $Ca(OH)_2$ 反应完。但如果 NaOH 积聚起来,上述反应就可达平衡。

硫酸钠和水化铝酸钙的反应为

$$4CaO \cdot Al_2O_3 \cdot 19H_2O + 3(Na_2SO_4 \cdot 10H_2O) \longrightarrow$$
$$3CaO \cdot Al_2O_3 \cdot 3CaSO_4 \cdot 31H_2O + 6NaOH + Ca(OH)_2$$

水化铝酸钙转变成硫铝酸钙时体积也有增加。

硫酸钙只与水化铝酸钙反应,生成水化硫铝酸钙。而硫酸镁除能与氢氧化钙及水化铝酸钙反应外,还能对水化硅酸钙产生侵蚀:

$$3CaO \cdot 2SiO_2 \cdot aq + MgSO_4 \cdot 7H_2O \longrightarrow CaSO_4 \cdot 2H_2O + Mg(OH)_2 + SiO_2 \cdot aq$$

因为 $Mg(OH)_2$ 的溶解度很低,所以这一反应能够进行完全,水化硅酸钙不断分解。故硫酸镁较其他硫酸盐具有更大的侵蚀性。

硫酸盐的侵蚀速度随溶液浓度的提高而加快,见表 2.40。

表 2.40 含有各种浓度硫酸盐的土壤、水对混凝土的侵蚀

硫酸盐作用程度	土壤中可溶性硫酸盐(SO_4^{2-})/%	水溶液中硫酸盐(SO_4^{2-})/(μL/L)
可忽略	0.00~0.10	0~150
轻微	0.10~0.20	150~1 000
相当严重	0.20~0.50	1 000~2 000
非常严重	>0.50	>2 000

混凝土一侧若处于硫酸盐水的压力作用下而发生渗流,则与混凝土作用而消耗掉的硫酸盐将不断得到补充,此时的侵蚀速度将更大。干湿交替同样可以加速侵蚀过程。

对于硫酸盐的侵蚀,可采用如下措施加以防止。

(1) 选用 C_3A 含量低的水泥

C_3A 含量越少,水泥的抗硫酸盐侵蚀能力越强。根据侵蚀的程度不同,可选用不同的水泥。一般，有轻微侵蚀时，应采用 C_3A 不大于 6% 的中热水泥；有相当大程度侵蚀时，应采用 C_3A 含量不大于 4% 的抗硫酸盐水泥或有相当抗硫酸盐能力的火山灰质水泥；非常严重时，也应采用抗硫酸盐水泥，再适当掺加火山灰质混合材。因为火山灰与氢氧化钙反应生成水化硅酸钙，使游离的 $Ca(OH)_2$ 减少，并在易被侵蚀的水化铝酸钙表面形成保护层。

(2) 采用高压蒸汽养护

经高压养护的混凝土，其抗硫酸盐能力得到改善。原因是，经蒸压处理的混凝土中游离 $Ca(OH_2)$ 显著减少，C_3S、C_2S 形成了稳定的水化物，C_3A 的水化物活性也降低，提高了混凝土抗硫酸盐能力。

(3) 采用引气剂

引气剂的掺入提高了混凝土的孔隙率，使其内部形成了大量分布均匀且封闭的小孔。这些孔的存在提高了混凝土的抗渗性，使硫酸盐水不易侵入。同时，对于因硫酸盐作用而生成的水化物可进入这些孔隙，大大减小了混凝土的体积膨胀。

(4) 使用保护层

在混凝土表面敷涂氟硅酸盐、硅酸钠、亚麻仁油等，也可以抵抗硫酸盐的侵蚀。

2. 混凝土的碳化与钢筋的腐蚀

混凝土的碳化除造成混凝土的不可逆收缩及某些成分的浸析外，还会加快钢筋的锈蚀。

使用硅酸盐水泥的混凝土其液相具有较高的碱性，钢筋在这种碱性介质中，表面生成一层难溶的 Fe_3O_4 保护膜，使钢筋难以生锈。混凝土碳化时，若碳化深度超过钢筋保护层达到钢筋表面，碳化部分的钢筋表面将使氧化膜破坏而开始生锈。

钢筋的锈蚀过程如下：

$$2Fe + O_2 \longrightarrow 2FeO$$

$$FeO + H_2CO_3 \longrightarrow FeCO_3 + H_2O$$

$$4FeCO_3 + 10H_2O + O_2 \longrightarrow 4Fe(OH)_3 + 4H_2CO_3$$

由于 FeO 的锈蚀没有消耗 H_2CO_3，因而能使反应不断进行下去。

钢筋一旦生锈，锈的体积增大，破坏了混凝土保护层，并沿钢筋方向产生裂缝，使水和空气更易进入混凝土内，进一步促使混凝土的碳化和钢筋锈蚀。此外，由于碳化收缩引起的混凝土裂缝也成为空气中水的通道，加速钢筋的锈蚀。

钢筋锈蚀与混凝土液相的 pH 值有很大关系，如图 2.70 所示。根据混凝土内部的 pH 值变化可以说明钢筋的锈蚀问题。如果溶液呈碱性，铁就不易生锈；如果溶液呈强碱性 (pH>12)，铁就不会生锈。

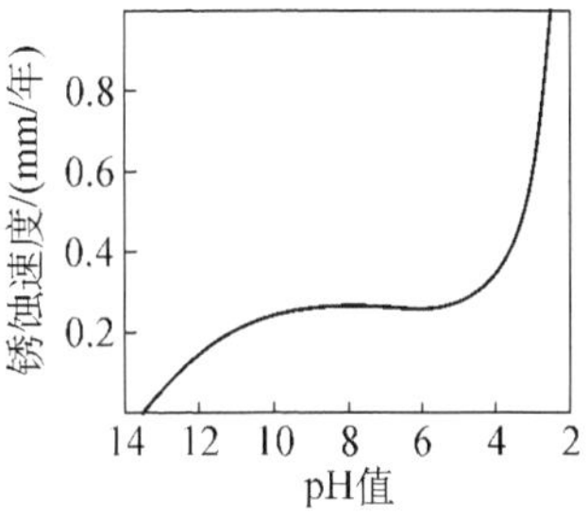

图 2.70 pH 值与铁的锈蚀速度的关系

一般混凝土的 pH 值在 12 以上，所以普通混凝土中的钢筋尽管经过很长时间也不易生锈。但是，如果混凝土中含有较多的 Cl^- 时，并由于碳化引起钢筋周围混凝土碱性降低，则钢筋在 O_2、CO_2 和水的作用下就会产生锈蚀。

由铁的锈蚀过程可以看出，如果没有 O_2，尽管在碱性较低的水中钢筋也不发生锈蚀。如果水中 O_2 的溶解量增大，锈蚀速度也要增大。但含氧量超过一定限度(约 15 mL/L，

25℃)，在铁的表面就生成氧化铁薄膜，则使锈蚀速度减慢。

尽管碳化增加了混凝土中钢筋生锈的危险性，但碳化并非是生锈的直接原因。钢筋锈蚀的直接原因是由于混凝土中存在着孔隙、裂缝等结构缺陷，从而使外部空气及溶解了空气的水易于渗透所致。因此，减少混凝土各种裂缝、提高抗渗性是防止钢筋生锈的措施之一。

当钢筋混凝土通入直流电时，如电气机车、电镀工厂及其他使用直流电的设备漏电时，处于电流经过路径的钢筋混凝土将会发生电解过程而使钢筋腐蚀。

漏泄电流流入钢筋混凝土结构中时，电流将由混凝土流向钢筋，再由钢筋流向混凝土。混凝土中钢筋有时成为阳极，有时成为阴极。电流直接流入钢筋时，则钢筋成阳极，在潮湿状态下就发生电解：

$$Fe \longrightarrow Fe^{2+} + 2e^-$$

铁离子不断被游离。根据法拉第定律

$$W = 2.895 \times 10^{-4} \eta I t\text{（单位为 g）} \tag{2.40}$$

若 t 的单位为年，W 的单位为 kg，则

$$W = 9.13 \eta I t \tag{2.41}$$

式中，W 为阳极铁的电解量，kg；I 为电流，A；t 为锈蚀时间，a；η 为电流效率。

阳极反应的结果，使钢筋产生大量的铁锈导致体积膨胀，使混凝土结构破坏，如图 2.71 所示。

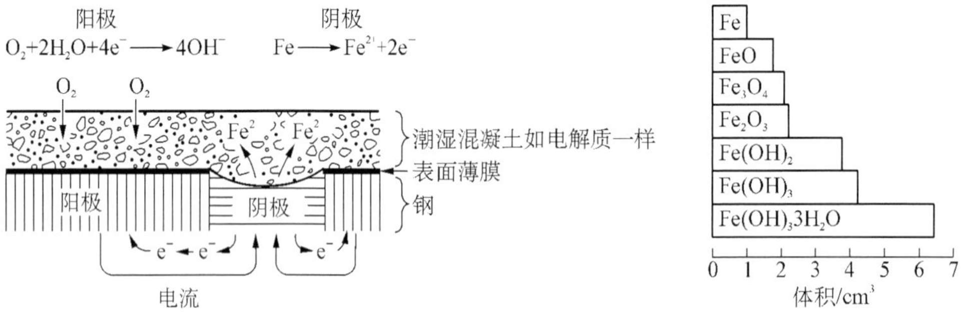

(a) 在潮湿和可渗透混凝土中钢筋腐蚀的电化学过程

(b) 氧化作用程度不同的金属离子体积的增量

图 2.71 钢筋腐蚀导致混凝土的膨胀与破坏

当钢筋成为阴极时，虽然钢筋本身不被腐蚀，但会使水泥中的碱(K^+、Na^+)向钢筋附近聚集，当碱的氢氧化物浓度达相当高时，将可能发生碱侵蚀，使水泥石失去强度，并破坏混凝土与钢筋间的黏结。

3. 碱-骨料反应

当水泥含碱量较高，混凝土恰好使用了某些活性骨料时，水泥中的碱类和骨料的活性物质发生化学反应，使混凝土发生不均匀膨胀，造成开裂的现象，称碱-骨料反应(简称 AAR)。

碱-骨料反应的问题是由美国的斯坦顿于 1940 年首先提出的。在此之前普遍认为骨料是惰性的，不会发生反应。碱-骨料反应一般进行得比较缓慢，由它引起的破坏往往经若干年后才表现出来。不过有工程案例表明，碱-骨料反应的危害也可短至半年到一年出现。已

发现的碱-骨料反应有三类：碱-硅酸（骨料）反应，碱-硅酸盐反应和碱-碳酸盐反应。

（1）碱-骨料反应的类型

① 碱-硅酸（骨料）反应

当混凝土所采用的骨料中含有活性二氧化硅，而水泥中的碱含量以当量 NaO_2 计（$Na_2O+0.658K_2O$），大于 0.6%时，就会在界面处发生化学反应，生成碱性硅酸盐凝胶：

$$SiO_2 + 2NaOH \xrightarrow{水} Na_2SiO_3 + H_2O$$

在骨料与水泥石的界面处，首先形成的是含石灰的碱性硅酸盐凝胶的半透膜，这种半透膜只允许水分和碱性氢氧化物的离子和分子通过，不允许碱性的硅酸盐通过。于是在骨料表面不断形成碱性硅酸盐，并从水泥浆中吸水而使其体积膨胀（体积可以增大 3 倍），这种膨胀产生的压力及生成物堆积于骨料颗粒上形成的渗透压力（渗透压可达 3～4 MPa）将使混凝土产生结构性的破坏。

当水泥石中碱与石灰的比值较低时，石灰可以迅速透过半透膜接触含硅酸的骨料颗粒表面，不断形成含石灰的碱性硅酸盐，即 $CaO—R—SiO_2$ 凝胶，这种凝胶是不膨胀的。因此，低碱水泥（$Na_2O<0.6\%$）同活性骨料所发生的反应对混凝土没有影响，甚至可提高界面强度。

发生碱-硅酸反应的混凝土有如下特点：

a. 混凝土表面有无序的网状裂缝；

b. 骨料界面处有反应环、反应边；

c. 混凝土内部有裂缝，空隙中有硅酸钠（钾）凝胶并失水硬化、粉化。

发生此类反应的骨料有：蛋白石、玉髓、鳞石英、方石英、酸性或中性玻璃体的隐晶质火成岩，其中蛋白石质的 SiO_2 活性可能最大。

② 碱-硅酸盐反应

碱-硅酸盐反应的特点是：反应异常缓慢几乎看不到反应环，凝胶体渗出也很少。但反应及由反应造成的体积膨胀却在持续不断地进行着，并最终导致混凝土严重破坏。这类反应通常可观察到数量不等的硅酸钠（钾）凝胶，但有的岩石虽产生显著膨胀，却几乎查不到凝胶。

这类反应对骨料的影响，一般认为是某些层状晶格硅酸盐的有限度的晶格膨胀和骨料的页状剥落。在显微图像中可以看到某些相当长（十几～几百微米）而薄（1 μm 左右）的板状物，在 1 至几微米厚的相邻层之间产生裂缝状的间隙，此即页状剥落。与碱-硅酸反应相比，碱-硅酸盐反应虽然缓慢但引起的后果更为严重。

产生碱-硅酸盐反应的骨料主要有沉积岩或变质岩中的某些硅酸盐岩石，如硬砂岩、粉砂岩、泥质板岩、泥质石英岩、板岩、页岩、千枚岩、云母片等。

③ 碱-碳酸盐反应

碱-碳酸盐反应主要表现在骨料中的某些微晶或隐晶的碳酸盐石（如某些方解石质的白云岩和白云质的石灰岩等）与水泥石中的碱性物质和水起反应，使碳酸盐石脱白云化。其反应式为：

$$CaMg(CO_3)_2 + 2ROH \longrightarrow Mg(OH)_2 + CaCO_3 + R_2CO_3$$

$$R_2CO_3 + Ca(OH)_2 \longrightarrow 2ROH + CaCO_3$$

式中，R 代表 K、Na 和 Li，为水泥中的碱分。

上述反应所生成的 ROH 将继续侵蚀白云石晶体。由白云石变成水镁石，其体积增加约 239%。用专门装置测定浸在碱液中的活性碳酸盐石，7 d 可产生 22.4 MPa 的压力。某些白云石晶体在浸入碱液 14 d 后体积膨胀率达 2.5%，这些足以使混凝土遭到破坏。此类反应的特点是：混凝土裂纹呈花纹或地图形，在混凝土的空隙和反应骨料的边界等处无凝胶体，空隙中主要为 $CaCO_3$、$Ca(OH)_2$ 及水化硫铝酸钙晶体。

(2) 影响碱-骨料反应的主要因素

① 骨料用量及其粒径

活性骨料的用量对碱-骨料反应有很大影响，活性骨料所占比例越大其膨胀量也越大。但对有些骨料（如蛋白石、硅质砂岩等）其用量与膨胀量之间有一个极限，称“最不利”极限。此时的骨料用量为“最不利”含量。对于某些安山岩骨料及碱-硅酸盐反应的岩石，一般没有这个极限，即活性骨料越多膨胀量越大。

粒径小于 0.074 mm 及粒径非常大的活性骨料，膨胀量一般都很小。中间状态粒径的骨料一般膨胀量都很大，并存在一个“最不利”极限粒度，此值约为 0.3～0.15 mm。

② 含碱量

水泥中的碱量以当量 Na_2O 计（$Na_2O+0.658K_2O$），约为 0.4%～1%，使用时大部分碱都能很快析出到水溶液中，只有当水泥中总碱量 $R_2O>0.6\%$时，才会与活性骨料发生碱-骨料反应。

一般认为 Na_2O 比 K_2O 所起的破坏作用大。对于某些高活性骨料（如蛋白石）当含碱量较大时反应非常迅速，在反应初期由于 SiO_2 的溶解度小，所生成的凝胶体的 Na_2O/SiO_2 比值大，凝胶体黏性小，呈流态化，膨胀量较小，随骨料中 SiO_2 溶解，当凝胶体中碱量降至某一限值以下时，因凝胶体黏性增大，混凝土才发生较大膨胀。

需要引起注意的是，即使原材料中的碱含量低于发生碱-骨料反应的临界值，也并不意味着就一定不会发生碱-骨料反应，关于碱的来源，应当把混凝土结构从其工作环境中引入碱的可能性考虑在内。

③ 水与水灰比

当水灰比较大时，水泥浆中的空隙增大，有利于各种离子的扩散和水的移动，从而助长了碱-骨料反应。但若水泥呈塑性状态，这些空隙又有利于缓和膨胀压力。因此，在通常的水灰比范围内，水灰比的减小不利于缓和膨胀压力，所以混凝土的膨胀量增大。

产生碱-骨料反应的条件，除活性骨料、碱金属（Na、K）外，还必须有水的参与，干燥状态的混凝土是不会发生碱-骨料反应的。实际上反应是固相（活性骨料）和液相（碱性溶液）之间的反应，而碱-骨料反应所产生的混凝土膨胀裂缝又增大了混凝土的渗透性。若混凝土同时处于冻融循环、干湿交替或化学介质的腐蚀作用等情况时，将会使裂缝扩大，碱-骨料反应进一步向混凝土内部扩散。

(3) 防止碱-骨料反应的措施

碱-骨料反应的防止可从以下几方面考虑。

① 选择活性较小的安全性骨料，使用前应对骨料进行安全性检验。

② 控制总碱量（以 Na_2O 计），水泥中不得超过 0.6%，混凝土中不超过 2.5 kg/m^3。

③ 降低混凝土单位水泥用量，以降低单位混凝土中的总碱量。

④ 在水泥中掺入某些磨细的活性掺和料如粉煤灰、高炉矿渣、硅灰等，以控制混凝土因碱-骨料反应引起的膨胀。其原因可能是由于碱与上述活性掺和料在水泥石硬化前就发生了反应，或者是促使反应产物在水泥石中分散得更均匀，因而控制了过分的反应膨胀。

⑤ 提高混凝土的密实度，以阻止水及碱离子的移动。或者掺用引气剂，使混凝土中含有大量均匀分布的微小气泡，以减轻因碱-骨料反应产生的膨胀压和渗透压。

⑥ 掺用锂盐(碳酸锂、硝酸锂等)，可以有效抑制碱-骨料反应引起的膨胀，其作用机理可能与锂离子被水泥水化产物优先吸附(相对钾离子、钠离子)相关。此外，甲基纤维素和水解蛋白也被证明能够在一定程度上抑制碱-骨料反应导致的膨胀。

⑦ 碱-骨料反应的充分条件是水，因此，设法防止外界水分渗入或者使混凝土保持干燥，可以减轻反应的危害程度。

⑧ 对于已受碱-骨料破坏的某些混凝土结构物，可采用强制干燥的方法，以排出内部水分来控制膨胀。

2.9.5 海工混凝土的耐久性

海水是一种成分复杂的溶液，海水中平均总盐量约为 35 g/L，其中 NaCl 占总盐量的 77.2%，$MgCl_2$ 占 12.8%，$MgSO_4$ 占 9.4%，K_2SO_4 占 2.55%，还有碳酸氢盐及其他微量成分。

根据海洋结构物的不同部位，混凝土的破坏可分为三种类型，如图 2.72 所示。

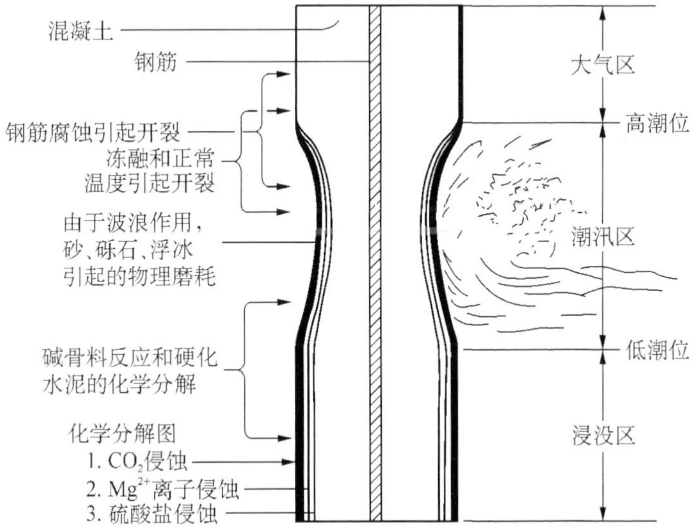

图 2.72 海工混凝土所面临的耐久性问题

第一类：处于高潮线以上不直接接触海水，只是暴露于含海盐的大气中。这部分破坏主要是由钢筋锈蚀及冻结作用引起的。

第二类：在潮汐涨落区内，混凝土的破坏是由于干湿交替、冻融循环、钢筋锈蚀、水化产物的分解及波浪、砂、冰及悬浮物的冲击磨损所致。

第三类：在低潮线以下，主要发生化学分解，而冻结和钢筋锈蚀的作用较小。

1. 海水的化学作用

海水对混凝土的化学作用主要是氯盐和硫酸盐的侵蚀，这些盐与水泥石中的 $Ca(OH)_2$反应生成易溶性的 $CaCl_2$ 及石膏。海水中高浓度的 NaCl 能增加石膏的溶解度，并阻碍它的快速结晶。同样，NaCl 溶液也提高了 $Ca(OH)_2$ 及 $Mg(OH)_2$ 的溶解度，使其不断浸出。

在有 $Ca(OH)_2$ 参与的情况下，硫酸镁能与铝酸钙作用生成硫铝酸钙，使混凝土体积膨胀而破坏。但也有人认为这个反应的速度在有 NaCl 存在的条件下减小。并由于石膏和硫铝酸钙的溶解度提高而很少呈膨胀性破坏，常常是使混凝土失去某些成分的浸析性破坏。但随着 $Mg(OH)_2$ 的沉淀，减少了混凝土的透水性，这种浸析作用也会逐渐减弱。另外，若有 CO_2 存在，上述膨胀反应将不可能发生，因为 $Ca(OH)_2$ 与 CO_2 反应生成 $CaCO_3$。硫酸镁中的 Mg^{2+} 能替代水化硅酸钙中的 Ca^{2+}，生成水化镁硅酸钙，最后生成水化硅酸镁。不过这些反应都倾向于使混凝土孔隙率增加，使其结构性能变弱。

2. 海水的物理作用

处于高低潮位间的混凝土，由于其内部的毛细管作用，海水在混凝土内上升并不断被蒸发，于是盐类在混凝土内亦不断结晶、聚集，并产生膨胀压力，使混凝土开裂。干湿交替将加速这种破坏。

完全浸在海水中的混凝土，特别是在没有水压差的情况下，这种物理侵蚀却很小。

3. 钢筋的锈蚀作用

海水中的氯离子向混凝土内渗透，将使处于低潮位以上反复干湿的混凝土中的钢筋发生严重锈蚀，结果体积膨胀，造成混凝土开裂。因此，海水对钢筋混凝土的侵蚀比对素混凝土更为严重。

4. 其他作用的影响

海浪及悬浮物对混凝土造成的机械磨损和冲击作用，以及处于寒冷地区的混凝土遭受冻融循环的作用等，均会使侵蚀加重。

海工混凝土开裂-腐蚀相互影响路径见图 2.73。

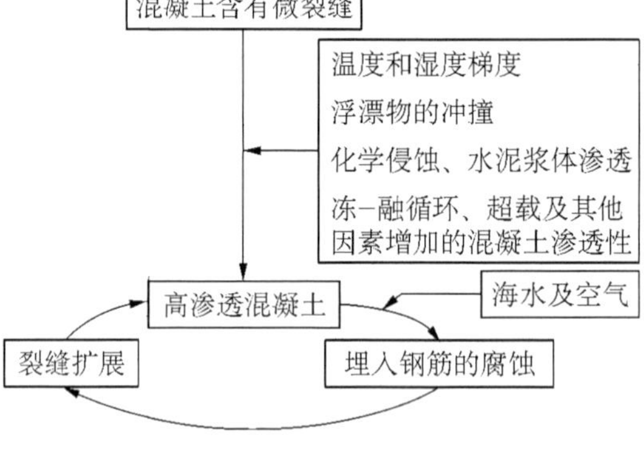

图 2.73　海工混凝土中开裂-腐蚀循环路径示意图

根据混凝土所处的部位，可制定如下措施防止海水的侵蚀。

处于高低潮位间的混凝土，由于干湿循环而同时遭受化学侵蚀和盐的结晶破坏，在严寒地区还受到冻融破坏。因此，这个部位的混凝土必须充分密实，水灰比要小，水泥用量应适当增加，并可采用引气混凝土。

对于浸没在海水中的混凝土，主要考虑防止化学侵蚀。因此，除了要求混凝土足够密实外，可以考虑采用矾土水泥、抗硫酸盐水泥、矿渣硅酸盐水泥或火山灰质硅酸盐水泥。

2.10 普通混凝土的质量控制与评定

2.10.1 混凝土质量控制的必要性与依据

普通混凝土的应用量大且面广，原材料组成复杂，生产工艺环节繁琐，内部结构变化多端，性能表征难以明确稳定，从而使得混凝土的质量必然呈现出不同程度的波动。

建立健全混凝土质量保证体系，制订相应的质量管控制度，并使之贯穿于生产全过程的每个细节，是减小混凝土质量变异、提升其性能稳定性的必要措施。

混凝土抗压强度与其各方面性能有着紧密的关联性且试验方法相对简易，能够最大限度地反映混凝土的整体质量，因此，工程中常以混凝土抗压强度作为首要的质量控制指标，并且将其作为评定混凝土生产施工质量水平的依据。

2.10.2 混凝土强度变异的规律

正常施工生产条件下，混凝土强度的影响因素始终是随机变化的，导致混凝土强度也表现出随机变量的特征。可以采用数理统计的方法处理随机变量的问题。

在一定施工条件下，对同一种混凝土进行随机抽样，制作 n 组试件（$n \geqslant 25$），测得其 28 d 龄期抗压强度，以混凝土强度为横坐标，以混凝土强度出现概率为纵坐标，作出混凝土强度概率分布曲线。事实证明，混凝土强度概率分布曲线一般符合正态分布规律，如图 2.74、图 2.75 所示。

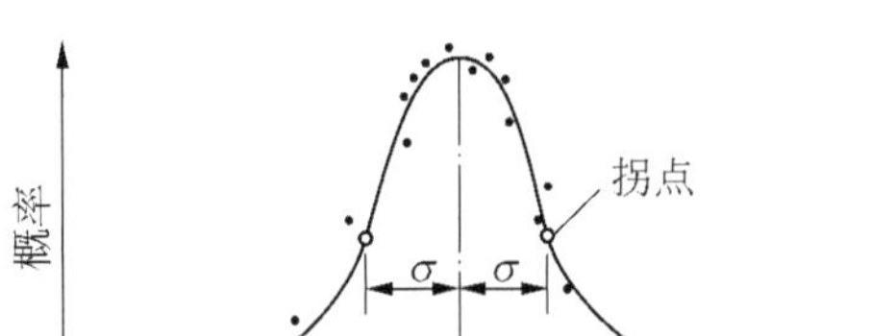

图 2.74 混凝土强度正态分布曲线

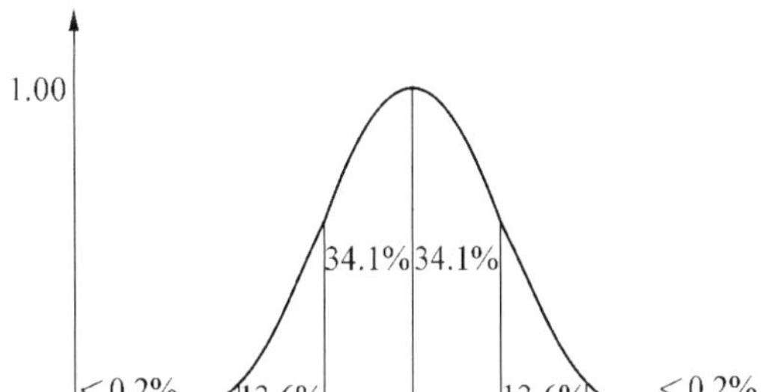

图 2.75 正态曲线下的面积

混凝土强度概率分布曲线的特征如下。

(1) 曲线呈钟形，以平均强度为对称轴两边对称，曲线最高峰即出现在此，表明混凝土强度接近其平均强度的出现概率最多，远离对称轴，即强度比平均值越低或越高者，其出现的概率就越小，最终渐趋于零。

(2) 曲线与横坐标之间所包围的面积为概率总和，即 100%，对称轴两侧出现的概率相等,各为 50%。

(3) 在对称轴两侧的曲线上各有一个拐点,两拐点之间的线型向上凸弯,拐点以外的线型向下凹弯,且以横坐标为渐近线。

混凝土强度分布曲线高且窄,表示混凝土强度测定值波动小,混凝土施工质量控制得当,生产管理水平较高,反之,曲线低而宽,则表明混凝土强度测定值离散性大,混凝土质量控制较差,生产管理水平落后。见图 2.76、图 2.77。

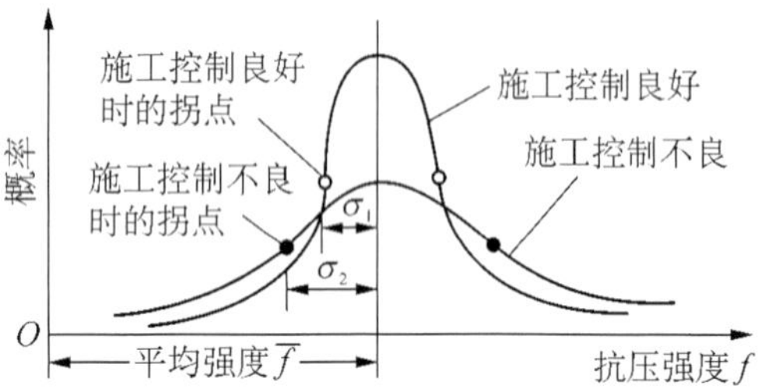

图 2.76 离散性不同的混凝土强度正态分布曲线

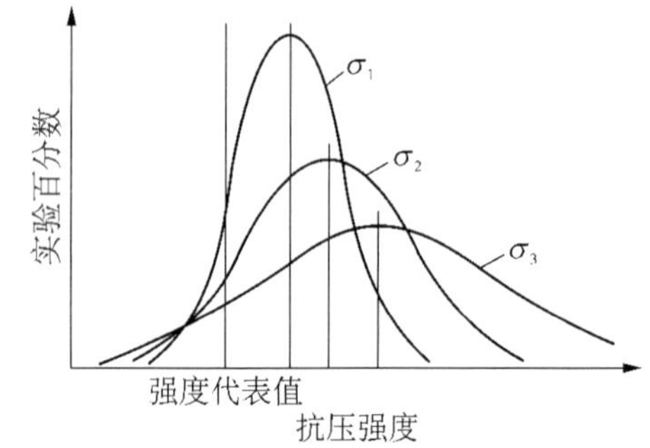

图 2.77 强度代表值相等、标准差不同的混凝土强度正态分布曲线

2.10.3 混凝土质量评定的数理统计

2.10.3.1 混凝土强度质量的评定

通过求出正常生产、施工质量控制条件下混凝土强度的平均值、标准差、变异系数以及强度保证率等数理统计参数,据此进行混凝土强度质量的综合评定。

1. 混凝土强度平均值($\overline{f}_{cu}$)

混凝土强度平均值可按下式计算

$$\overline{f}_{cu}=\frac{1}{n}\sum_{i=1}^{n}f_{cu,i} \tag{2.42}$$

式中,n 为混凝土强度试件组数;$f_{cu,i}$ 为第 i 组混凝土试件强度值。

混凝土强度平均值仅表明其总体强度的平均水平,不能反映出混凝土强度的波动情况。

2. 混凝土强度标准差(σ)

混凝土强度标准差,即均方差,计算式为

$$\sigma=\sqrt{\frac{\sum_{i=1}^{n}(f_{cu,i}-\overline{f}_{cu})^2}{n-1}}=\sqrt{\frac{\sum_{i=1}^{n}f_{cu,i}^2-\mathrm{n}\,\overline{f}_{cu}^2}{n-1}} \tag{2.43}$$

标准差 σ 在正态分布曲线上的意义是拐点至对称轴的距离,混凝土质量控制水平的高低与 σ 值的大小呈反向影响作用。σ 值代表着混凝土质量的均匀性特征。

3. 变异系数(C_V)

变异系数,即离差系数,计算式为

$$C_V=\frac{\sigma}{\overline{f}_{cu}} \tag{2.44}$$

由于混凝土强度的标准差(σ)随着强度等级的提高而相应增大，采用变异系数(C_V)则可以对不同强度等级混凝土的质量均匀性进行比较。混凝土质量控制水平的高低与(C_V)值的大小同样呈反向影响作用。

4. 混凝土的强度保证率(P)

混凝土的强度保证率 P(%)是指总体混凝土强度中，强度(f_{cu})≥设计强度等级($f_{cu,k}$)的概率，在混凝土强度正态分布曲线图中以阴影面积表示，如图 2.78 所示，低于设计强度等级($f_{cu,k}$)的强度所出现的概率即为不合格率。

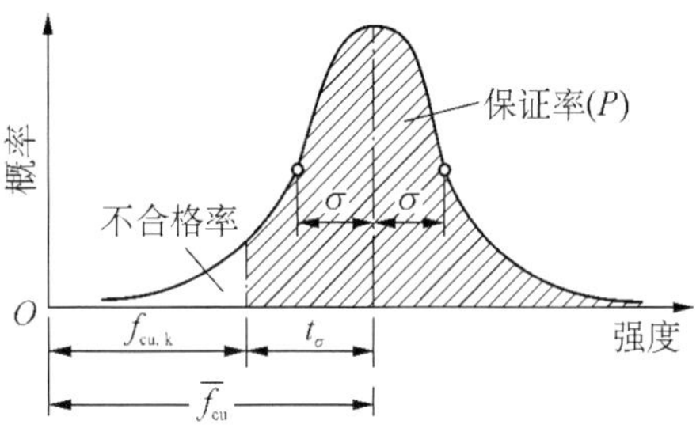

图 2.78 混凝土强度保证率

混凝土强度保证率 P(%)的计算式为

$$P = \frac{1}{\sqrt{2\pi}}\int_t^{\infty} e^{-\frac{t^2}{2}}\,dt \tag{2.45}$$

式中，t 为概率度，其计算式为

$$t = \frac{\overline{f}_{cu} - f_{cu,k}}{\sigma} \text{ 或 } t = \frac{\overline{f}_{cu} - f_{cu,k}}{C_V \overline{f}_{cu}} \tag{2.46}$$

工程中 P(%)值可根据统计周期内混凝土试件强度不低于要求强度等级的组数 N_0 与试件总组数 N($N \geqslant 25$)之比求得，即

$$P = (N_0/N) \times 100\% \tag{2.47}$$

2.10.3.2 混凝土生产施工质量水平的评定

根据统计周期内混凝土强度的 σ 值和强度保证率 P(%)，可将混凝土生产企业的质量管理水平划分为优良、一般和差三个等级，见表 2.41。

表 2.41 混凝土生产质量管理水平

生产质量管理水平			优良		一般		差	
砼强度等级			<C20	≥C20	<C20	≥C20	<C20	≥C20
评定指标	砼强度标准差 σ/MPa	商品砼公司 预制砼构件公司	≤3.0	≤3.5	≤4.0	≤5.0	>4.0	>5.0
		集中拌合砼施工现场	≤3.5	≤4.0	≤4.5	≤5.5	>4.5	>5.5
	砼强度不低于规定强度等级值的概率 P/%	商品砼公司 预制砼构件公司 集中拌合砼施工现场	≥95		>85		≤85	

2.10.4 混凝土配制强度

为保证生产的混凝土具有设计所要求的 95%强度保证率，在进行混凝土配合比设计时，必须使混凝土的配制强度大于设计强度，可按下式计算

$$f_{cu,o} \geqslant f_{cu,k} + 1.645\sigma \tag{2.48}$$

式中 $f_{cu,o}$——混凝土配制强度，MPa；

$f_{cu,k}$——混凝土强度设计标准值，MPa；

σ——混凝土强度标准差，MPa。

根据相关规定，混凝土强度标准差 σ 可依据施工企业近期（统计周期不超过三个月，商品混凝土公司和预制混凝土构件公司统计周期可取一个月）的同一品种混凝土强度资料计算得到（试件组数 $N \geqslant 25$）。当混凝土强度等级为 C20 或 C25 时，如计算所得 $\sigma < 2.5$ MPa，取 $\sigma = 2.5$ MPa；当混凝土强度等级高于 C25 时，如计算所得 $\sigma < 3.0$ MPa，取 $\sigma = 3.0$ MPa，当施工企业不具备近期同一品种混凝土的强度资料时，σ 值可按表 2.42 取值。

表 2.42　σ 值

混凝土设计强度等级 $f_{cu,k}$	＜C20	C20～C35	＞C35
σ/MPa	4.0	5.0	6.0

2.11　普通混凝土配合比设计

混凝土配合比设计实际上是这样一个过程：从市场所能提供的材料当中选择合适的原材料组成，经过一系列平衡和运算，得到一个既能够使所配制混凝土性能可以满足规定的最低要求，同时又是最经济的组合比例。

2.11.1　混凝土配合比设计的基本要求、依据以及原理

2.11.1.1　混凝土配合比设计的基本要求

（1）保证工程结构设计所要求的强度等级要求；

（2）混凝土混合料应当满足施工要求的工作性；

（3）满足载荷特性以及气候环境特征对工程结构提出的抗疲劳、抗冻、抗渗、抗侵蚀等耐久性能要求；

（4）满足经济性原则。

2.11.1.2　工程背景资料的准备

混凝土配合比设计的前期工作是通过调查研究，了解和掌握以下情况。

（1）工程设计要求的混凝土强度等级（决定混凝土配制强度及其标准差）；

（2）工程所处环境对混凝土耐久性的要求（决定水泥品种、最小水泥用量和最大水灰比）；

（3）工程结构截面尺寸、配筋、泵送管道内径等情况（决定混凝土骨料最大粒径）；

（4）混凝土施工工艺（决定混凝土混合料工作性）；

（5）原材料基本技术信息（水泥、砂、石、矿物掺和料、拌合及养护用水、混凝土外加剂等）。

2.11.1.3　混凝土配合比设计的依据

1. 混凝土配合比设计基本参数确定的原则

水灰比、单位用水量和砂率是混凝土配合比设计的三个基本参数，与混凝土各项性质关联密切，恰当地确定这三个基本参数，是混凝土配合比设计的主要工作内容。确定的原则是：在满足混凝土强度和耐久性要求的基础上，决定混凝土的水灰比；在满足混凝土混合料

工作性要求的基础上，按粗骨料种类和规格决定混凝土的单位用水量；砂率应以填充粗骨料空隙后略有富余的原则来决定。

2. 混凝土配合比设计的物料计算基准

混凝土配合比设计以计算 1 m^3 混凝土中各材料用量为基准，计算时，骨料以干燥状态（粗骨料含水率<0.2%，细骨料含水率<0.5%）为基准，如需要以饱和面干状态的骨料为基准进行计算，应当相应作出调整。

计算混凝土的体积和表观密度时，混凝土外加剂的体积和质量可忽略不计（掺量甚微）。

2.11.1.4 混凝土配合比设计的原理

1. 体积法（绝对体积法）

假定混凝土混合料浇筑成型完毕时的体积等于各组成材料（含夹杂的气孔）绝对体积的总和，由此可建立如下联立方程

$$\frac{C_0}{\rho_c}+\frac{G_0}{\rho_g}+\frac{S_0}{\rho_s}+\frac{W_0}{\rho_w}+10\alpha=1\,000 \tag{2.49}$$

$$\frac{S_0}{S_0+G_0}\times 100\%=S_p\% \tag{2.50}$$

式中 C_0——混凝土的水泥用量，kg/m^3；

G_0——混凝土粗骨料用量，kg/m^3；

S_0——混凝土细骨料用量，kg/m^3；

W_0——混凝土用水量，kg/m^3；

ρ_c——水泥密度，一般为 2.9～3.1，g/cm^3；

ρ_w——水的密度，取 1.0，g/cm^3；

ρ_g，ρ_s——粗、细骨料的表观密度，g/cm^3；

α——混凝土含气量百分率，%，在不使用引气型外加剂时，α 取 1；

S_p——砂率，%。

2. 质量法（假定表观密度法）

混凝土的强度与密实度关系密切，密实度越大，即表观密度越大，强度相应地就越高，据此再结合经验数据，可以假设混凝土的表观密度为已知，然后根据各项材料之间的关系，计算出每项材料的用量。

混凝土的表观密度通常可按下列数值进行估取：混凝土强度等级为 C7.5～C15 时，表观密度为 2 300～2 350 kg/m^3；强度等级为 C20～C30，表观密度取 2 350～2 400 kg/m^3；强度等级为 C40 时，表观密度取 2 400～2 450 kg/m^3。

质量法的计算式为

$$C_0+G_0+S_0+W_0=\rho_h \tag{2.51}$$

$$\frac{S_0}{S_0+G_0}\times 100\%=S_P\%$$

式中，ρ_h 为混凝土混合料的假定表观密度，kg/m^3。

2.11.2 混凝土配合比设计步骤

混凝土配合比设计步骤如图 2.79 所示。

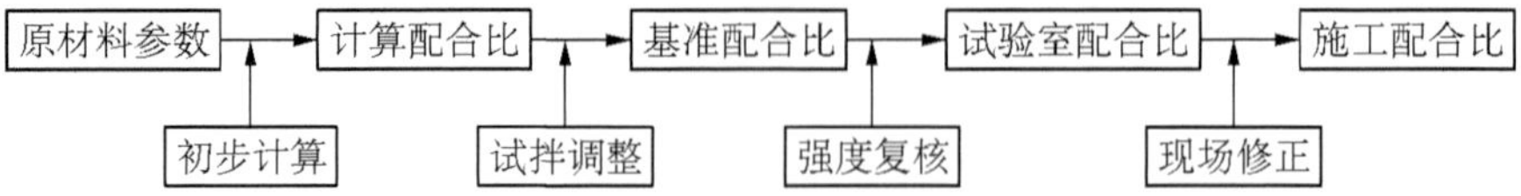

图 2.79 混凝土配合比设计步骤

2.11.2.1 混凝土计算配合比的步骤

1. 确定混凝土配制强度($f_{cu,o}$)

由混凝土设计强度($f_{cu,k}$)和混凝土强度标准差(σ)根据下式计算得到配制强度($f_{cu,o}$)

$$f_{cu,o} \geqslant f_{cu,k} + 1.645\sigma$$

2. 确定水灰比(W/C)

由混凝土配制强度($f_{cu,o}$)及水泥的实际强度(f_{ce})或水泥强度等级,从下式求得水灰比值

$$W/C = \alpha_a f_{ce}/(f_{cu,o} + \alpha_a \alpha_b f_{ce})$$

α_a、α_b 的选用见表 2.35。

如计算得到的水灰比值大于表 2.43 规定的最大水灰比值时,应取表中规定的最大水灰比值。

表 2.43 混凝土最大水灰比和最小水泥用量

环境条件		结构物类型	最大水灰比值			最小水泥用量/(kg/m³ 砼)		
			素砼	钢筋砼	预应力砼	素砼	钢筋砼	预应力砼
干燥环境		正常的居住或办公用房屋内部件	不作规定	0.65	0.60	200	260	300
潮湿环境	无冻害	高湿度室内外部件 在非侵蚀性土和(或)水中的部件	0.70	0.60	0.60	225	280	300
	有冻害	经受冻害的室外部件 在非侵蚀性土和(或)水中且经受冻害的部件 高湿度且经受冻害的室内部件	0.55	0.55	0.55	250	280	300
有冻害和除冰剂的潮湿环境		经受冻害和除冰剂作用的室内外部件	0.50	0.50	0.50	300	300	300

注:当用活性掺和料取代部分水泥时,本表所指水泥用量及水灰比值均指取代前的值。

3. 选择混凝土拌合用水量(W_0)

混凝土混合料的单位用水量(W_0),可根据粗骨料的种类、最大粒径及施工要求的坍落度值,按表 2.23 规定的值选用。

4. 计算水泥用量(C_0)

由水灰比(W/C)和单位用水量(W_0),可计算得到单位水泥用量

$$C_0 = W_0/(W/C)$$

如计算得到的水泥用量小于表 2.42 规定的最小水泥用量时,应取表中规定的最小水泥用量。

5. 确定合理的砂率(S_p)

根据粗骨料种类、最大粒径和水灰比值,参照表 2.24 的规定选用。

6. 计算砂、石用量(S_0、G_0)

由原材料性能指标、砂率,可通过体积法求得砂、石用量,即

$$\frac{C_0}{\rho_c} + \frac{G_0}{\rho_g} + \frac{S_0}{\rho_s} + \frac{W_0}{\rho_w} + 10\alpha = 1\,000$$

$$\frac{S_0}{S_0 + G_0} \times 100\% = S_p\%$$

也可假定混凝土的表观密度 ρ_h,按质量法求得砂、石用量,即

$$C_0 + G_0 + S_0 + W_0 = \rho_h$$

$$\frac{S_0}{S_0 + G_0} \times 100\% = S_p\%$$

7. 计算混凝土外加剂掺量(A_0)

混凝土外加剂掺量一般以占水泥质量的百分数计,根据水泥用量(C_0)和外加剂适宜掺量($r\%$),计算

$$A_0 = C_0 \cdot r\%$$

8. 混凝土计算配合比的表示

①直接以 1 m^3 混凝土中各材料用量表示;②以混凝土各组成材料之间的质量比例关系表示,其中以水泥质量为 1。如水泥∶砂∶石=1∶x∶y, $W/C=z$。

2.11.2.2 混凝土配合比的试配、调整和确定

混凝土计算配合比并不能直接用于生产、施工,应当采用工程中将实际使用的原材料进行试配,经过调整工作性、强度校核后确定试验室配合比,再经现场含水率修正,方可用于实际工程施工。

试配时应采用工程中实际使用的材料。粗、细骨料的称量均以干燥状态为基准。如不用干料配制,称料时应在用水量中扣除骨料中超过的含水量值,骨料称量也应相应增加。但在以后试配调整时配合比仍应取原计算值,不计该项增减数值。

混凝土的搅拌方法,应尽量与生产时使用的方法相同。

试配时,每盘混凝土混合料用量一般不少于表 2.44 中的建议值。如需进行抗冻、抗渗或其他项目的试验,则应根据试验项目的实际需要计算用量。采用机械搅拌时,拌合量应不小于搅拌机额定搅拌量的 1/4。

表 2.44 混凝土试配用拌合量

粗骨料最大粒径/mm	拌合物用量/L
≤31.5	15
40	25

1. 工作性的调整

按计算量称取各材料进行试拌，搅拌方法应尽量与生产时使用的方法相同。拌匀后测量坍落度并观察有无分层、析水、流浆等情况。

如果坍落度不符合设计要求，可以保持水灰比不变增加适量的水泥浆，并相应减少砂、石用量。对普通混凝土，每增加 10 mm 的坍落度，水泥浆量约需增加 2%～5%。然后再重新拌合，直至坍落度符合要求为止。如果坍落度大于要求，并且拌合物黏聚性不足时，可减少水泥浆用量，并保持砂、石总量不变，适当增加砂率。重新拌合，试验至满足坍落度要求为止。最后提出供检验混凝土强度用的基准配合比。国内外常用的砂率和用水量调整参考值见表 2.45。

表 2.45　砂率和用水量调整参考表

改变情况	砂率增减/%	用水量增减/(L/ m^3 砼)
W/C 每增加 0.5，用水量保持不变	+1	/
砂的细度模数每增加 0.1	+0.5	/
坍落度每增加 10 mm	/	+(3～4)
砂用量每增加 1%(含砂率)	/	+2
含气量每增加 1%(引气剂)	−(0.5～1.0)	−(5～6)
采用碎石	+(3～5)	+10
采用人工砂	+(2～3)	+(6～9)

注：本表数据以卵石塑性混凝土混合料的变化为基准。

2. 强度检验及水灰比调整

检验混凝土强度时至少应采用三个不同的配合比，除基准配合比外，其他两个配合比的水灰比值应较基准配合比分别相应增加及减少 0.05，其用水量应与基准配合比相同，但砂率值可作适当调整。三组不同水灰比的混凝土混合料满足工作性要求后，每种配合比应至少制作一组(三块)或几组试块，标准养护 28 d 后进行抗压试验。然后根据所得试验值作图：把不同水灰比值的立方抗压强度值标在直角坐标的纵轴上，灰水比值标在横轴上从而得出强度-灰水比值线性关系。由该直线上相应的试配强度即可定出所需要的设计水灰比值。

3. 配合比的确定

按稠度和强度检验结果再经两次修正后即可定出最终的配合比设计值。

(1) 按强度检验结果修正配合比

用水量(W)——取基准配合比中的用水量值，并根据制作强度试块时测得的坍落度(或维勃稠度)值，加以适当调整；

水泥用量(C)——取用水量乘以由强度-灰水比关系直线上定出的为达到试配强度所必需的灰水比值；

粗、细骨料用量(G)及(S)——取基准配合比中的粗、细骨料用量，并按定出的水灰比值作适当调整。

(2) 按实测得到的混凝土拌合物表观密度修正配合比

由上述检验强度定出的混凝土配合比，算出混凝土的计算表观密度，单位为 kg/m^3，即

$$\rho_h = W + C + S + G$$

再将混凝土的实测表观密度除以计算表观密度，得出校正系数 K

$$K=\frac{\rho_h'}{\rho_h}$$

式中，ρ_h'为混凝土混合料实测表观密度，kg/m^3。

当$|\rho_h'-\rho_h|/\rho_h<0.02$时，可不进行表观密度的修正，当$|\rho_h'-\rho_h|/\rho_h\geqslant0.02$时，把得到的各项材料用量($G$、$S$、$C$、$W$)均乘以校正系数 K 即得到最终定出的配合比设计值。

2.11.2.3 混凝土施工配合比的换算

上述经试验得出的配合比是以干燥材料为基准的，而实际施工中使用的砂、石均含有一定的水分，并且其含水率随环境湿度而变化，故使用时应根据现场砂、石的含水情况把最后采用的配合比换算成施工配合比。

若实测砂的含水率为 $a\%$，石子含水率为 $b\%$，则施工中各原材料的实际称量为

水泥：$C'=C$，kg；

砂子：$S'=S(1+a\%)$，kg；

石子：$G'=G(1+b\%)$，kg；

水：$W'=W-(S\times a\%+G\times b\%)$，kg。

2.11.3 掺减水剂混凝土配合比设计

当不需要改变水泥用量和用水量时，掺减水剂混凝土配合比设计与未掺减水剂混凝土配合比设计相同，当掺减水剂的目的是为了减少用水量或同时又要减少水泥用量时，其计算方法则有所不同。掺减水剂混凝土配合比设计的基本步骤如下。

(1) 按《普通混凝土配合比设计规程》计算出空白混凝土(未掺外加剂混凝土)的配合比；

(2) 在空白混凝土配合比的基础上进行减水和减水泥运算，得到实际用水量和水泥用量；

(3) 相应增加骨料用量，可按体积法或质量法求得砂、石用量；

(4) 计算 1 m^3 混凝土中减水剂用量，以占水泥用量的百分数计；

(5) 试拌、调整和确定。

2.11.4 掺粉煤灰混凝土配合比设计

掺粉煤灰混凝土的配合比设计方法有许多种，这里仅介绍超量取代法。此法的原理就是鉴于粉煤灰的胶凝效率低于水泥，所以要获得与未掺粉煤灰的水泥相等的胶凝效率，必须使加入混凝土中的粉煤灰数量大于所扣除的水泥数量，故称超量取代，以与“等量取代”区别。

粉煤灰混凝土的配合比设计，是以基准混凝土(不掺粉煤灰)的配合比为基础，按工作性相同、强度等级相同的原则，用超量取代法进行调整。其设计步骤如下。

(1) 按设计要求，根据《普通混凝土配合比设计规程》进行普通混凝土基准配合比设计。

(2) 按表 2.46 选择粉煤灰取代水泥百分率(f)。

(3) 按所选用的取代水泥百分率 f，求出每立方米粉煤灰混凝土的水泥用量 C。

$$C = C_0(1-f)$$

(4) 根据粉煤灰等级,按表 2.47 选择粉煤灰超量系数 K。

表 2.46 粉煤灰取代水泥的最大限量

混凝土种类	粉煤灰取代水泥的最大限量/%			
	硅酸盐水泥	普通硅酸盐水泥	矿渣硅酸盐水泥	火山灰质硅酸盐水泥
预应力钢筋混凝土	25	15	10	/
钢筋混凝土 高强混凝土 高抗冻融混凝土 蒸养混凝土	30	25	20	15
中、低强度混凝土 泵送混凝土 大体积混凝土 水下混凝土 地下混凝土 压浆混凝土	50	40	30	20
碾压混凝土	65	55	45	35

(5) 按超量系数 K,求出每立方米混凝土的粉煤灰掺量 F

$$F = K(C_0 - C)$$

式中 F——每立方米混凝土的粉煤灰掺量,kg;

C_0——每立方米基准混凝土的水泥用量,kg;

C——每立方米粉煤灰混凝土的水泥用量,kg。

表 2.47 粉煤灰超量系数

粉煤灰级别	超量系数 K
Ⅰ	1.0~1.4
Ⅱ	1.2~1.7
Ⅲ	1.5~2.0

注:混凝土强度<C25 时取上限,混凝土强度≥C25 时取下限。

(6) 计算出每立方米粉煤灰混凝土中水泥、粉煤灰和细骨料的绝对体积,求出超出水泥的体积。

(7) 按粉煤灰超出的体积,扣除同体积的细骨料用量。

(8) 粉煤灰混凝土的用水量,按基准配合比用水量选用。

(9) 根据计算的粉煤灰混凝土配合比,通过试配,在保证设计所需和易性的基础上,进行混凝土配合比的调整。

(10) 根据调整后的配合比,提出现场用粉煤灰混凝土配合比。

2.11.5 混凝土配合比设计计算实例

某室内工程结构,其最小截面尺寸为 200 mm,钢筋间最小净距为 40 mm,混凝土设计强度等级为 C35。抗压强度标准差 σ=5 MPa。采用机械搅拌,振动捣实。

所采用的原材料规格如下:

水泥——42.5 复合硅酸盐水泥,强度富余系数 1.05, ρ_c=2.95 g/cm^3;

砂——河砂、中砂，$\rho_s=2.65\ g/cm^3$；

碎石——粒径为5～25 mm，连续级配，$\rho_g=2.70\ g/cm^3$；

水——普通饮用水；

外加剂——FDN非引气减水剂(粉剂)，适宜掺量为0.5%，期望改善混合料工作性，同时节约水泥用量，指标为减水8%，减水泥5%。

求：混凝土计算配合比。

解：1. 求空白混凝土计算配合比

(1) 确定混凝土配制强度

$$f_{cu,o} \geqslant f_{cu,k} + 1.645\sigma = 35 + 1.645 \times 5 = 43.22\ MPa$$

(2) 确定水灰比

$$\begin{aligned} W/C &= \alpha_a f_{ce}/(f_{cu,o} + \alpha_a \alpha_b f_{ce}) \\ &= 0.46 \times 42.5 \times 1.05/(43.22 + 0.46 \times 0.07 \times 42.5 \times 1.05) \\ &= 0.46 \end{aligned}$$

按表2.43复核，取$W/C = 0.46$。

(3) 选择坍落度

查表2.22，混凝土混合料的坍落度取30～50 mm。

(4) 确定用水量

根据规定，粗骨料最大粒径不得超过构件最小截面尺寸的1/4，同时不得超过钢筋最小净距的3/4。经验算本工程用碎石最大粒径25 mm是适宜的。

根据坍落度和最大粒径，查表2.24，混凝土用水量为190 kg/m³。

(5) 确定水泥用量

$$C_0 = W_0/(W/C) = 190/0.46 = 413\ kg$$

按表2.43复核，取$C_0 = 413$ kg

(6) 确定砂率

查表2.25，选取砂率为32%。

(7) 计算砂、石用量

用体积法计算

$$413/2.95 + 190/1 + S_0/2.65 + G_0/2.70 + 10 \times 1 = 1\,000$$

$$S_0/(S_0 + G_0) = 0.32$$

解得$S_0 = 566$ kg，$G_0 = 1\,204$ kg

(8) 空白混凝土计算配合比

1 m³混凝土中各材料用量为：水泥413 kg，砂566 kg，石1 204 kg，水190 kg。

以质量比表示即为

$$水泥 : 砂 : 石 = 1 : 1.37 : 2.92,\ W/C = 0.46。$$

2. 求掺减水剂混凝土计算配合比

设1 m³掺减水剂混凝土中各材料用量分别为水泥C，砂S，石G，水W，减水剂J，则

(1) 水泥 $C=413\times(1-5\%)=392$ kg;
(2) 水 $W=190\times(1-8\%)=175$ kg;
(3) 砂、石

$$392/2.95+175/1+S/2.65+G/2.70+10\times1=1\,000$$
$$S/(S+G)=0.32$$
$$S=585\text{ kg},\ G=1\,245\text{ kg};$$

(4) 外加剂

$$J=392\times0.5\%=1.96\text{ kg}。$$

掺减水剂混凝土计算配合比
1 m^3 混凝土中各材料用量为:水泥 392 kg,砂 585 kg,石 1 245 kg,水 175 kg,减水剂 1.96 kg,以质量比表示即为

$$水泥:砂:石:减水剂=1:1.49:3.18:0.005,\ W/C=0.46。$$

思考题与习题

2.1 混凝土的组成材料及各自的作用是什么?

2.2 水泥的哪些性能对混凝土的工作性能影响较大?并简述如何影响。

2.3 请论述骨料的技术性质与混凝土性能的关系。

2.4 请论述减水剂在混凝土中的作用并解释其作用机理。

2.5 简述粉煤灰、细磨矿渣粉与硅灰作为混凝土矿物掺和料时各自的特性。

2.6 某一外加剂进行检测后,所测数据列于下表,分别计算这一外加剂的减水率、泌水率比、凝结时间之差和各龄期的抗压强度比。(混凝土表观密度为 2 400 kg/m^3)

项目 \ 类别	基准混凝土			掺外加剂混凝土		
	1	2	3	1	2	3
混凝土用水量/(kg/m^3)	208	203	204	158	156	156
筒及试样总质量/g	14 980	14 670	14 300	13 940	14 420	14 600
筒质量/g	2 500	2 500	2 500	2 500	2 500	2 500
泌水总质量/g	87	79	81	34	31	26
初凝时间/min	367	396	367	443	472	459
终凝时间/min	589	604	578	663	684	672
3 d 抗压强度/MPa	15.4	16.4	16.2	25.7	27.2	27.1
7 d 抗压强度/MPa	21.3	24.2	23.6	30.3	32.2	31.4
28 d 抗压强度/MPa	33.1	35.2	34.8	45.2	46.2	45.9

2.7 在工程中一般采用何种指标进行石子强度的质量控制?为什么?

2.8 如何提高水泥石与集料的界面黏结强度?

2.9 进行混凝土抗压强度试验时,在下述情况下,试验值将有无变化?如何变化?

(1) 试件尺寸加大;(2)试件高宽比加大;(3)试件受压表面加润滑剂;(4)试件位置偏离支座中心;(5)加荷速度加快。

2.10 分析高层建筑的梁、柱、楼板和道路路面建设中,对混凝土混合料工作性要求的异同。

2.11 某混凝土公司为某一工程生产C25混凝土,一个月内按生产配合比生产,先后取样制备了30组15 cm×15 cm×15 cm的立方体试件,测出每组(三个试件)28 d抗压强度代表值如下表所示,计算该批混凝土强度的平均值、标准差、保证率,并评定该公司混凝土生产质量管理水平。

组号	1	2	3	4	5	6	7	8	9	10	11	12	13	14	15
强度/MPa	26.5	26.0	29.5	27.5	24.0	25.0	26.7	25.2	27.7	29.5	26.1	28.5	25.6	26.5	27.0
组号	16	17	18	19	20	21	22	23	24	25	26	27	28	29	30
强度/MPa	24.1	25.3	29.4	27.0	20.0	25.1	26.0	26.7	27.7	28.0	28.2	28.5	26.5	28.5	28.8

2.12 简述粗砂和细砂分别对混凝土的用水量和砂率选取时的影响。

2.13 设某工地现浇混凝土,混凝土设计强度等级为C40,机械拌合、振捣,坍落度为140~160 mm。原材料如下:水泥,普通硅酸盐水泥,强度等级为42.5,密度为3.10 g/cm^3,$\gamma_c=1.05$;砂子,中砂,泥含量1.2%;石子,5~40 mm连续级配;外加剂,JM-Ⅱ高效减水剂,$\beta=18\%$,掺量为水泥量的0.8%;水,自来水。混凝土混合料假定表观密度为2 400 kg/m^3。试确定配合比。

第3章　新型混凝土和特种用途混凝土

本章提要

本章主要介绍了新型混凝土和特种用途混凝土，包括高性能混凝土、纤维增强混凝土、自应力混凝土、轻混凝土、重混凝土、大体积混凝土、道路混凝土、耐酸混凝土、耐碱混凝土、耐火混凝土、流态混凝土、喷射混凝土、碾压混凝土、水中不分散混凝土、硅酸盐混凝土、聚合物混凝土及装饰混凝土的概念、组成材料、配合比设计方法，混凝土的性能及其施工等。

学习要求

（1）了解上述高性能混凝土等17种混凝土的概念及其组成材料与要求。

（2）掌握高性能混凝土、纤维增强混凝土、自应力混凝土、轻混凝土、重混凝土、大体积混凝土、道路混凝土、喷射混凝土、碾压混凝土的配合比设计及其性能。

随着混凝土科学技术的不断发展，各种新型混凝土层出不穷。新型混凝土都有其特殊的性能和施工方法，适用于某一特殊领域。这些新型混凝土有些已在国内外得到广泛应用，效果良好。有些虽然在国内尚未应用，但已在国外推广，从长远来看，是很有发展前途的。

3.1　高性能混凝土

3.1.1　高性能混凝土的概念和特点

高性能混凝土（High performance concrete，HPC）是20世纪90年代发展起来的新型高技术混凝土。自20世纪80年代末美国和日本相继提出高性能混凝土的概念以来，对高性能混凝土仍然没有一个被各国普遍接受的确切定义。大多数承认单纯高强不一定耐久，而提出“高性能”则希望能既高强又耐久。1990年由美国国家标准与技术研究所（NIST）和混凝土协会（ACI）主办了第一届高性能混凝土的讨论会，将高性能混凝土定义为：“靠传统的组分和普通的拌合、浇筑、养护的方法不可能制备出的具有所要求的各种性质和匀质性的混凝土。作为实例，这些性质可以包括：易于浇筑和振捣而不离析、增强的长期力学性质、高的早期强度、高韧度、体积稳定性和在严酷环境中的长寿命。”

著名水泥混凝土专家、中国工程院院士吴中伟教授认为，高性能混凝土是在大幅度提高普通混凝土性能的基础上采用现代混凝土技术制作的混凝土。以耐久性作为设计的主要指标，针对不同用途要求，对下列性能重点予以保证：工作性、适用性、强度、体积稳定性、耐久性、经济性以及资源利用的可持续性。为此，高性能混凝土在配置上的特点是采用低水胶比，选用优质原材料，且必须掺加足够数量的矿物细掺料和高效外加剂。

与普通混凝土相比，高性能混凝土具有如下独特的性能。

(1) 高性能混凝土具有良好的工作性，混凝土拌合物应具有较高的流动性，混凝土在成型过程中不分层、不离析，易充满模型；泵送混凝土、自密实混凝土还具有良好的可泵性、自密实性能。

(2) 高性能混凝土具有一定的强度和高抗渗能力，但不一定具有高强度，中、低强度亦可。

(3) 高性能混凝土具有较高的体积稳定性，即混凝土在硬化早期应具有较低的水化热，硬化后期具有较小的收缩变形。

(4) 高性能混凝土的使用寿命长，对于一些特殊工程的特殊部位，控制结构设计的不是混凝土的强度，而是耐久性。能够使混凝土结构安全可靠地工作50～100年以上，是高性能混凝土应用的主要目的。

概括起来说，高性能混凝土就是能更好地满足结构功能要求和施工工艺要求的混凝土，能最大限度地延长混凝土结构的使用年限，降低工程造价。

3.1.2 高性能混凝土的应用和发展趋势

高性能混凝土是一个笼统的名称，泛指混合料工作性上佳、强度高于一般工程所用强度等级、耐久性优异的混凝土。其划分界限各国并无统一的严格标准，目前多数认为抗压强度等于或大于60 MPa的为高性能混凝土；等于或大于100 MPa的为超高性能混凝土。国际预应力协会(FIP)则把100 MPa定为用普通成分和技术所能达到的混凝土强度极限。

世界各国积极开展对高性能混凝土的制造方法及其应用方面的研究，目前已取得了不少实践经验。在挪威，用75 MPa的混凝土，修建了一条为煤气管线铺设的水下混凝土隧道；在英国，用70 MPa的混凝土，修建了一座游人大看台；在日本，用75 MPa的高性能混凝土修建了抗御雪崩和飞石的保护棚与屏障栅栏。

2010年1月4日竣工启用，总高828米、160层的哈利法塔的地基和上部结构使用了总量达33万立方米的高性能混凝土，这种高性能混凝土可以一次性不间断地被泵压至460米以上的高度，并且具有快速的固化能力，确保了哈利法塔每周施工两层的工程进度。其抗压强度达80 MPa，保证了哈利法塔超高层混凝土结构的安全性和稳定性，即使在恶劣气候和高压条件下，也能保证混凝土的性能。

高性能混凝土应用于原子能反应堆的混凝土容器、液化天然气罐及海洋构筑物等也有很广阔的前景。

我国在一些重要建筑、桥梁建设中已普遍应用了C60以上强度等级的高性能混凝土，取得了显著的技术经济效益。

近年来，国际上加强了超高性能混凝土的研究，研究的主要途径是使用高效减水剂。在日本，采用高效减水剂后，可使水灰比降至0.20，而混凝土的和易性良好，强度可达100～110 MPa。若复合使用两种以上的减水剂能获得性能优良的高性能混凝土。

但是，从一些试验结果看，高性能混凝土也存在着不足，主要是脆性增加，延性减小。因此从总体上看，普遍认为强度大于80 MPa的混凝土在目前较难以接受，强度在50～80 MPa的混凝土，再经过若干试验研究和实践，将会有很大发展前途。如何在实际生产中获得这样高的强度且又经济合理，将是今后研究的课题。

3.1.3 高性能混凝土的主要技术途径

影响混凝土性能(特别是强度和耐久性)的最重要的几个因素是硬化水泥石的孔隙率、孔结构和分布特征以及水泥石与骨料的胶结界面(界面过渡区)。降低水泥石的孔隙率,改善孔分布,最大限度地减少开口孔和大孔(有研究显示,高性能混凝土水泥石孔隙率可低至18.8%,且孔径多小于 2.5 nm,而普通混凝土水泥石中大于 5 nm 的孔隙的比率就达26.7%),设法减少、细化界面过渡区 CH 晶体颗粒,弱化其定向生长,增强界面物理、化学连接的强度,是有效提高混凝土工作性、强度和耐久性的主要技术途径。

3.1.3.1 高性能混凝土原材料的选择

(1) 水泥的品种和强度等级

配制高性能混凝土应尽可能采用 C_3A 含量低、强度等级较高的水泥,混凝土强度等级的确定还与所采用的外加剂及超细矿物掺和料的品质以及施工工艺有关。可以优先采用硅酸盐水泥和普通硅酸盐水泥。

国内外正在研发的一些新型水泥,如调粒水泥、球状水泥、活化水泥等,能够通过调整水泥颗粒的级配分布、优化颗粒形态或者借助物理化学方法提高水泥的水化活性,进一步改善高性能混凝土的工作性、强度和耐久性。

(2) 骨料

粗骨料的质量对高强混凝土的性能影响很大。石子强度应达到混凝土强度的两倍以上,级配良好、空隙率要小。研究表明使用花岗岩、玄武岩、安山岩、大理石以及其他硬质碎石都能配制高强混凝土。细骨料可选用石英砂,砂石应当彻底清洗。国外研发的匀质人造水泥质活性骨料,与水泥浆有更好的黏结力,可以获得超高强混凝土。采用铝酸盐水泥熟料或用波特兰水泥熟料作为骨料,混凝土强度可达 126 MPa。粗骨料宜采用连续级配,最大粒径为 10~20 mm。

细骨料用砂应当达到优质砂标准,细度模数为 2.6~3.7。

(3) 超细矿物掺和料

采用高品质的超细矿物掺和料,如硅灰、稻壳灰、超细粉煤灰、超细矿渣、超细沸石粉等,可以发挥其火山灰活性效应、微骨料效应和复合胶凝效应,使得高性能混凝土的性能全面提高。图 3.1 是掺硅灰水泥石与空白组的水化产物对比。

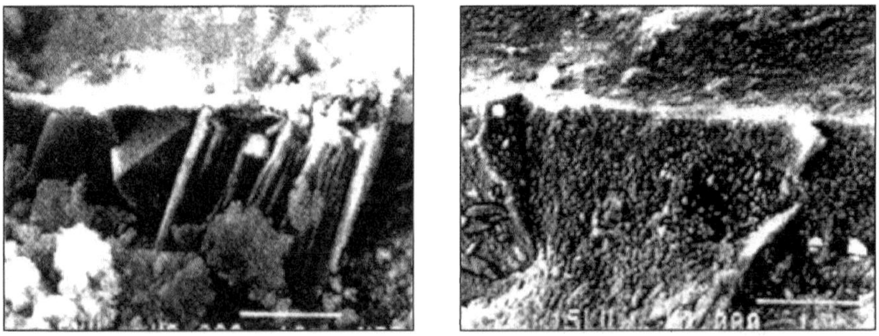

(a) 未掺硅灰的水泥水化产物　　(b) 掺加硅灰的水泥水化产物

图 3.1　未掺硅灰与掺加硅灰的水泥石电子显微照片

(4) 高效减水剂

高性能混凝土所采用的高效减水剂的减水率应当大于 20%～25%，坍落度经时损失应当严格控制，与所采用的胶凝材料相容性较好。

3.1.3.2 高性能混凝土配合比设计的特点

高性能混凝土配合比设计与普通混凝土配合比设计的主要步骤类似，但是在主要的技术参数的确定上有着诸多不同之处。

配制强度计算公式 $f_{cu,o} \geq f_{cu,k} + 1.645\sigma$ 仍可适用，σ 值如无施工企业积累数据，则参见表 3.1。

表 3.1 高性能混凝土配制强度标准差参考值

混凝土强度等级	C50～C60	C60～C70	C70～C80	C80～C90	C90～C100
σ/MPa	3.5	4.0	4.5	5.0	5.5

当要求配制的高性能混凝土强度达到一定数值以后，公式 $[W/C = \alpha_a f_{ce}/(f_{cu,o} + \alpha_a\alpha_b f_{ce})]$ 就无法适用，此时，水灰比的确定可参照公式 3.1：

$$f_{cu28} = af_{ce}[(C + \Phi X_P)/W]^b \tag{3.1}$$

式中 f_{cu28}——掺超细矿物掺和料高性能混凝土 28 d 抗压强度，MPa；

f_{ce}——水泥实际强度，MPa；

Φ——超细粉活性指数；

C——水泥用量；

W——用水量；

X_P——超细粉掺量；

a、b——与所掺加的超细粉相关的经验系数。

水灰比也可参照表 3.2。

表 3.2 高性能混凝土(W/C)参考值

水泥	高性能混凝土强度等级					
强度等级	C50～C60	C60～C70	C70～C80	C80～C90	C90～C100	≥C100
42.5	0.30～0.33	0.26～0.30	/	/	/	/
52.5	0.33～0.38	0.30～0.35	0.27～0.30	0.24～0.27	0.21～0.25	≤0.21
62.5	0.38～0.41	0.35～0.38	0.30～0.35	0.27～0.30	0.25～0.27	≤0.25

注：1. 本表的 W/C 中，C 为水泥和超细粉用量之和，采用硅灰、超细沸石粉时取上限，采用超细矿渣粉或磷渣粉时取下限；
2. 取值大小与混凝土强度等级高低趋势相反；
3. 采用真空脱水法施工，取值可比表列数值略大。

用水量参照表 3.3。

表 3.3　高性能混凝土用水量参考值(kg/m³ 混凝土)

胶凝材料	高性能混凝土强度等级					
	C50～C60	C60～C70	C70～C80	C80～C90	C90～C100	≥C100
水泥＋10％硅灰或超细沸石粉	195～185	185～175	175～165	160～150	155～145	＜145
水泥＋10％超细粉煤灰	185～175	175～165	165～155	155～145	145～135	＜135
水泥＋10％超细矿渣粉或磷渣粉	180～170	170～160	160～150	150～140	140～135	＜130

注:超细粉的掺入量为等量取代量。

高性能混凝土中超细矿物掺和料水泥取代率参见表 3.4。

表 3.4　高性能混凝土中超细矿物掺和料水泥取代率参考值

超细矿物掺和料种类及掺入方式	水泥取代率/％
单掺硅灰/A	10～12
单掺超细粉煤灰/B	15～20
单掺超细矿渣粉/C	15～25
单掺超细沸石粉/D	10～15
复掺/(A＋B)	(8～10)A＋(10～15)B
复掺/(A＋C)	(8～10)A＋5C
复掺/(A＋D)	(8～10)A＋(5～10)D
复掺/(B＋C)	10B＋(10～15)C
复掺/(B＋D)	10B＋(5～10)D

3.1.3.3　高性能混凝土的工艺措施

(1) 水泥裹砂混凝土搅拌工艺

水泥裹砂混凝土搅拌工艺如图 3.2 所示。

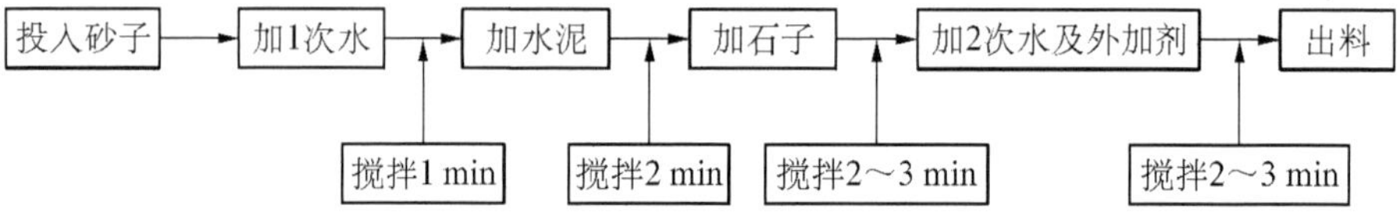

图 3.2　水泥裹砂搅拌工艺流程

(2) 超声波振动或高频振动密实成型

普通振动设备的频率一般为 80～200 Hz,无法破除孔径小于 0.07 mm 的气泡。采用超声波(频率达 16 000～20 000 Hz)振动,则可以消除尺寸为 1.4×10^{-5} mm 的微小气孔。若没有条件进行超声波振动,使用频率大于 330 Hz 的高频振动设备,对于进一步降低混凝土的孔隙率有一定的作用。

(3) 真空吸水密实成型

控制适宜的真空度、真空加速度以及真空作业时间等工艺参数,对密实成型效果至关重要，真空度一般为0.05～0.07 MPa。

3.1.4　高性能混凝土的性能

3.1.4.1　高性能混凝土混合料的性能

高性能混凝土的水灰比较低、水泥用量较高，因此高效减水剂的分散效果显著，混凝土拌合物具有良好的和易性，浆体黏性较高，使混凝土抗离析性能提高。掺高效减水剂的混凝土，坍落度损失一般较大、较快。因此应尽可能缩短运输及施工停顿间隙时间。

3.1.4.2　硬化高性能混凝土的性能

(1) 抗压强度

影响高性能混凝土强度的核心因素是水胶比，高性能混凝土水胶比与其抗压强度的关系如图3.3所示。

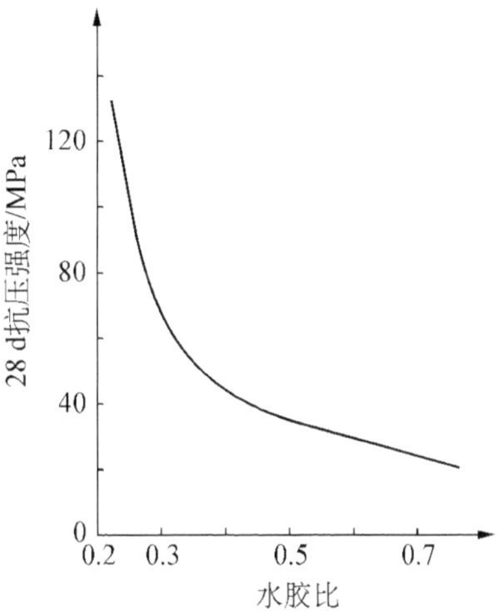

图3.3　高性能混凝土水胶比与抗压强度的关系

(2) 抗拉强度和抗折强度

高性能混凝土的抗压强度虽然很高，但抗拉和抗折强度增加较少，抗拉强度与抗压强度之比随抗压强度的增加而降低，拉压比一般为1/16，抗折强度之比约为1/10。

(3) 弹性模量

高性能混凝土的弹性模量并不是随抗压强度的提高而成比例地增长，一般来讲，随抗压强度不断提高，弹性模量增长率逐渐减小。抗压强度大于80 MPa的混凝土，其弹性模量不再明显随强度增加而增长。

(4) 干缩与徐变

高性能混凝土的干缩值与普通混凝土相比，基本相同或稍有减小，而徐变值较小。国外有学者认为高性能混凝土的徐变值约为普通混凝土的1/2，但国内的相关试验结果表明，高性能混凝土徐变值稍有减小。

(5) 耐久性

掺高效减水剂、水灰比较小的高性能混凝土的不透气性、抗渗性、抗碳化、抗冻性和抗盐类侵蚀等性能与普通混凝土相比有显著提高。但对于抗冻性要求高的混凝土，仍应掺入引气剂。

3.2　纤维增强混凝土

3.2.1　纤维增强混凝土(Fiber reinforced concrete, FRC)的概念

纤维增强混凝土是将短而细的分散性纤维均匀地分布在混凝土或砂浆基体中而形

成的一种新型混凝土，能够改善混凝土的脆性，有效控制混凝土的开裂，提高抗拉、抗弯、抗冲击等性能，当水泥石发生开裂后，纤维在裂缝间通过桥接作用（图3.4），为混凝土提供延展性。需要注意的是，纤维的增强效应是不能代替钢筋混凝土中钢筋的载荷作用的。

约 2/3 的纤维增强混凝土用于道路工程（包括飞机跑道等），另 1/3 则用在喷射混凝土、预制混凝土构件以及其他特殊构件中。

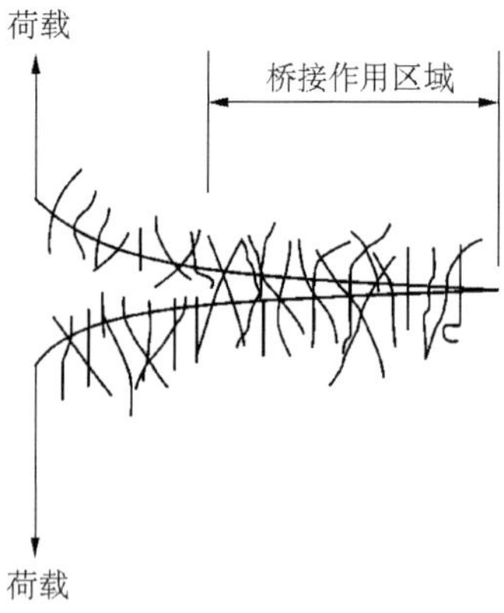

图 3.4 纤维桥接作用示意图

3.2.2 纤维增强混凝土的增强机理

3.2.2.1 与纤维增强混凝土增强机理相关的几个概念

（1）长径比 纤维长度与等效纤维直径的比值。等效纤维直径是与纤维横断面面积相等的圆的直径。用于纤维增强混凝土的纤维的长径比以 50～150 为宜。

（2）临界长度 当裂缝横截纤维中点，纤维发生断裂而不是被拔出的纤维长度。设计合理的纤维增强混凝土的破坏形式应当是纤维被拔出，这样可以充分发挥纤维的潜力，比纤维断裂消耗更多的功。

（3）取向系数（纤维有效系数） 随机取向纤维可以在任何方向上承受拉应力的效率。若完全随机分布，此系数范围为 0.2～1.0。

（4）间隔系数 若纤维紧密排列，复合材料的初裂强度大于单纯基体的强度。圆柱形纤维之间的平均距离公式为

$$S = (Kd)/V_f^{\frac{1}{2}} \tag{3.2}$$

式中，S 为纤维间隔；d 为纤维直径；V_f 为纤维体积含量；K 为常数。

（5）初裂强度 对应于纤维混凝土应力应变曲线中最初表现为非线性的应力点。

3.2.2.2 纤维间距理论

如图 3.5 所示，设在一个纤维混凝土块体中有许多细钢丝沿着拉应力作用方向，按棋

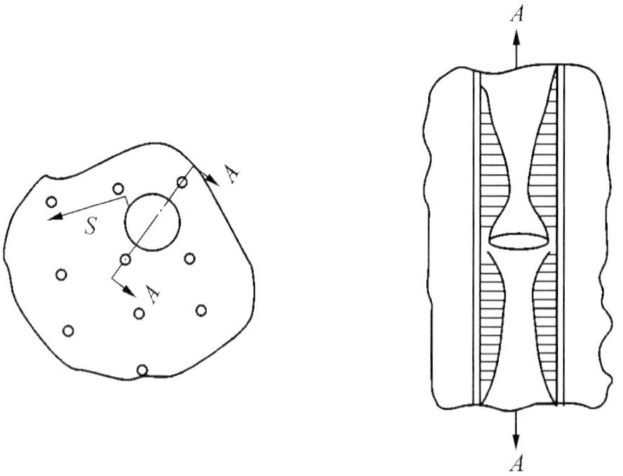

(a) 纤维混凝土块体 (b) A-A断面

图 3.5 Romualdi 模型

盘状均匀分布。细钢丝的平均中心间距为$\bar{s}$值。由于拉力作用，水泥基材中的凸透镜状裂缝的端部产生应力集中系数k_σ。当裂缝扩展到基材界面时，在界面上会产生对裂缝起约束作用的剪应力并使裂缝趋于闭合。此时在裂缝端部即会有一与k_σ方向相反的另一应力集中系数k_f，故总应力集中系数降为$(k_\sigma - k_f)$。

当纤维混凝土块体中的裂缝长度等于细钢丝的平均中心间距$\bar{s}$时，纤维混凝土的抗拉初裂强度R_{fC}可按下式计算

$$R_{fC} = \frac{K_C}{\sqrt{\beta \cdot \bar{s}}} \tag{3.3}$$

式中，K_C为纤维混凝土的断裂韧性；β为常数；$\bar{s}$为纤维的平均中心间距。

理论分析和试验结果均证明，当纤维的平均中心间距小于 7.6 mm 时，纤维混凝土的抗拉或抗弯初裂强度均得以显著提高。

3.2.2.3　复合材料理论

该理论将复合材料视为一多相系统，其性能是各个相的性能的加和值。该理论应用于纤维混凝土时，应满足如下几个假设：

(1) 纤维与水泥基材均呈弹性变形；

(2) 纤维沿应力作用方向排列，并且是连续的；

(3) 纤维、基材与纤维混凝土发生相同的应变值；

(4) 纤维与水泥基材的黏结良好，两者间不发生滑动。

若对横向变形忽略不计，则复合材料的拉应力为

$$\sigma_c = \sigma_m[1 + (n - 1)V_f] \tag{3.4}$$

式中　σ_c、σ_m——分别为纤维混凝土与水泥基材的拉应力；

n——纤维与水泥基材的弹性模量之比值，$n = E_f/E_m$；

V_f——纤维的体积率，$V_f = 1 - V_m$；

V_m——水泥基材的体积率。

根据式(3.4)，可得出计算纤维混凝土的抗拉初裂强度的公式

$$R_{fC} = R_m^\mu[1 + (\eta_0 n - 1)V_f] \tag{3.5}$$

式中　R_m^μ——水泥基材的抗拉极限强度；

η_0——纤维在纤维混凝土中的取向系数。

当使用连续的长纤维时，纤维混凝土的抗拉极限强度可按下式计算

$$R_{fC}^\mu = R_f^\mu V_f \tag{3.6}$$

式中，R_f^μ为纤维的抗拉极限强度。

当使用短纤维时，可用下式计算纤维混凝土的抗拉极限强度

$$R_{fC}^\mu = 2\eta_l\eta_0 \frac{l}{d}\tau V_f \tag{3.7}$$

式中　η_l——纤维的长度有效系数，表示纤维在水泥基材中的有效锚固长度的相对值，当纤维长度$l \leqslant$纤维临界长度时，$\eta_l = \frac{1}{2l_C}$，当$l > l_C$时，$\eta_l = \frac{l_C}{2l}$；

l/d——纤维的长度与直径的比值(简称长径比);

τ——纤维与水泥基材的平均黏结强度。

纤维的取向系数 η_0 的物理意义为:在拉应力作用方向上纤维投影长度的总和与纤维实际长度的总和的比值。

由上可知,纤维混凝土的抗拉强度是由纤维含量、基材的抗拉强度、纤维的长径比以及纤维同基材之间的黏结强度等来确定的。

3.2.3 纤维增强混凝土的生产工艺

纤维增强混凝土的生产主要是纤维混凝土的搅拌、浇筑和设备选择。

常用的预拌法投料顺序是先将纤维和骨料进行干拌,使纤维均匀地分布在骨料中,然后加水泥进行干拌,最后加水湿拌。有人主张,先将纤维、砂、石、水泥一起干拌,然后加水湿拌。也有人主张,先将砂、石、水泥进行干拌,然后加水湿拌的同时徐徐撒入纤维。若从确保纤维均匀、防止纤维成团、提高界面黏结的角度出发,对于钢纤维混凝土,前两种方法较好。而对玻璃纤维混凝土,在加入固体材料并在搅拌机中拌合前,最好把纤维分散在含增稠剂的水中,再加入搅拌机中。对于聚丙烯纤维混凝土,由于纤维材料不吸湿,界面黏结主要为机械咬合作用,则可在砂、石、水泥和水湿拌终了前较短时间内撒入纤维,使纤维尽量保持完好无损。纤维混凝土的搅拌强度要比普通混凝土大,搅拌时间也比普通混凝土长。纤维混凝土搅拌机的选择,多倾向于强制式搅拌机。

纤维混凝土的浇筑可以采用与普通混凝土相同的方法。为了防止振捣时将纤维折断,也防止纤维成团,最好不用插入式振捣器。通常采用振动台成型或采用模外平板式振动器成型。我国已研制的钢纤维振动分散机和便携式模外振动台,对于提高钢纤维混凝土的现场施工质量起到了一定的作用。

3.2.4 纤维增强混凝土的性能特点

纤维增强对混凝土的延性和韧性的影响比对强度的影响显著得多。如图 3.6～图 3.8 所示。

纤维混凝土的收缩性能如图 3.9 所示。

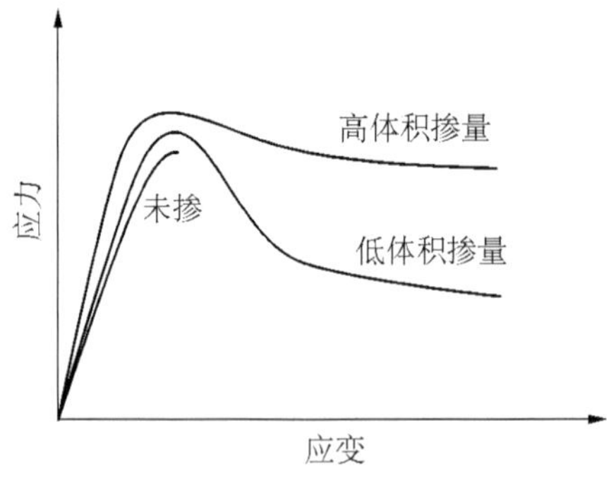

图 3.6 钢纤维混凝土抗压应力-应变关系

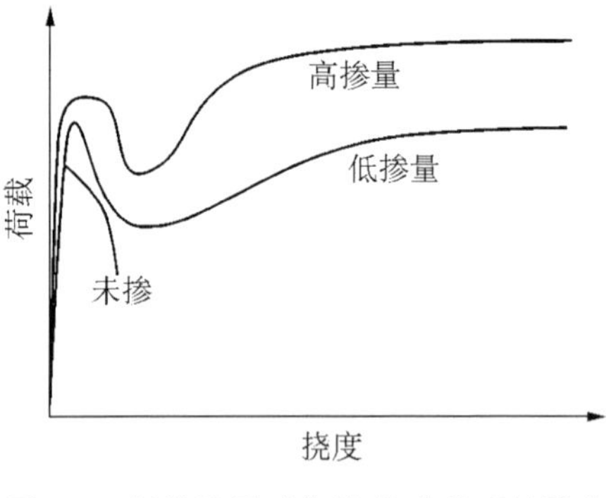

图 3.7 纤维掺量对荷载-挠度关系的影响

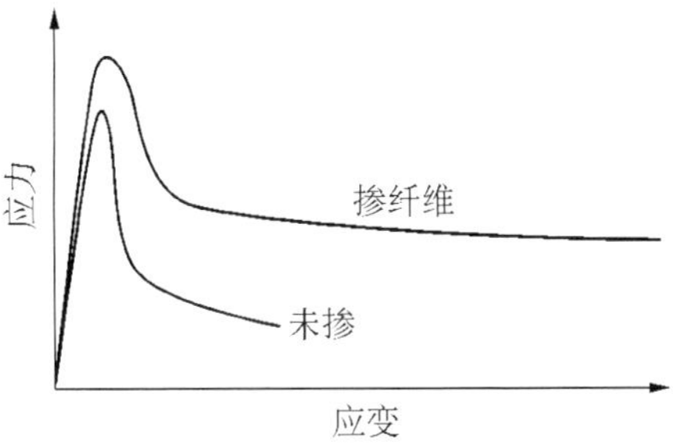

图 3.8　钢纤维混凝土拉伸应力-应变关系

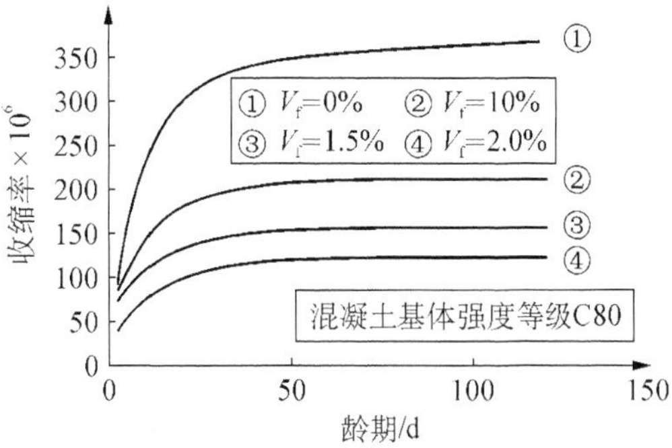

图 3.9　钢纤维混凝土收缩性能与纤维掺量及龄期的关系

纤维增强混凝土的抗冲击性能比普通混凝土高很多，甚至可能超出一个数量级，钢纤维和碳纤维比有机纤维效果更为显著。大部分纤维的破坏形式是断裂而不是拔出，这与纤维的黏结特性有关。

普通混凝土的抗弯疲劳（$\geqslant 2\times10^6$ 次循环载荷）强度约为静力强度的 55%，而纤维增强混凝土则可以将此抗弯疲劳强度提高到静力强度的 65%～90%。

多数纤维增强混凝土对表面磨耗的抵抗能力相对普通混凝土有所提高。

纤维增强混凝土耐久性方面的问题主要是：①钢纤维的锈蚀，但是不锈钢纤维的耐腐蚀能力比普通钢纤维高得多；②玻璃纤维容易受到碱性环境的腐蚀；③天然的有机纤维将遭到碱、菌类等的分解侵蚀。

3.2.5　主要的纤维增强材料

迄今为止，人们研究和使用的纤维有十几种，分为天然和人工的两大类。

天然纤维
- 无机的——石棉纤维
- 有机的——各种植物纤维；木浆、竹浆、剑麻、亚麻、黄麻、龙舌兰、水芦苇及甘蔗纤维等

人工纤维
- 无机的——钢纤维、玻璃纤维、矿物纤维、碳纤维等
- 有机的——聚丙烯、聚乙烯、尼龙等合成纤维

为了得到性能好又经济的纤维增强混凝土，所采用的纤维一般应满足下列要求：有足够的抗拉强度；对基体材料有长期的耐腐蚀性；有足够的大气稳定性和一定的耐热性，一定的弹性模量；来源广，价格便宜，使用方便，对人体健康无不良影响。按上述原则，目前研究和应用最广的是钢纤维、玻璃纤维、石棉纤维、聚丙烯纤维等。

3.2.6　纤维增强混凝土的主要类型

3.2.6.1　钢纤维混凝土

用于配制混凝土的纤维可分成若干类。按钢质品种可分为：低碳钢纤维，不锈钢纤维，后者仅当工程处于潮湿环境中才采用。按纤维形状分为：圆形，直径一般为 0.15～0.6 mm，长径比为 60～100；扁平形，断面尺寸（厚×宽）为（0.2～0.4）mm×（0.25～0.9）mm，长为 12～50 mm；规律变形纤维，有波形、变截面形、两端带钩等。按表面涂覆与否可分为：表面不涂覆纤维与表面涂覆纤维，镀锌、铜、锡、铬等，以提高纤维与基体的黏结力和提高纤维的

防腐能力。

钢纤维具有较高的弹性模量和良好的增强作用,但直径不可能更细,黏结力较低,在生产中容易结团。在制品表层裸露处易生锈,需另加保护层。由于它的直径粗,相对密度大,掺入1%时,纤维分布密度很小,其增强作用甚微,只有掺入2%时,增强作用才显著。

生产中建议取2%左右的纤维体积含量,60~100的长径比,以及尽可能取有利于与基体混凝土黏结的纤维形状,使之经济合理。在实际应用时,希望能进行试拌,避免使钢纤维混凝土拌合物的和易性下降很大,影响施工质量。

水泥宜用较高强度等级,一般选用42.5或52.5级普通硅酸盐水泥;水泥用量比普通混凝土大,多为350 kg/m^3 以上;水灰比基本上与普通混凝土相同,若用减水剂可节省水泥,降低水灰比;骨料的最大粒径宜为10~15 mm,骨料含量小于普通混凝土,从而使有限长度的钢纤维的增强效果尽量得以发挥;砂率的选用对强度和和易性都有影响,建议取60%左右。图3.10、图3.11分别表明了粗骨料最大粒径和砂率对拌合物强度及和易性的影响。

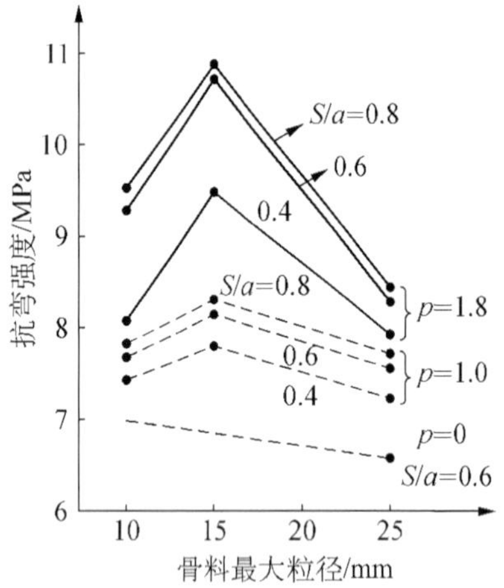

图3.10 粗骨料最大粒径和砂率、纤维掺入率对钢纤维砼强度的影响

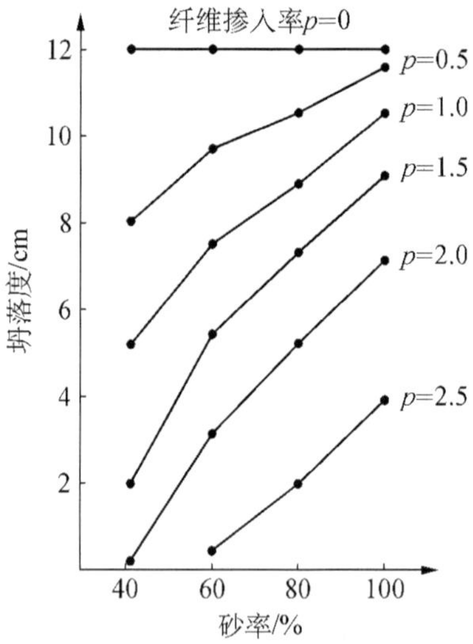

图3.11 砂率及纤维掺入率对钢纤维砼坍落度的影响

掺入体积率约2%的钢纤维增强混凝土与普通混凝土相比,其抗冲击强度提高10~20倍,抗弯强度提高1~6倍,抗拉强度提高2倍左右,疲劳强度(200万次)提高50%,抗裂强度提高2倍左右,抗压强度提高10%~30%,抗冻性与普通混凝土相似。

但值得提出的是,虽然钢纤维的掺入不能有效地提高混凝土的抗压强度,却能大幅度地提高抗压破坏时的韧性,显著改善构件的破坏形式。如对掺入钢纤维混凝土试件进行抗压试验,其破坏多呈现许多裂纹,外形能保持原状而无碎块崩裂现象。

目前钢纤维增强混凝土主要用于以下工程中:罩面结构,如公路、飞机跑道及桥面面层,可使路面寿命提高2~4倍;薄板及壳体结构,有各种薄壁构件、壳体、船体等;承受冲击和长期振动或重复荷载的部件,如机械设备基础、预制桩、厂房地面;防爆防裂或安全上有特殊要求的结构,如军火库、银行金库拱顶、军事工程构筑物,承受高温或低温的工程结构物,如原子能反应堆的压力容器、耐火炉、冷冻仓库;各种工业及民用承重和非承重构件,如防波堤、水池、海洋工程构筑物等。

3.2.6.2　玻璃纤维增强混凝土

用于水泥和混凝土中的玻璃纤维有含钠钙硅的 A 型玻璃纤维、含硼硅的 E 型玻璃纤维和含锆的抗碱玻璃纤维，它们的耐蚀性能有显著不同。前两种在水泥中易被溶解，原有的强度会完全丧失，而后一种却具有较强的耐碱性，避免被液相溶解。目前，在国内外广泛使用的是抗碱玻璃纤维。

抗碱玻璃纤维单丝直径为 12～14 μm，常以 200 根或 50 根单丝集成一束纱线。纱线断面为扁圆形，长轴为 0.6 mm，短轴为 0.15 mm。它的种类分为硬型和超硬型，短切纤维长度为 10～40 mm，它的弹性模量为(6.26～7)$\times 10^4$ MPa，约是水泥石的 2～3 倍，相对密度为 2.78，比钢的相对密度小得多。在水泥基复合材料中同样掺入 1%时，玻璃纤维的体积含量比钢纤维多两倍多。

用抗碱玻璃纤维与普通硅酸盐水泥复合得到的玻璃纤维增强水泥，简称为 GRC，作为一种独特的新型建筑材料，在我国的应用比钢纤维混凝土还要多。中国建筑材料科学研究院的研究人员将碱度很低的水泥与抗碱玻璃纤维匹配，可使 GRC 的耐久性达 50 年以上，已达到国际先进水平。

1. GRC 的主要特点

(1) 质量轻　密度只有 1.8～2.1 g/cm^3，比钢筋混凝土约轻 1/5。

(2) 强度高　抗拉强度的比例极限可达 4～6 MPa，破坏时可达 9 MPa。抗弯强度的比例极限可达 8～10 MPa，破坏时可达 20～30 MPa。

(3) 抗裂性好　变形能力强，阻裂作用大，抗弯极限应变可达 12 000～16 000 μm，而且属于多缝开裂、裂缝微细。

(4) 耐火性好　GRC 是一种完全不燃的材料。

(5) 抗冻性好　用直接喷射工艺制成的 GRC，可抗冻融循环 150 次以上。

(6) 抗冲击强度高　一般可达到 1.5～3.0(N·m)/cm^2。

(7) 抗温度、湿度变化能力强。

(8) 可加工性好　锯、切、钉、粘均可，安装方便，在运输过程中不易被碰坏。

(9) 易成型　刚成型的模板可弯折、卷缠，可以制得形状复杂的制品。

2. GRC 的应用范围

非承重外部用板材类制品(大型平板、波形板、柔性板)，外墙的薄面层，外装饰浮雕，内墙板材，包括与各种隔热、隔音等轻质材料复合的内墙板、防火内墙板，隔音板、高强度内墙板；内部装饰用板材，如屋顶天花板、护墙板，各种薄壳结构及三面盒子体；浴盆、通风及电缆管道、输水管、输气管等。

用玻璃纤维增强水泥砂浆制作的制品除了具有很好的物理力学性能外，还可以使制品制作得很薄。一般使用厚度为 6～10 mm，最薄可做到 3 mm。

3.2.6.3　有机合成纤维增强混凝土

有机纤维的特点是弹性模量小，变形率大，其增强作用较小。只有聚丙烯纤维能使水泥基复合材料的抗冲击韧性有很大改善，已进入实用。聚丙烯纤维的弹性模量稍高，能抗强酸、强碱侵蚀，成本低，缺点是不耐热，在 160℃下熔融，不能在高于 120℃下使用。同普通混凝土相比，聚丙烯纤维混凝土的抗压、抗拉、抗弯、抗剪、耐磨、耐热、抗冻等性能几乎都没有提高，一般还将随着含纤率、长径比的增大而有所降低，通常聚丙烯纤维混凝土中的纤维含量在2%左右。但是，在纤维含量较小的情况下，其抗冲击性能、抗震、抗爆性能比普通混凝土大许多。

3.3 自应力混凝土

膨胀混凝土(Expansion concrete)是采用膨胀水泥配制的具有膨胀特性的混凝土。根据膨胀值的大小，可以分为补偿收缩混凝土和自应力混凝土两种类型。自应力混凝土(化学预应力混凝土)是利用水泥水化过程中所产生的化学膨胀能，自行张拉钢筋，钢筋借反作用力使混凝土产生预压应力，即自应力。

3.3.1 膨胀水泥的分类及性质

3.3.1.1 膨胀水泥的分类

膨胀水泥的种类很多，习惯上可按下述两种方法分类。

1. 按基本组成分为：硅酸盐膨胀水泥、铝酸盐膨胀水泥和硫铝酸盐膨胀水泥。

2. 按膨胀值大小分为以下两种。

(1) 膨胀水泥

其线膨胀率一般在1%以下，相当于或稍大于普通水泥的收缩率，它可用来补偿普通混凝土的收缩，所以，又称不收缩水泥或补偿收缩水泥，当钢筋限制其膨胀时，使混凝土所受到一定的预压应力大致抵消由于干燥收缩所引起的混凝土拉应力，从而提高了混凝土的抗裂性，防止干缩裂缝的产生，如果膨胀率较大，则膨胀结果除了补偿收缩变形外，尚有少量的线膨胀值。

膨胀水泥主要用于补偿收缩、防水接缝、补强堵塞等工程。

(2) 自应力水泥

自应力水泥是一种强膨胀性的膨胀水泥，与一般的膨胀水泥相比，具有更大的膨胀能。自应力砂浆或混凝土的线膨胀率一般为1%～3%，所以膨胀结果不仅使混凝土避免收缩，而且尚有一定的最后线膨胀值，在限制条件下，还可使混凝土受到压应力，从而达到了预应力的目的。可用于制造自应力钢筋混凝土输水、输气、输油压力管，反应罐，储油罐，水池，水塔，矿山支架，轨枕及其他条件自应力钢筋混凝土建筑构件。由于自应力钢筋混凝土同时具有较好的抗裂和抗渗性能，所以用自应力水泥制造压力管是最为合适的。

3.3.1.2 常用自应力水泥的性质

国内用来配制自应力混凝土的自应力水泥主要有三种，硅酸盐自应力水泥、铝酸盐自应力水泥和硫铝酸盐自应力水泥。

1. 硅酸盐自应力水泥

硅酸盐自应力水泥是以硅酸盐水泥为主，外加矾土水泥和石膏组成的。其中水泥熟料为85%～88%，矾土水泥为6%～7.5%，二水石膏为6%～7.5%。

2. 铝酸盐自应力水泥

铝酸盐自应力水泥是以矾土水泥为主，外加石膏所组成的。具有自应力值高以及抗渗、气密性好等优点，并且制品工艺较易控制，质量比较稳定。可以制作较大口径或较高压力的自应力水管或输气管等，但成本较高，膨胀稳定期较长。

3. 硫铝酸盐自应力水泥

硫铝酸盐自应力水泥是以无水硫铝酸钙(C_4A_3S)和硅酸二钙($\beta-C_2S$)为主要矿物组成的熟料、外掺二水石膏而制成的。按石膏掺量的多少，将分别得到早强、微膨胀与自应力三种特性的水泥。当石膏掺量为石膏与无水硫铝酸钙之比在2～6时，就成为自应力水泥。初凝在1 h左右，终凝为1.5～2 h，自应力值为2～7 MPa，可以用不同的石膏掺量自由调节，自由膨胀一般小于2%。密实度高，有利于制作大口径输水管和各种输油输气管等。

3.3.2 自应力混凝土

3.3.2.1 配制自应力混凝土的要求

1. 具有最优的膨胀值范围

自应力水泥混凝土如膨胀过小，则钢筋受到的拉应力较小，混凝土的预压应力也就较低，如膨胀过大，就会破坏混凝土内部结构，使混凝土开裂甚至完全破坏，所以应有一个宜于控制的较大的膨胀值范围。其自由膨胀率(试件尺寸为30 mm×30 mm×275 mm)应为1%～3%，而后期增加的膨胀值不超过0.2%。

2. 具有最低限度的强度值

自应力水泥若没有足够的强度，就不可能将膨胀能传递给钢筋，因而也不能获得自应力。在最优膨胀值范围内，虽然强度愈高愈好，但强度与膨胀两者的发展速度应相适应。由于允许膨胀波动范围较大，对强度也就不能规定高限，只能以低限来控制。这个最低值包括自应力混凝土预养强度和膨胀期间的强度。

对用于生产自应力管的自应力水泥混凝土的自由试件抗压强度：冷水养护前的预养强度≥10 MPa；冷水养护7 d强度≥15 MPa。

3. 具有合适的膨胀速度

为了保证膨胀和强度相适应，借以产生大的膨胀能，要有一个合适的膨胀速度，这个速度还要有利于生产。如膨胀太慢，需要很长的养护周期，必然降低生产效率，所以膨胀稳定期应不早于3 d，一般不超过7～10 d，最迟不应超过28 d。

所谓膨胀稳定，是指自应力混凝土的自由膨胀试体到28 d后，继续在水中养护所测得的膨胀值与原始读数之比值不超过0.2%。

4. 具有一定的自应力值

除了强度和膨胀外，还必须有限制膨胀的条件，才能产生自应力。自应力值愈高，混凝土的抗裂性能愈好。例如，对ϕ600 mm的自应力混凝土管，在其他条件不变的情况下，自应力值每提高0.4 MPa，管子承受内压能力可提高约0.1 MPa。

5. 长期接触水分，要求后期稳定性好

在允许的膨胀期内，自应力水泥中的膨胀组分或膨胀组分之一应基本耗尽，膨胀基本完成，在使用过程中，增加的自由膨胀与原始长度比不能太大，否则会引起后期膨胀而造成结构破坏。

3.3.2.2 自应力的产生

自应力水泥水化时使混凝土产生一定程度的体积膨胀，但这种膨胀为钢筋所限制。当膨胀和限制达到平衡时，钢筋由于混凝土膨胀而被限制，于是产生了预应力(拉应力)，而混凝土的膨胀却为钢筋所限制而产生自应力(压应力)。可见自应力的产生是由于膨胀和限制这对矛盾因素的相互作用。

因此，产生自应力必须具备两个条件：一是具有膨胀能，二是具有对膨胀混凝土的限制条件，如钢筋等，或其他形式的限制。

但是，不是混凝土中的所有膨胀都能产生自应力，更不能认为自由膨胀值愈大，自应力值就一定高。在水泥水化初期所形成的水化产物，由于混凝土处于塑性阶段，在限制条件下只能起到堵塞水泥石内部孔隙，使混凝土密实和早强的作用，所以，在这一阶段并不能产生自应力。只有当混凝土具有一定的强度，并有一定的变形能力时膨胀才能张拉钢筋，产生自应力，同时混凝土本身的结构不受破坏，所以膨胀性的水化产物宜控制在这一阶段形成才是对自应力有利的。如果混凝土已具有相当大的强度而变形能力很小时发生大量的膨胀，这时虽然能产生自应力，但混凝土的结构将受到破坏，甚至崩溃。

所以，发生膨胀的时间和数量必须与强度相适应，才能获得预期的自应力。

自应力混凝土的自由膨胀和限制膨胀按标准方法测定，以相对伸长值(%)表示，自应力值则按下式计算：

$$\sigma = \mu E_g \varepsilon_g \tag{3.8}$$

式中 σ——混凝土的自应力值，MPa；

μ——配筋率，%；

E_g——钢筋弹性模量；

ε_g——限制试件的相对伸长，%。

自应力混凝土的自应力值，根据所采用的自应力水泥等条件的不同，一般为 2.0～8.0 MPa或者更大。

影响限制膨胀率的主要因素见图 3.12～图 3.15。

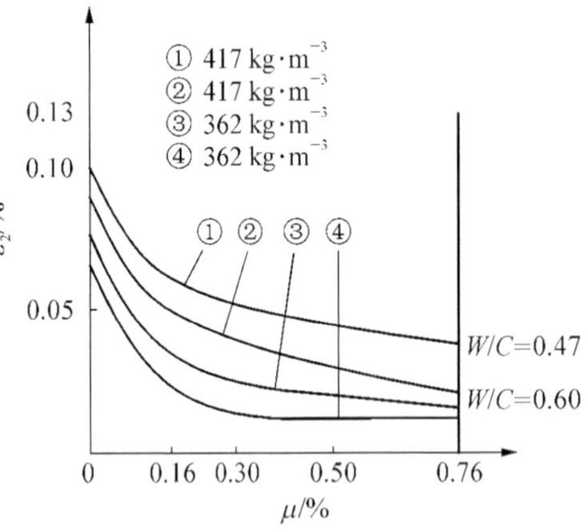

图 3.12 配筋率、水灰比、水泥用量对限制膨胀率的影响

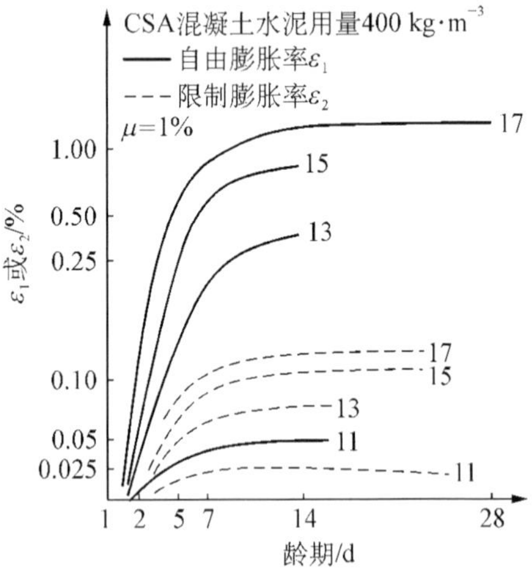

图 3.13 膨胀剂掺量对限制膨胀率的影响

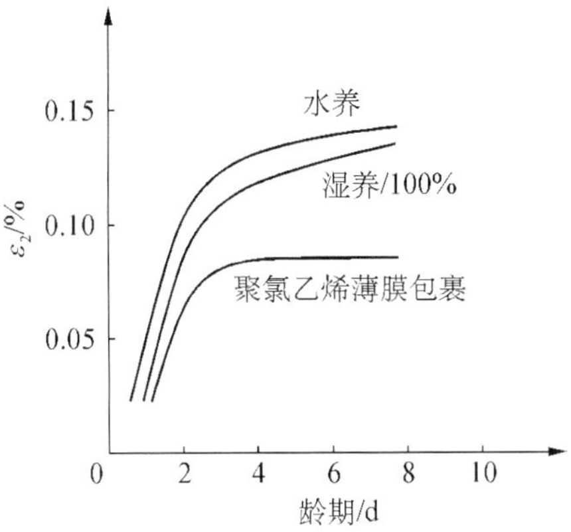

图 3.14 养护条件对限制膨胀率的影响

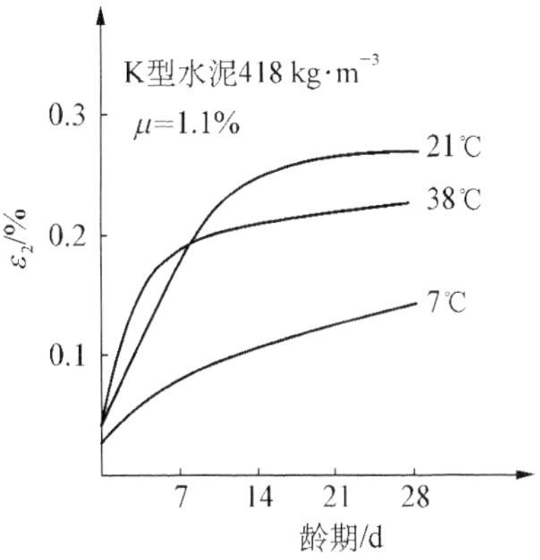

图 3.15 养护温度对限制膨胀率的影响

3.3.2.3 影响自应力的因素

1. 水泥组成及配比

以硅酸盐自应力水泥为例，其中硅酸盐水泥是强度组分，因此标号愈高对配制自应力水泥愈有利，因为强度高，在配比中可适当增加膨胀组分，以增加膨胀率。有了高强度、较大的膨胀率和适当的膨胀速度，就能获得较高的自应力值，所以生产自应力水泥，宜采用高标号硅酸盐水泥，最好不掺混合材，因为这样的水泥早期强度高。在实际生产中，当其他条件相同时，采用 52.5 级硅酸盐水泥配制的自应力水泥，其自应力值比采用 42.5 级硅酸盐水泥时高约 1.0 MPa。

硅酸盐水泥熟料的矿物组成，对自应力值也有影响。含 C_3A 高的水泥，可增加早强，降低膨胀速度，从而提高自应力值，所以最好采用含 Al_2O_3 高、Fe_2O_3 低的硅酸盐水泥。试验证明，用 Al_2O_3 含量在 6%以上和 Fe_2O_3 含量在 3.5%以下的硅酸盐水泥配制的自应力水泥效果较好。

采用不同 Al_2O_3 含量的矾土水泥，配制相同膨胀率的自应力水泥，其用量随 Al_2O_3 含量增加而减少。这样就能减少矾土水泥用量并相应地增加强度组分的用量，从而提高强度，有利于产生大的膨胀能，因此，使用 Al_2O_3 含量高的矾土水泥效果较好。

矾土水泥的矿物组成，对自应力水泥的膨胀速度有显著影响，随着铝酸钙中钙铝比(CaO/Al_2O_3)的增大，膨胀速度加快。实验证明，$C_{12}A_7$ 与石膏的反应速度最快，其次是 CA，而 CA_2 最慢。所以若采用含有 $C_{12}A_7$ 的矾土水泥生产自应力水泥其膨胀速度很快，稳定期极短(1 d)，自应力值很低，而且由于 $C_{12}A_7$ 的水化速度很快，还会使自应力水泥出现快凝现象。目前我国生产的矾土水泥熟料的矿物组成，一般是以 CA 为主，其次为 CA_2，用这种矾土水泥配制的自应力水泥，膨胀速度较合适，但必须注意，如生产中矾土水泥熟料有煅烧不完全现象，这时，可能有 $C_{12}A_7$ 存在，它会影响自应力水泥的质量。

膨胀速度不同，自应力效果也不一致，一般的规律是在强度足够的前提下，膨胀速度慢，自应力值高。

石膏、矾土水泥及硅酸盐水泥用量变动时对膨胀和强度也有影响。

石膏用量对膨胀性能的影响最敏感，如矾土水泥用量固定不变，石膏用量对膨胀率起着决定性作用，膨胀率随石膏用量增加而增大，当石膏超出一定范围后，混凝土因膨胀过大而破坏。石膏用量愈多，破坏愈早，所以要特别注意掌握石膏的用量。经验证明，石膏比例变动0.25%已会明显地影响到膨胀能的大小。

矾土水泥用量对自应力水泥膨胀性能起重要作用，尤其对膨胀速度影响最大，掺量多，则膨胀速度较快，稳定期也较早。

当石膏用量固定时，在一定范围内改变矾土水泥用量，能增加膨胀率，但超过一定用量后，膨胀率就不再增加，而主要起加速膨胀的作用，如进一步提高矾土水泥用量，反而会降低膨胀率，除非矾土水泥、石膏同时增加，此时膨胀率又会增大。出现这种现象，主要是由于当矾土水泥用量增加时，它与石膏化合速度加快，会在预养期间更多地同石膏化合，生成硫铝酸钙。在预养期石膏消耗越多，剩余越少，水中养护时最终膨胀率也就越小，同时膨胀速度越快。

硅酸盐水泥用量随膨胀组分用量的变化而变化，在保证膨胀率达到规定值的前提下，增加硅酸盐水泥用量，可以提高强度。

2. 水泥细度与混合均匀程度

自应力水泥的细度比普通硅酸盐水泥及矾土水泥要求高，应根据具体情况，在380～500 m^2/kg范围内选用。生产中常通过改变细度来调节膨胀和强度的增长速度，使两者相适应。例如当膨胀组分细度不变时，强度组分越细，早期强度越高，膨胀率越小。又如强度组分细度不变，若膨胀组分（尤其是石膏）过细，生成硫钒酸钙速度快，在预养期间膨胀组分消耗多，水中养护时膨胀率小。如适当降低膨胀组分的细度，增加强度组分的细度，最好是采用高强硅酸盐水泥，这样使强度提高而膨胀速度减慢，适当延长膨胀稳定期可提高自应力值。

但必须特别注意，如膨胀组分，尤其是石膏过粗，则生成硫铝酸钙速度慢，会引起大量的后期膨胀，使混凝土破坏。所以膨胀组分的细度必须严格控制。膨胀稳定期一般不超过7～10 d，顶多不超过半个月。

3. 水灰比

水灰比对自应力混凝土膨胀和强度的影响视养护方法不同而不同。一般来说，水灰比大，混凝土的强度低，水泥石的孔隙多、膨胀作用发生得早，因此对提高自应力不利。

4. 水泥用量的影响

在其他条件相同的情况下，自应力混凝土的膨胀值随水泥用量的增加而增大，为了获得较高的自应力，必须适当增加水泥用量，所以自应力混凝土的水泥用量较普通混凝土多得多。

5. 养护条件的影响

在实际生产中，养护制度的变动对膨胀和强度的影响要比水泥细度还要敏感得多，在生产中往往由于养护不当而出现质量事故。

自应力混凝土的养护，分为预养和水养两个阶段。

预养期的主要作用是使混凝土获得一定的强度，为水养护时膨胀准备一个坚强的结晶骨架，为发挥混凝土的膨胀性能打好基础。

水化硫铝酸钙中含有大量结晶水，这说明生成水化硫铝酸钙时需从外部吸取很多水分。试验表明，自应力水泥有水才会膨胀，停止供水即停止膨胀。因此水养护的作用，是为自应力水泥的水化提供充分的水分，使之膨胀和产生强度，但在此期间内，膨胀占主导地位，在强度能适应的条件下,应使膨胀能充分发挥作用。

因此,如果在预养期内,混凝土的强度增长得不够,则在水养期中,大量形成的水化硫铝酸钙不能充分引起混凝土的膨胀,自应力值低;反之,如果在预养期中强度发展过快,甚至膨胀组分大量消耗,同样会使水养期间的膨胀值减小,自应力值降低。由此也可推断,养护方法及制度与自应力水泥的配比有关,两者必须互相调整适应。

此外,骨料尺寸与形状、试块尺寸、限制条件、试体密实度以及水泥贮存期等,都对自应力的产生有一定的影响。

3.3.2.4　自应力混凝土的特性

自应力混凝土由于在一定的限制条件下发生膨胀,所以它与普通混凝土相比,在许多性能上有很大的差别。

1. 膨胀裂缝和畸变

在限制条件下,在限制作用的方向上,水泥浆和骨料之间不会产生缝隙,而在未受限制的方向所发生的膨胀,可能破坏水泥石的结构,产生膨胀裂缝。三向限制时,水泥石和骨料间不会出现膨胀裂缝。所以膨胀裂缝出现与否和限制条件有关。

由于自由膨胀值和限制膨胀值差距很大,所以在限制试体内的膨胀是不规则的,如以单向限制试体为例(图3.16),紧靠钢筋的混凝土受限制作用最大,其膨胀变形等于钢筋伸长变形,反之距离钢筋愈远的混凝土,其变形愈接近自由膨胀。因此,整个断面上的混凝土膨胀,未能同等有效地发挥张拉钢筋而产生自应力,其应力分布是不均匀的,这种情况称作“畸变”。

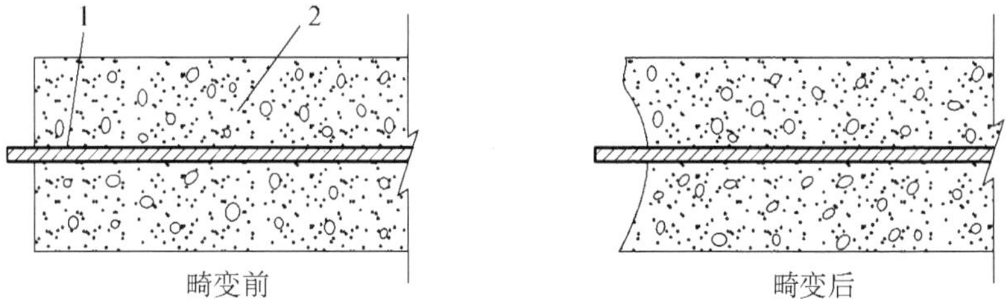

图3.16　畸变示意图

1—钢筋;2—自应力混凝土

自应力混凝土的畸变,用膨胀试体的自由膨胀值 ε_σ 和限制试体中钢筋的伸长值 ε_α 之比来检验,$\varepsilon_\sigma/\varepsilon_\alpha$ 随配筋率及钢筋的分布情况而变。$\varepsilon_\sigma/\varepsilon_\alpha$ 的数值愈大,发生畸变愈严重,自应力效果愈差,同一断面上 $\varepsilon_\sigma/\varepsilon_\alpha$ 达到某一限度,混凝土即会出现裂缝。

2. 自应力的损失和恢复

自应力混凝土只有在足够的水分条件下才会发生膨胀并建立和保持自应力。但在干燥的空气中,如同普通混凝土一样,也会发生收缩,并且有同样的数量级,结果引起自应力的损失。例如1∶1硅酸盐自应力水泥砂浆的干缩率约为0.14%～0.16%,由此引起的自应力损失可达到4.0 MPa以上,但干缩的自应力混凝土重新接触水分,则会剧烈吸水,重新膨胀恢复损失的自应力,对硅酸盐自应力混凝土,浸水3 h可恢复约60%,以后恢复速度逐渐减慢,至60 h左右能全部恢复。

3. 自愈性

自应力混凝土具有自行愈合微小裂缝的特性,这是自应力水泥的水化产物——水化硫铝酸钙和氢氧化钙堵塞和胶结裂缝的结果，但过大的裂缝和后期产生的裂缝不能愈合。

4. 抗渗性

自应力混凝土具有致密的结构，所以它比普通混凝土的抗渗性好。自应力混凝土的抗渗性与其含水状态有关。

由于具有较高的抗渗性能，因此其抗冻性等耐久性都比普通混凝土好。例如，试验指出，1：1的硅酸盐自应力水泥砂浆试体，经150次冻融循环其抗渗性与正常温度下长期水养护的试体相同。在冻融循环的过程中，强度仍不断提高，由50次的8.7 MPa上升到150次的11.72 MPa，试体在冻融50次时在上表面有不同程度的小麻点，但至150次时还没有显著发展。

5. 与钢筋的黏结力

普通混凝土与钢筋的黏结力随混凝土强度提高而增加。自应力水泥混凝土的强度虽然很高，但与钢筋的黏结力却很低，用单向限制的自应力水泥混凝土试体试验表明，在自然预养期间，黏结力随强度发展而增加，随后浸水养护，随着膨胀，主要是横向膨胀就逐渐破坏了附着力和咬合力，亦即破坏了黏结。自应力钢筋混凝土结构，不能单靠黏结力拉伸钢筋产生自应力，应采取一定的锚固措施。

6. 堵塞、接缝性能

将预养后的强度试体，用外部单向限制的方法使之结合，放入水中养护发生膨胀，试体间产生压力，结果在试体相互接触的表面，既发生化学性结合，又发生物理性结合。化学性结合就是接触表面进行化学反应，水化物互相交织，从而形成两试体间的胶合力；物理性结合就是一试体的膨胀嵌入另一试体表面的孔洞中，发生了机械咬合力，试验表明，总的接合力可达到3.0 MPa左右。

3.3.2.5 自应力混凝土的配合比设计

对于自应力混凝土的配合比（水泥：砂：石，水灰比），目前尚无完整的设计理论和方法，大都通过试验以达到最优的膨胀值范围、最低限度的强度值、合适的膨胀速度、一定的自应力值和较好的后期稳定性的要求来确定。为此必须严格控制自应力水泥强度组分和膨胀组分的比例，特别是要控制产生膨胀的化学组分。

试验证明，对用于生产自应力管的硅酸盐自应力水泥，SO_3 和 Al_2O_3 的含量，根据水泥细度、气候条件、养护制度等条件不同，有如下的合适范围：

SO_3——6.5%～8.5%

Al_2O_3——9%～13%

相应的水泥配比大致范围如下：

硅酸盐水泥——70%～75%

矾土水泥——12%～13%

石膏——14%～17%

对于铝酸盐自应力水泥，宜将 SO_3 的含量控制在15.5%～16.5%，相应的水泥配比大致范围如下：

矾土水泥熟料——60%～66%

二水石膏——34%～40%

滑石粉(助磨剂)——2%

对于硫铝酸盐自应力水泥,则根据熟料中无水硫铝酸钙的含量,按石膏与无水硫铝酸钙之比为2～6控制石膏掺入量。一般这个比值增加,自应力值也增大,但有一个最佳值,应根据实际条件通过试验确定。

自应力水泥的细度应在380～500 m^2/kg,根据强度和膨胀的增长速度进行调节。

3.4　轻混凝土和重混凝土(核防护混凝土)

3.4.1　轻混凝土(Lightweight concrete/Light concrete)

3.4.1.1　轻混凝土的概念和分类

干表观密度小于1 900 kg·m^{-3}的混凝土为轻混凝土,包括轻骨料混凝土、多孔混凝土、轻骨料多孔混凝土和大孔混凝土四类,多用于工业与民用建筑的围护结构以及高层建筑和桥梁工程的承重结构。

美国ACI213委员会根据表观密度和强度将轻混凝土分为三类:结构用高强轻混凝土、用作砌块及需要必要强度的其他用途的中等强度轻混凝土、专用于保温隔热的低表观密度的低强度轻混凝土,如图3.17所示。

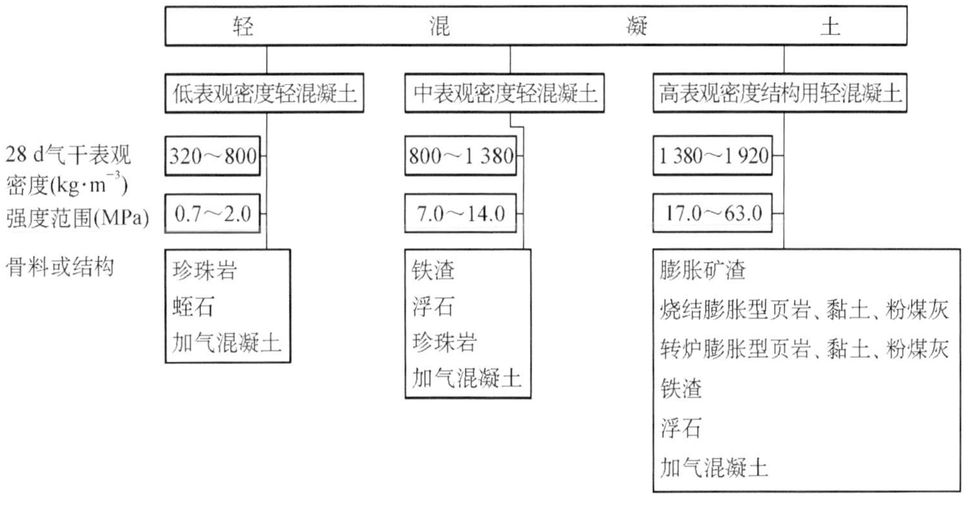

图3.17　轻混凝土的分类(ACI213)

1. 轻骨料混凝土

轻骨料混凝土是用轻粗骨料、轻细骨料(或普通砂)、水泥加水配制而成的混凝土。

轻骨料混凝土按干表观密度和用途分为保温轻骨料混凝土(干表观密度小于或等于800 kg/m^3)、结构保温轻骨料混凝土(干表观密度为800～1 400 kg/m^3)和结构轻骨料混凝土(干表观密度为1 400～1 900 kg/m^3);按轻骨料的种类分为工业废料轻骨料混凝土(用粉煤灰陶粒、膨胀矿渣作为骨料)、天然轻骨料混凝土(用浮石、火山渣作为骨料)和人造轻骨料混凝土(用黏土陶粒、膨胀珍珠岩作为骨料);按细骨料品种分为全轻混凝土和砂轻混凝土。

轻骨料混凝土的性能包括强度(以强度等级表示)、表观密度、收缩、徐变、热工性能和耐久性等。

(1) 强度等级　以 15 cm×15 cm×15 cm 立方体试件在标准条件下养护 28 d 龄期,用标准试验方法测得的具有 95%保证率的抗压强度值。根据中国标准划分成 11 个强度等级(CL5.0、CL7.5、CL10、CL15、CL20、CL25、CL30、CL35、CL40、CL45 和 CL50)。

(2) 表观密度　与普通混凝土相比,在抗压强度相同的条件下,减少 25%～50%。

(3) 收缩　最终收缩值为 0.4～1 mm/m,相当于同强度普通混凝土的 1～1.5 倍。

(4) 徐变　在极限强度 60%以内,比普通混凝土大 15%～40%。

(5) 热工性能　当表观密度为 1 000 kg/m^3 时,其导热系数为 0.28 W/(m·K);当表观密度为 1 800 kg/m^3 时,导热系数为 0.87 W/(m·K)。

(6) 耐久性　轻骨料混凝土水泥水化充分,毛细孔少,抗渗性比同强度的普通混凝土有所改善。轻骨料能与水泥石中的 $Ca(OH)_2$ 化合成新的产物,减少 $Ca(OH)_2$ 的含量,从而可提高混凝土的抗化学侵蚀能力。轻骨料的多孔性为混凝土的抗冻性提供了充分的保证,同时也可以缓解潜在的碱-骨料反应形成的膨胀应力。

工艺方面,轻骨料表观密度小,吸水率大,搅拌前应进行预湿处理,以保持混凝土拌合物的和易性及稳定的水灰比。各组成材料,尤其是水的计量必须准确,否则会明显影响混凝土的主要性能。骨料质轻易浮,宜采用强制式混凝土搅拌机搅拌。当采用泵送施工时,混凝土需考虑骨料吸水率大的特性,应采取相应措施防止因拌合物流动性变小而造成泵送困难。混凝土搅拌后应在 45 min 内浇筑完毕,并采用机械振捣,时间不宜过长,以防止大颗粒轻骨料上浮而形成分层现象。成型后要及时养护,采用湿热养护时,其静置时间为 1.5～2 h,升温速度为 20～25℃/h,恒温温度应控制在 60℃以内。

2. 多孔混凝土

由胶凝材料(不用骨料)充气或发泡制成,内部均匀分布大量封闭式气孔或开口毛细孔隙的混凝土,具有轻质和保温特性。常用的有加气混凝土和泡沫混凝土(两者可归入硅酸盐混凝土)。

(1) 加气混凝土　以硅质材料加石灰或水泥为原料,掺加发气剂,加水搅拌,料浆注模后经蒸压或蒸养而成。发气剂在料浆中与其他组分发生化学反应产生气体而形成多孔结构。其干表观密度为 400～800 kg/m^3,导热系数为 0.081～0.29 W/(m·K),抗压强度为 1.5～10 MPa,主要用于制作屋面板、楼板、墙板、砌块和保温管套等。

(2) 泡沫混凝土　将水泥浆和泡沫剂拌合后经蒸养或蒸压硬化而成。常用的泡沫剂有松香胶泡沫剂和水解牲畜血泡沫剂。泡沫剂通过机械搅拌可形成大量稳定泡沫。水泥强度等级应大于 32.5,水泥中可掺加粉煤灰,也可采用粉煤灰加石灰、石膏作为胶凝材料。泡沫混凝土的干表观密度为 400 kg/m^3,抗压强度为 0.5～0.6 MPa,主要用作砌块或保温管套及屋面上的保温材料。

3. 轻骨料多孔混凝土

轻骨料多孔混凝土是在轻骨料混凝土和多孔混凝土的基础上发展起来的轻混凝土,即在多孔混凝土的组成材料中加入一定比例的轻骨料。其干表观密度为 950～

1 000 kg/m^3，抗压强度约为7.5～10.0 MPa，主要用于生产保温隔热制品以及某些特殊的结构工程。

4. 大孔混凝土(无砂大孔混凝土)

大孔混凝土是由间断级配粗骨料、水泥和水为原料配制成的轻混凝土。配料无细骨料或仅含极少量的细骨料，混凝土内部形成众多粗骨料颗粒间隙，降低了表观密度，提高了保温隔热性能。大孔混凝土的表观密度为1 000～1 900 kg/m^3，抗压强度一般为5.0～15.0 MPa，主要用于生产混凝土砌块或墙体围护工程施工。

3.4.2 重混凝土(Weight concrete)/(核防护混凝土)

3.4.2.1 重混凝土的概念及应用

表观密度范围在2 700～5 500 kg/m^3 的混凝土，称为重混凝土，是一种能够有效防护原子核辐射的新型混凝土，又可称为核防护混凝土、防辐射混凝土、屏蔽混凝土或者核反应堆混凝土等。

原子核辐射产生两类射线：①粒子射线，包括 α 射线、β 射线、中子射线；②电磁波射线，主要包括X射线、γ 射线。其中必须重点防护的是中子射线和 γ 射线，特别是 γ 射线，穿透力极强，可迫使有机体组织中的原子或分子分解为正负离子，严重威胁生命安全。防护的过程就是使射线通过防护体时被大量吸收，透出的射线应当控制在安全剂量范围之内。

用于防护各种射线的防护材料有铅板、钢板、水以及混凝土等。铅板防护性能优良，但是徐变较大，无法长期载荷使用；钢板现场施工操作困难；水对于中子射线的防护很有效，可是构造处理较复杂。混凝土防护效果较好，成本低廉，成型随意，具有适宜的物理力学性能以及优异的耐久性质，是综合技术经济效益上佳的防护材料。

防护 γ 射线，要求混凝土具有较大的表观密度；防护中子射线，则需要混凝土含有大量的水以及必要的轻元素。制备防护混凝土应当有针对性地选择合适的原材料。

3.4.2.2 重混凝土的原材料组成

1. 水泥

原则上应当选用密度较大的水泥，一般的水泥水化产物都含有一定量的结晶水，均能程度不同地吸收快速中子。水泥品种的选择可参见表3.5。

表3.5 重混凝土水泥的选用

工程类型	水泥品种
一般的防辐射工程	硅酸盐水泥、普通硅酸盐水泥
大体积防辐射工程	掺混合材硅酸盐水泥(水化热较小)
有耐热要求的防护构筑工程	铝酸盐水泥(矾土水泥)
有特殊高要求防护效果的防护工程	重金属硅酸盐水泥、高铁硅酸盐水泥

2. 骨料

采用合适的骨料是配制重混凝土的技术关键，骨料的表观密度应当较大。常用骨料的品种见表3.6。

表 3.6 重混凝土骨料的品种

名称		表观密度/(kg·m^{-3})	主要成分及其含量限制	应用技术要点
重晶石		4 300～4 700	$BaSO_4$，>80%，	不得风化。不可用于严寒及温度梯度大的环境(膨胀系数大，抗冻差)
铁矿石	赤铁矿	5 000～5 300	Fe_2O_3，≥75%	/
	磁铁矿	4 900～5 200	Fe_3O_4，≥75%	
	褐铁矿	3 200～4 000	$2Fe_2O_3 \cdot H_2O$	
铁质或钢质骨料		7 800	/	用量≤全部骨料用量的 50%(不含结合水及轻元素，应当配合其他含结合水及轻元素的骨料共同使用)
含硼骨料	白硼钙石	/	$4CaO \cdot 5B_2O_3 \cdot 7H_2O$	对快速中子射线有较强吸收能力
	钠硼钙石	/	$Na_2O \cdot 2CaO \cdot B_2O_3 \cdot 16H_2O$	
	蛇纹石	/	$3MgO \cdot 2SiO_2 \cdot 2H_2O$	
	硅藻土	/	含硼>2%	

粗骨料的最大粒径≤40 mm，并且应当满足钢筋最小净间距、构件截面尺寸以及泵管内径等因素对最大粒径的限制条件。细骨料的细度模数以 2.9～3.7 为宜。

3. 掺和料

采用硼或锂的化合物粉料作为重混凝土的掺和料，可以加强其防护辐射的能力。

硼化物主要有白硼钙石、钠硼钙石、硼砂、含有硼的碎玻璃等，应用中必须注意其对水泥的缓凝作用，适当控制掺量。将硼化物制成涂料，涂覆于重混凝土结构的表面，对于提高防护性能同样有一定的效果。

锂化物主要是硫酸锂及硝酸锂，其作用类似于硼化物，但是价格较高。

3.4.2.3 重混凝土配合比设计及施工特点

1. 重混凝土配合比设计的特点

(1) 重混凝土配合比设计的原则

① 达到吸收 X 射线、γ 射线、中低速中子所必需的表观密度；

② 具备吸收快速中子所必需的氢、硼、锂等元素的数量；

③ 满足施工工艺所要求的工作性指标。

(2) 重混凝土配合比设计的基本参数

重混凝土配合比设计的主要步骤与普通混凝土类似，但在水灰比、用水量、砂率三个基本参数的确定上有不同之处。

① 水灰比

$$W/C = 0.55 f_{ce} / (f_{cu,o} + 0.275 f_{ce}) \tag{3.9}$$

式(3.9)的适用条件：粗骨料采用普通碎石、贫重晶石、贫磁铁矿、褐铁矿砂加钢块等的重混凝土。

$$W/C = 0.45 f_{ce} / (f_{cu,o} + 0.30 f_{ce}) \tag{3.10}$$

式(3.10)的适用条件：粗骨料采用富铁矿、褐铁矿、褐铁矿砂、重晶石、普通砂和铁质骨料等的重混凝土。

② 用水量

重混凝土中的粗骨料表观密度较大，混合料发生分层离析的概率比普通混凝土高得多，一般可采用低流动性混合料(坍落度 10～30 mm)或者干硬性混合料(维勃稠度 30～60 s)，用水量参见表 3.7。

表 3.7　重混凝土混合料用水量参考值/（kg/m^3 混凝土）

骨料	粗骨料	褐铁矿	磁铁矿	铸铁	重晶石	重晶石	铸铁	普通碎石
	细骨料	褐铁矿	褐铁矿	褐铁矿	褐铁矿	重晶石	普通砂	普通砂
低流动性混合料		280～290	225～235			180～195		
干硬性混合料		/	220～230			145～170		

③ 砂率

$$P = (1 - \gamma_g/\rho_g) \times 100\% \tag{3.11}$$

$$S_P = K \cdot P \cdot \gamma_S / (\gamma_g + P \cdot \gamma_S) \tag{3.12}$$

式中　γ_S——细骨料堆积密度；

γ_g——粗骨料堆积密度；

ρ_g——粗骨料表观密度；

P——粗骨料空隙率；

K——拨开系数，取 1.1～1.3；

S_P——砂率，%。

重混凝土表观密度取值参见表 3.8。

表 3.8　重混凝土规定表观密度

混凝土名称	混合料组成	表观密度/(kg/m^3 砼)
褐铁矿混凝土	水泥、褐铁矿砂、褐铁矿碎石	2 600～2 800
褐铁矿石+废钢混凝土	水泥、褐铁矿碎石、废钢块	2 900～3 000
赤铁矿混凝土	水泥、普通砂、赤铁矿砂、赤铁矿碎石	3 200～3 500
	水泥、普通砂、赤铁矿碎石	
磁铁矿混凝土	水泥、磁铁矿砂、磁铁矿石	3 300～3 800
重晶石混凝土	水泥、重晶矿砂、重晶碎石	3 200～3 800
加硼混凝土	水泥、砂、碎石、碳化硼	2 600～4 000
	水泥、硬硼酸钙石砂、重晶石	

2. 重混凝土施工的特点

针对重混凝土表观密度较大的特点，施工中应当注意：

(1) 搅拌、运输的混凝土数量随着其表观密度的增大而相应减少；

(2) 确保模板的刚度和强度；

(3) 尽可能采用可以减少粗骨料下沉的浇筑工艺；

(4) 采取必要的措施控制大体积构件的内外温度梯度；

(5) 浇筑后一周内应当使混凝土养护温度≥10℃，相对湿度≥90%，7～28 天内相对湿度≥80%，并且不得遭受冻害。

3.5 大体积混凝土和道路混凝土

3.5.1 大体积混凝土(Mass concrete)

3.5.1.1 大体积混凝土的概念和应用

大体积混凝土的含义有两方面的内容：① 物质层面——足够“大”的混凝土体积；② 方法层面——为了将混凝土内外温度梯度控制在必要的范围之内(确保不开裂)所采取的一切工艺措施。

常见的几个大体积混凝土概念如下。

大体积混凝土一般为一次浇筑量大于 1 000 m^3 或混凝土结构实体最小尺寸等于或大于 2 m，且混凝土浇筑需研究温度控制措施的混凝土。

大体积混凝土指的是最小断面尺寸大于 1 m 以上的混凝土结构，其尺寸已经大到必须采用相应的技术措施妥善处理温度差值，合理解决温度应力并控制裂缝开展的混凝土结构。

日本建筑学会标准(JASS5)规定：“结构断面最小厚度在 80 cm 以上，同时水化热引起混凝土内部的最高温度与外界气温之差预计超过 25℃的混凝土，称为大体积混凝土”。

美国混凝土学会(ACI)规定：“任何就地浇筑的大体积混凝土，其尺寸之大，必须要求解决水化热及随之引起的体积变形问题，以最大限度减少开裂”。

大体积混凝土结构常见于水利水电工程、建筑物基础构造、桥梁墩柱及悬索锚碇等工程。

3.5.1.2 大体积混凝土机理

大体积混凝土机理的核心问题，是由水泥水化热等因素引起的温度梯度以及温度的升、降速率对于混凝土裂缝产生和发展的影响。

大体积混凝土的特点是：结构厚实，混凝土量大，工程条件复杂(一般都是地下现浇钢筋混凝土结构)，施工技术要求高，水泥水化热较大(预计内表温差超过 25℃)，易使结构物产生温度变形。大体积混凝土除了最小断面和内外温差有一定的规定外，对平面尺寸也有一定限制。因为平面尺寸过大，约束作用所产生的温度应力也愈大，如采取的控制温度措施不当，温度应力超过混凝土所能承受的拉力极限值时，则易产生裂缝。

大体积混凝土与普通混凝土的表面区别是厚度不同，但其实质的区别是由于混凝土中水泥水化要产生热量，大体积混凝土内部的热量不如表面的热量散失得快，造成内外温差过大，其产生的温度应力可能会使混凝土开裂。因此判断是否属于大体积混凝土既要考虑厚度这一因素，又要考虑水泥品种、强度等级、每立方米水泥用量等因素，比较准确的方法是通过计算水泥水化热所引起的混凝土的温升值与环境温度的差值大小来判别。一般来说，当这个差值小于25℃时，其产生的温度应力将会小于混凝土本身的抗拉强度，不会造成混凝土的开裂；当差值大于25℃时，其产生的温度应力有可能大于混凝土本身的抗拉强度，造成混凝土的开裂。

大体积混凝土升温时内表温差过大，会造成表面裂缝；如果降温速率过快，则将造成贯穿性冷缩缝。理论上，任何材料的允许温差与材料的极限抗拉强度值有关。对于大体积混凝土而言，如果降温过快，虽然内表温差仍然控制在规范要求之内，但由于混凝土内部温差过大，温差应力达到混凝土的极限抗拉强度时，理论上就会出现裂缝，而且此裂缝出现在大体积混凝土的内部，如果相差过大，就会出现贯穿裂缝，影响结构使用，因此，降温速率的快慢同样直接关系到大体积混凝土内部拉应力的发展。

3.5.1.3　大体积混凝土的原材料和配合比

1. 水泥　采用较低水化热的水泥或者较低的水泥用量（可低至100 kg/m^{3}混凝土，此时应采用较长龄期的强度作为结构设计值，如60 d强度）。

2. 骨料　采用最大粒径较大的粗骨料，可以有效减小空隙率，从而达到减少水泥用量的目的。热膨胀系数是决定混凝土冷却过程中内部拉应力发展的重要参数之一，尽量选用热膨胀系数较低的粗骨料，能够减小混凝土热膨胀系数（达一倍多），见图3.18。

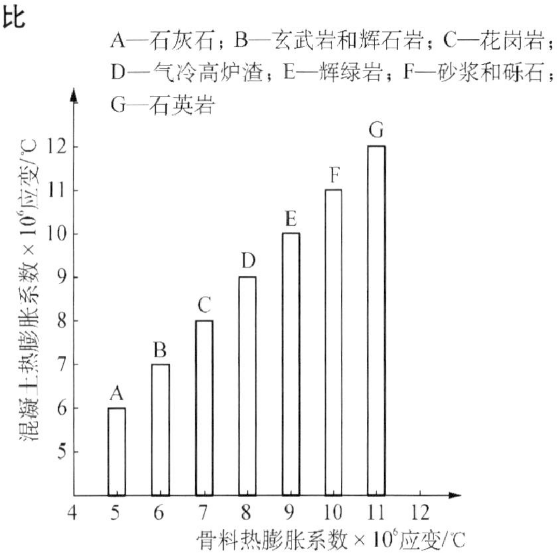

图3.18　骨料热膨胀系数对混凝土热膨胀系数的影响

3. 水　大体积混凝土较低的水泥用量及较大的骨料粒径决定了较低的用水量，使其混合料呈现干硬性的特征。

4. 外加剂　从改善工作性和提高抗冻性两个方面都证明了大体积混凝土中应用引气剂的必要性。实践中可引气6%～8%而不致影响混凝土强度。

3.5.1.4　影响大体积混凝土裂缝发展的因素

1. 水泥水化热　水泥在水化过程中产生的大量的热量，是大体积混凝土内部热量的主要来源。由于大体积混凝土截面厚度大，水化热聚集在结构内部不易散失，使混凝土内部的温度升高。混凝土内部的最高温度，大多发生在浇筑后的3～5 d，当混凝土的内部与表面温差过大时，就会产生温度应力和温度变形。温度应力与温差成正比，温差越大，温度应力也越大。当混凝土的抗拉强度不足以抵抗该温度应力时，便开始产生温度裂缝。这就是大体积混凝土容易产生裂缝的主要原因。

2. 约束条件　大体积钢筋混凝土与地基浇筑在一起，当早期温度上升时产生的膨胀变形受到下部地基的约束而形成压应力。由于混凝土的弹性模量小，徐变和应力松弛度大，使混凝土与地基连接不牢固，因而压应力较小。但当温度下降时，产生较大的拉应力，若超过混凝土的抗拉强度，混凝土就会出现垂直裂缝。

3. 外界气温变化　大体积混凝土在施工期间，外界气温的变化对大体积混凝土的开裂有重大影响。混凝土内部温度是浇筑温度、水泥水化热的绝热温度和混凝土的散热温度三者的叠加。外界温度越高,混凝土的浇筑温度也越高。外界温度下降,尤其是骤降,大大增加了外层混凝土与混凝土内部的温度梯度,产生温差应力,造成大体积混凝土出现裂缝。因此控制混凝土表面温度与外界气温温差,也是防止裂缝的重要一环。

4. 混凝土的收缩变形　混凝土的拌合水中,只有约 20%的水分是水泥水化所必需的,其余 80%要被蒸发。混凝土中多余水分的蒸发是引起混凝土体积收缩的主要原因之一,这种收缩变形不受约束条件的影响,若存在约束,就会产生收缩应力而出现裂缝。

3.5.1.5　大体积混凝土的施工

大体积混凝土施工时,要尽量减少水泥水化热,推迟放热高峰出现的时间,如采用 60 d 龄期的混凝土强度作为设计强度(应当与工程设计单位协调),以降低水泥用量;掺粉煤灰可替代部分水泥,既可降低水泥用量,且由于粉煤灰的水化反应较慢,可推迟放热高峰的出现时间;掺外加剂也可达到减少水泥、水的用量,推迟放热高峰的出现时间。采用冰水拌合、砂石料场遮阳、混凝土输送管道全程覆盖洒冷水等措施可降低混凝土的出机和入模温度,以上这些措施可减少混凝土硬化过程中的温度应力值。采用分层分段法浇筑混凝土,分层振捣密实以使混凝土的水化热能尽快散失,也可采用二次振捣的方法,增加混凝土的密实度,提高抗裂能力,使上下两层混凝土在初凝前结合良好。做好测温工作,随时控制混凝土内的温度变化,及时调整保温及养护措施,使混凝土中心温度与表面温度的差值、混凝土表面与大气温度差值均不超过 25℃。

大体积混凝土养护时的温度控制一般有两种工艺方法:① 降温法,即在混凝土浇筑成型后,通过循环冷却水降温,从结构物的内部进行温度控制。② 保温法,即混凝土浇筑成型后,通过保温材料、碘钨灯或定时喷浇热水、蓄存热水等方法,提高混凝土表面及四周散热面的温度,从结构物的外部进行温度控制。保温法的基本原理是利用混凝土的初始温度加上水泥水化热的温升,在缓慢的散热过程中,使混凝土获得必要的强度。

大体积混凝土养护主要是保持适宜的温度和湿度条件。

保温养护的作用:① 减少混凝土表面的热扩散,减小混凝土表面的温度梯度,防止产生表面裂缝。② 延长散热时间,充分发挥混凝土的潜力和材料的松弛特性。使混凝土的平均总温差所产生的拉应力小于混凝土抗拉强度,防止产生贯穿裂缝。

保湿养护的作用:①刚浇筑不久的混凝土,尚处于凝固硬化阶段,水化的速度较快,适宜的潮湿条件可防止混凝土表面脱水而产生干缩裂缝。② 混凝土在潮湿条件下,可使水泥的水化作用顺利进行,提高混凝土的极限拉伸强度。

在浇灌后,如混凝土养护不及时,混凝土内水分将迅速蒸发,使水泥水化不完全。而水分蒸发造成毛细管网彼此连通,形成渗水通道;同时混凝土收缩增大,出现龟裂,使混凝土抗渗性急剧下降,甚至完全丧失抗渗能力。若养护及时,防水混凝土在潮湿的环境中或水中硬化,能使混凝土内的游离水分蒸发缓慢,水泥水化充分,水泥水化生成物堵塞毛细孔隙,因而形成不连通的毛细孔,提高了混凝土的抗渗性。

3.5.2　道路混凝土(Road concrete)

3.5.2.1　道路混凝土的概念及分类

道路混凝土泛指用于各种路面工程的混凝土材料。

按材料质地不同，可将道路混凝土分为道路水泥混凝土、道路沥青混凝土和道路聚合物水泥混凝土(在 3.10 节中详细叙述)三类。

3.5.2.2 道路水泥混凝土

1. 道路水泥混凝土的原材料

(1) 水泥　主要采用硅酸盐水泥、普通硅酸盐水泥、专用道路水泥($C_4AF \geqslant 18\%$，高耐磨、高抗冻，用于机场跑道及高速公路)。

(2) 骨料　粗骨料采用质量优良的碎石或卵石，最大粒径≤40 mm，除了应当满足普通混凝土用粗骨料技术要求外，还必须符合表 3.9 的质量要求。细骨料质量应当符合Ⅱ类以上(Ⅰ类或Ⅱ类)标准，细度模数为 2.6～2.8。

表 3.9　道路混凝土用粗骨料质量要求

质量要求项目	技术规格		要求指标
以 5 cm×5 cm×5 cm 立方体在饱和水状态下检验抗压强度，磨耗率在双筒磨耗机中测定	卵石磨耗率/%		2～3
	火成岩	抗压强度/MPa	100～120
		磨耗率/%	4～5
	石灰岩	抗压强度/MPa	80～100
		磨耗率/%	5～6
	片岩	抗压强度/MPa	80～100
		磨耗率/%	4～5
骨料最大粒径	路面厚度≤25 cm		≤40 mm
	路面厚度>25 cm		≤50 mm
骨料级配	分档配合		符合要求颗粒级配
空隙率/%	/		<45
软弱颗粒含量/%	/		<5
针、片状颗粒含量/%	/		<15
黏土杂质含量/%	/		<1
有机物含量/比色法	/		浅于标准色

(3) 外加剂　主要采用减水剂、调凝剂和引气剂。

(4) 水　应当符合普通混凝土拌合、养护用水质量标准。

(5) 接缝材料　用于混凝土板块之间接缝填充连接的材料，主要有：① 接缝板材料，包括木材、泡沫橡胶、泡沫塑料、沥青及沥青纤维等；② 填缝材料，包括加热施工式填缝料(沥青橡胶、沥青马蹄脂及聚氯乙烯胶泥等)、常温施工式填缝料(乳化沥青橡胶、氯丁橡胶及聚氯脂焦油等)。

2. 道路水泥混凝土的配合比设计

道路水泥混凝土的配合比设计与普通混凝土类似，所不同的是，前者主要依据抗折强度进行水灰比的计算，用水量的确定也略有差异。

(1) 配制抗折强度

$$f_{cf,o} = k \cdot f_{cf,k} \tag{3.13}$$

式中 $f_{cf,o}$——混凝土配制抗折强度，MPa；

$f_{cf,k}$——混凝土设计抗折强度，MPa；

k——系数，通常取 1.10～1.15，施工水平较高者可取下限。

如同时有抗压强度指标要求时，可将要求的抗折强度转换为抗压强度，见表 3.10。

表 3.10　混凝土 28 d 抗折强度与抗压强度对比参考值

抗折强度/MPa	4.0	4.5	5.0	5.5
抗压强度/MPa	25.0	30.0	35.0	40.0

(2) 水灰比

$$W/C = 1.5684/(f_{cf,o} + 1.0079 - 0.3485 f_{ce,f}) \tag{3.14}$$

$$W/C = 1.2618/(f_{cf,o} + 1.5492 - 0.4565 f_{ce,f}) \tag{3.15}$$

式中，$f_{ce,f}$为水泥胶砂标准试件 28 d 抗折强度，MPa。

式(3.14)适用于碎石道路混凝土，式(3.15)适用于卵石道路混凝土。W/C 值及水泥用量需参照表 3.11 进行耐久性复核。

表 3.11　道路混凝土耐久性要求的最大水灰比及最小水泥用量

混凝土所处环境	最大水灰比	最小水泥用量/(kg/m³ 砼)
公路、城市、厂矿道路	0.50	300
机场跑道、高速公路	0.46	300
冰冻地区、冬季施工	0.45	300

(3) 用水量

① 最大粒径为 40 mm 的粗骨料，其单位用水量参考值：碎石≤170 kg/m^3 混凝土，卵石≤160 kg/m^3混凝土。

② 通过经验公式确定：

$$W = 104.97 + 3.09h_S + 11.27(C/W) + 0.60S_P \tag{3.16}$$

$$W = 86.89 + 3.70h_S + 11.24(C/W) + 1.00S_P \tag{3.17}$$

式中 h_S——混凝土混合料坍落度，取 1.5～2.5 cm；

S_P——砂率，%。

式(3.16)适用于碎石道路混凝土，式(3.17)适用于卵石道路混凝土。

3.5.2.3　道路沥青混凝土

1. 道路沥青混凝土的概念、特点及分类

道路沥青混凝土是以沥青为胶凝材料，与粗、细骨料及矿粉按一定比例配合，通过相应的工艺措施混合均匀，经铺摊、碾压成型，用作道路路面的混凝土。

沥青混凝土是一种黏弹性材料，相对于水泥混凝土路面的刚性，沥青混凝土路面呈现柔性的特征，并且路面平整连续，车辆行驶平稳、舒适，轮胎磨耗低，胎噪较小；具有适中的粗糙度，使得沥青混凝土具有良好的排水性，保证车辆的安全运行；施工便捷，成型完毕后即可开放交通；可以在陈旧的沥青混凝土路面上铺摊新鲜沥青混凝土，充分利用原有路面强度，达到道路改建的目的；沥青混凝土可以实现再生循环使用；沥青混凝土的弱点主要是老化和温度敏感问题，在一定程度上影响了其使用寿命。

沥青混凝土的分类如图 3.19 所示。

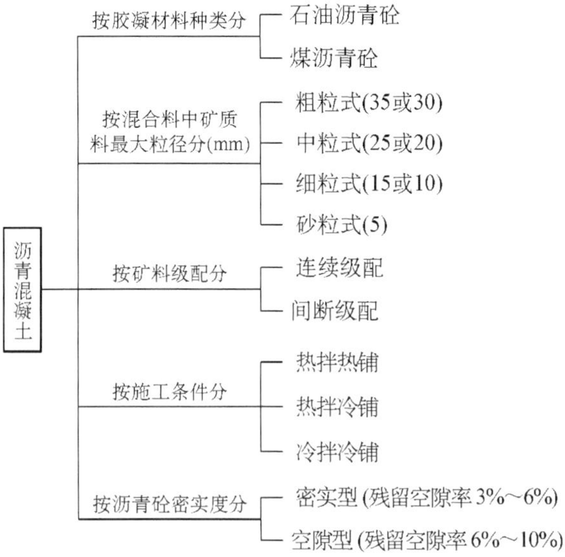

图 3.19 沥青混凝土的分类

2. 道路沥青混凝土的组成材料

(1) 沥青混凝土的组成材料

沥青混凝土的组成材料主要是沥青和矿物质材料(粗、细骨料与矿粉)。沥青自身强度不高，易变形，在混合料中发挥黏结、传递载荷的作用，将矿物质材料联结为整体结构，混凝土所负荷载主要由矿物质骨料承受。

沥青是褐色或黑褐色的有机胶凝材料，是由极其复杂的高分子碳氢化合物及其非金属衍生物组成的混合物，按来源可分为地沥青(如天然沥青、石油沥青等)和焦油沥青(如煤沥青、页岩沥青等)。工程中常用的主要是石油沥青。其主要技术性能是黏滞性、塑性和温度敏感性，分别用针入度、延度和软化点进行表征。

沥青混凝土宜采用碱性矿料，酸性矿料与沥青的黏附性较差，应避免使用。粗骨料的技术性能要求与道路水泥混凝土中的粗骨料类似。矿粉填料与沥青混合后可以产生物理化学吸附效应，提高沥青混凝土的黏滞性和温度稳定性，常用的矿粉填料有粉煤灰、石灰石粉、大理石粉、白云石粉、石棉粉等，也有研究尝试采用橡胶粉、合成高分子等材料作为填料的。

(2) 沥青混凝土的结构

沥青混凝土的结构有悬浮密实结构、骨架空隙结构和骨架密实结构三种类型，如图 3.20 所示。

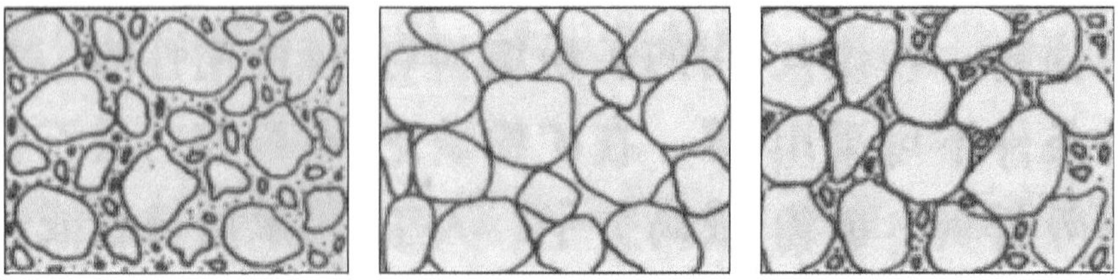

(a) 悬浮密实结构　(b) 骨架空隙结构　(c) 骨架密实结构

图 3.20　沥青混凝土的结构

3. 道路沥青混凝土的配合比设计

沥青混凝土配合比设计的主要步骤:选择符合颗粒级配规范要求的矿料组合;通过稳定度、流值、空隙率、饱和度等技术参数确定最佳油石比。

4. 道路沥青混凝土的主要技术性能

(1) 高温稳定性　沥青混凝土在高温环境中,经过车辆长期荷载作用,不产生车辙、鼓包、泛油等现象,即为高温稳定性良好。国内采用马歇尔稳定度和流值或动稳定度作为评价沥青混凝土高温稳定性的指标。

(2) 低温抗裂性　低温抗裂性是沥青混凝土在低温下抵抗开裂的性能。沥青混凝土的低温开裂是由沥青混合料的低温脆化、低温缩裂及低温疲劳导致的。低温脆化可用－10℃时小梁抗弯破坏试验评价,低温缩裂可采用能量法测定,温度疲劳则可采用低频疲劳试验进行评定。

(3) 耐久性　沥青混凝土的耐久性质主要体现为其抵抗老化的能力。一般采用马歇尔试验测试沥青混凝土试件的空隙率、饱和度及残留稳定度等指标,进行其耐久性的评价。

(4) 抗滑性　沥青混凝土路面的抗滑性能与沥青混合料的粗糙度、级配组成、沥青用量以及矿物骨料颗粒的表面状况等因素有关。

(5) 施工和易性　优良的施工和易性可以在确保道路工程质量的前提下,节约更多的碾压工作量。影响施工和易性的因素主要有沥青混合料性质、气温以及施工条件等。

3.6　耐酸混凝土、耐碱混凝土和耐火混凝土

3.6.1　耐酸混凝土(Acid-resisting concrete)

3.6.1.1　耐酸混凝土的概念及应用

耐酸混凝土是一种能抵抗酸类侵蚀的混凝土。普通水泥混凝土受到酸类侵蚀后,由于水泥石所含氢氧化钙与酸性物质发生置换作用导致结构腐蚀,腐蚀过程发展缓慢,短期内很难被察觉,一旦发现危害则已相当严重,因此,对防止酸类腐蚀有特殊要求的工程结构,应当采用耐酸混凝土。

工程中常用的耐酸混凝土有水玻璃耐酸混凝土、硫黄混凝土和沥青混凝土等,重点介绍水玻璃耐酸混凝土。

3.6.1.2 水玻璃耐酸混凝土的原材料

水玻璃耐酸混凝土是由水玻璃、硬化剂、耐酸粉料和粗、细骨料以及外加剂配制而成的混凝土。

1. 水玻璃

(1) 一般性质 水玻璃俗称泡花碱，是碱金属硅酸盐的玻璃状熔合物，呈绿色或黄色，并带有介于这两种颜色之间的各种色泽。根据碱金属氧化物种类的不同，可分为钠水玻璃、钾水玻璃和钾钠水玻璃，其化学组成可表示为 $R_2O \cdot nSiO_2$，其中 R_2O 指金属氧化物，如 Na_2O 或 K_2O；n 为 SiO_2 的物质的量。

根据水玻璃中含水程度的不同，可分为：①块状或粉状水玻璃；②含有化合水的固体水玻璃或水合水玻璃；③块状水玻璃的水溶液，即液体水玻璃。耐酸混凝土工程中最常用的是液体钠水玻璃，简称水玻璃。

(2) 模数和相对密度 模数和相对密度是水玻璃的重要技术性能指标，直接决定着水玻璃的品质及耐酸混凝土的性能。

模数是水玻璃组成中的二氧化硅和氧化钠的物质的量之比，用 M 表示。$M=[SiO_2$ 含量(%)$/Na_2O$ 含量(%)$]\times 1.032$，其中 1.032 是两者的分子量比值。相对密度取决于溶液中溶解的固体水玻璃的总量及其化学组成。在生产中要求水玻璃的模数为 2.6～2.8，相应的相对密度为 1.38～1.42。

水玻璃的模数提高，耐酸混凝土凝结速度加快；反之，凝结时间延长。水玻璃的相对密度增大，耐酸混凝土凝结速度减慢，反之，则加快。

水玻璃的相对密度相同而模数不同时，获得相同工作性的耐酸混凝土所需水玻璃的数量不同，模数高者用量较多。当水玻璃的模数相同而相对密度不同时，获得相同工作性的耐酸混凝土，水玻璃的用量也不同，相对密度大者用量多。增加水玻璃用量，不但成本提高，而且生产不易控制。

水玻璃耐酸混凝土的强度随水玻璃的相对密度的增大而提高。当相对密度相同时，混凝土强度随水玻璃模数的增大而提高。因为模数高，相对密度大的水玻璃中氧化硅含量多，产生的胶凝物质多，因而胶结能力强。

水玻璃的相对密度大，耐酸混凝土的密实度较高，抗渗性能较好，但收缩较大，且收缩变形延续的时间较长。此外，化学稳定性也较差，当相对密度在 1.50 以上时，不论模数高低，耐酸混凝土都有严重的溶蚀现象。

当水玻璃的模数不符合要求时，可以用加入苛性钠降低模数或加入硅酸或无定形 SiO_2 来提高模数的方法加以调整。在实际应用中，往往采用在低模数水玻璃中加入高模数水玻璃的方法，制取所需模数的水玻璃。而配制一定相对密度的水玻璃，可以通过加水或加热浓缩的方法获得。

总之，配制水玻璃混凝土的水玻璃的模数和相对密度必须控制在适宜的范围内，才能获得性能良好的耐酸混凝土。

2. 氟硅酸钠($NaSiF_6$)

水玻璃的硬化剂很多，而其中最富实用价值、用得最多的是氟硅酸钠。

氟硅酸钠为白色结晶粉末，是生产磷酸钙或生产氟化盐的副产品。它在水中的溶解度很小，其质量的好坏主要看纯度和细度，纯度高，含杂质少，可以减少氟硅酸钠的用量。其技术要求见表 3.12。注意当氟硅酸钠含水率大或受潮结块时，需经烘干、搅拌后使用。烘干温度不宜超过 65℃，以防氟硅酸钠分解。

表 3.12　氟硅酸钠技术指标

项目	纯度	游离酸(以 HCl 计)	含水率	细度(2 500 孔/cm² 筛余)
指标/%	≥95	≤0.3	≤1	≤10

3. 耐酸粉料(填料)

常用石英粉、辉绿岩粉、69 号耐酸灰或瓷粉等作为填料。其中以辉绿岩粉最好，石英粉因杂质含量一般较多，吸水性高，收缩性较大，不宜单独使用，可用等量的辉绿岩粉混合使用。现有商品供应的 69 号耐酸灰，耐酸性能较好，但收缩性较大，成本较高。耐酸粉料的技术指标应符合表 3.13 要求。

表 3.13　耐酸粉料技术指标

项目	耐酸度	含水率	细度	
			1 600 孔/cm² 筛余	4 900 孔/cm² 筛余
指标/%	≥94	≤0.5	≤5	10～30

4. 耐酸粗细骨料

粗骨料常用石英岩、玄武岩、安山岩、花岗岩、耐酸砖块等，细骨料常用石英砂，其技术指标见表 3.14。

表 3.14　耐酸粗细骨料技术指标

项目		耐酸度	含水率	含泥量	吸水率	浸酸后安定性
骨料指标	粗	≥94%	≤0.5%	0	<2%	合格(无裂缝、缺角)
	细	≥94%	≤1%	≤1%	/	/

3.6.1.3　耐酸混凝土的参考配合比及配制

1. 参考配合比

根据对耐酸混凝土的基本要求，在选择配合比时必须考虑两点：应使耐酸混凝土具有良好的抗稀酸和抗水稳定性；应具有适宜的强度。水玻璃耐酸混凝土配合比一般可参考经验配合比选择，然后再通过试配调整，最后确定出适合的配合比，参见表 3.15。

表 3.15　水玻璃耐酸混凝土参考配合比

配合比/(kg/m³ 混凝土)								抗压强度		
水玻璃			氟硅酸钠	粉料	砂子	碎石		R_7/MPa	R_{14}/MPa	R_{28}/MPa
模数	相对密度	用量				粒径/mm	用量			
2.3	1.35	300	49.0	450	520	20～40	1 200	18.0	/	/
2.8	1.39	309	45.3	543	604	5～15	906	/	20.5	/

续 表

配合比/(kg/m^3 混凝土)								抗压强度		
水玻璃			氟硅酸钠	粉料	砂子	碎石		R_7/MPa	R_{14}/MPa	R_{28}/MPa
模数	相对密度	用量				粒径/mm	用量			
2.8	1.39	320	48.0	515	575	5～15	894	/	21.3	/
2.8	1.39	295	44.3	531	590	5～25	1 033	/	21.7	/
2.8	1.39	318	47.7	509	572	5～25	954	/	19.0	/
2.3	1.40	330	49.5	540	450	5～25	1 100	/	/	22.0

2. 配制工艺

耐酸混凝土的配制工艺包括原材料的准备、搅拌、浇捣、养护和酸化处理等过程，钢筋和模板的准备及质量检查等。

水玻璃耐酸混凝土应采用强制式搅拌机搅拌，搅拌时先将粉料、细骨料、氟硅酸钠、粗骨料依次加入搅拌机内，干拌均匀，再加入水玻璃湿拌 1 min 以上，直至均匀为止。

当工程量很小时，也可采用人工拌合，人工搅拌必须反复揉搓，拌合直至骨料全部被水玻璃浆包裹为止。

3.6.1.4 水玻璃耐酸混凝土的凝结硬化过程、养护及酸化处理

1. 凝结硬化过程

首先是水玻璃和氟硅酸钠反应生成具有黏结性能的硅酸凝胶 $Si(OH)_4$，并将填料和骨料胶结在一起，然后硅酸凝胶逐渐脱水转变为固体 SiO_2，从而使混凝土逐渐坚固。其化学反应式如下

$$2Na_2O \cdot nSiO_2 + Na_2SiF_6 + 2(n+1)H_2O \longrightarrow 6NaF + (n+1)Si(OH)_4 \quad (3.18)$$

$$Si(OH)_4 \longrightarrow SiO_2 + 2H_2O \quad (3.19)$$

另外，在干燥环境中，混凝土表面的水玻璃受 CO_2 的作用也会生成 SiO_2（$Na_2O \cdot SiO_2 + CO_2 \longrightarrow Na_2CO_3 + SiO_2$）使混凝土硬化。

实际上水玻璃和氟硅酸钠间的化学反应相当复杂，其反应程度受水玻璃模数、相对密度、氟硅酸钠掺量、细度以及反应温度的影响。

水玻璃耐酸混凝土初期硬化很快，对于 28 d 抗压强度为 15 MPa 的混凝土，其 3 d 的抗压强度可达 10～11 MPa。

2. 养护

(1) 水玻璃耐酸混凝土在成型和养护期间应注意防潮、防晒和防冻。

(2) 养护宜在 15～30℃的干燥环境中进行，温度低于 10℃时应采用电热、热风、暖气等人工加热措施。

(3) 养护温度要均匀，避免急冷急热或局部过热，严禁与水接触或用敞口蒸汽养护，也要防止冲击和震动。

(4) 不同温度下的养护期为：10～20℃时不少于 12 昼夜；21～30℃时不少于 6 昼夜；

31～35℃时不少于3昼夜。

3. 酸化处理

由于水玻璃与氟硅酸钠的反应不能进行到底，因此在硬化后的混凝土中还残留一些游离水玻璃，遇水易溶解，造成混凝土密实度降低，这对混凝土耐酸、耐水性将产生不利影响。所以通常采用酸化处理的方法来改善混凝土的耐酸、耐水性能。

酸化处理就是用浸酸或涂刷酸的方法进行表面处理。实质就是用酸溶液将混凝土面层的未参与反应的水玻璃分解成硅酸凝胶，从而提高耐蚀性。其反应可写成

$$Na_2O \cdot SiO_2 + 2H^+ + 2H_2O \longrightarrow Si(OH)_4 + 2Na^+ \quad (3.20)$$

酸化处理用的酸液浓度不宜太大，处理3～4次即能满足要求，常用的酸液有20%～40%的硫酸、15%～20%的盐酸或15%～30%的硝酸。

混凝土若在20～30℃下养护3～7 d即可进行酸化处理，如养护温度在15～20℃时，则以在养护7～14 d后处理为宜。

3.6.1.5 水玻璃耐酸混凝土的性能

水玻璃耐酸混凝土能抵抗绝大部分酸类侵蚀作用，特别是对强氧化性的浓酸，如硫酸、硝酸等有足够的耐酸稳定性，在高温（1 000℃以下）下仍具有良好的耐酸性能，并且有较高的强度，抗压强度一般为20～40 MPa，抗拉强度为2.4～4.0 MPa。其原材料资源丰富，成本低廉，是一种优良的耐酸材料。常用于浇筑地面、设备基础及化工、冶金等工业中的大型设备（如贮酸槽、反应塔等）、构筑物的外壳及内衬等防腐蚀工程。但是对氢氟酸、300℃以上的热磷酸、高级脂肪酸、油酸或碱和呈碱性反应的盐类溶液等无抗蚀能力，抗渗性和耐水性较差，施工较复杂，养护期较长。

3.6.2 耐碱混凝土(Alkali-proof concrete)

3.6.2.1 耐碱混凝土的概念及应用

耐碱混凝土是一种能耐强碱腐蚀的混凝土，主要用于冶金、化学等工业防腐蚀工程。

碱性介质对混凝土的腐蚀主要由物理腐蚀和化学腐蚀单独作用或者共同作用。物理腐蚀是指碱性介质从外部渗透到混凝土孔隙中与二氧化碳和水化合生成新的结晶产物（如碳酸钠等），产生体积膨胀而造成混凝土的破坏。化学腐蚀是溶液中的强碱和混凝土中的水泥水化产物发生化学反应，生成易溶的新化合物（如硅酸钠等），从而破坏水泥石的结构。一般条件下，发生物理腐蚀的概率较大，如当混凝土局部处于碱溶液中，碱液从单侧毛细孔渗入，或者受碱液的干湿交替作用时都会发生这种腐蚀。化学腐蚀仅在温度较高、浓度较大和介质的碱性较强的情况下才易发生。

通过提高混凝土的密实度，可以预防物理腐蚀的发生；抵抗化学腐蚀，则主要靠提高水泥的耐碱性以及选择耐碱性的骨料和磨细掺料来解决。

3.6.2.2 耐碱混凝土的原材料

耐碱混凝土所用材料，除了满足普通混凝土对原材料的技术要求外，还应具耐碱性和密实性。

1. 水泥　由于水泥熟料矿物组成中，C_3S、C_2S耐碱，C_4AF次之，C_3A易被碱分解，最不耐碱；在水泥的化学组成中，CaO耐碱、SiO_2不耐碱，以铝酸盐形式存在的Al_2O_3最不耐

碱，所以配制耐碱混凝土应采用硅酸盐水泥，不能采用矾土水泥、火山灰质水泥。矿渣水泥有较好的耐碱性，但其泌水性较大，混凝土的密实性差，如掺入密实剂则可显著提高抗碱性。

2. 骨料　骨料的耐碱性主要由其含碱性氧化物的高低和骨料本身的密实性决定。常用的耐碱骨料有石灰岩（CaO 含量高）、白云岩（CaO、MgO 含量高）和大理岩（CaO 含量高），对于碱性不高的介质，可采用密实的花岗岩、辉绿岩、石英岩等火成岩，它们的 SiO_2 含量虽高，但岩石致密，所以其碎石及中等粒径的砂都有一定的耐碱性，在任何情况下，要求骨料的碱溶率应当不大于 1 g/L，并要严格控制骨料的级配，最大限度地减少其空隙率。

3. 填料或掺料　主要用来填充空隙，以提高混凝土的密实度。填料必须耐碱，常用磨细石灰石粉，粒度小于 0.15 mm，其细度应控制在 4 900 孔/cm^2筛，筛余量不大于 25%。

4. 密实剂　常用的密实剂是三氯化铁（$FeCl_3$）和氢氧化铁[$Fe(OH)_3$]。

3.6.2.3　耐碱混凝土的配合比及性能

耐碱混凝土的水灰比愈小，耐碱腐蚀的能力愈强。根据施工经验，在常温情况下，各种浓度的 NaOH 溶液相应的耐减混凝土的水灰比，大致控制在如下范围：

NaOH 浓度小于 10%时，$W/C = 0.60 \sim 0.65$；

NaOH 浓度为 10%～25%时，$W/C = 0.50 \sim 0.60$；

NaOH 浓度大于 25%时，$W/C < 0.50$。

用硅酸盐水泥配制耐碱混凝土时，水泥强度等级越高，C_3S 含量越高，耐碱性越好，因此，配制耐碱混凝土时，不宜采用低于 42.5 强度等级的普通水泥，且水泥用量不少于 300 $kg \cdot m^{-3}$混凝土。

耐碱混凝土可耐 50℃以下、浓度为 25%的氢氧化钠和 50～100℃内、浓度为 12%的氧氧化钠和铝酸钠溶液的腐蚀，以及任何浓度的氨水、碳酸钠、碱性气体和粉尘等的腐蚀。

耐碱混凝土配合比见表 3.16。

表 3.16　耐碱混凝土参考配合比

配合比/（kg/m^3混凝土）							坍落度/cm	自然养护/d	浸碱养护/d	抗压强度/MPa
普通水泥		石灰石粉	中砂	碎石		水				
等级	用量			粒径/mm	用量					
42.5	360	/	780	5～40	1 170	178	5	28	14	21.0
42.5	340	110	600	5～40	1 120	182	5	24	28	23.8
52.5	330	/	637	5～15	366	188	/	/	/	30.0
				5～40	855					

注：浸碱养护的碱溶液是浓度为 25%的 NaOH 溶液。

3.6.3　耐火混凝土(Fireproof concrete)

3.6.3.1　耐火混凝土的概念、应用及分类

耐火混凝土是由胶凝材料、耐火骨料和水按一定比例配制而成，能长期承受高温作用并发挥正常物理力学性能的混凝土。耐火混凝土是一种可以不经煅烧即可制成的新型耐火材

料，与耐火砖相比，具有成本低廉、工艺简单、成型随意、使用方便、节约能源、延长窑炉寿命等特点，广泛应用于化工、冶金、建材等行业领域，如高温锅炉的基础及外围护结构、工业烟囱或烟道的内衬等。耐火混凝土的分类如下。

1. 按胶凝材料品种分类

(1) 矿渣硅酸盐水泥及硅酸盐水泥、普通硅酸盐水泥耐火混凝土；

(2) 铝酸盐水泥耐火混凝土；

(3) 水玻璃耐火混凝土；

(4) 磷酸或磷酸盐耐火混凝土；

(5) 硫酸盐耐火混凝土；

(6) 镁质水泥耐火混凝土；

(7) 白云石水泥耐火混凝土；

(8) 其他胶凝材料（包括其他水泥、有机、无机胶凝材料等）耐火混凝土。

2. 按耐火骨料品种分类

(1) 高铝质耐火混凝土；

(2) 黏土(硅酸盐)质耐火混凝土；

(3) 硅质耐火混凝土；

(4) 半硅质耐火混凝土；

(5) 特殊骨料(如刚玉、碳化硅、铬渣、锆英石等)耐火混凝土。

3. 按施工方法分类

(1) 振动成型(简称浇注料)耐火混凝土；

(2) 机压成型(简称不烧砖)耐火混凝土；

(3) 捣打成型(简称捣打料)耐火混凝土；

(4) 喷涂成型(简称喷涂料)耐火混凝土；

(5) 离心投射成型(简称投射料)耐火混凝土等。

4. 按硬化条件分类

(1) 水硬性耐火混凝土；

(2) 气硬性耐火混凝土；

(3) 热硬性耐火混凝土。

5. 按密度分类

(1) 普通耐火混凝土；

(2) 轻质耐火混凝土(密度小于 1 800 kg/m^3)。

3.6.3.2 耐火混凝土的原材料

为了获得性能良好的耐火混凝土，对原材料应有严格的要求，并应根据耐火混凝土处于酸、碱或中性的不同使用情况，采用与之相适应的原材料。

1. 胶凝材料

(1) 水泥

硅酸盐类水泥和铝酸盐水泥，除应符合国家标准所规定的各项技术指标外，作为制造耐火混凝土，还应满足下列要求。

① 普通硅酸盐水泥中，不得掺有石灰岩($CaCO_3$)、菱镁矿($MgCO_3$)、白云石($CaCO_3$ ·

$MgCO_3$）等在高温下可分解的惰性混合材，以防止高温使用条件下受热分解而导致耐火混凝土裂缝、毁坏。

② 用矿渣水泥配制耐火混凝土，极限使用温度为 900℃。

③ 因为水泥的耐火度远远低于耐火骨料、耐火粉料，在保证耐火混凝土设计标号的情况下，应尽可能减少胶结料用量，以确保耐火混凝土的高温性能。为此，要求所用的水泥强度等级不得低于 32.5 级，铝酸盐水泥不低于 42.5 级。

（2）水玻璃和氟硅酸钠

水玻璃和氟硅酸钠必须满足技术规范要求（见 3.6.1.2 节水玻璃耐酸混凝土）。水玻璃模数应为 2.4～3.0，相对密度为 1.38～1.40。

氟硅酸钠是水玻璃耐火混凝土的促凝剂。工业氟硅酸钠多为生产过磷酸钙或铝厂生产氯化盐的副产品。工业氟硅酸钠中 Na_2SiF_6 的含量不应少于 90%。对于需速凝快硬的水玻璃耐火混凝土，可选用溶解度大的氟硅酸镁 $MgSiF_6$ 及缩合硼磷酸盐、氟硅酸铝 $Al_2(SiF_6)_3$ 等促凝剂。

（3）磷酸和磷酸盐

磷酸有正磷酸（H_3PO_4）、焦磷酸（$H_4P_2O_7$）和偏磷酸（HPO_3）。由于正磷酸是最稳定的，配制耐火混凝土主要采用正磷酸。

磷酸胶结剂一般由工业磷酸调制而成。工业磷酸以 85%的浓度瓶装出厂，配制以磷酸胶结的铝质耐火混凝土，常用 40%～60%浓度的磷酸。

为了节约昂贵的工业磷酸，可掺入电镀用废磷酸（经过蒸发浓缩，相对密度为 1.48～1.50）与浓度为 50%的工业磷酸对半调制成相对密度为 1.38～1.42 的磷酸溶液，其效果不亚于工业磷酸。

如采用事先加工好的磷酸盐配制耐火混凝土，将加速混凝土硬化，可改善其高温、力学性能。常用的有工业氢氧化铝与工业磷酸反应制得的磷酸二氢铝 $Al(H_2PO_4)_3$、磷酸一氢铝 $Al_2(HPO_4)_3$、磷酸铝 $AlPO_4$。

主要耐火混凝土品种的硬化类型及最高使用温度如表 3.17 所示。

表 3.17 主要耐火混凝土品种的硬化类型及最高使用温度

耐火混凝土名称	所属硬化类型	最高使用温度/℃
硅酸盐系列耐火混凝土	水硬性结合	700～900
水玻璃耐火混凝土	气硬性结合	1 100
铝酸盐耐火混凝土	水硬性结合＋热硬性结合	1 200～1 600
磷酸盐耐火混凝土	热硬性结合	1 600～1 700

2. 耐火骨料和粉料

耐火混凝土的粗骨料粒径不宜太大。国内多采用 5～10 mm 粒径的耐火粗骨料，也有采用最大粒径 15 mm 者。大体积耐火粗骨料最大粒径也不超过 25～30 mm。用作耐火混凝土的骨料主要是耐火性能较高的岩石（刚玉砂、锆砂、碳化硅砂等）和废砖破碎而成的碎石和碎砂，高炉矿渣也是具有较好耐热性能的耐火骨料，但应符合下列技术要求：

（1）矿渣中 CaO 含量不得大于 45%，且是碱性系数 M_0 小于 1 的酸性渣；

(2) 矿渣骨料最大粒径在 15 mm 以下,最大也不超过 20 mm,且其玻璃质含量不得大于 10%;

(3) 松散密度大于 1 100 kg/m^3。

为了使耐火混凝土达到较高的密实度及物理力学、高温性能,应以达到最紧密堆积为理想级配。其级配要求还随着成型方法的不同而略有差别,各种成型工艺的耐火混凝土的骨料级配应符合表 3.18 要求。

表 3.18 耐火骨料的颗粒级配

筛孔尺寸/mm 累计筛余/% 成型工艺	16～9.5	9.5～4.75	4.75～0.15	4.75～1.18	1.18～0.15
振动	25～30	20～25	45～55		
捣打		35～45		25～40	20～30
喷涂		25～35		30～40	25～45
机压				50～60	40～50

为了改善耐火混凝土的耐火性能,应适量掺入磨细的矿物掺料,即粉料。粉料不应含有石灰、方解石等在高温下易分解的杂质,以免影响耐火混凝土的强度和耐久性。对粉料的具体技术要求可参考表 3.19。

表 3.19 耐火混凝土粉料的技术要求

种类		黏土熟料	黏土耐火砖	黄土	高铝砖	矾土熟料	冶金镁砂	镁砖	铬铁矿	石英	粉煤灰
通过 80 μm 孔筛不小于/%	水泥类	70	70	70	70				85		85
	水玻璃	50	50			70	70	70		85	
化学成分	Al_2O_3	≥30	≥30		≥65	≥48					≥25
	Fe_2O_3	≤5.5		≤5					≤16		
	SO_3	≤0.3									≤4
	SiO_2			≥70			≤4		≤8	≥90	
	CaO			≤8			≤4	≤3.5	≤1.5		
	MgO						≥88				
	Cr_2O_3								≥45		
	烧失			≤8			≤0.16				≤8

3.6.3.3 耐火混凝土的性能

耐火混凝土应用于窑炉、热工设备及构筑物中,对其性能的基本要求是:

① 具有抵抗高温作用的能力;

② 具有在工作中抵抗各种物理、化学综合作用的能力。

评价和衡量耐火混凝土质量的性能指标包括:抗压强度、烧后线变化、耐火度、荷重软化温度、热震稳定性等。

1. 抗压强度

(1) 毛坯强度

耐火混凝土经成型后,按规定养护后的强度称为毛坯强度,其主要取决耐火混凝土自身的结构特征。在养护龄期为 3 d、7 d、14 d 或 28 d 时检验常温抗压强度,及时了解强度发展情况,并为决定拆模时间及能否承受荷载作用提供依据。

(2) 烘干强度

耐火混凝土按规定养护达到一定龄期,并经干燥后的抗压强度称为烘干强度。一般可认为是耐火混凝土的设计强度等级,是耐火混凝土热工设备和构筑物结构设计的依据,并作为烧后强度和相对强度的计算基数。各种振动成型的耐火混凝土烘干强度见表 3.20。

表 3.20 耐火混凝土的烘干抗压强度 单位:MPa

矾土水泥胶凝材料		磷酸或磷酸盐胶凝材料		水玻璃黏土质	硅酸盐水泥黏土质
高铝质	黏土质	高铝质	黏土质		
24～30	20～27	25～33	22～34	28～35	20～25

(3) 高温抗压强度

高温抗压强度是在指定检验温度状态下的抗压强度,是直接反映该材料在高温作用下能承受荷载能力的性能指标。当加热温度在 700～800℃以下时,耐火混凝土处于弹性变形阶段,一般接近或略低于烧后抗压强度,超过此温度极限,由于处在塑性变形阶段,强度大幅度降低。振动成型的耐火混凝土在不同温度下的高温抗压强度见表 3.21。

表 3.21 耐火混凝土在不同温度下的高温抗压强度 单位:MPa

胶凝材料种类	温度/℃ 骨料品种	800	1 000	1 200	1 350
矾土水泥	高铝质	20～25	15～23	5～10	1～2
	黏土质	18～22	15～20	5～9	1～1.5
磷酸或磷酸盐	高铝质	20～30	25～31	6～13	1～8(1 400℃时)
	黏土质	20～30	25～31	8.5～14	1～10(1 400℃时)
水玻璃	黏土质	25～30	5～8	/	/
硅酸盐水泥	黏土质	10～17	7～10	1～2	/

(4) 烧后抗压强度与线变化率

烧后抗压强度指耐火混凝土经加热到指定温度并保温后,自然冷却至室温后的强度。据此可分析其经高温作用下的组织结构变化及其所能承受的压力。

将三块经烘干且棱长为(70.7±0.5)mm 的正方体试块于加热炉中以 5～10℃/min 的速率升至检验温度,保温 4 h 后随炉冷却至常温,再测得的强度即为烧后抗压强度。

如加热前后分别测得试块长度为 L_0 与 L_1，则烧后线变化率 ΔL 为

$$\Delta L = \frac{L_1 - L_0}{L_0} \times 100\% \tag{3.21}$$

几种振动成型的耐火混凝土，在不同温度下的烧后抗压强度及线变化率见表 3.22、3.23。

表 3.22　耐火混凝土的烧后抗压强度　　单位：MPa

胶凝材料种类	骨料品种 \ 温度/℃	800	1 000	1 200	1 400
矾土水泥	高铝质	20～30	18～26	14～20	20～32
	黏土质	20～28	19～28	14～20	20～30
磷酸或磷酸盐	高铝质	22～30	28～38	32～40	32～42
	黏土质	24～36	25～30	28～32	26～36
水玻璃	黏土质	30～42	40～50(900℃时)	/	/
硅酸盐水泥	黏土质	10～20	8～12	15～20	/

表 3.23　耐火混凝土的烧后线变化率(%)

胶凝材料种类	骨料品种 \ 温度/℃	800	1 000	1 200	1 400
矾土水泥	高铝质	/	/	−0.2～+0.3	−0.4～+0.4
	黏土质	/	/	−0.3～+0.2	−0.5～+0.2
磷酸或磷酸盐	高铝质	/	/	−0.1～+0.8	−0.6～+1.0
	黏土质	/	/	−0.2～+0.6	−0.8～+0.7
水玻璃	黏土质	/	−0.4～+0.6	/	/
硅酸盐水泥	黏土质	/	−0.4～+0.2	−0.8～+0.4	/

(5) 残余强度

对于用普通硅酸盐或矿渣硅酸盐水泥作胶结料的耐火混凝土，由于硅酸三钙及游离氧化钙水化产生 $Ca(OH)_2$，经高温焙烧又转化为 CaO，吸收空气中水蒸气重新水解生成 $Ca(OH)_2$，伴生体积膨胀，致使耐火混凝土产生内应力而进一步降低强度，因此，这类耐火混凝土必须测定残余强度。

将三块棱长为(70.7±0.5)mm 的正方体试块加热后冷却至常温，在相对湿度大于 90%的环境中放置 10 d 后，测得的抗压强度的平均值即是残余强度。

2. 耐火度

耐火度是标明耐火混凝土抵抗高温作用，而又不熔融性质的重要指标。它与熔点的区别在于，熔点是指纯物质熔融成液态的平衡温度，而耐火混凝土是多种矿物和某些杂质组成的，因此，没有一定的熔点，只有其熔融温度范围。耐火混凝土的耐火度主要由骨料的耐火度决定，并与混凝土的配合比有关。表 3.24 是几种水硬性胶结料的耐火度。

表 3.24 耐火混凝土的耐火度指标

胶凝材料种类	骨料品种	耐火度/℃
矾土水泥	高铝质	>1 710
	黏土质	1 690～1 730
磷酸或磷酸盐	高铝质	1 730～1 790
	黏土质	1 710～1 750
水玻璃	黏土质	1 660～1 730
硅酸盐水泥	黏土质	1 400～1 500

3. 荷重软化温度

荷重软化温度表明耐火混凝土对高温及荷载共同作用的抵抗能力，直接反映了材料在呈现明显塑性变形时的软化温度范围。

影响荷重软化温度的主要因素有：胶结料与骨料的化学成分，骨料的粒径、级配与体积稳定性、耐火混凝土的密实程度等。

制作 $\phi 50\times 50$ 的圆柱试样，置于利用杠杆原理固定荷载 0.2 MPa 的加热炉内，测定变形 4%时的温度。表 3.25 为几种振动成型的耐火混凝土荷重软化温度。

表 3.25 耐火混凝土的荷重软化温度

胶凝材料种类	骨料品种	荷重软化温度/℃
矾土水泥	高铝质	1 360～1 430
	黏土质	1 350～1 400
磷酸或磷酸盐	高铝质	1 440～1 520
	黏土质	1 400～1 480
水玻璃	黏土质	1 240～1 300
硅酸盐水泥	黏土质	1 250～1 330

4. 耐火混凝土热震稳定性

耐火混凝土对于急冷急热温度变化的抵抗性能称为热震稳定性。测定时先将炉温升至 1 100℃（或 850℃），然后将 230 mm×115 mm×65 mm 的试件一端迅速伸入炉膛内，使受热端温度在 5 min 内达到 1 100℃（水玻璃耐火混凝土为 850℃），保温 20 min。从炉中取出试件，迅速将其受热端在流动水中急冷 3 min，取出试件在空气中自然干燥 5～10 min。如此反复试验，直至混凝土试件受热端面破损一半为止，取三个试件的平均急冷急热次数作为热震稳定性的指标。

耐火混凝土耐急冷急热一般在 5 次至 25 次范围内。黏土熟料作骨料的水玻璃耐火混凝土具有良好的热震稳定性，能耐 37 次的急冷急热作用。硅酸盐水泥用量较多的耐火混凝土，在耐急冷急热的性能方面并不优于水泥用量较少的耐火混凝土。具有较好耐急冷急热性能的是硅酸盐水泥用量约为 350 $kg\cdot m^{-3}$ 的耐火混凝土。

3.6.3.4 耐火混凝土的配合比

由于耐火混凝土的配合比计算方法比较繁琐，一般常采用经验配合比为初始配合比，再通过试拌调整，得到合适的配合比。

3.7 流态混凝土和喷射混凝土

3.7.1 流态混凝土(Flowing concrete)

3.7.1.1 流态混凝土的概念、特点及应用

在预拌的坍落度为 8～12 cm 的基准混凝土中加入流化剂，经搅拌使混凝土的坍落度增大至 20～22 cm，这样的混凝土称为流态混凝土，又称超塑化混凝土、大流动性混凝土或自密实混凝土等。

流态混凝土的应用始于 20 世纪 70 年代的联邦德国（西德），后被推广到美、英、日等工业发达国家。国内对流态混凝土的研究起步虽然较晚，但是发展迅猛，近年来应用越来越广泛。

流态混凝土具有如下特点。

（1）流动性好　混合料坍落度在 20 cm 以上，能像水一样流动，可以采用泵送施工浇注，成型振捣工作量极小，甚至不需要施加外力作用即可自行密实成型，能够起到节省能源、减轻劳动强度、净化环境等效果。

（2）提高混凝土质量　与坍落度相同的普通大流动性混凝土相比，流态混凝土的用水量可大大减少，或在保持相同水灰比条件下，减少水泥用量。用水量的减少使得混凝土的沉降和泌水现象减轻，干燥收缩裂缝减少，提高了混凝土的力学及抗渗、耐久等性能。

流态混凝土的适用范围一般有以下几个方面：①钢筋密集、振捣困难的部位，由于使用了流态混凝土，可以减少振捣，还可以不必为振捣而将模板开洞；②对于墙壁、楼板、屋面板等构件，可以不用振捣而高效率地浇注混凝土；③采用泵送混凝土时；④必须均匀致密地抹平混凝土时。上述几个方面采用流态混凝土，可以获得较好的技术和经济效果。但在以下情况时不宜采用流态混凝土：①起重机及手推车浇注混凝土时；②混凝土浇注表面的坡度超过 3°时；③喷射混凝土时；④通过加水能获得高的流动性，又无不良后果的，如真空混凝土、压轧混凝土和离心制管等。

3.7.1.2 混凝土的流态化机理

流态混凝土所用的流化剂属高效能减水剂，如聚羧酸系、萘磺酸盐甲醛缩合物类减水剂等。高效减水剂分子结构中保有的羧基负离子的静电斥力与超长的主链及侧链所形成的立体位阻共同作用于水泥粒子，产生强烈的吸附-分散作用、润湿作用，使得混凝土获得较高的流动性能，从而使混凝土流态化。

流态混凝土的制备，其流化剂的掺入可以有两种方法：一种是把流化剂预先加入拌合水中溶解，然后拌制混凝土，这种方法称为同时添加法，简称 P 法；另一种是基准混凝土搅拌好以后，经过 5～9 min 的静置后，再加入流化剂，一般是在施工现场加入流化剂，然后搅拌成流态混凝土，这种方法称之为后添加法，简称 F 法。

流化剂的这两种添加方法，对混凝土的流态化效果不同。如：当混凝土水泥用量为 285 kg/m^3，水灰比为 0.65，坍落度为 12 cm，流化剂掺量为水泥用量的 0.5%时，搅拌时加入流化剂，坍落度为 18.5 cm，搅拌后 5 min 加入流化剂，坍落度则可达 21 cm。而在基准混凝

土搅拌后 15～60 min 加放流化剂，其坍落度的增大值基本相同。

试验证明，后添加与同时添加相比，在获得同样流动性下，后添加流化剂的掺量仅为同时添加的 50%～80%，因此，后添加法具有较高的流态化效果。

后添加法的这种效果，是与水泥粒子和水接触后在极短时间内生成的水化产物与流化剂的相互作用有关。在后添加法中，水泥粒子与水接触后的第一分钟内，生成的水化产物主要是 C_4AH_{19}、$C_3AC\overline{S}H_{12}$、$C_3A \cdot 3C\overline{S} \cdot H_{31}$ 以及 $C_4(A、F)H_{13}$ 等。流化剂吸附在这些水化产物的表面，但吸附量少。而在同时添加法中，在水泥中的 $CaSO_4$ 溶出后，C_3A 和 C_4AF 吸附流化剂量多，因而使溶液中流化剂量相对减少。因此，在流化剂掺量相同的情况下，后添加法水溶液中残存的流化剂量比同时添加法高，也就是 C_3S 和 C_2S 流化时能利用的流化剂量相对较多，流态化效果较明显。

在基准混凝土中加入流化剂搅拌成流态混凝土后，由于水泥的水化作用等原因，会使混合料的坍落度随着时间而降低。为了防止混合料的这种坍落度损失，保证混凝土施工需要，流化剂可分几次加入基准混凝土中，这称为流化剂反复添加法。例如，在基准混凝土搅拌后 10 min 加入水泥质量的 0.5%的流化剂，搅拌 1 min 成为流态混凝土，然后每隔 15 min 再加入水泥质量的 0.1%的流化剂，搅拌 1 min，这样由于流化剂的反复添加，会使流态混凝土的坍落度在一定时间内没有变化。

流态混凝土由于水泥水化而使水泥粒子逐渐产生凝聚，再次添加流化剂后，凝聚的粒子又被分散，经过一定时间就再次凝聚，以后由于流化剂的反复添加，水泥粒子则反复地凝聚和分散。反复添加流化剂会影响混凝土中的含气量和气泡大小，降低混凝土的抗冻性，因而对于反复受冻融作用的混凝土必须注意。

流化剂的反复添加是制备流态混凝土工艺技术的关键，此外，采用反应性高分子高效减水剂也是保持混凝土混合料长时间流态化的措施之一。反应性高分子保持分散性的过程由缓慢发生的四个阶段构成：①水泥水化产生 OH^- 离子；②OH^- 离子攻击反应性高分子表面的无水物部分；③无水物部分加水分解为羧酸盐分散剂而溶解；④分散剂吸附于水泥粒子使之带负电荷，发挥分散作用。四阶段过程如图 3.21 所示。

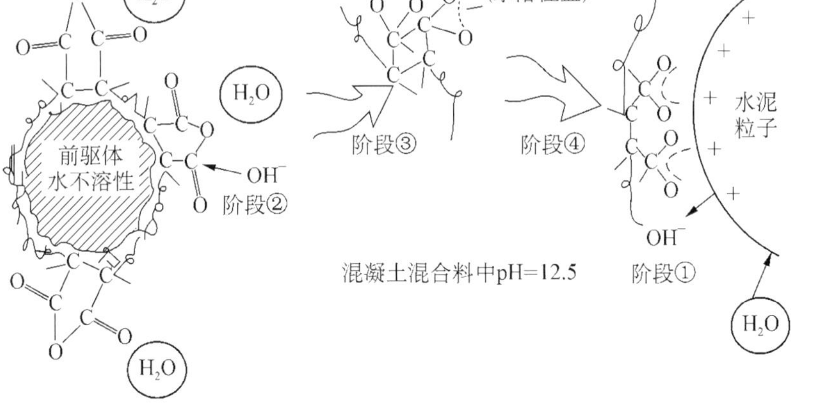

图 3.21 反应性高分子缓慢发挥作用过程示意图

3.7.1.3　流态混凝土的原材料

1. 水泥

流态混凝土对水泥无特殊要求。试验表明，除了细度较高的超早强波特兰水泥外，各种水泥的流态化效果基本相同。

在流态混凝土中使用最多的是普通硅酸盐水泥。在大体积混凝土中使用流态混凝土时，为控制混凝土的放热量，可在混凝土中掺入粉煤灰，或采用中热水泥等。

超早强水泥、耐硫酸盐水泥在流态混凝土中很少应用，若要使用，则必须对流态混凝土进行品质、施工性能等试验，以确保安全。

2. 骨料

根据日本有关资料，流态混凝土所用骨料的技术要求见表3.26。

表3.26　流态混凝土用骨料的质量要求

骨料	等级	表观密度/g/cm^3	吸水率/%	绝对体积百分率/%	黏土含量/%	冲洗试验质量损失/%	有机物含量
卵石碎石	Ⅰ	≥2.5	≤2.0	≥57	≤0.25	≤1.0	/
	Ⅱ	≥2.5	≤3.0	≥55	≤0.25	≤1.0	
	Ⅲ	≥2.4	≤4.0	≥53	≤0.50	≤1.5	
砂	Ⅰ	≥2.5	≤3.0	/	≤1.0	≤2.0	试验液颜色浅于标准液
	Ⅱ	≥2.5	≤3.5		≤1.0	≤3.0	
	Ⅲ	≥2.4	≤4.0		≤2.0	≤5.0	

对于不符合上述规定的骨料，若通过试验能获得符合性能要求的流态混凝土时，也可以采用。

在流态混凝土中，水泥浆的黏性较低，与具有相同坍落度的大流动性混凝土相比，骨料的用量稍多。考虑混凝土的工作性、离析等因素，必须注意选择骨料的最大粒径、粒型和级配等。例如，碎石的级配不好，在级配曲线的中间部分颗粒和细颗粒太少时，流化后混凝土的黏性不足，容易离析，泌水多。在这种情况下，把粉煤灰等加入混凝土中，应当使混凝土中0.3 mm以下的颗粒(包括水泥部分)含量达400～450 kg/m^3，这时流态混凝土拌合物的性能得到很好的改善。

采用碎石时，要适当除去粒径40 mm以上部分的颗粒，以防止离析。

采用人造轻骨料配制流态混凝土的实例很多，一般来说，人造轻骨料混凝土的坍落度在18 cm以下时，想通过泵送是相当困难的，但流化后则比较容易输送。

3. 水

流态混凝土用水一般采用自来水即可。

4. 外加剂

对于聚羧酸系、三聚氰胺系、萘磺酸盐甲醛缩合物类等高效减水剂，减水率应当达到20%～30%。

5. 矿物掺和料

(1) 粉煤灰　掺入粉煤灰能改善流态混凝土工作性，降低混凝土的水化热，特别是混凝土中水泥用量少，骨料中的微粉不足，将使混凝土的工作性变差，这时应当加入粉煤灰，但是，掺入粉煤灰后流化剂的用量稍有增加。

(2) 膨胀材料　在流态混凝土中掺入膨胀材料，目的是为了减少由于混凝土的干缩而产生的裂纹。采用掺有膨胀材料的水泥，流态化的效果基本上不受影响，把膨胀材料作为水泥的组分考虑和通常情况一样决定流化剂的用量即可。

3.7.1.4 流态混凝土混合料的性质、坍落度损失及抑制

1. 坍落度

坍落度是流态混凝土拌合物的重要技术指标，在实际工程中均用坍落度作为控制流态混凝土混合料的技术指标。影响流态混凝土坍落度的因素很多，如流化剂的添加量、添加方法、混凝土温度等皆对其产生影响。

2. 含气量

流态混凝土所用的流化剂大多数是非引气型的。流化剂添加后的含气量，由于水泥的分散、坍落度的增大和二次搅拌等，含气量有减少的趋势。因此，为了确保所需的含气量，必要时应补充掺加一些引气剂。

3. 泌水

流态混凝土的泌水，与基体混凝土的配合比和外加剂有关，亦与流化剂的添加量和掺加时间有关。

在一般情况下，坍落度在 20 cm 以下的流态混凝土，其泌水量和基体混凝土相同或稍小；坍落度超过 20 cm，泌水量则迅速增加，泌水量一般大于基体混凝土，但是和坍落度相同的普通混凝土相比，其泌水量大约少 30％～50％。

泌水量与流化剂的添加量有关，添加量在 0.6％以内时，流态混凝土的泌水量与基体混凝土基本相同，当流化剂添加量超过 0.8％时，流态混凝土就变成极度流动性的混凝土，泌水量则明显增加。

流化剂掺加的时间亦与泌水量有关，一般流化剂掺加的时间愈晚，泌水量愈小。

此外，温度也有影响，温度降低，泌水量增大。

4. 离析

在流态混凝土中，如果流化剂的添加量超过了必要量，则流态混凝土会产生离析现象。因此，必须控制流化剂的添加量，最好在 0.8％以下，同时也应增加细骨料中微粉的用量。

5. 凝结

流态混凝土与基体混凝土相比，其凝结时间稍迟。根据对三聚氰胺系等流化剂的实验结果，流态混凝土的初凝和终凝均比基体混凝土稍迟。初凝和终凝的推迟现象还与温度有关，当温度较高时，缓凝不明显，当温度较低时，可能产生大幅度的缓凝，应当引起重视。

3.7.1.5 流态混凝土的配合比设计

流态混凝土的配合比设计，首先是基准混凝土的配合比设计。此外，要正确选择基准混凝土的外加剂和流态混凝土的流化剂；基准混凝土与流态混凝土的坍落度之间，应有合理的匹配。

流态混凝土配合比设计的原则一般是：①具有良好的流动性，不产生离析，能浇注密实成型；②具有所要求的强度和耐久性；③符合特殊性能的要求。

表 3.27 是日本、德国、英国的三个有代表性的流态混凝土的配合比表。

表 3.27 流态混凝土配合比示例

项目		配合比 1(日本)	配合比 2(德国)	配合比 3(英国)
基准砼	水泥/kg	300	300	310
	用水量/kg	160	180	190
	W/C	0.53	0.60	0.61
	砂率/%	44	42	36
	砂/kg	806	780	770
	碎石/kg	1 026	1 080	1 090
	粉料总量/kg	450	400～450	380
	碎石最大粒径/mm	20	20	20
	外加剂	AE	/	/
	坍落度/cm	12	7	7
	含气量/%	4	/	/
流态砼	流化剂	萘系	三聚氰胺系	萘系
	添加方式	后添加	同时添加	同时添加
	坍落度/cm	18～22	20～23	20～23
施工工艺		泵送	料罐(20%泵送)	料罐(6%泵送)

3.7.2 喷射混凝土(Jet concrete)

3.7.2.1 喷射混凝土的概念、特点及应用

喷射混凝土是一种必须采用特制的混凝土喷射机进行喷射施工，具有迅速凝结特性(初凝时间一般为 2～5 min，终凝时间不超过 10 min)的用于加固和保护结构或岩石表面的特殊混凝土。

喷射混凝土施工时是将混凝土混合料直接喷射于基层结构表面，无需模板或少用模板，工期较短。喷射混凝土的成型密实依靠的是混合料的连续压力冲击作用，保证了强度和抗渗性，同时混合料能够进入结构表面的缝隙中，起到加固黏结的效果。喷射施工具有随意的指向性，可以适应异形空间和复杂结构的施工工作面操作。喷射混凝土存在的主要问题是施工过程中因喷射作用使部分混合料撞击施工面后反弹落下，反弹落下的混合料数量占喷射混合料总量的百分比，称为回弹率，控制回弹率已经成为喷射混凝土应用中的技术关键。

喷射混凝土主要应用于地下建筑、构筑工程(隧道、涵洞、矿山竖井巷道等)、公路、铁路、建筑物的护坡及其他需要加固和修补的结构等。

3.7.2.2 喷射混凝土的原材料

1. 水泥

喷射混凝土用水泥主要有以下三类。

(1) 硅酸盐系列水泥　如硅酸盐水泥、普通硅酸盐水泥、矿渣硅酸盐水泥等，强度等级≥32.5，一般应使用速凝剂，其品种及掺量通过试验确定。

(2) 专用喷射水泥 此类水泥矿物组成中除了存在硅酸三钙外，还含有速凝快硬的氟铝酸钙($11CaO \cdot 7Al_2O_3 \cdot CaF_2$)，10～20 min 即可终凝，6 h 强度可达 10 MPa 以上，后期强度也较高。

(3) 特种喷射水泥 具有特定性能的水泥，可以配制适合特殊场合应用的喷射混凝土。如具有耐火性能的高铁水泥、用于硫酸盐侵蚀环境的抗硫酸盐水泥和硫铝酸盐水泥(此类水泥中一般不掺速凝剂，因为铝酸盐水泥水化产物水化铝酸钙与速凝剂中的碱性碳酸盐反应将导致混凝土强度的下降甚至崩溃)。

2. 骨料

粗骨料宜选择最大粒径≤20 mm 的卵石，便于喷射施工和降低回弹率。如使用速凝剂，骨料中应当不含活性 SiO_2，以避免碱-骨料反应的发生。

细骨料应选用无风化的山砂或河砂，细度模数为 2.7～3.7，粒径<0.075 mm 的粉料应当少于 20%(避免对喷射性能及黏结强度有负面影响)。

3. 外加剂

(1) 速凝剂 一般配合硅酸盐系列水泥使用。速凝剂大多含有碳酸钠、碳酸钙、铝酸钠等碱性物质，其速凝机理是这些碱性物质与水泥中用于缓凝作用的二水石膏反应生成硫酸钠，导致缓凝作用失效，从而水泥速凝。速凝剂技术要求见表 3.28。

表 3.28 喷射混凝土用速凝剂技术要求(CJC477—92)

等级	净浆凝结时间/min		1 d 抗压强度/MPa	28 d 抗压强度比/%	细度(筛余)/%	含水率/%
	初凝	终凝				
一等品	≤3	≤10	≥8	≥75	≤15	<2
合格品	≤5	≤10	≥7	≥70	≤15	<2

(2) 减水剂 应当选用非引气型及非缓凝型的减水剂，还应考虑对回弹率的影响。

(3) 增黏剂 一般由对混凝土性能无害的水溶性树脂组成。

(4) 早强剂 一般配合硅酸盐系列水泥使用，应测试其与速凝剂的相容性，对于钢筋混凝土结构，应当考虑钢筋的防锈问题。

(5) 防水剂 具有较高抗渗要求的工程应当使用合适的防水剂。

3.7.2.3 喷射混凝土的配合比设计

1. 喷射混凝土配合比设计原则

满足施工基层对喷射混凝土性能(力学、抗渗、抗冻等)的要求；混凝土混合料与施工基层应当具有足够的黏附力；喷射过程中的混合料回弹率较小。

2. 喷射混凝土配合比设计的步骤

喷射混凝土性能及施工的特殊性，决定了其配合比设计与普通混凝土的不同。喷射混凝土配合比设计主要采用经验公式及图表计算确定。

(1) 初步配比设计

① 粗骨料最大粒径 d_{max} 的确定

$$d_{max} = (1/3 \sim 1/5) D_{min} \tag{3.22}$$

式中 d_{max}——粗骨料最大粒径，mm；

D_{min}——喷射机输料管道最小内径，mm。

② 砂率(S_P)的确定

$$S_P = 140.63 \times [d_{max}/mm]^{-0.3447} \tag{3.23}$$

式中 S_P——砂率，%；

d_{max}/mm——骨料最大粒径的纯数。

砂率的一般选取范围为 45%～55%。

③ 水泥强度等级(f_{ce})的确定

$$f_{ce} \geqslant 1.5 f_{cu,k} \tag{3.24}$$

式中 f_{ce}——水泥强度等级，MPa；

$f_{cu,k}$——喷射混凝土设计强度，MPa。

式(3.24)的计算值结果圆整为 32.5、42.5、52.5 等水泥强度等级，当计算值恰为 32.5、42.5、52.5 等时，f_{ce}即为所应当选用的水泥强度等级；当计算值处于两强度等级之间时，则取高一级强度等级为所应当选用的水泥强度等级。

确定的 f_{ce}结果应当通过式(3.25)进行验证：

$$f_j = A(1.44 f_{ce} - 20.4) > f_{cu,k} \tag{3.25}$$

式中 f_j——喷射混凝土配制强度，MPa；

f_{ce}——水泥强度等级估算值，MPa；

$f_{cu,k}$——喷射混凝土设计强度，MPa；

A——水泥强度等级选择调整系数，见表 3.29。

表 3.29 水泥强度等级选择调整系数 *A* 值

水泥强度等级/MPa	砂率/%						
	35	40	45	50	55	60	65
42.5	0.44	0.43	0.42	0.42	0.41	0.40	0.39
32.5	0.58	0.56	0.55	0.54	0.53	0.52	0.50

$f_j = A(1.44 f_{ce} - 20.4) > f_{cu,k}$ 时，水泥强度等级估算值满足设计要求；

$f_j = A(1.44 f_{ce} - 20.4) < f_{cu,k}$ 时，水泥强度等级估算值不能满足设计要求，应按比此估算值高一强度等级选用水泥，并再经验证。

④ 水泥用量(C_0)的确定

$$C_0 = 782.4B[d_{max}/mm]^{-0.2377} \tag{3.26}$$

式中 C_0——水泥用量，kg/m^3 混凝土；

B——经验系数，见表 3.30。

表 3.30 经验系数 *B* 值

水泥强度等级/MPa	32.5	42.5	52.5
B 值	1.12	1.00	0.92

⑤ 水灰比(W/C)及用水量(W_0)的确定

$$W/C = 0.45S_P + 0.2475 \quad (3.27)$$

$$W_0 = (W/C)C_0 \quad (3.28)$$

⑥ 砂石用量(S_0、G_0)的确定

计算方法与普通混凝土相同。

⑦ 外加剂

根据工程要求及产品说明书确定。

⑧ 初步配合比

初步配合比为

$$C_0 : S_0 : G_0 : W_0 : Q_0 = 1 : S_0/C_0 : G_0/C_0 : Q_0/C_0 = 1 : X : Y : Z : J \quad (3.29)$$

式中,Q_0 为各种外加剂掺量总和。

如掺入减水剂,应根据减水率扣除相应的用水量。

(2) 施工配合比

① 确定实喷率(P)

实喷率是实际覆盖于基层的混凝土数量与喷出混凝土总量的百分比值。

$$P = 0.637 \times 1.2018^{S_P} \times M \quad (3.30)$$

式中 P——实喷率;

S_P——砂率;

M——施工技术控制系数,见表3.31。

表3.31 喷射混凝土施工技术控制系数 M

施工技术水平	优秀	良好	一般	不良	初次施工
M	1.25	1.15	1.05	0.95	0.90

② 确定回弹率(K)

$$K = [1 - P/(1+N)] \cdot (\rho_S/\rho_G) \times 100\% \quad (3.31)$$

式中 K——回弹率,%;

P——实喷率,%;

N——$N=(1/R)(W/C)$,其中 $R = 1 + X + Y + J$,见式(3.29);

ρ_S——湿拌混合料表观密度;

ρ_G——干拌混合料表观密度。

③ 每立方米干拌料可喷射面积(S)

$$S = P/\delta \quad (3.32)$$

式中 S——每立方米干拌料可喷射面积,m^2;

P——实喷率,%;

δ——施工面所需喷射混凝土的平均厚度,m。

④ 每立方米喷射混凝土各种材料用量

水泥用量 $[C_0]=\rho_G(1+N)/(PR)$； (3.33)

砂用量 $[S_0]=X[C_0]$； (3.34)

石子用量 $[G_0]=Y[C_0]$； (3.35)

外加剂用量 $[Q_0]=J[C_0]$。 (3.36)

3.7.2.4 喷射混凝土的施工工艺

根据拌合用水的数量、速凝剂掺入方法及投料方式，喷射混凝土的施工工艺可分为湿法喷射工艺、干法喷射工艺和造壳喷射工艺，如图 3.22～图 3.24 所示。

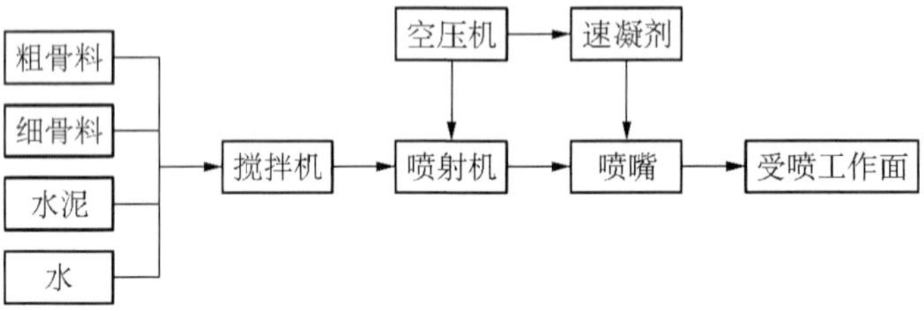

图 3.22 湿法喷射工艺流程

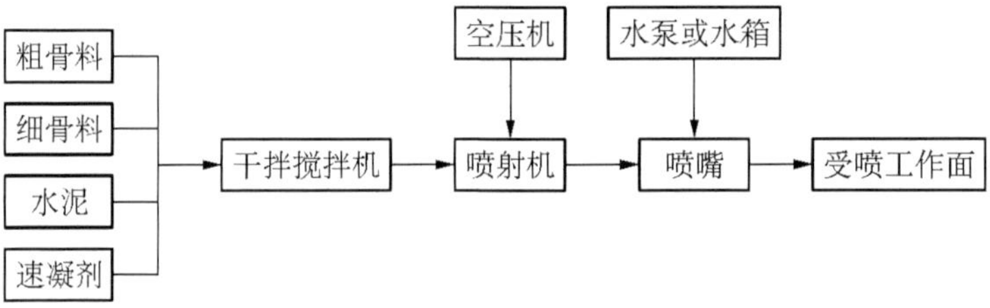

图 3.23 干法喷射工艺流程

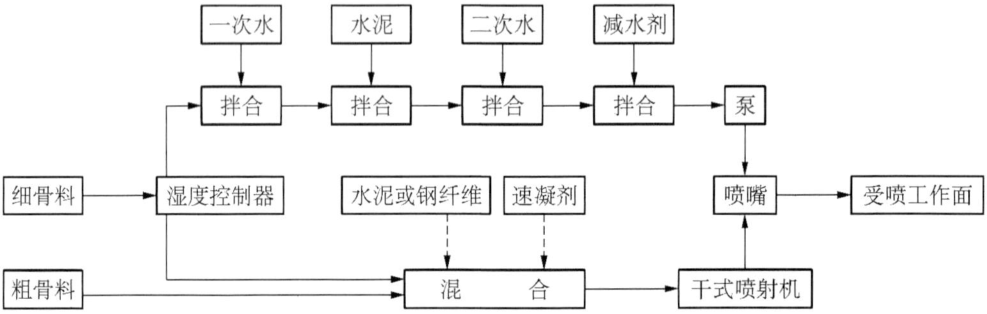

图 3.24 造壳喷射工艺流程

3.7.2.5 喷射混凝土的性能

喷射混凝土的力学性能主要是抗压强度、抗拉强度和黏结强度。影响抗压强度和抗拉强度的因素主要是原材料性质和施工工艺。喷射压力与混凝土的密实度有直接的关系，但是过高的喷射压力将导致回弹率的上升。黏结强度除了直接受抗压强度和抗拉强度影响外，还与施工基层的强度及粗糙度有关。

一般地，铝酸盐水泥喷射混凝土的耐久性质优于硅酸盐系列水泥喷射混凝土的耐久性质，湿法喷射工艺施工的喷射混凝土的耐久性质比干法喷射工艺施工的喷射混凝土的耐久性质略差。喷射施工过程中高压空气在混凝土中形成的微小气泡有助于提高喷射混凝土的抗冻性质。

3.8　碾压混凝土和水中不分散混凝土

3.8.1　碾压混凝土(Roll compacted concrete，RCC)

3.8.1.1　碾压混凝土的概念、特点及应用

碾压混凝土是指适合采用碾压工艺进行密实成型的干硬性或超干硬性混凝土。按胶凝材料的不同主要分为碾压水泥混凝土和碾压沥青混凝土，而沥青混凝土通常仅采用碾压工艺成型。本节仅探讨碾压水泥混凝土，简称碾压混凝土。

碾压混凝土配料中胶凝材料用量较少，包括水泥与矿物掺和料一般为 120～160 $kg \cdot m^{-3}$混凝土，其中矿物掺和料所占相对密度较高，如采用粉煤灰或天然火山灰，掺量可达胶凝材料总量的 30%～60%，混凝土单位体积水化热较低；混合料呈现干硬性或超干硬性，维勃稠度值在 20 s 左右，一般的振动工艺无法密实成型，碾压振动则能取得较好的密实效果，大量使用的粗骨料颗粒之间的内摩阻使碾压成型后的混凝土表现出相当的刚性，从而使混凝土在凝结硬化初期就具备一定的荷载能力，因此，在采用端卸卡车运输、推土机平摊、碾振设备成型的施工条件下，混凝土大量的连续浇筑成为可能。

干硬性的特点同时给碾压混凝土施工带来一个问题，就是新拌合的混合料与陈旧混凝土的结合处容易成为结构薄弱环节，采用高塑性混合料作为垫层过渡，则可以有效解决这个问题。

碾压混凝土主要应用于大体积混凝土工程(大坝、大体积基础等)、道路工程及某些预制混凝土构件等。碾压混凝土技术从 20 世纪 60 年代开始研究，70 年代试用于小坝及围堰，80 年代有较迅速的发展。1980 年日本建成了高 90 m 的岛地川坝；1982 年美国建造高 49 m 的全碾压式威洛克里克坝；1986 年中国建成高 56.8 m 的福建坑口坝，现已逐渐发展到修建百米以上的碾压混凝土高坝。各国的施工方法不尽相同，日本仅将碾压混凝土用于坝体内部，外部及基础部分均用常规混凝土；美国除溢流面用高胶凝材料用量、小骨料混凝土外，上下游面及内部混凝土在配合比和胶凝材料量方面虽有差别，但采用了全断面碾压的施工方法；中国有的工程与日本施工方法相类似，如铜街子工程的部分坝段，有的工程采用了全断面碾压，上游面另设防渗层的施工方法，如坑口坝。三峡大坝混凝土总量的 1/3 采用了碾压混凝土施工。

3.8.1.2　碾压混凝土的原材料

1. 水泥

对于大型坝体碾压混凝土，建议采用低水化热水泥品种，如中热、低热硅酸盐水泥及矿渣硅酸盐水泥等，其他类型的碾压混凝土并无特殊的水泥品种要求。水泥强度等级应符合工程设计的要求，不宜低于 32.5 MPa 强度等级。

2. 骨料

碾压混凝土所用骨料应当致密、强度高、无风化、耐久性较好，粗骨料表观密度≥2 550 kg/m^3，吸水率＜1.5%，最大粒径≤80 mm；细骨料表观密度≥2 500 kg/m^3，吸水率＜3.0%。

3. *矿物掺和料*

可优先采用Ⅱ级以上粉煤灰，或者比表面积≥400 m^2/kg 的矿渣粉料。

4. *外加剂*

可以适当掺用减水剂或引气剂，对改善碾压混凝土的工作性以及提高其耐久性有一定的效果。

3.8.1.3 碾压混凝土的配合比设计

碾压混凝土的配合比设计类似于普通混凝土，但是其中的一些差别应当引起注意。

碾压混凝土混合料的黏聚性对硬化混凝土性能（抗渗、抗冻等）的影响比普通混凝土大得多，这是由于黏聚性差的碾压混凝土混合料更容易产生离析，导致混凝土丧失均质性。碾压混凝土混合料的黏聚性取决于水灰比、水泥用量及砂率等因素。

碾压混凝土用水量可参见表 3.32。

表 3.32 碾压混凝土用水量参考值(kg/m^3 混凝土)

混合料维勃稠度/s	卵石最大粒径/mm			碎石最大粒径/mm		
	10	20	40	10	20	40
15～20	175	160	145	180	170	155
10～15	180	165	150	185	175	160
5～10	185	170	155	190	180	165

3.8.1.4 碾压混凝土的施工

碾压混凝土施工工艺流程见图 3.25。

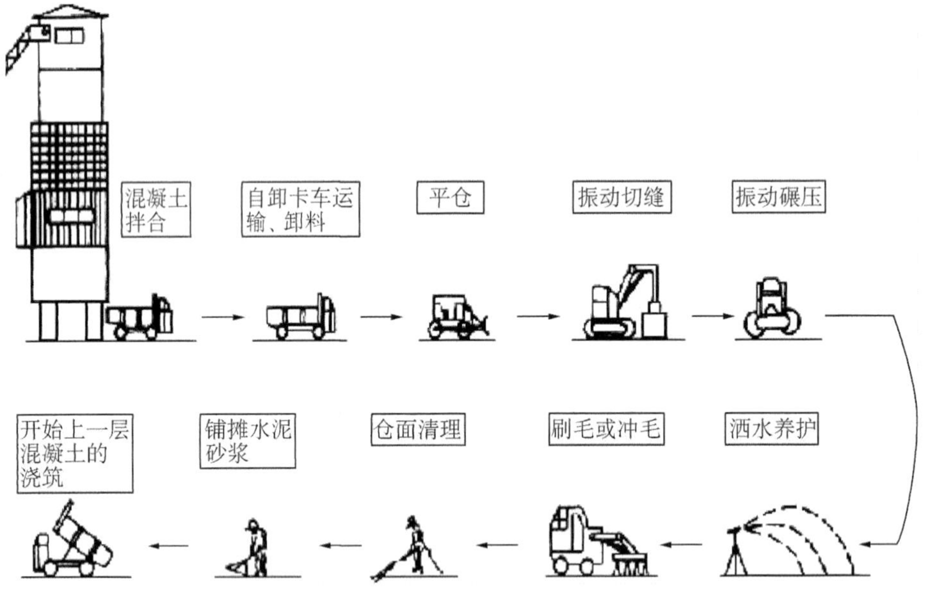

图 3.25 碾压混凝土施工工艺流程

3.8.1.5 碾压混凝土的性能

碾压混凝土混合料的性能主要是稠度，即混合料的流变性质，可用稳定性、振实性和流动性三个技术指标表征。稳定性以未施加压力及振动时新拌混合料的泌水离析来度量;振实性以压振条件下新拌混合料的最大振实密度表示;流动性则由新拌混合料的黏聚力和内摩擦力进行衡量,其中黏聚力是水泥浆与骨料之间的作用力,内摩擦力是骨料之间的作用力。

在未施加碾压振动的条件下,新拌混合料的黏聚力和内摩擦力处于平衡状态,即

$$\tau = C + \sigma \tan \phi \tag{3.37}$$

式中,τ 为剪应力;C 为黏聚力;σ 为骨料表面受到的压应力;ϕ 为摩擦角。

碾压振动开始后,压振力克服骨料之间的内摩擦力及水泥浆与骨料之间的黏聚力,使骨料之间产生位移,破坏原有的平衡状态导致系统"流动",此现象又称为"液化"。液化过程使得骨料颗粒在压力、重力作用下向下方滑动,并排列于更稳定的平衡位置,留下的孔隙被水泥浆体填塞,混合料体系的孔隙率因此降低,形成较为密实的结构。

碾压混凝土混合料稠度的影响因素有骨料的品种、表面状况、级配、砂率、胶骨比等。在某些情况下,水灰比对稠度的影响并不突出。

碾压混凝土的表观密度对混凝土的力学性能、抗渗性、抗冻性等性质有着直接的决定性影响。表观密度反映了混凝土结构的密实程度,密实程度又反映了孔隙率的大小。同样配合比的碾压混凝土混合料,碾压振动密实程度不同,可致使混凝土强度指标相差1~2倍。

在做好原材料选择、配合比设计的前提下,应当高度重视碾压混凝土的各个施工操作环节,尤其是碾压振动工序。

3.8.2 水中不分散混凝土(Non-dispersible concrete, NDC)

3.8.2.1 水中不分散混凝土的概念、特点及应用

水中不分散混凝土是一种在水流作用下水泥浆体与骨料颗粒之间不发生离散,能够保持整体连续性,可以在水中自由浇筑施工的新型混凝土。

普通混凝土是水硬性材料,但是其混合料处于水中时却会遭受水流的扰动产生离散,水泥浆大部分被水流稀释冲走,骨料及部分水泥浆则下沉水底。为了解决混凝土在水中浇筑的难题,常规的措施是在施工过程中设法尽量减少混凝土混合料与水的接触,常用的施工工艺有导管法、预埋骨料法、混凝土泵压法、袋装叠置法以及开底容器法等。这些措施仅能部分解决混凝土水中分散问题,如果能够研究出即便直接置于水中也不会产生离散的混凝土,则可以在保证混凝土施工质量的同时简化施工工艺,减少材料浪费,节约工程成本。

1974年,联邦德国(西德)首先研制成功水中不分散混凝土,在水中浇筑的过程中能够始终保持完整性,同时其流动性和填充性俱佳,具有足够的自流平和自密实性,通过导管法或压浆法施工,可以在水中浇筑大体积钢筋混凝土构件、大面积的薄壁构件以及对水工混凝土构筑物进行维修和增强。

3.8.2.2 水中不分散混凝土的机理

水中不分散混凝土能够成功应用,应当归功于掺入混凝土的水中不分离混凝土外加剂

(Nondispersible concrete admixture or antiwashout admixture)，又称水下复合剂，将混凝土混合料各组分胶结为整体，能够以等速在水中移动，不被水流冲散，并最终在水中成型为所需的构筑物。

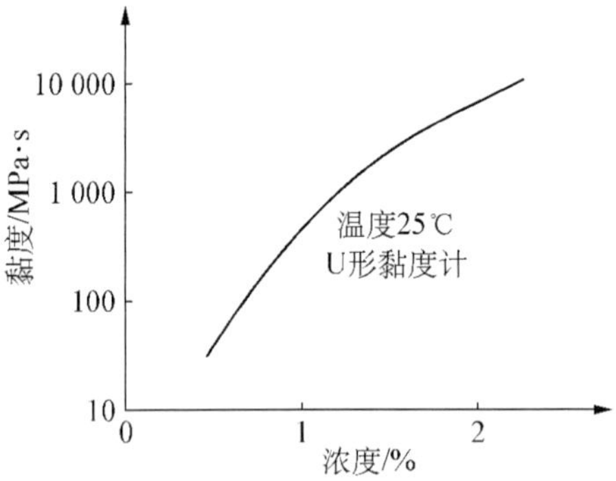

图 3.26 水中不分离混凝土外加剂的浓度与溶液黏度的关系

水中不分离混凝土外加剂是纤维素类、聚丙烯酸类及聚乙烯醇类等的水溶性高分子化合物，其分子量可达百万数量级，分子量越大，黏度越高。此类外加剂以粉末状掺入混凝土，在加水搅拌过程中逐步溶解，成为黏性液体，其溶液黏度随外加剂浓度的增大而急剧增大，2%的浓度即可使水的黏度提高约 10^4 倍(图 3.26)，因而这类物质又称增稠剂。不同品种的增稠剂，分子结构及分子量不同，同一浓度下其水溶液的黏度也不尽相同。

纤维素类水中不分离混凝土外加剂的长链分子在水中溶解，羟基和醚键上的氧原子与水分子形成氢键产生缔合，使水失去流动性，溶液黏度随之迅速提高。

聚丙烯酸类水中不分离混凝土外加剂属于阴离子型高分子电解质，在碱性介质中离解成带多电荷大分子阴离子，相同电荷强电场的排斥作用使大分子由“线团”状变成直线状，使溶液黏度增大。

此类外加剂掺入混凝土后，通过保护性胶体稳定分散的水泥浆，同时料浆的黏聚性显著增强。

3.8.2.3 水中不分散混凝土的原材料

1. 水泥

水中不分散混凝土所用水泥的品种应当结合耐久性考虑，强度等级≥42.5 MPa。

2. 骨料

粗骨料宜选用卵石，最大粒径≤40 mm，还应当满足泵送及导管法施工管道内径对最大粒径的限制，导管法施工要求粗骨料最大粒径应小于导管内径的 1/5(卵石)或 1/4(碎石)，粗骨料应当是连续级配。

细骨料宜选用光滑、浑圆的石英砂，细度模数为 2.6～3.1。

3. 矿物掺和料

采用超细的粉煤灰、矿渣及硅灰替代部分水泥，可以提高混凝土的工作性及强度、耐久性等性能。

4. 外加剂

主要是水中混凝土不分离外加剂、高效减水剂、早强剂等，应当通过试验衡量多种外加剂之间的相容性。

3.8.2.4 水中不分散混凝土的配合比设计

水中不分散混凝土配合比设计的主要步骤和方法与普通混凝土类似，不同之处主要有以下几点。

1. 配制强度　一般应当比设计强度值提高 40%～50%。

2. *流动性*　采用坍扩度(坍展度)表征,测定方法与普通混凝土坍落度类似,垂直提起坍落度筒后,测量坍扩后料堆底部扩展的最大水平尺寸及与之垂直方向的水平尺寸,取两者平均值即为坍扩度,参见表3.33。

表3.33　水中不分散混凝土混合料坍扩度参考值

工艺条件	水中滑道施工	导管施工	泵压施工	要求大流动性施工
坍扩度/mm	300～400	360～450	450～550	＞550

3. *水灰比*　耐久性复核参见表3.34。

表3.34　水中不分散混凝土 *W/C* 的耐久性复核参考值

工程及环境	海水中的工程		江、河、湖水中的工程	
	大气区、浸没区	浪溅区	冰冻、反复冻融	非冰冻、很少负温
W/C	≤0.50	≤0.45	≤0.55	≤0.60

4. *用水量*　一般比普通混凝土用水量略大。
5. *水泥用量*　耐久性及施工复核参见表3.35。
6. *砂率*　一般为35%～40%,通过试配,以坍扩度为指标进行确定。

表3.35　水中不分散混凝土水泥用量耐久性及施工复核参考值

耐久性及施工要求	有抗渗性要求	有抗冻性要求	泵压施工	泵压导管施工
水泥用量/($kg \cdot m^{-3}$)砼	≥300	≥330	≥300	≥370

3.8.2.5　水中不分散混凝土的施工

水中不分散混凝土一般采用导管法、开底容器法及泵压法施工,浅水工程可采用直接倾倒浇筑施工。

3.8.2.6　水中不分散混凝土的性能

水中不分散混凝土外加剂对混凝土性能的影响参见图3.27～图3.29。

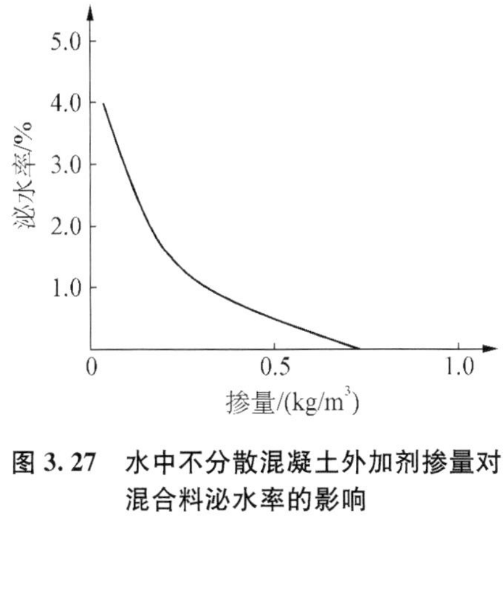

图3.27　水中不分散混凝土外加剂掺量对混合料泌水率的影响

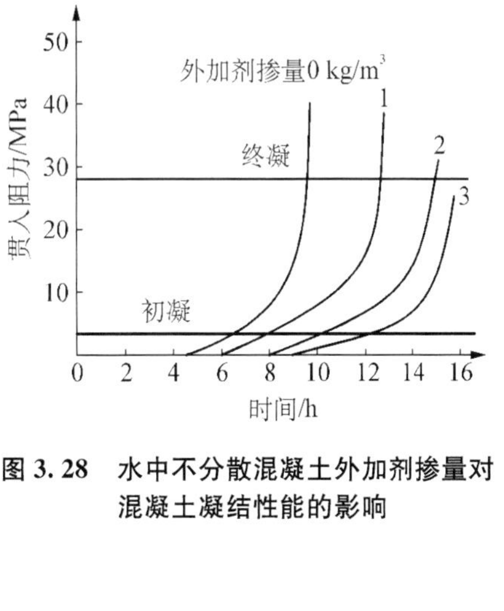

图3.28　水中不分散混凝土外加剂掺量对混凝土凝结性能的影响

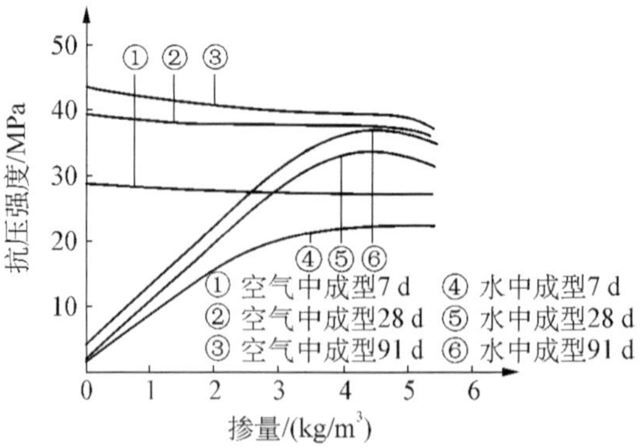

图 3.29 水中不分散混凝土外加剂掺量、成型方式、龄期对混凝土强度的影响

3.9 硅酸盐混凝土

硅酸盐混凝土(silicate concrete)是采用硅质材料(粉煤灰、矿渣、砂、尾矿粉等)与钙质材料(石灰)通过水热合成工艺制成的,化学反应产物主要是水化硅酸盐类矿物的人造石材。

按所用硅质材料的不同,硅酸盐混凝土可分为灰砂硅酸盐混凝土和灰渣硅酸盐混凝土;按混凝土的结构特征,硅酸盐混凝土可分为密实硅酸盐混凝土和多孔硅酸盐混凝土。

3.9.1 灰砂硅酸盐混凝土

由河砂、湖砂或山砂、尾矿粉等与石灰及水按一定配比混合成型,在蒸压釜的高温高压水热介质中,砂中结晶态的 SiO_2 溶解后与 $Ca(OH)_2$ 发生快速的火山灰活性反应,生成各种类型的水化硅酸钙称为灰砂硅酸盐混凝土。蒸压釜的一般工作制度为 175～203℃,相应的饱和蒸汽压力为 0.8～1.6 MPa。

3.9.2 灰渣硅酸盐混凝土

由粉煤灰、矿渣、炉渣等与石灰及水按一定配比混合成型,通过水化途径,即在常温或水热处理条件下,废渣中的结晶矿物与 $Ca(OH)_2$ 发生火山灰活性反应,析出水化产物;也可通过水热合成的途径,即废渣中的 SiO_2、Al_2O_3 与 $Ca(OH)_2$ 在高温高压的条件下,以水热合成的方式生成水化硅酸盐矿物。

密实硅酸盐混凝土的表观密度为 1 200～2 100 $kg \cdot m^{-3}$;抗渗等级可达 P8～P10 级;软化系数可达 0.8～1.0;工业生产条件下,抗压强度为 10～20 MPa,如掺入磨细砂等磨细硅质材料,灰砂硅酸盐混凝土抗压强度可达 50～70 MPa,实验室条件下已制成抗压强度为 150～270 MPa 的灰砂硅酸盐制品。受诸多因素影响,硅酸盐混凝土遭遇某些耐久性问题的可能性将大于普通混凝土。

硅酸盐混凝土主要用于生产墙体材料,如墙板、砌块、砖等,可以就地取材,合理利用工业废渣,减少污染,降低水泥消耗,节约耕地和能源。

3.10 聚合物混凝土

聚合物混凝土是一种有机、无机复合的材料，可分为聚合物水泥混凝土、聚合物浸渍混凝土和聚合物胶结混凝土三类。

3.10.1 聚合物水泥混凝土(Polymer cement concrete, PCC)

聚合物水泥混凝土是在水泥混凝土搅拌过程中掺入单体或聚合物，浇注后经养护和聚合而成的一种混凝土。

聚合物水泥混凝土所用的原材料，除一般混凝土所采用的水泥、砂和石子以外，还有聚合物。国内常用的聚合物有聚乙烯醇、氯偏、丁苯、氯丁、苯丙胶乳等。一般情况下，聚合物掺量为水泥质量的5%～25%。由于胶乳在生产过程中，大多用阴离子型的乳化剂发生乳液聚合，因此当这些胶乳与水泥浆混合后，与水泥浆中大量的钙离子作用会引起乳液凝聚，使其不能在水泥中均匀分散，因此必须加入稳定剂。此外，有些胶乳或其乳化剂、稳定剂的耐水性较差，因此还需加入抗水剂。当胶乳等掺量过多时，会延缓聚合物水泥混凝土的凝结，也要加入水泥促凝剂，必要时还须加入消泡剂。

将聚合物搅拌在水泥混凝土中，聚合物在混凝土中形成薄膜，填充水泥水化物和骨料之间的孔隙，与水泥水化物形成一体，故与水泥混凝土相比，具有较好的黏结性、耐水性、耐磨性，有较高的抗弯性能，不透水性、耐腐蚀性和耐冲击性提高，但强度提高较少。当聚合物与水泥的配比(聚合物与水泥的质量比)为15%～20%时，抗弯强度最大。聚合物水泥混凝土的弹性模量比水泥混凝土小，其抗压或抗拉破坏时的极限应变量都较大。因为掺加聚合物会产生减水效果，所以其干缩比普通混凝土小，抗收缩裂缝的性能较好。

聚合物水泥混凝土实际上是在普通混凝土的拌合物中再加入一种聚合物而制成，其制作简单，用现有普通混凝土的生产设备即能生产，因而其成本较低。近年来它主要用于地面、路面、桥面和船舶的内外甲板面，尤其是化工厂的地面更为适宜，也可用于衬砌材料及修补工程等。

3.10.2 聚合物浸渍混凝土(Polymer impregnated concrete, PIC)

聚合物浸渍混凝土是将已硬化的普通混凝土经干燥后浸渍在有机单体中，然后用加热或辐射等方法使混凝土孔隙内的单体产生聚合作用，使混凝土和聚合物结合成一体的一种新型混凝土。按其浸渍方法的不同，又分为完全浸渍和部分浸渍两种。

用于聚合物浸渍处理的基材种类很多，如水泥混凝土、轻骨料混凝土、纤维增强混凝土、石棉水泥混凝土、石膏混凝土等，效果都很显著。本节主要介绍以水泥混凝土为基材的浸渍混凝土。

能发生聚合反应而生成高分子化合物的简单化合物称为单体。浸渍用的单体一般为气态或液态，目前主要用的是液态单体。要求单体具有黏度低、沸点较高和蒸气压较低，聚合后的收缩小，强度较高和耐酸、耐热、耐老化等性能较好的特点。常用的单体有：甲基丙烯酸甲酯、苯乙烯、丙烯腈、特丁基苯乙烯等热塑性单体。热固性单体有：苯乙烯-三甲基丙烯酸三羟甲基丙烷酯和聚酯-苯乙烯等。对于完全浸渍的混凝土应选择黏度尽可能低的单体，以便在浸渍时单体容易浸透到混凝土中。对于局部浸渍的混凝土，通常用黏度较大的浸渍液，以便控制浸渍深度，减少聚合时的损失。浸渍液可以是一种单体，也可以是几种单体与预聚物的混合物，再加入其他助剂。由两种单体组成的浸渍液称为二元体系浸渍液；由三种单体组成的称为三元体系浸渍液。由两种单体进行的聚合反应，称为共聚反应，所生成的由两种结构单元组成的聚合物称为共聚物。浸渍混凝土的单体，几乎都是不稳定的，在常温下都会不同程度地自行发生聚合。所以在工厂生成的单体中，一般都含有少量的阻聚剂，以防止单体聚合或发生暴聚。常用的阻聚剂有对苯二酚、苯醌等。在采用加热聚合时，必须同时使用引发剂，以引发单体聚合。使用的引发剂要求：化学稳定性好，与基材的亲和力小，有利于在基材内部均匀分布。常用的引发剂为偶氮化合物以及过氧化物。引发剂的掺量要适当，太少起不到激发聚合反应的作用，太多则聚合反应过早过快，形成的聚合物分子量较小，从而导致聚合后强度也较低。一般掺量为单体质量的 0.1%～5%。引发剂的分解温度必须低于单体的沸点，否则会失去引发作用。用以降低引发剂的正常分解温度，加快其产生游离基的速度，以促使单体常温聚合的物质称为促进剂。常用的促进剂有二甲基苯胺、*N*，*N*-二甲基对甲苯胺、环烷酸钴、萘酸钴等。交联剂是促使线型聚合物转化成体型聚合物的物质。通常采用的交联剂有苯乙烯、三甲基丙烯酸三羟甲基丙烷酯等。在环氧和聚酯之类的高黏度单体中，加入适量苯乙烯，可以降低黏度，提高渗透能力，苯乙烯又起着稀释剂的作用。

聚合物浸渍混凝土的生产工艺过程为：基材的干燥—单体浸渍—聚合。

由于混凝土的孔隙和微裂缝被聚合物填充，提高了密实度，因而聚合物浸渍混凝土有很好的性能。它的吸水率和透水率比基材混凝土显著降低，被认为几乎是不吸水、不渗透的材料。通常聚合物浸渍混凝土的抗压强度约为普通混凝土的 3～4 倍，一般在 150 MPa 以上，最高可达 287 MPa。抗拉强度约提高 1 倍，最高可达 24.7 MPa，拉压比约为 1/10，与普通混凝土的拉压比相似。抗弯强度约提高 2～3 倍，弹性模量约提高 1 倍，冲击强度约提高 0.7 倍。此外，徐变大大减少，抗冻性、耐硫酸性、耐酸、碱性等性能都有很大改善。

聚合物浸渍混凝土的造价较高，实际应用尚不普遍。只是利用其耐腐蚀、高强、耐久性好的特性制作一些构件，如：管道内衬、隧道衬砌、桥面板、铁路轨枕、混凝土船、海上采油平台等。将来，随着其制作工艺的简化和成本的降低，作为防腐蚀材料、耐压材料以及在水下及海洋工程开发结构方面将扩大其应用范围。

3.10.3　聚合物胶结混凝土(Polymer concrete, PC)

聚合物胶结混凝土，亦称树脂混凝土，是以聚合树脂为胶结材料，以砂石等无机材料为骨料的混凝土。其生产工艺简单，用现有的普通混凝土的生产设备即能生产，且具有许多优点，受到许多国家的重视，进行了大量的研究和试制工作。

聚合物胶结混凝土所采用的胶结材料树脂主要有热固性树脂，如不饱和聚酯、聚氨基甲酸乙酯、苯酚等；热塑性树脂，如聚氯乙烯、聚乙烯等。树脂掺量按占混凝土各种材料的质量百分数表示，一般占 10%左右。树脂混凝土使用的骨料与普通混凝土相同，最大粒径在 20 mm 以下。为了减少树脂的用量，要选择具有较小孔隙率的骨料级配。为了使骨料能与树脂牢固地黏结，骨料必须干燥，含水率应在 10%以下，且不允许含有阻碍树脂固化反应的杂质。为了减少树脂的用量和改善树脂混凝土的工作性能，宜加入粒径为 1～30 μm 的惰性材料，如粉砂、碳酸钙、粉煤灰、火山灰等。

聚合物胶结混凝土与普通混凝土相比，具有强度高、耐化学腐蚀、耐磨、耐水和抗冻的性质，及易于黏结、电绝缘性好等优点，其抗压强度最高可达 160 MPa，抗拉强度达 14 MPa，抗弯强度也较高，但耐火性差。

聚合物胶结混凝土广泛应用于耐腐蚀的化工结构和高强度的接头。此外，还用于衬砌、堤坝面层、桩、轨枕等。有些绝缘性能好的树脂混凝土，也用作绝缘材料。另外，也可用作饰面材料，如窗面、窗框、地面砖、人造大理石、装饰瓦、花坛、桌面、浴缸等。

3.11 装饰混凝土

装饰混凝土(Decorative concrete)是采用造型、色彩等艺术加工工艺制成的具有装饰作用的混凝土。

作为工程结构材料的普通混凝土，自身颜色暗淡，表面粗糙，无法满足一般的装饰要求，通常需要通过涂刷涂料或铺装饰面板材等途径对建筑物进行装修、装潢，不仅耗时费料、提高成本(装饰工程的造价可达工程总造价的 1/3～1/2)，而且种类繁杂的装修材料往往导致意想不到的灾难(火灾中可能释放出有毒烟雾)。所以，将混凝土直接制成装饰材料的尝试，很快引起了广泛的重视，并被大量应用于建筑物的外墙装饰工程。

常用的装饰混凝土主要有三类，即着色装饰混凝土、清水装饰混凝土和露骨料装饰混凝土。

(1) 着色装饰混凝土　按色彩可分为白色混凝土和彩色混凝土；按着色方式又可分为整体着色混凝土和表面着色混凝土。白色混凝土以白色水泥为胶凝材料，白色或浅色矿石为骨料，或掺入一定数量的白色颜料配制成白色的装饰混凝土。彩色混凝土则是以彩色水泥为胶凝材料，与彩色骨料及白色或浅色骨料配制成的各种颜色的装饰混凝土。

(2) 清水装饰混凝土　经过成型、模制等塑性处理后，使普通混凝土表面呈现符合设计要求的图案、造型、质感，保持混凝土原有外观质地的装饰混凝土称为清水装饰混凝土。其基层与装饰层构成材料相同，一次施工成型，工期短，造价低，装饰面牢固、耐久。

(3) 露骨料装饰混凝土　即外表面暴露骨料的混凝土。将普通混凝土表面除去少量水泥浆，使粗细骨料适当外露，以天然骨料的色泽、形状、组合、质感等获得外表面的装饰效果。施工工艺为：①混凝土尚未完全凝结硬化前，通过水洗、酸洗或缓凝等措施使混凝土骨料外露；②混凝土硬化后，采用水磨、喷砂、抛丸、凿剁、火焰喷射或劈裂等工艺使混凝土骨料外露。

思考题与习题

3.1　什么是高性能混凝土？如何配制高性能混凝土？试述高性能混凝土的特点。

3.2　钢纤维混凝土、玻璃纤维混凝土和合成纤维混凝土三者之间在物理力学性能方面有比较大的区别，请说出它们的不同，并分析其原因。

3.3 试述配制自应力混凝土的要求、影响自应力混凝土自应力的因素及自应力混凝土的特性。

3.4 试述轻骨料混凝土的性能。

3.5 请结合有关参考文献，提出计算大体积混凝土浇筑后7 d内的最大可能温升、混凝土混合料出机温度、混凝土表面保温材料厚度应有厚度的基本方法，并指出影响上述参数的主要因素。

3.6 由于道路使用条件的特殊性，在选用路面混凝土用水泥和砂石集料时的要求与普通混凝土相比有较多不同，请指出两者的不同之处，并指出原因。

3.7 试述道路沥青混凝土的主要技术性能。

3.8 试述耐火混凝土的性能。

3.9 为了满足喷射法工艺的要求，喷射混凝土在选材和施工工艺上都采取了与普通混凝土不相同的措施，请你分别列举这两方面措施的不同之处。

3.10 请指出影响碾压混凝土工程质量的主要因素和这项技术的优缺点。

第 4 章　砂　　浆

本章提要

本章主要介绍了建筑砂浆(包括砌筑砂浆和抹面砂浆)的组成材料及其技术要求、砌筑砂浆的性能及其配合比设计、几种抹面砂浆的性能及其施工方法;几种特种砂浆的基本知识;预拌砂浆的特点、技术要求、相关标准及其有关品种;灌浆材料的品种、性能、用途及材料。

学习要求

(1) 掌握砌筑砂浆的组成材料的技术要求及其技术性质、配合比设计。

(2) 了解几种抹面砂浆的组成、技术要求及其施工方法。

(3) 掌握预拌砂浆的特点、技术要求,了解有关的品种。

(4) 了解灌浆材料的品种、性能与用途。

砂浆是由胶凝材料、细骨料、掺和料和水按适当比例配制而成的工程材料,在建筑工程中起黏结、衬垫和传递应力的作用,主要用于砌筑、抹面、修补及装饰工程。

4.1　建筑砂浆

建筑砂浆是由胶凝材料、细骨料、掺和料、外加剂和水按适当比例配合,拌制并经硬化而成的材料。它与混凝土的主要区别在于不含粗骨料。因此,建筑砂浆也称为细骨料混凝土。

建筑砂浆按用途不同,可分为砌筑砂浆和抹面砂浆(如普通抹面砂浆、防水砂浆、装饰砂浆等);按所用胶凝材料不同,可分为水泥砂浆、石灰砂浆、石膏砂浆、混合砂浆及聚合物水泥砂浆等。合理使用砂浆对节约胶凝材料、方便施工、提高工程质量有着重要的作用。

4.1.1　砌筑砂浆

砌筑砂浆是能将砖、石、砌块等黏结成为整体的砂浆。它起着胶结块材和传递荷载的作用,是砌体的重要组成部分。

4.1.1.1　砌筑砂浆的组成材料

胶凝材料、细骨料、水、掺和料及外加剂均是组成砌筑砂浆的重要材料。为确保砌筑砂浆的质量,配制砂浆的各组成材料均应满足一定的技术要求。在行业标准《砌筑砂浆配合比设计规程》(JGJ98—2000)中,对砌筑砂浆组成材料提出了明确要求。

1. 胶凝材料

砌筑砂浆常用的胶凝材料有水泥、石灰膏、建筑石膏等。胶凝材料的选用应根据砂浆的用途及使用环境决定，干燥环境可选用气硬性胶凝材料，对处于潮湿环境或水中用的砂浆，必须用水硬性胶凝材料。

在设计和配制砌筑砂浆时，应根据工程所处的环境条件，选用合适的水泥品种。水泥的强度等级应根据砂浆的强度等级进行选择，一般水泥强度等级（28 d 抗压强度标准值，以 MPa 计）应为砂浆强度等级的 4～5 倍。《砌筑砂浆配合比设计规程》（JGJ98—2000）中规定，水泥砂浆所用水泥强度等级不宜大于 32.5 级，混合砂浆用水泥不宜大于 42.5 级。

由于砂浆强度等级要求不高，所以一般选用中、低强度等级的水泥即能满足要求。若水泥强度等级过高，则可掺入适量的混合材料（如粉煤灰等），以达到节约水泥、满足要求、改善性能、降低造价的目的。对于有特殊用途的砂浆，可选用特种水泥和有机胶凝材料。

2. 细骨料

砂是砌筑砂浆中最常用的细骨料，应符合混凝土用砂的技术要求。此外，由于砂浆层较薄，对砂子的最大粒径应有限制。为保证砌筑砂浆的质量，应选用质地坚硬、洁净的砂，尤其对砂中泥土杂质的含量应严格控制。砖砌体的砂浆宜选用中砂，最大粒径不大于砂浆层厚度的 1/4（2.5 mm）；毛石砌体宜选用粗砂，最大粒径应小于砂浆层厚度的 1/4～1/5。由于含泥量影响砂浆质量，如含泥量过大，会增加砂浆的水泥用量，并使砂浆的收缩值增大、耐久性降低。因此，规定强度等级为 M2.5 以上的砌筑砂浆，砂的含泥量不应超过 5%；强度等级为 M2.5 的水泥混合砂浆，砂的含泥量不应超过 10%。

对于人工砂、山砂及特细砂等资源较多的地区，为降低工程成本，砂浆可合理利用这些资源，但应经试验能满足技术要求后方可使用。

3. 水

拌制砂浆用水应采用不含有害杂质的洁净水，一般与混凝土用水要求相同。

4. 掺和料

为了改善砂浆的和易性，降低水泥用量，可在拌制的水泥砂浆中加入一些无机的细颗粒掺和料，如石灰膏、黏土膏、粉煤灰等，这样配制的砂浆称水泥混合砂浆。

5. 外加剂

与混凝土相似，为改善或提高砂浆的某些性能，更好地满足施工条件和使用功能的要求，可在砂浆中掺入一定种类的外加剂。但对所选外加剂的品种（如引气剂、减水剂、早强剂、缓凝剂、防冻剂等）和掺量必须通过试验确定，当配有钢筋的砌体用砂浆时，其氯盐掺量不得超过水泥质量的 1%。

4.1.1.2　砌筑砂浆的技术性质

1. 密度

按标准 JGJ98—2000，砌筑砂浆拌合物的密度要求为：水泥砂浆不小于 1 900 kg/m^3，混合砂浆不小于 1 800 kg/m^3。

2. 和易性

新拌砂浆的和易性是指砂浆易于施工并能保证其质量的综合性能。新拌砂浆应具有良好的和易性，和易性好的砂浆在运输和操作时，不会出现分层、泌水等现象，易在粗糙的砖、石、砌块表面上铺成均匀的薄层，保证灰缝既饱满又密实，能够将砖、石、砌块很好地黏结成整体。这样既便于施工操作，提高劳动生产率，又能保证工程质量。砂浆的和易性包括流动性和保水性两个方面。

(1) 流动性

砂浆的流动性是指砂浆在自重或外力作用下流动的性质,也称稠度。可用砂浆稠度测定仪测定,以沉入度(mm)表示。沉入度是指以标准圆锥体在砂浆内自由沉入 10 s 时沉入的深度。沉入度越大,砂浆的流动性越好。但流动性过大,砂浆容易分层、析水。若流动性过小,则不便于施工操作,灰缝不易填充密实,将会降低砌体的强度。影响砂浆稠度的因素很多,如胶凝材料的种类及用量、用水量、砂子的粗细和粒形、级配、搅拌时间等。

砂浆流动性的选择,应根据砌体种类、施工条件和气候条件等因素来决定。一般可根据施工操作经验来掌握,但应符合《砌体工程施工及验收规范》(GB50203—2002)规定。具体可参考表 4.1 选择。

表 4.1 砌筑砂浆稠度(沉入度)

砌 体 种 类	砂浆稠度/mm
烧结普通砖砌体	70～90
轻骨料混凝土小型空心砌块砌体	60～90
烧结多孔砖、空心砖砌体	60～80
烧结普通砖平拱式过梁、空斗墙、筒拱、普通混凝土小型空心砌块砌体、加气混凝土砌块砌体	50～70
石砌体	30～50

(2) 保水性

砂浆的保水性是指新拌砂浆能够保持其内部水分不泌出流失的能力。保水性好的砂浆在存放、运输和使用过程中,能很好地保持水分不致很快流失,各组分不易分离,在砌筑过程中容易铺成均匀密实的砂浆层,能使胶结材料正常水化,最终保证工程质量。

砂浆的保水性以分层度(mm)表示。砂浆拌合料在测定稠度后,再装入砂浆分层度测量仪中,静置 30 min 后,再取容器下部 1/3 部分的砂浆,即去掉上层 200 mm 砂浆,然后取出底层 100 mm 砂浆重新拌匀再测定其稠度,前后两次稠度之差值即为砂浆分层度(以 mm 表示)。分层度过大,表示砂浆的保水性不好,分层离析现象严重,即在运输、存放时,砂浆混合物容易分层而不均匀,上层变稀,下层变得干稠,不利于施工及水化硬化;分层度过小,砂浆易出现干缩裂纹。

《砌筑砂浆配合比设计规程》(JGJ98—2000)中规定:水泥砂浆的分层度不应大于30 mm,水泥混合砂浆分层度一般不应超过 20 mm。通常砌筑砂浆分层度应控制在 10～30 mm。

3. 强度

砂浆硬化后应具有足够的强度,强度的大小用强度等级表示,抗压强度是划分砂浆强度等级的主要依据。砂浆的强度等级是以边长 70.7 mm 的立方体试件,一组三块在标准条件[温度为(20±2)℃,相对湿度≥90%]下养护 28 d 后,用标准试验方法测得的抗压强度平均值(MPa),并考虑一定的强度保证率来确定的。

砌筑砂浆按抗压强度划分为 M20、M15、M10、M7.5、M5.0、M2.5 六个强度等级。

影响砂浆强度的因素比较多,除了与砂浆的组成材料、配合比和施工工艺等因素外,还与基面材料的吸水性有关。对于水泥砂浆,可按下列强度公式估算。

(1) 不吸水基层(如密实石材)

这种情况下影响砂浆强度的主要因素与混凝土基本相同，主要取决于水泥强度和水灰比，计算公式如下

$$f_{m,0}=Af_{ce}[(C/W)-B] \tag{4.1}$$

式中 A, B——经验系数，可根据试验资料统计确定；

f_{ce}——水泥 28 d 的实测强度，精确至 0.1 MPa；

$f_{m,0}$——砂浆 28 d 的抗压强度，精确至 0.1 MPa；

C/W——灰水比。

(2) 吸水基体(如烧结砖和其他多孔材料)

这时砂浆的水分要被基体材料吸去一部分，由于砂浆具有保水性，因而不论拌合时加入多少水，经基体吸水后保留在砂浆中的水量大致相同。因此，在这种情况下，砂浆的强度主要取决于水泥的强度等级和水泥用量，而与水灰比无关。计算公式如下

$$f_{m,0}=\alpha f_{ce}Q_c/1\,000+\beta \tag{4.2}$$

式中 α, β——砂浆的特征系数，其中 $\alpha=3.03$，$\beta=-15.09$；

Q_c——每立方米砂浆中的水泥用量，精确至 1 kg；

f_{ce}——水泥 28 d 的实际强度，精确至 0.1 MPa；

$f_{m,0}$——砂浆 28 d 的抗压强度，精确至 0.1 MPa。

4. 凝结时间

建筑砂浆的凝结时间以贯入阻力达到 0.5 MPa 为评定依据。水泥砂浆不宜超过 8 h，水泥混合砂浆不宜超过 10 h，加入外加剂后应满足设计和施工的要求。

5. 黏结力

砂浆的黏结力大小对砌体的强度、耐久性、抗震性都有较大影响。因此，要求砂浆有一定的黏结力。砂浆的黏结力由其本身的抗压强度决定。一般情况下，砂浆的抗压强度越高，其黏结力越大。此外，砂浆的黏结力与基面状态、清洁程度、湿润情况以及施工养护条件等都有密切关系。

6. 变形性

砂浆在承受荷载、温度或湿度发生变化时，均容易产生变形。如果变形过大或不均匀，则会降低砌体质量，甚至引起沉陷或开裂。使用轻骨料(如粉煤灰、轻砂等)拌制的砂浆，其收缩变形要比普通砂浆大。

7. 抗冻性

砂浆的抗冻性是指砂浆抗冻融循环作用的能力。砂浆受冻遭受损坏是因其内部孔隙中水的冻结膨胀引起的破坏所致。因此，密实的砂浆和具有封闭性孔隙的砂浆，均具有较好的抗冻性能。凡按工程技术要求，具有明确冻融循环次数要求的建筑砂浆，经冻融试验后，应同时满足质量损失率不大于 5%，抗压强度损失率不大于 25%的要求。

此外，影响砂浆抗冻性的因素还有水泥品种、水泥强度等级、水灰比、施工方法和施工质量等。

4.1.1.3 砌筑砂浆的配合比设计

砌筑砂浆的强度等级应根据设计要求或规范规定确定。一般的砖混多层住宅、多层商店、办公楼、教学楼等工程采用 M2.5～M10 的砂浆；平房宿舍、商店等工程采用 M2.5～M5 的砂浆；食堂、仓库、工业厂房等采用 M2.5～M10 的砂浆；特别重要的砌体采用 M15～M20

的砂浆；高层混凝土空心砌块建筑，应采用M20及以上强度等级的砂浆。

按《砌筑砂浆配合比设计规程》(JGJ98—2000)要求，现将水泥混合砂浆和水泥砂浆的配合比确定过程简述如下。

1. 水泥混合砂浆配合比计算

(1) 确定砂浆配制强度 $f_{m,0}$

砂浆配制强度可按下式计算

$$f_{m,0}=f_2+0.645\sigma \tag{4.3}$$

式中 $f_{m,0}$——砂浆的配制强度，精确至0.1 MPa；

f_2——砂浆设计强度，即砂浆抗压强度平均值，MPa；

σ——砂浆现场强度标准差，精确至0.01 MPa。

标准差 σ 的确定应符合下列规定：

当有统计资料时，应按下式计算

$$\sigma=\sqrt{\frac{\sum_{i=1}^{n}f_{m,i}^2-n\mu_{fm}^2}{n-1}} \tag{4.4}$$

式中 $f_{m,i}$——统计周期内同一品种砂浆第 i 组试件的强度，MPa；

μ_{fm}——统计周期内同一品种砂浆 n 组试件强度的平均值，MPa；

n——统计周期内同一品种砂浆试件的总组数，$n\geqslant 25$。

当不具有统计资料时，砂浆现场强度标准差 σ 可按表4.2取用。

表4.2 砂浆现场强度标准差 σ 选用值

单位：MPa

施工水平	强度等级					
	M2.5	M5.0	M7.5	M10	M15	M20
优良	0.50	1.00	1.50	2.00	3.00	4.00
一般	0.62	1.25	1.88	2.50	3.75	5.00
较差	0.75	1.50	2.25	3.00	4.50	6.00

(2) 计算每立方米砂浆中水泥用量 Q_c

每立方米砂浆中水泥用量，可按下式进行计算

$$Q_c=\frac{1\,000(f_{m,0}-\beta)}{\alpha f_{ce}} \tag{4.5}$$

式中 Q_c——每立方米砂浆的水泥用量，kg，精确至1 kg；

$f_{m,0}$——砂浆的配制强度，MPa，精确至0.1 MPa；

f_{ce}——水泥的实测强度，MPa，精确至0.01 MPa；

α，β——砂浆的特征系数，其中 $\alpha=3.03$，$\beta=-15.09$。

当无法取得水泥的实测强度值时，可按式(4.6)计算 f_{ce}

$$f_{ce}=\gamma_c\cdot f_{ce,k} \tag{4.6}$$

式中 $f_{ce,k}$——水泥强度等级对应的强度值；

γ_c——水泥强度等级值的富余系数，该值应按实际统计资料确定。无统计资料时，$\gamma_c = 1.0$。

(3) 计算掺和料用量 Q_d

$$Q_d = Q_a - Q_c \quad (4.7)$$

式中 Q_d——每立方米砂浆的掺和料用量，kg，精确至 1 kg；

Q_a——每立方米砂浆中胶结料和掺和料的总用量，kg，宜为 300～350 kg。

当使用石灰膏、黏土膏时其稠度应为(120± 5)mm。当石灰膏为不同稠度时，其换算系数可按表 4.3 进行选择。

表 4.3 石灰膏不同稠度时的换算系数

石灰膏稠度 /mm	120	110	100	90	80	70	60	50	40	30
换算系数	1.00	0.98	0.97	0.95	0.93	0.92	0.90	0.88	0.87	0.86

(4) 确定每立方米砂浆的砂用量 Q_s

每立方米砂浆中砂子的用量，应以干燥状态(砂中含水率小于 0.5%)的堆积密度值作为计算值，单位为 kg。当砂子含水率为 W_s 时，按下式计算

$$Q_s = \rho_{0g}(1 + W_s) \quad (4.8)$$

式中 Q_s——每立方米砂浆的砂子用量，kg，精确至 1 kg；

ρ_{0g}——砂子的干堆积密度，kg/m^3，精确至 1 kg；

W_s——砂子的含水率，%。

(5) 确定每立方米砂浆的用水量 Q_W

单位体积砂浆中的用水量，可按砂浆稠度要求，再根据经验而确定。一般水泥混合砂浆用水量控制为 240～310 kg。

2. 水泥砂浆配合比选用

砌体结构所需砂浆的强度等级较低，而水泥强度较高，按配合比规程计算，水泥用量偏少，不能填充砂子空隙，稠度、分层度将无法保证。由此造成计算出现不合理情况时，水泥砂浆配合比可直接按表 4.4 选用。

表 4.4 每立方米水泥砂浆材料用量

单位:kg

强度等级	水泥用量	砂子用量	用水量
M2.5～M5	200～230	1 m^3 堆积状态干砂的质量	270～330
M7.5～M10	220～280		
M15	280～340		
M20	340～400		

注:1. 此表水泥强度等级为 32.5 级，大于 32.5 级水泥用量宜取下限；

2. 根据施工水平合理选择水泥用量；

3. 用水量的选定在表 4.3 的基础上，同水泥混合砂浆的规定进行调整。

3. 砂浆配合比的试配、调整与确定

砂浆配合比的试配、调整与确定是砂浆配合比设计中的重要环节，关系到施工难易与砂浆质量。试配时应采用工程中实际使用的材料，搅拌方法与施工时的方法相同。试配、调整分为试拌调整和校核强度两个步骤。

(1) 试拌调整

试拌调整实际上是对砂浆工作性的评价和调整。按计算或查表法所得的配合比进行试拌，并测定砂浆拌合物的分层度和稠度。若不能满足设计要求时，则应调整用水量或掺和料，直到符合要求为止。经试拌调整后的配合比为砂浆的基准配合比。

(2) 校核强度

试配时至少应采用三个不同的配合比，其中一个为砂浆的基准配合比，另外两个配合比的水泥用量，应按基准配合比分别增加及减少 10%，在保证稠度、分层度合格的条件下，可将用水量或掺和料用量作相应调整。经调整后，按《建筑砂浆基本性能试验方法标准》(JGJ/T70—2009)的规定成型试件，测定砂浆强度等级，并选定符合试配强度要求且水泥用量较少的那一组作为砂浆正式配合比。

例：要求设计用于砌筑砖墙的砂浆强度等级为 M7.5 水泥石灰混合砂浆，砂浆稠度为 70～80 mm。原材料的主要参数：水泥为 32.5 MPa 矿渣硅酸盐水泥；砂子为中砂，其堆积密度为 1 450 kg/m^3，含水率为 3%；石灰膏的稠度为 90 mm；施工水平一般。

解：

(1) 计算砂浆的配制强度 $f_{m,0}$

根据施工水平一般，由表 4.2 中查出砂浆现场标准差 $\sigma = 1.88$ MPa，按式(4.3)计算砂浆的试配强度，即

$$\begin{aligned} f_{m,0} &= f_2 + 0.645\sigma \\ &= 7.5 + 0.645 \times 1.88 = 8.7\ \text{MPa} \end{aligned}$$

(2) 计算水泥用量 Q_c

根据计算的砂浆配制强度、已知的水泥强度以及 $\alpha = 3.03$，$\beta = -15.09$，可按式(4.5)计算水泥用量 Q_c

$$Q_c = \frac{1\,000(f_{m,0} - \beta)}{\alpha f_{ce}} = \frac{1\,000 \times (8.7 + 15.09)}{3.03 \times 32.5} = 242\ \text{kg/m}^3$$

(3) 计算石灰膏用量 Q_d

根据计算的水泥用量 Q_c，可按公式(4.7)计算石灰膏用量 Q_d

$$Q_d = Q_a - Q_c = 330 - 242 = 88\ \text{kg/m}^3$$

由于石灰膏稠度为 90 mm，查表 4.3 其换算系数为 0.95，所以此种石灰膏的用量为

$$Q_d = 88 \times 0.95 = 84\ \text{kg/m}^3$$

(4) 计算砂子用量 Q_s

根据砂子的堆积密度为 1 450 kg/m^3 和含水率为 3%，按式(4.8)计算砂子用量 Q_s

$$Q_s = 1\,450 \times (1 + 3\%) = 1\,494\ \text{kg/m}^3$$

根据以上砂浆各组成材料的计算，砂浆试配时的配合比为

水泥∶石膏∶砂 = 242∶84∶1 494 = 1∶0.35∶6.17

4.1.1.4 砌筑砂浆的选用

建筑常用的砌筑砂浆有水泥砂浆、水泥混合砂浆和石灰砂浆等，工程中应根据砌体种类、砌体性质及所处环境条件等进行选用。通常，水泥砂浆宜用于砌筑潮湿环境以及强度要求较高的砌体；水泥石灰砂浆宜用于砌筑干燥环境的砌体；多层房屋的墙一般采用强度等级为 M5 的水泥石灰砂浆；砖柱、砖拱、钢筋砖过梁等一般采用强度等级为 M5～M10 的水泥砂浆；砖基础一般采用不低于 M5 的水泥砂浆；低层房屋或平房可采用石灰砂浆；简易房屋可采用石灰黏土砂浆。

4.1.2 抹面砂浆

凡涂抹在建筑物或建筑构件表面的砂浆统称为抹面砂浆。它兼有保护基层、满足使用要求和增加美观的作用。抹面砂浆应具有良好的和易性，容易抹成均匀平整的薄层，便于施工；要有足够的黏结力，能与基层材料黏结牢固，长期使用不开裂、不脱落。

按抹面砂浆使用要求不同，可将其分为普通抹面砂浆、防水砂浆、装饰砂浆等。

抹面砂浆的组成与砌筑砂浆基本相同，但有时加入一些纤维增强材料（如麻刀、纸筋、玻璃纤维等），以提高抹灰层的抗拉强度，增加抹灰层的弹性和耐久性，防止抹灰层开裂。有时加入胶黏剂（如聚乙烯醇缩甲醛或聚醋酸乙烯乳液等），提高面层强度和柔韧性，加强砂浆层与基层材料的黏结，减少开裂。

4.1.2.1 普通抹面砂浆

普通抹面砂浆是建筑工程中普遍使用的砂浆。其功能主要是为了保护建筑物，延长墙体的使用寿命，并使其表面平整美观。与砌筑砂浆不同，对抹面砂浆的主要技术要求不是抗压强度，而是抹面时的和易性以及与基底材料的黏结力，所以需要更多的胶凝材料。

为了保证抹灰层表面平整美观，避免开裂脱落，抹面砂浆常分层进行施工，即分为底层、中层和面层三层涂抹，各层所用砂浆的材料比例和技术性能也不同，具体见表 4.5。

表 4.5 抹面砂浆的骨料最大粒径及稠度选择表

抹面层	沉入度/mm	砂子的最大粒径/mm
底层	100～120	2.5
中层	70～90	2.5
面层	70～80	1.2

底层砂浆主要起到与基层黏结牢固的作用。砂浆的工作性和保水性较好，以防水分被基层吸收，影响砂浆的硬化。砖砌体底层抹灰多用石灰砂浆；有防水、防潮要求时用水泥砂浆；混凝土和石砌体底层抹灰多用水泥砂浆或混合砂浆。

中层砂浆也称垫层砂浆，其主要起找平作用，为抹面层砂浆打下基础，多用混合砂浆或石灰砂浆。找平层的稠度要合适，应能很容易地抹平；砂浆层的厚度以表面抹平为宜。此层有时可省略。

面层砂浆主要起保护和装饰作用，对表面平整度要求较高，宜采用细砂配制的混合砂浆、麻刀石灰砂浆或纸筋石灰砂浆，可加强表面的光滑程度及质感。在容易受碰撞的部位（如窗台、窗口、踢脚板等）应采用水泥砂浆。在加气混凝土砌块表面上作抹灰时，应采用特殊的施工方法，如在墙面上刮胶、喷水润湿或在砂浆层中夹一层钢丝网以防剥落。

普通抹面砂浆的配合比,可根据抹面砂浆的使用部位和基层材料的特性,参考有关资料选用。表4.6为常用抹面砂浆参考配合比及其应用范围。

表4.6 抹面砂浆配合比及应用范围

材 料	配合比(体积比)	应 用 范 围
石灰:砂	1:(2~4)	用于砖石墙表面(檐口、勒脚、女儿墙及潮湿墙体除外)
石灰:黏土:砂	1:1:(4~8)	干燥环境的墙表面
石灰:石膏:砂	1:(0.4~1):(2~3)	用于不潮湿房间的墙及天花板
石灰:石膏:砂	1:2:(2~4)	用于不潮湿房间的线脚及其他修饰工程
石灰:水泥:砂	1:(0.5~1):(4.5~5)	用于檐口勒脚、女儿墙及比较潮湿的部位
水泥:砂	1:(2.5~3)	用于浴室、潮湿车间等墙裙、勒脚或地面基层
水泥:砂	1:(1.5~2)	用于地面、天棚或墙面面层
水泥:砂	1:(0.5~1)	用于混凝土地面随时压光
水泥:石膏:砂:锯末	1:1:3:5	用于吸音粉刷
水泥:白石子	1:(1~2)	用于水磨石(打底用1:2.5水泥砂浆)
水泥:白石子	1:1.5	用于剁石(打底用1:2~1:2.5水泥砂浆)
石灰膏:麻刀	100:2.5(质量比)	用于板条天棚底层
石灰膏:麻刀	100:1.3	用于木板条天棚面层
石灰膏:纸筋	石灰膏1 m^3,纸筋3.6 kg	用于较高级墙面、天棚

4.1.2.2 防水抹面砂浆

防水抹面砂浆简称防水砂浆,它是指制作防水层的砂浆。砂浆防水层又称刚性防水层。这种防水层仅适用于不受振动和具有一定刚度的混凝土或砖石砌体工程。对于变形较大或可能发生不均匀沉降的建筑物,不宜采用刚性防水层,而应采用刚柔结合的防水方案。

1. 防水砂浆的种类

常用的防水砂浆主要有以下三种。

(1) 水泥砂浆 由水泥、细骨料、掺和料和水制成的砂浆。普通水泥砂浆多层抹面用作防水层。

(2) 掺加防水剂的防水砂浆 在普通水泥中掺入一定量的防水剂而制成的防水砂浆,即聚合物水泥防水砂浆,目前多用工厂生产的成品。

(3) 膨胀水泥和无收缩水泥配制的砂浆 由于该种水泥具有微膨胀或补偿收缩性能,从而能提高砂浆的密实性和抗渗性。

2. 防水砂浆的常用防水剂

防水砂浆是具有显著的防水、防潮性能的砂浆,是一种刚性防水材料和堵漏密封材料。配制防水砂浆的常用防水剂有氯化物金属盐类防水剂、水玻璃防水剂和金属皂类防水剂等。

(1) 氯化物金属盐类防水剂

氯化物金属盐类防水剂是主要由氯化钙、氯化铝和水按一定比例配制而成的有色液体,防水砂浆常用的配合比大致为氯化铝:氯化钙:水=1:10:11,掺加量一般为水泥质量的3%~5%。这种防水剂掺入水泥砂浆中,能在凝结硬化过程中生成不透水的复盐,起到促进结构密实的作用,从而提高砂浆的抗渗性能,一般常用于地下建筑物。

(2) 水玻璃防水剂

水玻璃防水剂的主要成分为硅酸钠,另外再掺入适量的“四矾”,被称为四矾水玻璃防水剂。掺加的“四矾”是:蓝矾(硫酸钠)、明矾(钾铝矾)、紫矾(铬矾)和红矾(重铬酸钾)。将以上“四矾”各取1份溶于60份100℃的水中,再降至50℃,投入400份水玻璃中搅拌均匀而制成水玻璃防水剂。这种防水剂加入水泥浆后形成许多胶体,堵塞了毛细管道和孔隙,从而提高了砂浆的防水性能。但是,红矾有剧毒,使用时要特别注意安全。

(3) 金属皂类防水剂

金属皂类防水剂是由硬脂酸、氨水、氢氧化钾(或碳酸钠)和水按一定比例混合加热皂化而制成。这种防水剂主要起填充微细孔隙和堵塞毛细管的作用,掺加量一般为水泥质量的3%左右。

3. 防水砂浆的技术要求

配制防水砂浆常用水泥和砂,其配合比一般为水泥∶砂=1∶(2～3),水灰比应控制在0.50～0.60。稠度不应大于80 mm。水泥应选用32.5等级以上的普通硅酸盐水泥,砂子最好使用洁净的中砂。防水剂掺量按生产厂家推荐的最佳掺量掺用,最后需经试配确定。

4. 防水砂浆的施工

防水砂浆的施工对操作技术要求很高,配制防水砂浆时,先把水泥和砂子干拌均匀,再把量好的防水剂溶于拌合水中,与水泥、砂搅拌均匀即可使用。涂抹时,每层厚度掌握在5 mm左右。共涂抹4～5层,总厚度约为20～30 mm。在涂抹前先在润湿清洁的底层上抹一层纯水泥浆,然后抹一层5 mm厚的防水砂浆,在初凝前用木抹子压实一遍,第二、三、四层都是同样的操作方法,最后一层进行压光。抹完后要加强养护,防止脱水过快造成干裂。总之,刚性防水层必须保证砂浆的密实性,对施工操作要求高,否则难以获得理想的防水效果。

4.1.2.3 装饰砂浆

装饰砂浆是指用作建筑物饰面的抹面砂浆,涂抹在建筑物内外墙表面,增加建筑物的美观,同时使建筑物具有特殊的表面形式及不同的色彩和质感。

1. 装饰砂浆饰面种类及其特点

装饰砂浆饰面按所用材料及艺术效果不同,可分为灰浆类饰面和石碴类饰面两类。灰浆类饰面是通过砂浆着色和砂浆面层形态的艺术加工,达到装饰目的。其主要优点是材料来源广泛,施工操作简便,造价比较低廉,如拉毛、搓毛、喷毛以及仿面砖、仿毛石等饰面。石碴类饰面是采用彩色石碴、石屑作骨料配制砂浆,施抹于墙面后,再以一定手段去除砂浆表层的浆皮,从而显示出石碴的色彩、粒形与质感,从而获得装饰效果。其特点是色泽较明快,质感丰富,不易褪色和污染,经久耐用,但施工较复杂,造价也较高。常用的有干黏石、斩假石、水磨石等饰面。

2. 装饰砂浆的组成材料

(1) 胶凝材料

装饰砂浆常用的胶凝材料为普通水泥和矿渣水泥,另外还常采用白色水泥和彩色水泥。

(2) 骨料

装饰砂浆用骨料除普通天然砂外,还大量使用石英砂、石碴、石屑等。有时也可采用着色砂、彩釉砂、玻璃和陶瓷碎粒。

石碴也称石粒、石米，是由天然大理石、白云石、方解石、花岗岩等破碎加工而成。它们具有多种色泽(包括白色)，是石碴类饰面的主要骨料，也是生产人造大理石、水磨石的原料。其规格、品种及质量要求见表4.7。

表4.7 彩色石碴规格、品质及质量要求

编号、规格与粒径的关系			常用品种	质量要求
编号	规格	粒径/mm		
1	大二分	约20	东北红、东北绿、丹东绿、盖平红、粉黄绿、玉泉灰、旺青、晚霞、白云石、云彩绿、红玉花、奶油白、竹根霞、苏州黑、黄花玉、南京红、雪浪、松香石、墨玉、汉白玉、曲阳红等	1. 颗粒坚韧有棱角、洁净，不得含有风化石粒 2. 使用时应冲洗干净
2	一分半	约15		
3	大八厘	约8		
4	中八厘	约6		
5	小八厘	约4		
6	米粒石	0.3～1.2		

粒径小于5 mm的石碴称为石屑，主要用于配制外墙喷涂饰面用的聚合物砂浆，常用的有松香石屑、白云石屑等。

(3) 颜料

掺颜料的砂浆一般用于室外抹灰工程，如做假大理石、假面砖、喷涂、弹涂、滚涂和彩色砂浆抹面。这类饰面长期处于风吹、日晒、雨淋之中，且受到大气中有害气体腐蚀和污染。因此，选择合适的颜料，是保证饰面质量，避免褪色、延长使用年限的关键。

装饰砂浆中采用的颜料，应为耐碱和耐日晒的矿物颜料。工程中常用的颜料有氧化铁黄、铬黄(铅铬黄)、氧化铁红、甲苯胺红、群青、钴蓝、铬绿、氧化铁棕、氧化铁紫、氧化铁黑、炭黑、锰黑等。

3. *常用装饰砂浆的饰面做法*

建筑工程中常用的装饰砂浆饰面有以下几种做法。

(1) 干黏石。干黏石又称甩石子，是在水泥浆或掺有聚合物的水泥砂浆抹面层上，把石碴、彩色石子等粘在其上，再拍平压实而成的饰面。石粒的2/3应压入黏结层内，要求石子粘牢，不掉粒并且不露浆。

(2) 斩假石。斩假石又称剁假石，是以水泥石碴浆或水泥石屑浆作面层抹灰，待具有一定强度时，同钝斧或凿子等工具，在面层上剁斩出纹理，而获得类似天然石材经雕琢后的纹理质感。

(3) 水磨石。水磨石是由水泥、彩色石碴或白色大理石碎粒及水按一定比例配制，需要时掺入适量颜料，经搅拌均匀，浇筑捣实、养护，待硬化后将表面磨光而成的饰面。通常将磨光表面用草酸冲洗、晾干后上蜡。

(4) 拉毛灰。拉毛灰是用铁抹子或木蟹，将罩面灰浆轻压后顺势拉起，形成一种似山峰形凹凸质感很强的毛面状。拉细毛时用棕刷粘着灰浆拉成细的凹凸花纹。

(5) 甩毛灰。甩毛灰是用竹丝刷等工具将罩面灰浆甩涂在基面上，形成大小不一而又有规律的云朵状毛面饰面。

(6) 拉条。拉条抹灰又称条形粉刷，它是在面层砂浆抹好后，用一表面呈凹凸状的直根模具，在砂浆表面上滚压出立体感强、线条挺拔的条纹。条纹有半圆形、波纹形、梯形等多种，条纹可粗可细，间距可大可小。

(7) 假面砖。假面砖是在掺有氧化铁系颜料（红、黄）的水泥砂浆抹面上，用专用的铁钩和靠尺，按设计要求的尺寸进行分格划块，沟纹清晰，表面平整，酷似贴面砖饰面。

4.2 特种砂浆

建筑工程中，用于满足某些特殊功能要求的砂浆称特种砂浆，常用的有以下几种。

4.2.1 保温砂浆

采用水泥、石灰、石膏等胶凝材料与膨胀珍珠岩、膨胀蛭石或陶粒砂等轻质多孔骨料，按一定比例配制的砂浆称为保温砂浆。保温砂浆具有质轻、保温等特性，其导热系数约为 0.07～0.10 $W\cdot(m\cdot K)^{-1}$，可用于屋面保温层、保温墙壁以及供热管道保温层等处。

4.2.2 吸声砂浆

由轻骨料配制成的保温砂浆，一般均具有良好的吸声性能，故也可作吸声砂浆用。另外，还可用水泥、石膏、砂、锯末配制成吸声砂浆（表 4.6）。若石灰、石膏砂浆中掺入玻璃纤维、矿物棉等松软纤维材料也能获得吸声效果。吸声砂浆用于有吸声要求的室内墙壁和顶棚的抹灰。

4.2.3 耐腐蚀砂浆

耐腐蚀砂浆主要有：耐酸砂浆、耐碱砂浆、硫黄砂浆等。

耐酸砂浆：一般以水玻璃作为胶凝材料拌制而成，常掺入氟硅酸钠作为促凝剂，有时也可掺入石英岩、花岗岩、铸石等粉状细骨料。耐酸砂浆用于耐酸地面和耐酸容器的内壁防护层。

耐碱砂浆：使用 42.5 强度等级以上的普通硅酸盐水泥（水泥熟料中铝酸三钙含量应小于 9%），细骨料可采用耐碱、密实的石灰岩类（石灰岩、白云岩、大理岩等）、火成岩类（辉绿岩、花岗岩等）制成的砂和粉料，也可采用石英质的普通砂。耐碱砂浆可耐一定温度和浓度下的氢氧化钠和铝酸钠溶液的腐蚀，以及任何浓度的氨水、碳酸钠、碱性气体和粉尘等的腐蚀。

硫黄砂浆：以硫黄为胶结料，聚硫橡胶为增塑剂，采用石英粉、辉绿岩粉、安山岩粉作为耐酸粉料和细骨料，经加热熬制而成。具有密实、强度高、硬化快、能耐大多数无机酸、中性盐和酸性盐的腐蚀，但不耐浓度在 5%以上的硝酸、强碱和有机溶液，耐磨和耐火性均差，脆性和收缩性较大。一般多用于黏结块材，灌筑管道接口及地面、设备基础、储罐等处。

4.2.4 防射线砂浆

在水泥石中掺入重晶石粉、重晶石砂，可配制具防 X 射线能力的砂浆。其配合比约为水泥：重晶石粉：重晶石砂＝1：0.25：(4～5)。如在水泥浆中掺入硼砂、硼酸等，可配制具抗中子辐射能力的砂浆。此类防射线砂浆可应用于射线防护工程中。

4.2.5 聚合物砂浆

聚合物砂浆是在水泥砂浆中加入有机聚合物乳液或可再分散性乳胶粉配制而成，具有黏结力强、干缩率小、脆性低、耐蚀性好等特性，用于修补和防护工程。常用的聚合物乳液有氯丁胶乳液、丁苯橡胶乳液、丙烯酸树脂乳液等。

4.2.6 膨胀砂浆

在水泥砂浆中掺入膨胀剂或使用膨胀水泥可配成膨胀砂浆。膨胀砂浆可用在修补工程中及大板装配工程中填充缝隙，达到黏结密封作用。

4.3 预拌砂浆

预拌砂浆是工厂生产砂浆的新形式，它改变了传统分散的现场拌制方式，具有质量稳定、施工便捷、节约材料、保护环境、降低劳动强度、提高工效等诸多优点，故近年来在国内外得到了大力推广和应用。

4.3.1 预拌砂浆的分类及其组成材料

预拌砂浆是指由专业厂家生产的、用于一般工业与民用建筑工程的砂浆，它分为干拌砂浆（标记为 DM）和湿拌砂浆（标记为 WM）两类，分类又有砌筑砂浆（M）、抹灰砂浆（P）和地面砂浆（S）三种。

干拌砂浆即砂浆干混料，又称干混砂浆、干粉砂浆，它是指由专业生产厂家生产的，经干燥筛分处理的细集料、无机胶凝材料、矿物掺和料、外加剂等组分，按一定比例混合而成的一种粉状或颗粒状混合物，在施工现场只需按使用说明加水搅拌即成砂浆拌合物。干混砂浆是目前工程使用量最多的商品砂浆，故以下重点介绍这种预拌砂浆。

湿拌砂浆是指由水泥、砂、保水增稠材料、水、粉煤灰或其他矿物掺和料及外加剂等组分按一定比例，经计量、混拌后，用搅拌运输车送至施工现场，并需在指定时间内使用完毕的砂浆拌合物。

4.3.2 预拌砂浆的特点

预拌砂浆具有以下特点。

(1) 产品质量有保证。预拌砂浆采用大规模工业化生产，从原料选配、计量，到生产全过程都有严格控制和管理，因此保证了砂浆的各项性能指标要求，产品质量稳定，最终有利于保证施工工程的质量。

(2) 品种多样，配制方便。不仅能生产砌筑与抹面等工程所需面广量大的常用砂浆，还可按不同工程需要配制生产特种用途的预拌砂浆，如预拌防水砂浆、预拌耐磨砂浆、预拌自流平砂浆、预拌保温砂浆、预拌装饰砂浆等。

(3) 改善施工现场条件，实现文明施工。干混砂浆多为袋装出厂，每袋 50 kg，便于运输、贮存管理及使用，由此既减少了原料的损耗，又改变了施工现场的面貌，保证了文明施工。

4.3.3 干混砂浆的技术要求

随着干混砂浆的迅速发展，我国也正逐渐形成完备的标准体系。目前，我国已有干混砂浆方面的标准20多个，包括混凝土小型空心砌块砌筑砂浆JC860—2008，建筑保温砂浆GB/T20473—2006，聚合物水泥防水砂浆JC/T984—2005，陶瓷墙地砖胶黏剂JC/T547—2005，石膏基自流平砂浆JC/T1023—2007，墙体饰面砂浆JC/T1024—2007，膨胀聚苯板薄抹灰外墙外保温系统JG149—2003，胶粉聚苯颗粒外墙外保温系统JG158—2004，预拌砂浆JG230—2007，地面用水泥基自流平砂浆JC/T985—2005，混凝土地面用水泥基耐磨材料JC/T906—2002，建筑外墙用泥子JG/T157—2004，水泥基灌浆材料JC/T986—2005，《砌筑抹灰干混砂浆》等。

另外，有些省市根据本区域发展特点，制定了专门的地方标准。例如，针对干混砂浆生产应用方面，上海市于2000年制定了《干粉砂浆生产与应用技术规程》上海地方标准DG/T J08-502A—2000，北京市于2003年编制并颁布实施了《干拌砂浆应用技术规程》地方标准DBJ/T 01-73—2003，广东省于2004年制定了《干混砂浆应用技术规程》DBJ/T 15-36—2004，此后全国其他市陆续制定了干混砂浆相关地方标准。还有一些地方专门针对外墙外保温系统配套用砂浆制定了地方标准，例如上海市于2006年制定了《外墙外保温专用砂浆技术要求》地方标准DB31/T366—2006，北京市也早在2002年就制定了《外墙外保温聚合物砂浆质量检验标准》DBJ01-63—2002等。

这些标准中详细规定了相应的干混砂浆的产品质量要求和性能指标，明确了相应的测试过程和方法，并和国际通用的技术标准相接轨。这些标准的颁布和实施，极大地规范和推动了我国干混砂浆行业的发展。

干混砂浆的用途不同，其性能要求各不相同。但力学性能是干混砂浆性能的要求重点，这其中黏结抗拉强度尤为重要，几乎所有类型的干混砂浆均要求其黏结抗拉强度达到一定的指标要求。干混砂浆除了均要求牢固和耐久外，还应根据工程需要具有不同的功能，如保温、透气、防潮、防水、防霉、装饰、耐磨等。

在干混砂浆具体应用过程中，除了力学性能较为重要并且可以量化外，难以量化的物理性能也是影响其使用效果的重要性能。加水新拌后砂浆的物理性能不但影响长期性能，而且对施工非常重要，因应用场合而异。但针对不同的干混砂浆种类和应用场合，也可以通过一些技术参数，如稠度、流动度、保水性、体积密度、凝结时间等，进行量化比较。例如，在《商品砂浆》JG230—2007标准中，抹灰砂浆的稠度可以分为70 mm、90 mm和110 mm三个等级，可以比砌筑砂浆的稠度要求大一些；而抹灰砂浆和砌筑砂浆均要求保水性在88%以上；但两者对保水性的要求仍存在差异，后者的保水性应比前者低。即使同样是砌筑砂浆，也应视砌筑对象不同而要求具有保水性，砌筑吸水系数高的材料要使用保水性好的砌筑砂浆，反之亦然。

除了干混砂浆种类不同，对具体性能要求不同外，不同应用场合对干混砂浆性能的要求也有显著区别。例如抹灰砂浆，地面抹灰砂浆一般比墙面抹灰砂浆应有较高的抗压强度，而硬化地面的抗压强度应更高。实际上，即使用于同一建筑物的抹灰砂浆，也因部位、位向不同而具有不同的力学性能；即使同一部位，用于基层、中间层和表层的砂浆也具有不同的力学性能。所有这些除了要求要达到标准的一般规定外，还应根据具体实际情况，进行干混砂浆具体配制和研究。

4.3.4 常用建筑干混砂浆产品

目前工程常用的建筑干混砂浆产品可以分为以下两类。

1. 墙体隔热复合系统砂浆系列

墙体隔热复合系统砂浆系列是高附加值的建筑干粉技术产品。不管是在旧房改造还是在新建建筑中使用，均能发挥显著的隔热节能效果。墙体保温隔热复合系统主要有：

(1) 基体预处理砂浆(找平，改善基体表面吸附性等)；

(2) 保温板黏结和加固砂浆；

(3) 保温板(发泡聚苯乙烯板、岩棉保温板等)；

(4) 加固玻璃纤维网格；

(5) 表面防水彩色装饰砂浆。

与之补充的产品有：

(1) 瓷砖、瓷板黏结剂；

(2) 瓷砖、瓷板沟缝材料；

(3) 薄层彩色饰面砂浆。

2. 新型墙体材料专用干混砂浆系列

新型节能墙体材料的发展需要相应的专用建筑干混砂浆系列。特别适合这类墙体材料的建筑干混砂浆系列包括：

(1) 薄层砌筑砂浆；

(2) 轻质砌筑砂浆；

(3) 轻质抹灰砂浆；

(4) 保温砂浆(添加膨胀珍珠岩粉、EPS颗粒)；

(5) 外墙防水彩色饰面砂浆；

(6) 内墙泥子、薄层彩色饰面砂浆。

4.4 灌浆材料

灌浆材料是一种流体状材料，它通过压力作用注入工程结构物的缝隙中，经胶凝或化学反应固结后，起到提高结构物的整体性，或堵漏、防渗、补强等作用，是现代化工程施工中一种新型的工程材料。目前工程常用灌浆材料按其所用基材不同，可分为无机灌浆材料和有机灌浆材料两类。前者以水泥基材为主，后者则主要以合成树脂为基材配制而成，故也称为化学灌浆材料。现分别简介如下。

4.4.1 水泥基灌浆材料

水泥基灌浆材料是以各类硅酸盐水泥为基本成分，再根据需要加入一种或几种其他材料配制而成。如：为了减小水泥浆体硬化时的收缩、增加黏结力及减少流失，可在水泥浆中掺加一定量的细砂；为了提高浆液的稳定性和流动性，可加入一定量的粉煤灰或磨细矿渣等混合材；为了调节灌浆材料的胶凝性能，则可加入一定量的某些外加剂，如缓凝剂、促凝剂、流化剂、增稠剂、引气剂等。

水泥基灌浆材料是目前工程中使用最多的灌浆材料，其特点是：胶结性能好，无毒性，固结强度高，且施工方便，成本低，适宜于灌填宽度大于 0.15 mm 的缝隙，或渗透系数大于 1 m/d的岩层。水泥灌浆材料主要用于岩石、基础或结构物的加固和防渗堵漏，后张法预应力混凝土的孔道灌浆、制作压浆混凝土等。

4.4.2 化学灌浆材料

化学灌浆材料因其具有流动性好、渗透性强、能灌入很细的缝隙、凝结时间易于调节等特点，故被广泛应用。化学灌浆材料除了主要以合成树脂为基材配制的外，还有以水玻璃为基材配制的。现将工程常用的化学灌浆材料的组成材料、特性及用途列于表 4.8。

表 4.8 常用化学灌浆材料的组成、特性及用途

名称	基本成分	外加剂	特性	用途
环氧树脂灌浆材料	环氧树脂	固化剂 促进剂 稀释剂 增韧剂	黏结力强，强度高，收缩小，化学稳定性好	用于要求强度高的重要结构裂缝的修复、漏水裂缝的处理
甲凝	甲基丙烯酸甲酯或甲基丙烯酸丁酯	氧化剂 还原剂 抗氧剂	黏度很低，渗透力强，扩散半径大，可灌入 0.05～0.1 mm 的微细裂隙。黏结力强，强度高，耐酸碱性好，光稳定性较好	宜用于干燥情况下的混凝土大坝、油管、船坞、基础等的补强和堵漏
丙凝	丙烯酰胺	交联剂 促进剂 引发剂	黏度低，可灌性好，凝结时间可控性好，渗透性较好，扩散半径大，但强度低，且有一定毒性	主要用于混凝土大坝、基础等的补强和堵漏
氰凝	多异氰酸酯聚醚	稀释剂 阻聚剂 促进剂	聚合物抗渗性强，固结后强度高，胶凝工作时间可控	特别适用于地下工程的渗漏补强和混凝土结构补强
水玻璃灌浆材料	钠水玻璃或钾水玻璃	促凝剂	黏结性较强，双液法黏结时间短，单液法黏结时间长，但扩散有效半径大	土质基础或结构加固、防渗堵漏

思考题与习题

4.1 什么是砌筑砂浆？砌筑砂浆有哪些基本性质？

4.2 影响砌筑砂浆抗压强度的主要因素有哪些？

4.3 新拌砂浆的和易性包括哪两方面含义？如何测定？砂浆和易性不良对工程应用有何影响？

4.4 何谓抹面砂浆？抹面砂浆有什么用途？其施工有何特点？为什么要在抹面砂浆中掺入纤维材料？

4.5 简述防水砂浆的技术要求和用途。

4.6 试述采用预拌砂浆的重要意义。

4.7 某多层住宅楼工程，要求配制强度等级为M7.5、稠度为70～100 mm的水泥石灰混合砂浆，用于砌筑烧结普通砖墙体。工地现有材料的主要参数如下。

水泥：32.5级普通硅酸盐水泥；

砂子：中砂，堆积密度为1 450 kg/m^3，现场含水率为2%；

石灰膏：稠度120 mm；

施工水平：一般。

试设计砂浆配合比。

第二篇

混凝土技术

第 5 章　混凝土制品的配筋工艺

本章提要

本章主要介绍了钢筋的加工工艺，包括钢筋的冷拉、冷拔及焊接；预应力张拉工艺，包括先张法和后张法等工艺。

学习要求

(1) 了解钢筋的种类与性能、钢筋的焊接工艺。

(2) 掌握钢筋的冷拉与冷拔工艺及钢筋对焊工艺。

(3) 了解预应力钢筋锚固的锚夹具及其张拉机具。

(4) 掌握预应力混凝土的基本原理、防止和减少预应力损失的措施、预应力筋的选择与制作、先张法及后张法工艺。

钢筋与混凝土配合使用，即制成钢筋混凝土。在混凝土中为什么要配置钢筋呢？这要从混凝土和钢筋的强度性能说起。混凝土有很高的抗压性能，但是它的抗拉能力却很差。钢筋又细又长，抗拉条件虽好，抗压能力却大大降低。为了合理利用混凝土的高抗压性能，也为了节约用钢量，将钢筋和混凝土配合起来，使混凝土在构件中主要承受压力，而使钢筋主要承受拉力，二者搭配起来使用是比较理想的。这种结合也可以叫做“取长补短”，发挥各自的优势。

5.1　钢筋加工工艺

5.1.1　钢筋的种类和性能

5.1.1.1　钢筋的种类

钢筋是土木工程中常用的三大材料品种之一。钢筋种类很多，一般可按化学成分、冶炼方法、浇注时的脱氧程度、强度或外形等进行分类。

1. 按化学成分分类

按钢中的化学成分不同，钢材可以分为碳素钢和合金钢两大类。

(1) 碳素钢

碳素钢的化学成分主要是铁元素，其次是碳元素，也称为铁碳合金。此外，碳素钢中还含有少量的硅、锰，极少量的硫、磷等元素。其中碳的含量对钢的性能影响最显著，根据碳元素在钢中的含碳量不同，碳素钢又可分为低碳钢、中碳钢和高碳钢三种。

含碳量小于 0.25％的钢称为低碳钢，含碳量在 0.25％～0.60％的钢称为中碳钢，含碳量大于 0.60%而小于 2.06%的钢称为高碳钢。

(2) 合金钢

合金钢是指在炼钢的过程中特意加入少量的一种或多种合金元素(如硅、锰、钛、钒等)。钢中加入少量的合金元素后,既能改善钢的力学性能和工艺性能,也能获得某种特殊的物理化学性能。按合金元素掺入的总量,可将合金钢分为低合金钢、中合金钢和高合金钢三种。

合金总量小于 5%的钢称为低合金钢,合金总量在 5%~10%的钢称为中合金钢,合金总量大于 10%的钢称为高合金钢。

2. 按冶炼方法分类

常用的炼钢方法有转炉法(又分为空气转炉法和氧气转炉法)、平炉法和电炉法三种。

(1) 转炉炼钢法

以熔融的铁水为原料,在转炉中的底部或侧面吹入空气进行冶炼,称为空气转炉法。这种方法冶炼时间短,设备投资少,炼钢成本低,但空气中含有大量的氮,使钢中的含氮量增加,钢材质量较差,加之除去杂质不完全,所以钢材的可焊性、冲击韧性、抗腐蚀性均较差。

若采用纯氧气代替空气吹入冶炼,不仅可避免带入氮和氢等有害元素,而且能有效地除去铁水中的硫和磷,钢材质量甚至优于平炉钢。但炼钢成本比较高。

(2) 平炉炼钢法

平炉炼钢法和转炉炼钢法不同,它是以固体或液体的生铁、铁矿石或废钢为原料,以煤气、煤油或重油为燃料进行冶炼,杂质是靠铁矿石、废钢中的氧或吹入的氧起氧化作用而除去。

平炉冶炼的时间比较长(4~12 h),易调整和控制成分,钢中的杂质除得比较彻底,杂质少,钢材质量较好,但成本比转炉法高。用平炉炼钢法可生产优质碳素钢和合金钢或有特殊要求的钢种。

(3) 电炉炼钢法

电炉炼钢法是用电加热进行高温冶炼的方法,其原料主要是废钢及生铁。热源是高压电弧,冶炼温度不仅很高,而且可以自由调节,清除杂质比较容易、彻底,钢材质量最好,但耗电量大,成本高。

3. 按浇注时的脱氧程度分类

(1) 沸腾钢(代号为 F)　沸腾钢是脱氧不完全的钢,钢液中含氧量较高,有较多的氧化亚铁(FeO),它与碳发生反应,产生大量的一氧化碳(CO)气体,在钢液凝固时,气泡从钢液中冒出,在液面出现“沸腾”现象。这种钢的塑性较好,有利于冲压,但钢中的碳、硫、磷等杂质分布不均匀,偏析较严重,使钢的冲击韧性及可焊性较差。这种钢成本较低、产量较高,可用于一般的钢筋结构。

(2) 镇静钢(代号为 Z)　镇静钢是脱氧充分、注锭时钢液平静的钢。其质量均匀,结构致密,可焊性好,抗蚀性强,但成本较高,可用于承受冲击荷载或其他重要的结构。

(3) 特殊镇静钢(代号为 TZ)　特殊镇静钢是一种比镇静钢脱氧还要充分彻底的钢,所以其质量最好,适用于特别重要的结构工程。

4. 按机械性能分类

混凝土制品中用量最大的热轧钢筋,按机械性能分为四级:

Ⅰ级钢筋——235/370 级

Ⅱ级钢筋——335/510 级

Ⅲ级钢筋——370/570 级

Ⅳ级钢筋——540/835 级

分子是屈服强度，分母是抗拉强度，单位是MPa。

5. 按钢筋外形分类

有光面钢筋，如热轧Ⅰ级钢筋；变形钢筋，又有螺旋形、人字纹及月牙形钢筋之分，如热轧Ⅱ、Ⅲ、Ⅳ级钢筋；螺纹钢筋，又分为有纵筋和无纵筋螺纹钢筋，如热处理钢筋；光面钢丝，如直径均在 5 mm 以下的冷拔低碳钢丝和碳素钢丝；刻痕钢丝，为具有平行于纵轴线的两面凹坑的周期截面钢丝；钢绞线，由多根直径为 2.5～5.0 mm 的碳素钢丝绞捻而成。

6. 按供应形式分类

钢筋分为直条和盘条。直条直径为 10～50 mm，每根长度为 10～12 m。盘条直径通常小于 10 mm，随品种的不同，每盘质量应不小于 50 kg，最低质量不小于 20 kg，每批中最低质量的盘数不得多于 10%，盘径不得小于 1.7 m。

5.1.1.2 钢筋的性能

1. 力学性能

(1) 抗拉性能

抗拉性能是钢筋最常采用、最重要的力学性能。钢筋的抗拉性能由拉力试验测定的屈服点、抗拉强度和伸长率三项重要技术指标组成。

钢筋的抗拉性能，可以通过低碳钢（软钢）拉力试验（图 5.1）来说明。图中可明显地划分为弹性阶段（*OA*）、屈服阶段（*AB*）、强化阶段（*BC*）和颈缩阶段（*CD*）四个阶段。

① 弹性阶段（*OA* 段）

在此阶段，只产生弹性变形。*OA* 段应力与应变成正比，即

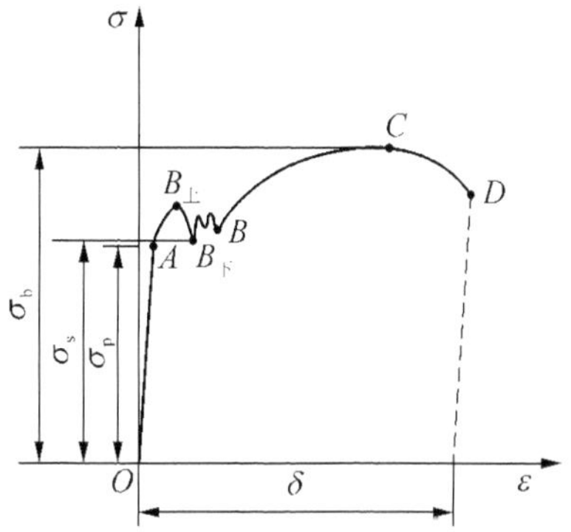

图 5.1 低碳钢受拉时应力应变

$$\sigma = E\varepsilon \tag{5.1}$$

式中，E 为与材料有关的比例常数，称为弹性模量，它反映钢材的刚度，是钢材在受力条件下计算结构变形的重要指标。常用低碳钢的弹性模量 E 约为 $2.0 \sim 2.1 \times 10^5$ MPa，弹性极限 σ_p 约为 180～200 MPa。

② 屈服阶段（*AB* 段）

当应力超过弹性极限后继续加载，应变会很快地增加，而应力先是下降，然后作微小的波动，在 $\sigma-\varepsilon$ 曲线上出现接近水平线的小锯齿形线段。这种应力基本保持不变，而应变显著增加的现象，称为屈服。图 5.1 中 $B_上$ 点是这一阶段应力最高点，称为屈服上限；$B_下$ 点是最低点，称为屈服下限，这时所对应的应力称为屈服极限或称屈服强度，用 σ_s 表示。σ_s 是衡量材料强度的重要指标。常用低碳钢的屈服极限 σ_s 约为 185～235 MPa。

该阶段在材料万能试验机上表现为指针不动（即使加大送油）或来回窄幅摇动。

钢材受力在屈服点时，变形即迅速发展，尽管尚未破坏但已不能满足使用要求。故设计

中一般以屈服点作为强度取值依据。

③ 强化阶段(*BC* 段)

过了屈服阶段后,材料又恢复了抵抗变形的能力,要使它继续变形必须增加拉力,这种现象称为材料的强化。强化阶段的最高点 *C* 点所对应的应力 σ_b 是材料所能承受的最大应力,称为强度极限或抗拉强度。它表示材料所能承受的最大应力。σ_b 是衡量材料强度的重要指标。常用低碳钢的抗拉极限 σ_b 约为 375～500 MPa。

抗拉强度在设计中虽不能利用,但屈强比(σ_s/σ_b)在设计中有着重要的意义。屈强比小,钢材至破坏时的储备潜力大,且钢材塑性好,应力重分布能力强,用于结构的安全性高。若屈强比过小,则钢材利用率低,不经济。建筑结构钢屈强比一般在 0.60～0.75 范围内较合理。普通碳素结构钢 Q235 的屈强比大约为 0.58～0.63;低合金结构钢的屈强比大约为 0.65～0.75;对有抗震要求的框架结构纵向受力钢筋要求屈强比不应超过 0.80。

④ 颈缩阶段(*CD*)

当应力达到抗拉强度时,钢材内部结构遭到严重破坏,试件从薄弱处产生颈缩及迅速伸长变形直至断裂,此种现象称为"颈缩"。在颈缩阶段,由于试件截面迅速减小,钢材承载能力急剧下降。

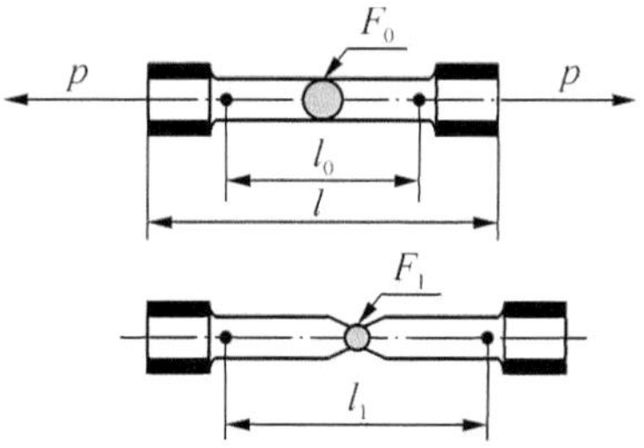

图 5.2　钢材拉断前后的试件

将拉断的试件在断口处拼合起来,见图 5.2,量出拉断后标距部分的长度 l_1,结合原始标距长 l_0,可测得钢材伸长率 δ,其计算式为

$$\delta = \frac{l_1 - l_0}{l_0} \times 100\% \tag{5.2}$$

应当注意,由于发生颈缩现象,所以塑性变形在试件标距内的分布是很不均匀的,颈缩处的伸长较大,由于原标距与直径之比越大,颈缩处伸长值在整个伸长值中的相对密度越小,因而计算的伸长率越小。通常以 δ_5 和 δ_{10} 分别表示 $l_0 = 5d_0$ 和 $l_0 = 10d_0$ 时的伸长率(d_0 为试件的原直径)。对于同一钢材,$\delta_5 > \delta_{10}$。普通碳素钢 A_3 的伸长率 δ_5 可达 27%以上,在钢材中是塑性相当好的材料。工程上通常把常温下静载伸长率大于 5%的材料称为塑性材料,金属材料中低碳钢是典型的塑性材料。

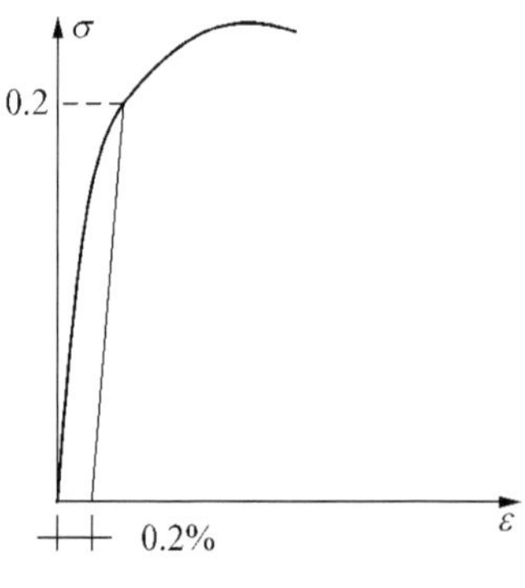

图 5.3　中碳钢、高碳钢受拉时应力应变图

伸长率可衡量钢材塑性变形能力的大小,是评定钢材质量的重要指标。伸长率较大的钢材,钢质较软,强度较低,但塑性好,加工性能好,应力重分布能力强,用于结构安全性大,但塑性过大,又影响实际使用。塑性过小,钢材质硬脆,受到突然超荷作用时,构件易断裂。

中碳钢与高碳钢(硬钢)由于材质较硬,抗拉强度高,塑性变形较小,受拉时无明显的屈服阶段,如图 5.3 所示。由于它们没有明显的屈服阶段,屈服点不便测定,故常以其规定残余变形为 $0.2\%l_0$ 时的应力值作为名义屈服点,也称条件屈服点,用 $\sigma_{0.2}$ 表示。通过拉力试验,还可以测定另一个表明试件(钢材)的塑性指标——断面收缩率 ψ。它表示试件拉断后,

颈缩处横截面积最大缩减量与原始横截面积的百分比，即

$$\psi = \frac{F_0 - F_1}{F_0} \times 100\% \tag{5.3}$$

式中，F_0 为原始横截面积；F_1 为断裂颈缩处的横截面积。

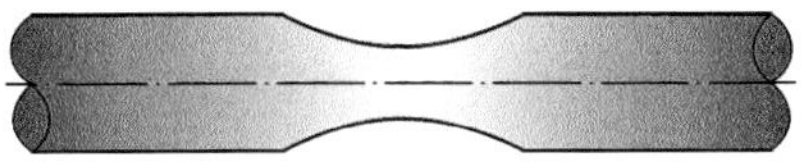

图 5.4 颈缩现象示意图

普通碳素钢 A_3 的截面收缩率约为 $\psi = 55\%$。应力达到强度极限后，在试样的某一局部范围内，横向尺寸突然急剧缩小，形成颈缩现象，见图 5.4。

(2) 冲击韧性

冲击韧性是指钢材抵抗冲击荷载作用的能力。冲击韧性指标是通过标准试件的弯曲冲击韧性试验确定的。测试时以摆锤打击标准试件，于刻槽处将其打断，试件单位横截面积上所消耗的功，即为钢材的冲击韧性值，用冲击韧性 α_k 表示，见图 5.5。冲击韧性按式(5.4)计算

$$\alpha_k = \frac{W}{A} \tag{5.4}$$

式中 α_k——冲击韧性，$J \cdot mm^{-2}$；

W——摆锤所做的功，J；

A——试件槽口处最小横截面积，mm^2。

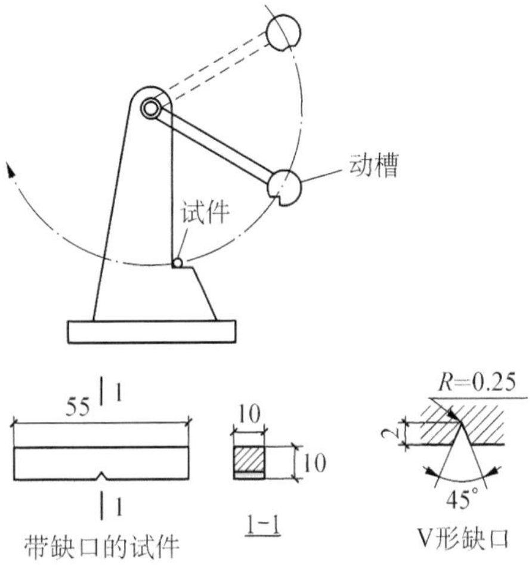

图 5.5 冲击韧性试验示意图(单位:mm)

α_k 值越大，钢材的冲击韧性越高，反之韧性低，脆性大。承受动荷载结构的钢材，α_k 应符合要求。

2. 工艺性能

(1) 冷弯性能　常温下钢材承受弯曲的程度称为冷弯性能，一般以弯曲角度及弯心直径表示，冷弯后外表无裂纹即为合格。钢筋塑性越大，冷弯性能就越好。冷弯是检验钢筋弯曲成型的工艺性能，又可检验其内部有无夹渣、夹层缺陷，因此钢筋均应冷弯性能合格。

(2) 反复弯曲　该方法用于检验钢丝工艺性能及塑性。钢丝夹持于专用仪器上反复弯曲直至断裂，则断裂前的反复弯曲次数即为其指标。

(3) 钢筋的可焊性　指钢材在一定条件下承受焊接热的作用，而不形成裂缝、不恶化机械性能的能力。焊接后，热影响区的维氏硬度不大于 350(HRC 约为 38)时，一般可焊性良好，不会产生焊接裂缝。一般规律是，淬火性弱的可焊性好；含碳量高，可焊性差；合金元素含量增多，可焊性也降低，但比含碳量的影响小得多。因此，以钢的合金化来提高强度比增加含碳量更有利于焊接性能的改善。一般可用碳当量判断可焊性的优劣，所谓碳当量，就是对焊接性能起同样程度影响时，合金元素所相当的碳含量。显然，碳的碳当量为 1，而锰为 1/6，硅为 1/24，镍为 1/40，铬为 1/5，钼为 1/4，钒为 1/14。如锰含量为 1%时，相当于碳含量为 1/6×1%的效果，依次类推。因此，钢中的总碳当量为

$$C_{eq} = C + \frac{1}{6}Mn + \frac{1}{24}Si + \frac{1}{40}Ni + \frac{1}{5}Cr + \frac{1}{4}Mo + \frac{1}{14}V + \cdots \tag{5.5}$$

式中各元素含量均以百分率计。

钢筋可焊性与碳当量的关系见表 5.1。

表 5.1 钢筋可焊性与碳当量的关系

碳当量 C_{eq}/%		可焊性
接触对焊	电弧焊	
<0.5	<0.4	良好
0.5～0.7	0.4～0.6	有限
>0.7	>0.6	差

5.1.2 钢筋的冷加工

钢筋是钢筋混凝土工程中的主要材料。钢筋的质量、品种、大小、数量、位置等配置是否恰当，关系着整个工程的成败。因而，钢筋的加工就成为钢筋混凝土工程的关键环节。钢筋加工以再结晶温度为分界，可分为冷加工和热加工两大类。在再结晶温度以下的加工称为冷加工，反之称为热加工。再结晶温度是使冷变形金属在规定时间内发生规定程度再结晶的最低温度。冷加工后的钢筋，由于塑性变形，致使强度及硬度相应提高，而塑性和韧性下降，即发生了加工强化。冷加工不仅强化了钢筋，增加了钢筋的品种规格，还可节约钢材。但塑性低或承受较大冲击荷载的钢筋不能进行冷加工。

目前，钢筋混凝土工程的钢筋加工，不论是现浇的还是预制的，大都集中在钢筋加工厂，用流水作业生产线进行生产，然后运至现场安装施工。冷加工过程除了冷拉和冷拔外，还有除锈、调直、切断、弯曲等。本节重点介绍钢筋冷拉和冷拔。

5.1.2.1 冷拉

将Ⅰ～Ⅳ级热轧钢筋，在最低再结晶温度下(通常在常温下)拉伸至超过屈服点而小于抗拉强度的某一应力，然后卸荷，即制成冷拉钢筋，其机械性能应符合表 5.2 的规定。冷拉可使屈服点提高 17%～27%、材料变脆、屈服阶段缩短、伸长率降低，冷拉时效后强度略有提高。实践中，可将冷拉与除锈、调直、切断合并为一道工序，简化流程，提高效率。冷拉既可节约钢筋，又可制作预应力钢筋，增加其品种规格，设备简单，易于操作，是钢筋冷加工的常用方法之一。

表 5.2 冷拉钢筋的机械性能

项次	钢筋级别	直径/mm	屈服点 σ_s/N/mm²	抗拉强度 σ_b/N/mm²	伸长率 δ_{10}/%	冷弯	
			不小于			弯曲角度	弯曲直径
1	冷拉Ⅰ级	6～12	280	370	11	180°	$3d_0$
2	冷拉Ⅱ级	8～25	450	510	10	90°	$3d_0$
		28～40	430	490	10	90°	$4d_0$
3	冷拉Ⅲ级	8～40	500	570	8	90°	$5d_0$
4	冷拉Ⅳ级	10～28	700	835	6	90°	$5d_0$

注：钢筋直径大于 25 mm 的冷拉Ⅱ、Ⅳ级钢筋，冷弯试验的弯曲直径应增加 $1d_0$，冷弯后不得有裂纹、裂断或起层现象。

1. 冷拉控制方法

钢筋冷拉控制可以采用控制冷拉应力和控制冷拉率(冷拉率是指钢筋冷拉伸长值与钢筋冷拉前长度的比值)两种方法。在一定范围内,冷拉控制应力及冷拉率越大,则屈服点提高越多,塑性降低也越大。但是,为了确保混凝土制品能安全工作,冷拉钢筋应具有一定的塑性,其抗拉强度与屈服点之比不宜低于1.07,以保证一定的强度储备。

采用控制钢筋冷拉应力时,所采用的冷拉控制应力和最大冷拉率应符合表5.3的规定。冷拉后检查钢筋的冷拉率:若冷拉率未超过表列的最大冷拉率,冷拉钢筋合格;若冷拉率超过表列最大冷拉率,则应进行力学性能试验。

表5.3 冷拉控制应力

级别	钢筋类型		冷拉控制应力/(N/mm^2)	最大冷拉率/%
Ⅰ	HPB235, $d \leqslant 12$		280	10
Ⅱ	HRB335	$d \leqslant 25$ $d = 28 \sim 40$	450 430	5.5
Ⅲ	HRB400, $d = 8 \sim 40$		500	5
Ⅳ	HRB500, $d = 10 \sim 28$		700	4

例如:一根直径为12 mm的HRB钢筋(其断面面积为113 mm^2),长度为30 m,按表5.3,钢筋的冷拉控制应力为700 N/mm^2,最大冷拉率为4%,则该钢筋的控制拉力为700 $N/mm^2 \times 113\ mm^2 = 79.1$ kN;最大伸长值为30 m × 4% = 1.2 m;若拉力已达到79.1 kN,且拉长值未超过1.2 m,则此冷拉钢筋合格。若钢筋的拉长值已达到1.2 m,但拉力未达到79.1 kN,则该钢筋应降级使用。

采用冷拉控制应力的冷拉钢筋,易于保证冷拉钢筋的质量。

如采用冷拉率控制,冷拉率必须由试验测定。对同炉批钢筋的试件不宜少于4根,每根试件都按表5.4规定的冷效应力值在万能试验机上测定相应的冷拉率,取其平均值作为该炉批钢筋的实际冷拉率。不同炉批的钢筋,不宜用控制冷拉率的方法进行冷拉。

表5.4 测定冷拉率时钢筋的冷拉应力

级别	钢筋类型		冷拉应力/(N/mm^2)
Ⅰ	HPB235, $d \leqslant 12$		280
Ⅱ	HRB335	$d \leqslant 25$ $d = 28 \sim 40$	480 460
Ⅲ	HRB400, $d = 8 \sim 40$		530
Ⅳ	HRB500, $d = 10 \sim 28$		730

多根连接的钢筋,用控制应力的方法进行冷拉时,其控制应力和每根的冷拉率均应符合表5.4的规定。当用控制冷拉率的方法冷拉时,实际冷拉率可按总长计算,但多根钢筋中的每根钢筋冷拉率不得超过表5.3的规定。

由多根钢筋连接而成的冷拉钢筋,应先焊接后冷拉。

2. 冷拉工艺

钢筋冷拉工艺按采用机械设备和冷拉钢筋的品种规格以及场地布置的具体条件等不同，有卷扬机冷拉工艺(此法用得较多)、丝杠粗钢筋冷拉工艺、液压粗钢筋冷拉工艺等。图5.6是钢筋卷扬机冷拉工艺装置的一个例子。

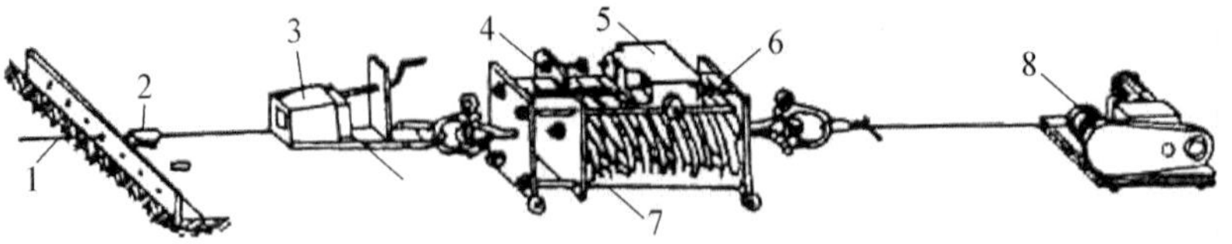

图 5.6　卷扬机冷拉钢丝示意图

1—钢丝；2—圆锥形锚固夹具；3—钳式张拉夹具；4—限位螺丝；
5—行程开关；6—弹簧测力计；7—支柱；8—卷扬机

卷扬机冷拉工艺的特点如下。

(1) 钢筋冷拉前应对测力计和各项冷拉数据进行检验和复核，无误后再进行操作，并在冷拉过程中做好记录。

(2) 钢筋冷拉速度不宜过快，待拉到规定长度或控制应力后，应稍作停顿，然后放松。

(3) 钢筋伸长值的测定起点，以卷扬机拉紧钢筋(为冷拉应力的10%)时为准。

(4) 预应力钢筋应先焊接然后冷拉，以免因焊接而降低冷拉后的强度。如焊接接头被拉断，可重新焊接后再拉，但重焊不得超过2次。

(5) 冷拉钢筋的表面不得有裂纹和局部颈缩现象，机械性能应符合表5.1的规定，并按施工验收规范的规定进行检查验收。

(6) 钢筋冷拉线的两端必须设置防护措施。冷拉时严禁在两端站人，不得跨越、触动正在冷拉的钢筋，以免发生安全事故。

(7) 冷拉后的钢筋表面容易生锈，要特别注意防锈工作。

3. 冷拉钢筋适用范围及质量检验

冷拉Ⅰ级钢筋适用于钢筋混凝土结构中的受拉钢筋，冷拉Ⅱ、Ⅲ、Ⅳ级钢筋可用作预应力钢筋混凝土结构的预应力筋。

冷拉钢筋应按施工及验收规范分批进行外观检查(预应力筋应逐根检查)、拉力及冷弯试验，评定质量，进行验收。

5.1.2.2　冷拔

钢筋冷拔是将直径为6～8 mm的Ⅰ级钢筋，在常温下通过特制的钨合金拔丝模进行强力拉拔，钢筋经过冷拔后，使其抗拉强度提高，塑性降低。

冷拉是纯拉伸的线应力，而冷拔是拉伸和压缩兼有的立体应力。钢筋冷拔后，横向压缩、纵向拉伸，如图5.7所示。这种经冷拔加工的钢筋称为冷拔低碳钢丝。冷拔低碳钢丝分为甲、乙级，甲级钢丝主要用作预应力混凝土构件的预应力筋，乙级钢丝用于焊接网和焊接骨架、架立筋、箍筋和构造钢筋。

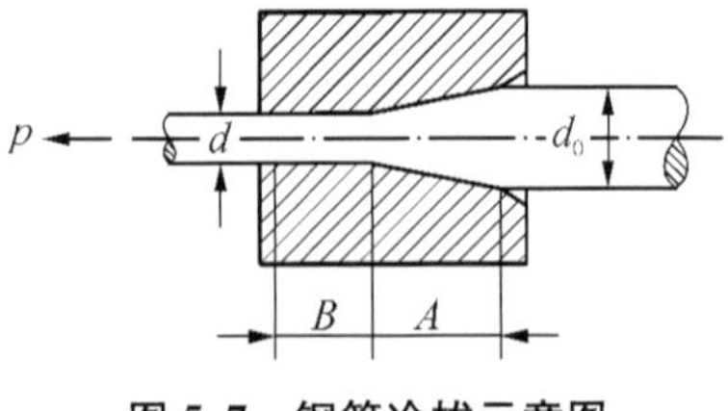

图 5.7　钢筋冷拔示意图

A—工作区段；B—定径区段

冷拔设备由拔丝机、拔丝模、剥壳装置、轧头机等组成。钢筋冷拔工艺过程为:轧头→剥壳→通过润滑剂→进入拔丝模。轧头在钢筋轧头机上进行,将钢筋端头压细,以便通过拔丝模孔。剥壳是通过具有 2～3 个槽轮的剥壳装置,除去钢筋表面的铁锈,然后强力使钢筋通过润滑剂进入拔丝模孔。拔丝模孔有各种规格,应根据钢丝每次拔丝后压缩的直径选用。

影响冷拔钢丝质量的因素主要有原材料的质量和冷拔总压缩率。原材料要按钢厂、钢号、直径分别堆放和使用。甲级冷拔低碳钢丝应符合Ⅰ级热轧钢筋标准的圆盘条拔制。冷拔总压缩率 β 为原盘条拔至成品钢丝的横截面总缩减率,可按下式计算:

$$\beta = (d_0^2 - d^2)/d_0^2 \times 100\% \tag{5.6}$$

式中 d_0——原材料钢筋直径,mm;

d——成品钢丝直径,mm。

冷拔总压缩率越大,钢丝强度提高越多,但塑性降低也越多,因此必须控制总压缩率。一般情况下,直径为 5 mm 的钢丝由 8 mm 的盘条经数次反复冷拔而成,直径为 3 mm 和 4 mm的钢丝用 6.5 mm 的盘条拔制。

由钢筋制成冷拔钢丝并非一次拔成,而是要反复冷拔多次,使钢筋截面逐步缩小。冷拔次数要选择适当,冷拔参考次数见表 5.5。

表 5.5 钢丝冷拔次数参考表

项次	钢丝直径/mm	盘条直径/mm	冷拔总压缩率/%	冷拔次数					
				第 1 次	第 2 次	第 3 次	第 4 次	第 5 次	第 6 次
1	5	8	61	6.5 7.0	5.7 6.3	5.0 5.7	5.0		
2	4	6.5	62.2	5.5 5.7	4.6 5.0	4.0 4.5	4.0		
3	3	6.5	78.7	5.5 5.7	4.6 5.0	4.0 4.5	3.5 4.0	3.0 3.5	3.0

冷拔钢丝质量要逐盘做外观检查,钢丝表面不得有裂缝、油污、锈蚀等。甲级钢丝的力学性能应逐盘检验,乙级钢丝的力学性能应分批抽样检验,以相同直径的钢丝 5 t 为一批。

5.1.3 钢筋的焊接

焊接是使两个金属焊件的接触点,在加压或不加压的条件下,加热至塑性和局部熔融状态,并形成共同晶体以达到永久性牢固结合的工艺过程。采用焊接工艺可成型钢筋网片和骨架,可改善制品的力学性能,提高工效,节约钢材并降低成本,因而获得了广泛的应用。

钢筋焊接质量与钢筋的可焊件以及焊接制度密切相关。钢筋的可焊性与钢筋中的碳元素以及合金元素含量相关。碳、锰含量的提高会降低钢筋可焊性,而适量的钛元素会提高可焊性。可焊性还与钢筋级别有关,一般来说Ⅰ级钢的可焊性较好,Ⅱ、Ⅲ级钢可焊性一般,Ⅳ级钢可焊性差。焊接种类和制度也会对焊接效果产生影响。

工程中常用的焊接方法有闪光对焊、电弧焊、电渣压力焊、埋弧压力焊、电阻点焊和气压焊等。

5.1.3.1 闪光对焊

闪光对焊不需要焊药，施工工艺简单，工作效率高，造价低，应用广泛，特别适用于热轧钢筋。图 5.8 为闪光对焊机工作原理的示意图。

闪光对焊一般由闪光和顶锻两个主要工序步骤组成。第一步将需要对焊的钢筋分别固定在对焊机的两个电极上，通以低电压的强电流。先使钢筋端面轻微接触，电路贯通，由于钢筋端部不平整，接触面很小，电阻很大，产生大量热量，温度急剧上升，接触点金属熔化，接着金属溶液汽化从而形成火花四溅的现象，称为闪光。闪光可以防止接口氧化，同时可以烧去接口中原有杂质和氧化膜，因而可获得良好的焊接效果。第二步轴向加压顶锻，使两钢筋连成一体，顶锻应在一定压力下快速完成，可以使焊口闭合良好防止氧化，并产生适当的锻粗变形。接头冷却后形成对接焊头。

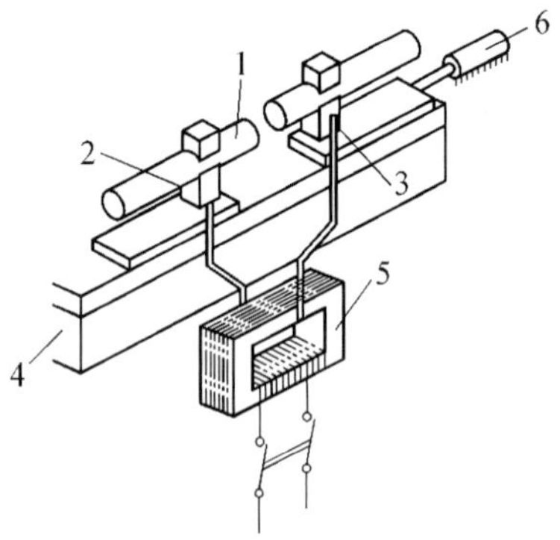

图 5.8　闪光对焊机工作原理示意图

1—焊接钢筋；2—固定电极；3—可动电极；4—机座；5—变压器；6—手动顶压机构

钢筋闪光对焊工艺常用的有连续闪光焊、预热闪光焊和闪光-预热-闪光焊三种工艺。

连续闪光焊是在形成闪光后，慢慢移动钢筋，从而出现连续闪光，直至钢筋端部烧平并达到一定烧化量后，迅速加压顶锻，使钢筋焊合。连续闪光焊可用于焊接 25 mm 以下的Ⅰ、Ⅱ、Ⅲ级钢筋。焊接直径较小的钢筋最适宜。

预热闪光焊是在连续闪光焊前加一预热过程，以扩大焊接热影响区域。预热过程是闪光一开始，使接头做周期的闭合和断开，从而产生断续闪光，达到预热的目的。当钢筋直径较大、端部平整时，宜采用预热闪光焊。

闪光-预热-闪光焊是在预热闪光焊前加一次闪光过程。目的是使不平整的粗钢筋端部烧化平整。其工艺特点是先连续闪光，烧平粗钢筋端部，然后断续闪光，进行预热，再连续闪光，最后进行加压顶锻。

Ⅳ级钢筋可焊性差，接头易出现脆断现象，需对其接头进行退火处理。

焊接质量与闪光对焊参数有关。闪光对焊参数主要有：

(1) 调伸长度　调伸长度是指焊接前钢筋从电极钳口伸出的长度，其数值取决于钢筋的品种和直径，应能使接头加热均匀，且顶锻时钢筋不致弯曲和偏心。Ⅱ、Ⅲ级钢筋对焊应采取较大的调伸长度。

(2) 烧化留量与预热留量　烧化留量与预热留量是指在闪光和预热过程中烧化的钢筋长度。连续闪光焊烧化留量长度等于两段钢筋切断时刀口严重压伤部分之和再加上 8 mm；预热闪光焊的预热留量为 4～7 mm，烧化留量为 8～10 mm；闪光-预热-闪光焊的一次烧化留量等于两段钢筋切断时刀口严重压伤部分之和，预热留量为 2～7 mm，二次烧化留量为8～10 mm。

(3) 顶锻留量　指闪光结束后，加压顶锻，熔化的钢筋挤出而消耗的钢筋长度。顶锻留量分为有电顶锻留量与无电顶锻留量两部分。顶锻留量随着钢筋直径增大和钢筋级别的提高而增大，一般为 4～6.5 mm。其中，有电顶锻留量约占 1/3，无电顶锻留量占 2/3。

(4) 变压器级数　用于调节焊接电流的大小，根据钢筋直径确定。焊接时出现较大火花和爆燃声，就要降低变压器级数。

焊接不同直径的钢筋时，其截面比不宜超过 1.5。焊接参数按大直径钢筋选择并减小大直径钢筋的调伸长度。焊接时先对大直径钢筋预热，以使两者加热均匀。

负温下焊接，冷却快，易产生淬硬现象，内应力也大。为此，负温下焊接应减小温度梯度和冷却速度。为使加热均匀，增大焊件受热区，可增大调伸长度10%～20%，变压器级数可降低一级或两级，缓慢而均匀地加热。降低烧化速度，焊后见红区应比常温时长。

5.1.3.2　电弧焊

电弧焊如图5.9所示，是利用弧焊机使焊条与焊件之间产生高温，电弧使焊条和电弧燃烧范围内的焊件熔化，待其凝固便形成焊缝或接头。所谓电弧是指焊条与焊件金属之间空气介质出现的强烈持久的放电现象。

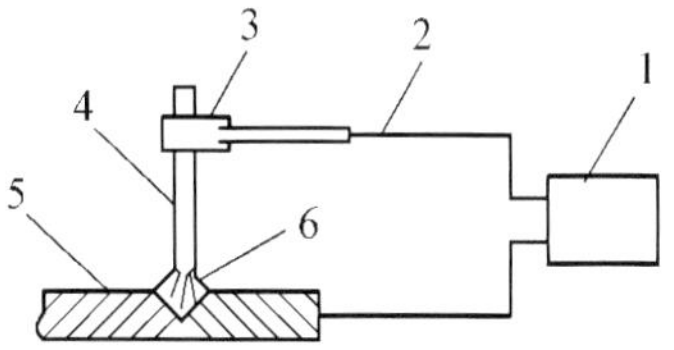

图5.9　电弧焊示意图

1—交流弧焊变压器；2—变压器次级导线；3—焊钳；4—焊条；5—焊件；6—熔渣

电弧焊应用非常广泛，常用于钢筋接头、钢筋骨架焊接、装配式结构接头的焊接、钢筋与钢板的焊接及各种钢结构焊接。

电弧焊使用的弧焊机有交流弧焊机和直流弧焊机两种。交流弧焊机较常用。焊接时将焊条和焊件分别接在弧焊机两极上，然后引弧。引弧就是将焊条轻轻接触焊件表面，形成短路，然后提起焊条，使焊条和焊件之间的空气电离，引燃焊条。焊条燃烧形成的气体氛围能对焊缝或焊头起保护作用，防止氧化。

焊条种类很多，如E4303、E5003、E5503等，应根据钢材种类、等级、接头形式合理选择。焊接电流和焊条直径应根据钢筋级别、直径、接头形式和焊接位置进行选择。

钢筋电弧焊的接头形式有搭接焊、帮条焊、坡口焊等。搭接焊适用于10～40 mm的Ⅰ～Ⅲ级钢。焊接时最好采用双面焊。焊接前，钢筋可进行预弯，以保证焊接的轴线在一条直线上。帮条焊也适用于10～40 mm的Ⅰ～Ⅲ级钢。帮条宜选用与焊接钢筋同级别同直径的钢筋制作。帮条直径与焊接筋相同时，帮条级别可以低一级别；帮条级别与焊接筋相同时，帮条直径可以小一规格。坡口焊与前两种焊接接头相比，较节约钢材，主要用于现场构配件的焊接，有立焊和平焊两种形式。平焊时，V形坡口角度为55°～65°，立焊时，坡口角度为45°～55°。

电弧焊还可以用来焊接预埋件的T形接头等。

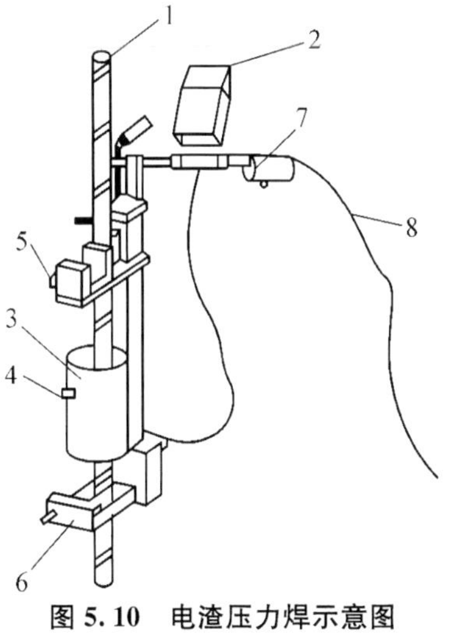

图5.10　电渣压力焊示意图

1—钢筋；2—监控仪表；3—剂盒；4—焊剂盒扣环；5—活动夹具；6—固定夹具；7—操作手柄；8—控制电缆

5.1.3.3　电渣压力焊

电渣压力焊是利用电流通过渣池产生的热量将钢筋端部熔化，然后施加压力使钢筋焊在一起，分为引弧、稳弧、顶锻三个过程，主要用于现浇混凝土结构或构件内竖向或斜向钢筋的接长，适用于直径14～40 mm的Ⅰ、Ⅱ级钢筋。与电弧焊相比，具有操作简单、工效高、成本低、可竖向连接等特点，已在高层建筑施工中获得广泛应用。

电渣压力焊有自动和手动电渣压力焊两类。电渣压力焊主要设备是交流弧焊机、夹钳和电路控制设备。

电渣压力焊的原理见图5.10。焊接时，先除尽钢筋端部约120 mm范围内的铁锈，夹牢下部钢筋，并将上部钢筋扶直夹牢于活动电极中。当采用自动电渣压力焊时，还需在上、下钢筋间放置引弧用的钢丝圈等。再装上药盒，填满焊药，接通电路，用手柄使电弧引燃（引弧）。然后稳定一定时间，使钢筋端部、钢丝圈和焊药熔化形成渣池，并使钢筋熔化(稳弧)。随着钢筋的熔化，用手柄使上部钢筋缓缓下送。当稳弧达到规定时间后，在断电同时用手柄进行加压顶锻(顶锻)，以排除夹渣和气泡，形成接头。待冷却一定时间后，拆除药盒和夹具，回收焊药，清除焊渣。

电渣压力焊的工艺参数为焊接电流、渣池电压和通电时间，根据钢筋直径选择(表 5.6)。钢筋直径不同时，根据较小直径的钢筋选择参数。电渣压力焊的接头，亦应按规定检查外观质量和进行试件拉伸试验。

表 5.6　电渣压力焊焊接参数

钢筋直径/mm	渣池电压/V	焊接电流/A	焊接通电时间/s
14	25～35	200～250	12～15
16		200～300	15～18
20		300～400	18～23
25		400～450	20～25
32		450～600	30～35
36		600～700	35～40
38		700～800	40～45
40		800～900	45～50

5.1.3.4　埋弧压力焊

埋弧压力焊是利用焊剂层下的电弧所产生的高温将所需焊接的焊件相邻的部位熔化，然后再加压顶锻使焊件连成一体。埋弧压力焊具有工艺简单、工效高、焊接质量易保证的特点，主要用于钢筋与钢板做 T 形接头的焊接。

埋弧压力焊有自动和手动埋弧压力焊两种。手动埋弧压力焊机由焊接变压器和工作机组成；自动埋弧焊机是在手动埋弧焊接机基础上，增加一个延时控制功能的装置。焊接时，先接通电源，立即提升钢筋(高度为 2.4～3.5 mm)，引燃电弧，根据钢筋种类和直径大小延续一定时间，待钢筋端部和钢板熔化到一定程度后，再迅速顶压形成接头。

埋弧压力焊的焊接参数主要有：焊接电流、电弧电压、焊接通电时间、熔化量加压入量、引弧提升高度等，可按表 5.7 选择。

表 5.7　埋弧压力焊焊接参数

钢筋级别	钢筋直径/mm	焊接电流/A	电弧电压/V	焊接通电时间/s	熔化量加压入量/mm	引弧提升高度/mm
Ⅰ	6	400～450	30～35	1	8	2.5
	8	500～600		1.5	9	2.5

续　表

钢筋级别	钢筋直径/mm	焊接电流/A	电弧电压/V	焊接通电时间/s	熔化量加压入量/mm	引弧提升高度/mm
Ⅱ	10	550～650	0～35	2～2.5	9	2.5
	12	650～750		3.5～4	11	3
	14	750～850		4.5～5	11	3.5
	16	800～900		5～5.5	11	3.5
	18	900～1 000		6.5～8	12	3.5
	20	1 000～1 100		9～10	12	3.5

5.1.3.5　电阻点焊

电阻点焊主要用于Ⅰ、Ⅱ级小直径钢筋和低碳钢丝的交叉焊接，焊接钢筋网片和骨架。与人工绑扎相比，它可以提高生产效率，节约材料。

电阻点焊的工作原理是，将已除锈的钢筋交叉点放在点焊机的两极之间，通电时，钢筋之间以一个点接触，接触点的电阻很大，电流产生的热量全部集中在这一点上，接触点的钢筋熔化，同时在电极加压下焊点钢筋焊合。

常用的点焊机有单点点焊机、多头点焊机（一次可焊数点，用于焊接宽大的钢筋网）、悬挂式点焊机（可焊钢筋骨架或钢筋网）、手提式点焊机（用于施工现场）。

电阻点焊的主要工艺参数为：变压器级数、通电时间和电极压力。在焊接过程中，应保持一定的预压和锻压时间。通电时间根据钢筋直径和变压器级数而定。电极压力则根据钢筋级别和直径选择。

电阻点焊不同直径钢筋时，如较小钢筋的直径小于 10 mm 时，大、小钢筋直径之比不宜大于 3；如较小钢筋的直径为 12 mm 或 14 mm 时，大、小钢筋直径之比则不宜大于 2。同时应根据较小直径的钢筋选择焊接工艺参数。

5.1.3.6　气压焊

气压焊接钢筋是利用乙炔和氧混合气体燃烧的高温火焰对初始压力作用下的两根钢筋端面接合处加热，使钢筋端部产生塑性变形，并促使钢筋端面的金属原子互相扩散，当钢筋加热到约 1 250～1 350℃（相当于钢材熔点的 80％～90％）时进行加压顶锻，使钢筋焊接在一起。适用于Ⅰ、Ⅱ、Ⅲ级直径相同或相差不超过 7 mm 的热轧钢筋的现场焊接。

气压焊的特点：钢筋气压焊接属于热压焊，在焊接加热过程中，加热温度只为钢材熔点的 80％～90％，且加热时间较短，所以不会出现钢筋材质劣化倾向。另外，它设备轻巧、使用灵活、效率高、节省电能、焊接成本低，可进行全方位（竖向、水平和斜向）焊接。所以在我国逐步得到推广和应用。

气压焊接设备（图 5.11）主要包括加热系统与加压系统两部分。

流量计用来控制氧和乙炔的输入量，焊接不同直径的钢筋要求不同的流量。加热器用来将氧和乙炔混合后，从喷火嘴喷出火焰加热钢筋，要求火焰能均匀加热钢筋，有足够的温度和功率并安全可靠。加压系统用来产生预压和顶锻时的压力，要求能准确、方便地将焊接件固定在同一轴上，并能将油泵所产生的压力均匀传给钢筋，以达到焊接的目的。

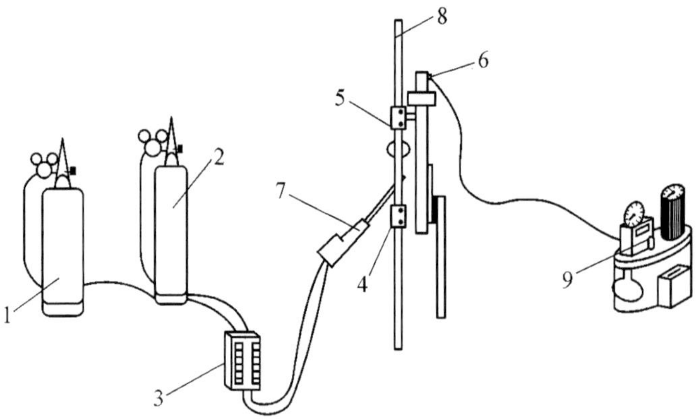

图 5.11　气压焊接设备

1—乙炔；2—氧气；3—流量计；4—固定卡具；5—活动卡具；6—压接器；
7—加热器和焊枪；8—被焊钢筋；9—加压油泵

此外，钢筋在气压焊焊接前需要用砂轮切割机下料，打磨除锈，喷涂钢筋焊接活化剂等。

5.2　预应力张拉工艺

5.2.1　预应力混凝土的基本原理及分类

预应力(prestressing)是为了改善结构构件在正常使用条件下的工作性能和提高强度而在使用前预先施加的应力。

预应力混凝土是在混凝土中预加压应力或拉应力。最常用的是在混凝土中预加压应力，不仅可以抵消外荷载(静载或动载)引起的拉应力或拉应变，还可以抵消温度应力、收缩、直接受拉及受剪引起的拉应力或拉应变。

预加压应力的方法通常是张拉位于结构内的预应力筋并锚固之。预应力筋的材料目前普遍用高强度钢，同时，对纤维增强塑料(Fiber Reinforced Plastic，FRP)筋的研究和开发也在进行中。预应力筋不一定位于混凝土内，它们可以位于混凝土截面之外(如在斜拉桥中)，也可以位于梯形箱梁的箱形串室之内；对简支梁预加应力时可预压其下翼缘，下翼缘在使用中承受正弯矩时能不因承受拉应力而开裂；对桩预加压应力可使其在收缩、运送、吊装和打桩时都不会出现裂缝，并能防止长桩在偏心荷载下失稳，对压力容器预加应力，可使其能承受因内外温差及容器内压力而产生的拉应力；对薄的楼板预加应力，能使其在标准荷载下保持平直不弯曲。

预应力混凝土的分类是指根据正常使用极限状态对裂缝控制的不同要求，将预应力混凝土划分为不同的类型。通常分为如下三类。

(1) 全预应力混凝土(Fully prestressed concrete)　在全部荷载最不利组合下，混凝土不出现拉应力。

(2) 有限预应力混凝土(Limited prestressed concrete)　在全部荷载最不利组合作用下，混凝土的拉应力不超过其限值，但在长期持续荷载作用下，混凝土不出现拉应力。

(3) 部分预应力混凝土(Partially prestressed concrete) 对拉应力没有限制,允许开裂,但裂缝宽度不超过规定的限值。

预应力的施加方法按开始张拉预应力筋的时间来分可分为先张法、后张法、同张法。在混凝土硬化之前张拉钢筋的称为先张法;在混凝土已硬化至一定强度之后再张拉钢筋的称为后张法;在混凝土硬化过程中张拉钢筋的称为同张法。若按建立预应力的手段则可分为机械张拉法、电热张拉法和化学张拉法。前两种方法既可用于先张法,也可用于后张法。

5.2.2 预应力损失及减少损失的措施

由于张拉工艺和材料特性等原因,预应力钢筋的张拉应力在构件施工及使用过程中是不断降低的,这种应力降低称为预应力损失(prstress loss)。预应力损失与预应力构件的使用性能,如抗裂度、裂缝和挠度有着密切关系,对无黏结预应力梁的受弯承载力和超静定结构的内力分布也很有影响。因此,正确估算和尽可能减少预应力损失是设计预应力结构构件的重要内容。

顶应力损失可分为瞬时损失和长期损失两部分。瞬时损失是指施加预应力时短时间内完成的损失,包括锚具变形和钢筋滑移、混凝土的弹性压缩、先张法蒸汽养护及折点摩阻、后张法孔道摩擦及分批张拉等损失。长期损失是指考虑了材料的时间特性所引起的损失,包括混凝土的收缩、徐变和预应力钢筋应力松弛损失。

5.2.2.1 台座及锚具的变形

台座的位移、变形及倾角均将引起预应力损失。因此,台座应具有足够的强度、刚度及稳定性。而锚具垫板与制品间的挤压变形,钢筋与锚具的相对位移及松动等也将造成应力损失,所以,锚具尺寸应精确,并具有足够强度、刚度和支承面积,受力变形小,锚固可靠且尽量少用钢垫板。

5.2.2.2 摩阻力的影响

采用后张法时,钢筋与孔道的摩阻力、锥形锚具的预应力钢丝与锚口的摩阻力等均能引起应力损失。

孔道摩阻力应力损失:其数值与孔道长度、弯曲度、光滑度、尺寸精确度及钢筋外形等有关。摩阻力与张拉力反向作用,使钢筋应力自张拉端向锚固端逐渐减小。钢筋对曲线孔道壁还产生横向压力,以致摩阻力更大。为减少摩阻力损失,孔道直径应比钢筋、对焊接头或穿入孔道锚具的外径大 10～15 mm。孔道力求平直、光滑,严防堵塞和变形移位;曲线孔道及长度大于 24 m 的直线孔道,应从两端同时张拉;或一端张拉后再从另一端补足预应力值,或从一端重复张拉 2～3 次;一端张拉多筋时,应将张拉端交替设于制品的两端,其平均应力将使孔道摩阻力损失减少 50%。采用超张拉的张拉制度也可有效减少孔道摩阻力损失。

锥形锚具锚口摩阻应力损失:由钢筋在锥形孔小口的弯折而产生摩阻力引起。锚口摩阻应力损失与摩阻力成正比,一般为预应力筋张拉力的 2%～5%。

5.2.2.3 热养护时温差的影响

热养护时温差的影响:先张法采用热养护加速台座周转时,混凝土尚未硬化而未与钢筋黏结、钢筋即受热伸长,而两端台座则未受热并固定不动,以致引起钢筋松动。混凝土硬化并与钢筋黏结后钢筋应力即无法恢复到原张拉值。钢筋线膨胀系数为 0.000 01 时，由温差引起的预应力损失为 $2\Delta t$。可见，温差越大，损失也越大。模外张拉制品热养护时，通常无此项损失。采用二次升温制度可减少温差应力损失。即先升温至 20℃，待混凝土强度达 7.5～10 MPa 时，再按规定制度继续升温养护。

5.2.2.4 预应力筋的应力松弛

钢材受力后，在固定长度下应力随时间而降低的现象称为应力松弛。钢筋张拉锚固后，松弛将引起应力损失。松弛损失值与钢筋品种、延续时间及控制应力有关。钢筋的松弛损失小于碳素钢丝、冷拔钢丝及钢绞线。松弛的发展特征是先快后慢，1 h 时为 50%，24 h 时为 80%，1 000 h 时近于终值。张拉控制应力越高，松弛损失也越大。超张拉及反复张拉是减少松弛应力损失的有效措施。

5.2.2.5 混凝土的收缩和徐变

在环境温度及湿度的作用下，混凝土体积随时间的减缩称为收缩。干燥过程中，毛细孔水蒸发使混凝土在微孔压力作用下收缩，凝胶孔水及层间水的蒸发，也使胶粒靠近造成收缩。因而，原材料品种、性能及配比均将影响收缩的大小。混凝土密实度越高，收缩越小。水泥强度等级高，用量大，水灰比大，加水量多，集料密度差，均使收缩值增大。促凝剂及早强剂也增大其收缩。

徐变则是混凝土在长期恒载下，随时间而增大的塑性变形。其起源主要在于水泥石胶体结构中的吸附水、层间水在应力作用下的迁移变化。应力越大，其迁移变形的速度越大，徐变也越大；混凝土强度低、密度小，毛细管道阻力小，则徐变大。因此，水泥用量多、水灰比大、集料弹性模量小时，徐变均增大。

在预应力作用下，收缩及徐变均使制品长度缩短，预应力筋也随之回缩，以致造成损失。一般，先张法的该项损失大于后张法；在高湿度环境中工作的构件的损失大于干燥条件下工作的构件；曲线配筋构件中的应力损失大于直线配筋构件。

为减少收缩及徐变引起的应力损失，必须加强混凝土的选材、配制、密实成型和养护的质量控制。此外，还应控制混凝土的预压应力，使预应力筋合力点处的混凝土法向应力不大于施加预应力时混凝土强度的 50%。

5.2.2.6 环形制品的螺旋式预应力筋

螺旋式预应力筋挤压混凝土，使其直径减小并引起预应力损失。其损失值与制品直径 D 成反比，$D > 3$ m 时，无损失。

5.2.3 预应力混凝土施工器具与设备

5.2.3.1 预应力锚具和夹具

预应力锚具是用来将预应力筋中的拉力传递给混凝土结构的机械装置，是锚固预应力筋的工具。一般地，用于临时锚固先张预应力构件中预应力筋的、可重复使用的称为夹具；用于后张预应力混凝土结构、永久锚固在结构构件上的称为锚具。

1. 锚具的分类

按锚固的预应力筋类型来分，有锚固粗钢筋的螺丝端杆锚具、锚固钢丝束的锚具、锚固钢绞线或钢筋束的锚具。

按传递预应力的原理来分，可分为依靠承压力的支承式锚具及依靠摩擦力的摩擦型锚具。

按锚具使用的位置不同,可分为张拉端锚具及固定端锚具两种。

不同的锚具使用不同形式的张拉千斤顶及液压设备,并有特定的张拉工序和要求。

2. 混凝土工程常用锚具

(1) 螺丝端杆锚具

在单根预应力粗钢筋的两端各焊上一根短的螺丝端杆,套以螺帽及垫板,即形成一种最简单的锚具,如图5.12所示。预应力螺杆锚具通过螺纹将力传给螺帽,螺帽通过垫板将预应力传给混凝土。

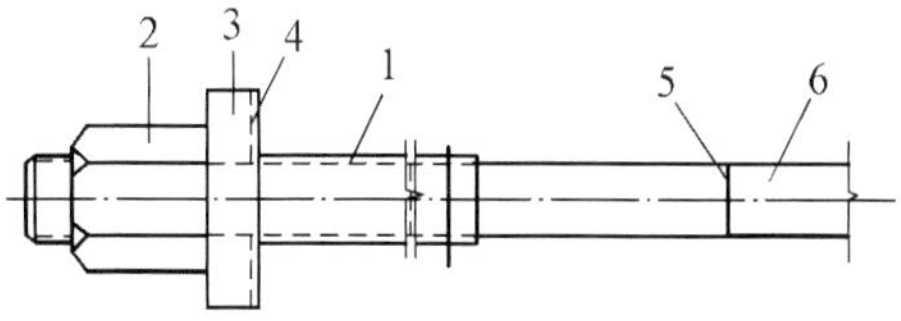

图5.12 螺丝端杆锚具

1—螺丝端杆;2—螺母;3,4—垫板;5—对接焊头;6—预应力钢筋

对于光圆预应力钢筋,有时可在两端直接轧制螺纹,精轧螺纹钢筋可直接采用配套的螺帽及垫板。

这种锚具为支承式锚具,操作简单、受力可靠、滑移量小,适用于较短的预应力构件及直线预应力构件。缺点是预应力筋下料长度的精度要求高,不能多根锚固。

(2) 镦头锚具

钢丝束镦头锚具是利用钢丝的镦粗头来锚固预应力钢丝的一种支承式锚具。这种锚具加工简单、张拉方便、锚固可靠、成本低廉、节约两端伸出的预应力钢丝。但钢丝下料长度要求较严格,张拉端一般要扩孔,较费人工,适用于单跨结构及直线型构件。

(3) 张拉端锚具

张拉端锚具分为锚杯型、锚环型及锚板型三种(图5.13)。

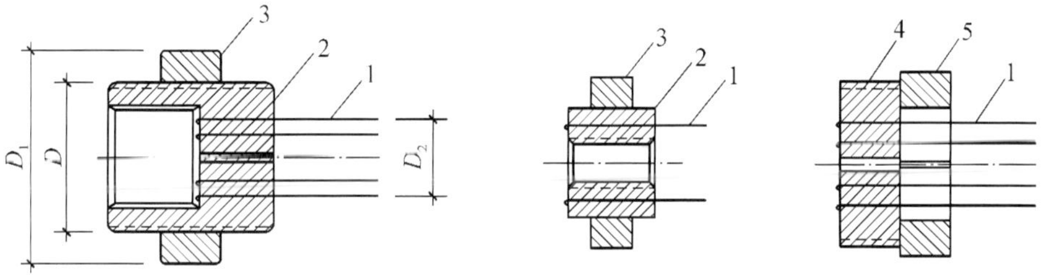

(a) 锚杯型　(b) 锚环型　(c) 锚板型

图5.13 张拉端镦头锚具

1—钢丝;2—锚杯;3—螺帽;4—锚板;5—垫片

锚杯型镦头锚具由锚杯与螺帽组成,锚孔布置在锚杯的底部,灌浆孔或排气孔设在杯底的中部。张拉前,锚具缩在张拉端的扩大孔内,待张拉后,锚杯突出混凝土表面,用螺帽固定。

锚环型镦头锚具由锚环与螺帽组成,这种锚具与锚杯型锚具的不同点在于锚孔分布在锚环上,内螺纹穿通,以便孔道灌浆。锚环型锚具一般适用于小型钢丝束,特别是吊车梁的预拉区、箱梁桥的腹板竖向钢丝束。

锚板型镦头锚具由带外螺纹的锚板及半圆形的垫片组成,主要用于长度很短的构件。

(4) 锥形锚具

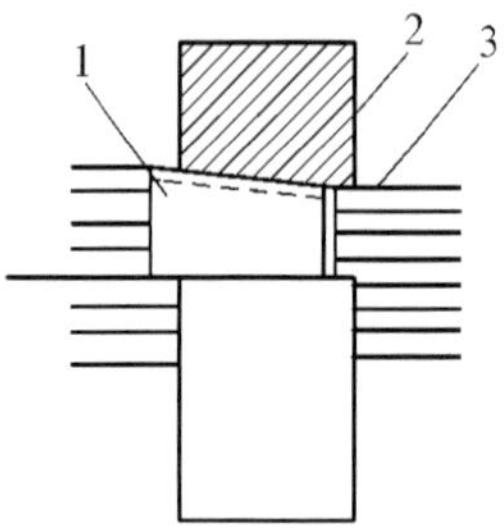

图 5.14　锥形锚具

1—锚塞；2—螺帽；3—钢丝

锥形锚具也称弗氏锚具，由锚杯及锚塞组成，是最早研制出的摩擦式锚具，用于锚固平行的钢丝束，如图 5.14 所示。

预应力钢丝通过摩擦力将预应力传到锚杯，锚杯通过承压板将预应力传给混凝土。这种锚具可用于张拉端，也可用于固定端，但现阶段固定端一般用锚板式锚具代替。这一锚具用特制的双作用千斤顶进行张拉，一边张拉钢丝，一边将锚塞顶入锚环挤紧。

这种锚具的缺点是滑移量大，每根钢丝的应力有差异，锚固预应力损失可达控制应力的 5%左右。

(5) JM 系列锚具

JM12 型锚具是我国研制最早、锚固 3～7 根 ϕ12 mm 冷拉光面Ⅳ级钢筋或 5～6 根 ϕ12 mm钢绞线的夹片式锚具，是一种摩擦型锚具。现也可用于锚固 3～6 根 ϕ15 mm 钢绞线。

JM 锚具由锚环及夹片组成，夹片的块数与预应力筋的根数相同，夹片呈楔形，其截面为扇形。每一块夹片有两个圆弧形槽，上有齿纹用于锚固预应力筋，如图 5.15 所示。

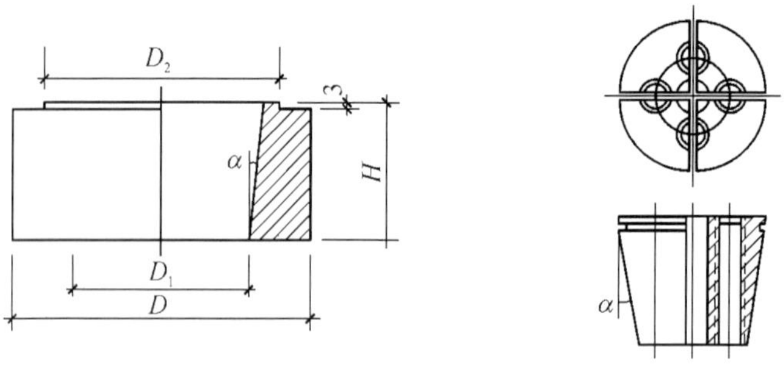

(a) 锚环　　(b) 锚块

图 5.15　JM 锚具

JM 锚具的传力原理是，预应力筋依靠摩擦力将预应力传给夹片，夹片依靠摩擦力及承压力将预应力传给锚环，再通过承压板将预应力传给混凝土。

这类锚具可用于张拉端，也可用于固定端，采用双作用千斤顶，并需另加顶压器以便将夹片顶入锚环。

这种锚具的缺点是内缩量大。实测表明，钢绞线的内缩量为 6～7 mm。

JM 锚具体积小，可凹入构件中，适用于房屋预应力结构。

(6) QM 锚具

QM 型锚具可固定钢绞线或钢丝束，锚具由锚板及夹片组成，分单孔和多孔两类，可根据每束预应力筋用的钢绞线根数选用不同孔数的锚具。多孔锚具又称为群锚，其特点是每根钢绞线均分开锚固。夹片分为三夹片或两夹片式，各自独立地楔入锚板的一个个锥表孔内，如图 5.16 所示。这一锚具任一根钢绞线滑移、断裂不会影响同束中其他钢绞线的锚固，故锚固可靠，互换性好，群锚能力强。

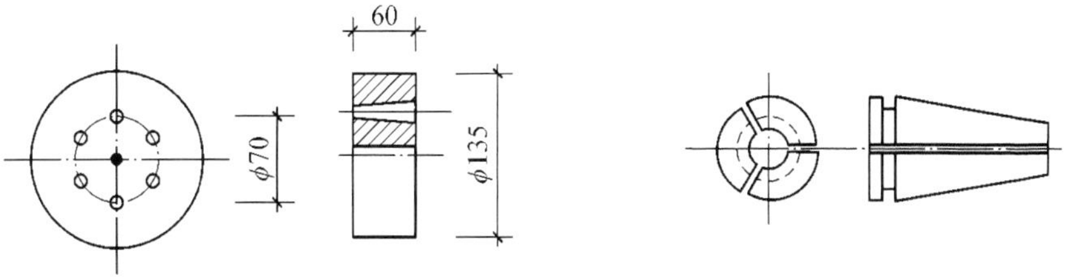

(a) 锚板　　　　(b) 夹片

图 5.16 QM 锚具

5.2.3.2 预应力张拉设备

1. 手动和电动张拉机

手动和电动张拉机(表 5.8)仅适用于张拉吨位小、行程长的直线、折线和环向先张或后张法工艺。手动张拉器主要由张拉、夹持和测力三部分组成。电动张拉机一般均由电动卷扬机或螺杆进行张拉，杠杆或弹簧测力，另设夹持、支撑和移动升降机构。

表 5.8 手动及电动张拉机主要技术性能

型号	张拉机构	测力机构	钢丝直径/mm	张拉根数/根·次$^{-1}$	最大张拉力/N	最大张拉行程/mm	张拉速度/m·min^{-1}	电机功率/kW
SL 型	手动螺杆	测力弹簧	$\phi3 \sim \phi5$	1	1×10^4	400	—	—
DL 型	电动螺杆		$\phi3 \sim \phi5$	1	1×10^4	780	2	1.5

2. 液压拉伸机

液压拉伸机由液压千斤顶、配套高压油泵和外接油管等组成。液压千斤顶是其工作机构，按其功能有单、双及三作用之分；按其构造原理又分为台座式、拉杆式、穿心式和锥锚式，其主要性能及适用范围见表 5.9。

表 5.9 液压千斤顶类型、主要技术性能及适用范围

类型	常用型号	工作压力/MPa	理论张拉力/kN	张拉行程/mm	穿心孔径/mm	配套油泵	适用范围		
							张拉方法	锚、夹具	预应力规格
拉杆式	YL-60	40	650	150	—	ZB4/500	先张、后张、后张自锚	螺杆式、镦头式	钢筋、钢筋束、碳素钢丝束
穿心式	YC-60 YC-20	40 50	650 203	150 250	55 27	ZB4/500	先张、后张、后张自锚	夹片式、螺杆式、镦头式	单根钢筋、钢绞线、钢筋束、钢绞线束
锥钳式	TD-60 850 kN 三作用	28 51.5	635 850	215 250	— —		后张	钢质锥形	$\phi5$ 高强钢丝束

续 表

类型	常用型号	工作压力/MPa	理论张拉力/kN	张拉行程/mm	穿心孔径/mm	配套油泵	适用范围		
							张拉方法	锚、夹具	预应力钢规格
台座式	250 kW 500 kW 1 000 kW 2 000 kW 3 200 kW	47.4 48.2 48 48.3 48.3	250 500 1 000 2 000 3 000	180 180 200 260	—	手动油泵、高压油泵	先张、后张	螺杆式、镦头式等	钢筋、钢丝组、钢绞线

(1) 台座式千斤顶

适用于先张法台座整体张拉钢筋、钢丝组和钢绞线，与张拉架配合，也可用于后张法张拉粗钢筋。宜选用张拉行程长、适于卧式操作的千斤顶。

(2) 拉杆式千斤顶

适用于先张、后张及后张自锚工艺张拉带螺杆式和镦头式锚夹具的单根钢筋、钢筋束、钢丝束及钢绞线束。

(3) 穿心式千斤顶

沿轴线设有供预应力筋穿过的孔道，适用于夹片式锚具和夹具的单根钢筋、钢绞线或钢筋束、钢绞线束。如配制相应附件，还可组装成拉杆式或锥锚式张拉装置，张拉带螺杆式、镦头式或锥销式锚夹具的预应力筋，是一种多功能张拉设备。张拉工作压力为 0.15 MPa、0.18 MPa、0.25 MPa 和 0.60 MPa。YC－60 型穿心式千斤顶工作原理如图 5.17 所示。张拉时，A 处进油，B 处回油，顶压油缸和连接套共同右移顶住锚圈，张拉油缸及穿心套带动工具锚则左移张拉预应力钢筋。顶锚圈时，在张拉保持稳定的条件下，B 进油，顶压活塞，保护套和顶压头共同右移，将夹片推入锚圈内。

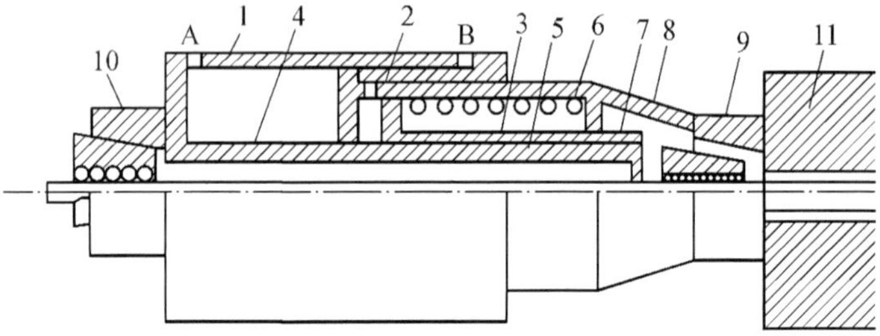

图 5.17 YC－60 型穿心式千斤顶工作原理

1—张拉油缸；2—顶压油缸；3—顶压活塞；4—穿心套；5—保护套；6—回程弹簧；7—连接套；8—撑套；9—工作锚；10—工具锚；11—钢筋

(4) 锥锚式千斤顶

按其功能分为双作用(张拉、顶锚)和三作用(张拉、顶锚、退楔)千斤顶，专用于张拉带钢质锥形锚具的碳素钢丝束，一般由张拉油缸、顶压油缸、楔形卡盘及退楔装置组成，如图 5.18 所示。

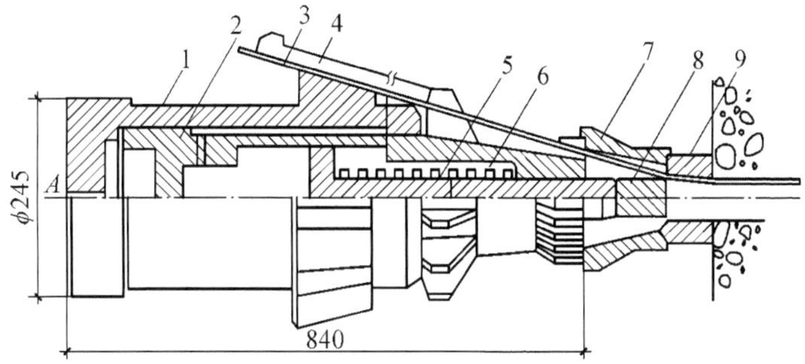

图 5.18 TD-60型锥锚式千斤顶构造和张拉装置简图

1—张拉油缸；2—顶压油缸；3—钢丝；4— 楔块；5—顶锚活塞杆；6—弹簧；7—对中套；8—锚塞；9—锚环

(5) 高压油泵

应与液压千斤顶配套使用，是液压拉伸机的动力和控制部分。选用时，应使油泵额定压力不低于千斤顶的额定压力。

3. 张拉设备的选用

为保证预应力筋的张拉力和安全操作，张拉前应根据制品或工程特点、生产工艺、钢筋规格及根数等因素，合理选用张拉设备，其主要计算内容为如下。

(1) 最大张拉力计算

最大张拉力 Q(N)应为钢筋张拉力 N_y(N)的 1.5 倍，而 N_y 则为张拉控制应力 σ_k(MPa)与 n 根钢筋的总截面积 nA_g(mm^2)之乘积，即

$$Q = 1.5N_y; \qquad N_y = \sigma_k A_g n \tag{5.7}$$

(2) 张拉行程计算

千斤顶张拉行程 l_s(mm)应大于预应力张拉时的伸长值 Δl(mm)：

$$l_s > \Delta l = \frac{l\sigma_k}{E_g} \tag{5.8}$$

式中 E_g——钢筋的弹性模量；

l——预应力筋的有效长度。

当张拉设备行程不足时，可采取分级重复张拉，但锚、夹具应能适应重复张拉要求。

(3) 压力表的选用

压力表读数 p_u 表示千斤顶活塞的压力(MPa)，它取决于钢筋的张拉力 N_y(N)及其截面积 nA_g(mm^2)，而压力表最大量程应为 p_u 的 1.3～2 倍。

$$p_u = \frac{N_y}{nA_g} \tag{5.9}$$

5.2.4 预应力钢筋的选择与制作

5.2.4.1 预应力钢材的性能要求

根据预应力混凝土自身的要求，预应力钢材需满足下列要求。

(1) 强度高。结构构件中混凝土预压应力的大小取决于钢筋的张拉应力的大小。考虑到构件在制作及使用过程中将出现各种预应力损失，因此，只有采用高强钢材，才可能建立较高的预应力值，以达到预期的效果。

(2) 具有一定的延性。为了避免结构构件发生脆性破坏，要求预应力钢材在拉断时，具有一定的伸长率。当构件处于低温或受到冲击荷载作用时，更应注意对钢材塑性和抗冲击韧性的要求。

(3) 与混凝土之间有较好的黏结力。先张法构件的预应力主要是依靠钢筋和混凝土之间的黏结力来完成的。同时，后张法构件也要求水泥浆与钢筋之间有良好的黏结力以保证共同工作。为此，当采用光面高强钢丝时、表面应经“刻痕”或“压波”等处理措施，或把钢丝扭绞而成钢绞线。

预应力钢材的发展趋势是高强度、低松弛、耐腐蚀和抗疲劳。

5.2.4.2 预应力钢材种类

现代预应力混凝土结构所用的预应力钢材主要有：碳素钢丝（又称高强钢丝）、钢绞线和钢筋（包括热处理钢筋和精轧螺纹钢筋）三类。在中、小型构件中，也可采用冷拉钢筋和冷轧带肋钢筋。

1. *碳素钢丝*

碳素钢丝是用含碳量为0.5%～0.9%的优质高碳钢盘条经索氏体化处理、酸洗、镀铜或磷化后经几次冷拔而成。

碳素钢丝的品种有：冷拔钢丝、矫直回火钢丝、刻痕钢丝、低松弛钢丝和镀锌钢丝等。钢丝的直径通常为 3～7 mm，最大可达 12 mm。抗拉强度分别为 1 470 MPa、1 570 MPa、1 670 MPa、1 720 MPa、1 770 MPa、1 860 MPa 等。

(1) 冷拔钢丝

经冷拔后直接用于制造预应力混凝土铁路轨枕、压力水管和电杆等先张法构件的钢丝称为冷拔钢丝。它开盘后的伸直性差，存在有冷拔中产生的残余应力。

(2) 矫直回火钢丝

冷拔后经高速旋转的矫直滚筒矫直并经回火处理的钢丝为矫直回火钢丝。它也是盘条供应，盘径不小于1.5 m。经矫直回火后的钢丝，可消除钢丝冷拔中产生的残余应力，提高钢丝的比例极限、屈强比和弹性模量，并改善塑性，获得良好的伸直性，方便施工。因此，它广泛应用于建造预应力混凝土房屋、桥梁及市政工程。

(3) 刻痕钢丝

用冷轧方法在钢丝表面刻出周期性变化的凹痕的钢丝称为刻痕钢丝。这种钢丝的性能与矫直回火钢丝基本相同，但是，由于表面刻了痕，其与混凝土的握裹黏结力大大增加，故可用于先张法预应力混凝土构件。

(4) 低松弛钢丝

冷拔后在张拉状态下经回火处理的钢丝称为低松弛钢丝。这种钢丝不仅弹性极限和屈服强度有所提高，而且应力松弛率大为降低。因此，它特别适用于抗裂要求高的桥梁和特种结构工程。

(5) 镀锌钢丝

在表面上镀有锌的钢丝的性能与矫直回火钢丝基本相同，但它的抗腐蚀性能大为增强，因而，它主要用于污水池等环境条件恶劣的工程结构。

碳素钢丝、钢绞线的强度标准值及设计值见表 5.10。

表 5.10 钢丝、钢绞线的强度标准值及设计值 单位：MPa

种类			标准值(f_{ptk})	设计值(f_{py})	设计值(f_{py}')
碳素钢丝 ϕ^P、ϕ^H、ϕ^I	$d=4\sim9$ mm		1 770 1 670 1 570	1 250 1 180 1 110	410 410 410
钢绞线	三股 1×3	$d=10$ mm，8 mm，12.9 mm	1 860 1 720 1 570	1 320 1 220 1 110	390 390 390
	七股 1×7	$d=9.5$ mm，11.1 mm，12.7 mm，15.2 mm	1 860 1 860 1 720	1 320 1 320 1 220	390 390 390

注：1. 本表中的碳素钢丝是指国标中的消除预应力钢丝（即矫直回火钢丝）。
2. f_{ptk}——预应力钢筋强度标准值；f_{py}，f_{py}'——预应力钢筋的抗拉、抗压强度设计值；ϕ^P——光面钢丝；ϕ^H——螺旋肋钢丝；ϕ^I——刻痕钢丝。

2. 钢绞线

预应力混凝土用钢绞线是用多根（2，3，7 或 19 根）冷拉钢丝在绞线机上扭绞而成。用得最多的是 7 根钢丝组成的钢绞线，它是由 6 根钢丝围绕着一根中间钢丝（直径比外围的大 2.5%）顺着一个方向扭结而成。由于钢绞线直径较大，比较柔软，施工方便，因而被越来越广泛地应用。由于钢绞线与混凝土的黏结性能好，7 根钢绞线既广泛应用于先张法施工，也广泛应用于后张法体系中。

钢绞线的计算截面面积和公称质量见表 5.11。

表 5.11 钢绞线的计算截面面积及公称质量

钢绞线规格	直径 d/mm	钢绞线计算截面面积/mm^2	单根钢绞线公称质量/($kg\cdot km^{-1}$)
三股 1×3	10.8 12.9	59.3 85.4	465 671
七股 1×7	9.0 12.0 15.0	49.9 88.6 138.6	392 697 1 091

3. 钢筋

(1) 热处理钢筋

热处理钢筋是由热轧中碳低合金钢筋盘条经淬火和回火调质热处理而成。其盘径为 2 m，开盘后自行伸直，每根长 100～120 m。这种钢筋黏结性好，多用于先张法预应力构件，如铁路轨枕、预制板等。

热处理钢筋强度标准值和设计值见表 5.12。

表 5.12 钢筋强度标准值(f_{yk}或f_{ptk})、设计值(f_y或f_{py}及f_y'或f_{py}')(MPa)

钢筋种类		f_{yk}或f_{ptk}	f_y或f_{py}	f_y'或f_{py}'
热轧钢筋	HPB235(Q235)	235	210	210
	HRB335(20MnSi)	335	300	300
	HRB400(20MnSiV、20MnSiNb、20MnTi)	400	360	360
	HRB400(K20MnSi)	400	360	360
热处理钢筋	40SiMn(d=6 mm) 48SiMn(d=8.2 mm) $45Si_2Cr$(d=10 mm)	1 470	1 040	400

(2) 精轧螺纹钢筋

精轧螺纹钢筋是用热轧方法在整根钢筋表面上轧出不带纵肋的螺纹外形的粗钢筋。国产的精轧螺纹钢筋有 ϕ25 mm、ϕ32 mm 两种直径。它可用螺丝套筒连接和螺帽锚固,因此,不需再加工螺筋,也避免了接长时的对焊。但它只适用于结构构件的直线筋,也可用作起重或提升的工具式螺杆。

(3) 冷轧带肋钢筋

冷轧带肋钢筋是由低合金钢盘条经轧制而成。这种钢筋的公称直径为 5 mm、6 mm、7 mm、8 mm、9 mm、10 mm。

(4) 冷拉钢筋

冷拉钢筋是将低合金钢筋冷拉至钢筋强化段,随后卸载而成。经冷拉后,钢筋的屈服点提高,延性下降。预应力混凝土采用的是冷拉Ⅱ、Ⅲ、Ⅳ级钢筋,屈服强度为 450~750 MPa。由于冷拉钢筋的强度不高,现代预应力结构中被碳素钢丝、钢绞线等高强钢材等取代。

5.2.4.3 预应力钢筋制作过程

随钢筋类别及配筋形式的不同而异。一般包括配料、对焊、镦粗(或刻痕、压波)、冷拉、下料和编束等工序。表 5.13 为不同预应力钢筋的制作过程。

表 5.13 预应力筋的制作过程

配筋形式	锚夹形式	一般制作过程
粗钢筋	镦粗式	配料→对焊→镦粗→冷拉
	螺杆式	配料→对焊→冷拉
钢筋束	夹片式 螺杆式 锥销式	开盘(12 mm)→冷拉 →下料→冷镦→编号束编
冷拔钢丝	镦粗式	配料→定料→冷镦→定长分组
钢丝束	螺杆式 镦头式 锥销式	小盘径:开盘调直→应力下料→编束→预顶 大盘径:开盘调直→普通下料→编束
钢丝组	波形	开盘→压波→定位→安装波纹夹具及拉伸定长→切断
钢绞线	夹片式 锥销式	预拉→扎头、下料→编号编束

粗钢筋的配料一般为调直，按配料牌切断和编组。盘条的配料则为开盘、调直、切断。盘径大于 1.7 m 的即可按普通法切断下料，盘径小于 1.7 m 时，则进行应力下料。此时可利用冷拉机，按下料应力为 300 MPa，一次完成开盘、调直和划定钢丝长度，再放松切断。

镦粗锚固使用方便，锚固可靠。镦粗有冷镦和热镦两种方法，冷镦又有冷冲和液压两种设备。碳素钢丝宜用液压镦粗。粗钢筋暂时只能采用热镦，为检验镦粗头强度，一般宜先镦粗后冷拉。为增加碳素钢丝与混凝土的黏结力，还可先行刻痕或压波。压波有局部压波和全部压波，一般波长为 39 mm，波高为 1.5～2.0 mm。

粗钢筋编束时，应一端对齐，逐根编号，用 18～20 号铅丝捆扎。有镦头时，则镦头锚位，用铁片隔开，穿入孔道，再逐根敲齐。钢丝束编组时，则应检查直径，对齐平放，梳筋编扎，中置衬圈，合拢成束。钢绞线应先预拉至 $0.85\sigma_b$，持荷 5～10 min，以消除构造变形并减少松弛损失。下料前在切口左右 5 cm 处用铝丝捆扎。编束时应逐根编号，顺序平放，铅丝编织，合拢捆扎。

5.2.5 先张法

在混凝土硬化前张拉预应力筋的方法称为先张法。多数制品在浇灌混凝土前将钢筋张拉到设计控制应力，并临时锚固在台座或钢模两端，待混凝土达到一定强度(不低于设计强度的70%)后，再放松预应力筋。钢筋回缩时，借助混凝土和钢筋间的黏结，使混凝土获得预压应力。

先张法施工简单，钢筋靠黏结力自锚，不必耗费特制的锚具，而工具式锚具或夹具可以重复使用。所以，先张法是一种非常经济的方法，适用于在长线台座上生产大批中小型预应力混凝土构件。用先张法制作的典型产品有：屋面板、楼板、桩、电杆、桥梁大梁、墙板和铁路轨枕。也有少量现场浇注的混凝土结构采用先张法施工，如路面和楼板等。

5.2.5.1 工艺流程

在台座上生产时的先张法工艺流程如图 5.19 所示。

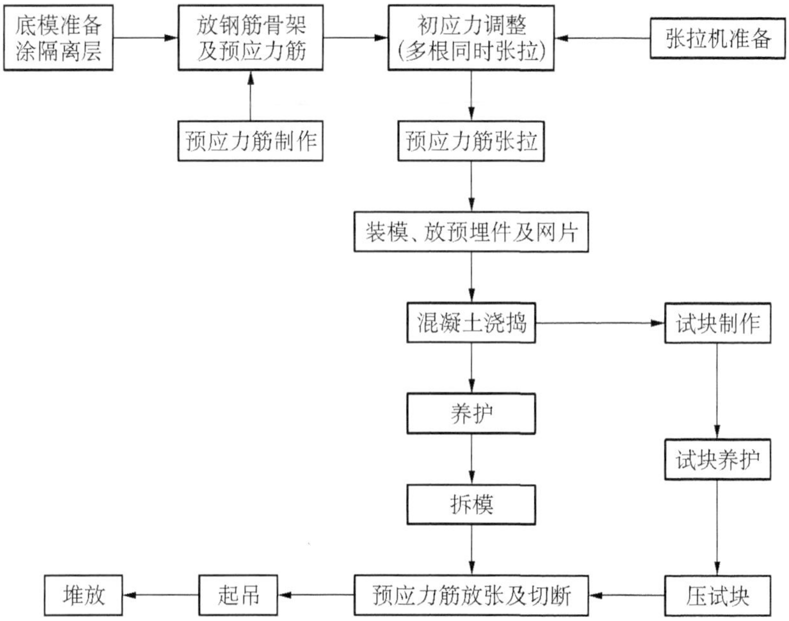

图 5.19 先张法预应力混凝土制品工艺流程

5.2.5.2 张拉

预应力筋的张拉按设计要求进行。按同时张拉钢筋数量及组合方法的不同，有单根张拉、成束或成组张拉。

1. 张拉控制应力及张拉制度

根据设计规范，张拉控制应力应符合表 5.14 的规定。为了提高制品制作、运输及吊装阶段的抗裂度而设置在使用阶段受压区的预应力筋，或为了部分抵消由于应力松弛、摩擦、钢筋分批张拉以及预应力筋与张拉台座之间的温差等因素产生的预应力损失，表 5.14 中数值允许提高 $0.05f_y^b$。

表 5.14 先张法张拉控制应力 σ_k 单位：MPa

钢 种	控制应力
钢丝、钢绞线	$0.4f_y^b \leqslant \sigma_k \leqslant 0.7f_y^b$
冷拉热轧钢筋	$\sigma_k \leqslant 0.9f_y^b$

若预应力钢筋截面积为 $A_y(\mathrm{mm}^2)$，则控制张拉力 $N_k = \sigma_k A_y$。

预应力筋的张拉制度应符合设计规定。

控制应力的数值将影响预应力的效果。控制应力高，虽然预应力值亦大，但预应力筋处于高应力状态，将使开裂荷载与破坏荷载很接近，以至破坏前无明显预兆，这是不允许的。此外，为减少应力松弛等引起的预应力损失，一般可超张拉 5%，如 σ_k 过高，则超张拉可能使钢筋应力超过屈服点。因此，临时最大超张拉值，对于冷拉Ⅱ～Ⅳ钢筋，不得大于屈服点的 95%；对于钢丝、钢绞线和热处理钢筋，不得大于抗拉强度的 75%。持续荷载 5 min，超张拉后，粗钢筋张拉应力降至 $0.9\sigma_k$，以保证支模、扎筋操作的安全。然后，再张拉应力，升至 σ_k 并锚固之。

用应力（油压表读数）控制张拉时，应测出预应力筋的实际伸长值，以校核预应力值。如实际伸长值大于计算伸长值的 10%或小于 5%，应暂停张拉，查明原因。

张拉时应以稳定的速率逐渐增大拉力，并使之传到承力横梁上，而不应使钢筋或夹具产生次应力。锚固时，敲击锥销或楔块应先轻后重，同时倒开张拉机，放松钢丝，既要减小钢丝滑移，又要防止锤击过重，导致钢丝断裂。张拉设备应逐步放松。为避免台座承受过大偏心力，应先张拉靠近台座截面重心处的预应力筋。张拉完毕的预应力筋位置偏差不得大于 5 mm，也不得大于制品截面最短边长的 4%。各预应力钢丝应力偏差值不应大于或小于构件全部钢丝预应力总值的 5%。断丝和滑脱钢丝的数量不得大于钢丝总数的 3%，每米只允许一根。

张拉操作应注意安全，气温低于 2℃时，应警惕预应力筋的脆断危险。

2. 混凝土的浇注和养护

每条台座生产线的制品应一次连续浇注完毕。制品应避开台面温度缝，无法避开时，应用薄钢板或用油毡隔开。振动不得触及预应力钢筋。混凝土未达一定强度前，严禁碰撞踩动钢丝，以保证二者的黏结力。

采用养护加速台座周转时，应采用二次升温制度。初次升温温差不得超过 20℃，待混凝土强度达到 10 MPa 以上时，再按常规速度升温，以减少温差引起的预应力损失。

放张时，混凝土强度必须符合设计要求。设计无要求时，则不得低于强度等级的 70%。提前放张将由于应力筋回缩而引起较大的预应力损失。放张顺序应符合设计要求。设计无要求时，轴心受压制品应同时放张；偏心受压制品，应先同时放张预压力较小区域的预应力筋，再同时放张预压力较大区域的应力筋。一般应遵循分阶段、对称、相互交错的放张原则，以防止放张过程中制品发生翘曲、裂纹以及预应力筋断裂等现象。

多筋整体张拉时，可采用千斤顶、螺杆、楔块或砂箱等放张。配筋量少的中小型钢弦混凝土制品，可用逐根剪断、锯割等方法放张。

5.2.6 后张法

混凝土硬化至一定强度后再张拉钢筋的方法称后张法。在浇注混凝土之前，在构件的模板内按所要求的形状预留孔道，待混凝土达到一定强度后，将预应力筋穿入预留孔道内，以混凝土本身作为支承件，张拉钢筋，张拉的同时混凝土构件也被压缩。待张拉到设计应力后，用特制的锚具将钢筋锚固于混凝土构件上，使混凝土获得并保持其预压应力。最后，在预留孔道内注入水泥浆，以保证预应力筋不致锈蚀，并使它与混凝土黏结为整体。

近年来，无黏结预应力技术得到了推广和应用。无黏结预应力是指采用无黏结预应力筋的后张预应力方法。无黏结预应力筋在施工时，与普通钢筋一样，直接放入模板中，然后浇注混凝土，待混凝土达到强度要求后即可张拉。它不需要预留孔道，也不必灌浆，因此，施工快速、简便。

后张预应力工艺适用于大吨位曲线束、多跨连续曲线束与空间曲线束，广泛用于大跨度预应力房屋结构、桥梁与特种结构。后张法施工灵活多变，在构件大小、长短、预加应力程度等方面均无多大限制。

后张法工艺流程见图 5.20。

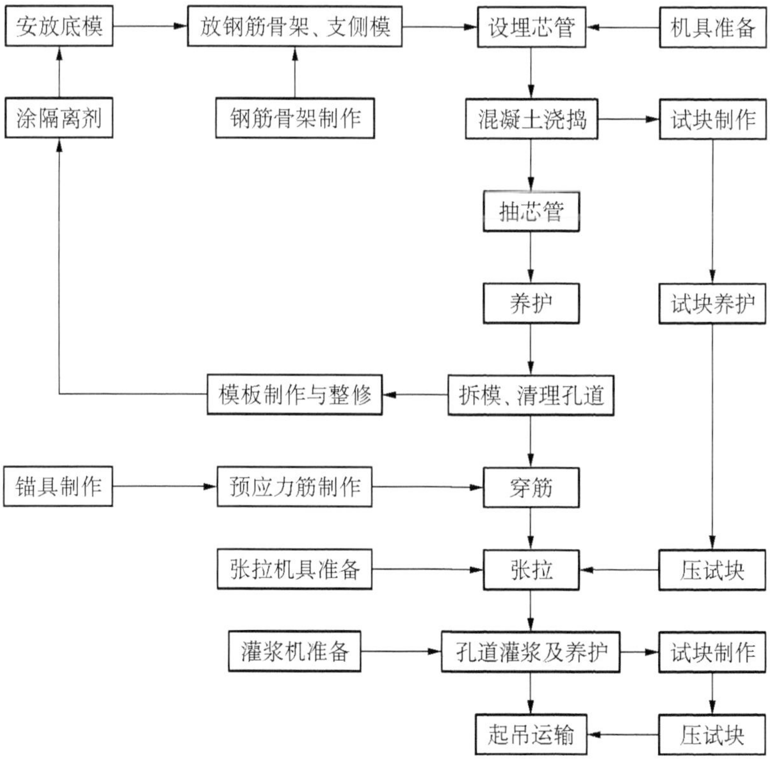

图 5.20 后张法工艺流程

后张预应力构件在浇注混凝土前，需按设计的钢筋位置，在构件内预先设置孔道，供穿筋张拉之用。孔道成型的方法可分抽拔式和填埋式两类。孔道直径应根据预应力钢材面积与孔道面积之比(约为 0.5)确定。

抽拔式制孔是用抽拔管子的方法在结硬后的混凝土中形成孔道。这种制孔方法的优点是制孔的管子可以重复使用，比较经济；缺点是不易制成多向弯曲、形状复杂以及较长的孔道，孔道质量不易控制，管道摩阻力较大。

埋填式制孔是用预埋多种材料制作的管子作孔道。最为常用的套管为螺旋波纹铝皮套管。采用这种套管，管道长度可以极长，连接方便，只需选用比原管大 5 mm 的管道即可充当连接套管。在接头处用胶带封裹，仍然保持管道水密性能。这种制孔方法可制作任意形状的管道，管道摩阻力小，位置亦较正确。缺点是成本较高，管道内水泥浆多余的水分不易排除，影响孔道的密实性和抗冻性。

5.2.7 电热张拉法

电热张拉法利用电阻生热和热胀冷缩的原理，以低电压的强电流通过钢筋，钢筋因自身电阻而发热伸长。待伸长至规定值时，即断电锚固，冷却后使钢筋获得预应力。

电热法适用于冷拉钢筋作预应力筋的先张法及后张法的一般构件，不宜用于抗裂度要求严、用金属管作预留孔道及长线台座法的构件。

电热张拉法具有设备简单、张拉速度快、生产率高、操作方便、无摩擦损失和断筋现象、便于曲线张拉和高空作业等优点；但也有耗电量大，受钢材材质均匀性、环境气温及风速影响，用伸长值难以准确控制张拉应力等弊端。成批生产前，需用千斤顶抽样校核，确定钢筋伸长值与张拉应力的关系，作为伸长控制的依据。

以后张法为例，电热张拉法工艺流程见图 5.21。

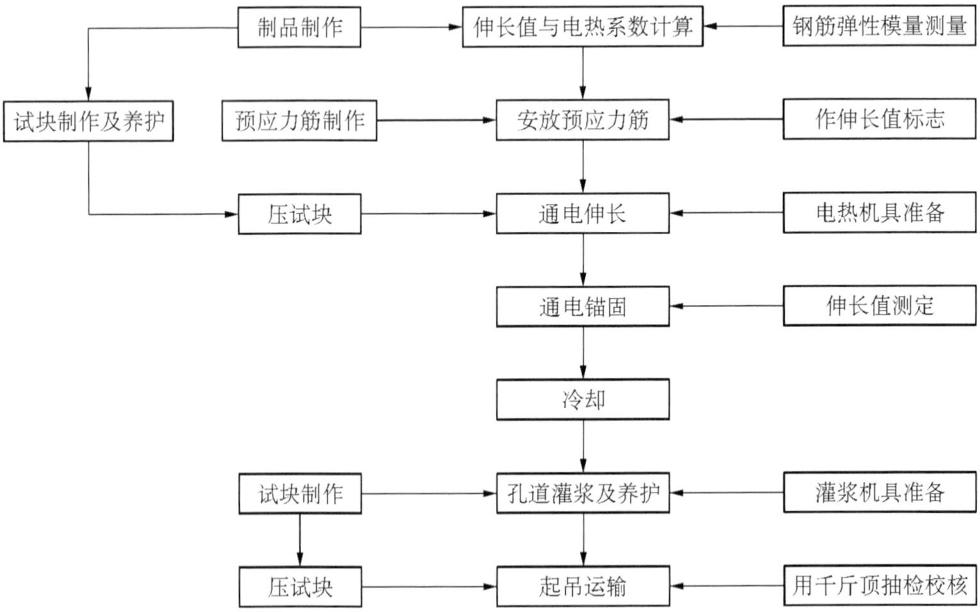

图 5.21　电热张拉法工艺流程

思考题与习题

5.1 比较冷拉工艺和冷拔工艺的相同点与不同点。

5.2 简述工程中常用的钢筋焊接方法。

5.3 如何减少预应力结构中预应力的损失?

5.4 阐述先张法预应力混凝土与后张法预应力混凝土的优缺点以及适用场合。

第 6 章　混凝土混合料的制备工艺

本章提要

本章主要介绍混凝土混合料的制备工艺，包括原料的准备、加工、贮存与运输、普通混凝土混合料的制备工艺、其他混凝土混合料的制备工艺、混凝土混合料的运输及搅拌楼工艺设计。

学习要求

（1）了解原料的准备与加工工艺，堆场的类型与选择、物料的输送，混凝土混合料的运输方式与选择，搅拌楼工艺设计的一般知识，硅酸盐混凝土混合料的制备工艺，加气混凝土混合料的制备工艺，轻集料混凝土混合料的制备工艺。

（2）掌握搅拌工艺原理与提高搅拌质量的方法，以及普通混凝土混合料的制备工艺。

6.1　原料的准备与加工

为了确保混凝土混合料及其制品的质量，所需原料需进行准备与加工。

对于普通混凝土，集料的破碎和筛分一般都应在原料产地进行，商品混凝土厂及混凝土制品厂只需选购一定粒度的集料直接用于生产。当集料粒径不合格或黏土等杂质含量较高而影响制品质量时，需要进行破碎或筛洗。当集料为买方市场时，选择余地大，购进的集料能满足质量要求；当集料为卖方市场时，选择余地不大，购进的集料往往不能满足质量要求。由于混凝土用集料资源的日益缺乏，集料正由买方市场向卖方市场过渡；此外由于经济建设的发展、新旧的更替、自然灾害等，每年都有许多建筑物、构筑物、道路等需要拆除重建，使用建筑垃圾及混凝土废弃物生产再生集料，可以保护生态环境，就地取材。本节主要讨论再生集料的生产。

硅酸盐混凝土的原料如炉渣、矿渣、石灰、石膏以及粉煤灰等，在使用前必须根据工艺要求在制品厂进行破碎、粉磨、消化或脱水等处理。

6.1.1　再生集料的生产

再生集料的质量与原混凝土所用集料的质量、配比及破碎方式有关。一般由于原混凝土的砂浆会不同程度地附着在粗集料表面，所以再生集料的粒形一般呈不规则多棱角形。使用颚式破碎机所生产的再生集料一般颗粒较粗，从级配来说缺少细粒级集料；而使用圆锥式破碎机进行二次破碎后，可以增加细粒级颗粒含量。另外，由于原混凝土的水灰比不同，即使是相同的材料在相同的破碎条件下，所得的再生集料的最大粒径及细颗粒含量也不相同。

再生集料中可能含有原混凝土在解体时附着的泥分、表面装修材料、防水材料等不纯成分，应尽可能除去。

再生集料可以粗、细单独使用，亦可粗、细同时使用，也可与天然砂石混合使用。

在商品混凝土厂或混凝土制品厂中，根据物料的性质、块体尺寸以及需要破碎的程度，可采用压碎、击碎、磨剥、劈碎或折断等方法进行破碎，也可将两种或两种以上的方法组合起来进行破碎。

破碎筛分系统由供料、输送、筛分、破碎等设备组成。图 6.1 所示为破碎筛分系统的基本工艺流程，其中(a)为开流，(b)为圈流。由图 6.1(a)可以看出，受料斗中的物料经供料器和胶带输送机进入筛分机进行预筛分，仅使不合格的大块物料进入破碎机。破碎后的产品和通过筛分机的物料一起送至料仓或堆场，必要时也可进行冲洗。开流系统的优点是比较简单，设备少，扬尘点也较少。缺点是当要求破碎产品的粒度较细时，开流的破碎效率较低；在一级或二级破碎时，产品中有时含有不合格的大块。

圈流系统是破碎后的物料再通过筛分机，将不合格的大块物料返回破碎机进行破碎，从而保证了质量并提高了破碎效率。但所需设备较多，流程较复杂，如图 6.1(b)所示。

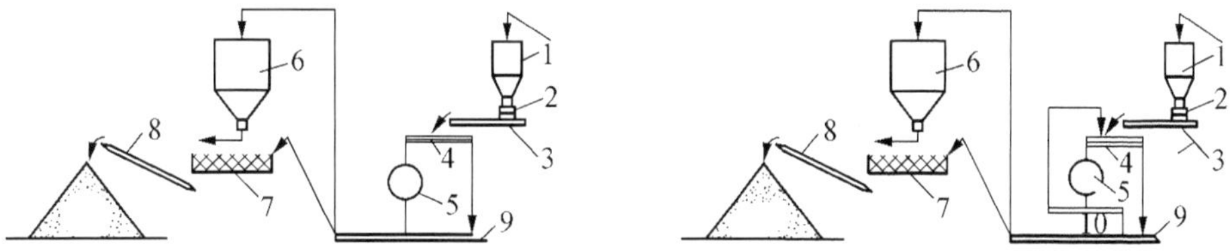

(a) 开流系统　　(b) 圈流系统

图 6.1　破碎筛分系统基本工艺流程

1—受料斗；2—供料器；3，8，9—胶带输送机；
4，10—筛分机；5—破碎机；6—料仓；7—洗石机

6.1.2　粉煤灰加工

电厂的排灰方法有干法和湿法两种。干排法是将收集起来的粉煤灰，通过气力输送装置输送至电厂的贮灰仓做中间贮存。湿排法是用高压水经管道排至沉淀池。

6.1.2.1　粉煤灰脱水

当电厂采用湿法排灰时，每吨粉煤灰要用十几吨至几十吨的高压水冲排，这时粉煤灰在管道中呈悬浮液排出，故称为粉煤灰悬浮液或灰水。这种悬浮液为固液两相系统，固相与液相之比称为固液比。一般粉煤灰悬浮液的固液比高达 1∶20～1∶40。因此，必须进行脱水，使之具有一定的含水率。

粉煤灰的脱水方法，按其工艺原理的不同，分为自然沉降法、自然沉降真空脱水法和浓缩真空过滤法三种。其中以浓缩真空过滤法的效果最好。

自然沉降脱水法，是利用粉煤灰悬浮液中固相颗粒自然沉降的原理，使之从液相中沉淀下来，而澄清水则从上部排出，从而获得一定含水率的湿粉煤灰。该方法脱水设备简单，适于小型工厂使用。但脱水后粉煤灰含水率偏高(湿基含水率约 50%或干基含水率约 100%)，尚需进一步脱水，灰粒分级现象严重，操作受气候影响较大。

自然沉降真空脱水法的工艺原理，就是在自然沉降脱水的基础上，利用真空力使灰层中的水分进一步脱出。该方法可使粉煤灰的干基含水率从110%降至60%左右或湿基含水率从50%降至40%左右，能满足生产粉煤灰砌块的要求，但对于生产粉煤灰砖仍然偏高。此法的特点是动力消耗较少，脱水效果比自然沉降法好，但灰层仍不够均匀，受季节的影响较大。

浓缩真空过滤法的工艺原理是利用真空和过滤两种作业，使粉煤灰悬浮液进行脱水。浓缩是利用自然沉降原理，使灰水脱水变浓，浓缩后的灰浆的湿基含水率可降至40%左右。真空过滤是借助真空力在过滤网及料层两侧形成的压力差，使滤液通过滤网，从而达到固液分离的目的。真空过滤后的粉煤灰的湿基含水率小于35%。

6.1.2.2 粉煤灰粉磨

粉煤灰细度越细，其微细集料效应越显著；需水量比越低，其矿物减水效应越显著；通常细度小、需水量比低的粉煤灰（Ⅰ级灰），其化学活性也较高。为了充分发挥粉煤灰的潜能，应对其进行磨细加工。

加气混凝土砌块生产用的粉煤灰可采用湿磨加工。

将粉煤灰用作掺和料的混凝土制品厂或商品混凝土厂应采用干法粉磨。

6.2 原料的贮存与输送

商品混凝土厂及混凝土制品厂生产所用的原料，不仅种类多，数量大，而且在运输、装卸和使用方面所占用的劳动量相当大，因此合理地安排好原料的贮存、运输和使用非常重要。

6.2.1 原料的贮存

6.2.1.1 集料的贮存

集料是商品混凝土厂及混凝土制品厂的大宗原料，不论其来料方式如何，一般多采用露天堆存，主要由于它可节省大量基建投资；但露天堆放存在一些问题，对混凝土的质量控制带来困难。为了保证混凝土的质量，目前已有一些企业采用贮仓。

1. 堆场的类型

集料在厂内的堆放地称为堆场。根据贮存数量、来料方式以及卸料和上料工艺的不同，堆场可分为地沟、栈桥、抓斗、拉铲、筒仓等不同类型。

（1）地沟式堆场

地沟式堆场，按埋入深度的不同分为全埋式和半埋式两种；按来料方式分为汽车来料和火车来料两种。

图6.2是汽车来料的地沟式堆场，集料由汽车进场后，直接卸入地沟或贮料斗内，可从正面卸料，也可从侧面卸料，地沟或贮料斗下面设有胶带输送机，使用时可以通过自动控制闸门和胶带输送机向搅拌车间供料，不需中间转运，是堆场中比较经济的一种形式，一般贮存量较小。

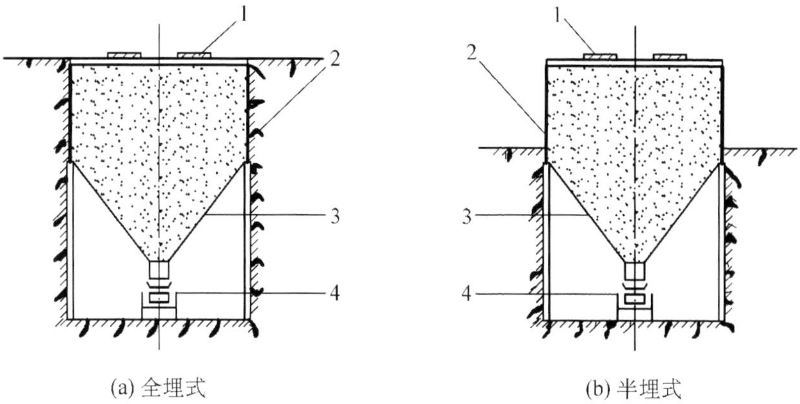

图 6.2 汽车来料地沟式集料堆场示意图

1—汽车道；2—集料；3—地沟式贮料斗；4—胶带输送机

图 6.3 是火车来料的地沟式堆场，集料由火车进场后，由链斗卸料机将集料直接卸入地沟式贮料斗内，不仅卸料速度快，而且料堆高度大，如地形条件有利并有推土机加以辅助，可取得更好的使用效果。这种形式的堆场卸料效率高，贮存量大。

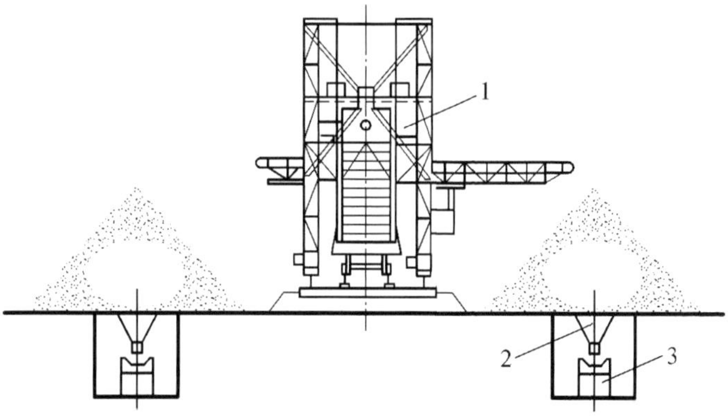

图 6.3 火车来料地沟式集料堆场示意图

1—链斗卸料机；2—地沟式料斗；3—胶带输送机

(2) 栈桥式堆场

集料由火车或汽车进厂后，在卸料间进行卸料，先由胶带输送机送至栈桥上，然后通过卸料器将集料按品种和规格分别卸入相应料堆。在形成料堆的过程中，集料因重力作用而不可避免地发生粒径颗粒的分级现象。

在使用时，料堆中的集料通过自动控制分料斗，由地沟中的水平胶带输送机，经斜胶带输送机，向搅拌车间供料。超出自然休止角的集料，可用推土机送至地沟卸料口。

这种形式的堆场贮量大，机械化自动化程度高，但设备多，投资大。

(3) 抓斗起重机堆场

抓斗起重机堆场依起重机类型的不同分为门式和桥式抓斗起重机堆场两种。抓斗将集料从堆场抓运至中间贮料斗，然后通过胶带输送机或其他设备向搅拌车间供料。此外，抓斗也可用来进行集料的搬运或堆集。

这种形式的堆场设备简单，基建费用小；缺点是间歇作业，生产率不高。

2. 堆场类型的选择

堆场类型的选择原则有以下几点。

(1) 根据建厂规模、日产量及贮存周期确定堆场规模和机械化程度。

(2) 根据来料进厂运输方式及搅拌车间和堆场的相对位置来确定卸料、堆料、上料的输送设备。

(3) 根据搅拌车间形式及贮仓标高决定堆场型式。

3. 堆场布置的注意事项

(1) 保证堆场面积。堆场面积应满足料堆占地面积和装卸位置、运输作业线等要求,并满足一定贮存周期内贮存量要求。

(2) 保证集料质量。材料在转运、堆存过程中要按规格品种堆放,中间隔开。应避免发生混料、污染、离析。

(3) 尽量采用机械化贮运设备,减少繁重体力劳动。

(4) 尽量选用平整场地。如遇地形和地势较复杂的情况时,应充分利用这种条件选用合适的机械设备。

(5) 堆场应避免与锅炉房煤堆靠近,并应设在厂区下风向。

(6) 注意地下水位的情况,做好防水工作,以免材料长期浸泡在水中。

4. 集料的筛分和清洗

(1) 筛分工作可在砂石堆场进行。如果筛分同时又有清洗,应根据气候条件确定设在室内还是室外。南方地区,可在室外砂石堆场筛洗。在来料均匀的条件下可边进料边筛洗,筛洗后堆垛贮存。在北方地区,因受气候条件限制,常在室内布置筛分和清洗工段,筛洗后的粗集料,一种是直接送搅拌楼贮存,另一种是先在筛洗间内堆存 1～2 班的生产用料量。集料经短期堆存,能排出一部分水分。

(2) 筛洗工段不宜和搅拌车间设在一起,洗后的污水需经沉淀池沉淀,上部清水可循环使用,或作他用,不得直接排入下水道或河道。附近有水源丰富的河道时,可就近筛洗,以便取水。

筛洗工段设在砂石堆场内,可简化工艺布置,与砂石堆场共用起重运输设备,节省土建和设备投资。

6.2.1.2　石灰的贮存

硅酸盐混凝土制品厂的生石灰来源有外购和自烧两种。外购石灰时,一般采用自卸汽车进行运输。自烧石灰时,石灰煅烧窑的卸料方式有人工卸料和机械卸料两种。石灰的贮存时间不应过长,否则会因石灰的自然碳化而降低其活性,影响产品质量和成本。

石灰的贮存方式,可用棚库,但以封闭贮仓为佳。棚库贮存虽然工艺简单,但扬尘较大,劳动条件差,有碍工人健康,尤其是密封性差,生石灰易于吸潮消解和碳化,以致降低活性。贮仓的构造与水泥贮仓相同。贮仓的容积、数量和规格尺寸,应视贮量和工艺布置而定。贮仓存放的石灰,应先行破碎,以便于运输和卸料。

采用贮仓贮存方式,其来料、破碎、装仓和供料基本上可在封闭条件下连续作业,具有机械化程度高、扬尘少、劳动条件好、石灰不易变质等优点,但设备数量多,基建费用大,只适用于大型企业。对于贮量不大的中小型企业,宜加大磨头仓容量,使之兼作贮仓使用,而无需另设贮仓,以简化流程,节省投资。

6.2.1.3　水泥的贮存

水泥是一种细粉状的活性材料,贮存不当,极易受潮变质,以致影响使用。同时在运输、贮存和使用过程中，极易扬尘，危害很大，故对水泥的贮存应给予足够重视。

水泥有袋装和散装两种。散装水泥与袋装水泥相比，散装水泥具有生产成本低、质量好以及运输、贮存和使用方便等优点，现已广泛使用。

散装水泥筒仓的类型较多，通常分为深仓和浅仓两种。散装水泥的贮存以深仓为宜，并以圆筒形为佳。

依所用结构材料的不同，筒仓分为砖石筒仓、钢筋混凝土筒仓和钢筒仓三种。容量在 500 t 以下时，可用造价低的砖石筒仓。商品混凝土石采用钢筒仓的居多。钢筋混凝土筒仓应用也较广泛，常用的筒仓直径为 6 m、7 m、8 m 和 10 m。筒仓高径比一般为 1.5～2.5 或者更大些。

6.2.2　原料的输送

混凝土原料的输送有各种不同的方式。依输送设备工作原理的不同，可以分为机械输送、风动输送和气力输送三种。

选择输送方案时，应结合实际的生产工艺流程以及总体布置上的可能性，综合考虑物料的性质、输送量、输送距离、输送路线、前后段的设备以及运输管理的难易和费用等各种因素。一般来说，较短距离的输送，宜采用机械输送和风动输送，较长距离的输送，宜采用气力输送，而且随着距离的增大，单位输送距离的功率消耗也将随之减少。就物料的性质而言，含水量较高或粒度较大的物料，宜采用机械输送；含水量低于一定限度而粒度较小的粉粒状物料，宜采用风动输送和气力输送。

6.2.2.1　物料的机械输送

用于物料机械输送的设备，常见的有螺旋输送机、斗式提升机、胶带输送机、抓斗、单斗提升机等。这些设备一般可以单独输送物料，但在更多的情况下，是按生产要求，通过给料、受料和电器设备等，将几个或几种设备联合起来，组成一条自动化的输送线，以便连续输送物料。

机械组合输送方式的确定，取决于贮仓类型、物料特征、输送量、输送距离、输送高度、工艺布置等多种因素。一般是在满足生产要求的前提下，既要考虑尽量缩短输送距离，减少设备类型，又要考虑尽量提高机械化自动化程度。

图 6.4 为螺旋输送机和斗式提升机所组成的散装水泥的机械输送系统。这种输送系统的特点是安全可靠，但维修工作量大。

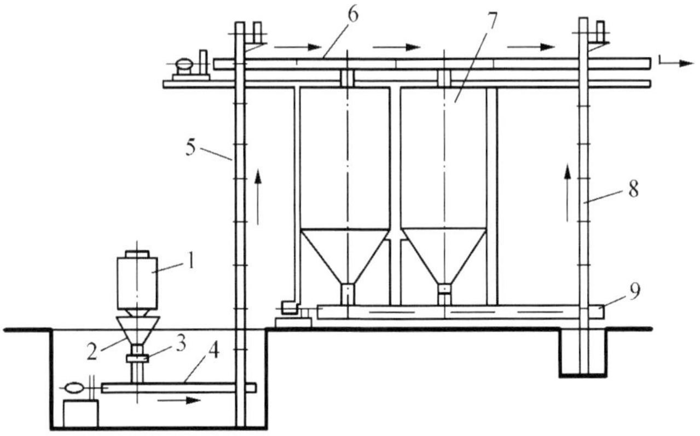

图 6.4　散装水泥的机械输送系统示意图

1—散装水泥专用车；2—受料斗；3—回转给料机；4，6，9—螺旋输送机；
5，8—斗式提升机；7—水泥筒仓

6.2.2.2 物料的风动输送

用于物料风动输送的主要设备为空气输送斜槽和空气提升泵。空气输送斜槽用于水平方向输送，斜槽沿输送方向有一定的斜度(约4%～6%)。空气提升泵是一种粉粒状物料的低压垂直提升设备。

典型的风动输送系统如图6.5所示。空气输送斜槽的压气机为高压离心式通风机，空气提升泵的压气机常用罗茨鼓风机或旋板式鼓风机。这种输送系统既能装仓，也能供料，具有设备构造简单、密封性好、易维护、耗电少、无噪声、操作方便、运行可靠以及工艺布置灵活等特点，因此极适于粉状物料的输送。

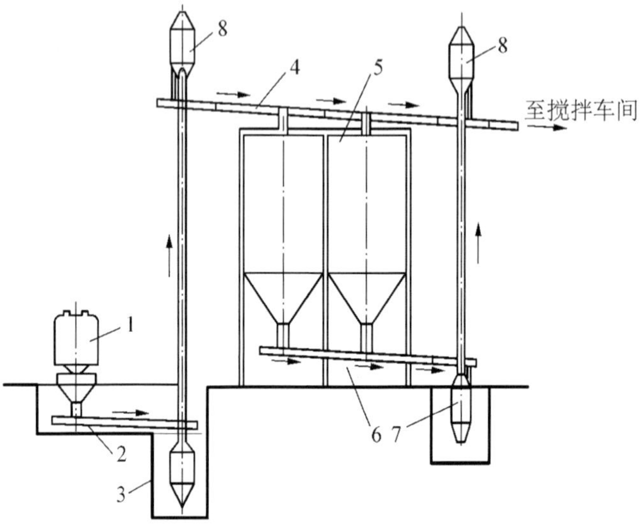

图6.5 风动输送系统示意图

1—散装水泥车；2，4，6—空气输送斜槽；3，7—空气提升泵；
5—筒仓；8—膨胀仓

6.2.2.3 物料的气力输送

气力输送是利用空气的力量来输送物料。气力输送可分为吸送式和压送式两种。输送装置一般可以组合为三种类型。

1. 吸送式气力输送装置

吸送式气力输送装置是将大气吸入输料管，并将物料混入其中进行输送的。根据系统负压的大小，吸送式可分为高真空(－0.02～－0.05 MPa)吸送式和低真空(0～0.02 MPa)吸送式两种。前者采用真空泵作动力，后者采用通常的离心式鼓风机作动力。

吸送式气力输送系统如图6.6所示。吸送式气力输送适用于从几处向一处集中输送的场合，由于吸嘴简单，操作轻便，适用于船舱、车厢等狭窄场地进行卸送作业，吸料部位无扬尘现象。

2. 压送式气力输送装置

压送式气力输送系统如图6.7所示。压送式气力输送装置是靠从空压机排出的气流通过输料管时再混入物料进行输送的。根据系统工作压力的大小，压送式可分为高压式输送(0.1～0.7 MPa)和低压式输送(<0.05 MPa)。

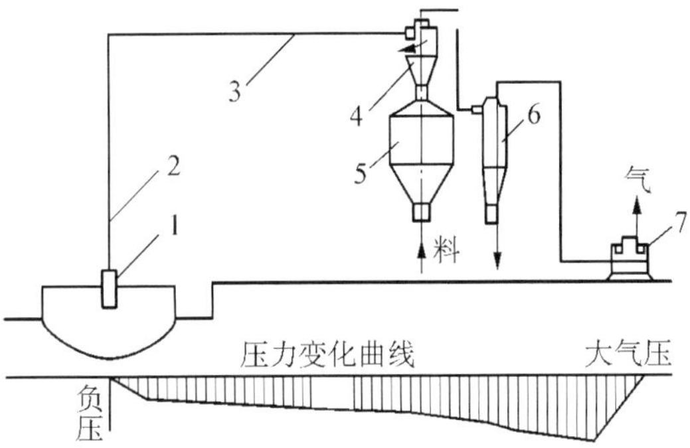

图 6.6 吸送式气力输送装置示意图

1—吸嘴；2—软管；3—输送管；4—分离器；5—料仓；6—收尘器；7—真空泵

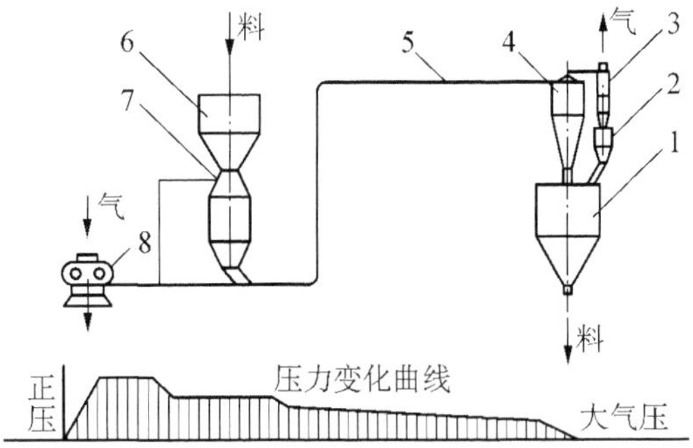

图 6.7 压送式气力输送装置示意图

1—料仓；2—贮料斗；3—收尘器；4—分离器；5—输料管；6—受料斗；7—仓式泵；8—空气压缩机

压送式气力输送装置适用于一处向几处进行分散输送。对近距离的输送，采用大风量、粗管道的低压压送式，其动力消耗比高压压送式低；对远距离输送，采用小风量、细管道的高压压送式，其动力消耗比其他方式低。

3. 吸送-压送混合式气力输送装置

混合式气力输送装置如图 6.8 所示。物料由负压吸送到物料仓内，然后采用压送式将物料输送到较远的仓库中。其中，正压和负压两个系统互不相连，同时运行。

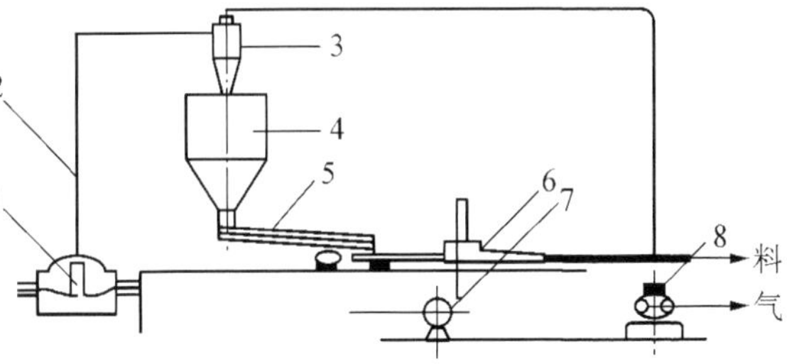

图 6.8 吸送-压送混合式气力输送装置示意图

1—吸嘴；2—输料管；3—分离器；4—料仓；5—斜槽；6—螺旋输送泵；7—空气压缩机；8—真空泵

6.3 普通混凝土混合料的制备工艺

6.3.1 搅拌工艺原理

搅拌是指将两种或两种以上不同物料相互分散而达到均匀混合的过程。混凝土的搅拌目的是除了达到混凝土均匀混合外，还要达到一定的塑化、强化作用。

6.3.1.1 混凝土的搅拌机理

1. 重力搅拌机理

搅拌时不同材料在重力作用下相互翻拌、穿插、混合以达到混合均化的目的，这一过程主要利用了物料的重力作用，故称为重力搅拌机理。自落式搅拌机就是根据这一机理运作的。

2. 剪切搅拌机理

在外力的作用下，使物料做无滚动的相对位移而达到均匀的机理称为剪切搅拌机理。强制式搅拌机通过不同材料间相互剪切作用，强制材料沿滑移面产生相互滑动，加之对流的作用而达到均匀混合的目的。在强制式搅拌机中，不同角度和位置的叶片通过料层时，克服了物料的惯性、摩擦力和黏滞摩擦力，强制其产生环向、径向、竖向运动，叶片通过后的空间，可由翻越叶片的物料、两侧倒塌的物料以及相邻叶片推过来的物料所填充。

3. 对流搅拌机理

以对流作用为主的搅拌机理称为对流搅拌机理。物料在垂直圆筒形搅拌器中依靠对流作用达到均匀混合的目的，加气混凝土料浆搅拌器即利用了这一原理。

实际上混凝土混合料在搅拌筒内的搅拌机理是综合性的。例如鼓筒形搅拌机中起主要作用的是重力机理，但也有局部的剪切作用。圆筒搅拌器中主要是对流机理，但也有颗粒本身的重力作用和叶片旋转时的剪切作用。

6.3.1.2 提高混凝土搅拌质量的方法

1. 搅拌强化

凡因改变搅拌工艺而加速胶凝材料的水化反应、提高混凝土早期强度或后期强度的方法均可称为搅拌强化。

(1) 均匀强化

在普通的搅拌机中充分运用重力、剪切、对流作用能使混凝土混合料达到宏观上的均匀性，但还是不能使细小颗粒与拌合水均匀混合，可采用均匀强化进一步提高搅拌质量。

振动搅拌是均匀强化的一种方法。它在搅拌的同时加以振动，使水泥颗粒处于颤动状态，破坏了水泥的凝聚团，使水泥颗粒均匀分布。同时振动搅拌使水泥颗粒运动速度加快，增加了有效碰撞次数，加速了水泥颗粒表面的水化生成物向液相扩散的速度，使水泥水化加速。此外还可净化集料表面，增加水泥石与集料表面的黏附力。因此振动搅拌可有效地提高混凝土的强度，改善混凝土混合料的流动性。

(2) 粉碎强化

在搅拌过程中，将水泥颗粒进一步粉碎，使其表面积增大，新粉碎的表面具有较高的表面活化能，这使水泥水化反应加剧，使混凝土的强度进一步提高。

超声搅拌是一种混凝土混合料二级搅拌的粉碎强化工艺，先以超声波发生器对水泥砂浆进行活化搅拌，再用普通混凝土搅拌机将已被活化的水泥砂浆与粗集料搅拌成混凝土混合料。超声活化的作用主要是利用了超声波在液体中传播时的空化效应。超声波对液体的附加压力使局部液体撕开而形成的负压区称为空化气泡，随着空化气泡的形成与瞬间爆开，对液体产生冲击力。在液体冲击力、超声波的高频振动力以及原来在水泥颗粒微裂缝中含有的气泡的快速外逸的膨胀力共同作用下，使水泥颗粒粉碎，加速水泥水化反应。

轮碾也能起到活化作用，原料在碾轮的碾压和碾磨作用下，产生新的表面，同时物料中的 f-CaO 立即与活性 SiO_2 和 Al_2O_3 作用，生成新的胶凝物质，这些新生物质在轮碾中被碾磨剥离后，不断产生新的表面，在轮碾的过程中，水化作用不断进行。

(3) 加热强化

合理提高搅拌时的料温，可以消除热养护过程中升温期对混凝土结构的破坏作用，同时加速水泥水化，使混凝土早期强度得到提高，缩短养护周期。通过试验发现大致有如下规律。

① 水灰比一定时，混凝土混合料的坍落度随温度的升高而降低，混凝土的抗压强度也随温度的升高而增长。早期强度增长特别明显。

② 在改变用水量以保持坍落度一定的条件下，用水量随温度的升高而增多，混凝土的早期强度随料温的升高有明显提高，因为此时水化程度增大。然而标准养护的后期强度及蒸养试件的强度均有下降，这是水灰比增大所致。

③ 当水灰比及坍落度均保持一定时，用水量和水泥量都随温度的升高而相应增加，其早期强度有明显增长，后期强度也未下降。

粉煤灰加气混凝土，采用热水搅拌，就能促使化学反应加速，当然，温度必须控制适当，如温度过高，就会凝结过快，造成发不起泡，表观密度过大的缺点，故在粉煤灰加气混凝土生产中，常以掌握料浆温度的高低来控制化学反应的速度。

(4) 界面强化

除高强混凝土外，一般混凝土的破坏是沿强度较低的集料界面发生和发展的，若能提高水泥石与集料界面强度，就能提高混凝土的强度。水泥裹砂法能提高界面强度。

水泥裹砂法(Sand enveloped with cement, SEC)是日本大成建设株式会社和利布昆尼阿林库株式会社研制出来的一种制备混凝土混合料的方法。

制备 SEC 混凝土，采用两阶段工艺(两次搅拌)最合适。图 6.9 为制备 SEC 混凝土的两阶段流程图。

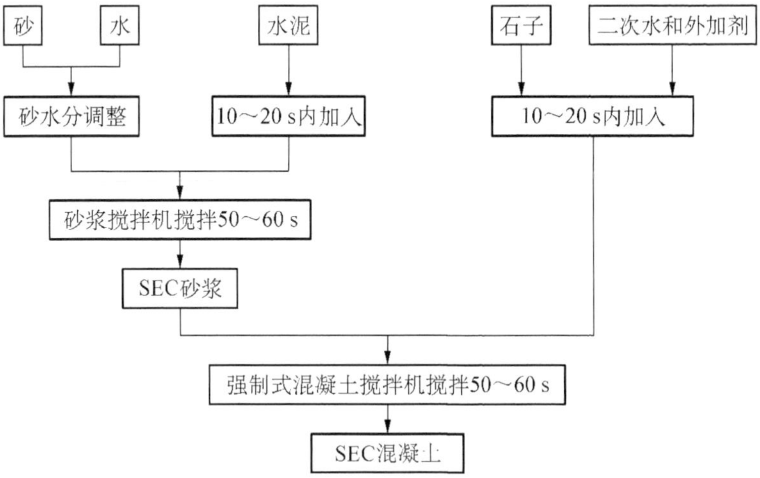

图 6.9　制备 SEC 混凝土的两阶段流程图

SEC 混凝土由于一次搅拌时在砂子周围的表面上黏结着水泥，形成水泥皮壳。在加二次水进行二次搅拌时，砂子周围的水泥皮壳与二次水充分混合，形成分散性良好的水泥浆填充集料之间的空隙，同时水泥浆由于受到 SEC 集料的约束，使水分的移动也受到制约，因而使泌水量几乎接近零，集料的分离和沉降也极小，故混凝土的性能得到改善。

2. 投料顺序

投料顺序应从提高混凝土混合料质量以及混凝土的强度、减少集料对叶片和衬板的磨损及混凝土混合料与搅拌筒的黏结、减少扬尘、改善工作环境、降低电耗、提高生产率等因素综合考虑决定，其中以质量为首要地位。

(1) 一次投料

常用的是一次投料法，但在瞬间的投料过程中，各物料的投料顺序仍略有先后。采用自落式搅拌机时，为防止扬尘，可先加入少量水，然后在加水的同时加入集料和水泥。对于强制式搅拌机，因出料口在下部，故不能先加水，而应在投入干物料的同时，均匀喷入全部水量。

(2) 两次投料

两次投料是先拌制砂浆，再投入粗集料制成混凝土混合料。采用这种投料方法时，砂浆中无粗集料，便于搅拌均匀；粗集料投入后，易被砂浆均匀包裹，有利于混凝土强度提高；减少粗集料对叶片及衬板的磨损；尤其是这种投料法可节省电能，不致超出额定电流。此法不足之处是搅拌干硬性混合料时，砂浆易粘筒壁，不易搅拌均匀，故需适当延长搅拌时间。如果加水时间过长，石子投入过早，电流峰值易超过额定电流值，从投料开始起的搅拌时间也相应延长，对于流动性混凝土混合料需 50～60 s；干硬性混凝土混合料需 60～70 s。

3. 其他方法

(1) 搅拌机的转速

搅拌机的转速对混凝土混合料的搅拌质量影响很大。转速过高，因离心力过大，物料难以均匀分布，导致搅拌质量降低，甚至无法进行搅拌；转速过低，则降低生产效率，因此，搅拌机应有一个适宜的转速。

(2) 搅拌机的工作容量

混凝土搅拌机的工作容量常以进料总体积或出料总体积来表示。我国搅拌机的工作容量是以出料总体积来表示的。

由于在搅拌过程中粗细集料及粉状物料的相互填充，物料总体积将变小。若出料体积为 V，进料体积为 V_0，则二者的比值 $k=(V/V_0)$ 称为出料系数，k 值一般为 0.67～0.70，在计算中，k 值通常采用 0.67。

搅拌机的工作容量，表明搅拌机的技术性能。选用时，一方面要考虑生产任务的大小，另一方面也应与集料最大粒径联系起来一并考虑。否则，不仅不能保证混凝土的搅拌质量，而且对机械零件的使用寿命也有影响。

搅拌机根据最大容积的不同，其最大、最小搅拌量应能予以确定。一般确定方式为：以额定容积下的最佳搅拌时间为准，调整搅拌实际容量；通过混凝土搅拌机性能检查试验的方法，确定能够保证搅拌性能的最大、最小容积，即可确认此搅拌机的最大、最小搅拌量。

(3) 搅拌时间

从原料全部投入搅拌筒时起至混凝土混合料开始卸出时为止所经历的时间称为搅拌时间。通常搅拌时间随搅拌机类型及混合料工作性的不同而异。在生产上应根据混凝土混合料的性质，对混凝土混合料均匀性的要求，搅拌机的性能以及生产效率等因素决定搅拌时间。搅拌时间对混凝土性能有重要影响，搅拌时间长，能够提高混凝土的强度；缩短搅拌时间，会降低混凝土的抗压强度。对于高强度等级混凝土坍落度小、搅拌容量大等情况，要求搅拌时间相对延长；对使用特殊材料如膨胀剂（粉体外加剂）的特殊混凝土，也要求适当延长搅拌时间。过长的搅拌时间会引起不坚硬的粗集料在大容量搅拌机中脱角、破碎进而影响搅拌质量；加气混凝土料浆的含气量也将下降；用电量、设备损耗、劳动生产率等指标也随搅拌时间的延长而变坏，既不经济，也不合理。

搅拌时间可通过混凝土搅拌机性能试验方法来确定，参见《混凝土搅拌机性能试验方法》（GB/T4477）。

通过搅拌机性能试验来决定搅拌时间、搅拌量，一般在设备新装、设备大修以及生产一定时期后，都应通过试验确认。确认顺序为：

① 确定单盘容量；

② 选择3个搅拌时间，分别在同配合比、同坍落度下进行3次试验，计算每次单位砂浆质量差及单位粗集料质量差；

③ 每次试验值的标准偏差；

④ 画出95%保证率（平均值与1.645倍标准偏差之和）线，搅拌时间可通过标准要求与保证率线的交点来绘出，以两个时间中较长的作为符合要求的搅拌时间。

如要求更为精确，应以不同的坍落度为前提，在相同坍落度下再按不同搅拌时间来区分，将不同强度等级要求试验数据汇总分析，可求出各自的单位体积砂浆、单位体积粗集料质量差的平均值、标准偏差、95%保证率值，将其连成曲线，根据单位体积砂浆质量差标准0.8%和单位体积粗集料质量差标准5%的规格线的交点，即可准确确定搅拌时间的合理值。

搅拌时间试验时应注意下列事项：

① 试验应在同材料同条件的状态下进行，事前计划，保证精度。

② 配合比应事先试拌，以确保试验的连续性与完整性。

③ 配合比设定要有代表性，必须考虑到混凝土强度等级、坍落度大小、集料最大粒径的影响。

④ 取样点应选择试样差异最大的两个。

⑤ 空气含量的测定要求准确，否则对结果的影响很大。

6.3.2　混凝土混合料制备的工艺流程

混凝土混合料制备的工艺过程一般包括原料贮存、计量配料、搅拌合混合料输送等工序。依搅拌车间竖向布置和物料提升次数的不同，混凝土混合料的制备工艺可分为单阶式和双阶式两种。

单阶式搅拌工艺是将材料一次提升到车间最高点的贮料斗中，经过称量配料和搅拌直至混凝土混合料制成，均系依靠物料自重，由上而下形成一个垂直生产工艺系统。图6.10为单阶式自动化搅拌车间示意图。进入搅拌车间的砂石经回转分料器卸至砂石贮料斗中。砂石堆场设有推土机配合卸料。散装水泥用气力输送装置装仓。使用时，水泥经给料器、地面螺旋输送机、斗式提升机和仓顶螺旋输送机向搅拌车间的水泥贮料斗供料。该车间采用两台J_4-1500型涡桨式强制搅拌机。称量采用定值应变电子秤。经过称量的物料进入搅拌机进行搅拌，搅拌好的混凝土混合料通过浇灌机向成型车间供料，或用翻斗汽车运往露天台座。这种工艺产量高、占地少、工艺布置紧凑、便于自动控制。

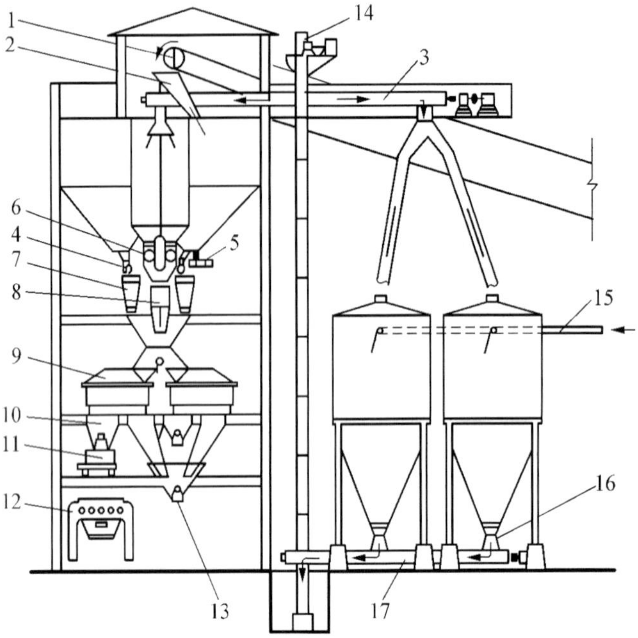

图 6.10　单阶式自动化搅拌车间示意图

1—胶带输送机；2—回转分料器；3，17—螺旋输送机；4—粗集料供料器；
5—细集料精称供料器；6—水泥给料器；7—集料计量斗；8—水泥计量斗；
9—搅拌机；10—混凝土贮料斗；11—分配小车；12—浇灌车；
13—混凝土集料斗斗门；14—斗式提升机；15—输料管；16—供料器

双阶式工艺是将材料分为两次提升，第一次提升到贮料斗，经过称量配料再经第二次提升进入搅拌机。图 6.11 为抓斗上料的双阶式搅拌车间示意图。砂石可用门式抓斗从堆场

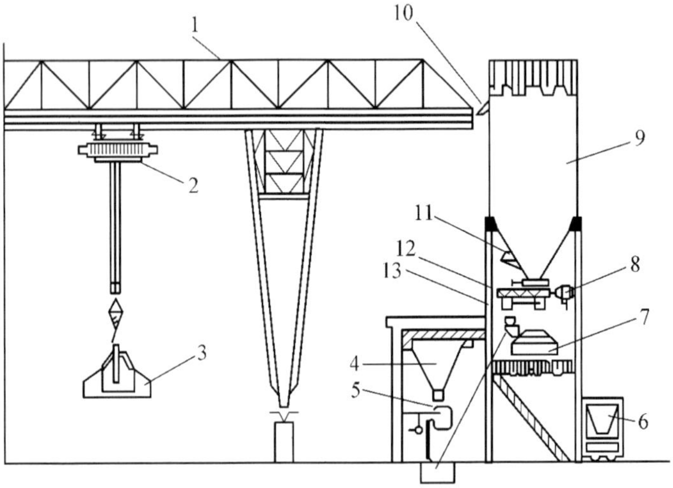

图 6.11　双阶式搅拌车间示意图

1—门式起重机；2—电葫芦；3—抓斗；4—砂石贮料斗；5—砂石计量斗；
6—混凝土浇灌车；7—混凝土搅拌机；8—传动机构；9—水泥贮仓；
10—进料管；11—振动器；12—螺旋给料机；13—水泥计量斗

直接卸入砂石贮料斗中。屋顶设有散装水泥贮仓，散装水泥进厂后，可直接送入仓内。该车间设有两台 J_4－375 型涡桨式强制搅拌机。称量采用杠杆水银秤。砂石称量后经二次提升进入搅拌机，而水泥称量后则直接卸入搅拌机。该工艺设备简单，对厂房结构要求低，投资小，但其辅助设备多，动力消耗大，工作条件差。

6.3.3　料仓

设置料仓的主要目的是使材料有一定的贮备，以便保证搅拌车间生产的正常进行。在冬季生产时，集料可在料仓中加热；为了保证混凝土的质量并实现制备过程的自动化，可在料仓中测定集料含水率。

6.3.3.1　集料含水率的测定

细集料含水率的测定方法有加热法、比重瓶法、电测法及中子测定法。

加热法，是按规定将试样置于金属容器内并放在105～110℃的烘箱中烘干至恒重，再经计算得出集料含水率，试验时间长达2～3 h。在生产中，可用电炉炒干或红外线代替烘箱烘干，试验时间仍需0.5 h左右。也可用特制的比重瓶测定已知密度的一定质量的湿砂体积，再经计算求得砂的含水率，全过程需数分钟。上述方法均不能适应机械化自动化搅拌生产线的要求。

利用电测法，即根据集料含水率与其电阻或电容的关系，可以快速、连续测定集料的含水率。

中子测湿法，是将中子源和中子探测器一起固定在仓内，用中子探测器测量中子源所发射出来的慢化了的热中子数量，借以确定含水率的多少。

粗集料的含水率也可用相应方法予以测定，如电容法、电阻法、紫外线法、X射线法等。

6.3.3.2　料仓的成拱及防止措施

1. 料仓的成拱

物料颗粒堵塞料仓出料口，以致不能排料的现象，称为成拱。它是料仓，特别是粉状物料贮仓最难解决的一个问题。成拱现象的情况错综复杂，除与物料的性质，特别是粒度、颗粒形状、比密度、体积密度、含水率、压缩性、黏附性及带电性有关外，还与料仓的形状、壁面的倾角、光洁度以及出料口的大小等因素有关。成拱的原因大致可分为颗粒之间或颗粒与料仓壁面之间的摩擦及黏结力，以及物料颗粒间的黏结力。

2. 防止成拱的一般措施

(1) 料仓的构造

除了可以采用加大排料口，加大壁面倾角以及壁面光滑程度等措施外，还可将料仓锥部制成非对称形或抛物线曲面，在仓内加设纵向隔板、塞块或悬吊钢丝绳和链条等。

(2) 安装振动器

用振动器对仓壁进行振动的方法，对防止黏附性或黏结性较小的物料成拱较为有效。振动器的安装部位必须选择在壁面的波腹处(图6.12)较为有效。如果安装位置不当，反而会助长成拱。

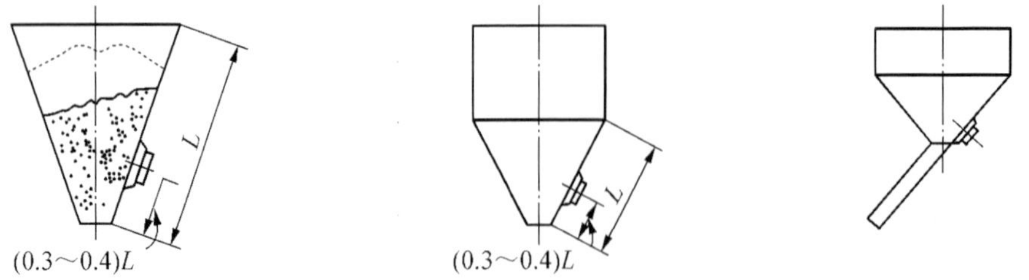

(a) 小型料斗　　(b) 大型料斗　　(c) 装有卸料溜管的料斗

图 6.12　破拱振动器安装位置

(3) 吹入压缩空气

在容易成拱的部位，通过吹气管或流化板吹入压缩空气，使物料流态化(图 6.13)，这种方法对含水率很低的粉状物料尤为有效。

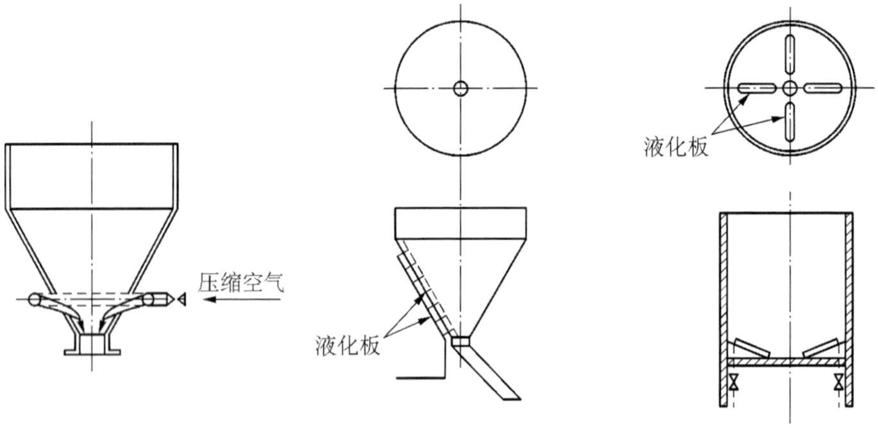

图 6.13　吹入压缩空气防止成拱的方法

6.3.4　原料的计量

原料的计量是混凝土混合料制备过程中的重要环节，原料计量的准确程度对混凝土的质量影响极大。尤其是干硬性混凝土的用水量，其计量的精确度要求更高，因为即使计量误差很小，也会显著改变混凝土混合料的干硬度。

6.3.4.1　计量方法

根据 GB14902 标准要求，各种原材料(粗细集料、水泥、矿物掺和料、水、外加剂)的计量应按质量计，水、外加剂溶液(水剂)的计量可按体积计。

6.3.4.2　计量设备

计量有连续式和间歇式两种方式。在混凝土制品的生产工艺中，常采用间歇式计量方式。间歇式计量系统由给料设备、称量设备和卸料设备三部分组成。

所谓给料设备是指将物料从料仓供到称量斗进行称量所使用的设备。一般水泥采用电磁给料机和螺旋给料机供料，而砂石采用集料气动扇形斗门和胶带输送机供料。

称量设备是配料计量系统中的主要设备。常用的称量设备有自动杠杆秤和应变电子秤。应变电子秤与其他称量设备相比，具有体积小、质量轻、结构简单、使用方便、称量精度尚能满足要求等优点。但如管理不当会出现失灵的情况。

卸料设备是将称量好的物料从称量斗中卸入集料或搅拌机中所使用的设备，一般多采用气动闸门。对于水泥也可采用电磁给料机进行卸料。

用于预拌混凝土生产工厂的计量设备必须能连续计量不同配合比混凝土的各种材料。原材料的自动称量是靠自动控制线路将供料设备、称量设备和卸料设备相互联锁起来实现的。目前，较先进的计量系统均采用光电信号传递，将操作台指令提供给计量控制阀，控制阀通过气压或液压控制方式，进行粗计量和微计量，以达到指定的质量值或体积值。粗计量和微计量可通过卸料阀门和操作控制台进行双向调节。

6.3.4.3 计量设定

在预拌混凝土工厂，对于不同配合比按序连续计量是非常必要的，因为配合比变化对生产能力有一定的影响。因此，生产计量控制设备的趋势是通过计量设定装置个值的设定，达到对生产配合比的迅速调整。如砂、石含水率的变化应通过某设定值的调整，使计量系统能迅速调整混凝土单位用水量、砂石质量，在保持原基准配合比不变的情况下，按实际施工配合比进行计量。每次混凝土的拌合量应根据工程要求、车载容量来决定。因此，计量设定应能根据拌合量的大小，自动给出各种材料的计量设定值。容积补正应能通过设定轻松达到要求。

混凝土生产中各种材料的每盘用量与计量设定值的误差应能自动跟踪记录下来，操作台当前的各种计量设定，都能通过介质(纸张、磁盘、光盘等)保存，这有利于生产过程控制及产品的追溯。

6.3.4.4 计量精度的要求

根据 GB14902 标准要求，混凝土材料计量的允许偏差应符合表 6.1 的要求。累计计量允许偏差是指每一运输车中各盘混凝土的每种材料计量之和的偏差，适用于采用微机控制计量的搅拌车间。

表 6.1 混凝土原材料的允许偏差

原材料品种	水泥	集料	水	外加剂	掺和料
每盘计量允许偏差/%	±2	±3	±2	±2	±2
累计计量允许偏差/%	±1	±2	±1	±1	±1

6.3.4.5 计量精度的保证

保证贮仓内材料有一定的贮存量、不空仓，如有可能随时保证仓位处于满仓，计量时通过计量阀门的量为一个常量。如果贮存仓中的量很少或空仓，就必须通过落差补正值的调整改变材料流速。此外，如果材料的落差发生变化，也需调整落差补正值，即解决冲量问题。

水泥、掺和料、外加剂、水的计量值小，对其精度要求高，较小的振动对其精度都会带来影响。因此，必须考虑搅拌机振动时如何减少对计量精度的影响，并采取相应的措施。

水泥、掺和料计量时，随着贮仓内材料量的变化，其计量流动速度的变化将带来计量误差，因此应经常保持一定的贮存量。而且此类材料经过一定的贮存时间后，空气含量减少，流动性能变差，计量器的空气溢流孔应保持畅通，同时应防止湿气造成的固化堵塞现象。必须注意避免由于固化物、异物使得计量阀门被卡，造成计量事故。

粗、细集料计量时，由于细集料表面含水高、细度模数小，流下的速度慢，最好静置待表面水稳定时再使用。

水的计量，日常应注意观察粗计量、微计量的动作是否正常，微计量的量是否适当，如使用回收水应注意检查水管是否堵塞。

外加剂计量中，应经常检查微计量的动作是否正常，一段时间不用或使用频率较少时，应检查导管的端部干燥固结情况，适当调整输送泵的输送压力。

6.3.4.6 动荷载检查

在混凝土生产中，要经常检查计量精度。每个工作班应对零点目视确认，动荷载试验检查的频率应保证每月不少于1次，对计量器具日常维护、计量误差、材料的附壁情况、控制阀的开关动作要进行统计分析管理。

6.3.4.7 计量管理注意事项

(1) 保证混凝土生产操作间的整洁，做到无粉尘、噪音、振动等，确保采光、照明、通气良好，使操作人员有个轻松、舒适的工作环境。

(2) 工厂应建立对计量装置的维修、点检制度。

(3) 每盘计量，应对各个装置的计量值进行确认，有利于尽早发现异常，及时采取措施，甚至很小的异常也要能判断出来，质量管理者应能对此建立相应的制度。

(4) 在设定方面，应确定计量值的允许变动的范围，并制定相应的管理制度。

(5) 水、水泥、活性掺和料、外加剂计量时易出现异物卡住、滴漏事故。在感觉到计量速度、计量时间异常时，应及时采取措施，这就要求操作人员有相当的熟练程度。

(6) 计量异常时，应立即停止作业，进行原因调查，及时解决。

(7) 计量超过时，若是计量的外加剂超出最大计量或对超过计量的材料状况、品种、数据无法确认时，应将此盘材料全部作废。

(8) 对所有计量事故内容、原因分析、处理措施等均应做记录。

6.3.5 搅拌机的类型

为获得均匀的混合料，首先必须合理选择搅拌机机型。混凝土搅拌机可以分为自落式搅拌机和强制式搅拌机两大类。自落式搅拌机按搅拌筒的形状和出料方式的不同，又可分为鼓筒形搅拌机、锥形倾翻出料搅拌机和锥形反转出料搅拌机三种。强制式搅拌机按运动方式的不同，又可分为涡桨式和行星式两种。

6.3.5.1 鼓筒形搅拌机

鼓筒形搅拌机的搅拌筒呈鼓形，卸料时将活动卸料溜槽伸入鼓筒内导出混合料。这类搅拌机的容量不能过大，因为鼓筒内径增大，物料落差也随之增大，从高处落下的大集料会把叶片、筒壁砸坏。也不能用加快转速的方法来提高单位时间内的翻拌次数，因为超过临界转速后，物料在离心力作用下将黏附在筒壁上，不能达到搅拌的目的。由于这种搅拌机只靠物料的重力作用进行搅拌，搅拌运动不强烈，对于坍落度小于4 cm的混凝土混合料不仅不易搅拌均匀，而且也难以卸出。鼓筒形搅拌机的鼓筒利用系数比较低，一般为0.22～0.25。因此，它只适用于搅拌流动性混凝土，而不能搅拌干硬性混凝土。它具有结构简单、制造容易、坚固耐用、操作方便等优点。

6.3.5.2 锥形反转出料搅拌机

锥形反转出料搅拌机的搅拌筒为双锥形，出料时搅拌筒改变旋转方向，靠一对螺旋状出料叶片进行卸料。这种搅拌机的搅拌叶片在搅拌筒内是交叉布置的。在搅拌时，物料一方面由叶片提升下落做垂直位移运动，另一方面叶片又迫使物料做轴向旋转运动，所以搅拌比较强烈，它不仅能搅拌流动性混凝土，而且也能搅拌低流动性混凝土。由于搅拌筒每旋转一周，物料在筒中可以翻拌数次，从而提高了搅拌效率。又因物料在搅拌筒中提升高度较小，所以可以制成大容量的搅拌机，并能搅拌大粒径的混凝土混合料。此外，由于搅拌机的搅拌筒能够正反转交替进行，搅拌叶片的正反面都能受到物料的撞击和摩擦，也不易发生混凝土混合料的沾黏现象。

这种搅拌机的缺点是由于出料叶片占去了搅拌筒的一部分空间，使搅拌筒的利用系数比鼓筒形更低，一般只有0.20～0.23。此外，反转卸料时是重载启动，功率消耗大，在做大容积搅拌时，容易发生启动困难和出料时间长等问题。故这种搅拌机一般只适用于中、小容量的搅拌机。

6.3.5.3 锥形倾翻出料搅拌机

锥形倾翻出料搅拌机的搅拌筒呈梨形，进出料口为一个，出料时搅拌筒可以倾翻。

这种搅拌机的搅拌筒利用系数高，一般可达0.4左右。由于搅拌筒轴线与水平线成一角度，因此搅拌时物料不仅在筒内做提升下落运动，而且还绕其轴线做旋转运动，搅拌比较强烈，适于搅拌流动性混凝土，也适于搅拌低流动性混凝土。由于物料在搅拌筒内的提升高度不大，因而叶片也不易损坏，而且集料粒径也可适当加大。由于从同一料口进出料，所以在几台组合使用时便于合用一套进料机构，出料也便于集中到一处，操作管理比较方便。

6.3.5.4 强制式搅拌机

强制式搅拌机的搅拌筒呈圆盘形，盘底设有出料口，搅拌时出料口被闸门关闭。这种搅拌机是靠设置在搅拌筒内的搅拌铲对物料施加剪切、挤压和翻转等多种运动实现搅拌的，搅拌非常强烈，适合于搅拌干硬性混凝土。

强制式搅拌机有涡桨式和行星式两种。涡桨式搅拌机的搅拌筒不动，只有拌叶总成转动。JW系列立轴涡桨式强制式混凝土搅拌机有关技术参数见表6.2，这种搅拌机生产效率高、搅拌时间短、混凝土匀质性好，能拌制干硬性、半干硬性、塑性混凝土及砂浆，并具有长时间干搅拌能力。行星式搅拌机的搅拌筒和拌叶总成均做转动，但其旋转方向相反，立轴行星混凝土搅拌机JX系列有JX500、JX750、JX1000、JX1500、JX2000、JX3000等。单卧轴、双卧轴强制式搅拌机，其拌叶总成主轴卧置于搅拌筒中转动。JS系列双卧轴强制式搅拌机有关技术参数见表6.3，这种搅拌机搅拌时使混凝土在搅拌筒内做圆周运动的同时沿轴向往复窜动，具有搅拌质量好、生产效率高、能耗低、磨损小等优点，能拌制塑性、干硬性、半干硬性混凝土及砂浆。

表6.2 JW系列立轴涡桨式强制式混凝土搅拌机技术参数

技术参数	JW250	JW350	JW500	JW1000
进料容量/L	400	560	800	1 600
生产率/($m^3 \cdot h^{-1}$)	12	14	25	50
主电机功率/kW	15	18.5	30	55
最大集料粒径/mm		<60		

表 6.3 JS 系列双卧轴强制式搅拌机技术参数

技术参数	JS500	JS750	JS1000	JS1500	JS2000	JS3000	JS4000
进料容量/L	800	1 200	1 600	2 400	3 200	4 800	6 400
生产率/($m^3\cdot h^{-1}$)	25	35	50	75	100	150	200
主电机功率/kW	18.5	2×15	2×18.5	2×22	2×37	2×55	2×75
最大集料粒径/mm	60	60	80	100	120	150	150

6.4 其他混凝土混合料的制备工艺

6.4.1 硅酸盐混凝土混合料的制备工艺

硅酸盐混凝土混合料是由石灰、含硅质原料(砂、粉煤灰、炉渣、矿渣、尾矿等)和水按一定比例配制而成的。依配制时石灰消化与否,混合料的制备可分为熟石灰和生石灰两种工艺。

熟石灰工艺是指在制品成型前石灰已经消化成熟石灰的工艺流程。它适于各种硅酸盐砖采用立即脱模工艺组织生产。采用这种工艺进行生产,要求石灰在制品成型前必须完全消化,否则脱模后的制品就会在预养或压蒸过程中因石灰消化时的体积膨胀而开裂。

生石灰工艺是指石灰在制品成型后的模具中进行消化的工艺流程。这种工艺适用于各种粉煤灰砌块和板材采用带模生产的工艺。由于石灰的消化是在成型后的模具中进行,体积膨胀受到模具的约束,因而制品更加密实,其物理力学性能有所改善。

根据所用原料及其制品的不同,混合料的制备工艺又可分为灰砂硅酸盐制品混合料制备工艺和粉煤灰硅酸盐制品混合料制备工艺等数种。

6.4.1.1 灰砂硅酸盐砖坯混合料的制备工艺

灰砂硅酸盐砖坯混合料以石灰、砂等为主要原料,其制备工艺特点如下。

(1) 石灰经过粉磨后才能与砂混合。这是因为工艺本身要求石灰与砂均匀地混合。特别是石灰中的惰性物质(含量约 15%～25%),不经粉磨无法自行分散。磨细还可加速消化过程。

(2) 石灰的消化必须与砂混合进行(用高压蒸气消化石灰时除外)。这是因为石灰单独加水消化时极易凝结成块,而混合消化时则因砂多石灰少,以及石灰颗粒均匀地分散在砂中等原因而不易结成灰球。同时,消化时的加水量也要严格控制。加水量过少,混合料中的水分不足,石灰不能充分消化;加水量过多,则灰砂混合料将凝结成团。因此混合料消化时的加水量必须适度,一般为总加水量的 70%～80%。在这种情况下,石灰既能充分消化,也不会凝结成球,消化后的物料呈松散而稍带湿润的状态。

(3) 灰砂硅酸盐砖坯混合料的搅拌分两次进行。第一次搅拌的目的是将计量好的物料和水搅拌均匀,以便获得均匀、物理力学性能好的硅酸盐制品。第一次搅拌的加水量,除保证石灰充分消化时的需水量外,还应考虑成型水分的需水量,使消化后的混合料在成型前的二次搅拌时少加水，这样产品强度高，质量好。第一次搅拌时的加水量一般为干物料质量的7%～9%。第二次搅拌的目的是将已经消化好的混合料加水搅拌至成型所需的均匀分布的湿度。其加水量一般为干物料质量的2%～3%，加水量过多，不仅砖坯可能产生过压现象，增加砖机负荷，而且砖坯表面也会产生泌浆现象。这样的砖坯如不经充分预养，蒸发一部分水分，则在压蒸过程中就将产生水泡、裂缝等不良缺陷。

搅拌设备常用强制式搅拌设备，如砂浆搅拌机、立轴强制式搅拌机、双卧轴搅拌机等。

6.4.1.2 粉煤灰硅酸盐砖坯混合料的制备工艺

粉煤灰硅酸盐砖坯混合料以石灰、粉煤灰等为主要原料，其制备工艺与灰砂硅酸盐砖坯混合料基本相同。其区别是灰砂硅酸盐砖坯混合料采用二次搅拌，而粉煤灰硅酸盐砖坯混合料采用轮碾。混合料消化后采用轮碾机加水进行碾练，主要起压实、活化和混合三种作用。

粉煤灰是一种具有多孔结构的物料，其堆积空隙率高达65%～75%，因此在粉煤灰颗粒内部和颗粒间存在着大量的空气。在成型过程中，一部分空气排出砖坯，而另一部分则压缩，产生较大的反作用力，并使砖坯加压结束时产生强烈的反弹作用。通过轮碾可以排出物料中的一部分空气，使其更加密实。此外，轮碾也可将颗粒孔隙内部的水分挤出，使其分布在颗粒表面，增加塑性，降低成型用水量。根据试验资料，经过轮碾的混合料的成型水分可由原来的25%降至15%左右，这对提高砖坯的质量颇为有利。

对矿渣和炉渣而言，轮碾的作用主要是活化，这是由于物料通过碾磨和破碎，出现了新的表面，增加了水化表面积，加强了水化作用，使水化产物增多。

6.4.2 加气混凝土混合料的制备工艺

加气混凝土混合料是由硅质集料(砂、粉煤灰、矿渣、尾矿等)和钙质胶凝材料(水泥、石灰等)加水并加入适量的发气剂和外加剂，经混合搅拌配制而成的一种料浆。

加气混凝土混合料的制备工艺，按胶凝材料组分的不同，可以分为单组分胶凝材料工艺和混合组分胶凝材料工艺两种。按集料品种的不同，可以分为砂集料工艺、粉煤灰集料工艺和尾矿集料工艺等数种。按加气混凝土种类的不同，又可以分为水泥-矿渣砂加气混凝土工艺、水泥-石灰-粉煤灰加气混凝土工艺和石灰-水泥-砂加气混凝土工艺等数种。

6.4.2.1 一般工艺流程

石灰-水泥-砂加气混凝土混合料的制备工艺是以石灰和水泥为胶凝材料，以砂为集料，其工艺流程见图6.14。这种工艺的主要特点在于它所使用的胶凝材料是由石灰和水泥与部分干砂(约占砂用量的20%)混合干磨而成；它所使用的砂浆是由砂子和石灰(约占砂用量的20%)与水混合湿磨而成。

各种加气混凝土混合料制备工艺过程大体相同，都要经过原料加工和配料搅拌两个基本工序。

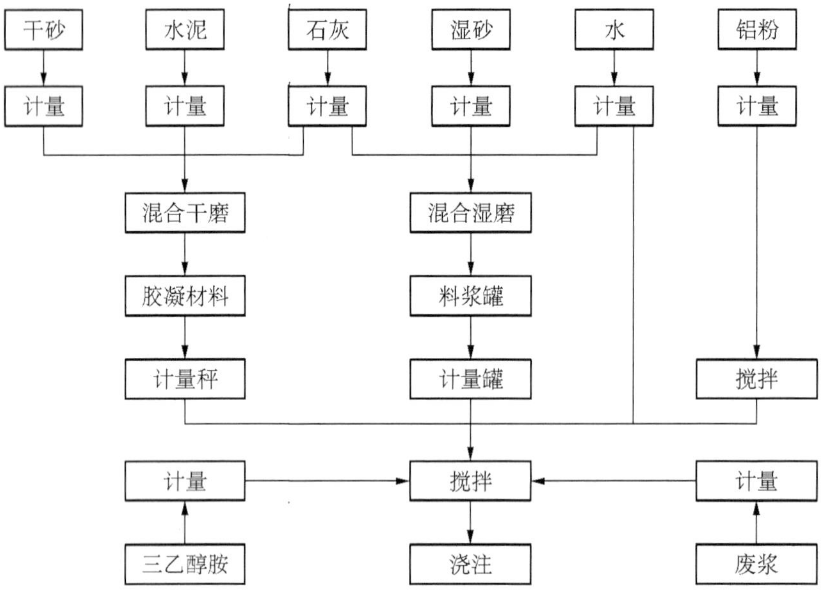

图 6.14　石灰-水泥-砂加气混凝土混合料制备工艺流程图

6.4.2.2　原料加工

在加气混凝土混合料制备过程中，原料加工包括混合胶凝材料、砂浆、矿渣浆和新鲜废料浆的制备以及铝粉脱脂等几个方面。

1. *混合胶凝材料的制备*

混合胶凝材料一般是由胶凝材料和部分细集料按比例混合干磨制得。磨细后的胶凝材料用压缩空气送至贮料斗，以供配料使用。

用于水泥-石灰-粉煤灰加气混凝土混合料制备工艺的胶凝材料，包括占其总量 32%～36%的(CaO+MgO)，其中活性(CaO+MgO)质量占总量的 29%～32%；此时，二水石膏的质量占总量的 10%左右。

用于石灰-水泥-砂加气混凝土混合料制备工艺的胶凝材料，包括占其总量 47%～52%的(CaO+MgO)，其中活性(CaO+MgO)质量占总量的 38%～45%。

胶凝材料的细度，对于不同的生产工艺，要求基本一致。胶凝材料的细度参见表 6.4。

表 6.4　集料和胶凝材料的最佳细度　　单位：m^2/kg

原材料种类	加气混凝土混合料制备工艺		
	水泥-矿渣-砂	水泥-石灰-粉煤灰	石灰-水泥-砂
集料	300～500 250～280	>250	170～220
胶凝材料	>300	400～600	400～600

胶凝材料的制备可以采用三仓管磨机进行干磨。磨机的投料速度根据其出料细度进行调整。

2. *砂浆和矿渣浆的制备*

砂浆和矿渣浆是由砂和矿渣分别与水湿磨而得。磨细后的砂浆和矿渣浆分别送至带有搅拌设备的砂浆贮浆罐和矿渣浆贮浆罐。砂浆和矿渣浆在贮浆罐中至少要经过 4 h 的熟化和搅拌均匀才能使用。砂浆和矿渣浆的最佳细度参见表6.4。其标准密度分别为1.62 kg/L和1.66 kg/L。

砂浆和矿渣浆的制备，也可以采用三仓管磨机进行湿磨。物料在磨机中所经历的时间与许多因素有关，一般为15～30 min。

3. 新鲜废料浆的制备

初凝的加气混凝土上部多余的废料，经切除后送入搅拌机，与水一起再拌制成具有一定密度的新鲜废料浆。这种料浆可用压缩空气送至配料间或贮料罐中，以供配料使用。新鲜废料浆的密度，对砂集料约为1.50 kg/L；对粉煤灰集料约为1.30 kg/L。

4. 铝粉脱脂

铝粉是加气混凝土的一种发气剂，外观呈银灰色，细度为600 m^2/kg。为了防止铝粉氧化、燃烧和爆炸，在加工过程中其颗粒表面包覆一层硬脂酸。由于硬脂酸不溶于水，阻碍了铝粉在碱性料浆中的反应。因此铝粉在使用前必须进行脱脂处理。脱脂方法，一是加热烘烤脱脂，二是化学脱脂。

加热烘烤脱脂是将铝粉放入烘箱内加热至180～200℃，使铝粉颗粒表面的硬脂酸挥发，从而达到脱脂的目的。铝粉在加热烘烤过程中，应严防铝粉的燃烧。脱脂是否符合要求，可用一容器盛水，将少量铝粉投入水中搅拌检验，如铝粉全部沉入水中，则表示铝粉脱脂符合要求，否则表明铝粉脱脂不良。

化学脱脂是采用表面活性剂使硬脂酸乳化成很小的粒子，脱离铝粉表面，从而达到脱脂的目的。其操作方法是将表面活性剂溶解在50℃的定量水中，然后投入一定量的铝粉并加以充分搅拌，直至铝粉全部沉入溶液中为止。

5. 可溶油的制备

可溶油是一种气泡稳定剂，可通过与水按1∶3∶36的比例配制而成。其操作方法是先将40～50℃的温水计量加入可溶油搅拌机中，然后再依次按计量加入花生油酸和三乙醇胺进行搅拌，直至油酸全部溶解后，停止搅拌，供配料使用。用冷水也可配制，但搅拌时间需相应延长。

6. 碱液的制备

碱溶液是一种调节剂，可由纯碱和硼砂配制而成。其方法是将纯碱和硼砂按比例投入碱溶液搅拌机中，然后按规定加水，在持续搅拌的同时，通入蒸气进行加热，使其全部溶解，温度应保持在70～80℃。

若碱溶液浓度过高，在贮存和输送过程中，纯碱和硼砂容易结晶析出，使管道和阀门堵塞；而浓度过低，又使配制碱液的次数增加，贮罐容积增大。碱溶液的浓度一般以35%～40%为宜。

6.4.2.3　配料搅拌

配料搅拌是将制备好的各种原料或半成品，按要求进行计量，并依次投入搅拌机中，经混合搅拌成为料浆。

1. 配料

加气混凝土混合料的配料在配料工段进行，其配料量可按模型容积、浇注高度和配方的要求来确定。粉状原料按质量进行计量，液态原料按体积计量。铝粉单独按质量计量后送入铝粉悬浮液搅拌机中，然后再加入表面活性剂制成铝粉悬浮液。各种外加剂制成溶液后均按体积计量。

2. 搅拌

加气混凝土料浆的搅拌浇注车，是加气混凝土混合料制备的主要工艺设备。其作用是将计量好的各组分按规定的顺序和时间投入搅拌罐内，并搅拌均匀，然后将制备好的料浆浇入模型中。

搅拌浇注车由料浆搅拌罐、铝粉悬浮液搅拌罐、碱液罐、浇注管、行走机构和电气自动控制等部分组成。

料浆搅拌罐是浇注车的主要工作机构，它由罐体、搅拌叶轮和传动机构等部分组成。其工作原理是利用高速旋转的叶轮，使物料产生对流，从而达到均匀混合的目的。

料浆制备时应遵守下列投料顺序和搅拌时间。

(1) 先投入经过计量并加热至一定温度的液态原料，搅拌时间为 2 min 左右。

(2) 对粉煤灰集料工艺，再投入预先称量好的粉煤灰集料，搅拌时间为 3 min 左右。

(3) 然后投入已经称量好的粉状胶凝材料，从胶凝材料开始投入搅拌机的时间算起，搅拌 3 min 左右。

(4) 最后投入碱溶液和铝粉悬浮液，搅拌 30 s 左右即可进行浇注。

在现代化的加气混凝土工厂中，各种原料的计量、投料和搅拌等过程，均按程序控制自动进行，设备的工作情况由中央控制室进行监视。

6.4.3 轻集料混凝土混合料的制备工艺

轻集料混凝土混合料是由各种轻集料、胶凝材料和水按比例配制而成的，其制备工艺与普通混凝土混合料基本相同。由于集料轻而多孔，易于吸水，故其搅拌工艺与其吸水率有关。

1. 轻集料吸水率＜10％

这时可采用二次投料搅拌工艺。先将粗、细集料投入搅拌机内，与 1/2 用水量拌合30～60 s。然后加入水泥搅拌数秒钟，再加入余下的水继续搅拌至混合料均匀为止。因集料轻，拌合物稠度大，比普通混凝土混合料难于搅拌，因此轻集料混凝土的搅拌时间应不少于3 min。

2. 轻集料吸水率＞10％

这时集料在搅拌前应进行预湿(即预吸水)，预湿的时间因轻集料的品种而异，一般为 0.5～1 h。

轻集料混凝土混合料的制备一般采用强制式搅拌机。制备好的轻集料混凝土混合料应立即浇灌入模，停放和运输时间不得超过 45 min。当输送距离较远时，为了增加轻集料混凝土混合料的均匀性，混合料运至浇灌地点后可进行二次搅拌。

6.5 混凝土混合料的运输

混凝土混合料从搅拌机卸出后，即输送至成型工位浇灌入模。在此过程中，最重要的是保持混凝土混合料的均匀性，避免分层离析，而混凝土混合料产生分层的主要原因是在运输过程中有振动。

为了避免分层离析，混凝土混合料在运输过程中应注意以下几个问题。

(1) 应以最快的速度将混凝土混合料输送至成型地点并浇灌入模，其时间不得超过混凝土初凝时间。混凝土混合料运输延续时间的要求见表 6.5。

表 6.5 混凝土混合料运输延续时间

混凝土种类	混凝土温度/℃	许可运输时间/h
普通混凝土	20～30	1.0
	10～19	1.5
	5～9	2.0
轻集料混凝土		0.75

(2) 在寒冷、炎热或大风等气候条件下，输送混凝土混合料时应采取有效的保温、防热、防雨、防风等措施。

(3) 采用车辆运输时，应力求道路平坦，行车平稳，以免发生严重分层离析现象，如发现分层离析，在浇灌前应再次进行搅拌。

(4) 转运次数不宜过多，垂直输送时的自由落差不得超过 2 m，否则应加设溜管、溜槽，减少落差，避免或减少混凝土混合料的分层离析。混凝土混合料卸料溜管的倾角不得小于 60°，卸料溜槽的倾角不得小于 55°。

6.5.1 运输方法及选择原则

混凝土混合料的运输，视运距和要求不同分为现场运输和远距运输两大类。

现场运输是指在施工现场或预制制品工厂内的运输，往往是固定点位之间的运输。现场运输的方法较多，主要有双轮翻斗车、机动翻斗车、自卸汽车、电动运料车、吊机吊斗、滑槽、皮带运输、现场管道泵送等方式。混凝土构件厂常用的运输设备有独轮手推车(适用于运距 30～50 m)，双轮架子车(适用于运距 100～300 m)，窄轨翻斗车(适用于运距 300～500 m)，机动翻斗车(适用于运距 500～1 000 m)，此外还可以采用浇灌机、自卸汽车等。

远距运输是指预拌混凝土工厂将混凝土从工厂通过移动运输工具，运送至施工现场的运输方式。运输类别的划分不是绝对的，如皮带运输，既可视为现场运输，但也有长距离输送的实例，即远距运输。远距运输最常用的运输工具是混凝土搅拌车，在某些情况下也可使用自卸汽车。当固定式搅拌楼的搅拌机发生故障只能用作计量站时，搅拌车还可起搅拌机的作用。

远距运输应根据实际运距、供应数量、施工速度、施工方式与方法等进行运输设备的选择与配备，并注意经济性，因为在预拌混凝土的整个生产过程中，运输车辆所占的投资比例很大，资料表明，在大城市里建一个 80 m^3/h，年产量为 80 000 m^3 左右的中等规模的自动化混凝土搅拌楼，为了保证生产出来的混凝土的运输，需要 12 辆 6 m^3 的运输车。GB14902 对预拌混凝土搅拌车的要求做了详细的规定。

6.5.2 运输车辆种类与性能

6.5.2.1 运输车分类

1. 按用途分类

混凝土运输搅拌车，简称搅拌车或罐车，按用途可分为三类：一是用以运送拌合好、质量符合施工要求的混凝土混合料，搅拌筒进行低速转动防止混凝土离析及其与筒壁黏结，称搅拌车；二是用以装运在配料站里按设计配比配合好的干混合料，在即将到达施工地点时，按要求在搅拌筒中注入定量拌合水，并使搅拌机以标准速度转动，在路途中完成搅拌全过程（加水后搅拌筒总转数不少于50），待到达工地后卸料浇注入模或通过混凝土泵注入模内，这种搅拌车称干料搅拌车；三是用以运送半干料（即在配料站里按设计配比混合好的水泥、砂、石及部分拌合水的混合料），在运送途中，搅拌筒以低速转动，同时在筒中注入不足的拌合水，待搅拌筒总转数达到70～100时，便可认为完成了搅拌全过程。后两种工况主要适用于运距长、浇注作业面分散的工程，以避免由于运输时间过长所带来的不利影响。其构造与前者并无重要区别，只是水箱容量适当增大而已。

2. 按搅拌筒公称容量大小分类

混凝土搅拌运输车可分为2 m^3、2.5 m^3、4 m^3、5 m^3、6 m^3、7 m^3、8 m^3、9 m^3、10 m^3、12 m^3等10个档次。2.5 m^3 以下为轻型，4～7 m^3 为中型，8 m^3 以上为重型。

近十多年来，为增加混凝土运输车的功能，相继推出了一些变形产品。例如，装有皮带输送机的混凝土运输搅拌车、附装有混凝土泵和折叠式臂架布料杆的混凝土运输搅拌车、配备有装料铲的轻型混凝土运输搅拌车等。

在我国，较早生产的混凝土搅拌车型号主要有JCY1型、JC2A型、JCY6型等。近年来，随着城市建设的发展，混凝土的需求量呈现增长趋势，国产混凝土搅拌车的技术不断进步，已经生产并投入市场使用的最新车型有HNJ5380GJB、AM10C、AH5281GJB、HTM1004、EA93－30A等；生产厂家有辽宁海诺、马鞍山星马、徐州利勃海尔、上海华建、北方重型、广东韶关、唐山专用汽车厂、中都混凝土设备公司、浦沅集团、湖北建机等，其载货容量普遍已达到10 m^3，且10 m^3 混凝土搅拌车在市场中使用量最大。

6.5.2.2 搅拌车构造与性能

1. 构造

混凝土搅拌运输车主结构分为两大部分，即汽车运输系统和搅拌筒搅拌系统。汽车运输部分主要由驾驶室、底盘车架、发动机等组成；搅拌筒搅拌系统由搅拌筒、静液驱动系统、加水系统、装料和卸料系统、料槽及操作系统等部分组成。

根据混凝土搅拌运输车的使用功能，要求其不但具有良好的汽车运输性能，而且其搅拌筒搅拌系统应具有良好的搅拌功能。后者是考察搅拌车性能的主要指标。

2. 性能

混凝土搅拌运输车性能指标主要包括：容积、搅拌筒转速、运输时间、装料时间、出料时间、进料口和出料口尺寸等。

6.5.3 现场运输方式及设备

施工现场混凝土的运输方式主要有混凝土泵、混凝土塔架、爬升式起重机、吊罐、纵向斜槽、斜溜槽、皮带输送机、混凝土导管等。其中混凝土泵的使用越来越广泛，据资料介绍，至2002年我国大中城市泵送混凝土已占总量的67.3%。

泵送混凝土是通过专用混凝土输送泵和管道泵的压力将混凝土直接送到浇灌地点，一次完成水平和垂直运输的一种高效混凝土输送技术。它不仅适用于需要量大、质量要求高的大型设备基础、水利、港湾、桥梁等工程的混凝土施工，同时也适用于高层建筑的施工，特别对一些工作面狭小、现场地形复杂，如地下工程和隧道等更有其优越性。它具有较高的技术经济效益，是当前发展较快的一种混凝土输送技术。泵送混凝土技术具有施工省力、现场临时设施少、操作方便、浇灌范围大、适应性强、工效高等优点。

采用泵送混凝土可以加快施工进度，降低施工费用；可使普通混凝土的质量得到保证，同时节约直接材料成本；并可节约劳动力、降低劳动强度。但在混凝土工程中往往会出现大量早期裂缝，有待于研究解决。

近年来，随着泵送设备技术的提高，混凝土泵的设备输送能力为水平距离可达到1 000～1 500 m，垂直高度可达到180～300 m，最大输送量达120 m^3/h。

泵送混凝土的广泛使用，不仅依靠混凝土技术的提高，更离不开泵送设备的技术进步，混凝土输送泵根据其可移动性分为移动泵和固定泵；根据动力输入可分为电动泵和柴油泵。一般只有固定泵才区分为电动泵、柴油泵，而移动泵没有这种区分。

国外在泵送技术上起步较高，专业泵送企业较多，如德国的普茨迈斯特公司就是典型的代表。近年来，我国的泵送技术和泵车制造也有较大的发展，如湖北楚天、辽宁海诺、湖南三一重工、中联重科、山东中集、盛隆、武汉泵虎重工、徐工集团、通亚重工等。

固定泵主要用于基础混凝土施工、大体积混凝土施工、楼层、高层建筑物的施工以及特殊条件下的施工。其主要优点是占地小、功率大；缺点是移动不方便。固定泵一般按其功率大小、输送距离区分型号。

移动泵近年来得到了广大施工队伍的青睐，主要是由于其移动方便、施工操作简便、劳动强度低，可以利用其臂架管的伸缩、移动而广泛应用于基础、低层楼面、桥梁及跨越障碍物的施工中。移动泵的型号主要是根据其臂架管的长度进行区分，目前已经有17 m、28 m、32 m、36 m、37 m、42 m、45 m、48 m等型号的移动泵服务于市场。如湖南三一重工有25～72 m系列的泵车，其中45 m、48 m系列的泵车SY5411THB－45、SY5410THB－48、SY5420THB－48的最大输送量低压达120 m^3/h，高压为67 m^3/h；125A管的高压泵送水平距离为850 m，垂直高度为200 m。混凝土混合料的坍落度为14～23 cm，集料最大粒径为40 mm。

固定泵和移动泵的关键部分是泵送部分，单位时间内泵送量是衡量其性能的一个重要参数，对移动泵而言，其臂架管在三个方向的伸长长度及旋转角也是考核其性能的重要参数。泵送混凝土的施工必须遵循国家行业标准《混凝土泵送施工技术规程》(JGJ/T10)。

6.6 混凝土搅拌楼的工艺设计

预拌混凝土发展的历史，也是混凝土搅拌楼工艺设计逐渐走向成熟的过程。混凝土生产工厂一般由粗、细集料堆场(或贮仓)、胶凝材料贮罐、混凝土搅拌楼(站)、搅拌车(运输车)、废渣处理场、回收水处理装置、试验室及辅助部分共同组成。

6.6.1 搅拌楼分类

搅拌楼可以按操作方式、结构形式、生产能力等进行分类。

搅拌楼按操作方式可分为人工式、半自动式和全自动式。

搅拌楼按结构形式可分为固定式和移动式两种。按其竖向布置可分为单阶式、双阶式；

按其平面布置可分为单列式、双列式和放射式。移动式常用于现场，产量小，易于拆装、搬迁；固定式常用于大型工程施工、预制混凝土制品厂及预拌混凝土工厂。单阶式和双阶式各有优缺点，应根据环境、投资规模、生产需要等综合选取。单列式、双列式和放射式应根据场地大小，结合混凝土用量而定。双列式和放射式是指两台或两台以上搅拌机共用一套贮料仓和计量设备。因此，双列式和放射式比单列式占地面积小，设备安排及其结构紧凑，产量也增加。

搅拌楼按生产能力可分为大、中、小型三类。对于预制混凝土制品厂，一般年产 1 万 m^3 以下的为小型，年产 1 万～3 万 m^3 的为中型，年产量在 3 万 m^3 以上的为大型。对于预拌混凝土工厂，通常产量在 15 m^3/h 以下的为小型搅拌楼，产量在(15～50)m^3/h 之间的为中型搅拌楼，产量在 50 m^3/h 以上的为大型搅拌楼。

搅拌楼的产量主要取决于搅拌机的数量、容量及搅拌速度。搅拌机的搅拌速度与上料时间、计量时间、下料时间、搅拌时间及排料时间相关。一般可将上料时间、计量时间与搅拌时间和排料时间有机地结合起来。因此，下料时间及搅拌时间是主要影响因素。

6.6.2 预拌混凝土工厂的总体规划

6.6.2.1 厂址选择

根据工程而设立的搅拌站相对简单，只需考虑设立在工程附近，并能够方便快捷地取得原材料，兼顾地形，不影响工程总体施工即可。

预拌混凝土工厂的厂址选择，必须根据混凝土的需求量、原材料的来源、混凝土的供应半径来选择。同时，还要了解地方政府的中长期发展规划，确认工厂厂址的相对稳定性，并兼顾对居民的干扰和对环境的保护问题。由于混凝土的日常生产需要大量的粗细集料，因此有超过 80%的混凝土工厂的厂址选择在河流边和铁道边，其余的也设立在交通方便的公路边。

合理的供应半径集中体现了质量保证和经济效益。一般认为 10 km 以内，成本相差不大，有效运输距离控制在 15 km 之内。在市场竞争中，有的混凝土公司把搅拌站分散布置，每个站规模不大(一般少于 2 个搅拌楼)，其中相当多的搅拌站设计成移动式的，设计方式也灵活多变。与此同时，往往采用中心站与卫星站相结合的方法节省投资，以便于集中管理。

6.6.2.2 总平面布置

搅拌站设计应根据生产与投资规模、设备选型、原材料品种数量、当地地质、地形、水文、气象、占地许可条件等情况灵活处理。总平面布置的要求是工艺流程合理，如果工艺流程不合理，会导致增加厂内运输路线长度或交叉，互助干扰，降低生产效率，增加不安全因素，增加成本；工艺布置紧凑，使运输距离短，节约用地，节省投资；正确处理建筑物位置与风向的关系；注意噪声防治；占地面积小，同时要充分考虑原材料必要的存储数量和品种数目。对于兼营预制制品的工厂，占地面积相对较大。

6.6.3 搅拌楼的工艺布置设计

现代新型搅拌楼应具备如下性能：供料顺畅、快捷；贮存仓布置合理，贮仓数量、容量满足生产需要；计量准确；设定方便、操作简单、效率高；能够计量一定数量和品种的材料；对掺入的外加剂等能正确、准确计量；搅拌机搅拌性能优良，容量大小合适；根据材料的含水率、湿度、集料过大或过小率以及容积等，能够通过操作平台进行自动设定调整；操作系统能够储存调用一定数量的配合比；材料的贮存、计量、搅拌以及出料等一系列作业过程能顺畅地进行；具有良好、先进的输出终端，可自动储存、打印计量记录，统计生产量、材料使用量等信息。

单阶式搅拌楼一般由进料层、贮料层、配料层、搅拌层、出料层等部分构成。双阶式搅拌楼一般有前后两楼。前楼上层为搅拌层，下层为出料层；后楼上层为进料、贮料层，下层为配料层。前后楼间用提升设备作为工艺联系，将配料层称量完毕的固体松散物料经提升设备输送入前楼上层的搅拌机中，水泥也可称量后直接放入搅拌机。

6.6.3.1　进料层

进料层位于搅拌楼的最上端，其楼面即为贮料仓的顶板，是原材料进入搅拌楼的场所。砂、石等集料主要通过皮带输送机、斗式提升机，有时也使用爬料斗、抓斗起重机输入。

该层设有集料输送设备的传动装置（如主驱动卷扬电机），集料通过回转漏斗分别输送到按圆周分布的各料仓口。该层还可能设有各种粉料的收尘器，以利于空气输送物料的接收。

水泥由螺旋输送机、斗式提升机、溜管输送到贮料层的水泥贮仓中。近年来水泥常采用空气压送的输送方式，散装水泥由车载空气压缩机通过输送管道压送至水泥筒仓，再由与水泥筒仓底部相连的专用空气压缩机管道直接输送到搅拌楼的水泥贮料仓中。

在进料层需设置双路阀门、排气除尘装置等。在对应水泥仓的楼板上，还需开设观察孔及进出门，以便对仓内进行检查和维修。

进料回转漏斗应转动灵活，有电动和手动操纵两种，电动的需配制限位开关，可按要求自动停在所需的卸料仓口。回转漏斗内壁常焊有钢筋条，用来保护漏斗壁和增加耐磨性，有时可衬以橡胶衬垫，除耐磨以外，还能达到减震和降低噪声的效果。

6.6.3.2　贮料层

为确保混凝土搅拌楼的正常运行，需要在堆场贮备充分的原材料。同时，需要在搅拌楼本体贮备可供应的最小限度容量的材料。

贮料层实际就是材料进入计量斗之前的贮存仓，一般由一个大仓构成，再根据集料、水泥等材料的品种数量，将内部分隔成若干个小仓。集料按品种、粒级常分为3～6个仓，水泥等粉料需设4～5个仓，将不同品种或强度等级的水泥分别贮存。贮料仓的形状有矩形、正方形、六角形、圆形等。水及外加剂等液体材料通常贮存在落差式容器箱中。

混凝土制品厂的搅拌楼大多设置5～6个贮料仓，即2个粗集料仓，2个细集料仓及1～2个水泥仓。对于像水坝工地使用的大型搅拌楼，在所搅拌的混凝土中，集料分级较多，有特大石、大石、中石、小石及砂之分，而各材料用量又悬殊，个别用量大的，需占两个以上的仓，以至需要设7～9个仓才能满足要求。一般工程用碎石按规格可分为细碎、小碎两种或5～10 mm、10～20 mm、10～31.5 mm三种级配，因而碎石仓往往可设立3～4个；细集料仓可按粗、中、细设立3个仓位。

贮料仓大多采用钢结构，由钢板和型钢构成。贮料仓在设计时要充分考虑承受材料的质量、自重、地震及其他各种外力作用的强度和刚度。

通常在料仓中需设置料位指示器和破拱装置。常见的料位指示器有回转阻力式、薄膜式、探杆式、电容式等接触探测仪器。

在贮料仓出口，装有各种形式的阀门及启闭装置，要求能均匀流畅地向称量斗投料。砂石仓常使用扇形斗门给料器、电磁振动给料器、皮带喂料机等。水泥仓常使用螺旋给料器、旋塞阀、叶轮给料器、弹簧管喂料机等。

为确保混凝土混合料具有必要的最低温度，在寒冷地区或冬季，原材料需要加热。为了加热方便，常以水加热为主，集料加热为辅。通常的方法是，在水箱中设置蒸汽管，使用时将蒸汽直接通入水中即可。集料的预热方式有湿法和干法两种。由于湿法预热条件差，手工劳动较多，集料中的含水量也难以控制，因而在生产中很少使用。干法预热就是利用配制在贮仓内的封闭式蒸汽管对集料进行加热。此法虽加热速度慢，但可避免湿法加热的缺点。加热温度取决于混凝土排出搅拌机后所要求的温度值，可由混凝土热工计算确定。

6.6.3.3　配料层

配料层上设贮料仓、仓口悬吊闸门及给料器，下设计量设备，物料计量后落入集中漏斗。

1. 配料层的设计和布置应注意的问题

(1) 选好计量设备，计量精度应符合要求，配合比变更方便。

(2) 设有能连续迅速测定砂石含水率的装置。

(3) 选择与计量设备相匹配的给料器。

(4) 计量设备的下料口应尽可能靠近集中漏斗的轴线，但各计量设备间又要保持一定便于维修的距离。

(5) 在符合工艺、维修和安全要求的条件下，面积和净空应力求紧凑。

(6) 溜管、料仓、集中漏斗锥部应能保持卸料通畅。

(7) 宜在本层设置搅拌楼的中心控制室。控制室应有广阔的视野，应能同时观察本层及搅拌层的动态。因此，单阶式搅拌楼配料层宜在楼面适当位置开有观察孔。如装设监控电视时，则应在进料层及混合料出料口也同时设监控点。

(8) 应采用微机控制系统。

2. 计量设备选择与布置

目前各类固定式搅拌楼几乎均采用精确度高的质量计量法。就计量方式而言，常常是水泥、集料、水及外加剂分别单独计量。其中集料的计量有两种：一种是根据集料品种和粒级，设置独立的计量装置分别计量；另一种是分成细集料和粗集料两套计量装置，进行累计替换计量。在集料品种多时，可采用后者。水泥与掺和料的计量也大体相同。外加剂多采用一个计量装置替换计量的方式，当材料计量变化幅度较大，或可能引起化学变化时，则往往设立两套计量装置。为了提高外加剂的计量精度和缩短计量周期，一般不与水混合计量。水的计量装置有三种：一为配水箱；二为自动定量水表；三为计量电子天平。固定式搅拌楼和大型搅拌楼都有水的计量装置。

常用的计量设备有机械杠杆秤和电子秤两类。由于后者结构紧凑、体积小、占地面积小、灵敏、精确、耐震、可靠、便于自动操作和程序控制、可连续计量、能实现遥控而改善操作条件、减少操作人员，甚至在价格上也愈来愈经济，因此当前在大多数设计中，均采用这种计量系统。电子秤系统由一次元件和二次仪表组成，可以自动地测量各种静拉力和静压力。一次元件即传感器，传感器受力变形后输出的电压是一微弱的矢量变化，通过平衡电桥的电路进入二次仪表。在使用时，传感器安装在称量斗上。为了操作方便，二次仪表一般设置在控制室内。料斗秤一般选用三个传感器，传感器的量程可按额定测量值的 80% 使用。传感器可单个使用，也可几个并联一起使用。

3. 控制系统

由于使用了电子秤，使搅拌楼能实现集中控制和遥控。其控制室常常在本层一侧单独设立，也有少数设于搅拌层的。由于集中控制，使搅拌楼的生产人员大幅减少。同时，大大减轻了噪声、振动、尘埃和温度变化的影响，并改善了工作条件。

控制室内设置台式操作盘，考虑到作业的程序和操作的方便，配备全部控制按钮和指示灯以及各种计量器的指示表盘，可实现一人控制搅拌楼作业的全过程。

6.6.3.4　搅拌层

在搅拌机上部设有材料分配装置，它与集中漏斗出口端连接。单阶式搅拌楼搅拌层每单元可布置1～4台搅拌机。当搅拌楼采用1台强制式搅拌机时，直接使用固定溜槽即可。若为倾翻式搅拌机，则要采用伸缩溜槽，工作时，它与搅拌机的受料口相互衔接而将材料输入，同时又能离开受料口，以不妨碍搅拌机倾翻卸料。每单元有两台搅拌机时，集中漏斗下部应有分料漏管，其两个出口各接一搅拌机的进料口，在分叉处设置可左右翻动的导向板，由气缸操纵使物料仅向某一指定搅拌机装料。每一单元有3～4台搅拌机时，集中漏斗下应装设回转料斗轮流供给各搅拌机。集中漏斗的容积必须大于一次称量全部材料松散体积的总和。各计量斗卸料时，水泥应卸入集中漏斗中间，砂石材料卸在其周围，避免水泥粘壁，否则应另设通道，使计量好的水泥卸入搅拌机。

双阶式搅拌楼搅拌层靠上料导轨与配料层联系。在上料导轨上运行的提升料斗集料斗，当其停放在配料层的计量器下的地坑中时，计量好的砂、石、水泥卸入其中，然后借卷扬机将其沿导轨提升至搅拌机上端，然后将物料卸入搅拌机。水泥也可计量好后直接卸入搅拌机，可减少扬尘。水计量器一般设置于搅拌层并高于搅拌机，计量好后，可借管道直接卸入搅拌机。

双阶式搅拌楼搅拌机间净距应不小于1.5 m，单阶式搅拌楼同一单元内搅拌机间净距应不小于0.8 m。搅拌机不走人的一侧与墙壁净距应不小于0.8 m，需经常维修或走人的一侧与墙壁净距应不小于1.5 m。

搅拌层必须预留检修用面积，并设置检修用起重设备。

6.6.3.5　出料层

当搅拌楼用于预制混凝土制品厂时，它常设有两层出料层，上层通过底开门运输小车或吊斗式运输小车，将混凝土混合料输送到成型车间，分别由自落方式或起重机起吊，供应到浇灌设备受料斗中。下层由翻斗车、搅拌车等受料，供应其他场合所需的混凝土（包括商品混凝土）。

在搅拌层楼板上，需悬挂混凝土贮料斗，这是用来接受搅拌完毕的混凝土混合料，以准备供应给运输车的中间贮料斗。考虑到交通关系，或浇灌地点受料作业影响，运输车不能及时到达等因素，贮料斗至少应具有搅拌机两倍以上搅拌量的容积。

此外，对贮料斗下部开闭闸门的质量也不应忽视，它是搅拌楼中使用极为频繁的一个闸门。当处理干硬性混凝土混合料时，因磨损甚为严重，一旦造成漏浆，黏附在各部位，就会引起故障，影响生产。因此，无论在设计上和材质上都应保证质量，操作、维护也必须充分注意。

6.6.4　搅拌楼生产工艺流程及立面布置实例

为便于理解，介绍几个搅拌楼的立面布置及生产工艺流程。图6.15为HZS型混凝土搅拌站典型设置图；图6.16为HZS型混凝土搅拌站生产工艺流程图；图6.17为HZS75D型混凝土搅拌站立面布置图；图6.18为移动式混凝土搅拌站立面布置图。

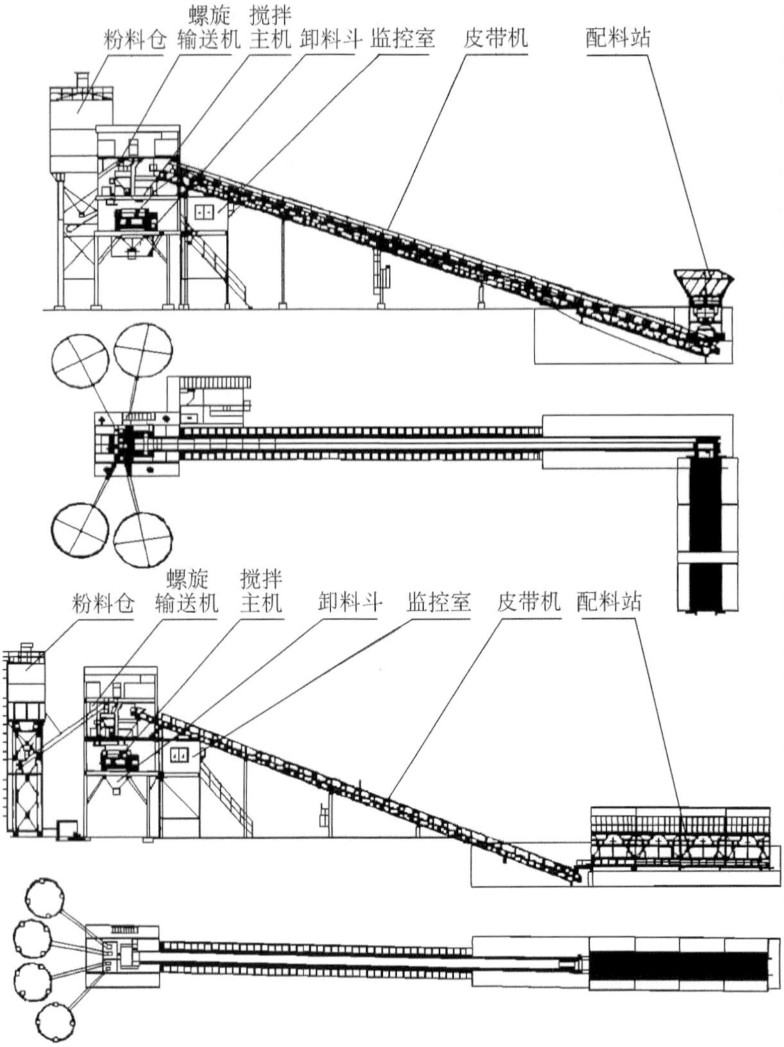

图 6.15　HZS 型混凝土搅拌站典型设置图

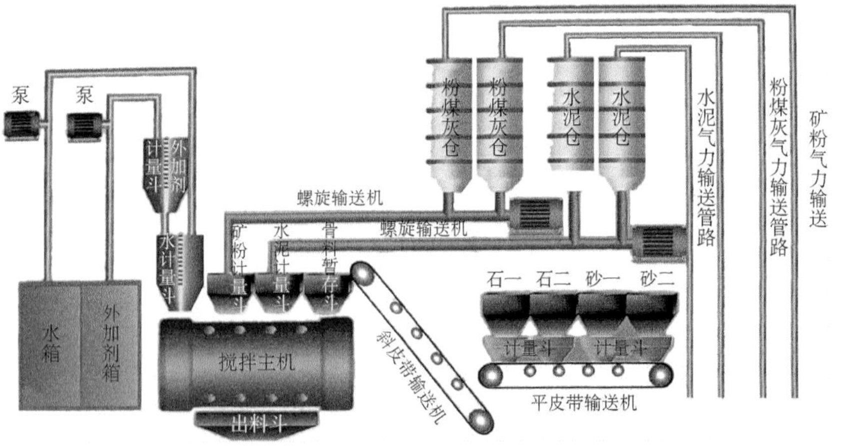

图 6.16　HZS 型混凝土搅拌站生产工艺流程图

技术参数

1. 生产率：$75\ m^3/h$
2. 出料高度：3.8 m
3. 主机型号：JS1500 双卧轴
4. 砂石料仓容量：$3\times18\ m^3$（二石一砂）
5. 砂石上料高度：2 800 mm
6. 砂石称量形式：皮带秤
7. 其余称量形式：拉杆平衡秤
8. 称量范围：砂石 500～4 000 kg（三料累计）
   水泥 20～800 kg
   粉煤灰掺和料 5～200 kg
   水 10～450 kg
   外加剂 1～50 kg（二料累计）
9. 筒仓规格：水泥仓 100 t×3
10. 螺旋机规格：水泥 $\phi273\times8.98\ m\times45°$
    粉煤灰 $\phi273\times8.98\ m\times45°$
11. 皮带机规格：平皮带 1 000×12.4 m
12. 控制形式：手动、半自动、电脑全自动
13. 装机总容量：约 150 kW
14. 外形尺寸：10.65 m×4.6 m×10.235 m（主体）

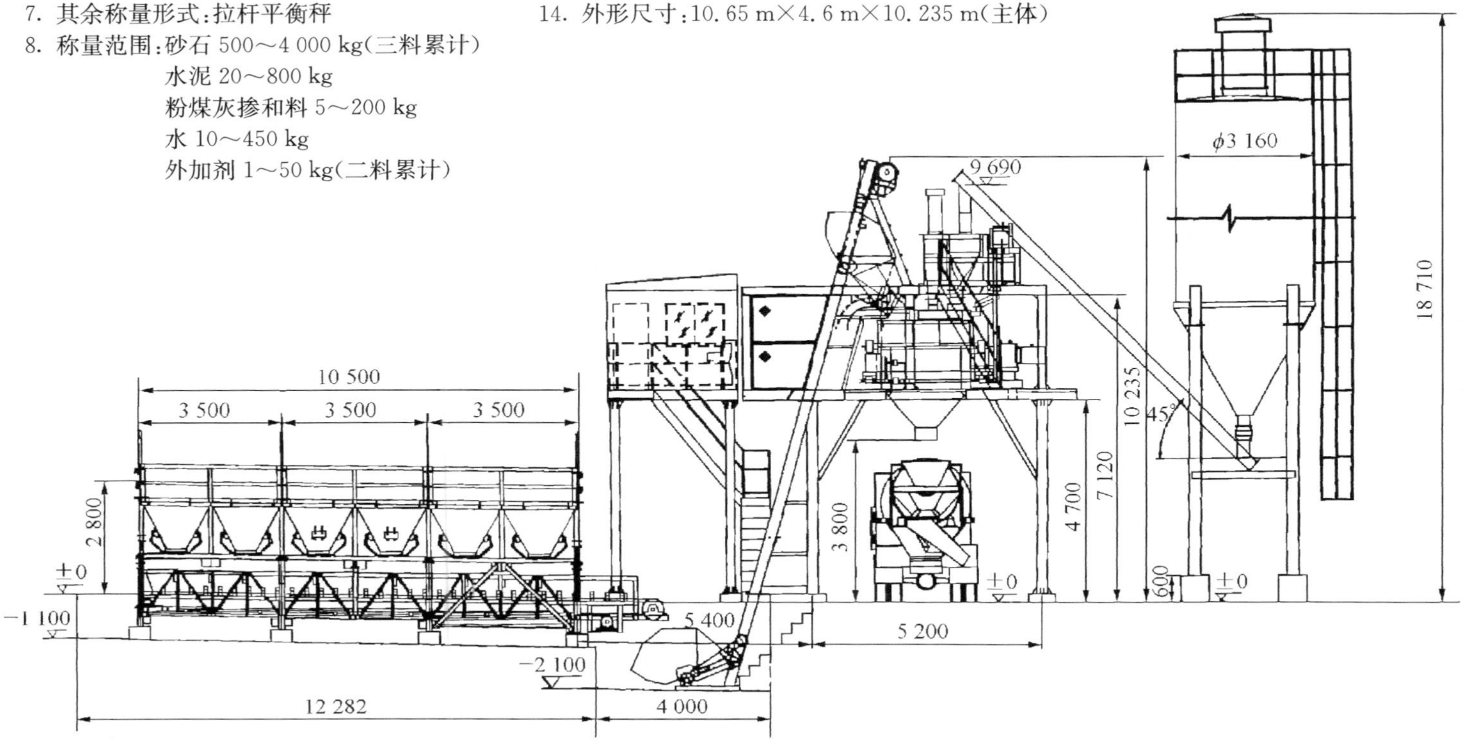

图 6.17　HZS75D 型混凝土搅拌站立面布置图

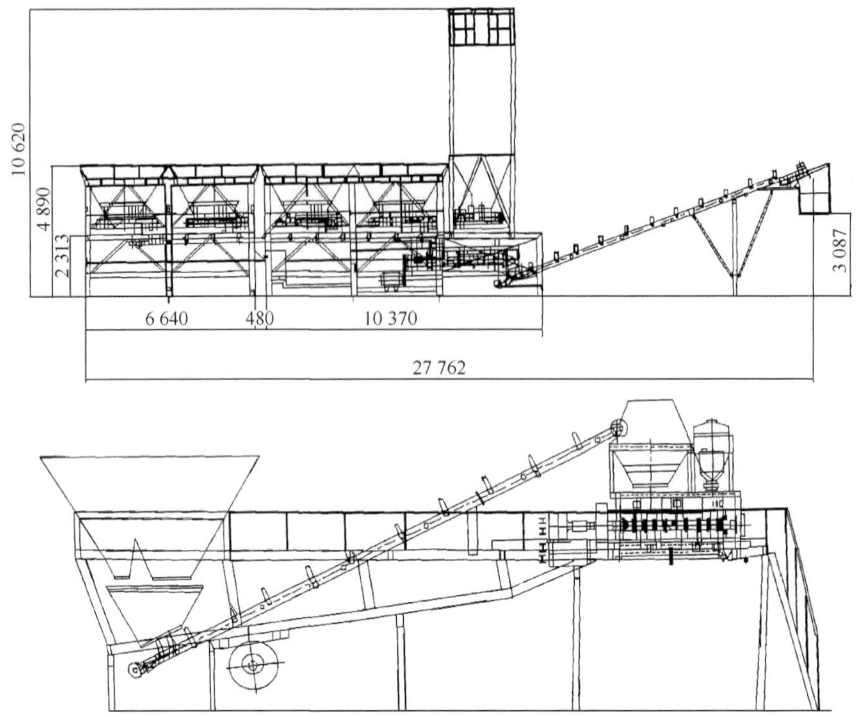

图 6.18　移动式混凝土搅拌站立面布置图

思考题与习题

6.1　试述集料堆场的类型、特点及布置注意事项。

6.2　试述原料输送的方式及气力输送的特点。

6.3　试述混凝土混合料的搅拌机理及提高搅拌质量的方法。

6.4　如何保证混凝土原材料的计量准确?

6.5　搅拌机为何不宜超载? 试述进料容量与出料容量的关系。

6.6　为何要控制搅拌机的转速和搅拌时间?

6.7　如何确定搅拌混凝土时的投料顺序?

6.8　混凝土运输有何要求? 混凝土在运输和浇筑中如何避免产生分层离析?

6.9　设混凝土水灰比为 0.52,已知设计质量配合比为水泥∶砂∶石子=260∶650∶1 380,现测得工地砂含水率为 3%,石子含水率为 1%,试计算施工配合比。若搅拌机的装料容积为 800 L,每次搅拌所需材料是多少?

6.10　试述混凝土搅拌楼的结构及各部分的作用。

6.11　试述硅酸盐混凝土混合料、加气混凝土混合料、轻集料混凝土混合料的搅拌工艺及特点。

6.12　设计一年产 40 万 m^3 的混凝土搅拌楼(包括搅拌站平面设计、搅拌楼立面设计、工艺流程设计、主要设备配备),并分析配备必要的运输车辆数量和规格,计算建设该搅拌站所需要的总投资。

第7章 混凝土的密实成型工艺

本章提要

本章主要介绍了混凝土的密实成型工艺，包括振动密实成型工艺、离心脱水密实成型工艺、真空脱水密实成型工艺、压制密实成型工艺、浇注密实成型工艺、喷射密实成型工艺及注浆密实成型工艺。

学习要求

(1) 掌握振动密实成型工艺原理及其工艺参数与制度的确定。

(2) 掌握离心脱水密实成型工艺原理及其工艺参数与制度的确定。

(3) 掌握真空脱水密实成型工艺原理及其工艺参数与制度的确定。

(4) 掌握压制密实成型工艺原理及其工艺参数与制度的确定。

(5) 了解浇注密实成型工艺、喷射密实成型工艺及注浆密实成型工艺原理及其工艺参数与制度的确定。

7.1 概述

由搅拌制备的混凝土混合料，在浇灌入模之后必须经过密实成型，才能赋予混凝土制品一定的外形和内部结构。

混凝土混合料的成型和密实是属于两个不同的概念。成型是混凝土混合料在模型内部流动并充满模型(外部流动)，从而获得所需的外形。密实是混凝土混合料向其内部空隙流动(内部流动)，填充空隙而达到结构密实。对密实混凝土来说，成型与密实是同时进行的，即混凝土混合料向模型四周流动的同时，也向其内部空隙流动。因此，混凝土成型工艺的目的在于使混凝土混合料按一定的要求成型并达到结构密实。对多孔混凝土来说，主要起到成型的目的，细小而均匀的气孔是其结构的组成部分，不属于内部流动所要填充的空隙。

要使混凝土混合料顺利地在模型内流动，混合料必须具有较大的流动性，否则不易产生内部及外部流动，制品既无法成型，混凝土也是疏松的。使混合料获得流动性的比较方便的方法是增加用水量，在水泥用量不变时，即增大水灰比。但混凝土水灰比过大，不但使混凝土混合料在运输、浇灌和密实成型过程中容易产生离析，在密实成型以后还会产生严重的泌水现象，而且水分蒸发以后，在混凝土内部遗留较多的孔隙，严重降低了混凝土的强度及其他有关的性能。由此可见，在混凝土的成型与密实之间有时存在着一定的矛盾，密实成型工艺就是要研究解决这一矛盾。

解决成型和密实之间矛盾的途径有三种：一是在混凝土混合料中适当少加水，为了使混合料能够充满模型，常借助于振动来克服混合料的剪应力，使之液化；或为了使疏松的混合料在成型后变得密实，也可借助于强大的外力强制混凝土的颗粒相互靠近。前者为振动密实成型，后者为压制密实成型。二是在混凝土混合料中适量多加些水，使混合料便于流动，而在成型过程中或成型后施加外力，将这些多余的水分和空气尽量排出，提高了混凝土的密实性。如离心、真空及压制脱水密实成型等。三是在加水量适当的混凝土混合料中掺入高效减水剂，可使混凝土混合料的坍落度达到 20 cm 以上。这种大流动性混凝土主要依靠自重流动充满模型，而不需用强大的外力，如浇注成型。总之，在一定的密实成型工艺条件下，混凝土流动性有一个适宜的范围，此范围以不产生分层离析现象为上限，不出现蜂窝麻面和制品外形不完整为下限。

混凝土制品密实成型的工艺方法有以下几种。

(1) 振动密实成型　利用机械措施使混合料的颗粒发生振动，从而使不易流动的混合料液化，以达到密实成型的目的。这种方法设备不是很复杂，效果较好，能达到良好的密实度，可采用干硬性混凝土混合料，从而节约水泥；并且振动加速水泥水化，使混凝土早期强度提高。但这种方法的不足之处是能耗高，噪声大。

(2) 压制密实成型　利用机械对浇灌入模的混凝土混合料施加压力(静力)，排除空气，使混合料颗粒互相挤紧而密实，当水量较多或压力较大时，也可脱去部分多余水分。

(3) 离心脱水密实成型　利用模型在离心机上高速旋转，模型内的混凝土混合料受离心力的作用，脱去部分水分而密实成型。这种方法一般用于生产管状制品。

(4) 真空脱水密实成型　利用机械抽真空的方法，将混合料中多余的水分和空气排除，从而使混凝土密实。

(5) 其他密实成型工艺　如浇注、抄取、浸渍、喷射、减压注浆、压力灌浆等密实成型方法。

前四种方法是混凝土制品密实成型工艺的基本方法。它们可以单独使用，也可以将上述两种甚至多种联合组成复合工艺，使密实成型达到更好的效果，例如振动加压、振动模压、振动真空、离心振动辊压等。

7.2　振动密实成型工艺

7.2.1　振动密实工艺原理

7.2.1.1　混凝土混合料的黏附力与内聚力

混凝土混合料初看起来其强度几乎等于零，但实际上它与砂等材料不同，它有保持本身形状的能力，但还是具有强度的，通常把还未凝固的混凝土强度称为结构强度或塑性强度。

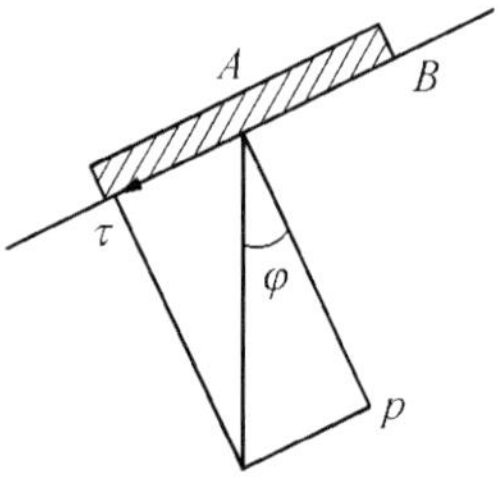

图 7.1　黏附力、内聚力示意图

如图 7.1 所示，假设物体 A 和 B 之间不存在附着力，那么当物体 A 在 B 的表面开始滑动时，这个面上所产生的剪应力 τ 与垂直应力 p 满足库仑定律，即

$$\tau = \mu \cdot p = p \cdot \tan \varphi \tag{7.1}$$

式中，μ 为摩擦系数；φ 为摩擦角。

若两物体间存在着附着力，则

$$\tau = \tau_y + p \cdot \tan \varphi \tag{7.2}$$

式中，τ_y 为垂直应力 $p = 0$ 时的抗剪力，或称作黏附力。

即使外部所加的垂直应力 $p = 0$，但物体 A 和 B 之间，也存在内在的垂直应力 p'，可以认为 τ_y 就是由此而产生的抗剪力，即

$$\tau_y = p' \cdot \tan \varphi \tag{7.3}$$

$$\tau = (p + p')\tan \varphi \tag{7.4}$$

对于混凝土混合料黏附力和内聚力的测定，一般可用直接剪切试验求得，如图 7.2 所示，把试料装入上下分成两段的容器内，在一定的垂直应力 p 下，向水平方向剪切，测定此时的最大剪应力，试验可变换垂直应力的大小，通过图中的直线求出 p 与 τ 的关系。

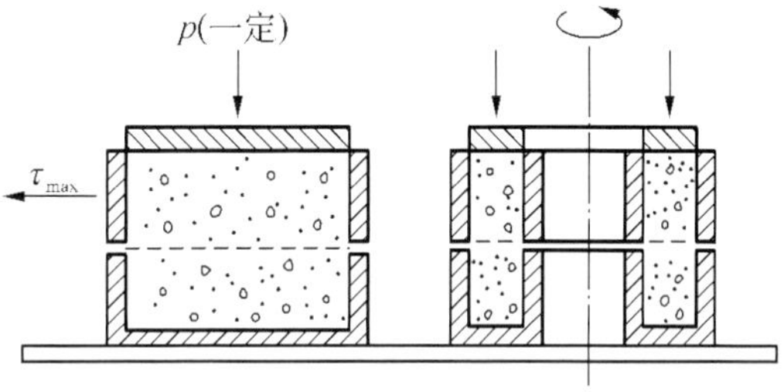

图 7.2 直接剪切试验

7.2.1.2 刚性模量与剪切强度

在剪应力 τ 的作用下，弹性体发生角度为 α 的变形，其剪应变为

$$\gamma = \tan \alpha = \frac{\Delta x}{y} \tag{7.5}$$

剪应力 τ 与剪应变 γ 成正比例，$\tau/\gamma = G$，G 称为刚性模量或抗剪弹性模量。由图 7.3 可知，在剪切变形中，不发生体积变化。

当对混凝土混合料施加的剪应力小于抗剪强度时，混凝土发生弹性变形。其弹性变形值可用同轴旋转式圆筒黏度的原理测定旋转角与扭力之间的关系。剪应力小时，剪应力 τ 与剪应变 γ 呈线性关系，直线的斜率即刚性模量 G，最大剪应力就是黏附力 τ_y。如果对混合料施加比 τ_y 还大的剪应力，那么混合料就开始流动，τ_y 也称为混凝土混合料的屈服剪切应力，在流变学中把 τ_y 称为屈服值。

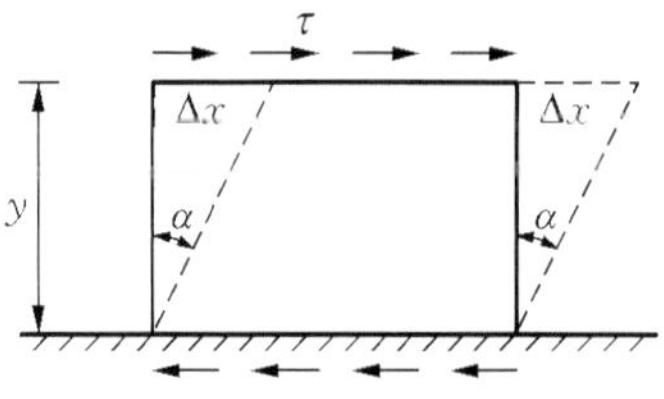

图 7.3 剪切变形示意图

7.2.1.3 混凝土混合料的流变特征

任何物体，除理想刚性物体外，在应力作用下都有不同程度的变形。所谓变形，对弹性体而言，称为应变；对塑性体而言，称为永久变形；对液体而言，则称为流动。流动是变形的一种特殊形式，即在不变的剪切应力作用下，材料随时间产生的连续变形，其中全部或至少部分是非可逆的。流动有两种：内部抗剪应力与流动速度无关的称为塑性流动；抗剪应力随流速增加而增加的称为黏性流动。混凝土混合料具有与一般物体类似的变形特征，即在外力作用下要发生弹性变形和流动。当应力小于混合料的屈服应力时，发生弹性变形；当应力大于混合料的屈服应力时，则发生流动。不过，由于混合料的屈服应力很小，所以其特性由流动支配。混凝土混合料的流变特性属宾汉姆体的流动特性，在足够的强烈振动下，很接近

牛顿液体。

7.2.1.4 混凝土混合料的振动密实成型原理

混凝土混合料在搅拌后不久振动密实成型，此时水泥的水化反应尚处于初期，生成的凝胶还不丰富，混合料内主要是由粗细不匀的固体颗粒堆积而成，在静止状态下，如加以振动，混合料就开始流动，其原因有以下几点。

1. 水泥胶体的触变作用

胶体粒子扩散层中的弱结合水，由于受到荷电粒子的作用而吸附于胶体粒子的表面，当受到外力干扰时，这部分水解吸附，变成自由水，使混凝土混合料呈现塑性性质，即触变作用，使胶体由凝胶变为溶胶。

2. 微管压力所产生的颗粒间黏结力的破坏

混合料中存在大量连通的微小孔隙，从而组成错综复杂的微小通道，由于部分自由水的存在，在孔隙中的水和空气的分界面上就产生表面张力，从而使粒子互相靠近，形成一定的结构强度，也即产生了颗粒间的黏结力。在振动作用下，颗粒的接触点松开，破坏了微小通道，释放出部分自由水，从而破坏了颗粒间黏结力，使混合料易于流动。

3. 颗粒间机械啮合力和内摩擦力的破坏

由于混合料中颗粒粒子的直接接触，其机械啮合力和内摩擦力较大，在振动所做的功的作用下，颗粒的接触点互相松开，从而大大降低了内阻，使混合料易于流动。

由于上述原因，振动作用实质上是使混合料的内阻大大降低，释放出部分吸附水和自由水，从而使混合料部分或全部液化。

在振动过程中，混合料不断排出部分气体，同时吸入部分气体，总的结果是排出多于吸入，使混凝土密实性不断提高。

混凝土混合料的振动液化效率，用其液化后所具有的结构黏度来衡量。无振动作用时，混合料基本上是宾汉姆体，即

$$\tau = \tau_0 + \eta \frac{\mathrm{d}v}{\mathrm{d}y} \tag{7.6}$$

根据实验结果可知，混合料的极限剪应力 τ_0 在某个极限速度 $v_{极限}$ 以下为速度的函数，超过此值则极限剪应力急剧下降并趋于常数，近似于零，见图 7.4。

即

$$\begin{aligned} \tau_0 &= f(v) \qquad (v < v_{极限}) \\ \tau_0 &= k \approx 0 \qquad (v \geqslant v_{极限}) \end{aligned} \tag{7.7}$$

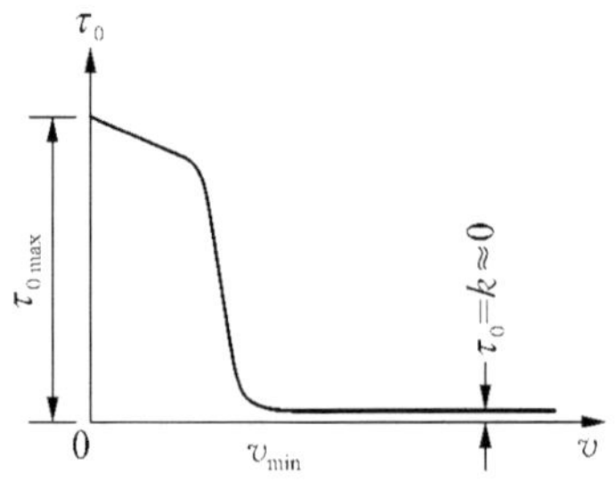

图 7.4 屈服剪切应力与速度的关系

由此可见，当混凝土混合料内某点颗粒的运动速度大于 $v_{极限}$ 时，则此点就被完全液化；当混合料中大部分颗粒的运动速度都大于 $v_{极限}$ 时，则整个混合料接近于完全液化。混合料的 $v_{极限}$ 主要取决于振动频率和振幅，并与水泥的品种、细度、水灰比、集料的表面性质、级配及粒度、介质的温度等有关。

需要指出的是，混凝土混合料颗粒的实际振动速度并不等于振动设备的振动速度，这是因为振动波存在振动衰减的问题，或振动设备有效作用范围的问题。

7.2.2 振动参数和振动制度

振动密实的效果和生产率与振动器的类型、工作方式、振动参数和制度(如振动频率、振幅、振动速度、振动加速度、振动烈度、振动延续时间等)以及混凝土性质有密切的关系。为了获得良好的振动效果,必须了解振动参数和制度对混凝土密实度的影响,从而合理地选择。

7.2.2.1 振动频率和振幅

振动频率和振幅是振动的两个基本参数,对于一定的混凝土混合料,振幅和频率数值应该选择得互相协调,使颗粒振动衰减小,并在振动过程中不致出现静止状态。振幅与混合料的颗粒大小及和易性有关,振幅过大或过小都会降低振动效果。如果振幅偏小,粗颗料不起振,混合料不足以振实;振幅偏大,则易使振动转化为跳跃捣击,而不再是谐振运动,混合料内部会产生涡流,这样不仅降低了振动效率,而且使混合料出现分层现象,跳跃过程中会吸入大量空气,降低混凝土性能,一般振幅取值为 0.1～0.4 mm,对于干硬性混凝土混合料可适当提高。

实验表明,对于表面振动器,当振动速度或振动加速度一定时,宜采用大振幅。这是由于振动波向下传播比向其他方向传播时振幅衰减得快,为了增加有效作用深度,增大振幅较为有利。但一般不宜大于 0.5 mm,否则平板将脱离混凝土表面,变成捣击,这样使振动效果和振动深度下降。

强迫振动的频率如果接近混合料的固有频率,则产生共振,此时衰减最小,振幅可达最大。根据这个原理,可确定合适的频率。荷尔密特(R. L. Hermite)研究提出固有频率 n_0 与粒径 d_0 的关系为

$$n_0 = \sqrt{\frac{k}{d_0}} \tag{7.8}$$

式中,k 为常数,一般为 7×10^6,$d_0 = \frac{k}{n_0^2} = \frac{7\times10^6}{n_0^2}$。

固体混合料中颗粒粒级极多,不可能施以如此多种频率,只能以一定粒径范围,采用一种频率。根据他的研究,如果 n_0 是与 d_0 相适应的共振频率,则对 $2d_0$ 粒径的颗粒,振动效果差,因而提出

$$d < 14\times10^6/n^2 \tag{7.9}$$

由此可计算出下列具体数值

$d < 6$ cm 时,　　$n = 1\,500$ 次 /min

$d < 1.5$ cm 时,　　$n = 3\,000$ 次 /min

$d < 0.4$ cm 时,　　$n = 6\,000$ 次 /min

$d < 0.1$ cm 时,　　$n = 12\,000$ 次 /min

$d < 0.01$ cm 时,　　$n = 37\,000$ 次 /min

如果混合料中的集料粒径较小,宜采用较高的频率,振幅可相应减小。实际上,混合料中各种颗粒大小参差不一,若采用高频振动,则可使水泥颗料产生较大的相对运动,使其凝

聚结构解体而液化。这对提高混凝土的密实度是有利的。但过高的频率(振幅较小)不能激起较粗颗粒的振动,从而使密实度降低。因此在使用上只采取平均粒径或含量最多的一种粒径来选择振动频率,具体可参见表 7.1。

表 7.1　振动频率与集料粒径的关系

集料平均粒径/mm	振动频率/(次/分)	集料平均粒径/mm	振动频率/(次/分)
5～10	6 000～7 500	25～40	2 000
15～20	3 000～4 500	>40	<2 000

7.2.2.2　振动速度

混凝土混合料受到一定的振动后,当混合料中大部分颗粒的振动速度超过某一极限速度(下限)时,整个混合料体系处于液化状态,即混凝土混合料从原来松散的、难以流动的堆聚结构,变成密实的、易于流动的重质液体。如小于这个极限速度,就不能保证混合料充分液化,混凝土就不能达到应有的密实度。如振动速度超过极限速度而继续增大,混合料结构黏度降至一定程度时,粗集料的沉降(或浮起)作用显著,以致引起混凝土结构的分层,此种情况尤以流动性混合料更为严重。因此,有时振动延续时间需受分层作用的限制,所以振动速度还有个上限。至此,则还未达到密实成型工艺要求,而混凝土即已分层。

在简谐振动的情况下,振动速度 v(cm/s)为

$$v = A\omega \sin \omega t \tag{7.10}$$

式中,t 为振动延续时间,s。当 $\sin \omega t = 1$ 时,速度最大,即 $v_{\max} = A\omega$。以振动频率 n 来代替圆频率 ω,则得

$$v_{\max} = 0.105An \tag{7.11}$$

可见,混合料颗粒振动的频率和振幅与速度密切相关。混合料过渡到流动状态的决定因素不单是由频率和振幅决定的,而是决定于两者的函数。只有当颗粒运动速度足以克服阻碍混合料流动的极限剪应力时,振动才是有效的,也就是说颗粒运动速度要超过极限速度。

7.2.2.3　振动加速度

振动加速度也是混凝土混合料振动密实的重要参数之一。振动加速度 a(cm/s^2)是频率和振幅的函数,其最大值为

$$a_{\max} = A\omega^2$$

或

$$a_{\max} = 0.01An^2 \tag{7.12}$$

试验表明,振动加速度对于结构黏度有决定性的影响。当加速度开始由小增大时,黏度急剧下降;但随着加速度继续增加,黏度下降渐趋缓慢;待加速度增加到一定数值后,黏度趋于常数。振动加速度与混凝土混合料的性质有密切关系。一般对于干硬性混凝土混合料,当振动加速度增加时,振动不易分层;而大流动性混凝土混合料,当振动加速度增加时,会导致分层,降低混凝土强度。

7.2.2.4　振动烈度

振动效果主要决定于振动速度或振动加速度。但组成相同的混合料,对于不同的振动

频率，极限速度或极限加速度相差很大，而不是定值。

决定振动效果好坏的是振动烈度，只要振动烈度相同，则振动效果是相同的。这种观点的依据是，振实同一混合料所消耗的能量应该是相同的。谐振量传播的能量与振幅的二次方及频率的三次方的乘积 $A^2 f^3$ 成正比，$A^2 f^3$ 即振动烈度的指标，以 $L(\mathrm{cm^2/s^3})$ 表示

$$L = A^2 f^3 \tag{7.13}$$

由于 $v_{\max} = A\omega$，$a_{\max} = A\omega^2$，而二者的乘积

$$v_{\max} \cdot a_{\max} = A\omega \cdot A\omega^2 = 8\pi^2 A^2 f^3 \tag{7.14}$$

可见，振动烈度指标与最大速度及最大加速度的乘积成正比。

因此，对组成相同的混凝土混合料，在同一振动时间内，在不同的 A 和 f 下，只要符合下式，其振实效果是相同的

$$A_1^2 \cdot f_1^3 = A_2^2 \cdot f_2^3 = A_3^2 \cdot f_3^3 = \cdots = A_n^2 \cdot f_n^3 = \text{常数}$$

振动烈度越大，混合料的结构黏度越小，振实效果越好，即达到相同振实程度所需的时间越短。

7.2.2.5 振动延续时间

当振动频率和振幅一定时，振动所需的最佳延续时间取决于混凝土混合料的性质、制品（或结构）的厚度、振动设备及工艺措施等，其值可在几秒钟至几分钟之间。最佳振动时间应该依据具体条件通过试验确定。如果振动时间低于最佳值，则混合料不能充分振实；如果高于最佳值，混凝土的密实度也不会有显著的增加，甚至会产生分层离析现象，降低混凝土的质量。在振动时如气泡停止排出，混合料不再沉陷，并在表面出现水泥砂浆层时，表示混合料已充分振实。特别干硬的混合料，时间再长也不会振实，需加压振动。

7.2.2.6 振动器及其工作方式

目前，我国广泛采用的是以电为动力的振动设备，其他形式的振动设备应用很少。按照振动器的工作方式可分为内部振动器、外部振动器和振动台三种，如图 7.5 所示。

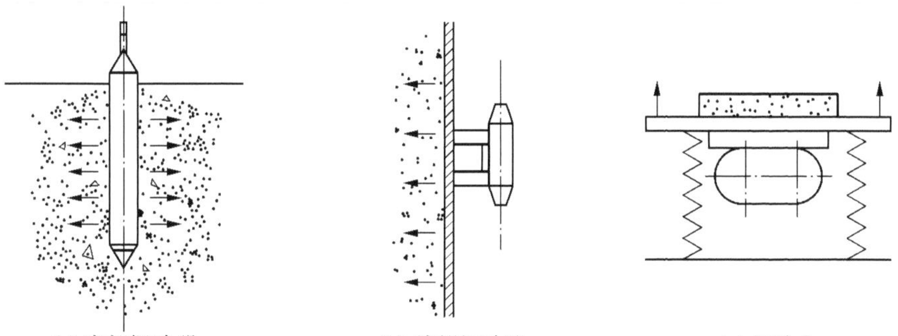

(a) 内部振动器 (b) 外部振动器 (c) 振动台

图 7.5 振动器示意图

内部振动是一种常用的振动形式，振动设备产生的激振力直接传给混凝土混合料，振动效率高，能耗低。内部振动通常采用插入式振动器，生产空心楼板类制品可采用芯管内振。插入式振动器可分低频、中频和高频。低频在 3 000 次/分以下，中频在 3 000～6 000 次/分，高频在 6 000～15 000 次/分。低频和中频一般由电动机直接驱动，或用齿轮（或皮带轮）增

速器增频，而高频是采用行星机构增频。

插入式振动器的操作要点如下。

(1) 振捣方法有两种：一种是垂直振捣，即振动棒与混凝土表面垂直，这是最常用的方法；一种是斜向振捣，即振动棒与混凝土表面成一定角度，约 40°～45°。

(2) 振动器的操作，要做到“快插慢拔”。快插是为了防止表面混凝土混合料振实而与下面混凝土混合料发生分层、离析现象；慢拔是为了使混凝土混合料能填满振动棒抽出时所造成的空洞。对于干硬性混凝土有时还要在振动棒抽出洞旁不远，再将振动棒重新插入方能填满空洞。在振插过程中，宜将振动棒上下略为抽动，以使上下振捣均匀。

(3) 混凝土混合料分层浇灌时，每层混凝土混合料厚度不应超过棒长的 1.25 倍；在振捣上一层时，应插入下一层 5 cm 左右，以消除两层之间的接缝，同时在振捣上层混凝土混合料时，要在下层混凝土混合料初凝前进行。

(4) 每一插点要掌握好振捣时间，过短不易振实，过长可能引起混凝土混合料产生离析现象。一般每点振捣时间为 20～30 s，使用高频振动器时，最短不应少于 10 s，但应视混凝土表面呈水平不再显著下沉，不再出现气泡，表面泛出水泥浆为准。

(5) 振动器插点要均匀排列，可采用“行列式”即正方形移动或“交错式”移动。但两种方式不应混用，以免造成漏振。每次移动的距离应不大于有效作用半径的 1.5 倍。

(6) 振动器使用时，不允许将其支承在结构钢筋上或碰撞钢筋、芯管或预埋件，并不宜紧靠模板振动。

外部振动也是广泛采用的振动形式，它与内部振动不同，振捣混凝土时必须保持振动器与混凝土有表面“黏结”，不能脱开，才能把振动波传入混凝土，否则形成“捣击”，失去振动效果。外部振动可分为表面、侧面及底部振动等三种形式。

表面振动器又称平板振动器，它将一个带有偏心块的电动振动器安装在一块平板上，通过平板与混凝土表面接触而将振动力传给混凝土而达到捣实的目的。平板可用木板或钢板制成，尺寸依具体需要而定。由于平板振动器是放在混凝土表面进行振捣，其作用深度较小(150～250 mm)，因此仅适用于表面积大、厚度小的结构或预制件，如楼地面、路面、屋面等。在振捣中，平板必须与混凝土充分接触，以保证振动力的有效传递；振实厚度，一般在无筋或单筋平板中约为 200 mm，在双筋平板中约为 120 mm；表面振动器在每一位置应连续振动一定的时间，在正常情况下约 25～40 s，并以混凝土表面均匀出现浆液为准；移动时应有一定的路线，并保证前后左右相互搭接 30～50 mm，防止漏振；振动倾斜混凝土表面时，振动路线应由低处向高处推进。

外部振动器又称附着式振动器，它是直接安装在模板外侧的横档或竖档上。利用偏心块旋转时所产生的振动力通过模板传递给混凝土，使之振实。附着式振动器体积小、结构简单、操作方便，可以改制成平板振动器。它的缺点是振动作用的深度小(约 250 mm)，因此仅适用于钢筋较密、厚度较小以及不宜使用插入式振动器的结构或构件中，并要求模板有足够的刚度。一般要求混凝土的流动性亦比内部振动器的大一些。使用附着式振动器，其间距应通过试验确定，一般间距为 1～1.5 m；结构尺寸较厚时，可在结构两侧同时安装振动器，待混凝土入模后方可开动振动器；混凝土浇筑高度要高于振动器部位；振动时间以混凝土振成一个水平面并不出现气泡时，即可停止振动，必要时应通过试验确定；振动器开动后应随时观察模板的变化，以防位移或漏浆。

振动台是一个支承在弹性支座上的工作平台，在平台下面装有振动机构，当振动机构运转时，即带动工作台强迫振动，从而使在工作台上制作构件的混凝土得到振实。振动台在预制构件厂以及试验室应用较多，其构造简单，便于加工制造，但因振动同步性差，振动时能量消耗大，振动效果较差。利用振动台生产构件，当混凝土厚度小于 200 mm 时，可将混凝土一次装满振捣；如厚度大于 200 mm，则可分层浇筑，每层厚度不大于 200 mm，亦可随浇随振。当采用振动台振实干硬性混凝土和轻集料混凝土时，宜采用加压振动的方法，压力为1～3 kPa。

7.3 离心脱水密实成型工艺

离心密实成型是流动性混凝土混合料成型工艺中的一种机械脱水密实成型工艺。它是由离心力将混合料挤向模壁，从而排出混合料中的空气和多余的水分(20%～30%)，使其密实并获得较高的强度，此种工艺适用于制造不同直径及长度的管状制品，例如管材、电杆及管桩等。

7.3.1 离心混凝土的结构形式

在离心过程中，混凝土混合料在离心力及其他外力(重力、冲击振动)作用下，粗细集料和水泥粒子沿离心力方向运动，也可视为沉降，结果把多余水分挤出来，混凝土的密实度提高了，同时也产生了内外分层。

混凝土混合料就其组成来讲，可近似地认为是一个多相的悬浮系统，即粗集料与砂浆、砂与水泥浆、水泥与水三个悬浮系统。在离心时，这三个系统将分别产生沉降和密实。使颗粒沉降的离心力为

$$N = \frac{4}{3}\pi d^3(\rho_s - \rho_f)\omega^2 R \tag{7.15}$$

式中 d——颗粒直径；

ρ_s，ρ_f——分别为颗粒与液态介质的密度；

ω——管模旋转的角速度；

R——离心半径。

颗粒沉降时，周围液态介质产生阻止其沉降的摩阻力 F，根据 Stokes 沉降定理

$$F = 6\pi\eta d v_s \tag{7.16}$$

式中 v_s——颗粒的运动速度；

η——混合料的黏度系数。

$N = F$ 时，颗粒等速沉降，即

$$v_s = \frac{2d^2(\rho_s - \rho_f)\omega^2 R}{9\eta} \tag{7.17}$$

如果用 v_1 表示粗集料在砂浆中的沉降速度，v_2 为砂在水泥浆中的沉降速度，v_3 为水泥

在水中的沉降速度，那么随沉降速度的不同，将得到不同的混凝土结构和性能。

首先假定 $v_1 > v_2 > v_3$，而且速度差很大时，可将这三个同时开始而不同时结束的沉降过程看作是顺序进行的，即粗集料在砂浆中沉降，继而是砂在水泥浆中沉降，最后是水泥粒子在水中沉降。在悬浮体内，固相粒子受到的离心力首先传给其附近的液相。液相在压力作用下（由于其密度比混合料中任一种小）将发生向内表面流动，固相粒子在不断下沉过程中也逐渐相互靠近，最后粒子受到的离心力全部通过底层的颗粒而传给钢模。此时液相由于解除了固相压力作用，停止向外流动，固相颗粒产生相互搭接。粗集料在下沉过程中，细集料也已开始在水泥浆中沉降，水泥粒子也开始沉降，其结果是细集料相互搭接，而水泥粒子沉降的结果，把一部分水挤出混凝土体外，而有少部分水却保留于集料的空隙中。由于颗粒距离很近，上述沉降过程并非是完全自由沉降，还有干扰沉降和压缩沉降，故上述只是大致的规律。

混凝土混合料在离心密实后明显地分成混凝土层、砂浆层和水泥浆层，这种现象称为外分层。而在粗集料之间因水泥、砂的沉降形成水膜层，称为内分层。

当 v_1 与 v_2 相近而大于 v_3 时，则在内壁将形成较厚的水泥浆层，一般发生于水灰比高而砂率较低的情况。当 v_1 与 v_2 相近而小于 v_3 时，将形成较厚的砂浆层，一般发生于砂率高、坍落度小的情况下。

如果在离心过程中有冲击振动，则上述情况发生一定的变化，即 v_1、v_2、v_3 关系将发生变化。一般说来，低频振动有利于粗颗粒的沉降。因此，用自由托轮式离心机时，一般都将产生分层现象。

综上所述，混凝土混合料在离心后，将产生下列主要变化。

(1) 密实度提高。混凝土混合料坍落度一般为 5～7 cm，含水量为 180～250 kg/m^3，水灰比为 0.4～0.5，经离心后，排出水分约 20%～30%，水灰比降低为 0.3～0.4，混凝土的密实度显著提高。

(2) 外分层。经离心后，混凝土的结构为里层水泥浆，外层混凝土，中间是砂浆层。这种混凝土结构，在一般情况下，强度都要低于与离心后配合比和密实度相同的匀质混凝土。这是因为在受荷时，混凝土层因具有较高的弹性模量而将承受较大的荷载，砂浆与净浆弹性模量低而承受的力小，因而在总荷载比匀质混凝土小的情况下即遭破坏。

由于破坏了毛细通道的水泥浆层具有较高的抗渗性，因此，在一定限度内，外分层对保证混凝土的抗渗性是有利的。

(3) 内分层。当集料沉降稳定后，由于水泥粒子继续沉降的结果，在集料颗粒的底表面处将形成水膜，从而局部破坏了集料颗粒与水泥石界面的黏结力。因此内分层对混凝土的强度、抗渗性是非常不利的。

离心时的适度振动作用，是加速混凝土结构形成的重要因素。但当混凝土基本密实以后，过大的振动反而致使已结硬的混凝土振裂。

可以看出，离心过程不仅是混凝土内部结构强化的过程，同时也伴随着结构破坏的过程。在离心初期，因密实度提高较快，内分层及冲击振动的破坏作用尚未产生，所以混凝土的抗压强度随离心时间的延续而提高，但提高的速度越来越缓慢。到离心后期，即随离心时间延续，密实度不再显著变化时，上述的不利因素将占优势，从此时起，混凝土的抗压强度将随离心时间延续而降低。

7.3.2 离心制度的确定

混凝土的分层现象除与原材料和混合料的性质有关外，离心制度也是一项重要的影响因素。离心制度主要指各个阶段的离心速度和离心时间。此外分层投料对离心制度、混凝土性能也有很大影响。

7.3.2.1 离心速度

离心速度一般按慢、中、快三挡速度变化。慢速为布料阶段，其主要目的是在离心力的作用下，使混合料均匀分布并初步成型；快速密实阶段，其主要目的是在离心力作用下使混合料充分密实；中速则为必要的过渡阶段，不仅是由慢速到快速的调速过程，而且还可在继续布料及缓和增速过程中达到减弱内外分层的目的。

1. 布料阶段转速(慢速)$n_{慢}$ 的确定

在离心过程中，布料阶段转速不宜很大，否则将使混合料迅速密实而不易沿管壁均匀分布，同时还将产生严重的分层现象。在生产中要根据具体情况进行调整，一般约为80～150 r/min。

2. 密实成型阶段转速(快速)$n_{快}$ 的确定

密实成型阶段的转速应由制品的截面尺寸和密实混合料所需的压力来决定。作用在钢模单位面积上的压力一般可取 0.05～0.10 MPa，但压力取高限时，$n_{快}$ 很大，这时钢模将产生剧烈的跳动，甚至有从托轮上飞出的危险，并使混凝土强度下降，为了避免这种情况，实际生产中采用不太大的 $n_{快}$ 而适当延长离心时间，补救快速离心转速的不足，以达到所需的密实度。根据制品直径的不同，转速 $n_{快}$ 一般为 400～900 r/min。

3. 过渡阶段转速(中速)$n_{中}$ 的确定

目前生产中常用中速转速为 250～400 r/min。

7.3.2.2 离心延续时间

离心过程中各阶段的延续时间，一般由实验来决定。其延续时间的长短，对制品质量的影响起很大作用。

1. 慢速时间的确定

慢速阶段所需时间主要随管径大小和投料方式而变化，一般控制在 2～5 min。

在其他工艺参数不变的条件下，混凝土强度随慢速时间增加而逐渐增加，达到最大值后，如再延长时间，强度反而有渐减的趋势，故混凝土强度最大值时的慢速时间为最佳慢速时间。混凝土的坍落度越小，最佳慢速时间也越长。

2. 快速时间的确定

快速时间也随管径的不同而变化。时间短，混合料中水分未完全排出，即水灰比未能降低至极限；相反，延续时间过长，会使混凝土产生裂缝等，从而降低制品的质量。

当快速旋转速度一定时，随着旋转时间的延长混凝土强度逐渐降低，每一快速旋转速度均有一个强度高峰值及与之相应的最佳旋转时间。随着旋转速度的增加，最佳旋转时间越来越短，而混凝土强度也愈来愈低。这是由于剩余水灰比过大和材料的内分层现象影响所致。还由于快速离心时间和转速不同，剩余水灰比也不相同，就使混凝土强度有差异。因此合理选择快速时间，应有利于提高混凝土强度和劳动生产率，并改善混凝土的性能，故快速旋转延续时间一般为 15～25 min。

3. 中速时间的确定

中速时间的确定，应尽量减少离心力的突增，使混合料能很好地分布就位，初步形成混凝土骨架和毛细通道，多余水分和空气可沿此道及时排出，从而减少内分层现象，提高制品的密实性和抗渗性。中速时间一般控制在 2～5 min。

中速时间也不是越长越好，不同的中速旋转速度，强度的最大值也不同，中速旋转速度越大，达到强度最大值的中速延续时间越短。所以要选择合适的中速旋转时间。

7.3.2.3 分层投料

离心混凝土的壁厚超过 60 mm 时，常采用二次投料法。其优点主要有以下两方面。

(1) 减轻内分层现象。分层投料以后，第二层物料离心时对第一层物料产生压挤作用，又因料层薄，故容易排水，混凝土的剩余水灰比可以降低，密实度提高，其结果是混凝土的强度也显著提高。

(2) 增加外分层层数。分层投料以后，在制品壁厚的中部形成一个水泥浆层，此层受蒸汽养护和后期干缩的破坏作用少，其结果是管壁的抗渗性能有很大的改善。

采用二次投料时必须控制投料厚度。第一次投料应埋设纵向钢筋，这样可使第一次投料的水泥浆层不被破坏，并对提高抗渗性有重要的作用。

分层投料成型方法虽然可缩短慢速、中速及第一次投料的快速时间，但还存在离心时间长，劳动生产率低的缺点。

7.3.3 离心混凝土配合比设计的特点及离心混凝土的性能

7.3.3.1 离心混凝土配合比设计的特点

(1) 离心过程中混合料会挤出 20%左右的水，流失 5%～8%的水泥。

(2) 离心后，混合料体积缩小 10%～12%，单位体积质量增加 8%左右。

(3) 在水灰比相同的条件下，离心混凝土 28 d 强度比一般振实混凝土的强度提高 20%～30%。

(4) 离心混凝土的水泥用量一般应不低于 350～400 kg/m^3。

(5) 采用体积法时，混凝土的假定表观密度为 2 650～2 700 kg/m^3。

(6) 离心混凝土宜采用洁净的砂和石子，石子粒径不应超过制品壁厚的 1/3～1/4，并不大于 15～20 mm，砂率为 40%～50%，混合料的坍落度应控制在 3～7 cm。

7.3.3.2 离心混凝土的性能

1. 强度

原始水灰比相同时，由于离心脱水的作用，离心混凝土的强度比振实混凝土的强度高，随着原始水灰比的增大，强度提高系数也增大，这是由于剩余水灰比远小于振实混凝土的水灰比。

2. 抗渗性

由于离心过程中混合料各组分的沉降速度不一，因而形成了各层组分比例不同的混凝土层状结构。离心后混凝土各层的剩余水灰比由内壁到外层递增，水泥用量则由内壁到外层递减。在管芯内壁的水泥浆层主要起抗渗作用，壁厚为 30 mm 的预应力管芯，抗渗试验的压力可在 1.5 MPa 左右，比普通混凝土高，采用多次投料法还可破坏孔隙的定向性，能使混凝土获得更高抗渗性。

3. 抗冻性

由于离心混凝土剩余水灰比大大低于原始水灰比,所以硬化以后的孔隙率和吸水率均较小。因此,在混凝土原始配合比相同的条件下,离心混凝土比振实混凝土的孔隙率低,而抗渗性高,抗冻性也比振实混凝土高。

7.4 真空脱水密实成型工艺

为了使原始水灰比较大的流动性混凝土混合料密实成型,除可采用离心法排除多余水分外,还可用真空方法脱去部分多余水。这时,必须使制品的局部形成负压,使大气压力作用于另一部分,部分多余水及空气即在此压力差的作用下被排出体外,制品整体收缩、密实,因而称为真空脱水密实成型工艺。实际生产中,常将真空脱水与振动配合使用,效果更佳。

真空脱水密实成型工艺是机械脱水方法之一。这种工艺可以采用流动性稍大的混凝土混合料,既便于浇灌厚度较小形状复杂的制品,又可在脱水成型后获得较高的初始结构强度,以便立即脱模及蒸养。硬化后的混凝土密实度较高,耐久性及耐磨性较好。目前,该工艺在现浇混凝土方面应用较广,如道路、楼板、停车场、飞机场以及水工构筑物等。

7.4.1 真空脱水密实原理

真空脱水密实原理存在两种并不矛盾的原理:过滤脱水原理和挤压脱水原理。

7.4.1.1 过滤脱水原理

过滤脱水原理认为混凝土混合料是一个滤水器,在压差作用下,滤液——游离水通过过滤介质而脱出。并假定,真空向混合料内部传播,被束缚在混合料中的小气泡产生附加膨胀压力,使其容积增大,产生了挤水作用。

这一原理只有在混凝土一面有可能从外部渗入空气的情况下才是正确的,而且,没有考虑到在脱水过程中混合料的体积压缩及三相结构不断变化对脱水密实的影响。

7.4.1.2 挤压脱水原理

挤压脱水原理认为混凝土混合料为由水饱和的分散介质。在混合料内部,存在两种压力:一为中和压力,即作用在液体上产生的静水压力;二为有效压力,即作用在固体颗粒上而产生的挤压力。混合料借助于中和压力达到平衡。当真空处理时,中和压力降低,有效压力提高,使固体颗粒紧密排列,并挤出多余水分。从均匀连续相体系的条件出发,在完全密封情况下,脱水仅仅在固相密实时进行,脱水量应符合混合料的孔隙变化。

这一原理在完全密封、不能从外部渗入空气的情况下,是基本正确的,脱水量近似于混合料的体积压缩量。按这一原理,当混合料内部剪应力增加到能承受相当于真空度的外部荷载时,固相密实与脱水即告终止。可见,这一原理的局限性在于,没有考虑到在有可能从外部渗入空气的情况下,混合料的体积虽未压缩,但脱水仍在进行。

7.4.1.3 真空脱水密实成型过程

对上述两种脱水密实原理的阐述,结合实际工艺过程的分析表明,过滤脱水原理大致符合于真空处理的后期,而挤压脱水原理大致符合于真空处理的前期。因而可将真空脱水密实成型过程分为三个阶段。

1. 初始阶段

由脱水之初至固相颗粒开始接触为止，游离水连续挤压吸滤脱出。固相颗粒未接触之前，τ_0 与 η 均变化不大，因此脱水速度近于常数。脱水量与时间近似直线关系，脱水量大，时间短，密实度显著增大。

2. 延续阶段

由固相颗粒开始接触至颗粒紧密排列为止。混凝土的可压缩性显著降低，液相的连续性不断被破坏，颗粒之间的水层厚度减小。τ_0 及 η 增大，以致固相承受的外荷载增大而水所承受的荷载减小，因而脱水速度减慢。

3. 停止阶段

混凝土内部的剪应力达到最大值时，真空处理密实程度降低。同时，由于静水水头和混凝土渗透性明显降低，真空脱水速度也显著减慢。当作用在混凝土上的荷载等于其剪应力及水的残余压力时，真空处理过程即告结束。在此阶段，混凝土体积不再压缩。除局部区域在气相膨胀（气泡膨胀及水分汽化膨胀）作用下，仍有少量脱水外，脱水密实过程基本停止。继续真空处理，只能导入过量空气，形成贯穿毛细孔。

7.4.1.4 真空处理有效系数

真空脱水密实成型是脱水与密实同步进行的过程，在理想状态下，体积脱水量 ΔV_W 应等于混凝土体积压缩量 ΔV_C。若振实混凝土的水灰比等于真空密实混凝土的剩余水灰比，理论上讲真空密实混凝土的孔隙率应低于振实混凝土，而强度则较高。但有试验表明，真空脱水量通常大于混凝土体积压缩量 $\Delta V_W > \Delta V_C$。也就是说，脱水以后固相颗粒未能填充所有孔隙，而$(\Delta V_W - \Delta V_C)$即为孔隙体积的增量 ΔV_P。因此，真空混凝土的孔隙率实际上高于振实混凝土的孔隙率，而强度则稍低。

真空脱水密实混凝土的这种特征，与真空处理过程中的脱水阻滞及混凝土的分层离析现象有关。局部区域颗粒间摩阻力过大，细颗粒无法填充脱水空穴，使脱水受阻，形成负压空间，即发生脱水阻滞现象。近真空腔的混凝土表面形成薄而密实的砂浆层，又称表面结皮。在该层中，细集料颗粒及水泥含量增大，使远离真空腔的水分无法排出。因而，表面水灰比常低于内层，强度也有一定差异。

真空脱水密实效果可用真空处理有效系数 K_K，即混凝土的体积压缩量 ΔV_C 与脱水量 ΔV_W 的比值来表征。K_K 越趋近于 1，则真空脱水密实效果越好。

7.4.1.5 振动与真空的配合

为了提高真空处理的有效系数，常将真空密实工艺与振动密实工艺配合使用，从而提高混凝土的密实度。试验表明，真空处理时，辅以间歇振动比持续振动效果更佳。真空处理时振动时间的长短对脱水量及剩余水灰比无显著的影响。这时施加振动的主要作用在于使混凝土处于液化状态，消除脱水阻滞现象，均匀脱除内部多余水分，排出气泡，使细颗粒填入脱水空穴，致使混凝土在压力差的作用下达到更高的密实度。

真空处理时，振动延续时间不宜过久，因为真空处理后期，混凝土已由流动性变为干硬性，尤其对于薄壁构件（厚度为 6～10 cm），振动过久将导致开裂，这也是间歇振动效果较好的原因之一。

7.4.2 振动真空密实成型工艺制度的确定

振动真空工艺制度包括真空腔的真空度、真空处理延续时间及真空处理时的振动制度。

7.4.2.1 真空度的选择

真空处理时，足够的真空度是建立压力差、克服混合料内部阻力、排除多余水分及空气的必要条件。

真空度越高时，脱水量越大，真空延续时间越短，混凝土也越密实。在实际生产中，一般选用的真空度为 500～600 mmHg。一般情况下，真空度低于 400 mmHg 时，总脱水量较少，真空处理时间延长，生产效率相应降低。

7.4.2.2 真空处理延续时间的选择

真空处理延续时间与真空度、混凝土制品的厚度、水泥用量和品种、混凝土混合料的坍落度及温度等因素有关。

1. 混凝土厚度对真空处理延续时间的影响

真空度和混凝土配合比一定时，制品厚度越大，真空延续时间越长。在 500 mmHg 真空度下，用水灰比为 0.60～0.65 的普通混凝土所做的实验结果列于表 7.2。采用其他真空度时，表中所列真空处理时间应按式(7.18)调整。

$$t_1 = t \times 500/p_1 \tag{7.18}$$

式中 p_1——实际真空度，mmHg；

t_1——相应于 p_1 时的真空处理延续时间，min；

t——真空度为 500 mmHg 时的真空处理延续时间，min。

表 7.2 制品厚度与真空处理延续时间的关系(真空度为 500 mmHg)

制品厚度 d/cm	真空处理延续时间/min	制品厚度 d/cm	真空处理延续时间/min
<5	$0.7d$	16～20	$16+2(d-15)$
6～10	$3.5+(d-5)$	21～25	$26+2.5(d-20)$
11～15	$8.5+1.5(d-10)$		

还应指出，真空处理开始时有大量多余水分和空气从混凝土中排出，随着真空处理过程的延续，脱水效率急剧下降。实际真空度低于 500 mmHg 时，真空处理时间应比表 7.2 所列数值延长很多。因此，实际真空度较低时，制品厚度不宜过大。

2. 水泥用量、品种及混凝土混合料坍落度对真空处理延续时间的影响

一般情况下，水泥用量越大，混凝土混合料坍落度越大，真空处理时间就越长。反之亦然。如采用火山灰水泥，由于其保水性较大，所需真空度及真空处理时间应适当提高和延长。在相同真空度下，其延续时间较普通水泥混凝土延长到 1.5 倍。因此，每一特定情况下的真空处理时间应从实验中获得。

3. 真空处理时的振动制度

真空处理时的长时间振动将引起混凝土的分层离析，因此宜进行短暂间歇振动。每次振动时，应暂停抽真空。因为真空腔内的真空度较大时，作用于混凝土混合料的压力差使集料颗粒挤紧，较难移动，影响混凝土的密实效果。当振动前中断真空(或减少真空度)后，真

空腔内进入空气而提高压力，而混凝土内部仍处于真空状态，这时若进行振动，混凝土内部阻力最小，振动效果最好。因此，中断真空后，应立即振动，否则振动效果就会降低。

每次间断振动后，真空腔内又恢复真空度，真空又传播到混凝土制品整个厚度，因此每次间断振动的间隔时间应等于真空传播到制品整个厚度的时间。制品厚度为 7 cm、10 cm、14 cm 时，真空传播到制品整个厚度的时间约为 60 s、100 s、200 s。根据有关资料，振动间断时间少于或超过上述时间，将使混凝土抗压强度降低，最多可降低 20%。

7.4.3 真空脱水密实混凝土的物理力学性能

由于真空处理从混凝土中排除了部分多余水分和空气，因而改善了混凝土的许多重要物理力学性能。

7.4.3.1 初始结构强度

真空处理结束后，混凝土内的孔由于失去部分水分而形成弯月面，并产生使孔壁收缩的微管压力，从而将混凝土的颗粒骨架约束在一起。此外，密实成型后，混凝土的内摩擦力也必然增加。在微管压力和内摩擦力的作用下，使混凝土具有较高的结构强度。因此，真空处理后，混凝土制品可以立即脱模，从而大大提高模型的周转率。

7.4.3.2 不同龄期的强度

在自然养护条件下，振动真空密实混凝土的强度增长较快。与未经真空处理的普通振动混凝土相比较，抗压强度 3 d 约提高 46%，7 d 约提高 35%，28 d 约提高 25%；抗拉强度 7 d约提高 21%，28 d 约提高 15%。真空混凝土强度提高的主要原因是：因初始含水量较高，和易性较好，因而易于搅拌均匀；经真空处理后，水灰比降低；真空脱水密实与振动密实相结合，可达到较好的密实效果，而相同最终水灰比的干硬性混凝土要达到真空处理的密实效果是不容易的。

7.4.3.3 收缩率与抗渗性、抗冻性

由于真空混凝土的密实度较高，其初期的收缩与膨胀同采用最优配比的振动混凝土基本一致，其后期的收缩与干硬性混凝土没有本质上的区别，而较普通振动混凝土小得多。对于真空砂浆，其收缩率的降低更为明显，只相当于振动砂浆的一半，而与普通混凝土相近。

同时，真空混凝土的黏结性能也有所改善，且能立即形成。因而，国外将其用在装配式构件接头部位的二次浇灌，效果很好。

真空密实混凝土密实度高，毛细管小，孔隙率降低，表面坚实光滑，所以不易透水。一般其饱和吸水率比振实混凝土低 40%～50%。因此，真空密实混凝土的抗渗性好。

由于真空密实混凝土具有坚实的表面，因而其抗冻性也比一般混凝土提高 2～2.5 倍。

7.4.3.4 表面硬度与耐磨性

同样，真空混凝土由于水灰比降低、密实度提高而使表面硬度增大，耐磨性能提高。这在真空盘一侧尤为显著，如在真空处理后立即进行机械抹光，则其表面硬度与耐磨性还能进一步提高。

在真空混凝土的耐磨性能方面，以真空自然养护的混凝土耐磨性能最好，依次是：真空蒸养、振动自养与振动蒸养混凝土。

耐磨性能的提高也使楼板的耐久性得到了提高。美国对某仓库混凝土楼板的试验表明，其耐久性比普通混凝土楼板至少提高四倍，从而节省了耐磨表面层的敷设。

7.5 压制密实成型工艺

混凝土混合料的振动，在一般情况下，可以获得较好的成型密实成型效果。但是，整体振动时由于带动模型一起振动，因此能量使用不够合理，能耗较大。对于水灰比较小的干硬性混合料，其振动能耗更大，振动时间也较长，因而很难达到较高的密实度。

压制密实成型工艺，不是将能量分布到混凝土的整个体积，而是集中在局部区域内。应力集中使混凝土容易发生剪切位移，颗粒较易产生移动。这样，在外部压力的作用下，混凝土混合料即发生排气和体积压缩过程，并逐渐波及整体，最终达到较好的密实成型效果。随压力的大小及混合料性能不同，有时压制工艺仅起密实成型作用，有时则在密实成型的同时还可起到脱水作用。

压制成型按其是否与振动作用相配合，可分为静力压制与动力压制。

7.5.1 压制过程中混凝土混合料各组分的作用及其结构的变化

混凝土混合料是由粗集料、细集料、胶凝材料和水混合而成，并在搅拌或轮碾过程中混入大量空气，因而混合料应视为一个三相系统，即由固相、液相和气相所组成。固相粒子有大有小，呈不规则形状，表面致密或多孔，随着颗粒尺寸的减小和比表面积的增加，颗粒相互靠近时所产生的附着力增大。除水化作用的水外，混合料中多余的水分起下列作用：润湿固体颗粒并使颗粒间发生湿接触；提高混合料塑性并降低成型时的摩擦力；有助于良好的和较为均匀的成型并制取强度较好的制品；由于毛细管压力而集结粉状材料，有助于提高颗粒间相互连接的力。但是混合料中过多的水分也是有害的，因为在成型时水分会妨碍粒子的靠近，增加了弹性变形并会助长裂纹和层裂。这是由于压制成型时，部分水膜从颗粒间的接触处被挤入气孔中，当卸去外力后，水又重新进入颗粒之间，将颗粒推开，使成型结束的试件发生膨胀。因此，从混合料的均匀性和密实性考虑，在压制成型时，适宜的液相量是极其重要的。混合料中所含的空气，在成型时，不论在什么条件下都起着不良的作用：妨碍填充密实，降低颗粒的堆积密度和影响颗粒的均匀分布；造成成型密度不匀并且增大残余应力；成型后留在制品中的空气会造成附加的弹性力，此时随同其他因素一起，在卸去负荷后，引起制品的弹性变形。

7.5.2 压制成型过程

7.5.2.1 压制开始前

压制开始前，混合料是一种不密实的松散的宏观均质体，只有在自身所受重力作用下才发生塑性变形，并认为它是各向同性的。

7.5.2.2 压制开始后

压制开始后，混合料即处于三向应力状态，混合料在模头的压力下发生压缩变形，首先受力的是大颗粒，并楔入比较小的颗粒，粒子互相靠近，重新组合，空气通过颗粒间隙排出，坯体体积显著减小，气孔率下降，颗粒接触面积增大。此时由于毛细管压力，固体颗粒的点接触增加及增大和颗粒间的机械咬合作用，因而使颗粒间结合力增大。混合料已由不连续的松散的匀质体转变为连续的、有一定密实度的均质体，坯体的塑性强度提高。此时模箱侧壁由于受到模头压力使坯体产生侧向膨胀压力而变形，变形值根据模箱刚度而定，变形值的大小就是坯体侧向膨胀值。当继续加大压力时，颗粒产生塑性、脆性及弹性变形，颗粒接触表面有可能遭到破坏，内部空气通路堵塞，内部空气受到压缩并部分溶于液相。由于水膜的黏滞力和颗粒的机械咬合作用而阻碍颗粒的迅速移动，延长了颗粒的移动时间，因而坯体的弹性变形增大，坯体已转变为成型的制品。

7.5.2.3 制品推出模箱后

制品推出模箱后，由于模头压力和模箱侧压力突然消失，制品内部的压缩的空气压力及颗粒的弹性膨胀力使制品在三维方向产生弹性膨胀，制品尺寸将大于模箱尺寸，制品的湿体积密度降低。

为了正确计算和选择成型设备，控制制品的成型和确定现有设备的工艺条件，必须确定坯体体积密度与单位成型压力之间的关系。

7.5.3 压制密实成型工艺方法

压制成型工艺方法一般有静力压制、压轧、挤压、振动加压、振动压轧、振动挤压及振动模压工艺。

静力压制工艺制度包括成型最大压力、压制延续时间及加压方式。该种成型方法需采用较高的成型压力，其压强达数 MPa 至数十 MPa。

由于静力压制工艺所需的成型压力较大，故一般只适用于成型小型制品，如煤渣砖、粉煤灰砖及灰砂砖。

加压时间一般以较缓慢为宜，这样使混合料中的气体在压力作用下较易排出，但会涉及生产量问题。

加压方式，一般是一次加压、二次或多次加压，单面加压或双面加压等几种。双面加压可以获得较均匀的结构，但加压机构较为复杂。二次或多次加压比一次加压效果好，即先以较低的压力预压，再以较高的压力压实。从而可以减少压力在传递过程中的衰减，并使气体有充分的时间排出。多次加压时，应使压力逐步提高。已压实的制品，不能重复压制，以防再次泌水、表面粘皮、层裂及强度下降。

振动加压工艺是先对混合料施加振动，使之达到初步密实和表面平整，再进行加压振动，以达到最终密实成型状态。

对于挤压或振动挤压工艺，则是利用螺旋绞刀挤压混合料，或再辅以振动，使之成型和密实。

7.6 其他密实成型工艺

7.6.1 浇注密实成型工艺

混凝土混合料的上述四种主要密实成型方法，均采用机械手段迫使混合料流动从而达到密实和成型的目的。这些方法既增加机械设备，能耗大，噪声也较严重，而浇注密实成型工艺则可克服这些缺点。如自密实混凝土混合料在浇注时是依靠自重充满模型而密实成型的；加气混凝土料浆则是按照料浆膨胀率所确定的料浆浇注高度注入模内，并在一定温度下发气膨胀而充满模型。

7.6.1.1 不振捣自密实成型工艺

自密实成型工艺主要依赖于自密实混凝土，这种混凝土混合料具有很高的流动性而不离析、不泌水，并具有良好的间隙通过性（通过较密钢筋间隙和狭窄通道的能力）和抗堵塞性（填充能力），能在免振动的条件下实现自密实。一般要求其坍落度在 20～27 cm，坍落扩展度应不小于 55 cm。坍落度太低，不能保证自密实混凝土浇注后的密实度。但如果高效减水剂的掺入量过多，自密实混凝土的坍落度过大，则在运输、浇注等过程中粗集料易产生离析，混凝土反而容易产生蜂窝和麻面。

在配制自密实混凝土时，应利用高效减水剂和优质粉煤灰来最大限度地降低新拌混凝土的屈服剪切应力，使混合料达到自密实所需要的流动性，同时使新拌混凝土具有较强的保水能力，并使浆体在不降低新拌混凝土流变性能条件下具有抵抗离析所需要的黏性。同时，通过改善集料级配，限制粗集料最大粒径，优化砂率，保证胶凝材料体积总量等一系列措施，来优化自密实混凝土的性能。不过，自密实混凝土与相同强度的普通混凝土相比，凝结时间较长，早期强度较低，弹性模量稍低，收缩和徐变稍大。同时，自密实混凝土的质量对原材料和配合比比较敏感，故要求要有严格的生产、施工和管理制度。

7.6.1.2 多孔混凝土的浇注成型

多孔混凝土的气孔结构的形成方法主要有两种。一种是由于掺入了通过机械搅拌引入空气而产生的泡沫形成的；另一种则是由料浆本身起化学反应产生的气体使气孔不断增加长大而形成的。现以加气混凝土为例，叙述浇注成型工艺。

获得指定表观密度下的力学及其他性能，是加气混凝土生产工艺中的重要问题之一。加气混凝土制品的使用性能，在很大程度上取决于它的气孔结构质量，而气孔结构的形成及其质量又与料浆的结构力学性质和发气动力学有关。

1. 料浆发气和膨胀的化学和物理过程

加气混凝土的发气反应是从搅拌开始的。在搅拌机中加入砂浆、水泥、生石灰、水及其他外加剂（如 NaOH 等）进行搅拌时，水泥和生石灰遇水发生水解和水化反应，析出及生成 $Ca(OH)_2$，使料浆中的液相呈碱性并迅速饱和（pH 值达 12 左右）。搅拌近结束时，再投入铝粉。铝粉颗粒与碱液发生反应生成氢气：

$$2Al + 3Ca(OH)_2 + 6H_2O \longrightarrow 3CaO \cdot Al_2O_3 \cdot 6H_2O + 3H_2\uparrow$$

$$2Al + 6NaOH + 6H_2O \longrightarrow 3Na_2O \cdot Al_2O_3 \cdot 6H_2O + 3H_2\uparrow$$

氢气在水中的溶解度较小。当温度为 20℃时，1 L 水溶解 18.19 cm^3 氢气。因此，溶液很快达到饱和，并直接放出氢气，使料浆发生膨胀。此即料浆发气的化学过程。

料浆膨胀的物理过程是，铝粉颗粒与碱液接触后瞬间开始发气，形成极小的气泡。当接触处的温度不低于 35℃时，便产生大量氢气，致使在邻近铝粉颗粒的极小区域内产生气体压力，并直接作用在塑黏性浆体上。当与料浆极限剪应力成正比的料浆抵抗力大于气体压力时，料浆不能膨胀。只有在料浆抵抗力小于气体压力时，这些小气泡才能逐渐增大，料浆开始膨胀。此时，只有继续生成的氢气量远大于气泡增大的体积，料浆才能持续膨胀。由于铝粉颗粒很细且均匀分布在料浆中，所以生成的气孔也均匀分布在料浆体积内。

2. 气孔结构稳定的基本条件

极限剪应力系表示料浆中静态应力的最大值，当料浆中的气泡压力超过极限剪应力时，料浆开始流动。塑性黏度则表示多孔料浆内部结构的联结性。这两个数值是随着料浆的稠化，即凝结硬化过程而增长的。

料浆膨胀后，若初步形成的气孔结构不能稳定，则内部气泡将大量破裂连通或爆裂逸出，料浆即发生“沸腾”现象，气孔结构破坏。气孔结构的稳定，还取决于膨胀料浆（坯体）的支承能力。若料浆膨胀至一定时期，仍不具备一定强度（气孔孔壁变薄、强度降低），即无一定的支承上部料浆的能力，料浆就将产生变形，严重时甚至塌陷。

(1) 料浆的支承能力

膨胀料浆不塌陷的条件是坯体支承自重的能力。如从膨胀坯体中切下一棱柱体，其高度为制品的成型高度 H，则靠近棱柱体底部单位面积料浆所承受的荷重 p(Pa)是最不利的。

$$p = \rho_1 H \tag{7.19}$$

式中，ρ_1 为膨胀后加气混凝土料浆的表观密度，g/cm^3。

欲使棱柱体底部的料浆不发生结构破坏（不塌陷），必须满足下述条件

$$\tau_0 \geqslant \alpha\rho_1 H \tag{7.20}$$

式中，α 为超载系数，考虑到“面包头”的附加压力和加气混凝土表观密度的容许偏差$+5\%$，$\alpha = 1.1$。

若初始结构强度低于要求值，则不能维持体积增大的气泡，膨胀的料浆即产生变形，甚至塌陷。此时，应设法加入促凝剂，减少拌合水量，改变稠度或采用其他方法，调整必要的工艺参数，以相应增大料浆的支承能力。

(2) 气泡的汇集及上浮

造成气泡汇集的原因是多方面的，如料浆稠度过低，在膨胀过程中初始结构强度增长太慢等。但最主要的是因为气孔与其他胶体体积一样是一个热力学不稳定系统，它能以气孔尺寸的重分布来降低其表面能。其尺寸的重分布是由邻近两个尺寸各异的气孔的压力不同而引起的。

半径为 r_1 和 r_2 的两个气泡，被曲率半径为 r_0 的界面隔开。当两个气泡内部气体压力与外界气体平衡时，根据拉普拉斯公式可得出气泡压力。对于半径为 r_1 的大气泡

$$p_{大} = p_a + 4\sigma/r_1 \tag{7.21}$$

对于半径为 r_2 的小气泡

$$p_{小} = p_a + 4\sigma/r_2 \tag{7.22}$$

式中　p_a——大气压力，Pa；

σ——料浆的表面张力系数，N/m。

气泡有内外两个气液界面，故式中附加压力为 $2 \times 2\sigma/r = 4\sigma/r$。

由于 $r_2 < r_1$，$(4\sigma/r_2) > (4\sigma/r_1)$，所以大小气泡之间产生压力差。但是气泡本身为达到平衡，气泡之间的界面薄膜必须凹向小气泡方向。当压力差小于料浆的塑性黏度引起的约束力时，气泡维持平衡，料浆发气稳定。当大小气泡的直径相差较大，其压力差大于料浆

的塑性黏度引起的约束力时，小气泡破裂，汇集成大气泡。这样大小气泡的半径更加悬殊，使压力差更大。当大气泡长大到一定程度后，便浮起爆裂。最初，在个别地方大气泡上升到料浆表面爆裂，而后则沿料浆整个表面聚积爆裂，类似"沸腾"现象。

氢气泡的浮起，一方面取决于其本身尺寸的大小及上升力，同时还取决于料浆的初始结构强度，或介质的阻力。气泡上升力 p 可按下式确定

$$p = 4\pi r^3 \rho_1'/3 \tag{7.23}$$

式中，ρ_1'为膨胀过程中的料浆表观密度。

具有一定初始结构强度的加气混凝土料浆对氢气泡浮起的阻力 F 为

$$F=\pi r^2 \tau \tag{7.24}$$

为使气泡不上浮，必须使上升力等于或小于介质的阻力，即

$$4\pi r^3 \rho_1'/3 \leqslant \pi r^2 \tau \tag{7.25}$$

式(7.25)清楚表明，为及时防止氢气泡浮起，必须提高加气混凝土料浆的初始结构强度，还可加入表面活性物质，以降低气泡表面张力，这是防止小气泡汇集的有效措施。

3. 加气混凝土料浆的发气及凝结

料浆的浇注和成型，即料浆的发气和凝结工艺过程是从料浆浇注入模起，直至料浆获得可供坯体切割的一定的初始结构强度为止。加气混凝土料浆的发气膨胀过程应与料浆初始结构强度的增长过程相对应，这是保证加气混凝土内部结构质量的重要因素。为了形成正常的内部结构，必须使料浆的初始结构强度随着发气膨胀过程而逐渐增大。

加气混凝土料浆初始结构强度高而且增长快，将有利于气孔结构的稳定，并可缩短压蒸前的预养期。

7.6.2 喷射密实成型工艺

喷射成型工艺是利用高压气流将混合料喷射至成型目标，并利用其动能挤压密实成型的一种特殊形式。由于水灰比很低，所以喷射成型的混凝土具有较高的黏结力、强度和抗渗性。依喷射材料的不同，有砂浆喷射及混凝土喷射(集料粒径不超过 30 mm)。根据混凝土的施工工艺可以分为干式喷射法和湿式喷射法两种，在干式喷射法的基础上，又发展了造壳喷射工艺。

7.6.2.1 喷射施工工艺

1. 干式喷射法

干式喷射法是把拌合好的水泥、砂石、速凝剂的干混合料送入喷射机，由喷射机将干混合料压送至喷嘴处，在此处加水后由压缩空气把拌合料喷射至受喷面。干式喷射法优点是施工机具小而轻，保养容易，费用低；拌合料能进行远距离输送；操作方便，适应性广。但拌合水的加入和混凝土的质量取决于操作人员的熟练程度，粉尘较多，回弹率较大。

2. 湿式喷射法

湿式喷射法是由混凝土搅拌机拌制好后的混凝土混合料送入喷射机，在喷嘴处加入速凝剂，再喷至受喷面。其主要优点是加水量容易控制，便于混凝土质量管理；粉尘少，回弹率

低。但施工机具复杂，费用较多；混凝土混合料不容易远距离输送；操作不方便，适应性较差。

3. 造壳喷射法

造壳喷射法又叫水泥裹砂喷射法，是将喷射混凝土分为湿砂浆和干骨料两部分，分别用压缩空气压送至喷嘴附近的混合管处合流，再由喷嘴喷至受喷面。这种方法实际上是在干式法的基础上加入一台细集料湿度控制器，对砂子进行处理，使其含水率为 4%～6%，然后将经过处理的砂子分成两部分，一部分作为干集料与石子混合，另一部分送入砂浆搅拌机配制成造壳砂浆。喷射机械仍然用干式喷射机。

造壳喷射法有如下优点：回弹率小，只有 15%～20%；粉尘少，为 2～10 mg/m^3；混凝土强度稳定；可以远距离输送；生产能力高，平均为 6～12 m^3/h；一次喷射厚度大，可达 10～40 cm；可喷射钢纤维混凝土；可在喷射面涌水情况下施工。

7.6.2.2 喷射混凝土特性

喷射混凝土的性能除与原材料的品种与质量、混合料的配合比、施工工艺和施工条件有关外，还与施工人员的技艺有直接的关系。

1. 抗压、抗拉强度

当混合料以高速喷向受喷面时，水泥颗粒和集料的重复猛烈冲击使混凝土层连续受到压密。同时，喷射工艺可以采用较小的水灰比，这可以保证喷射混凝土有较高的抗压和抗拉强度。例如：采用普硅 42.5 级水泥，配合比为水泥：砂：石子＝1：2：2，不加速凝剂的喷射混凝土层中切割下来的 10 cm×10 cm×10 cm 试件，28 d 抗压强度大致是 30～40 MPa，180 d 是 40～50 MPa。掺加速凝剂的喷射混凝土，早期强度明显提高，1 d 强度可达 6.0～15 MPa，28 d 强度与不掺速凝剂相比降低 10%～30%。抗拉强度和弹性模量与抗压强度的关系，与普通混凝土相似。

2. 黏结强度

喷射混凝土的黏结强度与受喷面的基材材质及基层处理质量有关。与坚硬岩层或坚固旧混凝土作用时的黏结强度一般为 1.0～2.0 MPa。高速喷射混凝土可嵌入受喷面的裂缝中，增加黏结强度。喷射前对受喷面进行有效的清洗，喷射时正确的操作，对提高黏结强度和与钢筋的握裹力有重要影响。

3. 变形性能

与普通混凝土一样，喷射混凝土的收缩包括干燥收缩、温度变化收缩和化学减缩。由于喷射混凝土的水泥用量大，砂率大而粗集料少，单位体积绝对用水量也大，以及回弹使粗集料中的大颗粒数量减少等原因，喷射混凝土的收缩值比普通混凝土大得多。

收缩易引起喷射层开裂，微裂缝可能不影响安全性，但降低抗渗性。加强早期养护，有利于减少收缩裂缝，使用纤维混凝土是减少收缩裂缝的有效措施。

喷射混凝土的徐变早期发展较快，但稳定较早。速凝剂的掺加使喷射混凝土的徐变加大，这是因为后期水泥矿物水化受到阻碍，从而后期强度降低引起的。

4. 耐久性

喷射混凝土有良好的抗冻性。这是因为喷射成型时混凝土中引入了 2.5%～5.3%的空气，在喷射层中形成非贯穿性气孔，有利于提高混凝土的抗冻性；另外，水灰比小，密实性好，也是抗冻性好的原因。

但喷射混凝土的抗渗性稍差，一般抗渗标号可达 $S_{0.7}$ 以上。对于有特殊抗渗要求的喷射混凝土除选择级配良好的集料外，还要采取掺防水剂、纤维等措施。

7.6.3 注浆密实成型工艺

注浆密实成型工艺使用的混凝土不需掺粗集料进行搅拌，减少了近一半的拌合量，混凝土工程的施工只需规模较小的设备（与普通混凝土相比），而浇灌出数量较大的混凝土；灌注的砂浆是从模板的底部开始逐层向上，故在水下施工时，必然地将预填粗集料空隙中的水置换为相对密度大的砂浆，会比较容易地得到优质的产品；在构件比较小、钢筋含量大、间距密的情况下，施工振捣也没有困难；灌注膨胀性的砂浆，可使旧混凝土的下面、侧面、新旧混凝土的接触面形成很好的黏结力；粗集料互相接触形成受力骨架，使混凝土制品收缩小。但其早期强度较低，工程上使用的粗集料，在使用前应按级配进行筛分加工，提高了粗集料成本费；防止灌注的砂浆泄漏，因而增加了模板和其他的措施费用。注浆密实成型工艺有压浆和减压注浆成型工艺之分。

7.6.3.1 压浆密实成型工艺

压浆密实成型混凝土是预先在模板内填充粗集料，然后压力灌注符合技术性能要求的水泥砂浆而形成的混凝土。这种施工方法适宜于水下灌注工程，一般多应用于港湾结构物、桥墩、护岸等水工构筑工程，亦可用于遮蔽放射性混凝土，钢筋含量特别多的多筋混凝土，坝的溢流部、隧道、衬砌等断面由于腐蚀和磨损减弱后需要对旧混凝土的维修加固等方面。

1. 施工材料

(1) 水泥：宜用硅酸盐水泥，也可使用矿渣硅酸盐水泥代替硅酸盐水泥和掺和料。

(2) 掺和料：使用Ⅰ级粉煤灰，以改善注入砂浆的流动性和减少水泥用量。

(3) 外加剂：使用缓凝型的减水剂和铝粉膨胀剂，铝粉掺量为胶凝材料总量的0.01%～0.02%。

(4) 细集料：全部细集料通过 2.36 mm 筛孔，使用的粒径应为 1.4～2.2 mm。

(5) 粗集料：便于注入砂浆的浸透，宜使用连续级配，最小尺寸要大于 15 mm，最大尺寸为 50 mm，最佳范围为 15～40 mm，空隙率为 36%～45%。

2. 施工要点

1）模板安装及注浆

(1) 模板要使用能承受注入压力的坚硬材料，确保灌注砂浆时不变形，模板接缝及模板与基础间要有措施保证压浆时不漏浆。

(2) 填放的粗集料要冲洗干净，在注入砂浆前要预先吸足水分。

(3) 水平面的模板应做成透气模板。

(4) 砂浆未注入前对已搅拌的砂浆要继续不停地搅动，防止沉淀离析。

(5) 砂浆注入从最下部开始慢慢向上进行。

2）混凝土的表面处理

这种混凝土表面层比下部强度低得多，因此，应认真进行表面处理。

(1) 顶部注入砂浆强度要比其他部分注入的砂浆强度高。

(2) 注入砂浆后 2～3 h，泌水现象大致完成时，于注浆混凝土表面约 50 cm 处再注入砂浆，使表面的砂浆流溢由新砂浆置换。

(3) 构件表面用真空振捣平板振实，或使用金属网挂在角钢做的构架上再以布衬里的透气模板，覆盖压住灌浆混凝土的表面上，防止注入砂浆时粗集料上浮，同时随着砂浆的膨胀可将砂浆中的水分挤出。

7.6.3.2　减压注浆密实成型工艺

减压注浆是在填满粗集料的密闭模型内，先减压，再注入砂浆，一次形成密实混凝土制品的工艺。其特点是注浆时的模型内部处于负压状态，抽去粗集料间隙的部分空气后再注入砂浆，故可制得密实高强混凝土。它适用于各种混凝土制品，无需表面修整工序，即使形状复杂的制品也可一次成型；如砂浆配制得当，可制得无分层离析的密实混凝土；可快速脱模并立即进行高温养护。

减压注浆工作原理是注入口设置注入罐，排出口设有溢流罐，两者均与真空罐连接，并与模型共同减压，然后，砂浆由砂浆罐吸入，或由砂浆泵压入模型内的粗集料空隙中。待多余砂浆溢入溢流罐后，再使整个系统与大气相通。为使由减压时残留空气形成的气泡进一步压缩，将注入罐及溢流罐内的砂浆再压入模型并填充于这部分孔隙之中，以形成密实的混凝土。

用试件比较减压注浆和压浆成型的混凝土的内部结构时，可以发现，压浆混凝土粗集料周围的孔隙较多。相反，随着减压程度的增长，孔隙显著减少。从表 7.3 可以看到，真空度为 600 mmHg 时的孔隙率为 0.20%，是压浆法孔隙率的 1/6，其抗压强度为 41.4 MPa，是压浆法强度的 1.3 倍。

表 7.3　减压注浆法和压浆法的比较

成型方法	孔隙面积/mm^2	孔隙率/%	抗压强度/MPa	气压/MPa
压浆法	1 293	1.18	31.2	0.10
减压注浆(300 mmHg)	653	0.59	35.8	0.06
减压注浆(600 mmHg)	223	0.20	41.4	0.021

注：1. 混凝土截面积为 110 000 mm^2。
2. 砂浆配合比为 1∶1∶0.45，粗集料为 15～30 mm 的碎石。

思考题与习题

7.1　试述混凝土混合料的振动密实成型原理及其振动参数和制度。

7.2　混凝土振动密实成型方法有哪几种？如何使混凝土振捣密实？

7.3　试述振动器的种类、工作原理及适用范围。

7.4　使用插入式振动器时，为何要上下抽动、快插慢拔？插点布置方式有哪几种？

7.5　试述离心混凝土的结构及其形成原理。

7.6　如何确定离心混凝土的离心制度？

7.7　离心混凝土的配合比设计有何特点？试述离心混凝土的性能。

7.8　试述真空脱水密实混凝土的密实成型机理。

7.9　如何确定真空脱水密实混凝土的工艺制度？试述真空脱水混凝土的性能。

7.10　既然离心和真空脱水时，能脱去混凝土的水，能否在搅拌时任意多加水？为什么？

7.11　试述压制密实成型过程中混凝土混合料中各组分的作用。

7.12　试述压制密实成型过程及其工艺制度的确定。

7.13　试述加气混凝土混合料气孔结构稳定的条件。

7.14　喷射密实施工工艺有哪几种？各有何特点？

7.15　试述喷射混凝土的性能。

7.16　试述压浆成型工艺的施工要点。

7.17　试述减压注浆密实成型工艺的原理及减压注浆密实混凝土的性能。

第 8 章 混凝土养护工艺

本章提要

本章主要介绍混凝土制品的养护工艺，包括混凝土的标准养护、自然养护及加速养护工艺原理、养护方法、养护制度及主要工艺设备。

学习要求

(1) 了解有关养护的工艺设备。

(2) 掌握湿热养护的工艺原理、工艺制度及提高制品养护质量的措施。

8.1 混凝土养护概述

8.1.1 混凝土养护工艺的概念

混凝土密实成型后的养护工艺是整个混凝土生产工艺的关键环节之一，它对混凝土的质量影响极大。混凝土养护工艺是指混凝土在密实成型后，为保证水泥的水化反应的进行，以获得所需的物理力学性能和耐久性等指标所采取的工艺措施。

如果空气干燥、气候炎热、风吹日晒就会导致混凝土中的水分蒸发过快，当水泥水化作用所必需的水不能得到保证时，水化速度将减慢甚至停止，除了使混凝土强度不能很好地增长外，还会使混凝土表面产生裂缝、脱皮或起砂，且在干燥环境条件下，混凝土会产生干缩裂纹，使混凝土的耐久性下降。

如果环境温度较低，水泥的水化反应就减慢，强度增长也很慢。当低到一定负温时，水化反应就会停止，强度不再增长。如果环境温度升高则水泥颗粒分子和水分子获得较多的热能，因而水化反应就会加快，混凝土强度增长的速度也相应加快。因此，对混凝土进行充分的养护，特别是在混凝土硬化的初期保持适当的环境温度和湿度，对于混凝土强度增长和其他性能指标的提高，是非常必要的。

根据水泥品种和混凝土生产工艺的实际情况，选择合适的养护措施和养护制度，是值得深入研究的重大课题。

8.1.2 混凝土养护工艺的种类

混凝土养护工艺中主要的控制参数是建立早期水化反应所需的温度、湿度和养护时间。根据所建立的温度和湿度条件的不同，养护工艺可分为标准养护、自然养护和加速养护。

标准养护是指混凝土在温度为(20±2)℃、相对湿度为 90%以上的条件下进行的养护。自然养护是指在自然气候条件(平均气温不低于 5℃)下，在一定时间内采取保湿、保(降)温等措施进行的养护。加速养护是指采用加热、掺化学外加剂、使用快硬水泥或机械密实脱水等措施，使混凝土快速硬化的方法。

8.1.3 混凝土加速养护的方法

混凝土加速养护方法有许多种，目前常用的可分为热养护法、化学促硬法、机械作用法与综合促硬法四类。

热养护法是指利用各种热源对成型的混凝土制品加热以加速硬化的方法。例如湿热养护、干热养护、干湿热养护等。化学促硬法是指包括采用化学外加剂（如早强减水剂、化学促硬剂等）、高强快硬水泥和其他提高混凝土强度的化学处理措施。机械作用法是指采用离心、碾压、二次振捣、真空脱水等措施加速混凝土硬化。综合促硬法是指综合采用以上的两种或三种促硬法的加速硬化方法。例如掺外加剂后进行太阳能热养护和模内快速电热、二次振动等。

热养护已有一百多年历史，目前和今后一定时期内它仍然是加速混凝土硬化的主要方法。这是因为有的混凝土制品，例如灰砂建筑制品必须经过蒸压热养护才能得到性能合格的产品，加热促硬法能明显地提高混凝土的硬化速度，例如，经 10 h 左右的热养护，混凝土制品的出池强度一般可达到设计强度 70%左右，与其他促硬法相比，热养护法在缩短养护周期，加快模具周转方面更为有效。因此，热养护法在混凝土制品生产中应用较为普遍。

然而，应当指出是，热养护法虽然有促硬效果明显的特点，但是往往需要专门组织热能生产，配备运输的辅助设备，能源耗用量也大，并且会在一定程度上降低混凝土后期强度，因此，研究采用不需外热源的其他促硬方法，尤其是不用外热源的综合促硬法，越来越受到人们的重视。

8.2 标准养护

水泥砂浆试件或混凝土试件在保证温度为(20±2)℃、相对湿度为95%以上的条件下于标准养护箱或养护室、养护池内进行的养护称为标准养护。将经过 28 d 龄期标准养护的水泥砂浆试件和混凝土试件的抗压强度值，作为判断砂浆标号和混凝土强度等级的依据。成型后的带模试件宜用湿布或塑料布覆盖，并在(20±5)℃的室内静置 1 d(不得超过 2 d)，然后编号拆模。拆模后的试件应立即送入标准养护箱和养护室。试件之间应保持一定的距离(10～20 mm)，避免用水直接冲淋试件。在缺乏标准养护箱和养护室时，混凝土试件允许在温度为(20±2)℃的不流动的 $Ca(OH)_2$ 饱和溶液中养护，试件表面不得露出水面，并应在试件表面与水面之间维持不小于 10 mm 的水深。

我国建筑工业行业标准 JG238—2008《混凝土标准养护箱》规定，养护箱按使用环境分为室外(符号 W)、室内(符号 N)；按制冷方式分为压缩机制冷(符号 Y)、半导体制冷(符号 B)；养护箱规格按立方体标准试件(150 mm×150 mm×150 mm)存放试件组数分为 4 组、8 组、12 组、16 组、24 组、64 组、144 组、240 组等 8 种，符号分别为 4、8、12、16、24、64、144、240。混凝土标准养护箱的标记由代号、使用环境、制冷方式、规格和标准编号五部分组成。

例如，室外使用、采用压缩机制冷、存放144组标准试件的养护箱标记为"HBWY144 JG238—2008"。

养护箱应在无水浸泡、周围无强烈振动及强电磁场影响的环境条件下使用。室外使用的极限温度不低于－20℃，室内使用温度应在0～42℃范围内，供电电源电压应在(220±22)V。

养护内壁应采用不锈钢或工程塑料等能防止锈蚀的材料制作。养护箱试件养护支架宜采用工程塑料或防锈材料制作，用不防锈材料制作的支架应作防锈处理。

养护箱工作室内温度应保持在(20±2)℃之内，并具有自动控制功能，在养护箱外应有温度记录仪及故障提示装置。温度记录仪应至少每隔30 min对温度记录一次，其测量误差应不大于0.5℃。养护箱工作室内的相对湿度应大于95%，且应为雾室，应具备自动控制相对湿度的功能。试件表面应呈潮湿状态，不得受水滴或被水冲淋。在养护室外宜有相对湿度显示及故障提示装置。养护箱保温隔热密封门应具有良好的密封性能。

在需养护较多试件的单位，应建设容量大的标准养护室。养护室的墙体的密封门应采取有效的保温、密封措施。根据养护室的容积及围护结构散热损失，经计算后选用加热、制冷装置和温度显示控制仪表，喷雾装置及湿度显示控制仪表。还应设有排水系统，并考虑试件进出方便。

为了减少环境的干扰，不少单位将养护室建于地下。建于地下的养护室能耗小，但需配备试件进出的升降装置。

养护室的试件搁架，可用经防腐处理的钢材或其他材料制作。搁架必须牢固可靠，放置水平。养护室的温度、湿度控制条件与养护箱相同。

8.3 自然养护

混凝土浇筑完毕以后，在自然气候条件(平均气温高于＋5℃)下，采取浇水润湿或防风防干、保温防冻等措施，按照要求的养护龄期对混凝土所进行的养护，称为自然养护。自然养护主要有覆盖浇水养护和表面密封养护两种。覆盖浇水养护就是在混凝土表面覆盖草垫等遮盖物，并定期浇水以保持湿润。浇水养护简单易行、费用少，是现场最普遍采用的养护方法。表面密封养护是利用混凝土表面养护剂在混凝土表面形成一层养护膜，从而阻止自由水的蒸发，保证水泥充分水化。

自然养护的优点是节约能源，投资少，设施简单，养护的混凝土质量好；缺点是占地面积大，养护周期长，模板周转慢，生产效率低。

8.3.1 自然条件下环境温度与湿度对混凝土性能的影响

在其他条件一定的情况下，自然养护的混凝土性能除受水泥的品种、强度等级的影响外，还要受混凝土所处环境的温度以及湿度的影响。

混凝土养护时的温度决定水泥水化反应的速度，环境温度较高时，水化速度较快，混凝土强度增长亦较快；环境温度低时，水化速度比较缓慢，混凝土的强度增长也相应迟缓。当温度低于零度时，混凝土中的水分部分结冰，水泥颗粒不能与冰发生水化反应，因此混凝土的强度停止发展，混凝土空隙内水分的结冰引起体积膨胀，使混凝土内部结构遭受破坏，强度受到损失，甚至完全崩溃。

混凝土成形后，必须有较长的时间保持在潮湿环境中，湿度适当水泥水化才能顺利进行，混凝土强度才能正常发展；若湿度不够，导致失水，直接影响水泥水化作用，甚至水化反应停止，这不仅降低混凝土强度，且渗水性亦增大，并容易引起干缩裂缝，从而影响混凝土的耐久性。

在南方炎热地区，高温下新拌混凝土坍落度的损失增大，初凝提前，易因振捣不良而形成孔隙、麻面与蜂窝；早凝、表面易干燥、用水量的增多，均易导致干缩裂缝；白昼浇捣、养护不及时，以及夜间环境降温后的内外温差，易导致温度裂缝；高温下水分急剧蒸发及上述诸多因素将导致混凝土后期强度降低。

在北方寒冷地区，当温度低于4℃时，水的体积膨胀，冻结后其体积增大9%。解冻后，混凝土孔隙率增加15%～16%，强度下降10%。冻结还会使集料与水泥石的黏结力受到损害，若黏结力完全丧失，其强度降低可达13%。冻结和解冻过程中，混凝土内水分的迁移、体积变化及组分体积膨胀系数的差异，都会导致混凝土结构的开裂。同时，温度的降低使混凝土强度的增长速度明显减慢。这是因为混凝土中水的冰点约为－2.5～－0.5℃，温度降至－3℃时，混凝土中只有10%的液相存在，水泥水化反应极为缓慢。

8.3.2 自然养护的措施

自然养护时，通常采取覆盖浇水、表面密封、保温防冻等措施。

8.3.2.1 覆盖浇水养护

GB50204—2002《混凝土结构工程施工质量验收规范》规定，混凝土的起始养护时间是在浇筑完毕后12 h内加以覆盖与保湿养护。然而，大量工程实践表明，掺用减水剂的混凝土，初凝后8 h内的收缩急剧增加，在实际工程施工中楼板裂缝也主要出现在混凝土初凝后几小时以内，因此，掌握好起始养护时间是控制混凝土早期收缩裂缝的关键。理论上，初凝后可以覆盖，终凝后开始浇水。对于一般塑性混凝土，应在浇筑后6～12 h内加以覆盖，如天气炎热或刮大风时，应在2～3 h内进行覆盖；对于干硬性混凝土，应在浇筑后1～2 h内进行覆盖。

覆盖浇水时，一般可用麻袋、草帘、芦席、锯末及炉渣等，水质应与拌合水相同。

为了保持混凝土的润湿，应坚持每天浇水。每天浇水次数应根据气候情况和覆盖物的保温能力决定。一般气温(约15℃)时，在浇筑后三天内，白天至少每隔3 h浇水一次，夜间不得少于两次。以后根据气温的高低，按表8.1所示的次数浇水。高强度等级水泥水化热高，水分蒸发快，浇水次数应适当增加，干燥气候下也应相应增加。气温低于5℃时，为防止气温骤然下降而使混凝土受冻则不宜浇水。覆盖天数随气温的不同一般不能低于表8.2的数值。

表8.1 自然养护浇水次数

正午温度/℃	10	20	30	40
浇水次数	2～3	4～6	6～9	8～12

表 8.2 自然养护时混凝土最少覆盖天数

水泥品种	正午温度/℃			
	10	20	30	40
普通水泥	5	4	3	2
火山灰或矿渣水泥	7	5	4	3

浇水养护的天数取决于水泥品种、用量及混凝土强度。采用硅酸盐水泥、普通硅酸盐水泥或矿渣硅酸盐水泥拌制的混凝土，浇水养护不得少于 7 昼夜；采用粉煤灰硅酸盐水泥或火山灰硅酸盐水泥拌制的混凝土，浇水养护则不得少于 14 昼夜；掺有缓凝剂或有抗渗要求的混凝土，浇水养护也不得少于 14 昼夜。当气温低于 5℃时，不得在混凝土面上浇水。冬季气温低于 5℃时，要进行保暖养护。

8.3.2.2 表面密封养护

表面密封养护，又称喷膜养护，是将混凝土表面养护剂喷洒在混凝土表面上，待溶液挥发后，在混凝土表面形成一层致密的薄膜，使混凝土表面与空气隔绝，大幅度降低水分从混凝土表面蒸发损失，从而保证混凝土中自身的水分，最大限度地完成与水泥的水化反应，达到养护的目的。

表面密封养护的方法不要浇水养护，节约了人工和养护用水，改善了施工条件，保证了混凝土的养护质量，且不影响后期的施工或装饰。该方法主要适用于不易浇水养护的高耸构筑物（如烟囱、水塔、筒仓壁等）、大面积混凝土结构（如地面、路面、机场跑道）和缺水地区，可以节省人力。

混凝土表面养护剂，要求其形成的薄膜有足够的强度、弹性和黏结性，蒸汽渗透性应很小，在干热条件下应有较高的抗蒸汽压力作用的能力；在炎热条件下宜采用白色薄膜，以增强热反射系数；在冬季宜采用暗色薄膜，以提高吸热能力。同时，薄膜在湿润的混凝土表面要有较好的分散性，不得含有氯化物、硫酸盐和酸等物质。

以前，使用的养护剂主要是乳液型和溶剂型两类。前者主要有氯偏乳液、石蜡乳液、沥青乳液和高分子乳液，后者主要有过氯乙烯溶液、松香溶液、树脂溶液。由于这两类养护剂都有一定的局限性（如膜的强度不高、影响后期装饰等），所以近年来研制出了反应型的以无机硅酸盐为主体的养护剂系列和有机与无机复合的养护剂系列。前者的作用机理是：喷洒该类养护剂后，养护剂在混凝土表面与水泥水化产物发生反应，从而加速水泥水化，并在混凝土表面形成密实、坚硬的面层，阻止混凝土中的水分过早散失，有利于水泥充分水化，从而保证混凝土强度。后者的作用机理是：养护剂中的无机组分在渗透剂的作用下，能较容易地渗入混凝土表层，与水泥中的某些物质反应，反应物有效地填塞了混凝土的毛细孔；而有机组分则沉积于混凝土表面，由于空气氧化作用及自身聚合作用，会在混凝土表面形成连续的柔软薄膜，从而有效地防止水分的蒸发，达到双重养护的目的。

在选择混凝土养护剂时，必须对施工条件、混凝土的结构、贮存稳定性等方面进行综合考虑。低温下施工不能选用水玻璃类产品；强日晒下，不宜选用透明养护剂；垂直面施工应选择附着力强且不易流淌的氯偏类养护剂。

我国养护剂研究起步较晚，目前还未制定有关表面养护剂的国家标准。在美国 ASTMC309 规范中列出了养护剂的类别和等级：

1类——透明成半透明，不含短效染料；

1-D类——透明或半透明，含有短效染料；

2类——白色；

A级——不限定固体溶质材料；

B级——固体溶质限定为树脂。

1类和1-D类染料必须无色或淡色，如果含有短效染料，在阳光照射下，染料保持显眼颜色的时间至少4 h，7 d内染料颜色变淡。而各种染白类(2类)染料，可为覆盖的均匀性与完整性提供视觉保证，并能反射阳光的辐射而降低温度上升的速度。最为重要的要求是养护剂要附着在新浇的混凝土上，并且按规定的速度喷洒，形成连续的薄膜，同时养护剂还应连续性好、柔韧性好、无针状孔眼，其完整性至少要保持7 d，对水泥浆不应有损害作用。当按规范试验时，72 h内水分损失应小于0.55 $kg \cdot m^{-2}$。

喷洒混凝土表面养护剂的设备为空压机。贮存养护剂的容器为钢板容罐，附有橡皮软管和喷枪。喷洒时，喷枪口离混凝土表面50 cm为宜，喷洒厚度以每千克养护溶液喷2.5 m^2为宜，厚薄均匀一致。当空压机的工作压力为0.4～0.5 MPa，容罐工作压力为0.2～0.3 MPa时，喷洒速度达15～20 $m^2 \cdot min^{-1}$，喷出的养护剂呈雾状，效果最好。

喷洒时间应根据混凝土水分蒸发情况而定，在不见浮水、混凝土表面用手指轻按无手印时即可进行喷洒。过早会影响混凝土表面养护剂与混凝土表面结合；过迟则会影响混凝土强度。

喷完后，应将输液管取下洗净，防止管子堵塞和腐蚀。

混凝土表面养护剂喷洒在混凝土表面几分钟后便可结成一层塑料薄膜，为了达到养护的目的，必须保护薄膜的完整性，要求不得有损坏破裂，发现损坏应及时补喷养护剂。

8.3.3 寒冷环境下的养护方法

在寒冷环境下，混凝土的养护方法主要有掺用外加剂法、热混凝土法和蓄热法。

8.3.3.1 热混凝土法

热混凝土法有原料预热、热搅拌、混凝土拌合物在中间料斗的预热等三种方法，目的在于使浇注成型后的制品仍蓄有一定热量，保持正温，防止冻裂，并增长至所需强度。通常采用蒸汽对原料预热，值得提出的是由于水的比热比集料高5倍左右，故应优先考虑水的预热，若仍不能满足要求，则再考虑其他原材料预热。拌合物在中间料斗中的电加热的优点是，能耗低，时间短，在一些国家已有应用。

8.3.3.2 掺用外加剂法

在混凝土中掺用外加剂，使其强度在负温下能继续增长并不受冻裂，与其他方法复合应用，更能加速养护，保证质量，节约能耗。寒冷气候条件下常用的外加剂有以下几种。

早强剂：氯化钠、氯化钙、硫酸钠、硫酸亚铁、石膏、三乙醇胺、硝酸盐等。

防冻剂：氯盐、亚硝酸盐、硝酸盐、碳酸钾、尿素等。

引气减水剂：引气部分如松香类、合成高分子类等；减水部分如木质素类、萘系类等。

阻锈剂：亚硝酸盐、重铬酸钾、尿素等。

8.3.3.3 蓄热法

一般混凝土或热混凝土成型后的覆盖保温、防止预加热量和水化热过快损失、减缓混凝土冷却速度、使之保持正温并增长至所需强度的方法，均属蓄热法。这种方法无需热养护设备，费用低廉，简便易行，是寒冷条件下首先应考虑的方法，尤其在初冬、冬末季节及室外平均温度低于－15℃以下时，或表面系数为 6～8 的厚大实心制品。

8.4 湿热养护

8.4.1 湿热养护方法简介

湿热养护是指在湿热介质作用下，引起混凝土一系列化学、物理化学和物理的变化，从而加速混凝土内部结构的形成，获得早强快硬的效果。

由于蒸汽的凝结放热系数很高，故常用蒸汽加热混凝土进行湿热养护。常压湿热养护时，介质温度不超过 100℃，相对湿度不低于 90%，又称蒸汽养护。若制品在 100℃、相对湿度为 100%的纯饱和蒸汽中养护，且窑内外介质无压力差，即为无压蒸汽养护。微压养护时，则使严格密封的设备内湿热介质工作压力比混凝土的温升超前增至 0.03 MPa，以抑制其结构破坏过程。高压养护在表压为 0.8 MPa、温度为 174℃以上的纯饱和蒸汽中进行，又称压蒸养护。

8.4.2 湿热养护过程中的主要矛盾

在湿热养护过程中，混凝土内产生一系列化学、物理化学和物理变化，这些变化可归结为有利于加速结构形成和引起结构破坏的两类作用。

研究表明，在 100℃以下蒸养的硅酸盐水泥的水化产物与常温下的水化产物并无根本区别。也就是说，蒸养只是加速了水泥水化反应速度，促进水泥石和混凝土结构的形成，使其在较短时间内获得所需的物理力学性能。但是在这种加速混凝土结构形成的同时，热养护时的化学变化、物理化学变化，尤其是物理变化又造成了混凝土结构的破坏。湿热养护混凝土的性能与标准养护混凝土相比，有明显的区别。蒸养硅酸盐水泥混凝土的 28 d 抗压强度比标准养护时低 10%～15%，养护温度越高，升温速度越快，相差越大。例如，快速升温至 100℃的蒸养混凝土 28 d 强度可能损失 30%～40%。蒸养混凝土的弹性模量约比强度相同的标准养护混凝土低 5%～10%，其耐久性也有所降低。

以上事实说明，湿热养护在加速混凝土结构形成的同时，还造成了混凝土的结构损伤。加速结构形成的作用和引起结构破坏的作用是湿热养护期间的主要矛盾。这一矛盾在混凝土初始结构强度较低的升温期尤为突出。可以认为，这种矛盾发展的结果，将最终决定热养护混凝土的性能和技术经济效果。因此，研究混凝土的热养护工艺原理，就是要分析混凝土内部的化学、物理化学及物理变化过程及其影响因素。在此基础上，在各养护期内创造有利于混凝土结构形成的条件，制约导致结构破坏的因素。最终，在不超用水泥、合理配制混凝土的条件下，缩短养护周期，并获得优质混凝土。

8.4.3 硅酸盐水泥在蒸养过程中的化学、物理化学与物理变化

8.4.3.1 硅酸盐水泥在蒸养过程中的化学变化

当温度升高时，硅酸盐的溶解度增大，水化反应加速。通过对 $Ca(OH)_2$ 析出量及结合

水量的测定表明，80℃蒸养与20℃蒸养时的水化过程相比，水化反应加速了5倍，100℃时加速了9倍，但水化过程进行的总规律未发生根本变化，只是各水化期的延续时间随温度的升高而缩短。同时，随着养护时间的延续，温度加速水泥水化进程的影响效果逐渐减小。这是因为水化产物在未水化的水泥颗粒周围形成的屏蔽膜阻碍了水分子向未水化颗粒的渗入，使内扩散减慢。

蒸养时硅酸盐水泥生成的主要水化产物与标准养护时基本相同，其主要组成是以C—S—H(Ⅰ)、C—S—H(Ⅱ)为主的C—S—H凝胶，$Ca(OH)_2$及其碳化生成物$CaCO_3$；还有少量的C_2SH_2和$C_2SH(B)$以及其他以亚稳相生成的水化硅酸钙；铝酸盐及铁铝酸盐水化生成的则是钙矾石$C_3A \cdot 3CaSO_4 \cdot 31H_2O$及$C_3A \cdot CaSO_4 \cdot 12H_2O$、$C_3AH_6$及水化铝酸钙$C_4AH_{11\sim19}$、$C_3FH_6$及水化铁酸钙$C_4FH_{13}$。不过，水化反应的介质温、湿条件对水化物的组成及形成过程有一定的影响，如熟料矿物的溶解度、液相的浓度、被溶解的氧化物（CaO、SiO_2、Al_2O_3）的比例等，在蒸养条件下，这些因素的影响只表现在水化硅酸盐碱度的提高及水化相数量关系等的微小变化上。此外，C_3S在50℃水化时可能出现强度较低的高碱度亚稳中间相。水化硫铝酸钙的稳定性虽较铝酸钙及铁铝酸钙高，但在热养护时也不稳定。低硫型易分解为低强度的C_3AH_6及石膏。温度为70～110℃时，在CaO浓度较低的溶液中，AFt脱水时，无论石膏掺量如何均将分解。

8.4.3.2 硅酸盐水泥在蒸养过程中的物理化学变化

硅酸盐水泥蒸养过程中的物理化学变化，主要表现在水泥颗粒屏蔽膜的增厚和增密、晶体颗粒的粗化、新生物细度的减小等方面。多数人认为，水泥颗粒与水作用时，由于颗粒表面形成水化物屏蔽膜以及水泥颗粒尺寸减小，所以反应速度逐渐衰减。屏蔽膜在进一步水化时，更趋密实，这时，不同离子在膜内外的扩散速度不同，Ca^{2+}和OH^-离子进入溶液，颗粒表面形成缺钙的富硅层。水泥石比密度的测定结果表明，蒸汽养护条件下形成的凝胶体的密实度比标养条件下提高15%～20%，因而屏蔽膜更加密实和不易渗透，这对水化系统的内扩散是不利的，并对硬化后期的反应速度和深度产生影响。因而，蒸养混凝土的水化程度和强度均比标养混凝土低。

水泥硬化时形成的结构及其物理力学性能，在很大程度上取决于新生物粒子的分散度及其在单位体积中的浓度，以及新生物填充水泥石自由空间的程度。新生物比表面积越大，单位体积浓度越高，则粒子间可能形成的接触点也必然增多，这时，粒子间取决于范德瓦尔斯力及静电引力的结合力就越强，黏结性能就越高，硬化系统的强度也就越高。根据T.C.Powers的测定，室温下硬化28 d的水泥石比表面积为$(2.1\sim2.3)\times10^6\ cm^2/g$；经60～90℃蒸养后，其比表面积则减少20%～40%；而经过200℃下湿热养护6 h，则降至$0.7\times10^6\ cm^2/g$。这表明，热养护的水化产物颗粒尺寸由数微米增大到数十微米，分散度降低，从而导致硬化体系的强度降低。

水泥水化过程中新生物粒子增大的过程称为粗化。其原因在于两点：一是新生物从溶液中积聚成较大粒子；二是可能由较小的或结构中有缺陷的粒子再结晶，特别是在原始矿物和水的作用已经完成了的区域。新生物溶解度越高，系统的温度越高，则再结晶的过程也越迅速，粒子尺寸也越大。

湿热养护过程中，增加水泥的水化程度，并不能完全补偿新生物结构粗化对强度的有害作用。因此，水泥石的强度既决定于水泥水化程度及新生物在单位体积中的浓度，还与新生物的分散度有关。凝胶粗化的影响还反映在水泥石和混凝土的其他物理力学性能上，如收缩及徐变有所减少等。

湿热养护过程中凝聚结构初步形成、强度快速增长的同时，部分晶体仍在增长，由此产生的结晶压力将引起结构内部拉应力的出现，这也将使结构削弱。可见，湿热养护过程中水泥石及混凝土的结构是不断变化着的，其结果是在强度增长的同时，可能造成某些缺陷，使其强度受到损失。

此外，还有一些其他的物理化学因素也可能造成水泥石的结构缺陷和强度损失。如水化初期生成的亚稳相的解体及变态、水化产物的再结晶、硬化系统中颗粒的重新排列和密实，还有渗透现象等。

8.4.3.3 硅酸盐水泥蒸养过程中的物理变化

新成型的混凝土在热介质作用下发生的物理变化，对其结构形成及物理力学性能的影响最为显著。在初始结构强度尚很低的升温期，结构形成及破坏的矛盾尤为尖锐。由物理变化造成的混凝土结构损伤程度，集中表现为混凝土在养护过程中的最大体积变形或养护后的残余变形。在混凝土蒸养的升温期、恒温期和降温期这三个过程中，升温期是造成混凝土结构破坏的主要阶段。引起其结构破坏的因素有各组分的热膨胀、热质传输、混凝土的减缩及干缩等。体积变形就是这些因素所产生的综合表现。升温期的体积变形急剧增长，升温末期可能达到最大值。不过，升温期混凝土的初始结构强度较低，如不足以抵抗结构破坏所造成的内应力，必将产生大量孔缝，使结构受到损伤。与此同时，这种混凝土结构随着水化作用的进行而趋于稳定，因此降温后体积膨胀不能完全消除，这就造成了热养护结束时的残余变形。

在升温期，由于蒸汽的冷凝，体积变形的特征是湿热膨胀。降温时，则发生失水收缩，此时存在一个临界湿度。混凝土失水至临界湿度以前，并无收缩发生。常压蒸养的降温期，混凝土虽有失水，但与临界湿度相差不大，即使干缩，其数值也较小，故可用残余变形评价其结构破坏程度。

压蒸养护时，混凝土中的剩余水量大大低于临界值，混凝土很大一部分干缩变形发生在压蒸过程之中。因此，应以压蒸过程中的最大体积变形评价混凝土的结构破坏程度。

湿热养护时混凝土的体积变形与其气相及液相含量和硬化骨架的强度有关，通常，含气量大的变形大，骨架强度低的变形大。混凝土湿热养护时的体积变形还与升温速度有关，升温速度越慢，混凝土所需达到的临界初始结构强度也随之降低。混凝土气相及液相含量越高，升温速度越快，养护温度越高，临界初始结构强度也越大。

采用高活性水泥、减水剂、早强剂、低水灰比的干硬性混凝土强制成型及提高静停温度等使混凝土快硬早强的措施，均有助于减小体积变形。良好的养护制度及条件的确定(如升温速度、恒温温度、覆盖养护等)也有利于混凝土结构的形成。

8.4.4 常压湿热蒸汽养护

在养护窑或养护坑内，以温度不超过 100℃、相对湿度在 90%以上的湿热蒸汽为介质使养护窑或养护坑中的混凝土构件在蒸汽的湿热作用下迅速凝结、硬化达到所要求的强度，这就是常压蒸汽养护，简称蒸养。一般用于混凝土制品的养护。

湿热蒸汽在养护窑或养护坑内，接触到温度低的混凝土构件，将发生冷凝现象而液化。蒸汽液化时会放出大量的热量而变成水。使用蒸汽养护的混凝土，就是利用蒸汽在冷凝时放出的汽化热，以及冷凝水继续降温中放出的部分液体热，使混凝土温度提高，从而加速凝结、硬化。

8.4.4.1 蒸汽养护制度

在蒸汽养护设施和胶凝材料一定的条件下，用最少的蒸汽量使混凝土制品达到规定的强度，而其本身结构不受到明显的破坏、耐久性不劣化的养护制度才是优化的养护制度。蒸汽养护制度，又简称为蒸养制度。

蒸养过程一般分为预养期(Y)、升温期(S)、恒温期(H)、降温期(J)。各养护期的主要工艺参数，包括预养时间、升温时间(或升温速度)、恒温时间和恒温温度、降温时间(或降温速度)，总称为蒸养制度，见图8.1。蒸养过程中所说的温度是指介质即蒸汽的温度。蒸养制度可用联写式表示：$Y+S+H(t_h)+J$，如2+2.5+6(80℃)+2，即预养为2 h，升温为2.5 h，恒温为6 h，恒温温度为80℃，降温期为2 h。

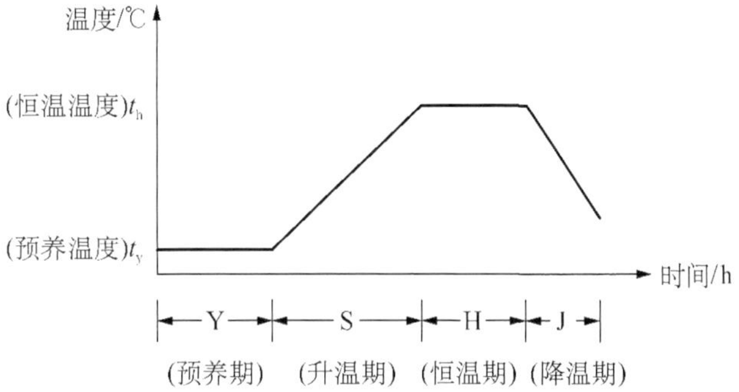

图8.1 混凝土养护制度

确定蒸汽养护制度时，应考虑如下因素：水泥品种和外加剂种类、混凝土制品成型后的形状、带模养护还是脱模养护，对制品蒸养后残余变形的要求等。

1. 预养期

混凝土制品浇捣成型完毕后，至其升温前先在环境温度下静停放置的一个时间段称为静停期，又称为预养期。在这段时间内，水泥进行了一定程度的水化，使混凝土开始具有一定的初始结构强度，然后再进行蒸养。这样将增强混凝土制品抵抗蒸养对结构破坏作用的能力，搬运移动时不发生变形。预养期的长短关系到混凝土初期结构强度的高低，关系到经蒸养后混凝土的最终性能，应合理确定。

升温快，预养时间要长些；升温慢，预养时间可短些。预养时间的长短还与恒温温度有关。恒温温度高，预养时间要长些；恒温温度低，预养时间可短些，一般可在2～4 h选用。

为了缩短预养时间，也可采用加速早期强度增长的各项措施，如适当提高预养温度等。不过采用这种方法，矿渣水泥混凝土的预养温度应不高于45℃，普通水泥混凝土的预养温度不应高于35℃。

脱模养护的预养期应比带模养护的预养期长一些；掺促凝剂的混凝土、干硬性混凝土、闭模养护或做长时间缓慢升温的热养护，可以取消预养期。

预养期的长短最好通过试验确定为宜。

2. 升温期

养护设施内的介质温度由升温前的环境温度升到恒温温度的时间段称为升温期。蒸养混凝土结构的破坏，主要发生在升温期。升温期内，制品在强度很低的情况下承受急剧的热物理变化，由于制品内外温差产生不均匀膨胀引起温度应力，材料各组分热膨胀系数不同（水泥石为 $10\times10^{-6}\sim20\times10^{-6}K^{-1}$，集料为 $6\times10^{-6}\sim12\times10^{-6}K^{-1}$，水为 $210\times10^{-6}K^{-1}$，混凝土为 $7\times10^{-6}\sim14\times10^{-6}K^{-1}$）引起的应力，以及水分蒸发、迁移等，易使混凝土制品产生微裂纹。

升温过慢，将延长蒸养周期；升温过快，又会给混凝土的最终性能带来损害。因此，升温期在整个蒸养过程中最为重要。

升温期的主要工艺参数是升温速度。前苏联学者认为，干硬性和厚度达 10 cm 的混凝土制品，最佳升温速度为 30℃/h；厚度达 25 cm 的制品，最佳升温速度为 25℃/h；大型制品为 15～20℃/h；但任何时候都不宜大于 60℃/h。脱模制品和裸露面积大的带模制品，应进行变速升温，第 1 h 为 10～16℃/h，第 2 h 为 15～20℃/h，第 3 h 为 25～35℃/h，与制品厚度无关。

我国有关单位给出的混凝土最大升温速度值列于表 8.3。按此表的最大升温速度可以算出升温时间。从表 8.3 中知道，带模养护、密封养护可以加快升温速度。

表 8.3　最大升温速度

静停期/h	拌合物稠度/s	最大升温速度/(℃/h)		
		密封养护	带模养护	脱模养护
>4	>30	不限	30	20
	<30	不限	25	—
<4	>30	不限	20	15
	<30	不限	15	—

3. 恒温期

养护设施内的介质升至恒温温度后直至降温开始的时间段称为恒温期。恒温期内主要是加速混凝土中水泥的水化，促进水泥的凝结、硬化，是混凝土强度的主要增长期。恒温期的主要工艺参数是恒温温度和恒温时间，而二者又是互相影响的。

不同水泥配制的混凝土要求有不同的恒温温度和恒温时间。恒温温度：硅酸盐水泥为 80～85℃，超过这一温度，强度会有所下降；矿渣硅酸盐水泥、火山灰硅酸盐水泥与粉煤灰硅酸盐水泥为 95～100℃；铝酸盐水泥不超过 70℃。蒸养恒温时间随恒温温度而变化，恒温温度低，则恒温时间长；恒温温度高，则恒温时间短。普通水泥混凝土，水灰比为 0.4，当恒温温度分别为 60℃和 80℃时，达到设计强度等级 70%时所需的恒温时间分别为 9 h 和 5 h。

恒温时间也与水泥品种有关，因为不同的水泥品种有各自的恒温适宜范围。此外还要考虑水灰比、恒温温度等因素。恒温时间的选择见表 8.4。

表 8.4 达到设计强度等级 70%时所需的恒温时间 单位:h

水泥品种		硅酸盐水泥与普通水泥			矿渣硅酸盐水泥			火山灰硅酸盐水泥		
水灰比		0.4	0.5	0.6	0.4	0.5	0.6	0.4	0.5	0.6
恒温温度	60℃	9	14	8						
	80℃	5	7	1	8	11	14	7	9	11
	100℃				4	5	7	2.5	3.5	5

4. 降温期

养护设施内的介质由恒温温度降至允许混凝土制品出养护设施温度的时间段称为降温期。蒸养制品在降温过程中,体积将收缩,同时由于表面降温快,内部降温慢,会产生一定的温差,因此,过快的降温会使制品表面产生裂缝,强度降低,同时,失水过多,还会影响混凝土后期的硬化。所以,在降温期要控制降温速度。对于尺寸大而且厚的构件、低强度等级或配筋少的构件,降温速度要缓慢,以减少温差;而对于小尺寸的构件、高强度等级或配筋多的构件,降温速度可适当加快。降温速度的确定见表 8.5。

表 8.5 混凝土最大温降速度 单位:℃/h

水灰比	厚大构件	细薄构件
≥0.4	30	35
<0.4	40	50

8.4.4.2 常压蒸汽养护设施

1. 养护坑

(1) 普通养护坑构造

养护坑,又称养护池,常为一种半地下式构筑物。养护坑结构如图 8.2 所示,一般坑壁采用钢筋混凝土或砖砌筑,坑底采用钢筋混凝土建造。坑盖和坑壁的地上部分是散热损失的主要部位,要求坑盖有较好的绝热保温性能且坑盖本身质量轻,以及坑盖与坑壁有较好的密封性能。因此,目前坑盖常以型钢作骨架,内外用薄钢板包覆,内部填充轻骨料混凝土、矿棉等一类隔热材料。坑盖与坑壁的密封常采用水封、砂封或迷宫封等措施,尽量减少漏气。同时建有多个养护坑时,一般采用共用坑壁的方法,达到减少散热损失、节约占地、节省投资的目的。坑底设 15~20 cm 高的垫块,既便于制品起吊,又有利于坑底进入蒸汽。

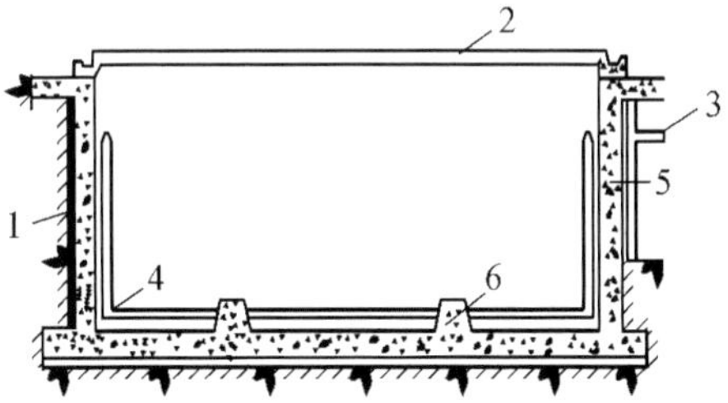

(a) 养护坑剖面图

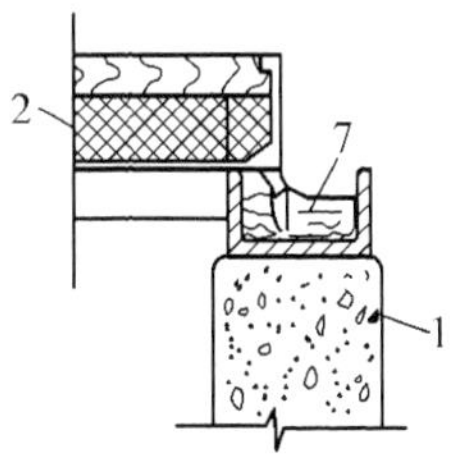

(b) 坑封结构

图 8.2 普通养护坑

1—坑壁;2—坑盖;3—蒸汽干管;4—蒸汽支管;5—排气孔;6—垫块;7—坑封

(2) 蒸汽的通入与冷凝水的排出

蒸汽进入坑内的方法是蒸汽由坑外蒸汽干管分送到各个养护坑内的蒸汽支管上，蒸汽支管铺设于养护坑底面，蒸汽支管每隔一定距离开有小孔，称为蒸汽花管，蒸汽由此而喷入坑内。应注意蒸汽不能直接喷在制品上，坑盖的冷凝水也应防止直接滴在制品表面上，或在最上面的制品上采取覆盖措施。坑底应沿某方向有一定坡度，以便于排出冷凝水。

养护坑也可与通风设备连接，以便在降温期加速制品冷却和利用余热。没有通风设备的养护坑，可在坑盖上设有降温孔。测温孔一般设在坑壁的适当高度处。测温一般用玻璃水银温度计和电阻温度计。

(3) 养护坑内部尺寸的设计

养护坑的平面尺寸是根据模具间和模具与坑壁之间的距离应不小于 0.2 m 而确定，以利于装坑与出坑。养护坑的深度则根据车间高度、钢模刚度、坑内温差、地下水位及工人劳动条件等因素而确定，一般不超过 3.5～4 m，通常为 2.5 m 左右，地面上高度不宜超过1.5 m。

(4) 养护坑养护工艺

养护坑工作时，将成型好的构件放入养护坑内，坑内蒸汽管喷入蒸汽，使坑内达到较高的温度和湿度，促使混凝土强度较快增长，使构件经过十几个小时后就能达到脱模起吊强度。蒸汽养护时应严格执行构件的预养、升温、恒温、降温制度，一般预养 2～4 h，每小时升温应不超过 40℃，恒温加热阶段温度一般不应超过 85℃，相对湿度应在 90%以上。

2. 简易作业隧道蒸汽养护窑

隧道式蒸汽养护窑近似于长条形的窑洞，故称为隧道式养护窑。设施大多属于地上式构筑物，并都采取毗连建造。养护窑侧墙与间隔墙用砖砌筑或用钢筋混凝土建造并抹有防水水泥砂浆面层，有的窑墙中间设有绝热层，顶部用钢筋混凝土做成拱形(预制或现浇)，也可用砖砌筑而成。养护窑顶砌成拱形是为了使冷凝水沿墙壁流下以防止损坏制品的表面，拱顶上部设有绝热层。

养护窑的端部设有门，两端设门的称为贯通式养护窑，一端设门的称为尽头式养护窑。对于贯通式养护窑，载有制品的小车由一端进入，在热养护结束后从另一端卸出。对于尽头式养护窑，载制品的小车由一个门进出养护窑。这两种养护窑各有利弊。贯通式养护窑符合生产直线流水的原则，应用较多。但它要求车间具有足够的长度，并且多一道窑门，而窑门与窑体接合处是逸汽的主要部位。尽头式养护窑少一道窑门，漏汽部位较贯通式少，布置时对场地长度要求不高。它的主要缺陷是不能实现工艺直线流水。

养护窑门的开启方式有侧开和上开两种。无论采用何种开启方式都应尽可能提高窑门处的密封性。目前，有薄钢板(或薄铝板)覆盖的木质门、钢质门、轻质合金门(带耐热橡胶垫条)、型钢轻混凝土门及金属卷帘门等多种窑门。或因为肿裂、变形或因为腐蚀，或因为操作不便，隧道养护窑窑门及其密封性仍需研究改进。

养护窑的侧墙壁上设带孔的蒸汽管，向窑内供汽。蒸汽管可以安装在侧墙壁的上部或下部，也可以上、下部同时安装。一般将蒸汽管置于排水沟上部。蒸汽管的直径约为 40～50 mm，沿管长每间隔 150～200 mm 钻有直径为 3～4 mm 的小孔并且小孔朝下，目的是使经由小孔流出的蒸汽喷至地面之后再向上，以提高加热的均匀性。

养护窑顶部可设带有蝶阀的排气孔，以便排湿或排气。养护窑底部设有冷凝水排水系统。

养护窑内一般设有轻轨，小车在轻轨上运动。小车的移动用人力或机械牵引。根据生产规模与制品的情况，轻轨又分为双轨和单轨两种形式。

养护窑的净空尺寸主要取决于制品和小车的尺寸，一般宽 1.5 m，高 1.8～2.0 m，长 10～25 m。其填充系数为 0.08～0.10。填充系数是指养护窑内制品所占体积与养护窑净空容积之比。

8.4.5 干热养护与干-湿热养护

8.4.5.1 干热养护

混凝土制品的干热养护是以低温干热介质进行升温的一种养护方法。这种养护方法具有升温期间对混凝土结构破坏作用小，养护周期短等优点，被广泛采用。

经研究表明，在湿热养护时，混凝土结构的破坏主要发生在升温期，而干热养护的特点就在于采用低湿的干热介质进行升温，以削弱混凝土结构破坏过程。因为，当采用干热养护时，混凝土被加热的最高温度降低了，加热的速度也减慢了，混凝土的温度梯度减小，并且与湿度梯度方向相反。此时，作为混凝土结构破坏过程综合表征的变形值也大大减小。同时，混凝土的干缩变形取代了混凝土部分热胀变形，所以其最大变形值低于湿热养护时的数值。

混凝土制品在干热养护过程中，减弱了结构破坏过程，加强了结构形成，混凝土强度有所提高。然而，在干热养护过程中，混凝土总的失水量较大，应采取适当的补湿措施：升温后，采用高湿介质恒温；降温时，采取喷汽、洒水等措施，以减少因失水而产生裂缝。

干热养护使用的能源除蒸汽以外，还可以采用太阳能、红外线、电磁感应、微波以及电能等。相应的养护设备或设施有：隧道式干热养护室、太阳能养护罩、红外线辐射器等。

8.4.5.2 干-湿热养护

干-湿热养护就是对混凝土构件采用先干烘，后湿蒸相结合的养护方法。例如，在隧道式养护窑的升温区，设置干热排管或暖气片，有的还在其外涂以远红外涂料，在恒温区设置干热排管和喷汽花管，窑口两端为防止蒸汽外逸可设密封门装置，恒温区温度可达 80～90℃，在升温区采用干热养护，可以促进混凝土构件表面多余水分的蒸发，削弱了混凝土内部湿热膨胀对其内部结构的破坏作用，减少了湿热养护经常发生的冷凝水滴淋破坏构件表面而形成的表面脱皮、产生麻点现象，缩短了养护时间。在恒温区，再使混凝土在蒸汽中进行湿热养护，使环境的相对湿度在 90%以上，这就保证了水泥水化反应的充分进行。

干-湿热养护除了具有干热养护和湿热养护的优点外，还具有混凝土结构致密、水泥水化条件合理、降温效果好、养护后的混凝土无严重失水现象、后期强度仍可继续增长等优点。因此，干-湿热养护是比较好的一种养护方法。

8.4.5.3 太阳能养护

太阳能是一种取之不尽，用之不竭，既无公害又无污染的巨大自然能源。在当今能源短缺的形势下，太阳能已成为一种举世瞩目的新能源。采用太阳能养护混凝土，方法简易而且投资少见效快，生产文明，技术经济效果好。

太阳能养护是在混凝土制品上方加一个集热器，直接吸收太阳的辐射能量，对混凝土加热，达到加速混凝土硬化目的的一种方法。集热器的作用除了吸收太阳辐射热能加热混凝土之外，还要将混凝土制品封闭起来，防止混凝土制品中的水分大量蒸发。因此，在集热器所覆盖的空间内既有较高的温度，又有一定的湿度，形成了干-湿热养护的条件。

国内外大都采用平板型集热器，由透光材料、吸热材料和绝热材料组成。透光材料有透明玻璃、透明玻璃钢、有机玻璃和塑料薄膜等。平板玻璃的透光性很好，主要缺点是抗冲击性差、密度大，故应用不多。聚乙烯、聚氯乙烯、聚苯乙烯等薄膜也很好，主要缺点是易老化，使用期为 1～3 年。目前有的国家使用聚碳酸酯板，使用期可达 5～7 年。透明玻璃钢是我国应用较多的透光材料。吸热材料主要是黑色塑料薄膜。绝热材料主要是为了减少散热损失，一般选用玻璃棉、泡沫塑料等高效绝热材料在集热器外侧做成绝热层，施工时需采取防潮措施。双层塑料薄膜中充空气，也有较好的隔热作用。

太阳能养护的优点是：升温速度比较缓慢，而且有一定的湿度，制品表面坚硬质量好；只用太阳能，不消耗矿物能源；如果密封性好，可以不必浇水养护，每立方米制品可以节约用水 1～2 t；太阳能养护设备简单、一次性投资少，上马快，适宜于中、小型混凝土制品厂采用。

根据集热装置形式的不同，太阳能养护可分为塑料薄膜集热罩养护、玻璃钢集热罩养护、复合气垫膜直接覆盖养护、充气塑料薄膜被直接覆盖养护、太阳能养护池、太阳能养护窑等方法。坑式和窑式养护较适合寒冷地区使用。几种养护方法见图 8.3～图 8.6。

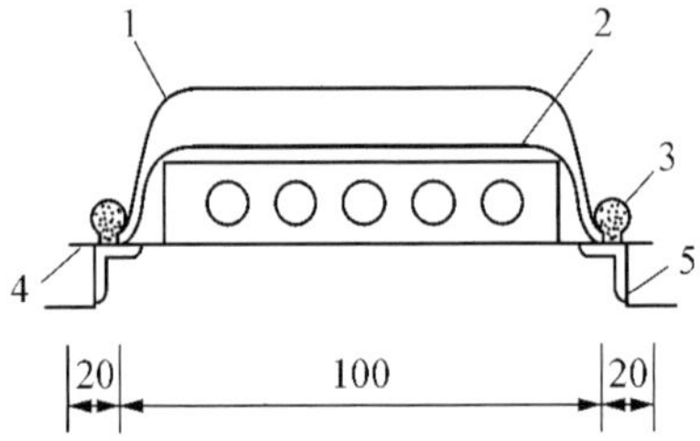

图 8.3　充气式薄膜养护罩

1—白色透明塑料薄膜；2—黑色塑料薄膜；
3—砂袋；4—压封边；5—挤压机台座

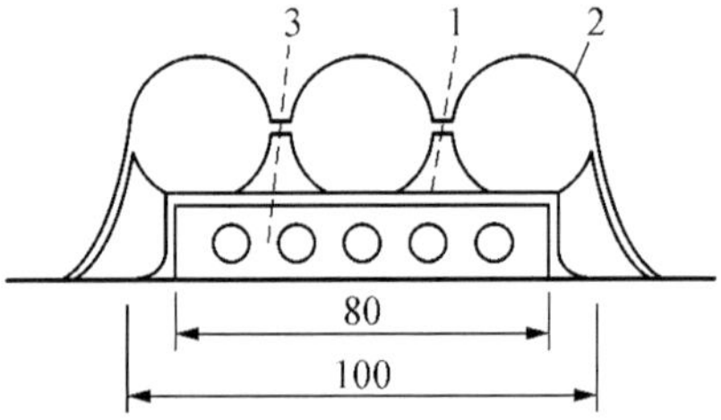

图 8.4　中间加肋的充气式薄膜养护罩

1—黑色塑料薄膜；2—透明塑料薄膜
（带肋充气层）；3—制品

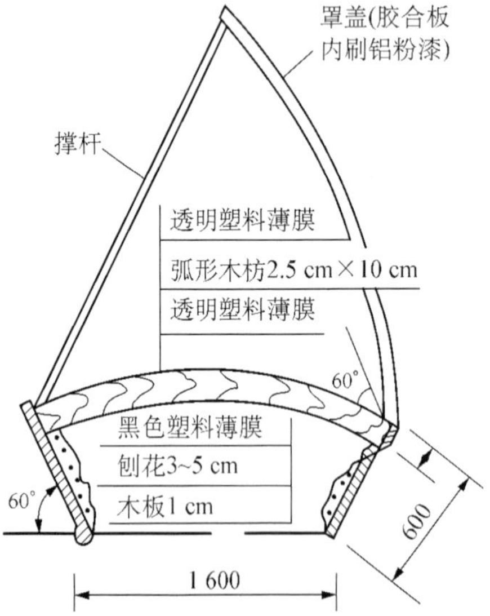

图 8.5　扇形箱式太阳能养护罩

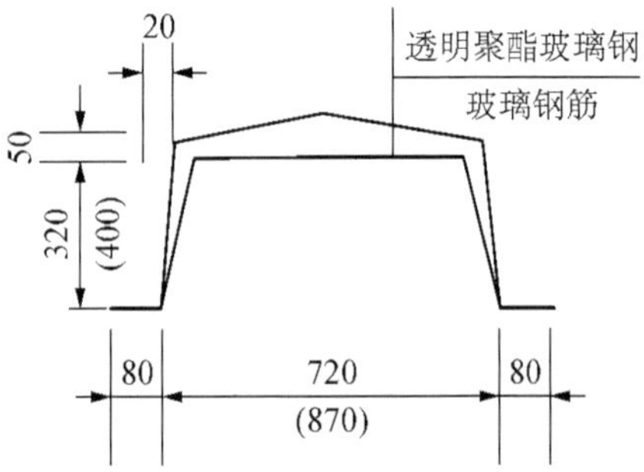

图 8.6　玻璃钢太阳能养护罩

8.4.5.4 连续性隧道式养护窑

连续性隧道式养护窑适用于连续性流水生产，工序节奏稳定，生产管理方便。成型好的构件按规定速度和顺序通过隧道窑内升温区、恒温区、降温区，随即养护完毕。窑的长度根据构件的产量和出窑强度所必需的养护制度来确定，一般长 100～120 m。按窑的结构型式可分为水平隧道窑和折线型隧道窑。

1. 水平隧道窑

如图 8.7 所示，水平隧道窑是较常用的连续式养护设施，适宜养护两面光大的楼板或墙板。可以建在地下或地上，有双层和单层。窑的长度取决于制品规格、养护时间及制品进出节拍(模板)；窑的净宽由制品决定；窑的净高由码放制品及窑车总高度决定。窑墙用高效的绝热材料保温。

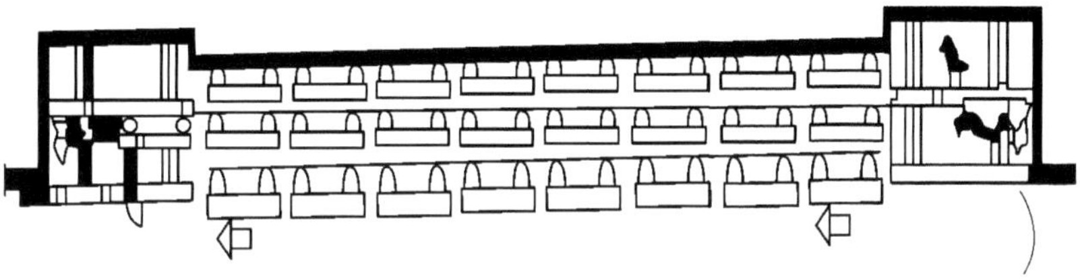

图 8.7 水平式隧道窑

这种养护窑的缺点是升温、恒温、降温区域无明显分界区，干湿段交界不明显。为此，有些隧道窑在干湿段设置机械门或热风幕布，以达到干、湿区分界的目的。

2. 折线型隧道窑

如图 8.8 所示，折线型隧道窑是由水平隧道窑发展、演变而来的湿热养护设施，窑的两端不设门，蒸汽靠折线起拱高度造成的几何压头来阻止其外溢。折线起拱高度由窑内外介质的平均密度进行估算，实际起拱高度为 1.1～1.5 m。起拱角度一般不超过 8°，最好为4°～6°。

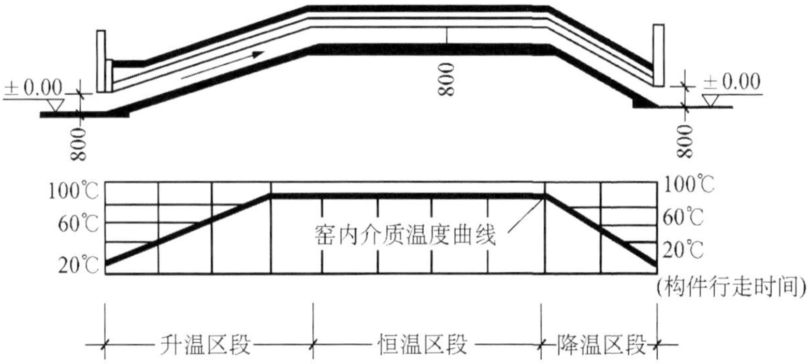

图 8.8 折线型隧道窑

折线隧道窑的优点是蒸养能耗低，每立方米制品耗蒸汽 150～200 kg；缺点是造价高，运行稳定性、可靠性等应进一步研究解决。

8.4.6 高压蒸汽养护

在温度大于100℃的高温高压饱和蒸汽环境下，硅质材料如石英、粉煤灰等与石灰[包括水泥水化生成的 $Ca(OH)_2$]进行合成反应，能生成结晶度好、强度高的托勃莫来石。控制饱和蒸汽的压力，就可以保证所需的温度，因而称为高压蒸汽养护。

蒸压釜即为一种间歇作业的高压蒸汽养护设备，通常表压力为 0.8～1.2 MPa 左右，温度升高能进一步加速混凝土的硬化过程，而介质剩余压力的存在又有利于抑制结构破坏作用。所以水泥混凝土制品有时也采用蒸压养护。而硅酸盐混凝土和加气混凝土则必须采用蒸压养护，才能得到性能优良的制品。

如图 8.9 所示，蒸压釜由筒体、釜盖、进气管、冷凝水排出管、轨道及仪表附件等组成。筒体用锅炉钢板或普通钢板焊接而成，端部装有铸钢或锻钢制成的釜盖。两端设釜盖的称为贯通式釜，一端设釜盖的称为尽头式釜。釜盖采用快速启闭釜盖机构，通过锁紧环的伸缩而启闭，也有的通过棘轮回转来操纵。

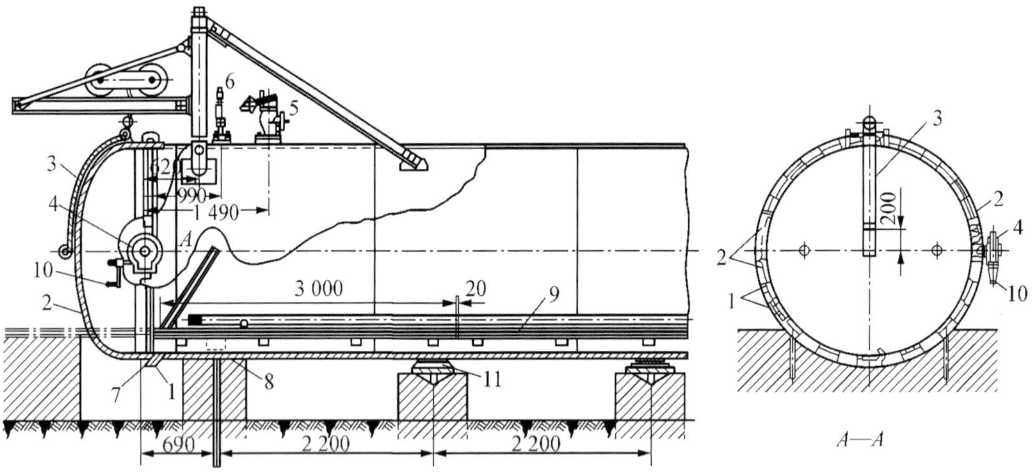

图 8.9 带有快速启闭釜盖的蒸压釜

1—筒体；2—釜盖；3—吊架与起重设施；4—用于旋转釜盖的涡轮减速机构；5—安全阀；6—压力表；7—排出冷凝水阀门；8—固定支座；9—蒸汽管；10—手柄；11—滑动支座

快速启闭釜盖的构造是在筒体上焊有铸钢或锻钢法兰盘，法兰盘上有凹凸环槽，釜盖周围也同样有凹凸环槽。釜盖关闭时，先将凹凸环槽吻合在法兰凸环槽上，然后利用旋转机构使盖子旋转一个凸块位置，使凸块相互咬合固定。为了防止端部漏气，在环形凹槽中设有耐热橡胶垫圈的密封装置。它靠支管送入的与釜内压力相同的蒸汽紧压在盖的环圈上。釜盖的快速启闭与旋转等动作，由机械操作或压缩空气操作。

密封用衬垫是一种带有一弹性唇口的自封型密封圈，由于在加压时使用单唇口型，加压减压时使用双唇口型，因此，不论在加压或减压状态下，此密封圈均具备完善的密闭功能。

筒体下部设有进气管和冷凝水排出管，上部设排气管、压力表与安全阀。有些工厂为了在升温初期排出筒体内残留空气，而将进气管放在上部，排气管设在下部。

蒸压釜内底部设有两条运输小车轨道，该轨道与地面上的轨道通过摆渡车连接。混凝土桩等制品先吊到搬运小车上，然后运送到釜体内。

筒体外部覆有隔热材料，以减少散热损失，隔热材料外面还包有薄铁皮。筒体的支座在中部或端头有一个支点是固定的，其余支座是可滑动的，以便适应筒体热胀冷缩时的变形。

搬运小车向釜内运入或从釜内运出制品，常借助于卷扬机、凸轮装盖、牵引车或马达驱动的移动车等设备。

选用蒸压釜时，应根据蒸养制品的尺寸、生产规模、制造工艺等来确定釜的规格尺寸和釜的数量以及工作的蒸汽压力，力求获得较高的填充系数，降低蒸汽消耗；选用多台蒸压釜时，应有蒸汽转换管道，将降压的蒸汽转入升压的釜中。生产粉煤灰砖或灰砂砖的蒸汽压力一般为 0.8 MPa；生产加气混凝土与高强混凝土桩的蒸汽压力一般为 1.2～1.5 MPa。我国目前生产的蒸压釜规格见表 8.6。

表 8.6　我国目前蒸压釜规格

序号	1	2	3	4	5
规格	ϕ2.85 m×39 m	ϕ2.85 m×25.6 m	ϕ2.0 m×21 m	ϕ1.95 m×21 m	ϕ1.65 m×25 m
蒸汽压力/MPa	1.5	1.5	1.3	0.8	1.2

思考题与习题

8.1　混凝土的养护方法有哪些？其机理是什么？

8.2　试述自然养护的优缺点、自然条件下温湿度对混凝土性能的影响及自然养护的工艺措施。

8.3　试述湿热养护过程中混凝土的化学、物理化学和物理变化。

8.4　简述常压湿热养护和高压湿热养护制度。

8.5　常用的养护设备有哪些？各有何优缺点？

第9章 主要类型混凝土制品生产工艺

本章提要

本章主要介绍混凝土制品的特点、主要类型、生产工艺过程、生产组织方法、主要类型制品(包括混凝土墙材、一阶段预应力管、三阶段预应力管、预应力电杆及预应力离心方桩等)的生产工艺。

学习要求

(1) 了解混凝土制品的特点、主要类型、生产工艺过程和生产组织方法。

(2) 掌握混凝土砌块、加气混凝土、一阶段预应力管、三阶段预应力管、预应力电杆及预应力离心方桩的生产工艺。

9.1 混凝土制品的特点及主要类型

9.1.1 混凝土制品的特点

混凝土制品具有原材料来源广泛,能按设计要求制成各种形状、尺寸和性能,制作工艺简单、多变,可用钢筋增强,较高的强度和耐久性能,维护费用低,节约金属和木材,工业化生产质量好,生产周期短,现场施工及湿作业大大减少,混凝土遗洒和噪声扰民降低等优点;而且能使企业大幅度节省投资,并尽早使建筑物投入使用、产生效益。又由于预制构件的混凝土已完成了收缩变形,预应力构件以预应力抵消拉应力,因此其裂缝控制性能优于现浇混凝土结构,如果配以高强钢筋而形成高效钢筋预应力构件,增大预制构件跨度和承载力,则可以适应大开间结构的要求。

混凝土制品行业属于建筑材料工业的一部分,是国民经济的基础性行业,它服务于国家基础建设的方方面面,涉及的产业领域包括城乡房屋建筑工程、农业排灌工程、水利工程、能源工程、交通工程、道路桥梁工程、通信工程、市政工程等。

9.1.2 混凝土制品的主要类型

随着社会进步和工程建设的发展,混凝土制品的种类日益增多,性能和应用也各不相同。按照GB/T4754—2002《国民经济行业分类》,混凝土制品行业包括以下范围。

9.1.2.1 水泥制品制造

(1) 水泥管:混凝土输水管、水泥压力管、水泥排水管、水泥井管、钢筋混凝土管片、钢纤维混凝土井圈(井盖)、水泥电缆管;

(2) 水泥电杆、水泥桩、水泥轨枕、水泥坑柱支架；

(3) 公路钢筋混凝土桥梁、铁路钢筋混凝土桥梁；

(4) 水泥混凝土砖；

(5) 水泥瓦：水泥混凝土平瓦、水泥混凝土脊瓦、其他水泥混凝土瓦；

(6) 水泥路面砖、水泥花砖、水泥路缘石、水泥沟盖板、建筑水磨石；

(7) 水泥板：混凝土空心板、钢丝网水泥板、钢丝网架水泥聚苯乙烯夹心板、氯氧镁水泥板块、水泥木屑板、吸声用穿孔纤维水泥板；

(8) 商品混凝土；

(9) 其他水泥混凝土制品。

9.1.2.2 混凝土结构构件(指用于建筑施工工程的水泥混凝土预制构件)

(1) 水泥预制梁；

(2) 水泥预制板、农房用混凝土圆孔板；

(3) 水泥预制屋架；

(4) 水泥预制楼梯；

(5) 水泥预制桁条、农房用预应力混凝土檩条；

(6) 水泥预制门、窗框；

(7) 无木四防活动房屋预制板；

(8) 其他水泥预制件。

9.1.2.3 石棉水泥制品

(1) 石棉水泥瓦：石棉水泥波瓦及其脊瓦、钢丝网石棉水泥中波瓦、钢丝网石棉水泥小波瓦、其他石棉水泥瓦；

(2) 石棉水泥板：建筑用石棉水泥平板、电工用石棉水泥压力板、非对称截面石棉水泥半波瓦、石棉水泥橡胶板；

(3) 石棉水泥管：石棉水泥输水管及其接头、石棉水泥电缆管及其接头、石棉水泥落水管和排污管及其接头、石棉水泥井管、石棉水泥输煤气管、石棉水泥输盐卤管；

(4) 石棉水泥管管件等。

9.1.2.4 其他水泥制品(指玻璃纤维增强水泥制品，以及其他未列明的水泥制品)

(1) 纤维增加水泥制品；GRC瓦、GRC管、GRC围栏立柱、GRC仿瓷浴缸、PC-GRC钢网架结构用屋面板、轻质GRC空心隔墙板、外墙内保温GRC板、GRC通风管、其他玻璃纤维增强水泥(GRC)制品；

(2) 纤维增强低碱度水泥建筑平板、玻璃纤维增强水泥轻质多孔隔墙条板；维伦纤维增强水泥平板、纤维增强硅钙板；

(3) 玻璃纤维氯氧镁水泥通风管道、玻璃纤维增强水泥通风管道；

(4) 其他未列明的水泥制品。

现将混凝土制品按胶凝材料、集料、制品形状及生产工艺等分类归纳于表9.1～表9.5。

表 9.1　按混凝土制品用胶凝材料分类

胶凝材料种类		制品名称	特点及应用
无机胶凝材料	水泥	水泥混凝土制品	以硅酸盐水泥及各种混合水泥为胶凝材料，可用于各种混凝土结构
	石灰-硅质胶结材料类	硅酸盐混凝土制品	以石灰及各种含硅材料(砂及工业废渣等)通过水热合成胶凝材料
	石膏类	石膏混凝土制品	以天然或工业废料石膏为胶凝材料，可用于内隔墙、天花板或装饰制品
	碱-矿渣类	碱-矿渣混凝土制品	以磨细矿渣及碱溶液为胶凝材料，可用于各种结构
有机胶凝材料	天然有机胶凝材料类		例如以天然淀粉胶及矿棉制成半硬质矿棉吸声板，以稻草挤压热聚而成的稻草板等
	合成树脂与水泥	聚合物水泥混凝土制品	以水泥为主要胶凝材料，掺入少量乳胶或水溶性树脂，多用于装饰用制品
	以聚合物单体浸渍	聚合物浸渍混凝土	以低黏度聚合物单体浸渍水泥混凝土制品，再使之聚合，如用于制作高压输油管

表 9.2　按混凝土制品用集料分类

集料种类	制品名称	特　　点
普通密实集料	普通混凝土制品	以砂、石作为集料，混凝土体积密度为 2 100～2 400 kg/m³，可用于各种结构
轻集料	轻集料混凝土制品	采用天然或人造轻集料，混凝土体积密度小于 1 900 kg/m³，可用于各种结构、结构绝热及绝热用制品
无细集料	无砂大孔混凝土制品	混凝土体积密度为 800～1 850 kg/m³，可用于墙板或渗水性步道砖
无粗集料	细集料混凝土制品	以胶结料与砂配制而成，可用于钢丝网水泥制品、灰砂砖或砌块等
无集料	多孔混凝土制品	混凝土体积密度为 400～800 kg/m³，按体积密度及抗压强度的不同，可用于结构用或非结构用制品

表 9.3　按混凝土制品的形状分类

制品形状	制品名称	特　　点
板状	板材	承受弯拉或受压荷载，有实心板、空心板、平板、壳板、槽形板、楼板、墙板、叠合板等之分，此外还有钢筋混凝土板、石膏装饰板、TK 板、石棉板等多种类型
块状	砌块、砖等	主要承受压荷载，且尺寸较小，有实心和空心砌块，大、中、小型砌块，墙体砖等

续 表

制品形状	制品名称	特 点
环管状	管、杆、桩、柱、涵管、隧道等	依种类之不同其特征各异，管类有无压管和压力管，电杆有等径和梢径杆，此外还有管桩、管柱、涵洞、隧道构件等
长直形	梁、柱、轨枕、屋架	细长比较大，主要受弯或压荷载。如吊车梁、屋面梁、各种柱(除管柱)、铁路轨枕及屋架
箱、罐形	盒子结构、槽、罐、池、船	例如居室或卫生间结构，渡槽、贮罐、种植盒、船等
船形	船	有囤船、驳船、游览船、运输船、各种工程船等

表 9.4 按混凝土制品的配筋方式分类

有无筋类	制品名称	特 点
无筋类	素混凝土制品	多用于砌块、砖等受压小型制品
有筋类	钢筋混凝土制品	以普通钢筋增强的混凝土制品
	钢丝网混凝土制品	以钢丝网及细钢丝增强细颗粒混凝土制品，有薄壳薄壁管、船等
	纤维混凝土制品	增强纤维有金属、无机非金属及有机纤维，可提高基材抗拉强度延缓裂缝出现，改善韧性及抗冲击性，可制作瓦、板、管及各种异形制品
	预应力混凝土制品	以机械、电热或化学张拉法，在构件制作前(中)或后施加预应力以提高抗拉、抗弯强度，广泛用于各种工程结构的制品

表 9.5 按混凝土制品的生产工艺方法分类

制品名称	特 点
振实及振压混凝土制品	适用于多种制品的生产，振压法可用于生产板材、空心砌块及一阶段预应力管
振动真空混凝土制品	适用于板材、肋形板、大口径管制品及地坪、道路、机场现浇工程
离心混凝土制品	适用于环形截面制品的生产，还可辅以振动、辊压等工艺措施
压制混凝土制品	适用于砖、瓦、砌块等的成型
浇注混凝土制品	适用于加气混凝土制品及石膏混凝土以及采用大流动性自密实混合料的场合
浸渍混凝土制品	适用于聚合物浸渍混凝土制品
灌浆混凝土制品	先将集料密实填充模型，再压入胶结材浆体，适用于大体积混凝土制品
抄取混凝土制品	适用于石棉水泥制品、TK 板等

9.1.3 混凝土制品的发展方向

我国于 2009 年底发布了《混凝土与水泥制品行业技术进步指南》，指出我国混凝土制品的发展方向。

1. *以科技创新为先导，提高自主开发能力，研究开发混凝土与水泥制品新技术*

要充分发挥行业技术和人才优势，研究开发实用新技术、新产品、新装备，提升行业整体技术水平和竞争能力；鼓励大中型企业组建技术中心，增强自主开发能力；深入开展能推动行业产业结构调整和升级的共性、关键性技术的研究；在行业内广泛开展清洁生产、节能减排、资源节约等新技术的开发研究工作，不断提高产品质量，进一步提高劳动生产率和企业的经济效益。

2. 加大科研成果转化力度，加快新材料、新技术推广应用

要大力提倡以带肋、螺旋肋钢筋（丝）取代光面钢筋（丝）用于生产钢筋混凝土制品和预应力混凝土制品；研究开发并积极采用新型高性能混凝土外加剂，在重点混凝土工程中和制品生产中推荐使用聚羧酸系混凝土外加剂；研究开发高强度、高流态和高耐久性的高性能混凝土；加快用合成纤维等代用纤维制造无石棉纤维水泥制品的开发与应用的步伐；进一步推广蒸压纤维水泥制品与硅酸钙制品；加大工业固体废弃物资源化利用的开发力度，充分利用活性矿物磨细掺和料；积极采用高性能混凝土材料技术，提高混凝土和水泥制品的耐久性；推广碱-矿渣混凝土等生产耐腐蚀混凝土及其制品；在重要的混凝土工程中推广使用合成纤维，提高抗裂性与耐久性；积极推广泡沫混凝土等无机高效保温隔热材料在建筑工程中的应用；推广自密实混凝土在某些混凝土工程与水泥制品中的应用；提倡在混凝土与水泥制品中使用机制砂石；推广能在高温高压条件下使用且效果好、价格低的新型混凝土脱模剂；积极推广使用预拌砂浆、离心制品余浆利用技术和混凝土搅拌站废水循环利用技术，提高节能减排水平。

3. 以市场为导向，重点发展高（高强、高工压、高耐久性）、大（大口径、大规格、大弯矩）、新（新型建材及制品）、特（特殊功能、特殊用途、特殊规格）的水泥制品

重点发展的产品有：预应力高强混凝土管桩、异型桩、大规格超长管桩，大梢径、大弯矩混凝土电杆、金属混凝土杆塔，大口径、高工压管道用预应力钢筒混凝土管，顶进法施工用钢筒混凝土管及钢板混凝土复合管件，柔性接口钢筋混凝土管、钢承口钢筋混凝土顶管、带管座钢筋混凝土管、内衬式钢筋混凝土管及其管件，大口径电力电缆管，非圆形混凝土管、矩形渠、共同渠，整体或组装式混凝土检查井及钢纤维混凝土井盖，新农村建设配套用装配式混凝土构配件，工业及民用建筑用的大跨度预应力混凝土梁板类构件，高质量多功能的外墙挂板，生态混凝土制品，铁路建设用混凝土制品，与盾构法隧道施工技术相配套的高精度、高强度、高抗渗性的钢筋混凝土管片，高层建筑烟道、通风管，高铁隔音屏障，开发低密度、低导热系数的硅酸钙板，作为钢结构的防火包覆材料。

9.2 混凝土制品的生产工艺过程

9.2.1 基本工艺过程

从原料的选择、储运、配制和加工，到制成按设计要求的成品的全过程，称为生产工艺。生产工艺的基本组成单元是工序，如原料的粉磨（工艺工序），原料或成品的运输（运输工序），原料、半成品和成品的储存（储存工序），质量检查（辅助工序）等。因而，生产工艺也可认为是按顺序将原料加工为成品的全部工序的总和。

按各种工序的功能可分为工艺工序和非工艺工序。凡使原料发生形状、大小、结构及性能变化的工序均称为工艺工序（或基本工序），其余的工序则属非工艺工序。

工艺工序是生产过程的主体或基本环节。混凝土制品生产中的基本工艺过程包括：原料的加工与处理、混合料的制备、制品的密实和成型、制品的养护、制品的装修和装饰。非工艺工序为工艺工序的实现提供必要的条件，可分为服务性过程（材料、半成品及成品的贮存、

车间之间的转运）及辅助性过程——设备的准备及技术保养，各种能源的生产和供应。

对原材料的主要作用方式（形状和大小的变化，性能的变化，一些半成品和零件与另一些半成品和零件的组合）由完整的劳力作用（动作）或机器的运动（移动）组成。相关的动作和移动组成生产工序。由工艺、技术及组织条件相联系在一起的主要工序和辅助工序的组合，即为基本过程（模板的设备、配筋、成型、热养护）。以制成半成品（混凝土混合料、钢筋骨架）或成品为结局的基本过程的总和，即构成了生产过程的主要部分——生产工艺过程（图9.1）。

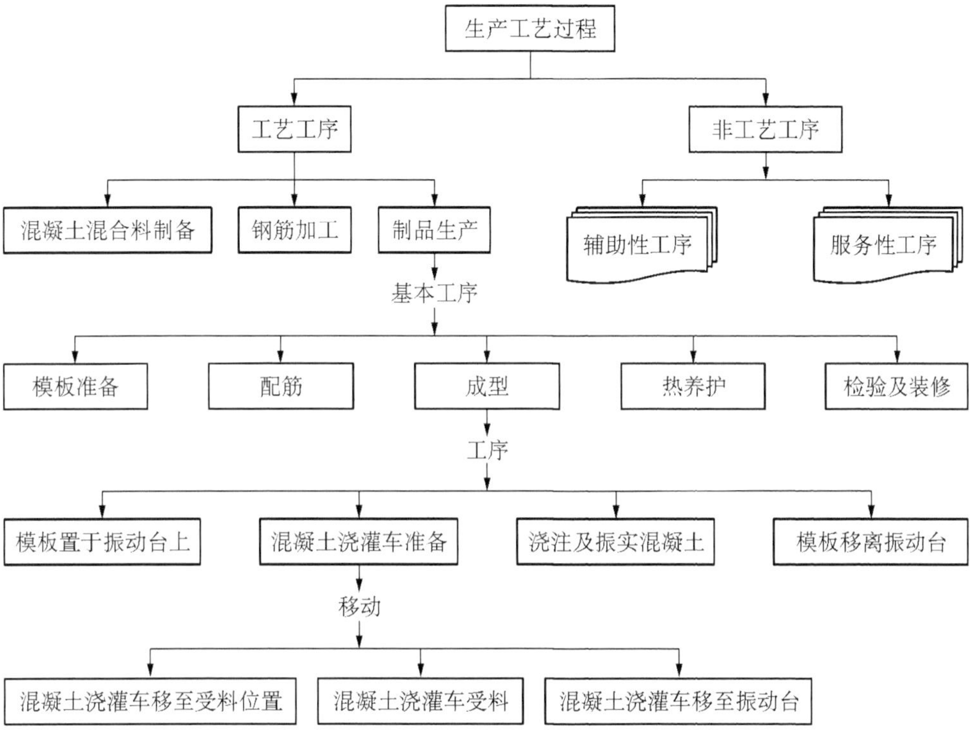

图9.1　生产工艺过程的结构

9.2.2　主要工艺工序的作用

主要工艺工序的作用是，在原料的加工与处理过程中，主要对物料进行破碎、筛分、磨细、洗选、预热或预反应，以达到改善颗粒级配、减少粒状物料空隙率、提高温度及洁净度、增大比表面积以及提高活性等目的。物料在原料加工工艺过程中将发生多方面的物理或化学变化，因而原料的加工与处理工序是形成混凝土结构的准备阶段，它为后续生产过程的正常进行，以及最终获得合格的成品提供必要的条件。

在混凝土混合料的制备工艺过程中，将合格的各组分按规定的配合比称量并拌合成具有一定均匀性及给定和易性指标的混凝土混合料，可认为是混凝土内部结构形成的正式开端。搅拌除考虑均匀外，还应重视搅拌强化。在搅拌工艺过程中，可以采用分段搅拌、轮碾、超声、振动、加热等措施，进行活化、改善界面层结构及加速水化反应，以促进结构形成并提高混凝土的强度。

密实成型工艺利用水泥浆凝聚结构的触变性，对浇注入模的混合料施加外力干扰（振动、离心力、压力等)使之流动,以便充满模型,使制品具有所需的形状,更重要的是使尺寸各异的集料颗粒紧密排列,水泥浆则填充于其中的空隙并将之黏结成一坚强整体。因而,密实成型工艺被视为混凝土内部结构形成的关键阶段。在此过程中,为形成密实结构,不仅应少引气或不引气,而且还应使搅拌合浇注时引进的空气排出;为形成多孔结构,则应构成大量均匀的微小封闭气孔。同时,应力求降低能耗。

由于养护工序在混凝土制品生产过程中,历时最长,能耗最大,又在很大程度上影响到制品的物理力学性能,所以养护是一个重要环节。对已密实成型的制品进行养护时,应创造使混凝土结构进一步完善和继续硬化的必需条件。在加速混凝土硬化的过程中,必须注意兼收技术与经济效益,在力求制约或消除导致内部结构破坏的因素并发挥水泥潜在能量的条件下,最大限度地缩短养护周期和降低能耗。

9.3 混凝土制品的生产组织方法

混凝土制品生产组织的方法是按照模板、制品、机械设备及操作工人移动的条件来区别的。应用最为广泛的两种生产组织方法,一是制品生产时,模型沿专用模位移动,在每一模位上完成一个或几个互相关联的操作,而设备和操作工人则固定在模位上;二是制品生产时,模型固定不动,各项操作按照一定的顺序均在一个工位上完成,而为了生产下一制品,设备及操作工人均需移至下一工位。

依生产组织方法、工位的工艺专业化程度、配筋、成型及热养护的不同特点,可区分为三种混凝土制品生产组织方法:台座法、机组流水法、流水传送法。在生产中采用哪种方法,取决于产品类型、配筋形式、产量、设备类型、机械化与自动化程度、基建期限及投资等因素。实践证明,在生产中必须根据具体条件,选择适宜的生产组织方法,才能取得良好的经济效益。

9.3.1 台座法

台座法的工艺特点是,混凝土制品在台座上的一个固定地点完成从清模、涂隔离剂、放置钢筋骨架、浇注混凝土、振捣成型、养护及脱模等全部工序;而生产人员、材料及生产设备则按顺序从一个制品生产点转移到另一个制品生产点,进行下一个制品的生产;混凝土制品养护结束后,由起重运输设备将其运移至成品堆场堆放。

采用台座法生产混凝土制品,工艺布置灵活,设备简单,投资小收效快,但生产率较低,适用于露天预制构件厂和施工现场制作。

台座法生产应用广泛,可生产预应力多孔板、墙板及其他配套构件,施工现场制作预制混凝土梁、柱及屋架等,灵活性较大。其成型设备主要是平板振动器和插入式振动器,也可采用某些专用成型机,如拉模、挤压机或行模机等。制品多采用自然养护,也可采用太阳能养护罩、蒸汽养护罩或热胎模等加速混凝土的硬化。

随制品外形和配筋工艺的不同,可采用外墙板机械化台座、内墙板成组立模、屋面板或薄壳胎模及吊车梁台座等。图 9.2 为先张法生产预应力钢筋混凝土构件长线台座实例,其中一条生产线采用胎模成型板材、另一条采用组合模型制作高度小于 2 m 的梁形构件。两条台座均建于养护坑内。

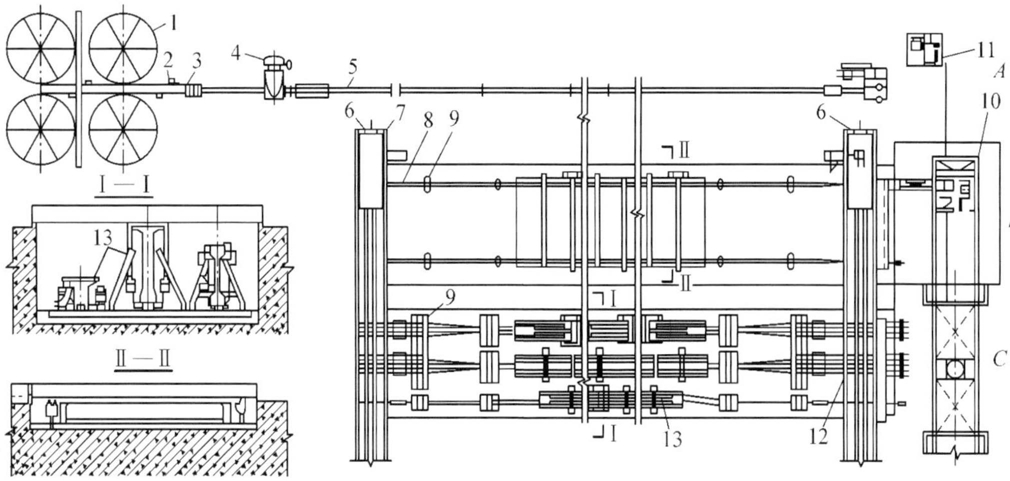

A—钢丝编组线；B—板材生产线；C—梁形构件生产线

图 9.2　预应力混凝土构件长线台

1—钢丝盘架；2—钢丝定位器；3—阻力机；4—压力机；5—拉伸机；6—钢丝组传送小车；7—张拉基座；8—钢丝夹具；9—钢丝定位器；10—张拉机；11—油泵；12—预应力钢丝；13—模型

9.3.2　机组流水法

机组流水法生产线划分成若干工位，主要工艺设备组成若干机组并与生产人员分别固定在相应工位上。模型和制品按工艺流程依次由一个工位移至下一个工位，并在各工位上完成相应的操作。制品的运移是由起重运输设备完成的。制品在各工位上停留的时间即流水节拍可各不相等，流水方式是非强制性的，可为空间流水或地面流水。因此为使全线生产保持均衡，某些工位应设置中间贮备场地。

图 9.3 是按机组流水工艺法布置的建筑构件车间实例。整个生产工艺过程依次在四个工位上完成，即装拆模、钢筋安放及张拉、成型和养护。成型方法可采用振动、振动加压抽芯、离心成型、振动真空成型等。流水可用桥式或梁式起重机进行。

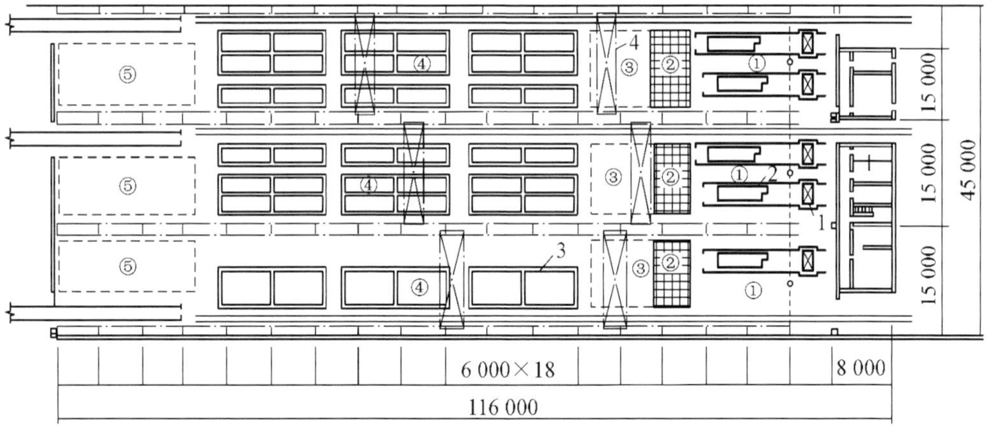

图 9.3　混凝土建筑构件成型车间(机组流水法)

1—浇灌机；2—振动台；3—蒸汽养护坑；4—桥式起重机

①—成型；②—钢筋堆放；③—模型组装；④—养护；⑤—拆模

机组流水法灵活性较大,可适应多种制品的生产,生产建设周期短,投资和耗钢量都较少,但起重机工作负荷重,有碍于产量的提高。该法适宜于产品变化较多的中型永久性混凝土制品厂。

9.3.3 流水传送法

流水传送法的生产线分成一系列的工位,然后将这些工位组织在一个封闭的生产流水线上,工艺设备和生产人员固定在有关工位上,而制品和模型则按照规定的流水节拍,强制地由一个工位移至下一个工位,并在每一个节拍内完成各工位的规定作业。

由于生产线上各设备的生产率及各工序作业量的不同,为保证一定的流水节拍和流水传送的正常进行,必须对每一个工位上的工序进行必要的组合和分解,以期达到均衡,这种方法称为工序同期化。只有实现工序同期化,才有利于组织流水线生产,充分发挥流水生产的优越性。

流水传送生产线的成型可用振动或压制等专用设备进行。养护设备可采用水平隧道窑、折线型隧道窑,一般有平面循环和竖向循环两种工艺布置形式。图 9.4 是采用竖向布置的流水传送法工艺示意图,它由成型作业线、连续式水平隧道养护窑和两端的升降、顶推机构组成一条封闭环式流水传送生产线。

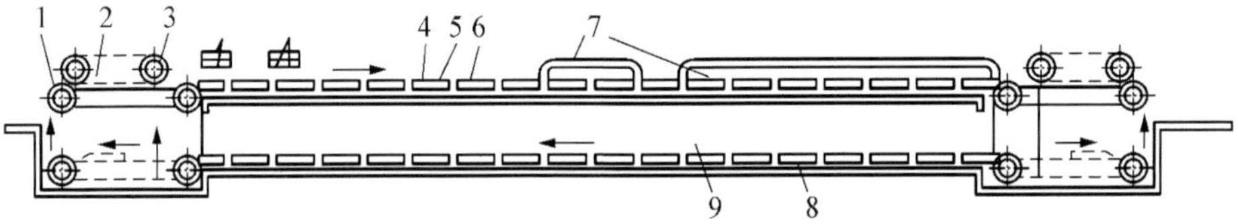

图 9.4 竖向布置的流水传送工艺示意图

1—升降机;2—模型;3—顶推机;4—浇灌机;5—振动成型机;
6—搓平机;7—预养窑;8—模车,制品;9—水平隧道养护窑

流水传送法生产线机械化、自动化、联动化程度高,适宜三班制连续作业,生产效率高,但这种生产方法设备较复杂,投资大,耗钢量大,建厂周期长,生产线调整较困难。因此,适用于产品品种单一的大型或中型永久性混凝土制品厂。

9.4 混凝土墙材生产工艺

在土木工程中,用于砌筑墙体的材料称为墙体材料,具有围护、分隔、绝热及隔声的作用,墙体质量约占建筑物总质量的 1/2,用工量和造价约 1/3。因此,合理选择墙体材料,对建筑物的结构形式、自重、高度、跨度、功能、节能、安全及造价等有着重大意义。

在我国,长期以来用的墙体材料主要是烧结黏土实心砖。这种材料虽然具有原料丰富,生产简便、施工容易的特点,但它的生产必然大量侵占农田,能源消耗大。随着社会经济的飞速发展,基本建设和现代化建筑也随之高速发展起来,显然这种状况不能再持续下去。为了适应现代建筑的轻质高强、绝热隔声等多功能的要求,实现建筑节能、节约耕田、节省能源、经济可持续发展的需要,近年来我国提出了一系列墙体改革政策,大力开发和提倡使用轻质、高强、耐久、节能、大尺寸、多功能的新型墙体材料。目前,我国相继出现的众多新型墙体材料可归纳为三大类:砌墙砖、砌块、板材。由于生产砌块可以用炉渣、粉煤灰、煤矸石等工业废渣作为原料,可以节省大量的土地资源和能源,是黏土砖的理想替代物,因而大力推广砌块成为墙体材料改革的一个重要途径。

9.4.1 混凝土小型空心砌块生产工艺

9.4.1.1 概述

混凝土小型空心砌块是以水泥为胶结料，以砂、碎石或卵石、煤矸石、炉渣等为骨料经加水搅拌、振动或振动加压成型，再经养护而制成的。其成型方法分为手工成型和机械成型，用于承重或非承重的墙体工程中。

混凝土小型空心砌块具有强度高、自重轻、耐久性好、外形尺寸规整的优点，部分类型的混凝土小型砌块还具有安全、美观、耐久、良好的保温隔热性能、使用面积较大、施工速度较快、建筑造价与维护费用较低等特点。它在建筑施工方法上与黏土砖相似，在产品生产方面还具有原材料来源广泛、生产能耗较低、环境污染较小、产品质量容易控制等优点，并消耗部分工业废料和避免毁田烧砖。

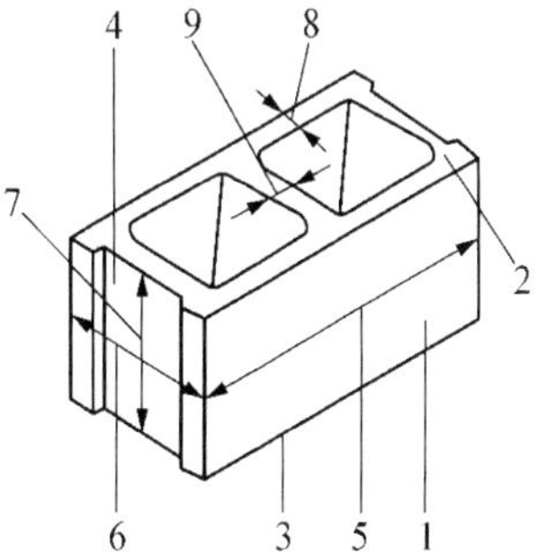

图 9.5 混凝土小型砌块示意图

1—条面；2—坐浆面(肋厚较大的面)；3—铺浆面(肋厚较小的面)；4—顶面；5—长；6—宽；7—高；8—壁厚；9—肋厚

按集料种类的不同，混凝土小型空心砌块分为普通混凝土小型空心砌块和轻集料混凝土小型空心砌块。后者由于其集料内部微观结构具有高度的多孔性，干密度小，因而进一步提高了砌块的绝热性能。砌块的孔洞一般竖向设置，多为单排孔，也有双排孔和三排孔。孔洞有全贯通、半封顶和全封顶三种。混凝土小型空心砌块各部位尺寸名称见图 9.5。

混凝土小型空心砌块是薄壁、空心、壁高的混凝土制品。墙用砌块是混凝土砌块中的主要品种。这种砌块除用于建筑的墙体外，还可用于砌筑挡土墙，高速公路音障及其他砌块构筑韧。在墙用砌块中，又可细分为结构型砌块、构造型砌块、装饰型砌块及功能型砌块。图 9.6、图 9.7 给出结构型砌块的外形。

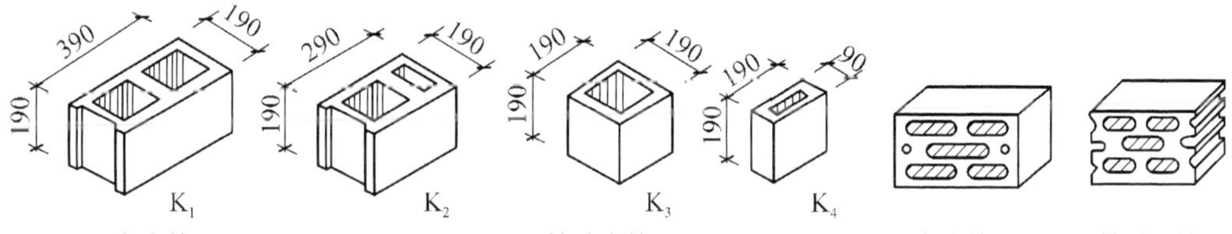

图 9.6 承重墙用基本砌块外形

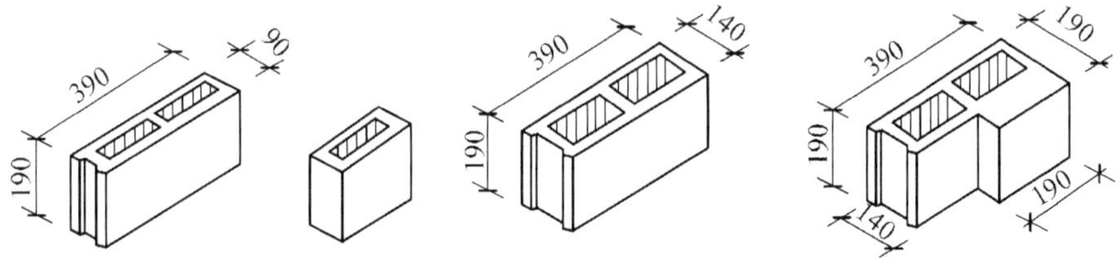

图 9.7 非承重墙用基本砌块外形

9.4.1.2 小型空心砌块与其他混凝土制品的生产工艺的异同

1. 与其他混凝土制品相同处

生产工艺中有三个重要的工序，即混凝土搅拌、制品成型和制品养护。

2. 与其他混凝土制品不同处

(1) 由于砌块中间空心、壁、肋都很薄，最小壁厚 30 mm，最小肋厚 25 mm，壁、肋高度通常为 190 mm。因此，与一般块体混凝土制品不同，除了粗集料最大粒径为 10 mm 外，还需解决如何在短时间里使高而薄的壁、肋混凝土密实。

(2) 砌块体积小，为了提高生产效率，砌块成型后必须立即脱模，而脱模后的砌块不能有变形，或者变形在允许偏差的范围内。另一方面，砌块脱模后需要静养，如果将砌块摆放在平地上，将会占用大量的面积。因此，砌块在静养过程中，必须尽可能减少占地面积。

(3) 与其他混凝土制品不同的是，砌块静养后需将其底模(托板)拿走，提高托板的周转率。因此，砌块的养护制度与其他混凝土制品有所不同。

9.4.1.3 小型空心砌块生产工艺

1. 原材料处理工艺

(1) 粗集料必须过筛，用 4.75 mm 和 9.5 mm 方孔筛过筛，将小于 4.75 mm 的作为细集料与砂混合使用；将 9.5 mm 以上的筛出，经破碎后再用。

(2) 细集料也必须过筛，用 4.75 mm 和 9.5 mm 方孔筛过筛，大于 4.75 mm 且小于 9.5 mm的作为粗集料使用，大于 9.5 mm 的粗卵石经破碎后再用。生产混凝土小型空心砌块宜用中砂，其细度模数 M_x 为 3.0～2.3。

(3) 控制砂石的含泥量和含粉量，除去金属物和腐殖物等杂质。

(4) 严格计量，对计量器具进行定期标定和校验。

(5) 湿粉煤灰必须进行过筛处理，否则会造成抗冻性指标下降。

(6) 轻集料应预先加湿处理，以保证砌块成型质量。

(7) 水泥应首选硅酸盐水泥或普通硅酸盐水泥，最好选用旋窑生产的水泥。32.5 级水泥宜用于生产 MU7.5 和 MU10 混凝土小型空心砌块；42.5 级水泥用于生产 MU15.0 以上的混凝土小型空心砌块；52.5 级水泥用于生产 MU20.0 以上的混凝土小型空心砌块。

2. 混凝土搅拌工艺

搅拌工艺涉及拌合料的投料顺序、拌合次数、拌合时间等。

(1) 一次投料与二次投料搅拌工艺

一次投料搅拌工艺：提升斗投料的顺序为粗集料→水泥→细集料；翻斗投料的顺序为细集料→水泥→粗集料。加入全部拌合水搅拌。外加剂应预先加入水中，配料应按质量计量，水泥、水、粉料等误差应小于 2%，粗集料误差小于 3%，干搅拌 2 min，湿拌 2 min。

二次投料搅拌工艺：细集料→水泥与部分水，拌成水泥浆，再加入粗集料和剩余的拌合水搅拌。全部物料拌合时间不少于 2 min。搅拌好的混凝土为干硬性混凝土，手握成团，湿而不散。

两种搅拌工艺比较：二次投料搅拌工艺拌合的混凝土具有较好的和易性，3 d 强度可提高 20%，7 d 强度可提高 28%，28 d 强度可提高 15%～20%。若配制相同强度等级的混凝土，可节省 15%～20%的水泥用量。

(2) 轻集料混凝土搅拌工艺

轻集料混凝土搅拌工艺与其吸水率密切相关，应根据吸水率不同选择不同的搅拌工艺。

① 当轻集料吸水率<10%时，可采用二次投料搅拌工艺。其工艺流程为：粗集料＋细集料→搅拌→集料混合物＋水泥→搅拌→水、外加剂→混凝土混合料。

② 轻集料的吸水率大于 10%时，轻集料在搅拌前应预加水，使轻集料在成型前吸足水，

可以提高混凝土的强度。其预湿搅拌工艺流程为:水→粗集料、细集料+水泥→搅拌→水、外加剂→混凝土混合料。

(3) 注意事项

首次搅拌应多加入20%~30%的水泥。因成型失败而回收的新鲜拌合料,如重新成型可在水泥的初凝前完成的可重复使用,除此之外的回收拌合料必须作为废料处理。

3. 砌块成型工艺

混凝土小型空心砌块成型工艺包括布料、振动、脱模三个环节。布料是在设备振动的状态下,使混凝土混合料充填模具至预定布料高度,并形成水平面的过程。在此过程中混合料要克服与模具的黏附作用力,尽可能地把狭窄的模具空间填实。振压是通过成型设备的强力振动和加压,使模具内的混合料紧密成型至具有预定高度的坯体。脱模是使坯体从模具中脱出,然后设备复位准备下一个成型周期的操作。

布料要根据混凝土小型空心砌块的强度等级,选择布料时间和振动频率;振压成型也是视混凝土小型空心砌块的强度等级大小,选择成型时间、振动频率、压力大小。脱模要平稳,防止突然撞击和剧烈振动造成砌块坯体内部裂纹,影响砌块强度。

成型周期是由布料时间、振动时间和脱模时间这三个成型工艺参数构成。成型周期时间和各成型工艺参数,需要根据砌块成型质量和生产效率权衡而定。

生产强度等级较高的混凝土小型空心砌块,即需要较长的成型周期。成型质量较好的砌块坯体,其条面应为稍显湿润的密实表面,有时在上下部位出现水平浆带,坐浆面有细小的拉浆,坯体外观尺寸符合规范要求,无缺棱掉角、烂根与亏料现象。轻推砌块坯体条面,有弹性手感,而无明显的塑性变形。

4. 砌块养护工艺

混凝土小型空心砌块养护工艺包括坯体运输和养护,目的是砌块达到码垛强度进行托板回收及达到工程应用所需要的强度。刚成型好的砌块坯体基本上没有强度,这就要求坯体的运输装置能平稳运作,避免振动,防止砌块坯体内部产生裂纹。湿产品下线码放时,不要直接码放在湿的坯体上,托板与托板之间要有支撑。

混凝土小型空心砌块养护分为高温高压蒸汽养护、低温常压蒸汽养护、自然养护、低温蓄热养护、太阳能光热互补式养护等。

1) 高温高压蒸汽养护

此种养护适用于以石灰、石膏为胶结料的静压机成型工艺产品,养护是在密封的金属蒸压釜内进行的,其温度达150~180℃,压力达1.2~1.8 MPa,投资大、运行成本高,不适宜以水泥为胶结料的混凝土小型空心砌块养护。

2) 低温常压蒸汽养护

坯体在密闭的养护窑内进行养护,养护窑的围墙、门和屋顶都要做保温和防水处理,窑内两侧安装有蒸汽管道,并在养护窑的中部安装一个温度探头。

蒸汽养护分为静停→升温→恒温→降温四个工艺阶段。静停时间与水泥的初凝时间相当,夏季约为2 h,冬季则适当延长,静停时间的计算是以关上窑门算起。

升温速率不宜过快,通常为30℃/h左右,恒温时间为8~10 h,恒温温度约为65~70℃,降温速率不超过10℃/h。

3) 自然养护

砌块坯体可放在室外和室内养护。放在室外养护时，当环境温度低于 20℃，就必须用塑料布覆盖在砌块坯体上，以便保温保湿；在炎热的夏季则需要用草帘覆盖并洒水养护。自然养护的砌块码垛后，还要连续养护 10～14 d。

4）低温蓄热养护

将砌块坯体放在一个密闭的养护室内，不通蒸汽和暖气，仅仅依靠水泥的水化热来提高环境温度。其最高温度一般为 35～40℃，湿度必须保证在 90%以上，养护窑必须做绝热处理。

5）太阳能养护

养护窑用阳光板建成，利用太阳能提高养护窑内的温度，阳光板与塑料布一样，可以保温和保湿。在阳光、水化热不足的情况下，可以利用热源管道给养护窑内加热，提高养护窑内的温度，并注意将湿度控制在 90%以上，可采用喷雾或洒水的方式增加湿度。优点是可以连续生产，节约能源，无环境污染。

5. 砌块码垛

养护好的混凝土小型空心砌块达到码垛强度后，应及时码垛，垛高不宜超过 1.6 m，码垛后必须洒水养护，即使是蒸汽养护的混凝土小型空心砌块，也必须进行洒水养护，因为蒸汽养护的砌块强度仅仅达到设计强度的 70%左右，至少需洒水 1～2 次。其他养护方式的混凝土小型空心砌块，需要洒水 10～14 d。根据要求，所有的养护方式(包括高温高压蒸汽养护工艺)生产出的混凝土小型空心砌块，均须在成品场地堆放 28 d 才可出厂、上墙。

9.4.1.4 小型空心砌块成型工艺

1. 移动式成型机成型工艺

用移动式成型机生产砌块需要一块平整的混凝土地坪，砌块成型后就地脱模，放在原地，而成型机则移动到下一个位置(图 9.8)。混凝土混合料运送至成型机移动的位置，操作人员也随机移动，砌块就地进行自然养护，气温在 15℃以上，养护 24 h 以后，砌块就可搬运至成品堆场继续养护。

用移动式成型工艺，成型机和配套设备比较简单，技术要求不高，不用托板，投资少，砌块成本也低，比较适合小城镇生产。一般说来，移动式成型机受机型的限制，激振力偏小，水泥用量大，砌块强度偏低，外观质量也较差，高度偏差大，有待于进一步完善。

图 9.8 GY-B5 型移动式小砌块成型机

2. 简易生产线成型工艺

简易生产线成型工艺是指固定式成型机用简易生产线成型生产，其工艺流程见图 9.9。以 QMJ3-25 型砌块成型机工艺布置(图 9.10)为例，说明其生产成型工艺：将拌合好的混凝土混合料由胶带输送机输送至成型机的贮料斗。一次布料振动，其作用是一次性将混凝土混合料布满模箱，给足成型所需物料量。要保证混凝土砌块坯体的密实性，只有一次振动时间选择合适才能达到，如振动时间过短、供料不足则会造成砌块疏松、分层、蜂窝、掉角、裂缝、抗渗性能差，而影响产品的使用性能；若时间过长会出现布料过剩，延长二次振动时间，影响生产率，同时增加能耗和物耗，降低设备使用寿命。二次成型振动所起作用是，在一次振动的基础上，在上部模头压力和箱振(或台振)激振力的作用下，将混凝土混合料在模箱内充分振实，使砌块坯体达到一定的强度。该工艺布置为砌块室内静养，室外堆码自然养护，砌块堆放高度小于或等于 1.4 m。

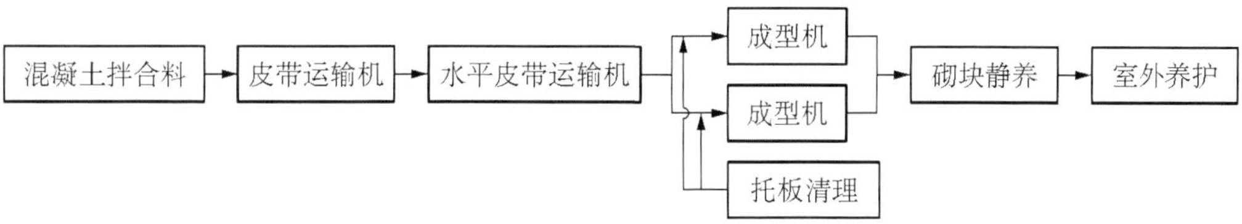

图 9.9 简易生产线成型工艺流程图

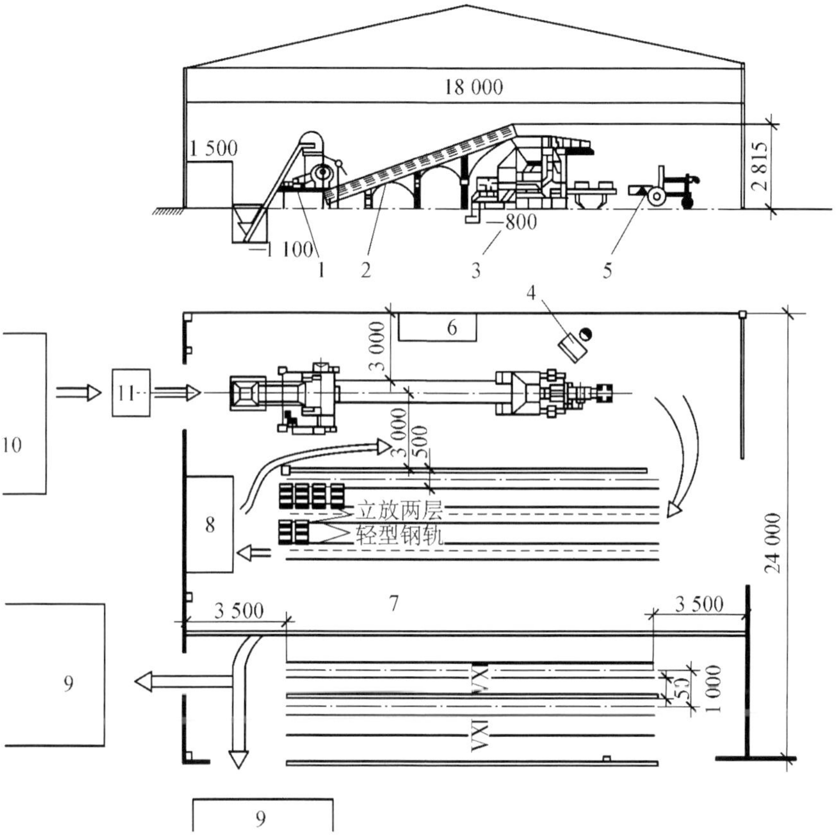

图 9.10 QMJ3 - 25 型固定式半自动混凝土砌砖成型机生产线工艺布置图

1—JD250 搅拌机；2—PSH650 皮带输送机；3—QMJ3 - 25 固定砌块成型机；
4—QMJ3 - 25 电气控制柜；5—QMJ3 - 25 转运叉车；6—机电维修区；
7—带板砌块养护场；8—底板清刷及存放区；9—自然养护场；
10—原料区；11—计量区

简易生产线目前在国内广泛使用，它投资少、见效快，年产量为 5 000～10 000 m^3，比较适合于中小城市建设。

3. 全自动带板养护生产线

该生产线工艺流程见图 9.11。如图所示，砌块成型后采用了升板机、养护窑等设备，这样可减小砌块静养场地面积。利用养护窑还有利于提高砌块静养强度。

整个生产线工艺布置实例见图 9.12。这是我国引进意大利“罗莎考密达公司”(ROSA - COMETTA)技术并经国产化建造的，其生产流程如下。

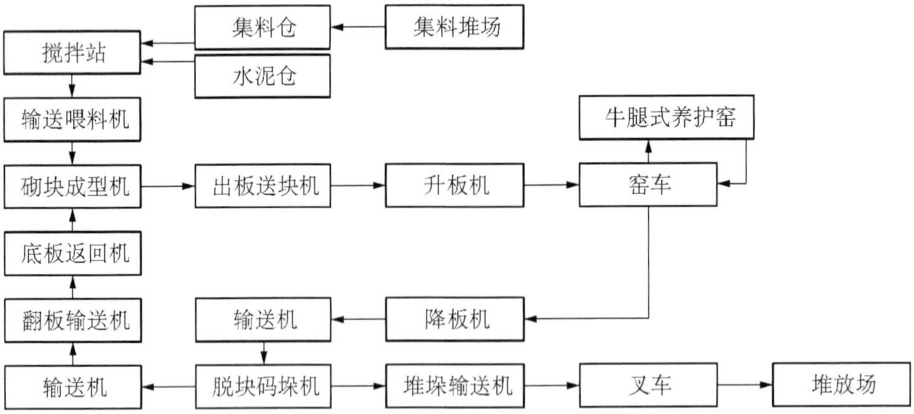

图 9.11　全自动带板养护生产线工艺流程

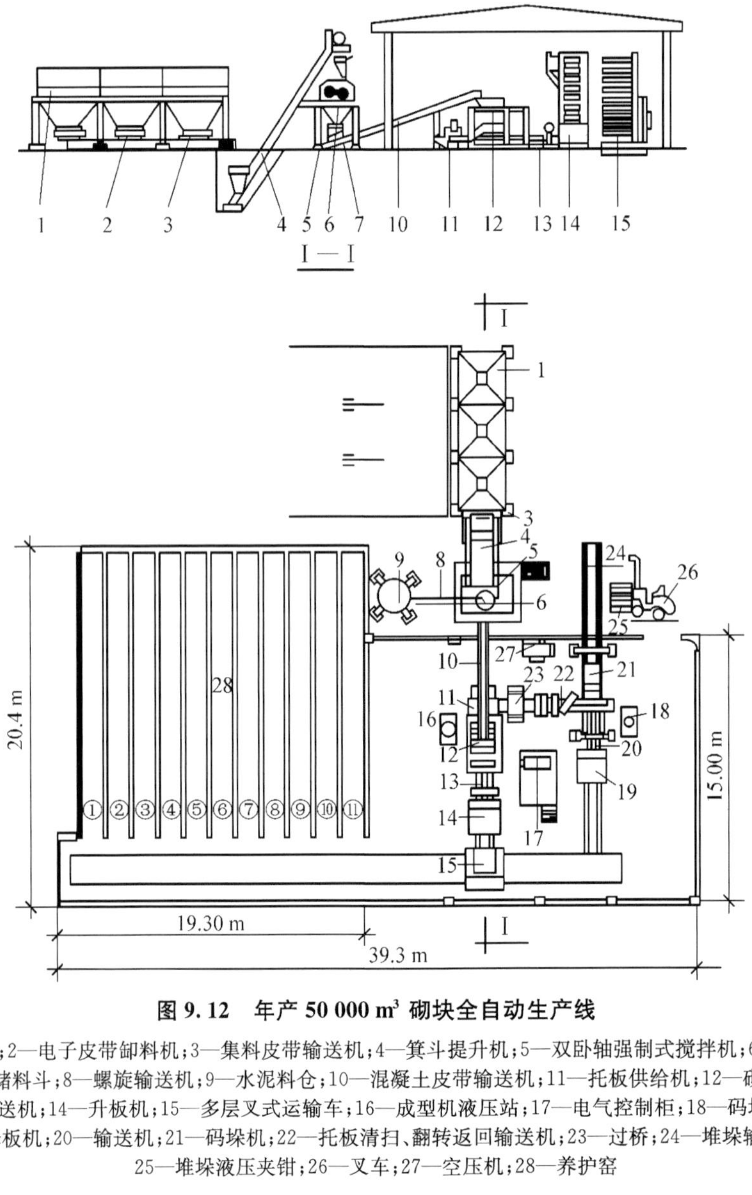

图 9.12　年产 50 000 m³ 砌块全自动生产线

1—砂石集料仓；2—电子皮带卸料机；3—集料皮带输送机；4—箕斗提升机；5—双卧轴强制式搅拌机；6—水泥称量斗；7—混凝土储料斗；8—螺旋输送机；9—水泥料仓；10—混凝土皮带输送机；11—托板供给机；12—砌块成型机；13—砌块输送机；14—升板机；15—多层叉式运输车；16—成型机液压站；17—电气控制柜；18—码垛机液压站；19—降板机；20—输送机；21—码垛机；22—托板清扫、翻转返回输送机；23—过桥；24—堆垛输送机；25—堆垛液压夹钳；26—叉车；27—空压机；28—养护窑粗、细集料由电子皮带卸料机2计量后，经输送设备3、4进入搅拌机5，水泥用螺旋输送机8送至称量斗6，经电子秤计量后进入搅拌机5；拌合水经定量水表计量，按配合比要求送入搅拌机内。拌合好的混凝土混合料由皮带输送机10送入砌块成型机12的料斗内，成型后的砌块用砌块输送机13带底板送至升板机14。当升满九层后，用多层叉式运输车15将九层带板砌块取走，并由其母车载着子车横向摆渡送入养护窑28养护。

砌块进窑后，先静停预热(预养)以提高早期强度，温度为16～38℃。普通混凝土砌块需静停2 h，轻集料砌块需静停1 h。砌块经静停后即可升温，升温速度一般不超过16℃/h。

当室内达到预定的最高温度时，即可停汽闷窑，恒温养护12 h左右，使砌块获得要求的强度。

然后以2～3.4℃/h的速度自然冷却，使砌块温度降至室温。近年来，国内外对混凝土小型空心砌块采用低温养护制度：静停2 h，升温1 h，温度升至55℃左右恒温16 h，降温1 h。为了减少砌块的干缩变形，特别是轻集料砌块，在蒸汽养护后，还需要进行干燥和碳化处理。

出窑的砌块用多层叉式运输车15送至降板机19，将砌块(带板)卸到水平输送机20上送至码垛系统。推块机将砌块由底板上推下，砌块进入翻块机将砌块翻成水平态，然后经送块辊道送至码垛机21码垛，码成的方垛由送垛辊道24整垛送出车间，再由叉车26将砌块垛运到堆场。而底(托)板经底板返回机22清扫，返回到托板供给机11备用。

从目前各国砌块工业发展趋势来看，带架传送已被淘汰，我国各砌块设备制造厂均生产全自动带板养护生产线设备。

9.4.2　加气混凝土砌块生产工艺

9.4.2.1　概述

1. 加气混凝土的特点

加气混凝土是以钙质材料和硅质材料为基本组分，以化学发气方法形成多孔结构，通过蒸压养护获得强度的轻质人工石材。按基本组成材料的不同，可分为：水泥-石灰-砂加气混凝土、水泥-石灰-粉煤灰加气混凝土、水泥-矿渣-砂加气混凝土等。图9.13为部分规格加气混凝土砌块外形。

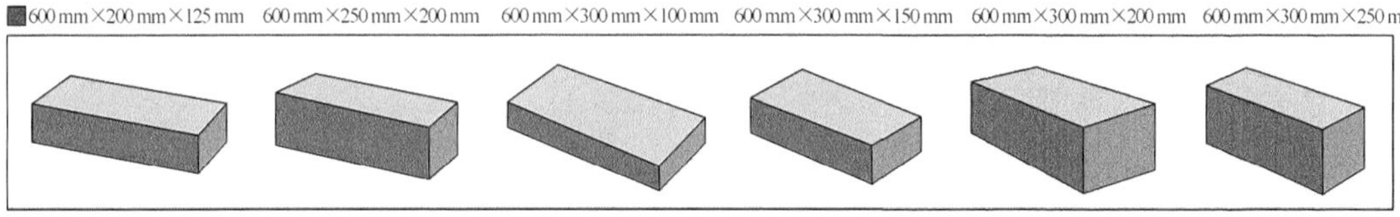

图9.13　部分规格加气混凝土砌块外形

加气混凝土具有轻质，高强，无毒，无辐射，保温隔热性好，使用能耗低，防火性能好，施工便捷，经济合理等一系列优点，因此被制成不同规格的砌块、板材以及各种绝热制品，越来越广泛地应用于工业和民用建筑中。由于墙体材料改革的需要和加气混凝土自身的优越性能，我国建筑材料主管部门已在发展规划中将加气混凝土作为新型建筑材料的主要发展品种之一。

2. 加气混凝土生产的工艺原理

钙质材料和硅质材料加水经磨细后形成具有流动性的料浆。此时加入发气剂铝粉，即发生如下反应，生成大量氢气：

$$2Al + 6H_2O \longrightarrow 2Al(OH)_3 \downarrow + 3H_2 \uparrow$$
$$2Al + 3Ca(OH)_2 + 6H_2O \longrightarrow 3CaO \cdot Al_2O_3 \cdot 6H_2O + 3H_2 \uparrow$$

与此同时，钙质材料与水生成的 $Ca(OH)_2$ 或原有的 $CaSO_4$ 等将与硅质材料中的 SiO_2、Al_2O_3 等发生胶凝反应：

$$2Ca(OH)_2 + SiO_2 + 2H_2O \longrightarrow 2CaO \cdot SiO_2 \cdot H_2O$$
$$3Ca(OH)_2 + Al_2O_3 + 3H_2O \longrightarrow 3CaO \cdot Al_2O_3 \cdot 6H_2O$$
$$3CaO \cdot Al_2O_3 \cdot 6H_2O + 3CaSO_4 + 26H_2O \longrightarrow 3CaO \cdot Al_2O_3 \cdot 3CaSO_4 \cdot 31H_2O$$

生成水化硅酸钙、水化铝酸钙、水化硫铝酸钙等水化矿物，使得料浆不断稠化，流动性逐渐减小，直至失去，由流动体→塑性体→弹性体逐渐变化。

在这个逐渐变化进程中，铝粉开始大量发气前，料浆流动性良好；铝粉大量发气时，由于水化的进行，水化产物的增多，料浆逐渐变稠，失去流动性，呈塑性状态，但塑性强度不大，铝粉发气形成的气泡在其中膨胀但不相互合并、上浮；待铝粉发气结束，料浆的塑性强度迅速增长，阻止了气泡的进一步膨胀，加强了已形成的多孔结构。再经蒸压养护，经过水热合成，水化硅酸钙向托勃莫来石转化，最后的水化产物一般为 CSH(Ⅰ)、托勃莫来石、水石榴子石，水化产物总量增长，提高了产物的结晶度，使得具有多孔结构的料浆变成带有气孔的坚硬石状体。其中 CSH(Ⅰ)、托勃莫来石在制品中强度贡献最大，这也是制品具有较高强度的原因。水泥-石灰-砂加气混凝土在水热合成条件下的反应过程及最终产物可以用图 9.14 来表示。

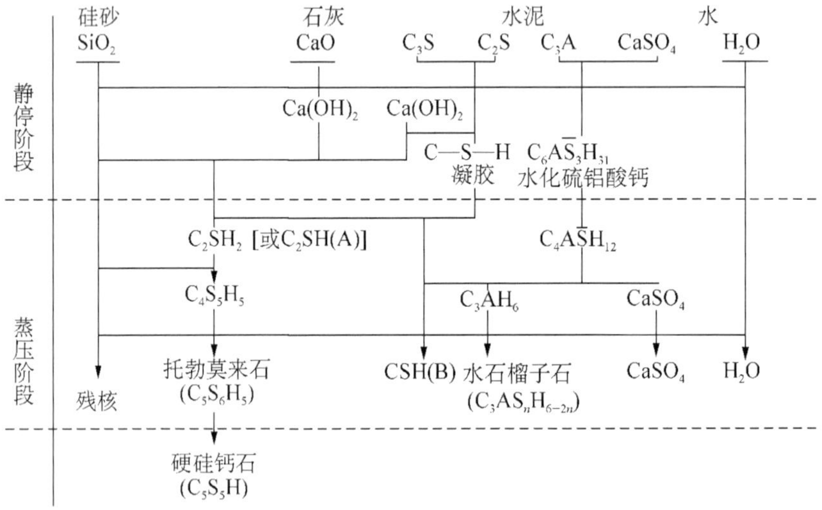

图 9.14 水泥-石灰-砂加气混凝土在养护阶段的反应示意图

水泥-石灰-粉煤灰加气混凝土和水泥-石灰-砂加气混凝土一样，制品强度的形成也是来源于蒸养过程中形成的水化产物。但硅质材料粉煤灰与砂子有不同的性质，因而在水化反应和反应产物方面具有本身的特点。另外，因石膏可以显著提高坯体、制品强度，减少干燥收缩和提高碳化系数，见表 9.6，人们常掺入少量石膏（约为胶凝材料总量的10%以下）。

表 9.6 石膏对蒸压粉煤灰加气混凝土性能的影响

配合比/%				表观密度/(kg/m^3)	强度/MPa	碳化系数	干燥收缩/(mm/m)	
石灰	水泥	粉煤灰	石膏				干燥	自然
20	10	70	0	500	1.91	0.58	0.387	0.31
20	10	67	3	500	3.16	0.91	0.323	0.28

这样，在蒸压制品中，其水化生成物是 CSH(Ⅰ)、托勃莫来石、水石榴子石和 $CaSO_4$。这说明经蒸压养护后，不仅生成了托勃莫来石，而且水化产物总量明显增加。石膏的加入，对促进 CaO 与 SiO_2 的反应，增加 CSH(Ⅰ)的生成量，并促进 CSH(Ⅰ)向托勃莫来石转变，提高水化硅酸钙的结晶度，起到了有益的作用。而石膏最终是以游离 $CaSO_4$ 继续存在，这也就是石膏能够通过促进水化硅酸钙的产生和结晶，改善水化产物结晶结构，从而提高强度的原因所在。

水泥-矿渣-砂加气混凝土在养护的各个阶段，其水化反应及水化产物与上述两种原材料体系的加气混凝土有许多相似和相同之处(图 9.15)。其强度的获得主要是靠蒸汽养护过程中生成的水化产物的胶凝作用，所不同的是在配料中采用了具有一定水硬活性(或潜在水硬活性)的矿渣。

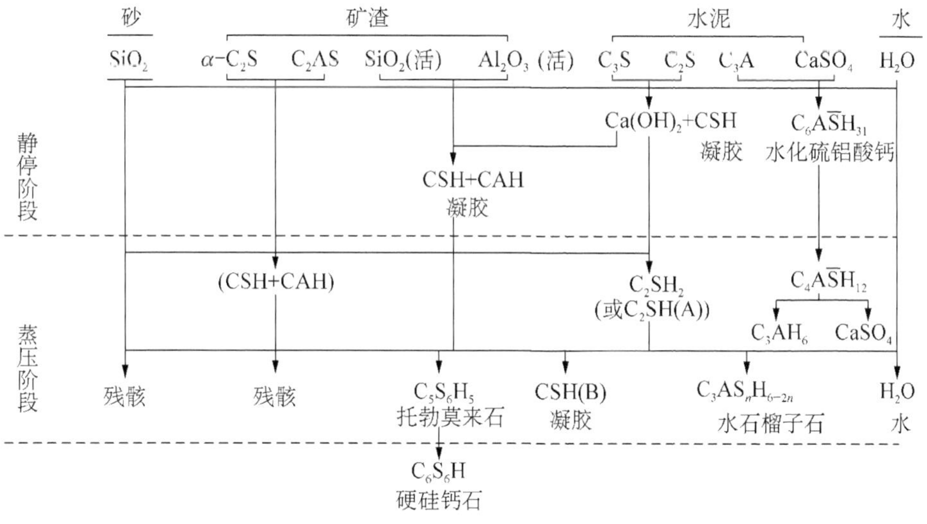

图 9.15 水泥-矿渣-砂加气混凝土在养护阶段的反应示意图

3. 加气混凝土生产的工艺流程

加气混凝土生产一般经过原料贮存及加工、料浆制备、钢筋网片制作与防腐处理、浇注发气、静停、坯体切割、蒸压养护和制品铣磨加工等工序。一般情况下，加气混凝土生产的基本工艺流程如图 9.16 所示，生产加气混凝土砌块则没有钢筋网片制作、钢筋防腐处理、制品铣磨加工等生产板材所需要的工序。图 9.17 为加气混凝土砌块生产工艺模拟图。

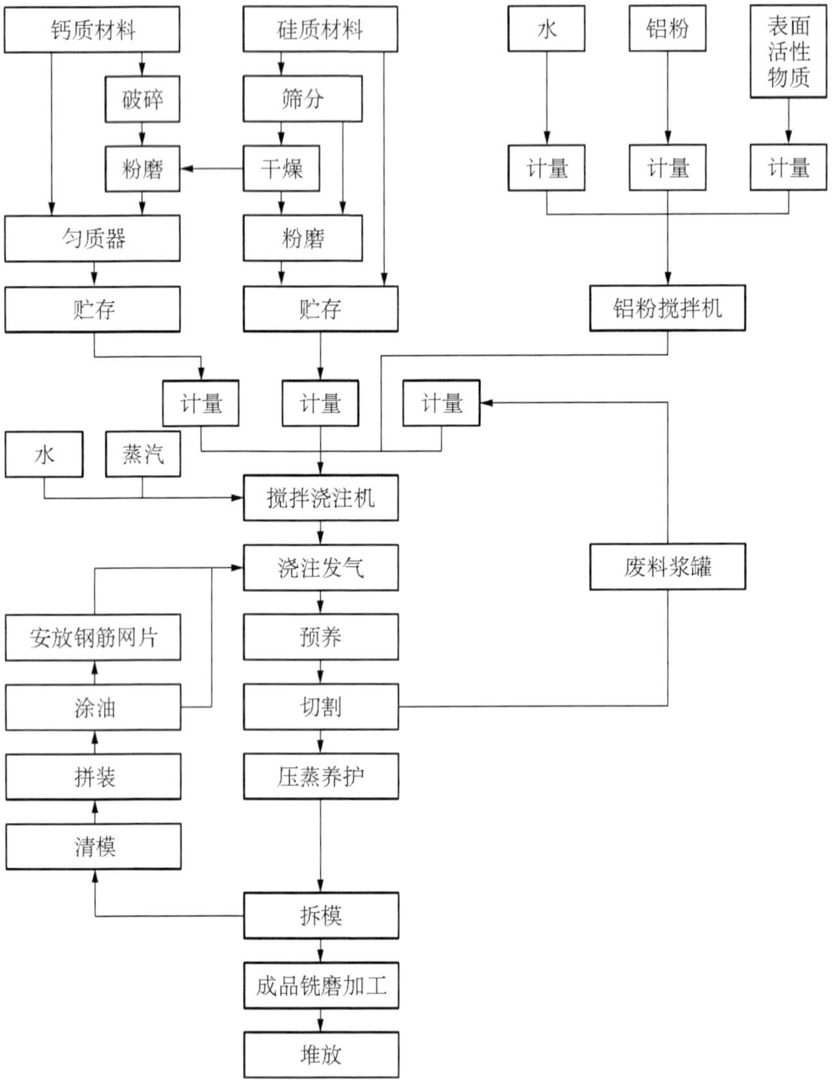

图 9.16 加气混凝土生产工艺流程图

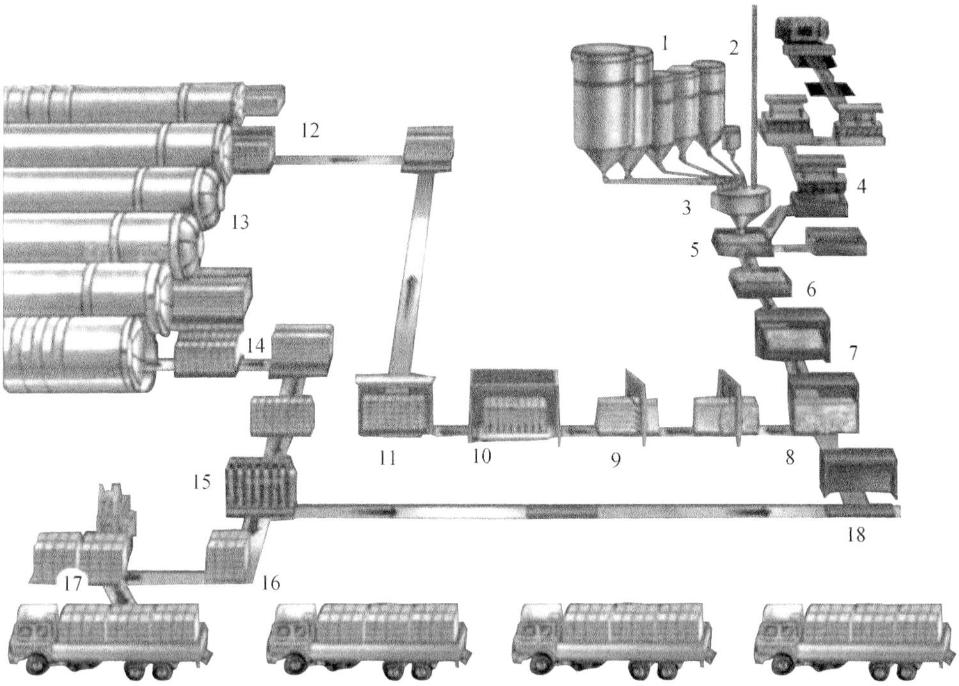

图 9.17 加气混凝土砌块生产工艺模拟图

1—原材料；2—切割余料；3—搅拌；4—模具处理；5—浇注；6—预养；7—翻转；8—脱模；
9—水平切割；10—垂直切割；11—标识；12—入釜；13—高温高压养护；14—出釜；15—掰板；
16—产品检测；17—砌块入库和发货；18—模具装配

9.4.2.2 加气混凝土用原材料

1. 钙质材料

1）水泥

水泥水化时，产生大量的水化硅酸钙、水化铝酸钙等水化产物并析出大量的 $Ca(OH)_2$。在蒸压条件下，这些游离 $Ca(OH)_2$ 与含硅材料的 SiO_2 和 Al_2O_3 作用，以水热合成方式也生成水化硅酸钙和水化铝硅酸钙。两种方式生成的水化矿物共同促进制品强度的发展。

从提供 $Ca(OH)_2$，使加气混凝土获得强度的角度来看，用石灰代替水泥更为有利。但水泥的浇注成型易于控制，水泥浆稠化较石灰慢而硬化较石灰快，有利于发气和坯体硬化。因而人们趋向使用石灰、水泥混合钙质材料。水泥的作用主要在于入釜之前保证浇注的稳定性和坯体硬化速度两个方面。当然对于后期蒸压过程的反应也起着重要的作用，但在蒸压产生强度的过程中，水泥提供的 CaO 并不占主导地位。

从技术上看，在加气混凝土中最好采用硅酸盐水泥或普通硅酸盐水泥。矿渣硅酸盐水泥、火山灰硅酸盐水泥等也可以使用，但由于硅酸盐矿物的含量低，水泥用量必须增加。

此外，生产加气混凝土用的水泥的碱度必须大于 $0.055\ mol \cdot L^{-1}$。

2）生石灰

生石灰是生产加气混凝土的主要钙质材料，可以促进铝粉与水的反应放出氢气形成多孔结构的坯体，并在蒸压条件下与含硅材料中的 SiO_2、Al_2O_3 发生水热反应，生成的水化矿物结晶使制品硬化获得强度。此外，生石灰的消解放热反应可促进料浆的稠化凝结。

采用水泥、生石灰混合钙质材料生产加气混凝土，可以起到相互调节、配合的作用。生石灰迅速消解，使料浆有足够的碱度有利于铝粉发气，水泥的凝结较慢又改善了石灰激烈放热使料浆迅速变稠的趋势，增大料浆的流动性使发气顺畅，并利用石灰放出的消解热加速坯体硬化。在蒸压阶段主要与石灰提供的氧化钙与硅质材料反应使制品获得强度。

用于生产加气混凝土的生石灰应满足的技术要求是：生石灰应是在 1 100～1 200℃下煅烧出的中速消解石灰，消解时间为 10～20 min。用回转窑煅烧的生石灰，质量较稳定；有效 $CaO \geqslant 65\%$；$MgO \leqslant 7\%$；0.075 mm 方孔筛筛余量＜15%；消解最高温度 70～80℃；消解时间为 8～15 min；消解系统达到 50℃的时间应为 5～10 min。

(3) 粒状高炉矿渣

生产加气混凝土用的矿渣，是经水淬的粒状高炉矿渣，既可提供 CaO，作为一种钙质材料，又可提供 SiO_2、Fe_2O_3、Al_2O_3 等，作为一种硅质材料；此外其结晶相中含有的矿物 β-C_2S 具有水硬性，能促进加气混凝土坯体的硬化和强度的提高。对粒状高炉矿渣的技术要求是：水淬质量好，颗粒松散均匀，有玻璃光泽，无铁渣及硬渣大块；化学成分 $CaO \geqslant 40\%$，$Al_2O_3 = 9\% \sim 16\%$，$SO_3 = 2\% \sim 3.5\%$，氯化物 $\leqslant 0.02\%$；CaO/SiO_2（质量比）＞1。

(4) 石膏

石膏在加气混凝土中可起三种作用：一是水化初期抑制水泥假凝，在铝粉发气阶段，可补充铝粉放气反应消耗的 $CaSO_4$，防止水泥快速凝结；二是抑制生石灰的消解，延长消解时间，降低最终消解温度；三是在静停期参与水化反应，生成水化硫铝酸钙，提高坯体强度，在蒸压阶段，促进水化硅酸钙转化为高强度的托勃莫来石，并抑制低强度的水石榴子石产生。对于含 Al_2O_3 配料，加入石膏，可以减小收缩，提高坯体与制品强度。

2. 硅质材料

1) 粉煤灰

粉煤灰在加气混凝土中可起到集料和生成胶凝材料的双重作用。粉煤灰不仅提供 SiO_2，同时提供 Al_2O_3，与 CaO 水热反应生成水化硅酸盐和水化铝硅酸盐，使加气混凝土获得强度。

加气混凝土生产用粉煤灰应达到的技术要求是：$SiO_2 \geqslant 40\%$、$R_2O_3 \leqslant 40\%$（$Fe_2O_3 \leqslant 18\%$）、$MgO \leqslant 3.5\%$、$SO_3 \leqslant 2\%$，细度为 0.075 mm 方孔筛筛余 $\leqslant 15\%$，烧失量 $\leqslant 10\%$，标准稠度用水量 $\leqslant 50\%$。

2) 煤矸石

自燃或煅烧的煤矸石，主要成分也是无定形的 SiO_2、Al_2O_3，其作用与粉煤灰相似。采用适当的煅烧温度，是保持煤矸石良好活性的关键。泥质页岩煤矸石的最佳煅烧温度为 800～900℃，炭质页岩煤矸石的适宜煅烧温度为 1 100℃，砂质页岩煤矸石的适宜煅烧温度为 1 200℃。

加气混凝土生产用煤矸石应达到的基本技术要求是：含碳量＜6%；SiO_2 越多越好，细度为 0.075 mm 方孔筛筛余 $\leqslant 15\%$。

3) 砂

砂主要提供 SiO_2。不论是河砂、海砂、山砂、风砂，还是砂质岩石、砂质黏土，只要符合以下要求，均可作为良好的加气混凝土原料：$SiO_2 \geqslant 70\%$，其中石英 $\geqslant 40\%$；$K_2O + Na_2O \leqslant 5\%$；腐殖质含量 $\leqslant 3\%$；碳酸盐含量 $\leqslant 10\%$；黏土含量 $\leqslant 10\%$；Cl^- 含量 $\leqslant 0.02\%$；烧失量 $\leqslant 5\%$。

4) 尾矿

富含 SiO_2、Al_2O_3 的选矿尾矿，也可以作为加气混凝土的原料。其技术要求可参考砂。实践证明，在石膏存在的情况下，以石英、长石为主要成分的尾矿，只要石英含量≥30%，完全可以制得合格的加气混凝土。尾矿中，云母是一种非常有害的物质，一般要求其含量不得大于1%。当含量较高时，可以通过漂洗除去。此外，在作为加气混凝土原料时，未分解的浮选药剂，应当基本除去，因此，宜采用尾矿库中多年积存的“老”尾矿。

3. 发气材料

铝粉是最常用的发气材料。它的作用原理就是铝在碱性溶液中置换出氢气，使新拌混凝土中产生大量气体而达到给混凝土加气的目的。然而，铝是一种化学性活泼的物质，易于氧化，因此使用前须用碱水液使其氧化层消除。使用于加气混凝土发气材料的铝粉含铝量要大于98%，含活性铝量大于89%。

铝粉的发气速度是以铝粉为发气材料的加气混凝土生产工艺中的一个重要指标，它是通过铝粉的覆盖面积来控制的，一般要求铝粉的覆盖面积为 $4\ 000 \sim 5\ 000\ cm^2 \cdot g^{-1}$。这里应指出的是在使用铝粉时应同时使用脱脂剂。

4. 外加剂

为了保证加气混凝土的质量和符合各种原材料生产工艺的要求，往往还需要使用诸如铝粉脱脂剂、气泡稳定剂、调节剂等外加剂。

1) 铝粉脱脂剂

脱脂剂的作用是除去生产铝粉时黏附在铝粉表面的硬脂酸。目前使用的有两大类，其一是表面活性物质如肥皂、合成洗涤剂、磺烷油、拉开粉(二丁基萘磺酸钠)等。这类脱脂剂是通过改变液相的表面张力而吸引硬脂酸分子脱离铝粉表面。其二是一类能够溶解硬脂酸的有机溶剂如丙酮、二甲苯、平平加(高级脂肪醇环氧乙烷非离子型缩合物)、净洗剂(主要成分为脂肪醇聚氧乙烯醚)等。脱脂剂的掺量一般为铝粉质量的1%～4%。

2) 气泡稳定剂

气泡稳定剂的作用是降低气泡的表面张力以稳定气泡，保证整体形成细小、均匀的多孔结构。通常用作气泡稳定剂的物质有可溶性油、氧化石蜡皂、植物表面活性剂、净洗剂等。

(1) 可溶性油　这是一种皂类表面活性剂，有很强的稳泡作用。常用配比是：花生油油酸∶三乙醇胺∶水＝1∶3∶36。

(2) 氧化石蜡皂　用石蜡经氧化、皂化便可制得氧化石蜡皂。通常用于气泡稳定剂的氧化石蜡皂是浓度为10%的溶液。

(3) 植物表面活性剂　常用于气泡稳定剂的植物表面活性剂有皂荚、茶籽饼等。

(4) 净洗剂　净洗剂中溶入少量的动物油酸后具有稳定气泡功能，同时还保持它原有的脱脂功能，成为一种同时具有稳泡、脱脂双重功能的外加剂。

5. 调节剂

加气混凝土中使用调节剂来调节发气速度、料浆稠化时间、坯体硬化时间及蒸压时坯体的膨胀程度等，使其正常生产。

对于水泥、矿渣、砂加气混凝土，常用纯碱(Na_2CO_3)提高料浆碱度，加速铝粉发气。由于纯碱是矿渣的活化剂，故纯碱兼有促进坯体硬化的作用；常用硼砂($Na_2B_4O_7$)延缓料浆的稠化；对于石灰、水泥、粉煤灰（或砂）加气混凝土，则可用烧碱（NaOH）提高料浆碱度，加速铝粉发气，促进坯体硬化。石膏常用来延缓料浆的稠化和促进坯体硬化，如果石膏与少量三乙醇胺组成复合外加剂，则稠化与促硬效果更好。当铝粉开始发气时间太早时，可加入水玻璃（$Na_2O \cdot nSiO_2$）；在生产配筋板材时，为了消除板材裂缝常加入菱苦土（MgO），以增加加气混凝土的蒸压膨胀值。

6. 钢筋防护剂

由于加气混凝土的孔隙率大，抗渗性差，碱度较低，使得其内部的钢筋易受侵蚀，因此采用钢筋防护剂是必要的。

目前在加气混凝土中常使用的钢筋防腐剂有：有机溶剂的聚苯乙烯-沥青防腐剂、水泥-沥青-酚醛树脂防腐剂等。这种防腐剂对钢筋和水泥均有良好的黏结性。

9.4.2.3 生产工艺过程

1. 备料工序

生产加气混凝土首先必须将硅质材料如砂子、颗粒粗大的粉煤灰等进行磨细，如果钙质材料里使用生石灰，通常在厂内磨成生石灰粉。其他辅助材料和化工产品也要事先进行必要的制备，常以配制成溶液者居多。备料工序是配料的准备工序。

2. 配料工序

配料的目的是把符合要求的各种原辅材料按照工艺配方进行恰当而准确的配合。通常是对原材料分别按配方指示的数量进行称量或者按体积计量，有的还需要达到一定的温度或浓度要求，然后按工艺要求的顺序，依次向搅拌设备进行加料。配料工序是加气混凝土生产工艺过程的一个关键环节。

表 9.7 是几种加气混凝土配合比实例，实际生产过程中应略加调整。

表 9.7 几种加气混凝土配合比实例

原　　料	水泥-石灰-砂	水泥-石灰-粉煤灰	水泥-矿渣-砂
水泥/%	5～10	10～20	18～20
石灰/%	20～33	20～24	30～32(矿渣)
砂/%	55～65	—	48～52
粉煤灰/%	—	60～70	—
石膏/%	≤3	3～5	—
纯碱、硼砂/($kg \cdot m^{-3}$)	—	—	4,0.4
铝粉/%	0.07～0.08	0.07～0.08	0.07～0.08
水料比	0.63～0.75	0.60～0.65	0.6～0.7
浇注温度/℃	35～38	36～40	40～50
铝粉搅拌时间/s	30～60	30～60	15～25

3. 浇注成型

将配料工序配制好的物料，按工艺顺序加入搅拌机中，搅拌成均匀合格的料浆混合物，然后浇注到模具中。混合料浆在模具中进行一系列的化学反应，产生气泡并使加气混凝土料浆体积膨胀，料浆表面涨到一定的高度，完成发气反应，继而完成浆体的稠化硬化过程，最后形成加气混凝土坯体。

加气混凝土浇注工艺主要有移动浇注和定点浇注两种。移动浇注是用行走式搅拌机，将物料配好下到搅拌机内，一边搅拌一边移动，到达模位后将搅拌好的料浆注入模具。定点浇注是将搅拌机固定在配料站下方，使模具移动到搅拌机旁边，接受搅拌机内已经搅拌好的料浆，然后移动到指定地点继续完成其发气硬化过程。

加气混凝土的浇注成型从其工艺过程来看，可以分为浇注发气和凝结硬化两个阶段。前一阶段是将在配料工序计量好的物料按工艺规定的程序加入专用的搅拌机中，制备成加气混凝土料浆，并使有关工艺参数如温度、稠度等达到工艺要求，充分搅拌后注入模具，使其发气膨胀；后一阶段是将经发气阶段初步凝结的料浆在工艺要求的环境条件下静置硬化，形成坯体。采用移动浇注时，一般是就地静停硬化，因而料浆在发气膨胀过程中和硬化初期基本上不会受到摇晃或震动，气泡的形成不会受到额外的干扰，使软弱的坯体尽可能避免损伤。但这种方式必须具备带行走装置的搅拌机，同时也需要较大面积的模具静停区设置固定的模位。定点浇注的模具必须送到搅拌机面前，因此，必须有专用的模具运载系统，通常是采用地面轨道或辊道。用这种方式生产的车间，地面设备相对较多，但这也为坯体采取保温措施创造了条件。通常所采取的保温措施是让模具带着坯体一道进入保温(或有加热装置的)初养室或隧道，从而促使坯体加速硬化和均匀硬化。

4. 静停工序

静停主要是促使浇注成型后的加气混凝土料浆完成硬化过程，使加气混凝土坯体达到切割强度，以便对坯体进行分割加工。

根据工艺要求和组织生产的需要，静停方式可以有多种形式。目前常用的是配合移动浇注的就地静停和配合定点浇注的移位静停。根据具体的工艺特点和要求，在静停硬化条件方面又有供热保温和不供热保温以及不作特殊保温等区别(表 9.8)。

表 9.8　加气混凝土浇注工艺类型

<table>
<tr><th>浇注方式</th><th>运载工具</th><th colspan="2">静停方式</th><th>硬化措施</th></tr>
<tr><td>移动浇注</td><td>地轨浇注车
悬挂浇注车</td><td colspan="2">就地静停</td><td>室内自然硬化或加保温罩</td></tr>
<tr><td rowspan="5">定点浇注</td><td>地轨模具车</td><td colspan="2">移动静停</td><td>室内自然硬化或加保温罩</td></tr>
<tr><td rowspan="4">模具专用辊道</td><td rowspan="2">运行</td><td>横行</td><td rowspan="4">可供热</td></tr>
<tr><td>纵行</td></tr>
<tr><td rowspan="2">静停室</td><td>单模</td></tr>
<tr><td>多模</td></tr>
</table>

5. 坯体切割

切割工序主要是对加气混凝土坯体进行分割，使之达到对加气混凝土砌块的规格尺寸要求。切割工艺体现了加气混凝土便于进行大体积成型、分割方便、外观尺寸灵活多样、可以满足不同用途的需要而又能大规模机械化生产的特点。

加气混凝土砌块外形尺寸的准确程度，取决于切割工序的设备性能和工作质量，切割工作过程对砌块外形尺寸的影响，不仅是决定性的，也可以说是一次性的。因此切割是加气混凝土砌块外观质量的重要保证工序。

目前几乎所有的加气混凝土厂都是采用钢丝切割。在此基础上，人们根据生产条件和所掌握的有关技术，设计和形成了多种多样的切割方式。从目前国内外各种切割机具的实际应用情况来看，常见的切割方式主要有以下几种。

1）预埋式切割

预先将钢丝按计划的切割方案设在切割台上或模具底板上，待坯体就位后（或浇注硬化后），将钢丝提起，达到分割坯体的目的，如图 9.18 所示。这种切割方式的优点是设备比较简单，切割过程中坯体不用移动。缺点是人工单根切割时，重复铺设钢丝数量多；发生断丝情况时不好补救；纵向切割时，钢丝太长时容易拉断。因而，这种方式只适用于小型坯体或较大坯体的横向切割。

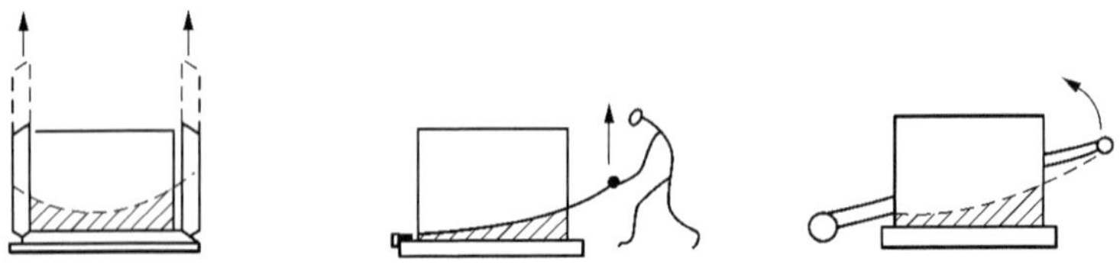

(a) (b) (c)

图 9.18 预埋式切割示意图

2）压入式切割

压入式切割是将钢丝固定在框架上，自上而下压入坯体，达到分割坯体的目的。优点是钢丝可以预先固定好，坯体就位后，框架带动所有的钢丝同时向下压，或框架不动，坯体向上运动实现分割。这种方式[图 9.19(a)]可以重复挂钢丝补救断丝问题，但往往因托坯底板构造上的限制，铜丝不能将坯体完全切开[图 9.19(b)]。

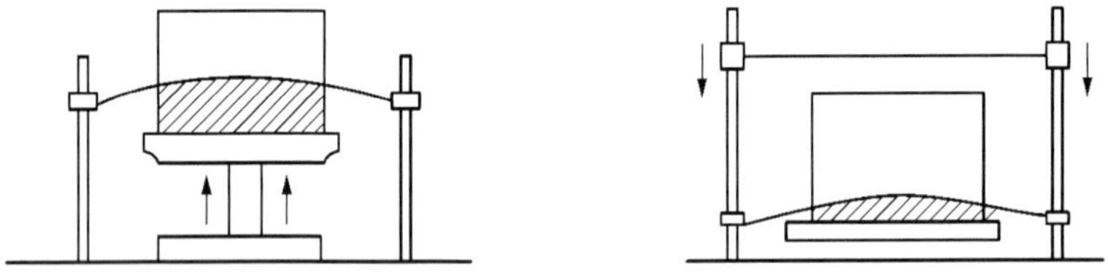

(a) (b)

图 9.19 压入式切割（Ⅰ）

压入式切割也用于对坯体进行纵向分割（图 9.20）。这种方式可以做到使坯体切透，但钢丝必须从模底板下通过，因而模底板结构比较复杂。与此相联系的其他机构，如钢丝悬挂支架、模具侧板等也都比较复杂。从目前已有的这类切割设备来看，主要有组合式活动模底板[图 9.20(a)]和带通道的篦子板式模底板[图 9.20(b)]两种类型。前者靠程控连动的行程开关来协调各活动底板（又称琴键式底板）的顺序起落，使钢丝能够通过；后者用长杆式纵切机构使钢丝在篦子板的通道中穿行，达到分割坯体的目的。

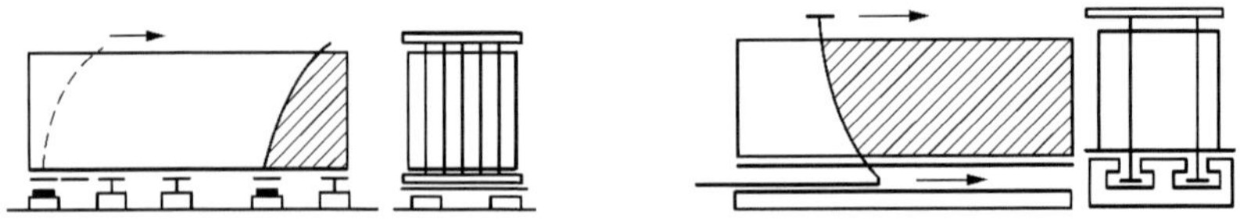

(a) (b)

图 9.20 压入式切割（Ⅱ）

3）牵引式切割

牵引式切割是将钢丝预先铺设在切割平台上，坯体就位后，一端固定不动，牵拉钢丝另一端达到分割坯体的目的(图 9.21)。牵拉式切割的钢丝在完成分割坯体的途中，一边做横向切进，一边沿钢丝的延长线方向被拉出坯体之外，因而对坯体有压和切的双重作用，切割阻力较小。不过，由于钢丝在坯体内的线段呈长弧形，因而较易发生变位，可能影响切割精度。

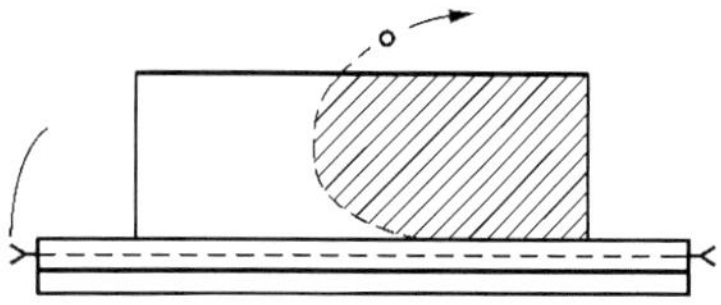

图 9.21 牵引式切割

对坯体体积不太大、生产速度不太快的企业，最简易的是人工切割。人工切割由于靠尺不可能十分准确，钢丝也不可能十分严格地沿靠尺前进，尤其在坯体内部的一段很可能发生偏移，因此，人工切割的制品外观尺寸偏差常常稍大一些，而且受人为因素的影响，波动也比较大。

6. 蒸压养护

蒸压养护是将切割的坯体送入蒸压釜，在一定温度、压力的饱和蒸汽环境下，经历足够时间的养护，坯体才能完成必要的物理化学变化，生成一系列水化硅酸盐、水化铝酸盐、托勃莫来石等矿物，制品最终获得较好的物理力学性能和耐久性。加气混凝土在蒸养处理之后，其抗压强度将不再继续增长，蒸养处理是否充分和适当，决定了加气混凝土内在质量的最后形成。

由于蒸压养护过程中，除了物料间的化学反应外，加气混凝土坯体还有经受因温度、湿度发生剧烈变化而引起的传热、传质、膨胀、收缩等物理化学变化。为了强化有利于强度增长的因素，同时尽量避免不利因素对强度的危害，在蒸压养护时，必须按照一定的蒸压养护制度进行。一般蒸压养护过程分为抽真空、升温、恒温、降温等四个阶段。下面以水泥-石灰-砂加气混凝土的蒸压养护过程为例，介绍为了达到对制品进行充分有效的养护而制定的有关温度、时间等的具体措施。

1）抽真空

升温阶段是一个蒸汽放热、坯体表面吸热并不断向内部传递的过程。坯体与介质的热交换速度快，热量从外表向内部传递快，坯体体积较小，则温度场的变化过程快，可以缩短养护时间。然而，空气的热容和导热系数都比饱和蒸汽低得多，蒸压釜内若存在空气，势必不利于热交换。抽真空后，釜内空气大部分被排出，蒸汽与坯体的热交换大大改善。同时，由于釜内和制品气泡内的部分气体排出后形成负压状态，当送汽升温时，饱和蒸汽能够迅速把热量送到坯体中心，使整个坯体温度迅速上升，可以大大缩短升温时间，并可以保证坯体各部分温度基本一致，釜内各部位温度比较均匀。因而，大多数生产企业采用抽真空的措施排除釜内的空气。

抽真空的速度一般不宜太快，速度太快会造成坯体内外过大的压差而使坯体受到损害。当入釜坯体强度较高、透气性较好时，抽真空速度可快一些，真空度也可高一些；反之，应抽得慢一些，真空度适当低一些。具体抽真空的速度和最大真空度取决于坯体的硬化情况、透气性以及蒸压膨胀值。通常是用 30～50 min 使釜内表压达到－0.06 MPa。

2）升温

升温过程中，坯体内部与外部的温差总是存在的，关键的问题是不要使这种温度差过大,以免造成制品结构的破坏。实践表明,对于水泥-石灰-砂加气混凝土,即使采用了抽真空的措施,其升温时间往往也要长达 2~3 h。尤其是在升温的初期,坯体内部温度梯度可达 6℃/cm 以上,内层升温相当缓慢。随着坯体本身温度逐步升高,内外温差逐步缩小,升温速度滞后的现象将逐步缓解,釜内外各处和坯体内外温度近乎一致(图 9.22)。因而,只要锅炉供气能力允许,后期可以加快升温速度。

根据水泥-石灰-砂加气混凝土的特点,为加速后期升温,可以采取在升温中途暂时恒温的办法,使坯体内外温差进一步缩小。从总体上看,可以减少总的蒸养时间而又避免使制品受到损害(图 9.23)。某厂在试生产中采取两阶段升温的措施后(升压至 0.1 MPa 时,恒温 1 h),可以把后期升温速度提高到 80~90℃/h,并使坯体最深处的温度到达恒温温度的时间,从原来的 5 h 以上缩短为 4 h 左右。

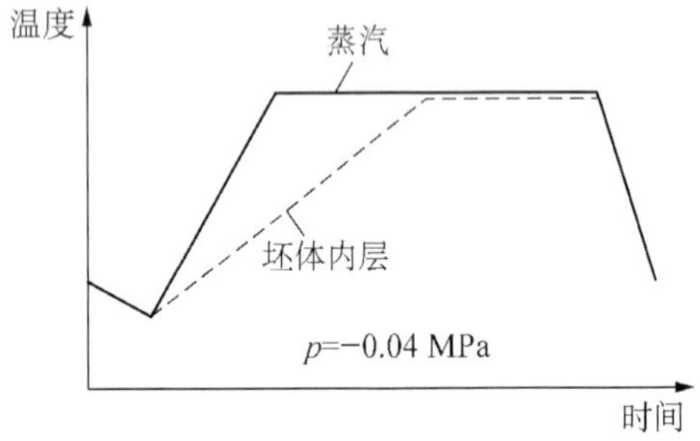

图 9.22　不同真空度下坯体的升温情况

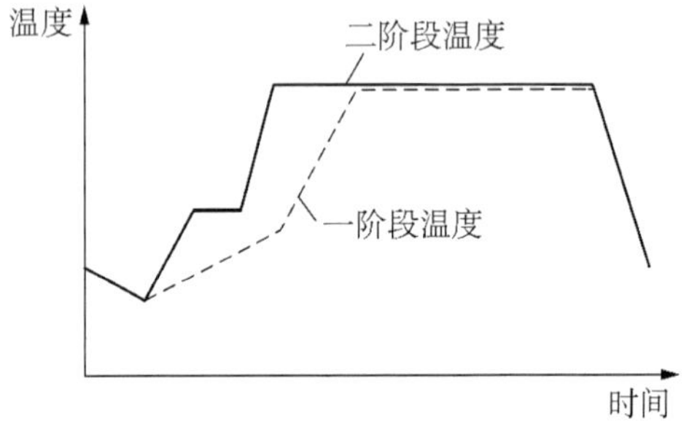

图 9.23　两阶段升温情况

由于水泥-石灰-砂加气混凝土坯体温度一般都较高,抽真空效果仍然有一定限度,因此,为了进一步改善釜内各部位温度分布状况,有必要坚持升温期间的排气和排放冷凝水。这样可以大大缩小釜内上、中、下各部位和坯体内外的温差。

3) 恒温

水泥-石灰-砂加气混凝土水热合成反应一般在 174.5℃以上都可以良好地进行。考虑到加气混凝土釜内传热方面的特点,从保证制品的强度及其均匀性,以及保证较好的生产效率出发,目前世界各国均倾向于采用较高的恒温压力,通常是为 1.0~ 1.2 MPa。从目前国内中小型锅炉的工作压力大多为 1.3 MPa 的情况考虑,采用 1.1 MPa 恒温压力是比较适当的。

恒温时间是制品能够进行充分的水化反应并达到一定的结晶度的保证,更确切地说是最内层坯体实现上述目的的保证。实验表明,水泥-石灰-砂加气混凝土坯体在1.1 MPa 的压力下养护时间一般不应少于 4~4.5 h。需要指出的是,在此所说的恒温时间是对坯体各个部位而言,显然,关键是最内层坯体起码要达到该时间要求。因此,从蒸养制度上的恒温时间讲,就应当加上坯体内外升温的时间差。比如内外升温时间差为 2.5 h,总的恒温时间就应该是 5.5~7.0 h。由此可见,恒温时间要在以上原则基础上根据具体情况来制定。

4) 降温

降温阶段主要是排除蒸压釜中蒸汽,使制品与釜内温度降低,从而有利于制品出釜。生产实践证明,水泥-石灰-砂加气混凝土可以采用快速排气降温,在目前一般的生产条件下,快速降温很少发生损坏制品的情况。当然,并不是可以任意地快速降温。因为加气混凝土砌块毕竟还是强度有限的多孔材料，在蒸养过程中处于高含湿状态，如果降压太快，也有可能会因过大的内外温、湿度差造成爆炸性的损坏。因此，在排气前期采取适当的速度限制措施对确保产品质量是完全必要的。

水泥-石灰-砂加气混凝土的降温曲线一般都不是直线形。降温开始时降温速度较慢，中期较快，几乎直线下降，到后期(表压力 0.1 MPa 以下时)又变得缓慢。如果整个降温需要 2 h，后期降温放出全部余气就需 40 min～1 h。降温后期时间长的原因一方面是由于釜内外压差很小，蒸汽外排动力减弱；另一方面制品水分还要继续蒸发，只要制品温度还高于 100℃，就总会有少量余压，蒸汽量也还较大。如果釜内积水较多，这种情况将更明显，从而使降温时间拖长。因此，为了缩短排气降温的时间，尤其是后期排出余气的时间，应当在降温排气之前首先排除一次冷凝水，然后再开启降温阀进行排气降温。

表 9.9 为国内三种不同原料体系加气混凝土的典型蒸压养护制度实例。

表 9.9 不同原料体系加气混凝土的蒸压养护制度实例

蒸压制度	水泥-石灰-砂		水泥-石灰-粉煤灰				水泥-矿渣-砂	
	压力/MPa	时间/h	压力/MPa	时间/h	压力/MPa	时间/h	压力/MPa	时间/h
抽真空(压)	−0.04	0.5	−0.06	0.5			−0.06	0.5
升温(压)	−0.04～1.1	3	−0.06～1.2	2.5	0～0.8	2.5	−0.06～1.5	2
恒温(压)	1.1	7	1.2	10	0.8	10	1.5	6
降温(压)	1.1～0	2	1.2～0	2	0.8～0	2.5	1.5～0	2
合计		12.5		15		15		10.5
生产厂	哈尔滨建筑加工厂		上海华东建筑建材厂		武汉硅酸盐制品厂		北京加气混凝土厂	
备　注	升温至 0.1 MPa 时排放冷凝水 50 min							

9.4.2.4 加气混凝土生产线实例

图 9.24 是天津加气混凝土厂工艺布置图。该厂生产线的主要工序选用罗马尼亚生产的“海波尔”型切割机组、搅拌机及专用吊车和吊具等。其他工艺与设备由国内配套。其特点如下。

(1) 设计能力为年产 20 万 m^3，可同时生产砌块和板材，产品以表观密度为500 kg/m^3的砌块为主。

(2) 适于水泥-石灰-粉煤灰和水泥-石灰-砂原料体系。

(3) 采用干法粉磨工艺，将块状生石灰和部分干粉煤灰混合磨细，然后再与其他物料配料搅拌。

(4) 采用固定式搅拌机对物料进行搅拌合浇注，坯体在热室静停初养。

(5) 采用“海波尔”切割机对坯体进行切割。

(6) 采用 ϕ2.85 m×37 m 尽头式蒸压釜进行蒸汽养护。制品系脱模养护，养护恒压压力为 2 MPa。

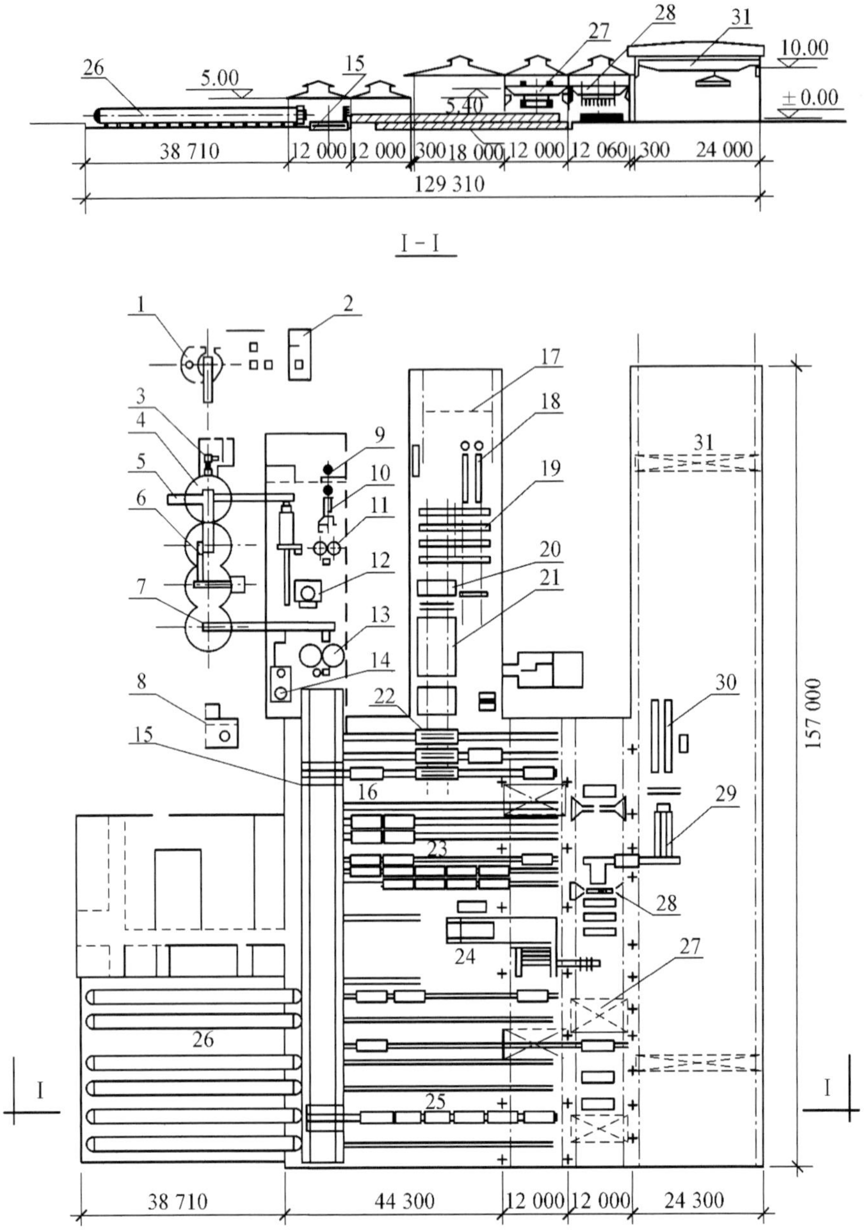

图 9.24　天津加气混凝土厂工艺布置图

1—石灰窑；2—石灰石提升破碎系统；3，9—破碎机；4—石灰库；5，6，7—螺旋输送机；8—铝粉悬浮液配制；10—球磨机；11—石膏浆搅拌机；12—粉煤灰打浆机；13—废浆罐；14—废水罐；15—摆渡车；16—移动式模具；17—吊钢筋天车；18—调直机；19—点焊机；20—防腐槽；21—烘干机；22—组装架；23—预养窑；24—切割机；25—人釜轨道；26—蒸压釜；27—出釜天车；28—吊板天车；29—铣磨机；30—板材锯；31—成品天车

9.5　混凝土压力管生产工艺

9.5.1　混凝土压力管概述

在城市建设、村镇建设、工矿企业建设及农田水利建设中都要铺设各种规格口径的管道。众所周知，用于铺设管道的管材有两类：一类是金属管材，如钢管、铸铁管、球墨铸铁管；另一类是非金属管材，如混凝土压力管、塑料管、玻璃纤维增塑料夹砂管和纤维缠绕增强热固性树脂压力管等。

经国内外几十年生产使用实践证明，在铺设管道时选用混凝土压力管是经济合理的，它与金属管材相比具有节省金属、能耗低；输水能力强，水质不变；维修费用少，使用年限长；安装方便，施工效率高，劳动强度低；抗震和地基沉陷性能好等优点，成为我国城市、村镇、工矿企业、农田水利建设中铺设给水、排水管道工程的重要管材。

在我国，未来城镇建设、工矿企业建设和农田水利建设以及南水北调工程的实施，都需要铺设输水和排水管道，需要大量的混凝土管材，为水泥制品工业、排水管和混凝土压力管行业的发展提供了千载难逢的机遇。可以预见，未来五年到十年是水泥制品工业最好的发展时期，也是混凝土压力管行业最好的发展时期，是大有作为、大有可为的。

混凝土压力管有自应力混凝土管、一阶段预应力混凝土管、三阶段预应力混凝土管、预应力钢筒混凝土管。本节主要介绍一阶段预应力混凝土管与三阶段预应力混凝土管的生产工艺。

9.5.2　一阶段预应力混凝土制管工艺

9.5.2.1　一阶段制管概述

一阶段预应力混凝土制管工艺是在管体混凝土初步形成后继续密实成型过程中，立即张拉环向钢丝并同时使混凝土加速硬化，是将管芯制作、环向钢丝张拉、保护层制作在一个阶段内完成的工艺。管体混凝土采用振动挤压密实成型，故又称振动挤压制管工艺。

一阶段法是法国的佛列西涅于1933年首先提出的，1935年首次在阿尔及利亚用此法制出直径为1 000 mm、1 200 mm、1 400 mm，长6 m的管子，试验压力为1.8 MPa。1948年瑞典逊他布公司在此基础上研制一阶段工艺，1952年正式生产，制出管径为500～1 200 mm，长5 m的承插式管，工作压力为1.2 MPa。采用该法的国家有前苏联、荷兰、日本、瑞典、匈牙利、保加利亚等。

我国于20世纪60年代研制成功承插式一阶段预应力混凝土管。1985年湖南省株洲水泥管厂从瑞典“AB特瑞格罗尔公司”引进了振动挤压管(Sentab管，即一阶段预应力混凝土管)制管工艺技术和主要设备，并于1986年底建成了年产(ϕ500～ϕ1 400)mm×5 000 mm的40～45 km生产线。

9.5.2.2　一阶段制管工艺原理

一阶段制管工艺的主要设备之一是管模，由内模与外模组成。内模为外套橡胶套的钢圆筒，橡胶套两端与筒体密封，钢筒内部焊有进出水管以便向橡胶套与钢筒之间的空腔中注

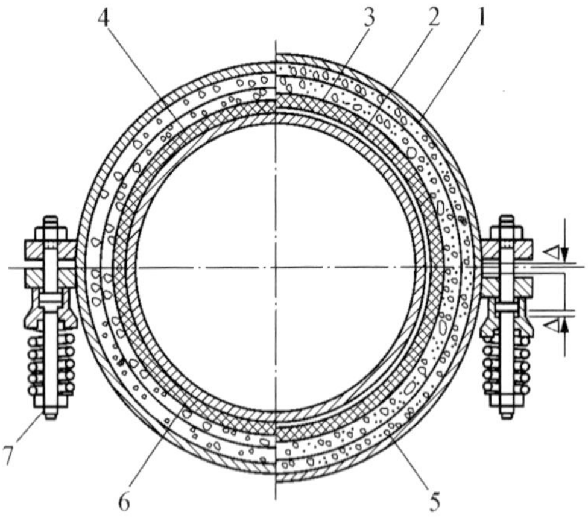

图 9.25　一阶段制管工艺原理示意图

1—外模；2—内钢模；3—内钢模与橡胶套之间的空腔；4—混凝土管芯；5—环向预应力钢丝；6—橡胶套；7—弹簧螺栓

入高压水。外模由两片（中、小口径管）或四片（大口径管）组成；在合缝处用带弹簧的螺栓拧紧，以拼装成圆筒形的整体。一阶段制管工艺原理如图 9.25 所示。

一阶段振动挤压制管工艺流程如图 9.26 所示，制管时先将环向钢筋骨架及纵向钢筋放入外模，并张拉好纵向预应力钢筋。再将外模对中套在内模上，在内外模之间浇灌并振实新拌混凝土，然后通过进水管向内模钢筒与橡胶套之间的密闭空腔注入压力水，并逐渐提高水的压力。根据液体传递压强的原理，压力水迫使橡胶套作等压均匀径向扩张，挤压已振动密实的混凝土，混凝土中的部分游离水从粘贴滤布的外模合缝处排出，组成混凝土各组分的固相颗粒互相紧密排列，从而使混凝土的密实度进一步提高。当由水压力传给弹簧螺栓的力超过外模合缝的压紧力时，合缝开始微微张开。随着水压的继续升高，橡胶套进一步扩张，推动已挤压密实的混凝土，同时迫使环向钢丝伸长从而产生预拉应力。当橡胶套内的水压力达到规定的恒压值时，应保持其稳定并开始进行热养护。当热养护使混凝土强度达到设计标号的 70%时排水降压，并抽真空，以便脱模。此时，由于受拉的环向预应力钢丝的弹性回缩能使混凝土管壁承受预压应力。

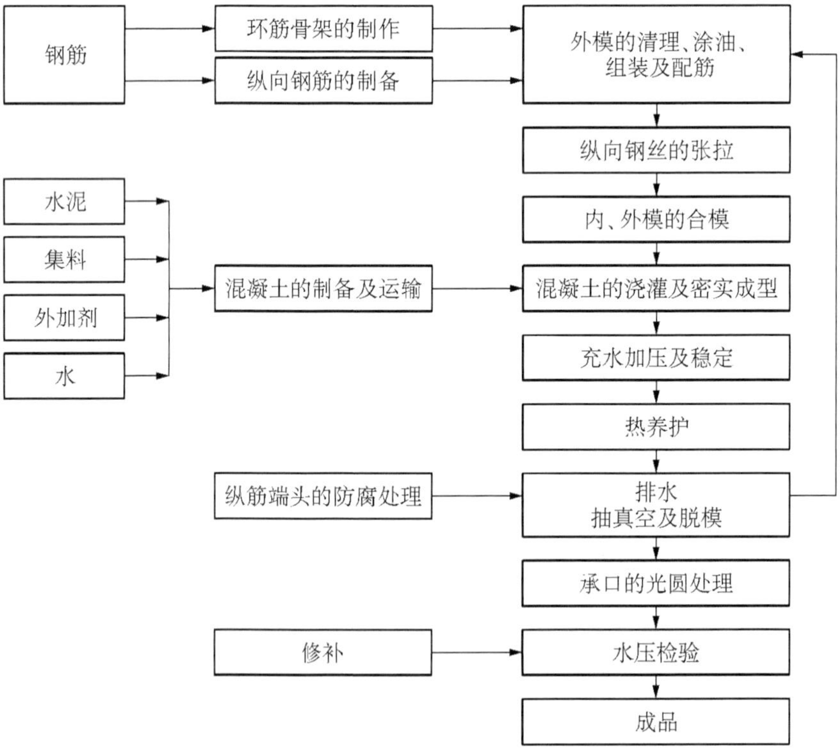

图 9.26　一阶段振动挤压制管工艺流程图

9.5.2.3 制管主要工序的控制

在一阶段振动挤压制管工艺中，对产品质量产生较大影响的工序有：浇灌成型、充水加压、蒸汽养护和承口光圆处理，应该严格控制。现分述如下。

1. 浇灌成型

所用水泥为强度等级不低于 42.5 的硅酸盐水泥、普通硅酸盐水泥和矿渣硅酸盐水泥，其初凝时间不得早于 1.5 h；标准稠度用水量不大于 26%；混凝土坍落度宜控制在 3～8 cm。浇灌前，组装好的管模上口应套有分料锥，以利于浇灌。振动设备应根据密实效果、噪声大小、劳动强度、生产效率等因素来选择。常用设备有风动振动器、振动台及振动插板等。前者振动效果好，但噪声大；后两者振动效果不太理想。振动时间随管模规格、振动设备及操作条件而异。浇灌成型工序应于水泥初凝前结束。

2. 充水加压

一阶段制管工艺的关键是张拉环向钢丝的充水加压过程。混凝土振动密实成型后，应立即充水加压，它又可分为充水排气、升压和恒压三个阶段。其中升压可分为两个阶段：①水压力在低于外模合口弹簧螺栓的压紧力(一般相当于 0.2～0.3 MPa 的腔内水压力，与弹簧性质、数量、管径有关)前，压力水通过橡胶套挤压混凝土的力，开始时主要是由水泥浆来承受的；此时，水泥浆的体积超过集料空隙的体积，集料颗粒被水泥浆隔开；随着水压力的增加，水泥浆中部分多余水分被排出，集料颗粒接触点逐渐增多，使原来分散的集料颗粒逐渐挤在一起，从而形成一个坚固的骨架结构。在此阶段内，外模尚未张开，钢丝也未被拉伸，尚处于张拉环向钢丝的准备阶段，若升压过快，则管材在水压检验时，接缝处的管壁易发生渗漏现象。可能是由于混凝土骨架结构形成不佳，从而使受拉钢筋滑动，以致造成了渗水通道。②当水压力继续升高，超过外模合口弹簧螺栓的压紧力时，即进入升压的第二阶段，模型合口张开，橡胶套推动混凝土并带动环向钢丝产生径向扩张即张拉，直至达到控制应力。此时有较多多余水分排出，混凝土的颗粒骨架不断强化，升压速度可相应提高。表 9.10 为一阶段制管生产中曾采用的升压制度实例。

表 9.10 一阶段制管工艺水压升压实例

升压值/MPa	0→0.3	0.3→1.0	1.0→恒压值(2.6)
升压速度/(MPa/min)	0.01～0.02	0.05～0.10	0.10～0.20
升压时间/min	15～30	7～15	
稳压时间/min	15	10	至热养护结束(6 h)

水压力达到要求值后即进入恒压阶段，同时即可开始进行热养护。恒压阶段中压力值应力求稳定，其波动范围应控制在±0.05 MPa 内。因为水压的波动将使已经终凝并获得一定强度的混凝土结构遭到不可修复的破坏，造成混凝土管壁的空鼓和分层等质量事故。

3. 热养护

振动挤压管密实成型后并充水加压至恒压时，已处于三向限制状态之下，加之已排除大部分水分，混凝土密实性提高，因此可以采用快速升降温的养护制度。常用的方法有两种：一种是快速蒸汽养护，恒温温度为 85～100℃，经过 5～7 h 即可以达到脱模放张强度；另一种是热水或热水辅以蒸汽养护，即将热水充入内模橡胶套，加压的同时又可加速硬化。由于混凝土必经内外模传热，上述方法传热效率均较低。故宜采用高频电磁场感应加热养护或红外线养护，使钢模及钢筋直接感应生热，或者混凝土直接受辐射生热，混凝土升温迅速，养护时间短，效果佳。

热养护结束后，即排水降压，用压缩空气排净残余水分。为便于外模及制品脱离内模，可再使橡胶套内部抽真空，其真空度为 0.07～0.08 MPa。

4. 承口光圆处理

恒压时，由于两片外模合口缝张开，因此承口工作面的横断面微呈椭圆形。为了满足管子接头的密封要求，需要进行承口的光圆处理，通常采用磨光法。对于尺寸偏大的椭圆形承口，也可用环氧树脂砂浆修补，使其符合产品质量标准所规定的承口公差要求。

9.5.3 三阶段预应力混凝土管生产工艺

9.5.3.1 三阶段离心制管概述

三阶段制管工艺是将一根管材分为三个阶段制成，即先制作一个有纵向预应力钢筋的混凝土管芯，在硬化后的管芯上再缠绕环向预应力钢丝，最后制作环向钢丝的保护层。

图 9.27 为三阶段预应力承插式混凝土管及接头构造示意图。三阶段预应力承插式混凝土管在纵向分为承口段、管体与插口段。管芯 3 的承口端及插口段配有起构造作用的非预应力钢筋骨架(在纵向预应力筋布置合理、保证预应力的条件下也可不配置)。纵向预应力钢筋 4 的作用是建立管体混凝土的纵向预压应力，以提高管体的抗折(拉)、抗裂性能，确保管子在制造、运输、使用过程中不发生环向裂缝。保护层 6 用来防止环向预应力筋锈蚀。

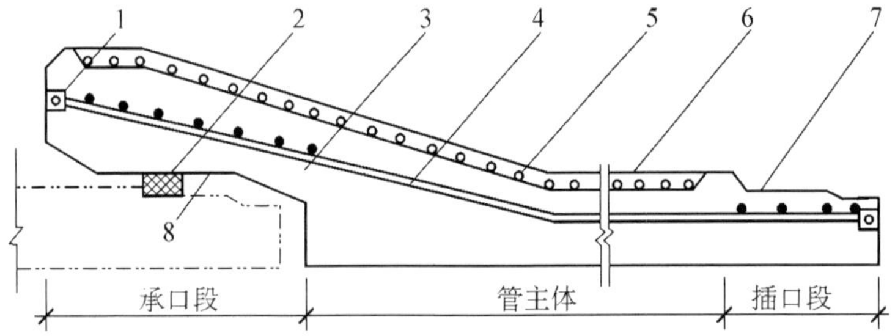

图 9.27 三阶段预应力承插式混凝土管及接头构造示意图

1—锚固装置；2—橡胶圈；3—管芯；4—纵向预应力钢筋；5—环向预应力筋；6—保护层；7—插口工作面；8—承口工作面

图 9.28 为三阶段预应力混凝土管生产工艺流程图。

三阶段制管工艺中，混凝土管芯的密实成型有振动工艺和离心工艺两大类。振动制管工艺有：外模振动、芯模振动及振动真空等，主要用于制作大直径混凝土管。离心制管工艺是最常用的制管方法，其特点是混凝土强度高、抗渗性能好。但用于生产大直径管(1 200 mm以上)是不经济的。因为随着直径的加大和管壁增厚，势必需要降低转速和延长成型时间，这样既影响管材的质量，又降低了生产率。由于混凝土管使用要求的不断提高，促使其生产由单一的离心工艺发展为离心振动、离心辊压、离心振动辊压等复合工艺。

本节主要介绍直径小于或等于 1 200 mm 的中、小口径混凝土压力管的离心制管工艺。

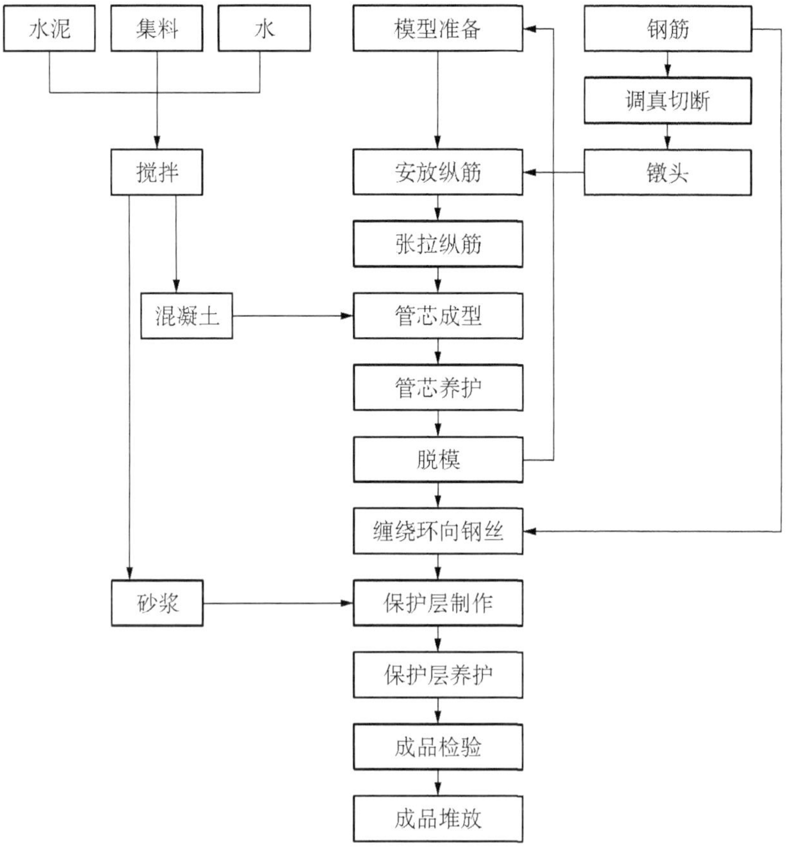

图9.28　三阶段预应力混凝土管生产工艺流程图

9.5.3.2　三阶段离心制管工艺

1. 混凝土管芯的制作

严格控制混凝土原材料质量、工艺参数和操作方法是保证管芯质量的关键。

1）原材料的选用

(1) 水泥　制作预应力混凝土管的混凝土强度等级应不低于C40。采用离心成型工艺时，宜选用强度等级不低于42.5、质量符合有关国家标准的普通硅酸盐水泥或矿渣硅酸盐水泥，水泥熟料中铝酸三钙含量不大于6%的可优先选用。不宜采用火山灰质水泥，这种水泥质轻、需水性大、保水能力强，离心时多余水分很难分离出来，致使水泥浆在管芯内壁积聚，造成内壁松软、开裂，甚至在成型后产生管壁坍塌现象。

(2) 集料　制管用砂应符合有关标准的规定，其中含泥量不得大于1%。砂子过细，含泥量过大将导致离心混凝土密实性、强度和抗渗性的降低。

碎石或卵石应符合普通混凝土用粗集料质量标准的规定，其中最大粒径不应大于筒体壁厚的1/4。

2）纵向预应力钢筋的张拉

管芯纵向预应力钢筋采用先张法张拉。将定长的钢筋一端先固定在锚固盘上，另一端张拉至规定的应力值(或伸长值)后，也锚固在锚固盘上。

每次张拉一或两根钢筋的称为单根或双根张拉，若将全部纵向钢筋先锚固在管模两端的锚固盘上，然后顶动一端的锚固盘，使所有纵向钢筋同时张拉，称为整盘张拉。整盘张拉虽生产效率高，但所需张拉力大，而且钢筋中的预应力值不易保证均匀。整盘张拉时，常出现个别钢筋被拉断的现象。因此，单根或双根张拉工艺应用较广。

3）管芯的离心成型

管芯离心成型是管模平卧在离心机上旋转时，使其中混凝土在离心力作用下密实成型的过程。离心制管机按管模支承方法分为托轮式和轴式两种，见图 9.29 和图 9.30。

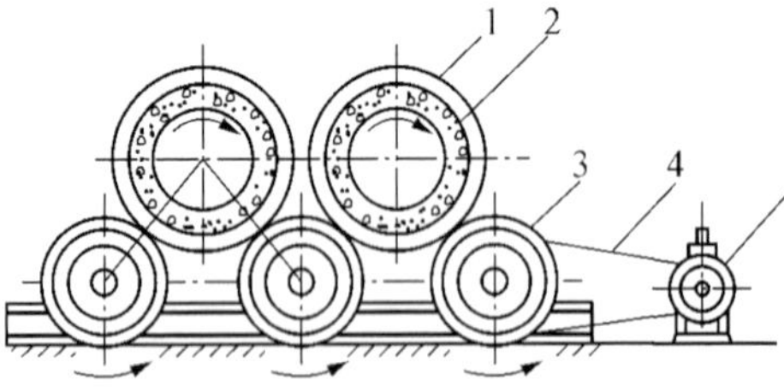

图 9.29　托轮式离心制管机示意图

1—滚圈；2—管模；3—托轮；4—传动皮带；5—电动机

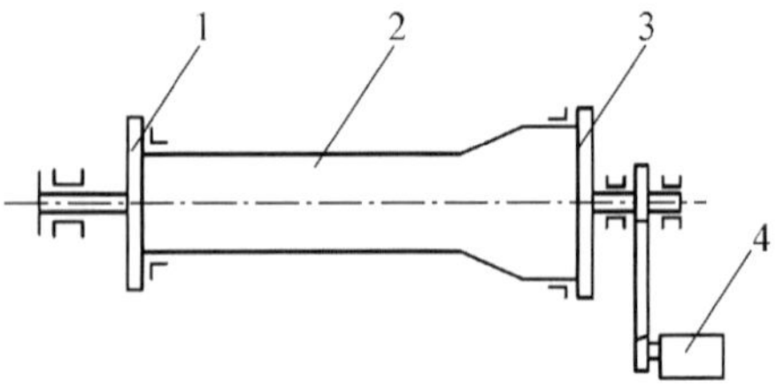

图 9.30　轴式离心制管机示意图

1—前卡盘；2—管模；3—后卡盘；4—电动机

托轮式离心机工作时，管模的滚圈支承在托轮上，其安放角 α 以 80°～110°为宜。托轮旋转时，先由慢速增至中速，然后逐渐升至快速。托轮最高转速依管径大小而不同，一般控制在 600 r/min 以下，这种离心机构造简单，易于制造。但是一般托轮和管模的滚圈都是钢制的，运转时相互撞击，发出噪声。当托轮和滚圈局部磨损时，不仅噪声大，而且引起管模剧烈振动，甚至不能高速旋转而影响混凝土管芯的质量。

轴式离心机（也称为车床式离心机）工作时，克服了托轮式离心机的上述缺点，它不用托轮支承管模，而将管模卡牢于卡盘间，电动机带动卡盘，使管模高速旋转。由于管模是在稳定状态下旋转，离心过程中管模不能自由振动，因此转速可提高到 800～1 000 r/min，噪声也较小。高速离心成型，既可缩短离心时间，又可获得高强度的混凝土管芯。但轴式离心机设备复杂，操作不便，因此较少采用。

离心密实成型过程中，混凝土的外分层现象是不可避免的。当离心加速度过大或离心时间过长，还会产生内分层现象，从而降低了混凝土的密实度。因此，成型过程中，离心制度是关键。离心制度主要指各阶段的离心速度和离心时间，最佳离心制度因设备、原材料、操作方法等条件的不同而不同。表 9.11 以 ϕ500 mm、ϕ600 mm 管为例，列举了密实成型工艺参数。

表 9.11　离心密实成型工艺参数

管径/mm	投料次数	投料		慢速		中速		快速		合计/min
		转数/mm	时间/min	转数/mm	时间/min	转数/mm	时间/min	转数/mm	时间/min	
500	第一次	80～100	5	110～200	6	250	5	450	6～8	47
	第二次（砂浆）	80～100	1	110～200	2	250	0	450	3	
	第三次	80～100	3	110～200	1	250	1	450	10～20	

续 表

管径/mm	投料次数	投料		慢速		中速		快速		合计/min
		转数/mm	时间/min	转数/mm	时间/min	转数/mm	时间/min	转数/mm	时间/min	
600	第一次	80～100	5	110～200	5	250	5	450	8～10	53
	第二次(砂浆)	80～100	1	110～200	2	250	0	450	3	
	第三次	80～100	4	110～200	1	250	7	450	12～15	

制作管芯时，应特别注意承口和插口端混凝土密实性，以及内壁光圆度和尺寸的准确性。此承口内模挡圈与外模必须联成一体(图 9.31)，而且三次(或两次)投料成型。

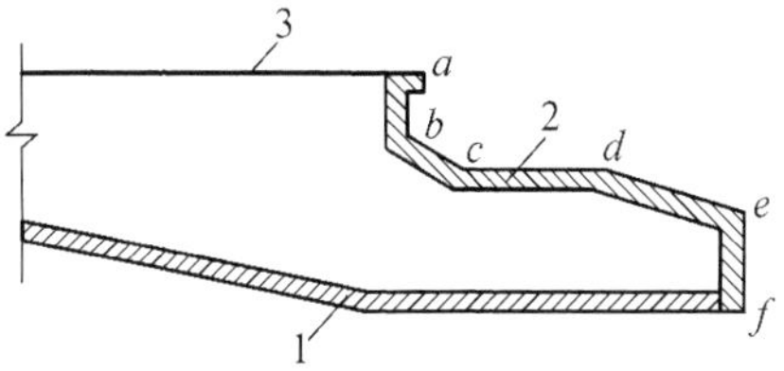

图 9.31 承口模型示意图

1—模壳；2—承口内模挡圈；3—成型后管芯内壁表面

由图 9.31 可见，承口是处于三面密封状态下离心成型的。若采取一次投料，则由于 a、b 部分已装填混凝土，离心密实过程中从承口端混合料中析出的多余水分，受承口内模的堵塞不能顺畅排出，而聚集在承口模 c、d 段。混凝土硬化后，水分蒸发，承口工作面和斜面上形成蜂窝麻面、凹凸不平及积水痕迹，并且直径偏差较大；另一方面，离心成型的水泥浆层(抗渗层)在承口与管体之间中断[图 9.32(a)]，承口工作面和斜面处的水泥浆层很薄，抗渗性很差。这种情况在水压试验时，由于不能很好地密封和抗渗层中断(或较薄)，压力水即由此渗入混凝土，沿纵向钢筋或从管子外表面和端面渗出。

采用三次(或两次)投料和严格控制水灰比，可基本上避免上述现象的发生。采用两次投料时，首先投料以达承口斜面中间为宜，使离心形成的水泥浆抗渗层处于承口工作面和斜面处，以避免承口抗渗层和管体抗渗层的中断[图 9.32(b)]。采用三次投料时，第一次投料的高度应在承口下部[图 9.32(c)]；第二次投料时，可徐徐投入砂浆，使之均匀流入承口，充满模型，以保证管芯成型后，承口段尺寸准确、表面光滑；第三次投料则将所需混凝土全部投入，水灰比应比第一次投入的小些。如混合料在管模上分布不匀，可用钢钎刮平。离心结硬之前，再用钢钎把管壁上凸出的石子打掉，力求内壁光滑，直至混凝土密实结硬，离心始告结束。

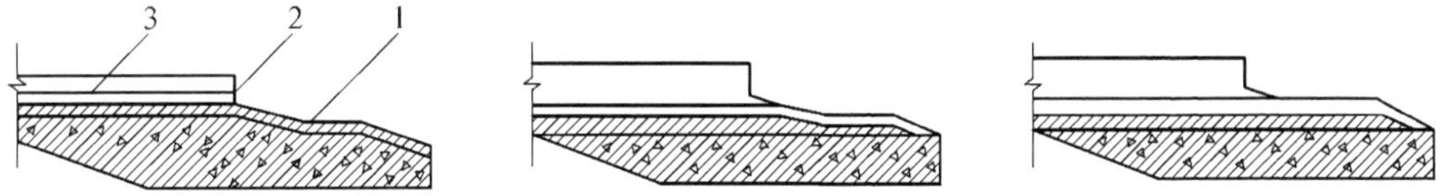

(a) 料层高于承口斜面　(b) 料层在承口斜面中　(c) 料层在承口斜面下部

图 9.32 不同装料高度在承口中形成水泥浆层的位置

1—混凝土；2—水泥砂浆；3—水泥浆层

4) 管芯的养护

为保证其抗渗性，管芯可直接用热水养护。国内普遍采用蒸汽养护，其制度与养护设备、管壁厚度、水泥品种及配合比等因素有关。由于离心成型时有20%～40%的拌合水由混凝土排出，使之密实干硬，带模养护可抑制混凝土的膨胀变形，因此可采用快速升、降温的制度。适当预养和恰当控制恒温温度和时间，均有利于管芯混凝土气密性和强度的提高。

表9.12和表9.13为两组试验结果。采用强度等级42.5硅酸盐水泥、用量不少于550 kg·m^{-3}时，可按预养1～2 h，升温1～2 h，恒温(85℃)5 h及快速降温的养护制度。实际生产中，一般均经试验确定养护制度。

表9.12　预养时间对硅酸盐水泥混凝土气密性的影响

预养时间/h 透气系数K/(cm/s) 恒温温度/℃	0	1	2
85	12.9×10^{-10}	7.8×10^{-10}	5.0×10^{-10}
100	55×10^{-10}	16.9×10^{-10}	7.3×10^{-10}

表9.13　恒温时间和温度对硅酸盐水泥混凝土强度的影响　　单位：MPa

恒温温度/℃	恒温时间/h									
	4		6		8		10		12	
	立即	28 d	立即	28 d	立即	28 d	立即	28 d	立即	28 d
100	24.2	40.2	29.2	41.0	32.6	40.2	31.4	41.9	42.5	44.5
85	21.8	44.0	30.7	45.1	28.3	45.4	34.6	45.0	37.5	51.5

养护后，混凝土抗压强度应达到设计强度的70%方可放张脱模，在保证混凝土抗渗性要求及内部结构破坏程度最小的前提下，应尽量缩短养护周期。

2. 环向预应力钢丝的缠绕

环向预应力钢丝的缠绕是在缠丝机上进行的，采用ϕ4 mm或ϕ5 mm的冷轧带肋钢筋作为预应力钢丝。常用的缠丝工艺有电热法和配重法。

(1) 电热法缠丝工艺

预应力混凝土管电热法缠丝在卧式或立式机床上进行，其工艺如图9.33所示。钢丝盘架1上的钢丝5通过阻力轮2及前电极轮3进入电热区，在石棉管导向轮4上绕三圈以便控制钢丝的电热长度，再经后电极轮6引出电热区，然后缠绕在混凝土管芯7上。钢丝冷却回缩后，使管芯混凝土获得环向预压应力。

电热缠丝工艺钢丝的温度变化及应力建立过程见图9.34。钢丝在室温下通过阻力轮2进入电热区以前，其拉应力为由阻力轮所产生的机械初应力σ_0。钢丝经过前电极轮3后，钢丝温度从室温T_0增至T_1，其应力由于石棉管的摩擦阻力而增至σ_M。钢丝离开后电极轮，便开始在自然状态下散热降温。钢丝从C到D，散热于空气中，其温度从T_1降至T_2，而应力值则不变。钢丝经过D点以后开始缠绕在管芯上，由于钢丝的冷却回缩，对管芯施加电热温度应力σ_N。钢丝的控制应力值$\sigma_H=\sigma_M+\sigma_N$。

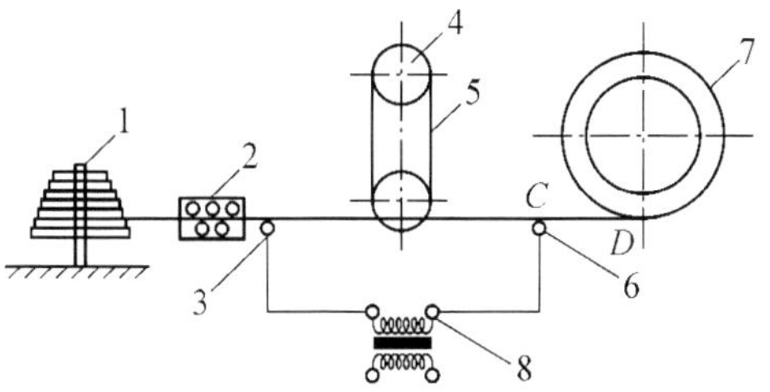

图 9.33　电热缠丝工艺示意图

1—钢丝盘架；2—阻力轮；3—前电极轮；4—导向轮；
5—钢丝；6—后电极轮；7—管芯；
8—变压器或弧焊机

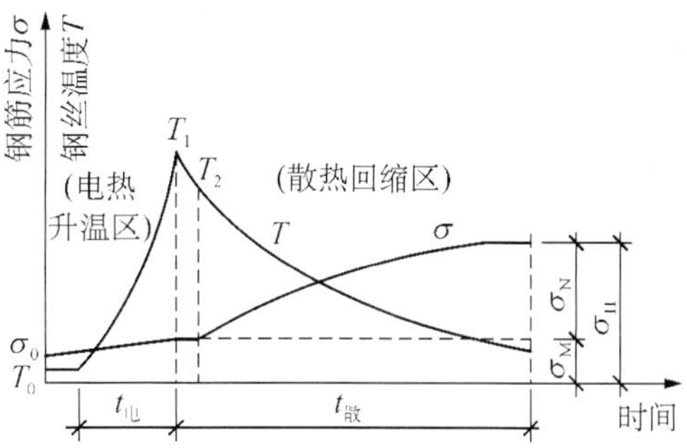

图 9.34　电热缠丝工艺钢丝的温度变化和应力建立过程

σ_N—电热温度应力；σ_H—最后建立之应力；σ_M—机械应力；
σ_0—通过压筋轮所产生的机械初应力；
T_0—室温；T_1—电热温度；
T_2—出电热区经散热后缠到管芯上的温度

缠绕时从插口端开始逐渐向承口方向进行，始末两端需密缠 3～4 圈，其净距应控制在2～3 mm。若中途断丝停车，必须用抱箍夹紧，弧焊连接后，密缠 3～4 圈，再继续按设计螺距缠绕。在缠绕过程中，必须严格控制电流、电压值及螺距等工艺参数，以便获得准确的电热温度应力 σ_N。表 9.14 列举了制作 ϕ600 mm、工作压力为 0.6 MPa 的水泥混凝土压力管的电热工艺参数。电热时应同时保持电压和电流的稳定，以确保钢丝中应力的均匀。此外，钢丝应预先除锈，表面要求光洁，因为锈蚀层起绝缘作用，不仅增大了接触电阻，使电流变小，而且还因钢丝与电极接触不良而产生电火花，以致损伤钢丝。

表 9.14　钢丝螺距和电热参数

管径/mm	钢丝规格与强度	管芯转速/(r/min)	电流/A	电压/V	螺距/mm	
					管体	承口
600	ϕ5 mm σ_0 = 850 MPa	14 16 18	290+15 310+15 325+15	43.5+5 45.0+5 47.7+5	24.6±0.5	21.5±0.5

电热温度对不同直径的高强钢丝的抗拉强度和弹性模量有较大的影响，故有最高允许电热温度的规定，在采用已有的电热工艺参数时，应核算电热温度是否超过允许最高电热温度。

(2) 配重法缠丝工艺

图 9.35 为配重法缠绕环向预应力钢丝的工艺方法。钢丝从钢丝盘架 8 引出，通过阻力轮 7，穿过滑轮组 6，在配重锤的重力作用下，使钢丝张拉。

缠丝时，管芯 2 固定在卡盘间（或置于橡胶托轮上），管芯随之转动，并牵引来自送丝小车 3 的钢丝，按规定的螺距缠绕在管芯上。螺距可用丝杆调节，其误差应不大于±1 mm。在缠丝前，应选好配重并调整好丝杆转速，以满足设计中对预应力值及螺距的要求。

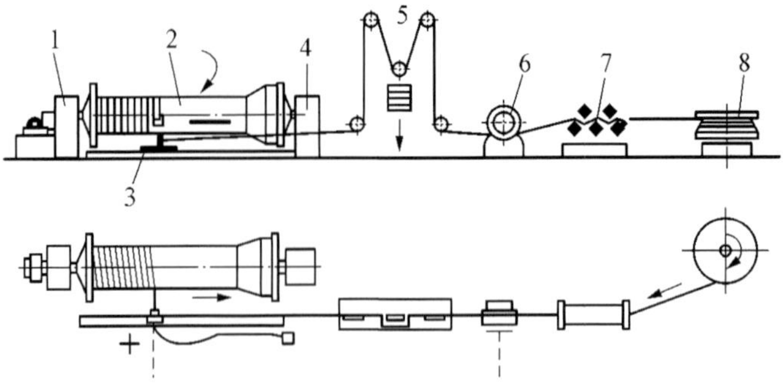

图 9.35 配重法缠绕环向筋示意图

1—前机座;2—管芯;3—送丝小车;4—后机座;5—配重张拉机构;
6—滑轮组;7—阻力轮;8—钢丝盘架

3. 保护层的制作

保护层的制作方法有喷浆法、辊射法及振动抹浆法。喷浆法因水泥损耗量大,劳动条件差,保护层质量受人工操作影响大,故将被其他方法所代替。

(1) 辊射法

如图 9.36 所示,砂浆辊射机是由一对高速旋转的辊筒(钢丝辊筒或外包橡皮的辊筒)、胶带喂料机、料斗等组成,并安装在沿混凝土管芯纵轴平行移动的小车上。两个辊筒各由一台电动机单独驱动,下辊可上下移动,以调节两辊间隙。管芯表面与辊筒表面距离一般为 800～1 500 mm。

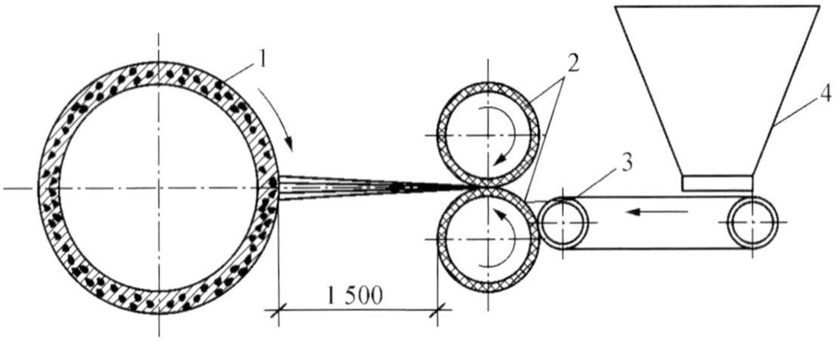

图 9.36 辊射法制作保护层工艺示意图

1—管芯;2—高速辊筒;3—胶带喂料机;4—贮料斗

制作保护层时,先将缠好环向预应力钢丝的管芯放在机床上缓慢旋转。将水泥砂浆[水泥∶砂=1∶(2～3),$W/C=0.25$]卸入料斗中。当水泥砂浆接近高速旋转的辊筒(5 000～6 000 r/min)时,转动摩擦和真空吸附作用使之高速射向管芯表面。为了保证水泥砂浆与管芯的良好黏结,可预先用喷嘴向管芯喷一层浓水泥浆,再辊射水泥砂浆。当砂浆辊射至 20～25 mm 厚时,再在表层喷一层浓水泥浆即成。用这种方法,散落的水泥砂浆约占 20%,可在管芯侧面设一胶带机,回收使用。

制好保护层的管子,应进行历时 2～3 h、温度不超过 65℃的第二次蒸养,然后再经 7 d 洒水或浸水养护,以防干裂。

辊射工艺的优点在于设备简单,磨损小,可用于不同直径的管材;扬尘少,砂浆损耗率低；保护层密实度较高；约十几分钟就可完成制作一根管材的保护层，生产率较高。

(2) 振动抹浆法

先将缠好预应力钢丝的管芯放在能使之旋转的机床上，然后将混凝土（或砂浆）连续加入振动料斗内，振动液化的混合料在重力作用下流到旋转的管芯上，通过料斗下部振动压板的振压，混凝土（或砂浆）即在管芯表面形成均匀密实的保护层，如图9.37所示。

经试验研究，振动抹浆工艺参数如下：振动料斗的振动器频率为 9 000～10 000 次/min，振幅为 0.12 mm；混凝土水灰比为 0.33～0.35；振动料斗下料口宽度为 50～60 mm；混凝土管芯的旋转线速度为 200～250 mm/min，若用多层抹浆法，其旋转速度约可提高 2.5～3 倍；料斗下料口中心与管芯中心偏心距为 10～15 mm；振动压板下部的圆弧半径为 110 mm。

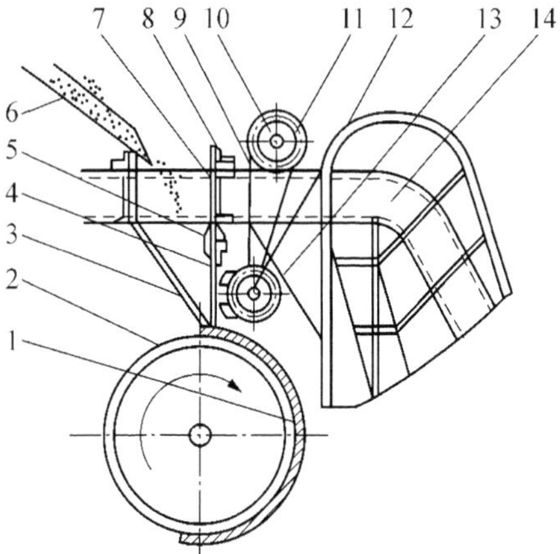

图 9.37　振动抹浆法制作保护层工艺示意图

1—混凝土保护层；2—预应力混凝土管芯；3，4—振动料斗；5，8—减振橡胶板；6—装料装置；7—料斗；9—传动同步带；10，12—同步带齿轮；11—电机；13—激振器；14—机架

振动抹浆法生产效率高，制作一根 ϕ600 mm 管的保护层仅需 10 min，所需设备简单，易维护，若控制得当，保护层的质量可得到保证。

4. *产品检验*

预应力混凝土管的质量检验包括外观检查、抗渗压力检验、抗裂压力试验以及转角和位移试验等。新的国家规范规定，抗渗压力检验在混凝土管芯缠绕环向预应力钢丝之后便进行，以利于发现渗水的部位，准确地修补。

抗渗压力检验可在水压试验机上进行。图 9.38 是一种同时检验两根管材的卧式水压试验机。检验时，将管材放在托管车 10 上并定位装紧，待管内充水排气后，再升压至规定数值，持压至规定时间后，再检查管体和接头的抗渗及抗裂性能。抗渗检验不合格的管材，经修补后再经水压复验合格者，仍可作合格品使用。

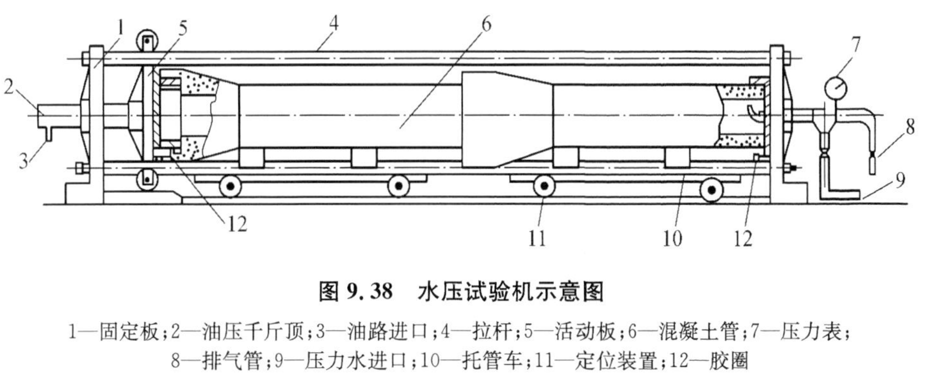

图 9.38　水压试验机示意图

1—固定板；2—油压千斤顶；3—油路进口；4—拉杆；5—活动板；6—混凝土管；7—压力表；8—排气管；9—压力水进口；10—托管车；11—定位装置；12—胶圈

9.5.3.3 三阶段悬辊制管工艺

制作管芯的悬辊工艺与离心工艺相比，具有混凝土强度高、抗渗性能较好、水泥用量低、成型周期短、管模结构简单、制管机对管径规格适应性较广、劳动条件较好等优点。因此，目前三阶段预应力管多采用悬辊法。

1. 悬辊制管工艺过程

悬辊制管机是悬辊法的主要设备(图 9.39)，其工作机构是一根直径和长度视管径大小和管体长度而定的辊轴，其一端通过两个轴承座固定在机架上并保持水平状态，另一端通过带孔的活动横梁也支撑在机架上。为使管壁不致超厚，有些悬辊机附设可移动的刮板，将多余的混凝土刮去，并保持表面平整。另在胶带送料器的端部设有一活动小刮板，可随送料器的往复将辊轴上黏着的残余砂浆刮净，使之保持光洁。

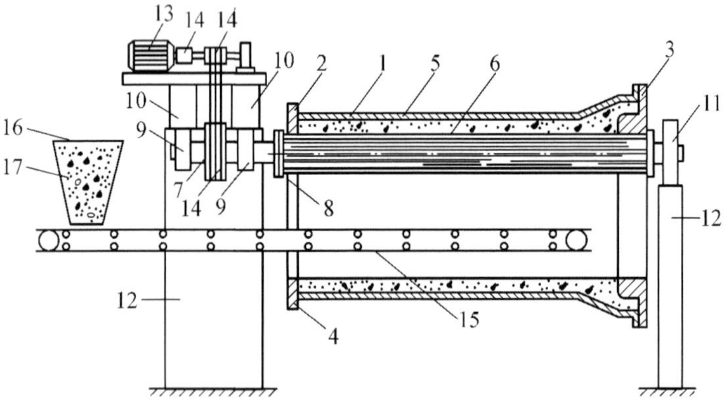

图 9.39 悬辊制管机示意图

1—管模；2—插口挡圈；3—承口挡圈；4—连接螺栓；5—混凝土管壁；
6—辊轴；7—心轴；8—连接法兰；9—滚动轴承座；10—固定横梁；11—活动横梁；
12—立柱；13—电动机；14—传动胶带；15—胶带送料器；
16—料斗；17—混凝土混合料

成型管芯时，先打开活动横梁，将准备好的管模套进呈悬臂状的辊轴上，再合拢横梁，启动辊轴转动，并通过辊轴与管模挡圈的摩擦作用，带动管模转动。当管模的转速足以使混凝土黏附在管壁上时，先向承口部位加料，然后再向管模其余部位连续加料，使混凝土混合料在离心力作用下均匀分布于管模内壁。管壁厚度由挡圈控制，当加料厚度超过挡圈高度后，混合料即开始在辊压力作用下逐渐密实。加料完毕，宜再继续辊压一段时间，待密实度达到要求即可停车。然后将管模由机架中吊出，准备进行带模蒸汽养护。

由于悬辊制管工艺主要是靠辊压力的作用密实混凝土的，因此，成型过程中应均匀连续喂料。若喂料不匀，将造成管壁料层厚薄不均，料层薄的部位则因辊压不足而密实度降低。此外，承口模的构造特点，使混合料只能受到侧压力的作用，而不能受到径向压力的作用，致使承口质量下降。采用承口加振动或其他方法可提高承口混凝土的密实度。

2. 悬辊制管工艺原理

在悬辊制管时，管模的转速较低，故离心力的作用主要在于均匀布料。辊轴与混凝土料层接触面不平引起的振动对混合料的布料和密实起辅助作用。钢模、混凝土及钢筋骨架所受的重力，构成了辊轴对混凝土的反作用力——辊压力(图 9.40)。主要在辊压力的作用下，混凝土混合料得以在较短时间内密实成型。

离心工艺和振动工艺各有优点，但单独用于制管工艺均属非理想的方法。因为离心或振动制管是将密实成型的能量平均施于管模和全部混合料，尽管总能量很大，但是单位体积混合料所获得的密实成型能量却很小。悬辊工艺，除了兼有离心和振动的作用，即在成型过程中将能量平均分布到混凝土管的各部位外，辊压则将能量主要集中在一个较小而狭长的悬辊辊压区，致使单位体积混合料获得了较大的密实能量。

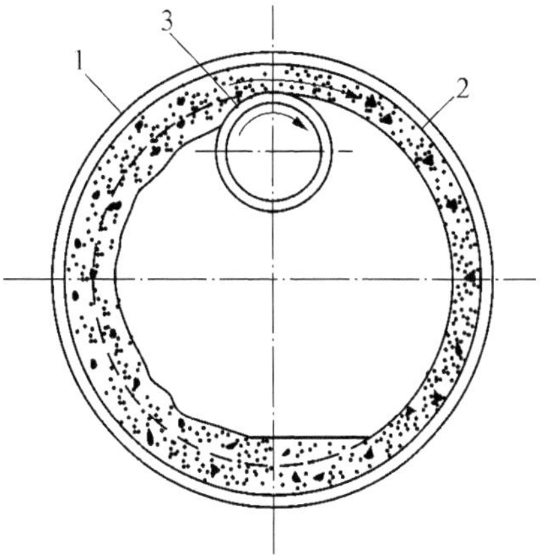

图 9.40 悬辊工艺原理图

1—管模；2—混凝土管芯；3—辊轴

悬辊工艺对于干硬性混凝土，其密实效果较之振动和离心工艺显著很多。因为，从振动工艺原理可知，振动能量在传递过程中的衰减随混合料结构黏度的增大而增加，所以对于结构黏度较高的干硬性混凝土，单独采用振动工艺，密实效果不佳。离心工艺也很难使干硬性混凝土密实成型，相应于离心力达 0.1 MPa 的离心速度，尚不足以克服干硬性混凝土混合料的极限剪应力。而悬辊工艺的优越性之一就是适用于干硬性混合料，从而使混凝土管芯的密实度提高。

3. 悬辊制管工艺参数的确定

管模的转速、辊压时间和辊压力的大小是悬辊制管工艺的基本工艺参数。

(1) 管模的转速

悬辊制管时，管模的转速比普通离心工艺低得多，在喂料完毕后的净辊压阶段，转速有所提高，但也不超过离心法密实阶段转速的一半(如 ϕ1 000 mm 管的转速约为 100 r/min)。实践证明，转速过高，对提高管芯质量并无显著效果，而对机具设备的要求却提高了。

管模与辊轴转速之间的关系可表达为

$$n_2 = \frac{R_2}{R_1} n_1$$

式中 n_1，n_2——分别为管模和辊轴的转速，r/min；

R_1，R_2——分别为挡圈(混凝土管)的内半径和辊轴外半径，cm。

辊轴外径与管内径有一定比例关系，管径为 300～1 500 mm 时一般取 1∶3～1∶4。

(2) 辊压力

辊压力是指辊轴对辊压区管芯混凝土单位面积的压力。当松散的混合料的厚度超过挡圈时，就被辊轴压实于管壁内(图 9.41)，直到管壁压力这个变量随着混合料的不断被压入管壁而逐渐增大，并有个最大值，即当混合料不能再压入管壁而将使管壁呈超厚状态时的辊压力。此外，辊压力在管壁混凝土中沿径向方向衰减，管内壁处最大，而模内壁处最小。

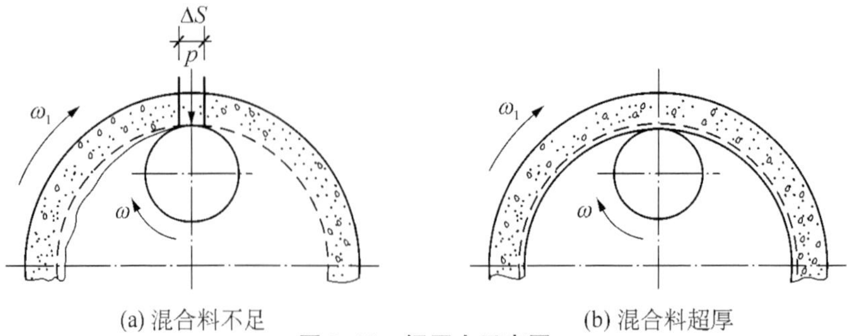

图 9.41　辊压力示意图

ω—辊轴转速；ω_1—管芯转速；ΔS—辊压区；p—总反压力

(3) 辊压时间

辊压时间是指投料完毕至停止辊压的时间间隔，依管径和壁厚的大小，以及混合料干硬度的不同而不同，一般为 4～7 min，以获得较好的密实效果。

9.6　环形截面电杆离心生产工艺

9.6.1　环形截面电杆概述

混凝土电杆具有耐久性好、耗钢量少，施工方便，维护工作少、成本低等优点，在代替钢材、木杆、节约木材上意义重大。我国钢筋混凝土电杆的生产使用在改革开放后获得了迅猛发展，从供电系统的两网改造、户户通工程、农网完善工程到新农村电气化工程，铁路建设、广播电视建设、通讯建设等工程均使用了大量的混凝土电杆。

钢筋混凝土电杆有多种结构型式，如方形、环形、八角形、工字形、双肢形和格构形等。使用最为广泛的是环形截面电杆，因为环形截面的各向承载能力相同、受风荷载较小，抗扭能力较高，外形美观；同时因为封闭形状，没有突出棱角，运输安装方便；采用普通的离心成型工艺，制造简单，生产效率高，也有较高的密实度和强度，产品质量好。它分为普通混凝土电杆和预应力混凝土电杆，按外形可分为锥形杆和等径杆两种，见图 9.42。

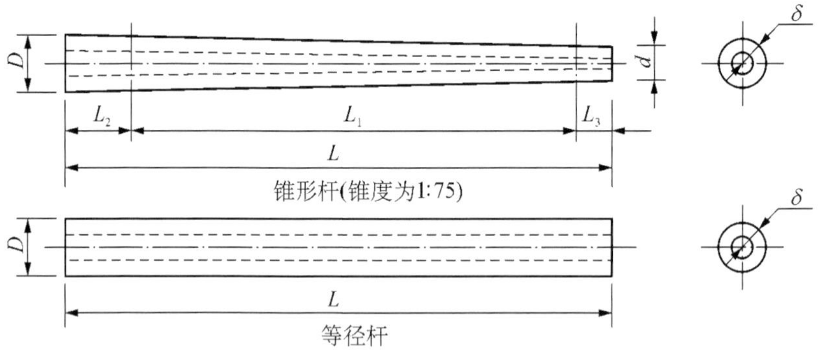

图 9.42　锥形杆和等径杆示意图

L—杆长；L_1—荷载点高度；L_2—支持点高度；
L_3—梢端至荷载点距离（为 0.25 m）；D—根径或直径；
d—梢径；δ—壁厚

预应力混凝土电杆，简称预应力电杆，由于其具有抗裂性能较高，使用寿命长，并且耗钢量小、自重轻、成型快等优点，已取代普通钢筋混凝土电杆，被广泛使用。

本节主要介绍预应力混凝土电杆的生产工艺，如图9.43所示。

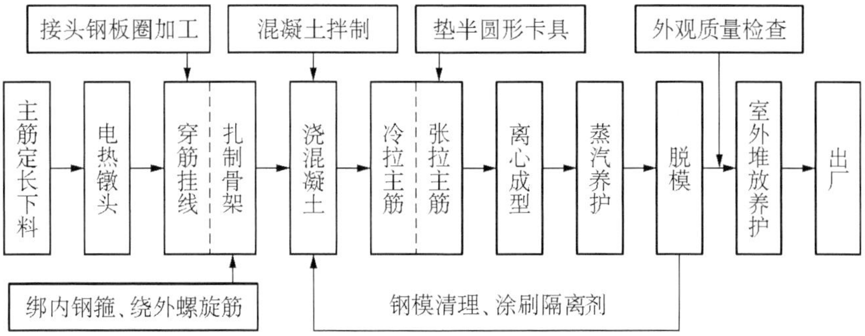

图9.43　预应力混凝土电杆的生产工艺流程图

9.6.2　环形截面电杆生产原材料

1. 水泥

预应力混凝土电杆用的水泥强度等级不宜低于42.5；钢筋混凝土电杆用的水泥强度等级不宜低于32.5。水泥宜采用硅酸盐水泥、普通硅酸盐水泥、矿渣硅酸盐水泥、抗硫酸盐硅酸盐水泥或快硬硅酸盐水泥，其性能应分别符合GB155、GB1344、GB748和GB199的规定。

2. 集料

细集料宜采用质地坚硬的中粗砂，细度模数为2.3～3.2，含泥量不得大于2%；粗集料应采用碎石或卵石，其最大粒径不宜大于25 mm，且不得超过钢筋净距的3/4，含泥量不得大于1%。砂石的其他质量应分别符合GB/T14684、GB/T14685的规定。

3. 水

拌制混凝土的用水采用饮用水或清洁的天然水，其所含物质不能对混凝土产生有害的影响，即不能影响混凝土拌合物的和易性、混凝土的凝结硬化、混凝土的强度发展，也不能降低混凝土的耐久性，引起钢筋腐蚀甚至预应力钢筋脆断等，应符合JGJ63—1989的规定。

4. 外加剂

外加剂的质量应符合GB8076《混凝土外加剂》的规定，减水率大于15%；应经过试验验证，能适应蒸压养护，严禁使用氯盐类或其他对钢筋有腐蚀作用的外加剂。

5. 矿物掺和料

可选用硅砂粉、粉煤灰、磨细矿渣、硅灰等矿物掺和料，不得对电杆产生有害影响，使用前必须对其有关性能和质量进行试验验证。

6. 钢筋

普通纵向受力钢筋宜采用热轧带肋钢筋或热轧光圆钢筋；预应力纵向受力钢筋宜采用预应力混凝土用钢丝、钢绞线和钢棒(热处理钢筋)；架立圈筋宜采用热轧光圆钢筋、冷拔低碳钢丝；螺旋筋宜采用冷拔低碳钢丝。各类钢筋性能应分别符合GB1499、GB13013、GB/T5233—2002、GB/T5233—2003、GB/T5233—2005和JGJ19—1992的规定。

9.6.3 预应力混凝土环形截面电杆的离心生产工艺

预应力混凝土环形截面电杆的离心生产工艺主要由钢筋加工和半成品骨架制作、混凝土制备、钢模清理、钢筋骨架放置、布料与合模、纵向钢筋的张拉、离心成型、常压蒸汽养护、放张及脱模组成。生产线一般按机组流水法组织。

9.6.3.1 钢筋加工和半成品骨架制作

严格控制纵向受力钢筋的定长下料是保证预应力混凝土电杆质量的关键，其下料长度偏差不得大于钢筋长的 0.15%(按照 GB4623—84)。端头用冷镦法镦粗，预应力钢筋的镦头强度不得低于该材料标准强度的 95%(达不到时，可降低强度使用)；镦头的直径一般为钢筋直径的 1.5～1.8 倍；镦头不得歪斜和有裂纹，必要时采用定长编组。

钢筋骨架要求：纵向受力钢筋沿电杆环向均匀配置，锥形杆不得少于 6 根，等径杆不得少于 8 根。部分预应力混凝土电杆的纵向受力钢筋中，若需配置普通钢筋，则不得少于 6 根。纵向受力钢筋直径不得大于壁厚的 2/5。端面应平整，不得有局部弯曲，表面不得有油污。

预应力钢丝经调直、定长切断处理；非预应力钢筋的对焊宜采用闪光电焊，焊接技术要求应符合 GB50204 的规定，其接头处的强度应不小于钢筋本身强度；热轧光圆钢筋用作冷拉强化时，应先焊后拉。其冷拉总延伸率对Ⅰ级钢不大于 10%，Ⅱ级钢不大于 5.5%，Ⅲ级钢不大于 5%，Ⅳ级钢不大于 4%，5 号钢不大于 6%；热轧光圆钢筋或热轧螺纹钢筋在调直除锈时，其延伸率Ⅰ级～Ⅳ级钢为 3%～5%，5 号钢不大于 4%。

9.6.3.2 混凝土制备

根据设计好的配合比，将砂、石、水泥、水、外加剂和掺和料等经精确计量，用强制式搅拌机制成新拌混凝土。搅拌第一罐混凝土时，应适当增加水泥用量。新拌混凝土应即拌即用，最长停放时间为：当室温在 20℃以下时，不宜超过 1 h；当室温在 20℃上时，不宜超过 45 min，混凝土坍落度宜控制在 2～6 cm。

钢筋混凝土电杆的混凝土强度等级不宜低于 C40，脱模时混凝土强度不宜低于20 MPa。预应力混凝土电杆、部分预应力混凝土电杆的混凝土强度等级不宜低于 C50，脱模时混凝土强度不宜低于 30 MPa。

9.6.3.3 钢模清理

电杆钢模一般由上、下两个半模组成，用 6～10 mm 钢板制作，并设有纵向和横向增强加筋，以使钢模具有足够强度、刚度，严密的合口缝和准确的外形。合口用螺栓连接，装拆时严禁碰撞敲击。钢模必须仔细清理干净，螺丝应齐全完好，钢模内壁及合缝处应均匀涂刷隔离剂。

9.6.3.4 钢筋骨架放置

在下半钢模内放置好钢筋骨架，必须保证在混凝土中的设计位置，钢筋骨架不得扭曲。对主筋、螺旋筋、架力圈、预埋件的位置必须检查校正，合格后方可布料。

9.6.3.5 布料、合模及纵向钢筋张拉

将纵向受力钢筋挂在张拉台的挂筋板后，然后进行布料。布料时，在梢端 1.5 m 内应填满混凝土，在根端 0.5 m 内应适当少布混凝土或不布混凝土；布料后，应将钢模合缝处清理干净，将上半模放下与下半模对好合模，均匀对称地拧紧螺栓。为防止漏浆，可采取相应密封措施。

张拉机头中心对准钢模轴心后开始张拉。为减少预应力损失，可采用预张拉，其预张拉程序为：

钢筋 $0 \rightarrow 1.05\sigma_k \rightarrow 0.90\sigma_k \rightarrow \sigma_k$

钢丝 $0 \rightarrow 1.03\sigma_k$

张拉控制应力 σ_k：对冷拔低碳钢丝、冷轧带肋钢筋 σ_k 取 $0.7f_{pyk}$；对碳素钢丝、螺旋肋钢丝 σ_k 不高于 $0.75f_{pyk}$；对低预应力度的部分预应力电杆中的Ⅳ、Ⅴ级钢筋、碳素钢丝的最低控制应力不得低于 $0.4f_{pyk}$。实际张拉值与设计张拉值的允许偏差应控制在±3%之内。

张拉与合模过程如图 9.44 所示。

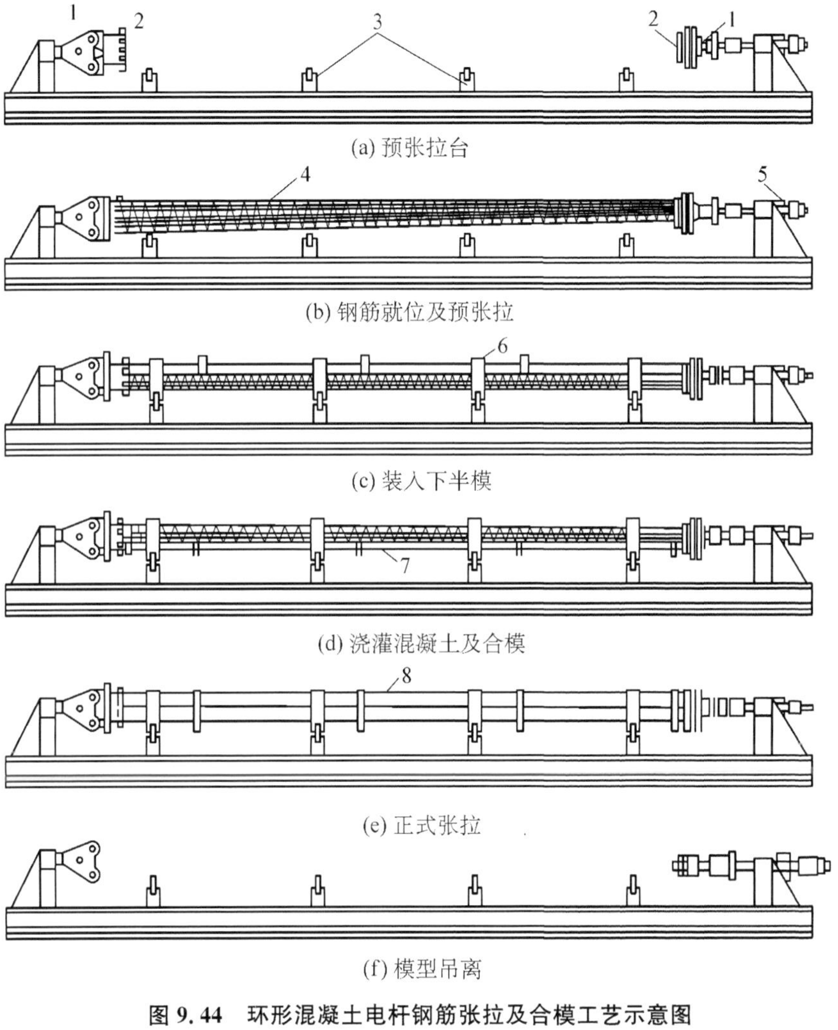

图 9.44　环形混凝土电杆钢筋张拉及合模工艺示意图

1—预张拉台的伸长装置；2—模型端部盘；3—辊轴；4—钢筋骨架；
5—千斤顶拉杆；6—模型滚圈；7—下半模；8—上半模

9.6.3.6　离心成型

离心成型的优点是能够大大提高电杆的密实度和强度，而且使得电杆在早期由于混凝土的干缩而引起龟裂的细小裂纹不易向纵深发展。离心成型转速分为慢、中、快三级。

在电杆离心过程中，慢速阶段是混凝土均匀布料阶段。慢速转速应恰好是钢模做圆周运动的离心力等于混凝土拌合物自重的速度，混凝土拌合物在慢速过程中均匀地分布在钢模内壁，是离心过程中电杆成型的重要阶段。中速阶段是进一步均匀布料并形成排水孔隙阶段。在这个阶段混凝土电杆已基本成型，形成的排水孔隙对混凝土电杆排水而产生较高的离心强度有着重要的影响。保证中速时间并均匀加速，有利于形成较均匀的排水孔隙，有利于在离心高速时排出水分，增加密实度，从而保证离心混凝土强度，进一步加强混凝土电杆的力学性能。高速阶段是混凝土密实和排水阶段。保证钢模的高速时间和速度就可保证混凝土电杆的密实度。在高速过程中，影响离心速度的主要原因是钢模跳动，所以钢模的完好工作状态，是生产出优良力学性能混凝土电杆的重要保证。具体的慢、中、快速离心时间可根据离心机的速度、混凝土分布均匀程度和脱水密实情况，通过理论计算与实际试验而确定。

一般情况下，慢速的钢模转速为 80～120 r/min，中速为慢速和快速的过渡，而快速的钢模转速要根据所生产电杆的梢径来确定，ϕ190 mm 以下，转速为 400～450 r/min；ϕ190～310 mm转速为 350～400 r/min；ϕ310 mm 以上的转速为 330～370 r/min。离心成型时间根据离心成型速度的不同而有所不同，慢速时间为 1.5～3.0 min，中速时间为 2～3 min，高速时间为 6～12 min。而总的离心时间不得少于 12 min。

离心成型后电杆内壁应光滑坚硬，余浆应清澈。

有的工厂为使离心成型效果更好，还分为四个阶段，即在慢速与中速之间增加一个慢中速（或叫低中速），或采用慢速→中速→变速→高速四阶段的离心制度。

离心完毕，将杆内余浆倾倒干净，有缺陷时，应立即修整。离心成型后的电杆，起吊运输时应轻起轻落，严禁碰撞。

9.6.3.7　常压蒸汽养护

通常为保证产品质量并节省能源，蒸养方式宜采用节能养护窑，不得用直通式养护。目前电杆的养护常采用简易作业的尽头式定向循环隧道窑或半地上养护坑进行快速养护，其围护结构应采用合适的保温材料，以降低散热损失。根据不同季节、不同材料、不同工艺制度由试验室确定合理的养护制度。蒸汽养护时，升、降温速度不得超过 40℃/h，恒温：硅酸盐水泥和普通硅酸盐水泥不高于 80℃；矿渣硅酸盐水泥不高于 95℃。养护时每隔 0.5～1.0 h测温一次，并调整供气量。

9.6.3.8　放张及脱模

根据预定的养护时间，当预应力混凝土电杆强度不低于设计强度的 70%时结束蒸汽养护，起吊进行放张脱模。预应力钢筋宜采用整体放张应力工艺，当单根放松时，应对称切割。脱模后应找出预埋件，打通预留孔，切除伸出端面的预应力钢筋头，并在切除处涂上防锈涂料。电杆脱模时，应在同一水平面上放置软垫层，脱模后的电杆应按标准规定注明临时标志，转入堆场保养。当气温在 25℃以上时，电杆宜在水池中养护或洒水保湿养护，以保证混凝土的强度能正常增长。

9.6.3.9　产品贮存及运输

电杆堆放场地应夯实平整，产品按生产日期、规格、型号、等级分别堆放。

堆放支点：杆长＜12 m，采用两支点；杆长≥12 m，宜采用三支点支承。

堆放层数：梢径≥270 mm 或直径≥400 mm 的电杆，堆放层数不得超过四层；梢径＜270 mm和直径＜400 mm 的电杆，堆放层数不得超过六层。产品堆放时层与层之间用支垫物隔开，每层支承点在同一平面上，各层支垫物位置在同一垂直线上。

电杆出厂前外露钢筋应切除。梢端应用混凝土封实，钢板圈、法兰盘及根端要进行防腐处理。如有特殊要求，另行处理。

电杆起吊运输时，应采用两支点法，装卸起吊应轻起轻放，严禁抛掷、碰撞或自由滚落。电杆运输过程中，梢径≥170 mm 的电杆每次的吊运数不宜超过 3 根，梢径≤150 mm 的不宜超过 5 根。

9.7 预应力离心混凝土空心方桩生产工艺

9.7.1 概述

9.7.1.1 预制桩及其特点

随着我国城市化建设进程的快速发展，兴建了大量的多、高层工业建筑，公共建筑和居住建筑等。为了解决地基基础承载力不足的问题，特别是解决在软土地基上不均匀沉降的控制问题，已普遍地采用各种类型的桩基作为建筑(构筑)物的基础型式，取得了众所周知的效果。在诸多桩基型式中，不外乎有预制成型桩、震动灌注桩、钻孔灌注桩等，它们已广泛应用于不同的工程类型和不同的地质状况，满足不同的控制要求。而各类预制成型、现场沉入的预制桩更是以其生产速度快，质量较稳定，施工速度较快，检测手段较简便等优点而应用在各类工程中。

目前建筑市场上应用的各类预制桩的特点如下。

1. 预制实心方桩

(1) 相同外观尺寸的实心方桩自重大，因其为非预应力构件，抗弯性能差，在吊装、运输、施工转运等过程中易出现桩身裂缝甚至断裂。

(2) 工艺制作方面，实心方桩采用常规方法支模，振捣成型。因此桩的外型几何尺寸不规则，存在误差较大的现象。在施工过程中，静压桩夹具易夹伤、夹破桩身，破损率较高。

(3) 实心方桩振捣成型，混凝土强度等级一般为 C30、C40，桩身结构承载力较低。

(4) 实心方桩非流水线生产，产品质量离散性较大，质量存在不稳定的因素，且其成型后采用自然养护，达到设计混凝土强度的时间较长，生产周期长。

(5) 桩身材料用量偏大，经济性较差。

2. 普通预制空心方桩

(1) 虽然其自重轻，但属于非预应力构件，同样其抗弯性能差。在吊装、运输、施工转运等过程中也易出现桩身裂缝甚至断裂。

(2) 采用振捣成型，混凝土强度等级低，桩身承载力更低，外形几何尺寸有不规则现象，施工中易被夹破，桩身破损率较高。

(3) 桩身用钢量大，经济性差。

3. 预应力管桩

预应力管桩有如下优点。

(1) 制作工艺先进，机械化流水线生产，外形尺寸误差较小。

(2) 桩身混凝土等级高，为 C60、C80，桩身能提供的承载力高，经济性好。

(3) 采用蒸汽养护坑及蒸压釜等设备进行养护，达到设计混凝土强度等级所需时间短，生产周期短。

(4) 管桩为预应力构件、离心成型，具有自重轻，吊装、运输、堆放方便的优点。

(5) 两端采用端头板，桩与桩连接时焊缝深，焊缝质量保证率高，成桩完整性好。

(6) 管桩表面积比同规格离心方桩小，提供的单桩地基承载力较离心方桩低，在同等柱荷载情况下，承台也较离心方桩浪费，故管桩的使用效率比离心方桩低。

其缺点有以下几个方面。

(1) 管桩为外圆形结构，运输中不易绑扎、固定。

(2) 由于管桩桩身存在一定的椭圆度，采用抱压施工时易出现桩身抱碎事故。

(3) 管桩在软土地基施工后，在基坑开挖时，容易出现桩位倾斜。

(4) 管桩基础的承台较方桩大，基础成本较高等。

4. 预应力离心混凝土空心方桩

(1) 单桩承载力高。由于挤压作用，单桩承载力要比同样直径的沉管灌注桩或钻孔灌注桩高。

(2) 设计选用范围广，该桩型按混凝土等级和混凝土承载截面的大小可分为：预应力混凝土空心方桩(KFZ)、预应力高强混凝土空心方桩(HKFZ)、薄壁预应力混凝土空心方桩(TKFZ)。单桩承载力达到 600～5 000 kN，在中小直径桩型中具有一定优势。在同一建筑物基础中，可根据柱荷载的大小采用不同直径的方桩，充分发挥每根桩的承载能力，使桩长趋于一致，保持桩基沉降均匀。

(3) 对持力层起伏变化大的地质条件适应性强。因为桩节长短不一，通常每节 4～13 m，搭配灵活，接长方便，在施工现场可随时根据地质条件的变化调整接桩长度，节省用桩量。由于方桩相同规格单节桩身制作长度比管桩长，使得施工深度更深。

(4) 外观尺寸规整，比管桩更易于堆放、运输和吊装，且接桩快捷。该桩节长一般在 13 m以内，桩身又有预压应力，起吊时用特制的吊钩勾住桩的两端就可以方便地吊起来。桩节拼接一般采用端头板电焊接来连接。方桩的外形更容易开发出非焊接的快速连接头，能真正做到全天候施工，施工更快捷，可避免在高地下水位中出现焊接桩头开裂现象。

(5) 离心空心方桩的抗震性能优越。预应力方桩的抗弯强度与同直径的预应力管桩比较，约是其 1.5 倍，方桩的理论计算抗剪力是同等管桩的 2～3 倍，据日本建设省的实际测试，是管桩的 4.5 倍，这说明空心方桩的抗震性能非常优越，很值得在多震的区域及高层建筑、大面积地下室的建筑物基础中推广使用。同时，施工速度快，工效高，工期短。

(6) 预应力方桩可以获得更大的抗弯强度，在贯入过程中破损率更低，空心方桩继承并发扬了原有混凝土方桩施工破损率低的特点，高强混凝土配上方形的头部，比管桩有更好的耐冲击性能和小得多的桩头破损率；方形比圆形有更大的焊接周长，充分保证每节桩之间的有效焊接强度，大大减小了管桩在施工中出现接头脱焊或位移现象，使成桩质量更优。

(7) 施工文明，现场整洁，工地机械化施工程度高，不会发生钻孔灌注桩工地泥浆满地流的脏污情况，也不会出现人工挖孔桩工地到处抽水和堆土运土的忙乱景象。同时，采用专门的模具离心成型，成桩质量较可靠。

综上所述，预应力混凝土空心方桩，结合了实心方桩和空心方桩的优点，同时在其生产工艺中引入了高速离心这一概念，使桩身混凝土的密实度得到了极大的提高，结构耐久性也得到了提高。采用预应力混凝土空心方桩具有节约材料、提高承载力、工艺先进、技术成熟、生产质量稳定的特点，符合国家可持续发展、节能节材的方向，有逐渐取代预应力空心管桩的趋势，是一种具有较大市场潜力和发展前景的新型桩型。

9.7.1.2　离心方桩类型及产品代号

根据离心方桩混凝土强度等级和离心方桩截面内径分为：预应力高强混凝土离心方桩（代号 HLFZ）、预应力混凝土离心方桩（代号 LFZ）、预应力混凝土薄壁离心方桩（代号 TLFZ）三种类型。按离心方桩的桩身结构抗弯性能，将预应力高强混凝土离心方桩和预应力混凝土离心方桩分为 A 型、AB 型和 B 型。

空心方桩规格按外边长 250 mm、300 mm、350 mm、400 mm、450 mm、500 mm、550 mm、600 mm、650 mm 和 700 mm 分为 10 种规格。离心方桩单节桩长为 5～15 m，离心方桩的长度包括桩身、接头和桩尖，不包括附件配件。图 9.45 为边长 350 m、长 9 000 mm 离心方桩结构示意图。

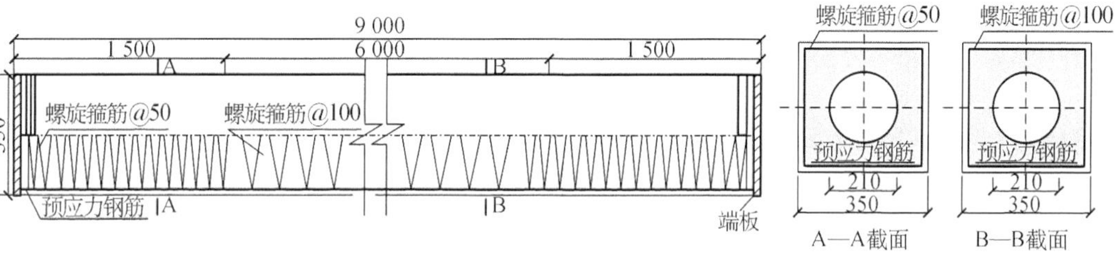

图 9.45　离心方桩结构示意图

9.7.1.3　预应力离心混凝土空心方桩生产工艺流程图

预应力离心混凝土空心方桩生产工艺流程见图 9.46。

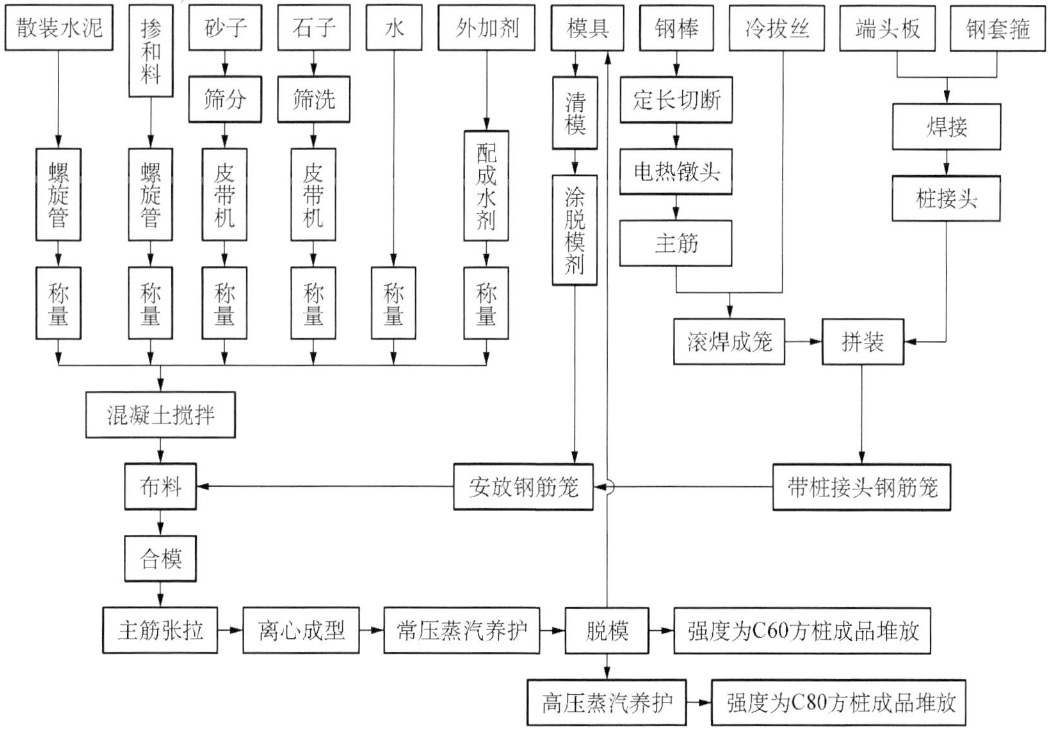

图 9.46　预应力离心混凝土空心方桩生产工艺流程

9.7.2 离心方桩原材料

9.7.2.1 水泥

水泥宜采用强度等级不低于 42.5 的硅酸盐水泥、普通硅酸盐水泥、矿渣硅酸盐水泥、粉煤灰硅酸盐水泥，其质量应分别符合 GB175 和 GB1344 的规定。为保证提高混凝土强度、减少高强减水剂和提高混凝土耐久性，水泥矿物组成中，$C_3S+C_2S\geqslant70\%$，$C_3A<6\%$。

9.7.2.2 集料

细集料宜采用硬质洁净的天然中粗砂或人工砂，细度模数为 2.3～3.4；当选用人工砂时，细度模数不宜高于 3.8。砂中 SiO_2 含量≥90%，当混凝土强度等级为 C60 时含泥量应小于 2%。不得使用未经淡化的海砂，若采用淡化的海砂，混凝土中的氯离子含量不得高于 0.06%。

粗集料应采用碎石或破碎的卵石，连续级配，平均粒径为 12 mm，其最大粒径≤25 mm，且不得超过钢筋净距的 3/4。碎石的岩体抗压强度宜大于所配混凝土强度的 1.5 倍，风化石等软弱颗粒含量应小于 3%，针片状颗粒含量应小于 10%。碎石必须经过筛洗，当混凝土强度等级为 C80 时含泥量应小于 0.5%；当混凝土强度等级为 C60 时含泥量应小于 1%。

为防止混凝土的碱-集料反应，还应对水泥的含碱量和集料的质地进行控制。

细集料和粗集料质量应分别符合 GB/T14684 和 GB/T14685 的规定。

9.7.2.3 水

混凝土拌合用水不得含有影响水泥正常凝结和硬化的有害杂质和油质，其质量应符合 JGJ63 的规定。另外，不得使用海水。

9.7.2.4 减水剂

减水剂的质量应符合 GB8076 的规定，减水率大于 15%；应经过试验验证，能适应蒸压养护，不得使用含有氯盐或有害物的外加剂。

9.7.2.5 矿物掺和料

可选用硅砂粉、火电厂干排粉煤灰、磨细粒化高炉矿渣、硅灰等矿物掺和料，矿物掺和料不得对空心方桩产生有害影响，使用前必须对其有关性能和质量进行试验验证。

9.7.2.6 钢材

预应力主筋采用直径大于 7.1 mm 的凹螺纹型低松弛预应力混凝土用钢筋，延性级别为 35，断后伸长率≥7%，抗拉强度>1 420 MPa，屈服强度>1 275 MPa，其质量应符合 YB/T 111的规定；螺旋筋采用牌号为 Q195、Q215、Q235，直径为 4～6 mm 的低碳冷拔钢丝、低碳钢热扎圆盘条，其质量应分别符合 GB50204—2002 和 GB/T701 的规定；端部锚固钢筋、架立圈宜采用低碳钢热轧圆盘条或钢筋混凝土用热轧带肋钢筋；端头板、桩套箍的材质选用 Q235 的碳素结构钢，其质量应符合 GB/T700 的规定。

9.7.3 生产工艺

离心方桩生产工艺与离心电杆生产工艺相似，与现有的管桩生产工艺基本相同。具体生产工艺如下。

9.7.3.1 钢筋骨架制作

1. 预应力主筋加工

钢筋应清除油污，不得有局部弯曲，端面应平整，不得有飞边，不同厂家、不同型号规格的钢筋不得混合使用。

预应力主筋需要精确定长、切断、镦头；单根空心方桩同束钢筋中，下料长度的相对差值不得大于 $L/5\,000$（L 为桩长，以 mm 计）。

主筋镦头宜采用热镦工艺，钢筋镦头强度不得低于钢筋标准强度的 90%。

预应力主筋沿空心方桩断面四边分布均匀配置，最小配筋率不低于 0.35%，并不得少于 8 根，主筋净距不应小于 30 mm。

2. 钢筋骨架制作

方形钢筋骨架采用专门的方形钢筋骨架滚焊机自动焊接成型，预应力主筋和箍筋焊接点的强度损失不得大于钢筋标准强度的 5%。

箍筋的直径应根据空心方桩的规格来确定，边长 450 mm 以下，箍筋的直径不应小于 4 mm；边长为 500～650 mm，箍筋的直径不应小于 5 mm；边长为 700 mm，箍筋直径不应小于 6 mm。空心方桩箍筋间距最大不应超过 120 mm。空心方桩两端在 1 000～1 500 mm 长度范围内箍筋加密，间距为 40～60 mm。

钢筋骨架成型后，各部分尺寸应符合如下要求：预应力主筋间距偏差不得超过±5 mm；箍筋的间距偏差不得超过±10 mm。

3. 钢筋骨架吊运、运输

钢筋骨架吊运时要求平直，避免变形。钢筋骨架堆放时，严禁从高处抛下，并不得将钢筋骨架在地面拖拉，以免钢筋骨架变形或损坏，同时应按不同规格分别整齐堆放。

9.7.3.2 桩接头制作

方桩的接头由端头板与钢套箍组成。端头板外形是方形，且预应力主筋的沉孔沿端头板的四边、角均匀分布。端头板四周焊接厚度为 1.5～2 mm 的薄钢板制作成的方形桩钢套箍。

桩接头应严格按照设计图制作。端头板与钢套箍焊接的焊缝在内侧，所有焊缝应牢固饱满，不得带有夹渣等焊接缺陷；如需设置锚固筋，则锚固筋应按设计图纸要求选用并均匀垂直分布，端头焊缝周边饱满牢固。

端头板的宽度不得小于空心方桩规定的壁厚，端头板的宽度应满足张拉时的受力要求和焊接要求。

端头板制作要符合：主筋孔和螺纹孔的相对位置必须准确，钢板厚度、材质与坡口必须符合设计要求。

9.7.3.3 混凝土制备

1. 混凝土配合比设计

预应力高强混凝土离心方桩用混凝土强度设计等级不低于 C80，预应力混凝土离心方桩和预应力混凝土薄壁离心方桩用混凝土强度设计等级不低于 C60。新拌混凝土的坍落度应为低坍落度，一般控制在 3～6 cm。

离心混凝土配合比的设计参见 JGJ55，经试配确定。

2. 原材料计量

根据设计好的混凝土配合比，将砂、石、水泥、水、外加剂和掺和料等应经计量精度高、性能稳定可靠的电子控制设备进行精确计量再加入搅拌机。原材料计量允许偏差：水泥、掺和料、水与外加剂≤1%，粗、细集料≤2%。

3. 混凝土搅拌

混凝土搅拌必须采用强制式搅拌机，混凝土搅拌最短时间应符合 GB50204 的规定，混合料的搅拌应充分均匀，掺加掺和料时的搅拌时间应适当延长，混凝土搅拌制度应经试验确定。

严格按照配料单及测定的砂、石含水率进行调整配料。在制备混合料时，几种物料的投料顺序、搅拌时间按规程操作，混合料力求搅拌均匀。

混凝土搅拌完毕，因设备原因或停电不能出料，当时间超过 30 min，则该盘混凝土不得使用；对掺加磨细掺和料的新拌混凝土，其控制时间可经试验后调整。混凝土搅拌机容量不能过小，避免浇一根大桩需搅拌几次，造成分段浇注。

搅拌后的混凝土的质量控制应符合 GB50164 的规定。

9.7.3.4 成型工艺

1. 模具准备

将上、下半模具清理干净，去除上一个生产脱模时残留下的硬化水泥浆，然后在其上面均匀涂刷脱模剂；同时张拉板、锚固板也应逐个清理干净，并在其接触部位上涂上机油。准备好张拉螺栓，其长度应与张拉板、锚固板的厚度相匹配，防止螺栓过长或过短；禁止使用螺纹损坏的螺栓。张拉螺栓应对称均匀上紧，防止桩端倾斜和保证安全。

2. 安放钢筋骨架

将制作好的钢筋骨架、桩接头放置于经过清模并涂有脱模剂的离心方桩的钢模具内，并与预应力钢筋锚固板、张拉板、张拉杆等联结。

钢筋骨架入模须放正，钢套箍入模时两端应放置平顺，不得发生凹陷或翘起现象，做到钢套箍与钢模紧贴，以防漏浆。

3. 布料

安放好钢筋骨架后，宜采用布料机进行新拌混凝土布料。按每根离心方桩的用量要求，将新拌混凝土沿模具均匀填满下半模，宜先布两端部位，后布中间部位，保证两端有足够的新拌混凝土。在张拉一端尽可能多布一些新拌混凝土。布料时，桩模温度不宜超过 45℃。

4. 合模

将离心方桩上半钢模吊至下半钢模上方，并用事先准备好的螺栓将上、下两半钢模固定，以确保模具在高速离心作业过程中不松动和混凝土不跑浆。合模时应保证上、下半钢模合缝口处干净无杂物，并采取必要的防止漏浆措施，上半钢模要对准轻放，不要碰撞钢套箍。

5. 预应力张拉

空心方桩的张拉力根据计算后确定，并宜采用应力和伸长值双重控制来确保张拉力的控制。采用千斤顶式的张拉机对合模后的离心方桩钢筋骨架进行整体张拉，张拉至张拉控制应力后用大螺母将张拉杆固定在钢模具上。当生产过程中发生下列情况之一时，应重新校验张拉设备：张拉时，预应力钢筋连续断裂等异常情况；千斤顶漏油；压力表指针不能退回零点；千斤顶更换压力表。

6. 离心成型

将上述张拉锚固后的带模离心方桩吊至离心机上方，按低速、低中速、中速、高速的离心制度逐级加速，离心时间一般为 10～18 min。

低速为新拌混凝土混合料通过钢模板的翻转，使其恢复良好的流动性；低中速为布料阶段，使新拌混凝土料均匀分布于模板内壁；中速是过渡阶段，使之继续均匀布料及克服离心力突增，减少内外分层，提高空心方桩的密实性和抗渗性；高速离心为重要的密实阶段。各企业具体的离心制度（转速与时间）应根据空心方桩的长度、规格等经试验确定，以获得新拌混凝土沿离心方桩模具四周均匀密实，同时，方桩内形成一圆形内腔。

离心成型中，应确保钢模板和离心机平稳、正常运转，不得有跳动、窜动等异常现象。

离心结束后，将张拉端抬高，倾倒离心过程中产生的废浆水。

9.7.3.5　常压蒸汽养护

将离心成型后的带模离心方桩吊至常压蒸汽养护坑（窑）内进行常压蒸汽养护。常压蒸汽养护分为静停、升温、恒温、降温四个阶段。静停时间一般控制在1～2 h，然后缓慢升温，升温速度控制在20～25℃/h，最终恒温温度一般控制在（70±5）℃，常压下养护4～8 h，使混凝土达到脱模强度，一般达到40 MPa以上，最后缓慢降温。对掺加掺和料的空心方桩的养护制度在试验基础上另行调整。

对于常压蒸汽养护的四个阶段及各个阶段的作用机理，8.4.4节已有论述，此处不再重复，但有三点必须强调：①对于制作预应力混凝土方桩中的常压蒸汽养护制度，这四个阶段都是必要的、不能省略其中任何一个阶段，静停和较慢的升、降温阶段对混凝土发育完整性有好处，避免或减少混凝土微观缺陷，对最终强度发展有利；②对于用强度等级为52.5以上的硅酸盐水泥、普通硅酸盐水泥作为全部的胶凝材料时，常压蒸汽养护的恒温温度以60℃为宜，最好不超过70℃；③对于在水泥中掺有20%～30%的粉煤灰，或30%～35%磨细石英砂的复合胶凝材料所配制的混凝土，其常压蒸汽养护的恒温温度应提高到70～85℃（可根据所掺材料的品种、数量和恒温时间而定）。因为水泥用量减少了20%～30%，水化热也相应减少了20%～30%，只有提高恒温温度才能保证脱模强度大于40 MPa。

9.7.3.6　脱模

将经常压蒸汽养护后的带模离心方桩吊至专用脱模台位上，用风动扳手卸去张拉螺栓及合模螺栓，给桩体施加预应力，然后吊走上半模，翻动下半模，卸去预应力张拉大螺杆。对于混凝土设计强度等级为C60的离心方桩，将脱模后的离心方桩直接吊运至成品堆场码堆，自然养护，达到出厂强度后即可出厂。

9.7.3.7　高压蒸汽蒸养

设计混凝土强度等级为C80以上的离心方桩，需将脱模后的离心方桩再送进高压釜进行高温高压蒸汽养护（二次养护），它使在常压蒸汽养护时所生成的水化硅酸钙很大程度地转化为可使混凝土强度明显提高的托勃莫来石晶体，压蒸养护特别是使掺加磨细石英砂、干排粉煤灰降低成本成为可能。其作用机理在8.4.6节已作论述。高压蒸汽蒸养最高温度为180～200℃，饱和蒸汽压力为1.0 MPa，养护时间为8～12 h，使混凝土强度达到80 MPa以上。经高压蒸汽蒸养后的方桩可以直接出厂。

9.7.3.8　堆放与运输

堆放场地坚实平整。产品堆放时，最下层宜按建筑行业产品标准《预应力混凝土空心方桩》（JG197－2006）要求的两支点位置放在垫木上，垫木支承点在同一水平面上，并用合格木楔固定，以防滚滑。堆放产品应标明合格印章及制造厂、产品商标、空心方桩标记、规格、生产日期或编号等内容。产品应按规格、长度分别堆放，尤其不能将长桩置于短桩的上方，堆放层数不宜超过表9.15中的规定。产品装卸、起吊应轻放轻起，严禁抛掷、碰撞、滚落。

表 9.15 空心方桩堆放层数

边长/mm	250～400	450～600	650	700
堆放层数	≤8	≤6	≤5	≤5

思考题与习题

9.1 混凝土制品的基本工艺过程是什么？其中的主要工艺工序分别有何作用？

9.2 混凝土制品的生产组织方法有哪些？各自有何特点？何谓流水节拍和工序同期化？

9.3 试述混凝土小型空心砌块全自动带板养护生产工艺过程。

9.4 加气混凝土的基本工艺流程是什么？生产加气混凝土砌块有哪些主要工序及各工序的作用是什么？

9.5 何谓一阶段、三阶段制管工艺？各自的生产工艺流程是怎样的？

9.6 采用三阶段离心制管工艺制作管芯时，如何保证承口处混凝土的密实？

9.7 试述悬辊法制管工艺过程及原理。

9.8 试述预应力电杆的离心生产工艺及主要工序的工艺参数。

9.9 预应力离心混凝土空心方桩的生产工艺流程是什么？预应力高强混凝土方桩是如何获得高强的？

第三篇

混凝土检测试验

第 10 章　普通混凝土原材料检测试验

本章提要

本章主要介绍了混凝土原材料的性能检验，包括水泥、粗细集料、外加剂、矿物掺和料的试验原理、主要仪器及设备、试验条件、试验步骤和方法、试验结果的处理和评定。

学习要求

(1) 了解有关试验的主要仪器及设备、试验条件。

(2) 掌握有关试验的原理、试验方法及试验结果的处理与评定。

10.1　水泥检测试验

水泥的检验按照通用硅酸盐水泥标准 GB175—2007 要求进行。

10.1.1　水泥标准稠度用水量、凝结时间、安定性

1. 试验原理

(1) 标准稠度：水泥标准稠度净浆对标准试杆（或试锥）的沉入具有一定的阻力，通过试验不同含水量水泥净浆的穿透性，以确定水泥标准稠度净浆中所需加入的水量。

(2) 凝结时间：以试针沉入水泥标准稠度净浆至一定深度所需的时间表示。

(3) 安定性：

① 雷氏法是观测由两个试针的相对位移所指示的水泥标准稠度净浆经沸煮后体积膨胀的程度。

② 试饼法是观察水泥标准稠度净浆试饼经沸煮后的外形变化程度。

2. 试验主要仪器及设备

(1) 水泥净浆搅拌机：符合 JC/T 729 的要求；

(2) 标准维卡仪（水泥标准稠度、凝结时间测定仪）；

(3) 恒温恒湿养护箱；

(4) 雷氏夹及雷氏夹膨胀值测定仪；

(5) 量水器：最小刻度 0.1 mL，精度 1%；

(6) 沸煮箱；

(7) 天平：称量 1 000 g，感量 1 g。

3. 试验材料

试验用水必须是洁净的饮用水，如有争议时以蒸馏水为准。

4. 试验条件

(1) 试验室温度为(20±2)℃,相对湿度不低于50%;水泥、拌合水、仪器和用具的温度与试验室一致;

(2) 湿气养护箱的温度为(20±1)℃,相对湿度不低于95%。

5. 试验前的准备工作

首先调试仪器,使维卡仪的金属棒能自由滑动;当金属杆降至玻璃底板时,指针应对准标尺70 mm点;搅拌机运转应正常;用挤不出水的湿抹布擦搅拌锅、搅拌叶片及金属杆、锥模、刀片等。

6. 测定步骤

(1) 标准稠度用水量

首先将搅拌锅和搅拌叶片用湿布擦过,将量好的拌合水倒入搅拌锅内(水的体积为设定值),然后在5～10 s内小心将称好的500 g水泥加入搅拌锅的水中,防止水和水泥溅出,将搅拌锅放在搅拌机的锅座上,升至搅拌位置,启动搅拌机,慢速搅拌120 s,停15 s,同时将叶片和锅壁上的水泥浆刮入锅中间,接着再高速搅拌120 s后停机。将拌制好的水泥净浆装入已置于玻璃底板上的试模中,用小刀插捣,轻轻振动数次,刮去多余的净浆,抹平后迅速将试模和底板移到维卡仪上,并将其中心定在试杆下,降低试杆直至与水泥净浆表面接触,拧紧螺丝后,突然放松,使试杆垂直自由地沉入水泥净浆中。在试杆停止沉入或释放试杆30 s时记录试杆距底板之间距离,升起试杆后,立即擦净,整个操作应在搅拌后1.5 min内完成,以试杆沉入净浆并距底板(6±1)mm的水泥净浆为标准稠度净浆。其拌合水量即为该水泥的标准稠度用水量(P),按水泥质量的百分比计。

如果上述试杆沉入净浆并距底板的距离不在(6±1)mm的范围内,则应重新设定拌合水量,并视沉入的深度大小,适当增减拌合水量,然后按上述同样的方法进行搅拌并进行测定,直至试杆沉入净浆并距底板(6±1)mm,此时的水泥净浆为标准稠度净浆,此时的拌合水量即为标准稠度用水量(P)。

(2) 水泥凝结时间

记录开始加水的时间。将上述制备的标准稠度的净浆立即一次装入圆模,振动数次后刮平,然后放入恒温恒湿养护箱内。

① 初凝时间

试件在恒温恒湿养护箱中养护至加水后30 min进行第一次测定。测定时,从湿汽养护箱中取出圆模放到试针下,降低试针,与水泥净浆表面接触,拧紧螺丝后突然放松,试针垂直自由地沉入水泥净浆。观察试针停止下沉或释放试针30 s时指针的读数,试针沉至距离底板(4±1)mm时,水泥达到初凝状态,水全部加入水泥中至初凝状态的时间为水泥的初凝时间,以min计。

② 终凝时间

为了准确观察试针沉入的状况,在终凝针上安装了一个环形附件。在完成初凝时间测定后,立即将试模连同浆体以平移的方法从玻璃板取下翻转180°,直径大端向上,小端向下放在玻璃板上,再放入恒温恒湿养护箱中继续养护,临近终凝时间时每隔15 min测定一次,当试针沉入试体0.5 mm时,即环形附件开始不能在试体上留下痕迹时,为水泥达到终凝的状态,由水全部加入水泥中至终凝状态的时间为水泥终凝时间,以min计。

(3) 水泥体积安定性

水泥体积安定性测定方法可用试饼法也可用雷氏法，有争议时以雷氏法为准。试饼法是观察标准稠度的水泥净浆试饼沸煮后的外形变化来检验水泥的体积安定性，雷氏法是测定水泥净浆在雷氏夹中沸煮后的膨胀值的大小来检验。

① 试饼的制作方法

将制备好的标准稠度净浆取出一部分分成两等份，使之成球形，放在预先涂过油的玻璃板上，轻轻振动玻璃板，并用湿布擦过的小刀由边缘向中央抹动，做成直径为 70～80 mm、中心厚为 10 mm、边缘渐薄、表面光滑的试饼，立即放入湿汽养护箱内养护(24±2)h。

② 雷氏夹试件的制作方法

将预先准备好的雷氏夹放在已涂油的玻璃板上，并将刚搅拌好的标准稠度净浆装满试模，用小刀插捣 15 次左右然后抹平，盖上稍涂油的玻璃板，立即放入恒温恒湿养护箱内养护(24±2)h。

试件在恒温恒湿养护箱内养护(24±2)h 以后，脱去玻璃板，检查试饼是否完整；测量雷氏夹两指针尖端间的距离(A)，精确到 0.5 mm，并记录。接着将试件放入沸煮箱内水中篦板上，然后在(30±5)min 内加热至沸，并恒沸 3 h±5 min。

沸煮结束后，立即放掉箱中热水，打开箱盖，待箱体冷却至室温，取出试件进行判别。

③ 安定性的判别方法

若为试饼，目测未发现裂缝，用直尺检查也没有弯曲的试饼为安定性合格，反之为不合格。当两个试饼判别结果有矛盾时，该水泥的安全性为不合格。

若为雷氏夹，测量试件两指针尖端间的距离(C)，准确至 0.5 mm，当两个试件煮后增加距离($C-A$)的平均值不大于 5.0 mm 时，即认为水泥安定性合格。当两个试件($C-A$)的值相差 4 mm 时，应用同一样品立即重做一次试验。

10.1.2　水泥胶砂强度

1. 试验原理

水泥强度是一个相对值，同一试样用不同方法检验，强度值不同，砂浆法能在一定程度上反映出水泥对集料的黏结能力，随着水化反应不断进行，和水后的水泥浆体逐渐失去可塑性和流动性，并与集料黏结形成具有一定强度的固体。

2. 试验主要仪器设备

(1) 水泥胶砂搅拌机，符合 JC/T 681 要求；

(2) 水泥胶砂振实台，符合 JC/T 682 要求；

(3) 电动抗折试验机，符合 JC/T 72 要求；

(4) 压力试验机及抗压夹具，抗压夹具应符合 JC/T 683 要求；

(5) 试模：由三个水平的模槽组成，可同时成型三条截面为 40 mm×40 mm、长 160 mm 的菱形试体，其材质和制造尺寸应符合 JC/T 726 要求；

(6) 天平：称量 2 000 g，感量 1 g；

(7) 其他：自动滴管，金属直尺，大、小播料器，胶皮刮具等。

3. 试验环境

(1) 试体成型室的温度应保持在(20±2)℃，相对湿度应不低于 50%；

(2) 试体带模养护的养护箱或雾室温度应保持在(20±1)℃,相对湿度应不低于 95%;

(3) 试体养护池水温度应保持在(20±1)℃。

4. 试验操作步骤

(1) 胶砂制备

① 胶砂配合比

胶砂质量配合比应为一份水泥、三份标准砂和半份水(水灰比为 0.5),一锅胶砂成型三条试体,每锅材料需要量见表 10.1。

表 10.1 每锅胶砂的材料用量

水泥品种 \ 材料量	水泥/g	标准砂/g	水/mL
硅酸盐水泥	450±2	1 350±5	225±1
普通硅酸盐水泥			
矿渣硅酸盐水泥			
粉煤灰硅酸盐水泥			
复合硅酸盐水泥			
火山灰质硅酸盐水泥			

② 配料

水泥、砂、水和试验用具的温度与试验室相同,称量用的天平精度应为±1 g,当用自动滴定管滴加 225 mL 水时,滴定管精度应达到±1 mL。

③ 搅拌

量取 225 mL 水倒入胶砂搅拌锅里,再加入 450 g 水泥,把搅拌锅放在固定架上,上升至固定位置。然后立即开动机器,低速搅拌 30 s 后,在第二个 30 s 开始的同时均匀地将标准砂加入。当各级砂是分装时,从最粗粒级开始,依次将所需的每级砂量加完。把机器转至高速再拌 30 s。

停拌 90 s,在第 1 个 15 s 内用一胶皮刮具将叶片和锅壁上的胶砂,刮入锅中间。在高速下继续搅拌 60 s。各个搅拌阶段,时间误差应在±1 s 以内。

(2) 试件的制备

胶砂制备后立即进行成型。将空试模和模套固定在振实台上,用一个勺子直接从搅拌锅里将胶砂分两层装入模中。第一层每个槽里装约 300 g 胶砂,用大播料器垂直架在模套顶部沿每个模槽来回一次将料层播平,接着振实 60 下。再装第二层胶砂,用小播料器播平,再振实 60 下。移走模套,从振实台上取下试模,用一金属直尺以近似 90°的角度架在试模模顶的一端,然后沿试模长度方向以横向锯割动作慢慢向另一端移动,一次将超过试模部分的胶砂刮去,并用同一直尺以近乎水平的情况下将试体表面抹平。记好标记,放入湿汽养护箱中养护 24 h 后脱模。

(3) 试件的脱模

脱模前用防水墨汁或颜料笔对试体进行编号和做其他标记,两个龄期以上的试体,在编号时应将同一试模中的三条试体分在两个以上的龄期内。脱模前应非常小心,对于 24 h 龄期的,应在试验前20 min内脱模；对于24 h以上龄期的，应在成型后20～24 h之间脱模。如经24 h养护，会因脱模对强度造成损坏时，可以延迟24 h后脱模，但在试验报告中应予说明。

(4) 试件的水中养护

脱模后的试体应立即水平或竖直放在(20±1)℃的水中养护，水平放置时刮平面应朝上。试件放在不易腐烂的篦子上，并彼此间保持一定间距，以让水与试体的六个面接触。养护期间试件之间间隔或试体上表面的水深不得小于5 mm，并随时加水以保持适当的恒定水位，但不允许在养护期间全部换水。

(5) 强度测定

除24 h龄期或延迟至48 h脱模的试体外，任何到龄期的试体应在试验(破型)前15 min从水中取出，揩去试体表面沉积物，并用湿布覆盖至试验为止。

① 抗折强度测定

将试体一个侧面放在水泥抗折试验机支撑圆柱上，试体长轴垂直于支撑圆柱，通过加荷圆柱以(50±10)N/s的速率均匀地将荷载垂直地加在棱柱体相对侧面上，直至折断(保持两个半截棱柱体处于潮湿状态直至抗压试验)。

② 抗压强度测定

将六个半截棱柱体分别放在压力机中夹具上，以(2 400±200)N/s的速率均匀地加荷直至破坏。

5. 试验结果计算与评定

(1) 抗折强度R_f以牛顿每平方毫米(MPa)表示，计算公式为

$$R_f = \frac{1.5F_f \times L}{b^3}$$

式中　R_f——抗折强度，MPa；

F_f——折断时施加于棱柱体中部的荷载，N；

L——支撑圆柱之间的距离，mm；

b——棱柱体正方形截面边长，mm。

(2) 抗压强度R_c以牛顿每平方毫米(MPa)表示，计算公式为

$$R_c = \frac{F_c}{A}$$

式中　R_c——抗压强度，MPa；

F_c——破坏时的最大荷载，N；

A——受压部分面积，mm^2。

(3) 试验结果的确定

抗折强度：以一组三个棱柱体抗折结果的平均值作为试验结果，计算精确至0.1 MPa。当三个强度值中有超出平均值±10%时，应剔除后再取平均值作为抗折强度试验结果。

抗压强度：以一组三个棱柱体上得到的六个抗压强度测定值的算术平均值为试验结果，计算精确至0.1 MPa。如六个测定值中有一个超出六个平均值的±10%，就应剔除这个试验结果，而以剩下五个的平均值为结果。如果五个测定值中再有超出它们平均值10%的，则此组结果作废。

10.2 集料检测试验

混凝土用集料主要有砂子和石子(石子包括卵石和碎石),根据建筑用砂标准 GB/T14684—2001,混凝土用砂的主要检测项目有:颗粒级配、泥和泥块含量、石粉含量、有害物质含量、坚固性、表观密度、堆积密度和空隙率、碱集料反应等;根据建筑用卵石、碎石标准 GB/T14685—2001,混凝土用卵石、碎石的主要检测项目有:颗粒级配、泥和泥块含量、针片状含量、有害物质含量、坚固性、压碎指标值、表观密度、堆积密度和空隙率、碱集料反应等。通过这些项目的检测为混凝土配合比设计提供原材料参数。

10.2.1 砂子试验

10.2.1.1 颗粒级配

1. 试验主要仪器设备

(1) 电热鼓风干燥箱:能使烘干温度控制在(105±5)℃;

(2) 天平:称量 1 000 g,感量 1 g;

(3) 摇筛机:电动振动筛,振幅为(0.5±0.1)mm,频率为(50±3)Hz;

(4) 砂筛:孔径为 9.50 mm、4.75 mm、2.36 mm、1.18 mm、0.60 mm、0.30 mm、0.15 mm、0.075 mm 的方孔筛,并附有筛底和筛盖;

(5) 浅盘、毛刷等。

2. 试验步骤

(1) 按规定进行取样,并将试样缩分至约 1 100 g,放在烘箱中于(105±5)℃烘干至恒量,待冷却至室温后,筛除大于 9.5 mm 的颗粒(并算出其筛余百分率),分为大致相等的两份备用。[注:恒量是指试样在烘干 1~3 h 情况下,其前后质量之差不大于该项试验所要求的称量精度(下同)。]

(2) 准确称取试样 500 g,精确至 1 g,将试样倒入按孔径大小从上到下组合的套筛(附筛底)上,然后进行筛分。

(3) 将整个套筛置于摇筛机上并固紧,摇筛 10 min;也可用手筛,但时间不少于 10 min。

(4) 将整套筛自摇筛机上取下,按筛孔大小顺序再逐个在清洁的浅盘中进行手筛,筛至每分钟通过量小于试样总量的 0.1%为止。通过的试样并入下一号筛中,并和下一号筛中的试样一起过筛,这样顺序进行,直至各号筛全部筛完为止;

(5) 称出各号筛上的筛余量,精确至 1 g,试样在各号筛上的筛余量不得超过按下式计算出的量,超过时按下列方法之一进行处理。

$$G=\frac{A\times d^{1/2}}{200}$$

式中 G——在一个筛上的筛余量,g;

A——筛面面积,mm^2;

d——筛孔尺寸,mm。

① 将该试验分成少于按上式计算出的量,分别筛分,并以筛余之和作为该号筛的筛余量。

② 将该粒级及以下各粒级的筛余混合均匀，称出其质量，精确至1 g。再用四分法缩分为大致相等的两份，取其中一份，称出其质量，精确至1 g，继续筛分。计算该粒级及以下各粒分计筛余量时应根据缩分比例进行修正。

3. 试验结果计算与评定

(1) 计算分计筛余百分率：各号筛的筛余量与试样总量之比，计算精确至0.1%。

(2) 计算累计筛余百分率：每号筛的筛余百分率加上该号筛以上各筛余百分率之和，精确至0.1%。筛分后，如每号筛上的筛余量与筛底盘上的剩余量之和同原试样质量之差超过1%时，应重做试验。

(3) 根据各号筛的累计筛余百分率，在砂的级配区曲线图上绘制筛分曲线，按照标准规定的级配区范围，评定该砂的颗粒级配是否合格。

(4) 按下式计算砂的细度模数，精确至0.01：

$$M_x = \frac{(A_2 + A_3 + A_4 + A_5 + A_6) - 5A_1}{100 - A_1}$$

式中　M_x——细度模数；

A_1，$A_2 \cdots A_6$——分别为4.75 mm、2.36 mm、1.18 mm、0.60 mm、0.30 mm、0.15 mm筛的累计筛余百分率。

(5) 累计筛余百分率取两次试验结果的算术平均值，精确至1%；细度模数取两次试验结果的算术平均值，精确至0.1；如两次试验的细度模数超过0.20时，应重新试验。

(6) 砂按细度模数(M_x)分为粗、中、细和特细四种规格，由所测细度模数来评定该砂样的粗细程度。

10.2.1.2　表观密度

1. 试验主要仪器设备

(1) 电热鼓风干燥箱：能使烘干温度控制在(105±5)℃；

(2) 天平：称量10 kg或1 000 g，感量1 g；

(3) 容量瓶：500 mL；

(4) 干燥器、料勺、搪瓷盘、滴管、毛刷等。

2. 试验步骤

(1) 按规定取样，并将试样缩分至660 g，放在烘箱中于(105±5)℃下烘至恒重，待冷却至室温后，分为大致相等的两份备用；

(2) 称取烘干试样300 g，精确至1 g。将试样装入容量瓶中，注入冷开水至接近500 mL刻度处，用手旋转摇动容量瓶，使砂样充分搅动，以排除气泡，塞紧瓶塞，静置24 h；

(3) 打开瓶塞，用滴管小心添加水至容量瓶500 mL刻线处，塞紧瓶塞，擦干瓶外水分，称出其质量，精确至1 g；

(4) 倒出瓶中的水和试样，洗净容量瓶，再向容量瓶内注水(应与上项水温相差不超过2℃，并在15～25℃范围内)至500 mL刻度处，塞紧瓶塞，擦干瓶外水分，称其质量，精确至1 g。

3. 试验结果计算与评定

(1) 按下式计算砂的表观密度ρ_0，精确至10 kg/m^3：

$$\rho_0 = \left(\frac{G_0}{G_0 + G_2 - G_1}\right) \times \rho_{水}$$

式中 ρ_0——砂的表观密度，kg/m^3；

$\rho_{水}$——水的密度，取 1 000 kg/m^3；

G_0——烘干试样的质量，g；

G_1——试样、水及容量瓶的总质量，g；

G_2——水及容量瓶的总质量，g。

(2) 砂的表观密度以两次试验结果的算术平均值作为测定值，如两次结果之差大于 20 kg/m^3，应重新试验。

10.2.1.3 堆积密度与空隙率

1. 试验主要仪器设备

(1) 电热鼓风干燥箱：能使烘干温度控制在(105±5)℃；

(2) 天平：称量 10 kg，感量 1 g；

(3) 容量筒：圆柱形金属筒，内径 108 mm，净高 109 mm，壁厚 2 mm，筒底厚约 5 mm，容积为 1 L；

(4) 孔径为 4.75 mm 的方孔筛一只；

(5) 漏斗或料勺、直尺、搪瓷盘、毛刷、垫棒(直径为 10 mm，长为 500 mm 的圆钢)等。

2. 试验步骤

(1) 按规定进行取样，用搪瓷盘装取试样约 3 L，放在烘箱中于(105±5)℃下烘干至恒量，待冷却后，筛除大于 4.75 mm 的颗粒，分为大致相等的两份备用。

(2) 称容量筒质量。

(3) 松散堆积密度：取试样一份，用漏斗或料勺将试样从容量筒中心上方 50 mm 处徐徐倒入，让试样以自由落体落下，当容量筒上部试样呈锥体，且容量筒四周溢满时，即停止加料。然后用直尺沿筒口中心线向两边刮平(试验过程应防止触动容量筒)，称出试样和容量筒总质量，精确至 1 g；

(4) 紧密堆积密度：取试样一份分两次加入容量筒。装完第一层后，在筒底垫放一根直径为 10 mm 的圆钢，将筒按住，左右交替击地面各 25 次。然后装入第二层，第二层装满后用同样方法颠实(但筒底所垫钢筋的方向与第一层时的方向垂直)后，再加试样直至超过筒口，然后用直尺沿筒口中心线向两边刮平，称出试样和容量筒总质量，精确至 1 g；

(5) 容量筒容积校正。将温度为(20±2)℃的饮用水装满容量筒，用一玻璃板沿筒口推移，使其紧贴水面。擦干筒外水分，然后称出其质量，精确至 1 g。容量筒的容积 V 按下式计算，精确至 1 mL：

$$V = G_5 - G_4$$

式中 V——容量筒容积，mL；

G_5——容量筒、玻璃板和水的总质量，g；

G_4——容量筒和玻璃板质量，g。

3. 试验结果计算与评定

(1) 砂的松散或紧密堆积密度按下式计算，精确至 10 kg/m^3：

$$\rho_1 = \frac{G_1 - G_2}{V}$$

式中 ρ_1——松散堆积密度或紧密堆积密度，10 kg/m^3；

G_1——容量筒和试样总质量，g；

G_2——容量筒质量，g；

V——容量筒容积，L。

（2）砂的空隙率按下式计算，精确至1%：

$$V_0 = \left(1 - \frac{\rho_1}{\rho_2}\right) \times 100\%$$

式中 V_0——空隙率，%；

ρ_1——试样的松散（或紧密）堆积密度，10 kg/m^3；

ρ_2——试样表观密度，10 kg/m^3。

（3）取两次试验的算术平均值作为试验结果，并评定该试样的表观密度、堆积密度与空隙率是否满足标准规定值。

10.2.1.4 含水率测定

1. 试验主要仪器设备

（1）电热鼓风干燥箱：能使烘干温度控制在（105±5）℃；

（2）天平：称量1 kg，感量1 g；

（3）浅盘、毛刷等。

2. 试验步骤

（1）按规定进行取样，将试样缩分至约500 g，装入已称质量的浅盘中，称出试样连同浅盘的总质量，然后摊开试样置于温度为（105±5）℃的烘箱中烘至恒量；

（2）称量烘干后的砂试样与浅盘的总质量。

3. 试验结果计算与评定

（1）按下式计算砂的含水率，精确至0.1%：

$$W = \frac{G_2 - G_3}{G_3 - G_1} \times 100\%$$

式中 W——砂的含水率，%；

G_1——浅盘质量，g；

G_2——烘干前砂试样与浅盘的总质量，g

G_3——烘干后砂试样与浅盘的总质量，g。

（2）以两次试验结果的算术平均值作为测定结果。通常也可采用炒干法代替烘干法测定砂的含水率。

10.2.1.5 含泥量

1. 试验主要仪器设备

（1）电热鼓风干燥箱，能使温度控制在（105±5）℃；

（2）方孔筛：孔径为75 μm及1.18 mm的筛各1只；

（3）天平：称量1 000 g，感量0.1 g；

（4）容器：要求淘洗试样时，保持试样不溅出（深度大于250 mm）；

(5) 搪瓷盘、毛刷等。

2. 试验步骤

(1) 按规定取样，并将试样缩分至约 1 100 g，放在烘箱中于(105±5)℃烘干至恒重，待冷却至室温后，分为大致相等的两份备用。

(2) 称取试样 500 g，精确至 0.1 g。将试样倒入淘洗容器中，注入清水，使水面高于试样面约 150 mm，充分搅拌均匀后，浸泡 2 h，然后用手在水中淘洗试样，使尘屑、淤泥和黏土与砂粒分离，把浑水缓缓倒入 1.18 mm 及 75 μm 的套筛上(1.18 mm 的筛放在 75 μm 筛上面)，滤去小于 75 μm 的颗粒。试验前筛子的两面应先用水润湿，在整个过程中应小心防止砂粒流失。

(3) 再向容器中注入清水，重复上述操作，直至容器内的水目测清澈为止。

(4) 用水淋洗剩余在筛上的细粒，并将 75 μm 筛放在水中(使水面略高出筛中砂粒的上表面)来回摇动，以充分洗掉小于 75 μm 的颗粒，然后将两只筛的筛余颗粒和清洗容器中已经洗净的试样一并倒入搪瓷盘，放在烘箱中于(105±5)℃下烘干至恒量，待冷却至室温后，称出其质量，精确至 0.1 g。

3. 试验结果计算与评定

(1) 按下式计算砂的含泥量 Q_a，精确至 0.1%：

$$Q_a = \frac{G_0 - G_1}{G_0} \times 100\%$$

式中 Q_a——含泥量，%；

G_0——试验前烘干试样的质量，g；

G_1——试验后烘干试样的质量，g。

(2) 含泥量取两个试样的试验结果算术平均值作为测定值。

10.2.1.6 氯化物含量

1. 试验主要仪器设备

(1) 电热鼓风干燥箱：能使烘干温度控制在(105±5)℃；

(2) 天平：称量 1 000 g，感量 0.1 g；

(3) 带塞磨口瓶：1 L；三角烧瓶：300 mL；移液管：50 mL；酸滴定管：10 mL 或 25 mL，精度 0.1 mL；容量瓶：500 mL；烧杯：1 000 mL；

(4) 滤纸、搪瓷盘、毛刷等。

2. 试验试剂和材料

(1) 氯化钠标准溶液 $c(NaCl)=0.01$ mol/L；

(2) 硝酸银标准溶液 $c(AgNO_3)=0.01$ mol/L；

(3) 5%铬酸钾指示剂溶液。

以上三种溶液的配制及标定方法参照 GB/T601、GB/T602 规定进行。

3. 试验步骤

(1) 按规定取样，并将试样缩分至约 1 100 g，放在烘箱中于(105±5)℃下烘干至恒量，待冷却至室温后，分为大致相等的两份备用；

(2) 称取试样 500 g，精确至 0.1 g。将试样倒入磨口瓶中，用容量瓶取 500 mL 蒸馏水，注入磨口瓶，盖上塞子，摇动一次后，放置 2 h，然后每隔 5 min 摇动一次，共摇动三次，使氯盐充分溶解。将磨口瓶上部已澄清的溶液过滤，然后用移液管吸取 50 mL 滤液，注入三角烧瓶中，再加入 5%铬酸钾指示剂 1 mL，用 0.01 mol・L^{-1} 硝酸银标准溶液滴定至呈现砖红色为终点。记录消耗的硝酸银标准溶液的毫升数，精确至 1 mL；

(3) 空白试验：用移液管移取 50 mL 蒸馏水注入三角瓶中，加入 5%铬酸钾指示剂 1 mL，并用 0.01 mol・L^{-1} 硝酸银标准溶液滴定至呈现砖红色为止，记录此点消耗的硝酸银标准溶液的毫升数，精确至 1 mL。

4. 试验结果计算与评定

(1) 按下式计算砂的氯离子含量，精确至 0.01%：

$$X = \frac{c(V - V_0)M \times 10}{m \times 1\,000} \times 100 = \frac{c(V - V_0)M}{m}$$

式中 X——氯离子含量，%；

c——硝酸银标准溶液的实际浓度，mol/L；

V——样品滴定时消耗的硝酸银标准溶液的体积，mL；

V_0——空白试验时消耗的硝酸银标准溶液的体积，mL；

M——氯离子的摩尔质量，取 35.5 g/mol；

10——全部试样溶液与所分取试样溶液的体积比；

m——试样质量，g。

(2) 氯离子含量取两次试验结果的算术平均值，精确至 0.01%。

10.2.2 石子试验

10.2.2.1 颗粒级配

1. 试验主要仪器设备

(1) 电热鼓风干燥箱：能使烘干温度控制在(105±5)℃；

(2) 台秤：称量 10 kg，感量 1 g；

(3) 摇筛机；

(4) 方孔筛：孔径为 2.36 mm、4.75 mm、9.50 mm、16.0 mm、19.0 mm、26.5 mm、31.5 mm、37.5 mm、53.0 mm、63.0 mm、75.0 mm 及 90 mm 的筛各一只，并附有筛底和筛盖(筛框内径为 300 mm)；

(5) 搪瓷盘、毛刷等。

2. 试验步骤

(1) 按规定取样，并将试样缩分至略大于表 10.2 规定的数量，烘干或风干后备用。

表 10.2 石子筛分析试验所需试样数量

最大粒径/mm	9.5	16.0	19.0	26.5	31.5	37.5	63.0	75.0
最少试样质量/kg	1.9	3.2	3.8	5.0	6.3	7.5	12.6	16.0

(2) 称取按表 10.2 规定数量的试样一份，精确到 1 g。将试样倒入按孔径大小从上到下组合的套筛(附筛底)上，然后进行筛分。

(3) 将套筛置于摇筛机上,摇 10 min;取下套筛,按筛孔大小顺序再逐个用手筛,筛至每分钟通过量小于试样总量 0.1%为止。通过的颗粒并入下一号筛中,并和下一号筛中的试样一起过筛,按这样的顺序进行,直至各号筛全部筛完为止。(注:当筛余颗粒的粒径大于 19.0 mm 时,在筛分过程中,允许用手指拨动颗粒。)

(4) 称出各号筛的筛余量,精确至 1 g。

3. 试验结果计算与评定

(1) 计算分计筛余百分率,计算精确至 0.1%。

(2) 计算累计筛余百分率,计算精确至 0.1%。筛分后,如每号筛的筛余量与筛底的筛余量之和同原试样质量之差超级过 1%时,应重新试验。

(3) 根据各号筛的累计筛余百分率,评定该试样的颗粒级配。

10.2.2.2 针片状颗粒含量测定

1. 仪器设备

(1) 针状规准仪与片状规准仪,见图 10.1 和图 10.2;

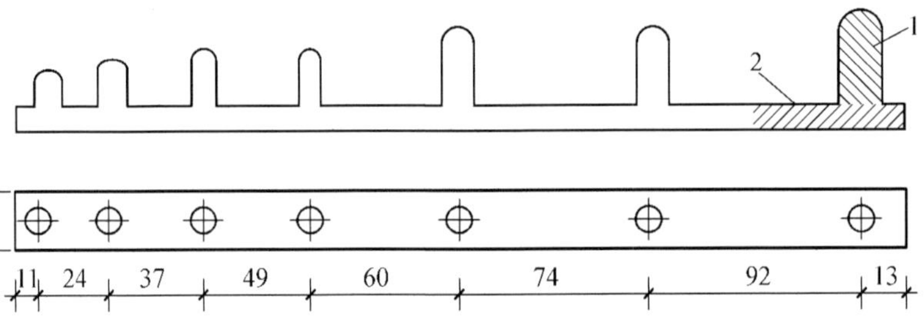

图 10.1 针状规准仪

1—针状规准仪;2—针状规准仪底板

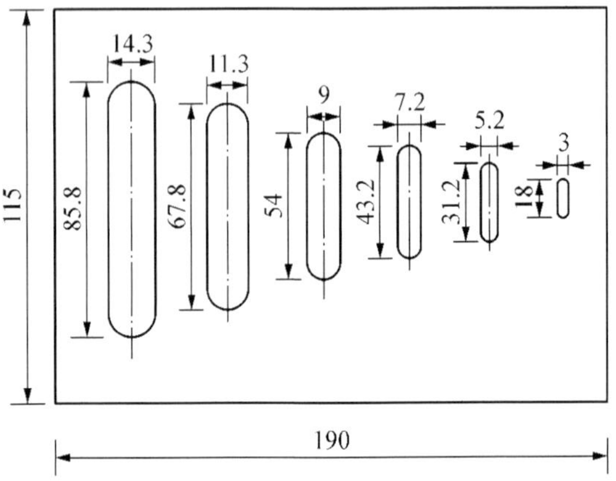

图 10.2 片状规准仪

(2) 台秤:称量 10 kg,感量 1 g;

(3) 方孔筛:孔径为 4.75 mm、9.50 mm、16.0 mm、19.0 mm、26.5 mm、31.5 mm 及 37.5 mm 的筛各一只。

2. 试验步骤

(1) 按规定取样,并将试样缩分至略大于表 10.3 规定的数量,烘干或风干后备用。

表 10.3　针、片状颗粒含量试验所需试样数量

最大粒径/mm	9.5	16.0	19.0	26.5	31.5	37.5	63.0	75.0
最少试样质量/kg	0.3	1.0	2.0	3.0	5.0	10.0	10.0	10.0

(2) 称取按表 10.3 规定数量的试样一份,精确到 1 g,然后按表 10.4 规定的粒级按第 3 条规定进行筛分。

表 10.4　针、片状颗粒含量试验的粒级划分及其相应的规准仪孔宽或间距

单位:mm

石子粒级	4.75～9.50	9.50～16.0	16.0～19.0	19.0～26.5	26.5～31.5	31.5～37.5
片状规准仪相对应孔宽	2.8	5.1	7.0	9.1	11.6	13.8
针状规准仪相对应间距	17.1	30.6	42.0	54.6	69.6	82.8

(3) 按表 10.4 规定的粒级分别用规准仪逐粒检验,凡颗粒长度大于针状规准仪上相应间距者,为针状颗粒;颗粒厚度小于片状规准仪上相应孔宽者,为片状颗粒。称出其总质量,精确至 1 g。

(4) 石子粒径大于 37.5 mm 的碎石或卵石可用卡尺检验针片状颗粒,卡尺卡口的设定宽度应符合表 10.5 的规定。

表 10.5　大于 37.5 mm 颗粒针、片状颗粒含量试验的粒级划分及其相应的卡尺卡口设定宽度

单位:mm

石子粒级	37.5～53.0	53.0～63.0	63.0～75.0	75.0～90.0
检验片状颗粒的卡尺卡口设定宽度	18.1	23.2	27.6	33.0
检验针状颗粒的卡尺卡口设定宽度	108.6	139.2	165.6	198.0

3. 试验结果计算与评定

针片状颗粒含量按下式计算,精确至 1%:

$$Q_c = \frac{G_2}{G_1} \times 100\%$$

式中　Q_c——针、片状颗粒含量,%;

G_1——试样的质量,g;

G_2——试样中所含针片状颗粒的总质量,g。

10.2.2.3　压碎指标值

1. 试验主要仪器设备

(1) 压力试验机:量程 300 kN,示值相对误差为 2%。

(2) 压碎值测定仪(受压试模)。

(3) 台秤:称量 10 kg,感量为 10 g;天平:称量 1 000 g,感量为 1 g。

(4) 方孔筛:孔径为 2.36 mm、9.50 mm 及 19.0 mm 方孔筛各一只。

(5) 垫棒：ϕ10 mm×500 mm 圆钢；搪瓷盘、小勺、毛刷等。

2. 试验步骤

(1) 按规定取样，风干后筛除大于 19.0 mm 及小于 9.50 mm 的颗粒，并去除针片状颗粒，分为大致相等的三份备用。

(2) 称取试样 3 000 g，精确至 1 g。将试样分两层装入试模内，每装完一层试样后，在底盘下面垫放一直径 10 mm 的圆钢，用手按住试模手把，左右交替颠击地面 25 次，两层颠实后，试模内试样表面盖上压头。（注：①当试样中粒径为 9.50～19.0 mm 的颗粒不足时，允许将粒径大于 19.0 mm 的颗粒破碎成粒径为 9.50～19.0 mm 的颗粒用作压碎指标值试验；②当试模装不下 3 000 g 试样时，以装至距圆模上口 10 mm 为准。）

(3) 将装好试样的试模置于压力机上，对准压板中心后，开动压力试验机，以 1 $kN \cdot s^{-1}$ 的速度均匀加荷至 200 kN 并稳定 5 s，然后卸荷。取下受压试模，移去压头，倒出试样，用孔径为 2.36 mm 的筛筛除被压碎的细粒，称出留在筛上的试样质量，精确至 1 g。

3. 试验结果计算与评定

(1) 压碎指标值按下式计算，精确至 0.1%：

$$Q_e = \frac{G_1 - G_2}{G_1} \times 100\%$$

式中 Q_e——压碎指标值，%；

G_1——试样的质量，g；

G_2——压碎试验后筛余的试样质量，g。

(2) 压碎指标值取三次试验结果的算术平均值，精确至 1%。

10.2.2.4 表观密度测定

A. 表观密度(液体比重天平法)

1. 试验主要仪器设备

(1) 烘箱：能使烘干温度控制在(105±5)℃。

(2) 台秤：称量 5 kg，感量 5 g；其型号尺寸应能允许在臂上悬挂盛试样的吊篮，并能将吊篮放在水中称量。

(3) 吊篮：直径和高度均为 150 mm，由孔径为 1～2 mm 的筛网或钻有 2～3 mm 孔洞的耐锈蚀金属板制成。

(4) 方孔筛：孔径为 4.75 mm 的筛一只。

(5) 盛水容器：有溢流孔。

(6) 温度计、搪瓷盘、毛巾等。

2. 试验步骤

(1) 按规定取样，并缩分至略大于表 10.6 规定的数量，风干后筛除小于 4.75 mm 的颗粒，然后洗刷干净，分为大致相等的两份备用。

(2) 取试样一份装入吊篮，并浸入盛水的容器中，液面至少高出试样表面 50 mm。浸水 24 h 后，移放到称量用的盛水容器中，并用上下升降吊篮的方法排除气泡(试样不得露出水面)。吊篮每升降一次约 1 s，升降高度为 30～50 mm。

表 10.6　表观密度试验所需试样数量

最大粒径/mm	小于 26.5	31.5	37.5	63.0	75.0
最少试样质量/kg	2.0	3.0	4.0	6.0	6.0

(3) 测定水温后(此时吊篮应全浸在水中),准确称出吊篮及试样在水中的质量,精确至 5 g。称量时盛水容器中水面的高度由容器的溢流孔控制。

(4) 提起吊篮,将试样倒入浅盘中,放在烘箱中于(105±5)℃下烘干至恒量,待冷却至室温后,称出其质量,精确至 5 g;

(5) 称出吊篮在同样温度的水中的质量,精确至 5 g。称量时盛水容器的水面高度仍由溢流孔控制。(注:试验时各项称量可以在 15～25℃进行,但从试样加水静止的 2 h 起至试验结束,其温度变化不应超过 2℃。)

3. 试验结果计算与评定

(1) 表观密度按下式计算,精确至 10 kg·m^{-3}:

$$\rho_0 = \left(\frac{G_0}{G_0 + G_2 - G_1}\right) \times \rho_{水}$$

式中　ρ_0——表观密度,kg·m^{-3};

$\rho_{水}$——水的密度,取 1 000 kg/m^3;

G_0——烘干后试样的质量,g;

G_1——吊篮及试样在水中的质量,g;

G_2——吊篮在水中的质量,g。

(2) 表观密度取两次试验结果的算术平均值,两次试验结果之差大于 20 kg/m^3,应重新试验。对颗粒材质不均匀的试样,如两次试验结果之差大于 20 kg/m^3,可取四次试验结果的算术平均值。

B. **表观密度(广口瓶法)**

本方法不宜用于测定最大粒径大于 37.5 mm 的碎石或卵石的表观密度。

1. 试验主要仪器设备

(1) 电热鼓风干燥箱:能使烘干温度控制在(105±5)℃;

(2) 天平:称量 2 kg,感量 1 g;

(3) 广口瓶:1 000 mL,磨口,带玻璃片;

(4) 方孔筛:孔径为 4.75 mm 的筛一只;

(5) 温度计、搪瓷盘、毛巾等。

2. 试验步骤

(1) 按规定取样,并缩分至略大于表 10.6 规定的数量,风干后筛除小于 4.75 mm 的颗粒,然后洗刷干净,分为大致相等的两份备用。

(2) 将试样浸水饱和,然后装入广口瓶中。装试样时,广口瓶应倾斜放置,注入饮用水,用玻璃片覆盖瓶口,以上下左右摇晃的方法排除气泡。

(3) 气泡排尽后,向瓶中添加饮用水,直至水面凸出瓶口边缘。然后用玻璃片沿瓶口迅速滑行,使其紧贴瓶口水面。擦干瓶外水分后,称出试样、水、瓶和玻璃片总质量,精确至 1 g。

(4) 将瓶中试样倒入浅盘,放在烘箱中于(105±5)℃下烘干至恒量,待冷却至室温后,称出其质量，精确至 1 g。

(5) 将瓶洗净并重新注入饮用水，用玻璃片紧贴瓶口水面，擦干瓶外水分后，称出水、瓶和玻璃片总质量，精确至 1 g。(注：试验时各项称量可以在 15～25℃进行，但从试样加水静止的 2 h 起至试验结束，其温度变化不应超过 2℃。)

3. 结果计算与评定

(1) 表观密度按下式计算，精确至 10 kg/m³：

$$\rho_0 = \left(\frac{G_0}{G_0 + G_2 - G_1}\right) \times \rho_{水}$$

式中 ρ_0——表观密度，kg/m³；

$\rho_{水}$——水的密度，取 1 000 kg/m³；

G_0——烘干试样的质量，g；

G_1——试样、水、广口瓶和玻璃片的总质量，g；

G_2——水、广口瓶和玻璃片的总质量，g。

(2) 表观密度取两次试验结果的算术平均值，两次试验结果之差大于 20 kg/m³，应重新试验。对颗粒材质不均匀的试样，如两次试验结果之差大于 20 kg/m³，可取四次试验结果的算术平均值。

10.2.2.5 堆积密度与空隙率

1. 试验主要仪器设备

(1) 台秤：称量 10 kg，感量 10 g；

(2) 磅秤：称量 50 kg 或 100 kg，感量 50 g；

(3) 容量筒：容量筒规格见表 10.7；

(4) 垫棒：直径 16 mm，长 600 mm 的圆钢；

(5) 直尺、小铲等。

表 10.7 容量筒的规格要求

最大粒径/mm	容量筒容积/L	容量筒规格		
		内径/mm	净高/mm	壁厚/mm
9.5，16.0，19.0，26.5	10	208	294	2
31.5，37.5	20	294	294	3
53.0，63.0，75.0	30	360	294	4

2. 试验步骤

(1) 按规定取样，烘干或风干后，拌匀并把试样分为大致相等的两份备用。

(2) 松散堆积密度

取试样一份，用小铲将试样从容量筒口中心上方 50 mm 处徐徐倒入，让试样以自由落体落下，当容量筒上部试样呈锥体，且容量筒四周溢满时，即停止加料。除去凸出容量筒口表面的颗粒，并以合适的颗粒填入凹陷部分，使表面稍凸起部分和凹陷部分的体积大致相等(试验过程应防止触动容量筒)，称出试样和容量筒总质量，精确至 10 g。

(3) 紧密堆积密度

取试样一份，分三次装入容量筒。装完第一层后，在筒底垫放一根直径为16 mm的圆钢，将筒按住，左右交替颠击地面各25次，再装入第二层，第二层装完后用同样方法颠实（但筒底所垫钢筋的方向与第一层时的方向垂直），然后装入第三层，同法颠实。试样装填完毕，再加试样直至超过筒口，用钢尺沿筒口边缘刮去高出的试样，并用合适的颗粒填平凹处，使表面稍凸起部分和凹陷部分的体积大致相等。称出试样和容量筒总质量，精确至10 g。

3. 试验结果计算与评定

(1) 松散或紧密堆积密度按下式计算，精确至10 kg/m³：

$$\rho_1 = \frac{G_1 - G_2}{V}$$

式中 ρ_1——松散堆积密度或紧密堆积密度，10 kg/m³；

G_1——容量筒和试样总质量，g；

G_2——容量筒质量，g；

V——容量筒容积，L。

(2) 空隙率按下式计算，精确至1%：

$$V_0 = \left(1 - \frac{\rho_1}{\rho_2}\right) \times 100\%$$

式中 V_0——空隙率，%；

ρ_1——试样的松散（或紧密）堆积密度，10 kg/m³；

ρ_2——试样表观密度，10 kg/m³。

(3) 堆积密度取两次试验结果的算术平均值，精确至10 kg/m³。空隙率取两次试验结果的算术平均值，精确至1%。

4. 容量筒容积的校准方法

将温度为(20±2)℃的饮用水装满容量筒，用一玻璃板沿筒口推移，使其紧贴水面。擦干筒外壁水分，然后称出其质量，精确至10 g。容量筒容积按下式计算，精确至1 mL：

$$V = G_1 - G_2$$

式中 V——容量筒容积，mL；

G_1——容量筒、玻璃板和水的总质量，g；

G_2——容量筒、玻璃板的质量，g。

10.2.2.6 碱集料反应

在碱集料反应试验前，应先用岩相法鉴定岩石种类及所含的活性矿物种类。

A. 碱-硅酸反应

本方法适用于检验硅质集料与混凝土中的碱发生潜在碱-硅酸反应的危害性，不适用于碳酸盐类集料。

1. 试验主要仪器设备

(1) 电热鼓风干燥箱：能使烘干温度控制在(105±5)℃；

(2) 天平：称量1 000 g，感量为0.1 g；

(3) 方孔筛：孔径为4.75 mm、2.36 mm、1.18 mm、600 μm、300 μm及150 μm的筛各

一只；

(4) 比长仪：由百分表和支架组成，百分表量程为 10 mm，精度 0.01 mm；

(5) 水泥胶砂搅拌机：符合 GB/T177 要求；

(6) 恒温养护箱或养护室：温度(40±2)℃，相对湿度 95%以上；

(7) 养护筒：由耐腐蚀材料制成，应不漏水，筒内设有试件架；

(8) 试模：规格为 25 mm×25 mm×280 mm，试模两端正中有小孔，装有不锈钢质膨胀端头；

(9) 跳桌、秒表、干燥器、搪瓷盘、毛刷等。

2. 试验环境条件

(1) 材料与成型室的温度应保持在 20.0～27.5℃，拌合水及养护室的温度应保持在(20±2)℃；

(2) 成型室、测试室的相对湿度应不小于 80%；

(3) 恒温养护箱或养护室温度应保持在(40±2)℃。

3. 操作步骤

(1) 按规定取样，并将试样缩分至约 5 000 g，将试样破碎后筛分成 150～300 μm、300～600 μm、600 μm～1.18 mm、1.18～2.36 mm、2.36～4.75 mm 五个粒级。每一个粒级在相应筛上用水淋洗干净后，放在烘箱中于(105±5)℃下烘干至恒重，分别存放在干燥器内备用。

(2) 采用碱含量(以 Na_2O 计，即 $K_2O×0.658+Na_2O$)大于 1.2%的高碱水泥。低于此值时，掺浓度为 10%的 Na_2O 溶液，将碱含量调至水泥量的 1.2%。

(3) 水泥与集料的质量比为 1∶2.25，一组三个试件共需水泥 440 g，精确至 0.1 g，集料 990 g(各粒级的质量按表 10.8 分别称取，精确至 0.1 g)。用水量按 GB/T2419 确定，跳桌跳动频率为 6 s 跳动 10 次，流动度以 105～120 mm 为准。

表 10.8　碱集料反应用破碎集料各粒级的质量

筛孔尺寸	4.75～2.36 mm	2.36～1.18 mm	1.18 mm～600 μm	600～300 μm	300～150 μm
质量/g	99.0	247.5	247.5	247.5	148.5

(4) 砂浆搅拌应按 GB/T177 规定完成。

(5) 搅拌完成后立即将砂浆分两次装入已装有膨胀测头的试模中，每层捣 40 次，注意膨胀测头四周应小心捣实，浇捣完毕后用镘刀刮除多余砂浆，抹平、编号并表明测长方向。

(6) 试件成型完毕后，立即带模放入标准养护室内，养护(24±2)h 后脱模，立即测量试件的长度，此长度为试件的基准长度。测长应在(20±2)℃的恒温室中进行。每个试件至少重复测量两次，其算术平均值作为长度测定值，待测的试件须用湿布覆盖，以防止水分蒸发。

(7) 测完基准长度后，将试件垂直立于养护筒的试件架上，架上放水，但试件不能与水接触(一个养护筒内的试件品种应相同)，加盖后放入(40±2)℃的养护箱或养护室内。

(8) 测长龄期自测定基准长度之日起计算，14 d、1 个月、2 个月、3 个月、6 个月，如有必要还可适当延长。在测长前一天，应把养护筒从(40±2)℃的养护箱或养护室内取出，放到(20±2)℃的恒温室内。测长方法与测基准长度的方法相同，测量完毕后，应将试件放入养护筒中，加盖后放回到(40±2)℃的养护箱或养护室继续养护至下一个测试龄期。

(9) 每次测长后,应对每个试件进行挠度测量和外观检查。

挠度测量:把试件放在水平面上,测量试件与平面间的最大距离应不大于 0.3 mm。

外观检查:观察有无裂缝,表面沉积物或渗出物,特别注意在空隙中有无胶体存在,并做详细记录。

4. 试验结果计算与评定

(1) 试件膨胀率按下式计算,精确至 0.001%:

$$\sum_t = \frac{L_t - L_0}{L_0 - 2\Delta} \times 100\%$$

式中 $\sum_t$——试件在 t 龄期的膨胀率,%;

L_t——试件在 t 龄期的长度,mm;

L_0——试件的基准长度,mm;

Δ——膨胀端头的长度,mm。

(2) 膨胀率以三个试件膨胀值的算术平均值作为试验结果,精确至 0.01%。一组试件中任何一个试件的膨胀率与平均值相差不大于 0.01%,则结果有效。而对膨胀率平均值大于 0.05%时,每个试件的测定值与平均值之差小于平均值的 20%,也认为结果有效。

(3) 结果判定

当半年膨胀率小于 0.10%时,判定为无潜在碱-硅酸反应危害。反之,则判定为有潜在碱-硅酸反应危害。

B. **快速碱-硅酸反应**

1. 试验主要仪器设备

(1) 电热鼓风干燥箱:能使烘干温度控制在(105±5)℃;

(2) 天平:称量 1 000 g,感量为 0.1 g;

(3) 方孔筛:孔径为 4.75 mm、2.36 mm、1.18 mm、600 μm、300 μm 及 150 μm 的筛各一只;

(4) 比长仪:由百分表和支架组成,百分表量程为 10 mm,精度 0.01 mm;

(5) 水泥胶砂搅拌机:符合 GB/T177 要求;

(6) 高温恒温养护箱或水浴:温度保持在(80±2)℃;

(7) 养护筒:由可耐碱长期腐蚀的材料制成,应不漏水,筒内设有试件架,筒的容积可以保证试件分离地浸没在体积为(2208±276)mL 水中或 1 mol・L^{-1}的氢氧化钠溶液中,且不能与容器壁接触;

(8) 试模:规格为 25 mm×25 mm×280 mm,试模两端正中有小孔,装有不锈钢质膨胀端头;

(9) 干燥器、搪瓷盘、毛刷等。

2. 试验试剂和材料

(1) 氢氧化钠:分析纯;

(2) 蒸馏水或去离子水;

(3) 氢氧化钠溶液:40 g 氢氧化钠溶于 900 mL 水中,然后加水到 1 L,所需氢氧化钠溶液总体积为试件总体积的(4±0.5)倍(每一个试件的体积约为 184 mL)。

3. 试验环境条件

(1) 材料与成型室的温度应保持在20～27.5℃，拌合水及养护室的温度应保持在(20±2)℃；

(2) 成型室、测试室的相对湿度应不少于80%；

(3) 高温恒温养护箱或水浴应保持在(80±2)℃。

4. 操作步骤

(1) 按规定取样，并将试样缩分至约5 000 g，将试样破碎后筛分成150～300 μm、300～600 μm、600 μm～1.18 mm、1.18～2.36 mm、2.36～4.75 mm五个粒级。每一个粒级在相应筛上用水淋洗干净后，放在烘箱中于(105±5)℃下烘干至恒重，分别存放在干燥器内备用。

(2) 采用符合GB175技术要求的硅酸盐水泥，水泥中不得有结块，并在保质期内。

(3) 水泥与集料的质量比为1∶2.25，水灰比为0.47。一组三个试件共需水泥440 g，精确至0.1 g，集料990 g(各粒级的质量按表10.8分别称取，精确至0.1 g)。

(4) 砂浆搅拌应按GB/T177规定完成。

(5) 搅拌完成后，立即将砂浆分两次装入已装有膨胀测头的试模中，每层插捣40次，注意膨胀头四周应小心捣实，浇捣完毕后用镘刀刮除多余砂浆，抹平、编号并表明测长方向。

(6) 试件成型完毕后，立即带模放入标准养护室内，养护(24±2)h后脱模，立即测量试件的初始长度。待测的试件须用湿布覆盖，以防止水分蒸发。

(7) 测完初始长度后，将试件浸没于养护筒(一个养护筒内的试件品种应相同)内的水中，并保持水温在(80±2)℃(加盖放在高温恒温养护箱或水浴中)，养护(24±2)h。

(8) 从高温恒温养护箱或水浴中拿出一个养护筒，从养护筒内取出试件，用毛巾擦干表面，立即读出试件的基准长度[从取出试件至完成读数应在(15±5)s时间内]，在试件上覆盖湿毛巾，全部试件测完基准长度后，再将所有试件分别浸没于养护筒内浓度为1 mol/L的氢氧化钠溶液中，并保持溶液温度在(80±1)℃(加盖放在高温恒温养护箱或水浴中)。

(9) 测长龄期自测定基准长度之日起计算，在测基准长度后第3 d、7 d、10 d、14 d再分别测长，每次测长时间安排在每天近似同一时刻内，测长方法与测基准长度的方法相同，每次测长完毕后，应将试件放入原养护筒中，加盖后放回(80±1)℃的高温恒温养护箱或水浴中继续养护至下一个测试龄期。14 d后如需继续测长，可安排每7 d一次测长。

5. 试验结果计算与评定

(1) 试件膨胀率按下式计算，精确至0.001%：

$$\Sigma_t=\frac{L_t-L_0}{L_0-2\Delta}\times 100\%$$

式中 Σ_t——试件在t龄期的膨胀率，%；

L_t——试件在t龄期的长度，mm；

L_0——试件的基准长度，mm；

Δ——膨胀端头的长度，mm。

(2) 膨胀率以三个试件膨胀值的算术平均值作为试验结果，精确至0.01%。一组试件中任何一个试件的膨胀率与平均值相差不大于0.01%，则结果有效。而对膨胀率平均值大于0.05%时，每个试件的测定值与平均值之差小于平均值的20%，也认为结果有效。

(3) 结果判定

① 当14 d膨胀率小于0.10%时，在大多数情况下可以判定为无潜在碱-硅酸反应危害。

② 当14 d膨胀率大于0.20%时，可以判定为有潜在碱-硅酸反应危害。

③ 当14 d膨胀率在0.10%～0.20%时，不能最终判定有潜在碱-硅酸反应危害，可以按碱-硅酸反应再进行试验来判定。

C. **碱-碳酸盐反应**

本方法适用于检验碳酸盐类集料与混凝土中的碱发生潜在碱-碳酸盐反应的危害性，不适用于硅质集料。

1. 试验主要仪器设备

(1) 圆筒钻机(ϕ9 mm)；

(2) 测长仪：量程25～50 mm，精度0.01 mm；

(3) 养护瓶：由耐碱材料制成，能盖严以避免溶液变质；

(4) 锯石机、磨片机。

2. 试验试剂和材料

(1) 氢氧化钠：化学纯；

(2) 氢氧化钠溶液 c(NaOH)=1 mol/L：将(40±1)g NaOH溶于1 L蒸馏水中；

(3) 蒸馏水。

3. 试验步骤

(1) 将一块岩石按其层理方向水平放置(如岩石层理不清，可任意放置)，再按三个互相垂直的方向钻切三个岩石圆柱体[ϕ(9±1)mm，长(35±5)mm]试件，试件两端面应磨光，互相平行且垂直于圆柱体主轴，并保持干净，显露岩面本色。

(2) 试件编号后，放入盛有蒸馏水的养护瓶中，置于(20±2)℃的恒温室内，每隔24 h取出擦干表面，进行测长，直到前后两次测得的长度变化率之差≤0.02%为止，以最后一次测得的长度为基准长度。

(3) 再将试件浸入盛有1 mol/L氢氧化钠溶液的养护瓶中，液面高出岩石柱不少于10 mm，且每个试件的平均需液量应不少于50 mL，同一容器中不得浸泡不同品种的试件。盖严养护瓶，置于(20±2)℃的恒温室内。溶液每六个月更换一次。

(4) 将试件从氢氧化钠溶液中取出，用蒸馏水洗净，擦干表面，在(20±2)℃恒温室内测长，测定的周期为7 d、14 d、21 d、28 d、56 d、84 d，如有需要，以后每4周测长一次。注意观察在碱液浸泡过程中，试件的开裂、弯曲、断裂等变化，并及时记录。

4. 试验结果计算与评定

(1) 膨胀率计算同碱-硅酸反应。

(2) 同块岩石所取的试件，取膨胀率最大的一个测值作为岩样的膨胀率。

(3) 结果判定：试件浸泡84 d的膨胀率，如超过0.10%，则判定该岩石样品具有潜在碱-碳酸盐反应危害。

10.3 混凝土外加剂检测试验

10.3.1 固体含量

1. 试验主要仪器设备

(1) 天平：精度 0.1 mg；

(2) 电热鼓风恒温干燥箱：温度范围 0～200℃；

(3) 带盖称量瓶：25 mm×65 mm；

(4) 干燥器。

2. 试验步骤

(1) 将洁净带盖称量瓶放入烘箱内，于 100～105℃烘 30 min，取出置于干燥器内，冷却 30 min 后称量，重复上述步骤直至恒量，其质量为 m_0。

(2) 将被测试样装入已经恒量的称量瓶内，盖上盖称出试样及称量瓶的总质量为 m_1；试样称量：固体产品 1.000 0～2.000 0 g，液体产品 3.000 0～5.000 0 g。

(3) 将盛有试样的称量瓶放入烘箱内，开启瓶盖，升温至 100～105℃(特殊品种除外)烘干，盖上盖，置于干燥器内冷却 30 min 后称量，重复上述步骤直至恒量，其质量为 m_2。

3. 试验结果表示

(1) 固体含量 $X_{固}$ 按下式计算：

$$X_{固} = \frac{m_2 - m_0}{m_1 - m_0} \times 100\%$$

式中 $X_{固}$——固体含量，%；

m_0——称量瓶的质量，g；

m_1——称量瓶加试样的质量，g；

m_2——称量瓶加试样烘干后试样的质量，g。

(2) 试验允许差

重复性允许差为 0.30%；再现性允许差为 0.50%。

10.3.2 密度测定(比重瓶法)

1. 试验主要仪器设备

(1) 比重瓶：25 mL 或 50 mL；

(2) 天平：精度 0.1 mg；

(3) 干燥器；

(4) 超级恒温器或同等条件的恒温设备。

2. 测试条件

(1) 液体样品直接测试；

(2) 固体样品溶液的浓度为 10 g/L；

(3) 被测溶液的温度为(20±1)℃；

(4) 被测溶液必须清澈，如有沉淀应滤去。

3. 试验步骤

(1) 比重瓶容积的校正

比重瓶依次用水、乙醇、丙酮和乙醚洗涤并吹干，塞子连瓶一起放入干燥器内，取出，称量比重瓶质量为 m_0，直至恒量。然后将预先煮沸并经冷却的水装入瓶内，塞上塞子，使多余的水分从塞子毛细管流出，用吸水纸吸干瓶外的水。注意不能让吸水纸吸出塞子毛细管里的水，水要保持与毛细管上口相平，立即在天平上称出比重瓶装满水后的质量 m_1。

容积 V 按下式计算：

$$V=\frac{m_1-m_0}{0.9982}$$

式中　V——比重瓶在20℃时的容积，mL；

m_0——干燥的比重瓶质量，g；

m_1——比重瓶盛满20℃水的质量，g；

0.998 2——20℃时纯水的密度，g/mL。

(2) 将已校正 V 值的比重瓶洗净、干燥、灌满被测溶液，塞上塞子后浸入(20±1)℃超级恒温器内，恒温20 min后取出，用吸水纸吸干瓶外的水及由毛细管溢出的溶液后，在天平上称出比重瓶装满外加剂溶液后的质量为 m_2。

4. 试验结果表示与评定

(1) 外加剂溶液的密度 ρ 按下式计算：

$$\rho=\frac{m_2-m_0}{V}=\frac{m_2-m_0}{m_1-m_0}\times 0.9982$$

式中　ρ——20℃时外加剂溶液密度，g/mL；

m_2——比重瓶装满20℃外加剂溶液后的质量，g。

(2) 试验结果允许差

室内允许差为0.001 g/mL；室间允许差为0.002 g/mL。

10.3.3　细度测定

1. 试验主要仪器设备

(1) 天平：称量100 g，精度0.1 g。

(2) 试验筛：采用孔径为0.315 mm的铜丝网筛布。筛框有效直径150 mm、高50 mm。筛布应紧绷在筛框上，接缝必须严密，并附有筛盖。

2. 试验步骤

(1) 将外加剂试样充分拌匀并经100～105℃(特殊品种除外)烘干。

(2) 称取烘干试样10 g倒入筛内，用人工筛样，将近筛完时，必须一手执筛往复摇动，一手拍打，摇动速度每分钟约120次。其间，筛子应向一定方向旋转数次，使试样分散在筛布上，直至每分钟通过质量不超过0.05 g时为止。称量筛余物，精确到0.1 g。

3. 试验结果表示

(1) 细度用筛余(%)表示,按下式计算:

$$筛余 = \frac{m_1}{m_0} \times 100\%$$

式中 m_1——筛余物质量,g;

m_0——试样质量,g。

(2) 试验允许差:重复性允许差为 0.40%;再现性允许差为 0.60%。

10.3.4 pH 值测定

1. 试验原理

根据能斯特(Nernst)方程 $E = E_0 + 0.059\,151\,g[H^+]$,$E = E_0 - 0.059\,15pH$,利用一对电极在不同 pH 值溶液中能产生不同电位差,这一对电极由测试电极(玻璃电极)和参比电极(饱和甘汞电极)组成,在 25℃时每相差一个单位 pH 值时产生 59.15 mV 的电位差,pH 值可在仪器的刻度表上直接读出。

2. 试验主要仪器设备

(1) 酸度计;

(2) 甘汞电极、玻璃电极、复合电极。

3. 测试条件

(1) 液体样品直接测试;

(2) 固体样品溶液的浓度为 10 g/L;

(3) 被测溶液的温度为(20±3)℃。

4. 试验步骤

(1) 按仪器的出厂说明书校正仪器。

(2) 当仪器校正好后,先用水,再用测试溶液冲洗电极,然后再将电极浸入被测溶液中轻轻摇动试杯,使溶液均匀。待到酸度计的读数稳定 1 min,记录读数。测量结束后,用水冲洗电极,以待下次测量。

5. 试验结果表示与评定

(1) 酸度计测出的结果即为溶液的 pH 值。

(2) 允许差

室内允许差为 0.2;室间允许差为 0.5。

10.3.5 氯离子含量

1. 试验原理

用电位滴定法,以银电极或氯电极为指示电极,其电势随 Ag^+ 浓度而变化。以甘汞电极为参比电极,用电位计或酸度计测定两电极在溶液中组成原电池的电势,银离子与氯离子反应生成溶解度很小的氯化银白色沉淀。在等当点前滴入硝酸银生成氯化银沉淀,两电极间电势变化缓慢,等当点时氯离子全部生成氯化银沉淀,这时滴入少量硝酸银便会引起电势急剧变化,指示出滴定终点。

2. 试验试剂与材料

(1) 硝酸(1∶1)。

(2) 硝酸银溶液(17 g/L):准确称取约17 g硝酸银($AgNO_3$),用水溶解,放入1L棕色容量瓶中稀释至刻度,摇匀,用0.100 0 mol/L氯化钠标准溶液对硝酸银溶液进行标定;

(3) 氯化钠标准溶液[c(NaCl)=0.1000 mol/L]:称取约10 g氯化钠(基准试剂),盛在称量瓶中,于130~150℃烘干2 h,在干燥器内冷却后精确称取5.844 3 g,用水溶解并稀释至1 L,摇匀。标定硝酸银溶液(17 g/L):

用移液管吸取10 mL 0.100 0 mol/L的氯化钠标准溶液于烧杯中,加水稀释至200 mL,加4 mL硝酸(1∶1),在电磁搅拌下,用硝酸银溶液以电位滴定法测定终点,过等当点后,在同一溶液中再加入0.100 0 mol/L氯化钠标准溶液10 mL,继续用硝酸银溶液滴定至第二个终点,用二次微商法计算出体积V_{01},V_{02}。

体积V_0按下式计算:

$$V_0 = V_{02} - V_{01}$$

式中 V_0——10 mL 0.100 0 mol/L的氯化钠消耗硝酸银溶液的体积,mL;

V_{01}——空白试验中200 mL水,加4 mL硝酸(1∶1)加10 mL 0.100 0 mol/L的氯化钠标准溶液所消耗的硝酸银溶液的体积,mL;

V_{02}——空白试验中200 mL水,加4 mL硝酸(1∶1)加20 mL 0.100 0 mol/L的氯化钠标准溶液所消耗的硝酸银溶液的体积,mL;

浓度c按下式计算:

$$c = \frac{c'V'}{V_0}$$

式中 c——硝酸银溶液的浓度,mol/L;

c'——氯化钠标准溶液的浓度,mol/L;

V'——氯化钠标准溶液的体积,mL。

3. 试验主要仪器设备

(1) 电位测定仪或酸度仪;

(2) 电磁搅拌器;

(3) 甘汞电极;银电极或氯电极;

(4) 滴定管:25 mL,移液管:10 mL。

4. 试验步骤

(1) 准确称取外加剂试样0.500 0~5.000 0 g,放入烧杯中,加200 mL水和4 mL硝酸(1∶1),使溶液呈酸性,搅拌至完全溶解,如不能完全溶解,可用快速定性滤纸过滤,并用蒸馏水洗涤残渣至无氯离子为止。

(2) 用移液管加入10 mL 0.100 0 mol/L的氯化钠标准溶液,烧杯内加入电磁搅拌子,将烧杯放在电磁搅拌器上,开动搅拌器并插入银电极(或氯电极)及甘汞电极,两电极与电位计或酸度计相连接,用硝酸银溶液缓慢滴定,记录电势和对应的滴定管读数;

由于接近等当点时,电势增加很快,此时要缓慢滴加硝酸银溶液,每次定量加入0.1 mL,当电势发生突变时,表示等当点已过,此时继续滴入硝酸银溶液,直至电势趋向变化平缓。

得到第一个终点时硝酸银溶液消耗的体积 V_1。

(3) 在同一溶液中，用移液管再加入 10 mL 0.100 0 mol/L 氯化钠标准溶液(此时溶液电势降低)，继续用硝酸银溶液滴定，直至第二个等当点出现，记录电势和对应的 0.1 mol/L 硝酸银溶液消耗的体积 V_2；

(4) 空白试验　在干净的烧杯中加入 200 mL 水和 4 mL 硝酸(1∶1)。用移液管加入 10 mL 0.100 0 mol/L 氯化钠标准溶液，在不加入试样的情况下，在电磁搅拌下，缓慢滴加硝酸银溶液，记录电势和对应的滴定管读数，直至第一个终点出现。过等当点后，在同一溶液中，再用移液管加入 0.100 0 mol/L 氯化钠标准溶液 10 mL，继续用硝酸银溶液滴定至第二个终点，用二次微商法计算出硝酸银溶液消耗的体积 V_{01} 及 V_{02}。

5. 试验结果表示

用二次微商法计算结果。通过电压对体积二次导数(即 $\Delta^2 E/\Delta V^2$)变成零的办法来求出滴定终点。假如在邻近等当点时，每次加入的硝酸银溶液是相等的，此函数($\Delta^2 E/\Delta V^2$)必定会在正负两个符号发生变化的体积之间的某一点变成零，对应这一点的体积即为终点体积，可用内插法求得。

(1) 外加剂中氯离子所消耗的硝酸银体积 V 按下式计算：

$$V = \frac{(V_1 - V_{01}) + (V_2 - V_{02})}{2}$$

式中　V_1——试样溶液加 10 mL 0.100 0 mol/L 氯化钠标准溶液所消耗的硝酸银溶液体积，mL；

V_2——试样溶液加 20 mL 0.100 0 mol/L 氯化钠标准溶液所消耗的硝酸银溶液体积，mL。

(2) 外加剂中氯离子含量 X_{Cl^-} 按式下式计算：

$$X_{Cl^-} = \frac{c \cdot V \times 35.45}{m \times 1\,000} \times 100\%$$

式中　X_{Cl^-}——外加剂氯离子含量，%；

m——外加剂样品质量，g。

用 1.565 乘氯离子的含量，即获得无水氯化钙 X_{CaCl_2} 的含量，按下式计算：

$$X_{CaCl_2} = 1.565 \times X_{Cl^-}$$

式中　X_{CaCl_2}——外加剂中无水氯化钙的含量，%。

(3) 允许差：重复性允许差为 0.05%；再现性允许差为 0.08%。

10.3.6　硫酸钠含量(重量法)

1. 试验原理

氯化钡溶液与外加剂试样中的硫酸盐生成溶解度极小的硫酸钡沉淀，称量经高温灼烧后的沉淀来计算硫酸钠的含量。

2. 试验主要仪器设备

(1) 电阻高温炉：最高使用温度不低于 900℃；

(2) 电子天平：称量100 g，感量0.1 mg；

(3) 电磁电热式搅拌器；

3. 试验试剂与材料

(1) 盐酸溶液：1∶1；氯化铵溶液：50 g/L；氯化钡溶液：100 g/L；硝酸银溶液：1 g/L。

(2) 瓷坩埚：18～30 mL；烧杯：400 mL；长颈漏斗；慢速定量滤纸及快速定性滤纸。

4. 试验步骤

(1) 准确称取试样约0.5 g于400 mL烧杯中，精确至0.1 mg。加入200 mL水搅拌溶解，再加入氯化铵溶液50 mL。加热煮沸后，用快速定性滤纸过滤，用水洗涤数次后，将滤液浓缩至200 mL左右，滴加盐酸(1∶1)至浓缩滤液显示酸性，再多加5～10滴盐酸。煮沸后在不断搅拌下趁热滴加氯化钡溶液10 mL，继续煮沸15 min，取下烧杯，置于加热板上，保持50～60℃静置2～4 h或常温静置8 h。

(2) 用两张慢速定量滤纸过滤，烧杯中的沉淀用70℃水洗净，使沉淀全部转移到滤纸上，用温热水洗涤沉淀至无氯根为止(用硝酸银溶液检验)。

(3) 将沉淀与滤纸移入预先灼烧恒重的坩埚中，小火烘干，灰化。

(4) 在800℃电阻高温炉中灼烧30 min，然后在干燥器里冷却至室温(约30 min)，取出称量，再将坩埚放回高温炉中，灼烧20 min，取出冷却至室温称量，如此反复直至恒量(连续两次称量之差小于0.000 5 g)。

5. 试验结果表示与评定

(1) 硫酸钠含量$X_{Na_2SO_4}$按下式计算：

$$X_{Na_2SO_4}=\frac{(m_2-m_1)\times 0.6086}{m}\times 100\%$$

式中 $X_{Na_2SO_4}$——外加剂中硫酸钠含量，%；

m——试样质量，g；

m_1——空坩埚质量，g；

m_2——灼烧后滤渣加坩埚质量，g；

0.608 6——硫酸钡换算成硫酸钠的系数。

(2) 允许差：重复性允许差为0.50%；再现性允许差为0.80%。

10.3.7 水泥净浆流动度

在水泥净浆搅拌机中，加入一定量的水泥、外加剂和水进行搅拌。将搅拌好的净浆注入截锥圆模内，提起截锥圆模，测定水泥净浆在玻璃平面上自由流淌的最大直径。

1. 试验主要仪器设备

(1) 水泥净浆搅拌机。

(2) 截锥圆模：上口直径36 mm，下口直径60 mm，高度为60 mm，内壁光滑无接缝的金属制品。

(3) 天平：称量100 g，精度0.1 g；天平：称量1 000 g，精度1 g。

(4) 玻璃板：400 mm×400 mm×5 mm。

(5) 秒表；钢直尺：300 mm；刮刀等。

2. 试验步骤

(1) 将玻璃板放置在水平位置，用湿布抹擦玻璃板、截锥圆模、搅拌器及搅拌锅，使其表面湿而不带水渍。将截锥圆模放在玻璃板的中央，并用湿布覆盖待用。

(2) 称取水泥 300 g，倒入搅拌锅内。加入推荐掺量的外加剂及 87 g 或 105 g 水，搅拌3 min。

(3) 将拌好的净浆迅速注入截锥圆模内，用刮刀刮平，将截锥圆模按垂直方向提起，同时开启秒表计时，任水泥净浆在玻璃板上流动，至 30 s，用直尺量取流淌部分互相垂直的两个方向的最大直径，取平均值作为水泥净浆流动度。

3. 试验结果表示与评定

(1) 表示净浆流动度时，需注明用水量，所用水泥的强度等级标号、名称、型号及生产厂和外加剂掺量。

(2) 允许差：重复性允许差为 5 mm；再现性允许差为 10 mm。

10.3.8 水泥砂浆工作性

本方法适用于测定外加剂对水泥的分散效果，以水泥砂浆减水率表示其工作性，当水泥净浆流动度试验不明显时可用此法。

1. 试验原理

先测定基准砂浆流动度的用水量，再测定掺外加剂砂浆流动度的用水量，然后，测定加入基准砂浆流动度的用水量时的砂浆流动度。以水泥砂浆减水率表示其工作性。

2. 试验主要仪器设备

(1) 胶砂搅拌机：符合 JC/T681 的要求；

(2) 跳桌、截锥圆模及模套、圆柱捣棒、卡尺均应符合 GB/T2419 的规定；

(3) 电子天平：称量 100 g，精度 0.1 g；

(4) 台称：称量 5 kg，精度 1 g；

(5) 抹刀等。

3. 试验主要材料

52.5 级硅酸盐水泥水泥；ISO 标准砂；外加剂。

4. 试验步骤

(1) 基准砂浆流动度用水量的测定

① 先使搅拌机处于待工作状态，然后按以下程序进行操作：将水加入锅里，再加入水泥 450 g，将锅放在固定架上，上升至固定位置，然后立即开动机器，低速搅拌 30 s 后，在第二个 30 s 开始的同时均匀地将砂子加入，机器转至高速再拌 30 s。停拌 90 s，在第一个 15 s 内用一抹刀将叶片和锅壁上的胶砂刮入锅中间，在高速下继续搅拌 60 s，各个阶段搅拌时间误差应在±1 s 以内。

② 在拌合砂浆的同时，用湿布抹擦跳桌的玻璃台面，捣棒、截锥圆模及模套内壁，并把它们置于玻璃台面中心，盖上湿布，备用。

③ 将拌好的砂浆迅速地分两次装入模内，第一次装至截锥圆模的 2/3 处，用抹刀在相互垂直的两个方向各划 5 次，并用捣棒自边缘向中心均匀捣 15 次，接着装第二层砂浆，装至高出截锥圆模约 20 mm，用抹刀划 10 次，同样用捣棒捣 10 次，在装胶砂与捣实时，用手将截

锥圆模按住，不要使其产生移动。

④ 捣好后取下模套，用抹刀将高出截锥圆模的砂浆刮去并抹平，随即将截锥圆模垂直向上提起置于台上，立即开动跳桌，以每秒一次的频率使跳桌连续跳动30次。

⑤ 跳动完毕用卡尺量出砂浆底部流动直径，取互相垂直的两个直径的平均值为该用水量时的砂浆流动度，用mm表示。

⑥ 重复上述步骤，直到流动度达到(180±5)mm。当砂浆流动度为(180±5)mm时的用水量即为基准砂浆流动度的用水量M_0。

(2) 将水和外加剂加入锅里搅拌均匀，按上述基准砂浆流动度用水量的操作步骤测出掺外加剂砂浆流动度达(180±5)mm时的用水量M_1。

(3) 将外加剂和基准砂浆流动度的用水量加入锅中，人工搅拌均匀，再按述基准砂浆流动度用水量的操作步骤，测定加入基准砂浆流动度的用水量时的砂浆流动度，以mm表示。

5. 试验结果表示与评定

(1) 砂浆减水率(%)按下式计算：

$$砂浆减水率 = \frac{M_0 - M_1}{M_0} \times 100\%$$

式中　M_0——基准砂浆流动度为(180±5)mm时的用水量，g；

M_1——掺外加剂的砂浆流动度为(180±5)mm时的用水量，g。

(2) 允许差：重复性允许差为砂浆减水率1.0%；再现性允许差为砂浆减水率1.5%。

10.3.9　碱含量

1. 试验原理

试样用约80℃的热水溶解，以氨水分离铁、铝；以碳酸铵分离钙、镁。滤液中的碱(钾和钠)，采用相应的滤光片，用火焰光度计进行测定。

2. 试验主要仪器与试剂

(1) 火焰光度计。

(2) 盐酸：1∶1；氨水：1∶1；碳酸铵溶液：100 g/L；甲基红指示剂：2 g/L乙醇溶液。

(3) 氧化钾、氧化钠标准溶液：精确称取已在130%～150%烘过2 h的氯化钾(KCl光谱纯)0.792 0 g及氯化钠(NaCl光谱纯)0.943 0 g，置于烧杯中，加水溶解后，移入1 000 mL容量瓶中，用水稀释至标线，摇匀，转移至干燥的带盖的塑料瓶中。此标准溶液每毫升相当于氧化钾及氧化钠0.5 mg。

3. 试验步骤

(1) 工作曲线的绘制

分别向100 mL容量瓶中注入0.00 mL、1.00 mL、2.00 mL、4.00 mL、8.00 mL、12.00 mL的氧化钾、氧化钠标准溶液(分别相当于氧化钾、氧化钠各0.00 mg、0.50 mg、1.00 mg、2.00 mg、4.00 mg、6.00 mg)，用水稀释至标线，摇匀，然后分别于火焰光度计上按仪器使用规程进行测定，根据测得的检流计读数与溶液的浓度关系，分别绘制氧化钾及氧化钠的工作曲线。

(2) 准确称取一定量的试样置于 150 mL 的瓷蒸发皿中，用 80℃左右的热水润湿并稀释至 30 mL，置于电热板上加热蒸发，保持微沸 5 min 后取下，冷却，加 1 滴甲基红指示剂，滴加氨水(1∶1)，使溶液呈黄色；加入 10 mL，碳酸铵溶液，搅拌，置于电热板上加热并保持微沸 10 min，用中速滤纸过滤，以热水洗涤，滤液及洗液盛于容量瓶中，冷却至室温，以盐酸(1∶1)中和至溶液呈红色，然后用水稀释至标线，摇匀，以火焰光度计按仪器使用规程进行测定。称样量及稀释倍数见表 10.9。

表 10.9　称样量及稀释倍数

总碱量/%	称样量/g	稀释体积/mL	稀释倍数(n)
1.00	0.2	100	1
1.00～5.00	0.1	250	2.5
5.00～10.00	0.05	250 或 500	2.5 或 5.0
>10.00	0.05	500 或 1 000	5.0 或 10.0

4. 试验结果计算与评定

(1) 氧化钾含量 X_{K_2O}按下式计算：

$$X_{K_2O} = \frac{c_1 \cdot n}{m \times 1\,000} \times 100\%$$

式中　X_{K_2O}——外加剂中氧化钾含量，%；

c_1——在工作曲线上查得每 100 mL 被测定液中氧化钾的含量，mg；

n——被测溶液的稀释倍数；

m——试样质量，g。

(2) 氧化钠含量 X_{Na_2O}按下式计算：

$$X_{Na_2O} = \frac{c_2 \cdot n}{m \times 1\,000} \times 100\%$$

式中　X_{Na_2O}——外加剂中氧化钠含量，%；

c_2——在工作曲线上查得每 100 mL 被测溶液中氧化钠的含量，mg。

(3) 总碱量 $X_{总碱量}$按下式计算

$$X_{总碱量} = 0.658 \times X_{K_2O} + X_{Na_2O}$$

式中　$X_{总碱量}$——外加剂中的总碱量，%。

(4) 允许差，见表 10.10。

表 10.10　总碱量的允许差

总碱量/%	室内允许差/%	室间允许差/%
1.00	0.10	0.15
1.00～5.00	0.20	0.30
5.00～10.00	0.30	0.50
>10.00	0.50	0.80

注：1. 矿物质的混凝土外加剂：如膨胀剂等，不在此范围之内。

2. 总碱量的测定亦可采用原子吸收光谱法，参见 BC/T 176—1996 中 3.11.2 条。

10.4 矿物掺和料检测试验

目前大量用于混凝土掺和料的有粉煤灰和粒化高炉矿渣粉。

用于混凝土掺和料的粉煤灰根据我国标准 GB/T1596—2005 中的规定进行检验，其检测项目主要有：细度、需水量比、烧失量、三氧化硫、游离氧化钙、安定性、含水量等。

用于混凝土掺和料的粒化高炉矿渣粉根据我国标准 GB/T18046—2000 中的规定进行检验，其检测项目主要有：密度、比表面积、活性指数、流动度比、三氧化硫、烧失量、氯离子及含水率等。

10.4.1 粉煤灰测定

10.4.1.1 粉煤灰细度测定

1. 试验原理

利用气流作为筛分的动力和介质，通过旋转的喷嘴喷出的气流作用使筛网里的待测粉状物料呈流态化，并在整个系统负压的作用下，将细颗粒通过筛网抽走，从而达到筛分的目的。

2. 试验主要仪器设备

(1) 负压筛析仪：负压筛析仪主要由筛座、真空源和收尘器等组成；

(2) 电热鼓风干燥箱：能使温度控制在(105±5)℃；

(3) 天平：称量 100 g，感量 0.01 g；

(4) 45 μm 方孔筛。

3. 试验步骤

(1) 将测试用粉煤灰样品置于温度为 105～110℃电热鼓风干燥箱内烘至恒重，取出放在干燥器中冷却至室温。

(2) 称取试样约 10 g，精确至 0.01 g，倒入 45 μm 方孔筛筛网上，将筛子置于筛座上，盖上筛盖。

(3) 接通电源，将定时开关固定在 3 min，开始筛析。

(4) 开始工作后，观察负压表，使负压稳定在 4 000～6 000 Pa。若负压小于 4 000 Pa，则应停机，清理收尘器中的积灰后再进行筛析。

(5) 在筛析过程中，可用轻质木棒或硬橡胶棒轻轻敲打筛盖，以防吸附。

(6) 3 min 后筛析自动停止，停机后观察筛余物，如出现颗粒成球、粘筛或有细颗粒沉积在筛框边缘，用毛刷将细颗粒轻轻刷开，将定时开关固定在手动位置，再筛析 1～3 min 直至筛分彻底为止。将筛网内的筛余物收集并称量，精确至 0.01 g。

4. 试验结果计算与评定

(1) 45 μm 方孔筛筛余按下式计算，计算精确至 0.1%：

$$F = (G_1/G) \times 100\%$$

式中 F——45 μm 方孔筛筛余，%；

G_1——筛余物的质量，g；

G——称取试样的质量，g。

（2）筛网的校正

筛网的校正采用粉煤灰细度标准样品或其他同等级标准样品，按上述操作步骤测定标准样品的细度，筛网校正系数按下式计算，计算精确至 0.1：

$$K = m_0/m$$

式中 K——筛网校正系数；

m_0——标准样品筛余标准值，%；

m——标准样品筛余实测值，%。

（注：①筛网校正系数范围为 0.8～1.2。②筛析 150 个样品后进行筛网的校正。）

10.4.1.2 粉煤灰需水量比测定

1. 试验原理

按 GB/T24 测定试验胶砂和对比胶砂的流动度，以二者流动度达到 130～140 mm 时的加水量之比确定粉煤灰的需水量比。

2. 试验主要仪器设备

（1）搅拌机：符合 GB/T17671—1999 规定的行星式水泥胶砂搅拌机；

（2）流动度跳桌符合 GB/T2419 规定；

（3）天平：称量 1 000 g，感量 1 g。

3. 试验材料

（1）水泥：GSB14—1510 强度检验用水泥标准样品；

（2）标准砂：符合 GB/T17671—1999 规定的 0.5～1.0 mm 的中级砂；

（3）水：洁净的饮用水。

4. 试验步骤

（1）胶砂配比见表 10.11。

表 10.11 粉煤灰需水量及测定用胶砂配比

胶砂种类	水泥/g	粉煤灰/g	标准砂/g	加水量/mL
对比胶砂	250	—	750	125
试验胶砂	175	75	750	按流动度达到 130～140 mm

（2）试验胶砂按 GB/T17671 规定进行搅拌。

（3）搅拌后的试验胶砂按 GB/T2419 测定流动度，当流动度为 130～140 mm 时，记录此时的加水量；当流动度小于 130 mm 或大于 140 mm 时，重新调整加水量，直至流动度达到 130～140 mm 为止。

5. 试验结果计算与评定

需水量比按下式计算，计算至 1%：

$$X = (L_1/125) \times 100\%$$

式中 X——需水量比，%；

L_1——试验胶砂流动度达到 130～140 mm 时的加水量，mL；

125——对比胶砂的加水量，mL。

10.4.1.4 粉煤灰含水量测定

1. 试验原理

将粉煤灰放入规定温度的烘干箱内烘至恒重，以烘干前和烘干后的质量之差与烘干前的质量之比确定粉煤灰的含水量。

2. 试验主要仪器设备

(1) 电热鼓风干燥箱：能使温度控制在(105±5)℃；

(2) 天平：称量 100 g，感量 0.01 g。

3. 试验步骤

(1) 称取粉煤灰试样约 50 g，准确至 0.01 g，倒入蒸发皿中；

(2) 将烘干箱温度调整并控制在 105～110℃；

(3) 将粉煤灰试样放入烘干箱内烘至恒重，取出放在干燥器中冷却至室温后称量，准确至 0.01 g 。

4. 结果计算

含水量按下式计算，计算精确至 0.1%：

$$W = [(w_1 - w_0)/w_1] \times 100\%$$

式中 W——含水量，%；

w_1——烘干前试样的质量，g；

w_0——烘干后试样的质量，g。

10.4.2 矿渣测定

10.4.2.1 粒化高炉矿渣粉活性指数测定

1. 试验原理

分别测定试验样品和对比样品的抗压强度，两种样品同龄期的抗压强度之比即为活性指数。

2. 试验主要仪器设备

(1) 水泥胶砂搅拌机，符合 JC/T 681 要求。

(2) 水泥胶砂振实台，符合 JC/T 682 要求。

(3) 压力试验机及抗压夹具，抗压夹具应符合 JC/T 683 要求。

(4) 水泥标准试模。

(5) 天平：称量 2 000 g，感量 1 g。

(6) 其他：自动滴管、金属直尺、胶皮刮具等。

3. 试验主要材料

(1) 对比样品：符合 GB175 规定的 42.5 硅酸盐水泥，当有争议时应用符合 GB175 规定的 PI 型 42.5R 硅酸盐水泥进行。

(2) 试验样品：由对比水泥和矿渣粉按质量比 1∶1 组成。

4. 试验步骤

(1) 砂浆配比(表 10.12)。

表 10.12　粒化高炉矿渣粉活性指数及流动度比测定用砂浆配比

砂浆种类	水泥/g	矿渣粉/g	中国 ISO 标准砂/g	水/mL
对比砂浆	450	—	1 350	225
试验砂浆	225	225		

(2) 砂浆搅拌:搅拌按 GB/T17671 进行。

(3) 抗压强度试验:按 GB/T17671 进行试验,分别测定试验样品 7 d、28 d 抗压强度 R_7、R_{28} 和对比样品 7 d 、28 d 抗压强度 R_{07}、R_{028}。

5. 试验结果计算与评定

(1) 矿渣粉各龄期的活性指数按下式计算,计算结果取整数:

$$A_7 = R_7/R_{07} \times 100\%$$
$$A_{28} = R_{28}/R_{028} \times 100\%$$

式中　A_7——7 d 活性指数,%;

R_{07}——对比样品 7 d 抗压强度,MPa;

R_7——试验样品 7 d 抗压强度,MPa。

A_{28}——28 d 活性指数,%;

R_{028}——对比样品 28 d 抗压强度,MPa;

R_{28}——试验样品 28 d 抗压强度,MPa。

10.4.2.2　粒化高炉矿渣粉流动度比测定

1. 试验原理

分别测定试验样品和对比样品的流动度,二者之比即为流动度比。

2. 试验主要仪器设备

(1) 水泥胶砂搅拌机。

(2) 水泥胶砂流动度测定仪。

(3) 天平:称量 2 000 g,感量 1 g。

3. 试验主要材料

(1) 对比样品:符合 GB175 规定的 42.5 硅酸盐水泥,当有争议时应用符合 GB175 规定的 PI 型 42.5R 硅酸盐水泥进行。

(2) 试验样品:由对比水泥和矿渣粉按质量比 1∶1 组成。

4. 试验步骤

(1) 砂浆配比:见表 10.12。

(2) 砂浆搅拌:搅拌按 GB/T17671 进行。

(3) 流动度试验:按 GB/T2419 进行试验,分别测定试验样品和对比样品的流动度 L, L_0。

5. 试验结果计算与评定

矿渣粉的流动度比按下式计算,计算结果取整数。

$$F = L/L_0 \times 100\%$$

式中　F——流动度比，%；

L_0——对比样品流动度，mm；

L——试验样品流动度，mm。

思考题与习题

10.1　水泥国家标准中并未规定标准稠度，而水泥检测时为什么要测定其标准稠度？

10.2　测定水泥胶砂强度的试件为什么要采用标准砂来制备？

10.3　测定水泥胶砂强度的试件养护时，为什么要规定标准养护条件？

10.4　水泥胶砂强度检验的抗折、抗压试验结果应如何判定？

10.5　试述砂、石表观密度的测定原理。

10.6　用比重瓶法测定砂的表观密度时，为什么要筛去大于 4.75 mm 的颗粒？

10.7　石子筛分析试验时，为什么要规定不同粒径的石子筛分时的试样量？

10.8　每批验收砂如何进行取样？在试验前为何要进行缩分？

10.9　外加剂细度检测是如何判定筛析结束的？

第 11 章　普通混凝土混合料性能检测试验

本章提要

本章主要介绍混凝土混合料的性能检验，包括混凝土混合料的稠度、表观密度、含气量、凝结时间、泌水与压力泌水、配合比分析试验的主要仪器及设备、试验条件、试验步骤和方法、试验结果的处理和评定。

学习要求

(1) 了解有关试验的主要仪器及设备、试验条件。

(2) 掌握有关试验的试验原理、试验方法及试验结果的处理与评定。

11.1　混凝土混合料稠度试验

该试验分坍落度法和维勃稠度法两种，前者适用于坍落度值不小于 10 mm 的塑性和流动性混凝土混合料的稠度测定，后者适用于维勃稠度在 5～30 s 的干硬性混凝土混合料的稠度测定。要求骨料最大粒径均不得大于 40 mm。

11.1.1　坍落度测定

1. 主要仪器设备

(1) 坍落度筒：截头圆锥形，由薄钢板或其他金属板制成。

(2) 捣棒(端部应磨圆)、装料漏斗、小铁铲、钢直尺、镘刀等。

2. 试验步骤

(1) 首先用湿布润湿坍落度筒及其他用具，将坍落度筒置于铁板上，漏斗置于坍落度筒顶部并用双脚踩紧踏板。

(2) 用铁铲将拌好的混凝土拌合物分三层装入筒内，每层高度约为筒高的 1/3。每层用捣棒沿螺旋方向由边缘向中心插捣 25 次。插捣底层时应贯穿整个深度，插捣其他两层时应插至下一层的表面。

(3) 插捣完毕后，除去漏斗，用镘刀刮去多余拌合物并抹平，清除筒四周拌合物，在 5～10 s 内垂直平稳地提起坍落度筒。随即量测筒高与坍落后的混凝土试体最高点之间的高度差，即为混凝土拌合物的坍落度值。

(4) 从开始装料到坍落度筒提起整个过程应在 150 s 内完成。当坍落度筒提起后，混凝土试体发生崩坍或一边剪坏现象，则应重新取样测定坍落度，如第二次仍出现这种现象，则表示该拌合物和易性不好。

(5) 在测定坍落度过程中,应注意观察黏聚性与保水性。

3. 试验结果

(1) 稠度。以坍落度表示,单位 mm,精确至 5 mm。

(2) 黏聚性。以捣棒轻敲混凝土锥体侧面,如锥体逐渐下沉,表示黏聚性良好;如锥体倒坍、崩裂或离析,表示黏聚性不好。

(3) 保水性。提起坍落度筒后如底部有较多稀浆析出,骨料外露,表示保水性不好;如无稀浆或少量稀浆析出,表示保水性良好。

11.1.2　维勃稠度测定

1. 主要仪器设备

(1) 维勃稠度仪:其振动频率为(50±3)Hz,装有容器时台面振幅应为(0.5±0.1)mm。见图 11.1。

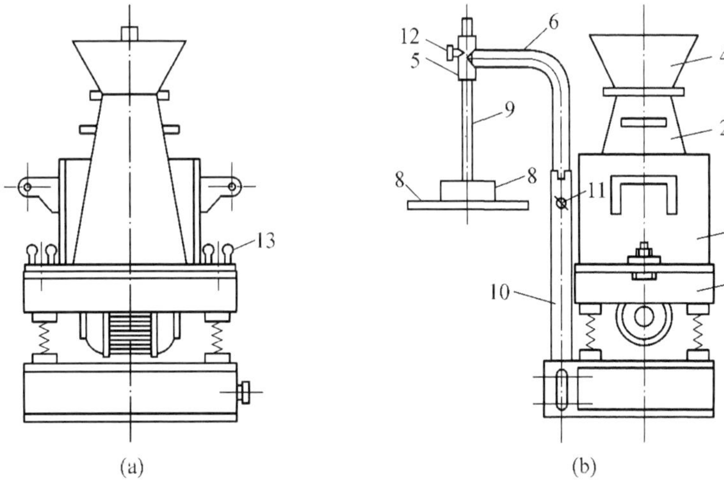

图 11.1　维勃稠度仪

1—容器;2—坍落度筒;3—透明圆盘;4—喂料斗;5—套筒;6—旋转架;
7—振动台;8—荷重;9—测杆;10—旋转架支柱;11—固定螺丝;
12—测杆螺丝;13—固定螺丝

(2) 秒表,其他仪器同坍落度试验。

2. 试验步骤

(1) 将维勃稠度仪放置在坚实水平的基面上。用湿布将容器、坍落度筒、喂料斗内壁及其他用具擦湿。就位后将测杆、喂料斗和容器调整在同一轴线上,然后拧紧固定螺丝。

(2) 将混凝土混合料经喂料斗分三层装入坍落度筒,装料与捣实方法同坍落度试验。

(3) 将喂料斗转离,垂直平稳地提起坍落度筒,应注意不使混凝土试体产生横向扭动。

(4) 将圆盘转到混凝土试体上方,放松测杆螺丝,降下透明圆盘,使其轻轻接触到混凝土试体表面,拧紧定位螺丝。

(5) 开启振动台,同时用秒表计时,当振至透明圆盘的底面被水泥浆布满的瞬间关闭振动台,并停表计时。

3. 试验结果

由秒表读出的时间(s)即为该混凝土混合料的维勃稠度值。

11.2 混凝土混合料的表观密度试验

1. 试验主要仪器设备

(1) 容量筒:筒为金属刚性圆筒,两侧有把手,筒壁坚固且不漏水。对于集料公称最大粒径不大于 31.5 mm 的混合料采用 5 L 的容量筒,其内径与内高均为(186±2)mm,筒厚为 3 mm。对于集料公称粒径大于 31.5 mm 的拌合物所采用的容量筒,其内径与内高均应大于集料公称最大粒径的 4 倍。另外,试验前对空容量筒的体积应予标定。

(2) 台秤:称量 100 kg,感量 50 g。

(3) 振动台:频率为(3 000±200)次/min,空载振幅为(0.5±0.1)mm。

(4) 其他:金属直尺、镘刀、玻璃板等。

2. 试验步骤

(1) 试验前用湿布将容量筒内外擦拭干净,称其质量为 m_1,精确至 50 g。

(2) 将配制好的混凝土混合料装入容量筒并使其密实。当混合料坍落度不小于 70 mm 时,宜用人工捣实;当混合料坍落度小于 70 mm,宜用振动台振实。

(3) 用振动台振实时,应将容量筒在振动台上夹紧,一次将混合料装满容量筒,混合料装满后,立即开始振动,振动过程中如混合料低于筒口,应随时添加混合料,振动至混合料表面出现水泥浆为止。

采用捣棒捣实时,应根据容量筒的大小决定分层与混凝土混合料每层插捣次数:采用 5 L容量筒时,混凝土混合料应分两层装入,每层插捣 25 次;用大于 5 L 的容量筒时,每层混凝土混合料的高度应不大于 100 mm,每次插捣次数应按每 1 000 mm^2 截面不小于 12 次计算。每次插捣应由边缘向中心均匀地插捣,插捣底层时应贯穿整个深度,插捣第二层时,捣棒应插透本层至下一层的表面;每一层插捣完后用橡皮锤轻轻沿容量外壁敲打 5～10 次进行振实,直至混合料表面插捣孔消失并不见大气泡为止。

(4) 用金属直尺齐筒口刮去多余的混凝土混合料,用镘刀抹平表面,而后擦净容量筒外部并称其质量为 m_2,精确至 50 g。

3. 试验结果计算与评定

按下式计算混凝土拌合物的表观密度 ρ_h,精确至 10 kg/m^3:

$$\rho_h = \frac{m_2 - m_1}{V} \times 1\,000$$

式中 ρ_h——拌合物表观密度,10 kg/m^3;

m_1——容量筒质量,kg;

m_2——捣实或振实后混凝土和容量筒总质量,kg;

V——容量筒容积,L。

11.3 混凝土混合料的含气量试验

本方法适于骨料最大粒径不大于 40 mm 的混凝土拌合物含气量测定。

1. 试验主要仪器设备

含气量试验所用设备应符合下列规定。

(1) 含气量测定仪:由容器及盖体两部分组成。容器:应由硬质、不易被水泥浆腐蚀的金属制成,其内表面粗糙度应不大于 3.2 μm,内径应与深度相等,容积为 7 L。盖体:应用与容器相同的材料制成。盖体部分应包括有气室、水找平室、加水阀、排水阀、操作阀、进气阀、排气阀及压力表。压力表的量程为 0~0.25 MPa,精度为 0.01 MPa。容器及盖体之间应设置密封垫圈,用螺栓连接,连接处不得有空气存留,并保证密闭。

(2) 振动台:应符合《混凝土试验室用振动台》JG/T 3020 中技术要求的规定。

(3) 台秤:称量 50 kg,感量 50 g。

(4) 橡皮锤:应带有质量约 250 g 的橡皮锤头。

(5) 捣棒等。

2. 试验前的准备工作

(1) 按下列步骤测定混合料所用骨料的含气量。

① 应按下式计算每个试样中粗、细骨料的质量:

$$m_g = \frac{V}{1\,000} \times m_g'$$

$$m_s = \frac{V}{1\,000} \times m_s'$$

式中 m_g, m_s——分别为每个试样中的粗、细骨料质量,kg;

m_g', m_s'——分别为每立方米混凝土拌合物中粗、细骨料质量,kg;

V——含气量测定仪容器容积,L。

② 在容器中先注入 1/3 高度的水,然后把通过 40 mm 网筛的质量为 m_g、m_s 的粗、细骨料称好、拌匀,慢慢倒入容器。水面每升高 25 mm 左右,轻轻插捣 10 次,并稍稍搅动,以排除夹杂进去的空气,加料过程中应始终保持水面高出骨料的顶面;骨料全部加入后,应浸泡约 5 min,再用橡皮锤轻敲容器外壁,排净气泡,除去水面泡沫,加水至满,擦净容器上口边缘;装好密封圈,加盖拧紧螺栓。

③ 关闭操作阀和排气阀,打开排水阀和加水阀,通过加水阀,向容器内注入水;当排水阀流出的水流不含气泡时,在注水的状态下,同时关闭加水阀和排水阀。

④ 开启进气阀,用气泵向气室内注入空气,使气室内的压力略大于 0.1 MPa,待压力表显示值稳定;微开排气阀,调整压力至 0.1 MPa,然后关紧排气阀。

⑤ 开启操作阀,使气室里的压缩空气进入容器,待压力表显示值稳定后记录示值 p_{g1},然后开启排气阀,压力仪表示值应回零。

⑥ 重复以上第④、⑤步操作试验,对容器内的试样再检测一次记录表值 p_{g2}。

⑦ 若 p_{g1} 和 p_{g2} 的相对误差小于 0.2%时,则取 p_{g1} 和 p_{g2} 的算术平均值,按压力与含气量

关系曲线查得骨料的含气量(精确到 0.1%);若不满足则应进行第三次试验,测得压力值 p_{g3}(MPa)。当 p_{g3} 与 p_{g1}、p_{g2} 中较接近一个值的相对误差不大于 0.2%时,则取此二值的算术平均值。当仍大于 0.2%时,则此次试验无效,应重做。

(2) 含气量测定仪容器容积的标定应按下列规定进行。

① 擦净容器,并将含气量测定仪全部安装好,测定含气量测定仪的总质量,测量精确至 50 g。

② 往容器内注水至上缘,然后将盖体安装好,关闭操作阀和排气阀,打开排水阀和加水阀,通过加水阀,向容器内注入水;当排水阀流出的水流不含气泡时,在注水的状态下,同时关闭加水阀和排水阀,再测定其总质量;测量精确至 50 g。

③ 容器的容积按下式计算:

$$V=\frac{m_2-m_1}{\rho_w}\times 1\,000$$

式中 V——含气量仪的容积,L;

m_1——干燥含气量仪的总质量,kg;

m_2——水、含气量仪的总质量,kg;

ρ_w——容器内水的密度,kg/m^3。

计算应精确至 0.01 L。

(3) 含气量测定仪的率定按下列步骤进行。

① 测得含气量为 0 时的压力值。

② 开启排气阀,压力示值器示值回零;关闭操作阀和排气阀,打开排水阀,在排水阀口用量筒接水;用气泵缓缓地向气室内打气,当排出的水恰好是含气量仪体积的 1%时,测得含气量为 1%时的压力值。

③ 如此继续测取含气量分别为 2%、3%、4%、5%、6%、7%、8%时的压力值。

④ 以上试验均应进行两次,各次所测压力值均应精确至 0.01 MPa。

⑤ 对以上的各次试验均应进行检验,其相对误差均应小于 0.2%;否则应重新率定。

⑥ 据此检验以上含气量 0、1% … 8%共 9 次的测量结果,绘制含气量与气体压力之间的关系曲线。

3. 试验步骤

(1) 用湿布擦净容器和盖的内表面,装入混凝土混合料试样。

(2) 捣实可采用手工或机械方法。当混合料坍落度大于 70 mm 时,宜采用手工插捣,当混合料坍落度不大于 70 mm 时,宜采用机械振捣,如振动台或插入式振动器等。

用捣棒捣实时,应将混凝土混合料分三层装入,每层捣实后高度约为容器高度的 1/3;每层装料后由边缘向中心均匀地插捣 25 次,捣棒应插透本层高度,再用木锤沿容器外壁重击 10~15 次,使插捣留下的插孔填满。最后一层装料应避免过满;表面出浆即止,不得过度振捣。

若使用插入式振动器捣实,应避免振动器触及容器内壁和底面。

在施工现场测定混凝土混合料含气量时,应采用与施工振动频率相同的机械方法捣实。

(3) 捣实完毕后立即用刮尺刮平,表面如有凹陷应予填平抹光。

如需同时测定混合料表观密度时,可在此时称量和计算。然后在正对操作阀孔的混凝土混合料表面贴一小片塑料薄膜，擦净容器上口边缘，装好密封垫圈，加盖并拧紧螺栓。

(4) 关闭操作阀和排气阀，打开排水阀和加水阀，通过加水阀，向容器内注入水；当排水阀流出的水流不含气泡时，在注水的状态下，同时关闭加水阀和排水阀。

(5) 然后开启进气阀，用气泵注入空气至气室内压力略大于 0.1 MPa，待压力示值仪表示值稳定后，微微开启排气阀，调整压力至 0.1 MPa，关闭排气阀。

(6) 开启操作阀，待压力示值仪稳定后，测得压力值 p_{01}(MPa)。

(7) 开启排气阀，压力仪示值回零；重复上述⑤、⑥的步骤，对容器内的试样再测一次压力值 p_{02}(MPa)。

(8) 若 p_{01} 和 p_{02} 的相对误差小于 0.2%时，则取 p_{01}、p_{02} 的算术平均值，按压力与含气量关系曲线查得含气量 A_0(精确至 0.1%)；若不满足，则应进行第三次试验，测得压力值 p_{03}(MPa)。当 p_{03} 与 p_{01}、p_{02} 中较接近一个值的相对误差不大于 0.2%时，则取此二值的算术平均值查得 A_0；当仍大于 0.2%，此次试验无效。

4. 试验结果与评定

混凝土拌合物含气量应按下式计算，计算精确至 0.1%。

$$A = A_0 - A_g$$

式中　A——混凝土拌合物含气量，%；

A_0——两次含气量测定的平均值，%；

A_g——骨料含气量，%。

11.4　凝结时间试验

本方法适用于从混凝土混合料中筛出的砂浆用贯入阻力法来确定坍落度值不为零的混凝土混合料凝结时间的测定。

1. 试验主要仪器设备

(1) 贯入阻力仪：由加荷装置、测针、砂浆试样筒和标准筛组成，可以是手动的，也可以是自动的，贯入阻力仪应符合下列要求。

① 加荷装置：最大测量值应不小于 1 000 N，精度为±10 N；

② 测针：长为 100 mm，承压面积为 100 mm^2、50 mm^2 和 20 mm^2 三种测针；在距贯入端 25 mm 处刻有一圈标记，如表 11.1 所示；

表 11.1　测针选用规定表

贯入阻力/MPa	0.2～3.5	3.5～20	20～28
测针面积/mm^2	100	50	20

③ 砂浆试样筒：上口径为 160 mm，下口径为 150 mm，净高为 150 mm 的刚性不透水的金属圆筒，并配有盖子；

④ 标准筛：筛孔为 5 mm 的符合现行国家标准《试验筛》GB/T6005 规定的金属圆孔筛。

2. 试验步骤

(1) 按规定取混凝土混合料试样，用 5 mm 标准筛筛出砂浆，每次应筛净，然后将其拌合均匀。将砂浆一次分别装入三个试样筒中，做三个试验。取样混凝土坍落度不大于 70 mm 的混凝土宜用振动台振实砂浆；取样混凝土坍落度大于 70 mm 的宜用捣棒人工捣实。用振动台振实砂浆时，振动应持续到表面出浆为止，不得过振；用捣棒人工捣实时，应沿螺旋方向由外向中心均匀插捣 25 次，然后用橡皮锤轻轻敲打筒壁，直至插捣孔消失为止。振实或插捣后，砂浆表面应低于砂浆试样筒口约 10 mm；砂浆试样筒应立即加盖。

(2) 砂浆试样制备完毕，编号后应置于温度为(20±2)℃的环境中或现场同条件下待试，并在以后的整个测试过程中，环境温度应始终保持在(20±2)℃。现场同条件测试时，应与现场条件保持一致。在整个测试过程中，除在吸取泌水或进行贯入试验外，试样筒应始终加盖。

(3) 凝结时间测定从水泥与水接触瞬间开始计时。根据混凝土混合料的性能，确定测针试验时间，以后每隔 0.5 h 测试一次，在临近初、终凝时可增加测定次数。

(4) 在每次测试前 2 min，将一片 20 mm 厚的垫块垫入筒底一侧使其倾斜，用吸管吸去表面的泌水，吸水后平稳地复原。

(5) 测试时将砂浆试样筒置于贯入阻力仪上，测针端部与砂浆表面接触，然后在(10±2)s 内均匀地使测针贯入砂浆(25±2)mm 深度，记录贯入压力，精确至 10 N；记录测试时间，精确至 1 min；记录环境温度，精确至 0.5℃。

(6) 各测点的间距应大于测针直径的两倍且不小于 15 mm。测点与试样筒壁的距离应不小于 25 mm。

(7) 贯入阻力测试在 0.2～28 MPa 应至少进行 6 次，直至贯入阻力大于 28 MPa 为止。

(8) 在测试过程中应根据砂浆凝结状况，适时更换测针，更换测针宜按规划表选用。

3. 结果计算与评定

(1) 贯入阻力按下式计算：

$$f_{PR} = \frac{p}{A}$$

式中　f_{PR}——贯入阻力，MPa；

p——贯入压力，N；

A——测针面积，mm^2。

计算应精确至 0.1 MPa。

(2) 凝结时间宜通过线性回归方法确定：

将贯入阻力 f_{PR} 和时间 t 分别取自然对数 $\ln(f_{PR})$ 和 $\ln(t)$，然后把 $\ln(f_{PR})$ 当作自变量，$\ln(t)$ 当作因变量作线性回归得到回归方程式：

$$\ln(t) = A + B\ln(f_{PR})$$

式中　t——时间，min；

f_{PR}——贯入阻力，MPa；

A，B——线性回归系数。

根据式 $\ln(t) = A + B\ln(f_{PR})$ 求得当贯入阻力为 3.5 MPa 时为初凝时间 t_s，贯入阻力为 28 MPa 时为终凝时间 t_e：

$$t_s = e^{[A + B\ln(3.5)]}$$

$$t_e = e^{[A+B\ln(28)]}$$

式中　t_s——初凝时间，min；

t_e——终凝时间，min；

A，B——式 $\ln(t)=A+B\ln(f_{PR})$ 中的线性回归系数。

(3) 凝结时间也可用绘图拟合方法确定，是以贯入阻力为纵坐标，经过的时间为横坐标，精确至 1 min，绘制出贯入阻力与时间之间的关系曲线，以 3.5 MPa 和 28 MPa 划两条平行于横坐标的直线，分别与曲线相交的两个交点的横坐标即为混凝土混合料的初凝和终凝时间。

(4) 用三个试验结果的初凝和终凝时间的算术平均值作为此次试验的初凝和终凝时间。如果三个测值的最大值或最小值中有一个与中间值之差超过中间值的 10%，则以中间值为试验结果；如果最大值和最小值与中间值之差均超过中间值的 10%时，则此次试验无效。

(5) 凝结时间用 min 表示，并修约至 5 min。

11.5　泌水与压力泌水试验

11.5.1　泌水试验

本方法适用于骨料最大粒径不大于 40 mm 的混凝土混合料的泌水测定。

1. 试验主要仪器设备

(1) 振动台：符合《混凝土试验室用振动台》JG/T 3020 中技术要求的规定；

(2) 台秤：称量为 50 kg，感量 50 g；

(3) 容量筒：容积为 5 L，并配有盖子；

(4) 量筒：容量为 10 mL、50 mL、100 mL 的量筒；

(5) 捣棒、吸管等。

2. 试验步骤

(1) 用湿布湿润容量筒壁后立即称量，记录容量筒的质量，再将混凝土试样装入容量筒，混凝土的装料及捣实方法有两种。

① 方法 A：用振动台振实。将试样一次装入容量筒内，开启振动台，振动应持续到表面出浆为止，且应避免过振；并使混凝土混合料表面低于容量筒筒口(30±3)mm，用抹刀抹平。抹平后立即计时并称量，记录容量筒与试样的总质量。

② 方法 B：用捣棒捣实。采用捣棒捣实时，混凝土混合料应分两层装入，每层的插捣次数应为 25 次；捣棒由边缘向中心均匀地插捣，插捣底层时捣棒应贯穿整个深度，插捣第二层时，捣棒应插透本层至下一层的表面；每一层捣完后用橡皮锤轻轻沿容量筒外壁敲打 5～10 次，进行振实，直至混合料表面插捣孔消失并不见大气泡为止；并使混凝土混合料表面低于试样筒筒口(30±3)mm，用抹刀抹平。抹平后立即计时并称量，记录容量筒与试样的总质量。

(2) 在以下吸取混凝土混合料表面泌水的整个过程中，应使容量筒保持水平、不受振动；除了吸水操作外，应始终盖好盖子；室温应保持在(20±2)℃。

(3) 从计时开始后 60 min 内，每隔 10 min 吸取 1 次试样表面渗出的水。60 min 后，每隔 30 min 吸 1 次水，直至认为不再泌水为止。为了便于吸水，每次吸水前 2 min，将一片

35 mm厚的垫块垫入筒底一侧使其倾斜，吸水后平稳地复原。吸出的水放入量筒中，记录每次吸水的水量并计算累计水量，精确至 1 mL。

3. 试验结果计算与评定

(1) 泌水量按下式计算，计算应精确至 0.01 mL/mm²：

$$B_a = \frac{V}{A}$$

式中 B_a——泌水量，mL/mm²；

V——最后一次吸水后累计的泌水量，mL；

A——试样外露的表面积，mm²。

泌水量取三个试样测值的平均值。三个测值中的最大值或最小值，如果有一个与中间值之差超过中间值的 15%，则以中间值为试验结果；如果最大值和最小值与中间值之差均超过中间值的 15%时，则此次试验无效。

(2) 泌水率按下式计算，计算应精确至 1%：

$$B = \frac{V_W}{(W/G)G_W} \times 100\%$$

$$G_W = G_1 - G_0$$

式中 B——泌水率，%；

V_W——泌水总量，mL；

G_W——试样质量，g；

W——混凝土混合料总用水量，mL；

G——混凝土混合料总质量，g；

G_1——容量筒及试样总质量，g；

G_0——容量筒质量，g。

泌水率取三个试样测值的平均值。三个测值中的最大值或最小值，如果有一个与中间值之差超过中间值的 15%，则以中间值为试验结果；如果最大值和最小值与中间值之差均超过中间值的 15%时，则此次试验无效。

11.5.2 压力泌水试验

本方法适用于骨料最大粒径不大于 40 mm 的混凝土混合料的泌水测定。

1. 试验主要仪器设备

(1) 压力泌水仪：其主要部件包括压力表，缸体、工作活塞、筛网等(图 11.2)。压力表最大量程为 6 MPa，最小分度值不大于 0.1 MPa；缸体内径(125±0.02)mm，内高(200±0.2)mm；工作活塞压强为 3.2 MPa，公称直径为 125 mm；筛网孔径为 0.315 mm。

(2) 量筒(200 mL)、捣棒等。

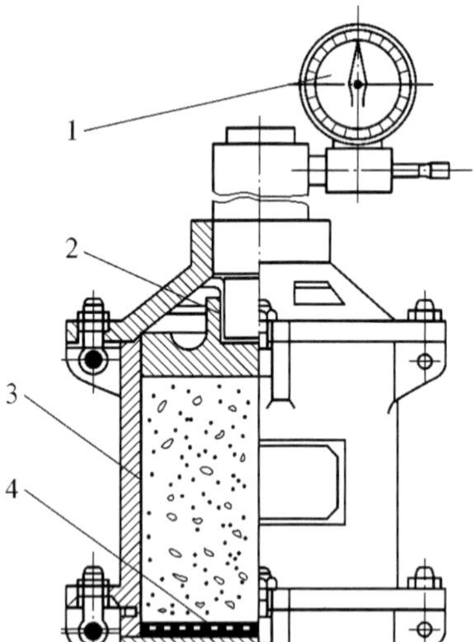

图 11.2 压力泌水仪

1—压力表；2—工作活塞；3—缸体；4—筛网

2. 操作步骤

(1) 混凝土混合料应分两层装入压力泌水仪的缸体容器内，每层的插捣次数应为20次。捣棒由边缘向中心均匀地插捣，插捣底层时捣棒应贯穿整个深度，插捣第二层时，捣棒应插透本层至下一层的表面；每一层捣完后用橡皮锤轻轻沿容器外壁敲打5～10次，进行振实，直至混合料表面插捣孔消失并不见大气泡为止；使混合料表面低于容器口以下约30 mm处，用抹刀将表面抹平。

(2) 将容器外表擦干净，压力泌水仪按规定安装完毕后应立即给混凝土试样施加压力至3.2 MPa，并打开泌水阀门同时开始计时，保持恒压，泌出的水接入200 mL量筒里；加压至10 s时读取泌水量V_{10}，加压至140 s时读取泌水量V_{140}。

3. 试验结果与评定

压力泌水率按下式计算，压力泌水率的计算应精确至1%：

$$B_V = \frac{V_{10}}{V_{140}} \times 100\%$$

式中　B_V——压力泌水率，%；

V_{10}——加压至10 s时的泌水量，mL；

V_{140}——加压至140 s的泌水量，mL。

11.6　配合比分析试验

本方法适用于用水洗分析法测定普通水泥混凝土混合料中四组分(水泥、水、砂、石)的含量，但不适用于集料含泥量波动较大以及用特细砂和山砂配制的水泥混凝土。

1. 试验主要仪器设备

(1) 台秤：量程为50 kg，感量50 g；

(2) 电子秤：量程为5 kg，感量1 g；

(3) 广口瓶：容积为2 000 mL的玻璃瓶，并配有玻璃盖板；

(4) 试样筒：容积为5 L和10 L的试样筒并配有玻璃盖板；

(5) 标准筛：孔径为4.75 mm和0.15 mm标准筛各一个。

2. 试验前的准备工作

在进行本试验前，应对混凝土下列原材料进行相关项目的试验与测定。

(1) 水泥表观密度试验，按GB/T208《水泥密度测定方法》进行。

(2) 细集料、粗集料的饱和面干状态的表观密度试验，按《普通混凝土用砂质量标准及检验方法》JGJ52和《普通混凝土用碎石或卵石质量标准及检验方法》JGJ53进行。

(3) 细集料修正系数按下述方法测定：

向广口瓶中注水至筒口，再一边加水一边徐徐推进玻璃板，注意玻璃板下不带有任何气泡，盖严后擦净板面和广口瓶壁的余水，如玻璃板下有气泡，必须排除。测定广口瓶、玻璃板和水的总质量。取具有代表性的两个细集料试样，每个试样的质量为2 kg，精确至1 g。分别倒入盛水的广口瓶中，充分搅拌、排气后浸泡约半小时；然后向广口瓶中注水至瓶口，再一边加水一边徐徐推进玻璃板，注意玻璃板下不得带有任何气泡，盖严后擦净板面和瓶壁的余水，称得广口瓶、玻璃板、水和细集料的总质量。则细集料在水中的质量为：

$$m_{ys} = m_{ks} - m_p$$

式中　m_{ys}——细集料在水中的质量，g；

m_{ks}——细集料和广口瓶、水及玻璃板的总质量，g；

m_p——广口瓶、玻璃板和水的总质量，g。

应以两个试样试验结果的算术平均值作为测定值，计算应精确至 1 g。

然后用 0.15 mm 的标准筛将细集料过筛，用以上同样的方法测得大于 0.15 mm 细集料在水中的质量：

$$m_{ysl} = m_{ksl} - m_p$$

式中　m_{ysl}——大于 0.15 mm 的细集料在水中的质量，g；

m_{ksl}——大于 0.15 mm 的细集料、广口瓶、水及玻璃板的总质量，g；

m_p——广口瓶、玻璃板和水的总质量，g。

应以两个试样试验结果的算术平均值作为测定值，计算应精确至 1 g。

细集料修正系数为：

$$C_s = \frac{m_{ys}}{m_{ysl}}$$

式中　C_s——细集料修正系数；

m_{ys}——细集料在水中的质量，g；

m_{ysl}——大于 0.15 mm 的细集料在水中的质量，g。

计算精确至 0.01。

(4) 水泥混凝土混合料的取样

① 水泥混凝土混合料的取样应按 GB/T50080—2002 规定进行。

② 当水泥混凝土中粗集料的公称最大粒径≤37.5 mm 时，混凝土混合料的取样量≥50 kg，混凝土中粗集料公称最大粒径＞37.5 mm 时，混凝土混合料的取样量≥100 kg。

③ 进行混凝土配合比（水洗法）分析时，当混凝土中粗集料公称最大粒径≤37.5 mm 时，每份取 12 kg 试样；当混凝土中粗集料的公称最大粒径＞37.5 mm 时，每份取 15 kg 试样。剩余的混凝土混合料试样，按规定进行拌合物表观密度的测定，并测量其体积 V。

3. 试验步骤

(1) 整个试验过程的环境温度应在 15～25℃，从最后加水至试验结束，温差不应超过 2℃；试验至少进行两次。

(2) 用试样筒称取质量为 m_0 的混凝土混合料试样，精确至 50 g，然后按下式计算混凝土混合料试样的体积：

$$V = \frac{m_0}{\rho_h}$$

式中　V——试样的体积，cm^3；

m_0——试样的质量，g；

ρ_h——混凝土拌合物的表观密度，g/cm^3。

计算应精确至 1 cm^3。

(3) 把试样筒中混凝土混合料全部移到 4.75 mm 筛上水洗过筛，水洗时，要用水将筛上粗集料仔细冲洗干净，粗集料上不得粘有砂浆，筛子应备有不透水的底盘，以收集全部冲洗过筛的砂浆与水的混合物，称量洗净的粗集料试样质量 m_g。粗集料表观密度符号为 ρ_g，单位为 g/cm^3。

(4) 将全部冲洗过筛的砂浆与水的混合物全部移到试样筒中，加水至试样筒 2/3 高度，用棒搅拌，以排除其中的空气；如水面上有不能破裂的气泡，可以加入少量的异丙醇试剂以消除气泡；让试样静止 10 min 以使固体物质沉积于容器底部。加水至满，再一边加水一边徐徐推进玻璃板，注意玻璃板下不得带有任何气泡，盖严后应擦净板面和筒壁的余水。称出砂浆与水的混合物和试样筒、水及玻璃板的总质量。应按下式计算砂浆在水中的质量：

$$m'_m = m_k - m_D$$

式中　m'_m——砂浆在水中的质量，g；

m_k——砂浆与水的混合物和试样筒、水及玻璃板的总质量，g；

m_D——试样筒、玻璃板和水的总质量，g。

计算应精确至 1 g。

(5) 将试样筒中的砂浆与水的混合物在 0.15 mm 筛上冲洗，然后将在 0.15 mm 筛上洗净的细集料全部移至广口瓶中，加水至满，再一边加水一边徐徐推进玻璃板，注意玻璃板下不得带有任何气泡，盖严后应擦净板面和瓶壁的余水；称出细集料试样、广口瓶、水及玻璃板总质量，应按下式计算细集料在水中的质量，计算应精确至 1 g。

$$m'_s = C_s(m_{ks} - m_p)$$

式中　m'_s——细集料在水中的质量，g；

C_s——细集料修正系数；

m_{ks}——细集料试样、广口瓶、水及玻璃板总质量，g；

m_p——广口瓶、玻璃板和水的总质量，g。

4. 试验结果计算与评定

混凝土混合料中四种组分的结果计算及确定应按下述方法进行。

(1) 混凝土混合料试样中四种组分的质量应按以下公式计算。

① 试样中的水泥质量应按下式计算

$$m_c = (m'_m - m'_s) \times \frac{\rho}{\rho - 1}$$

式中　m_c——试样中的水泥质量，g；

m'_m——砂浆在水中的质量，g；

m'_s——细集料在水中的质量，g；

ρ——水泥的密度，g/cm^3。

计算应精确至 1 g。

② 试样中细集料的质量应按下式计算

$$m_s = m'_s \times \frac{\rho_s}{\rho_s - 1}$$

式中　m_s——试样中细集料的质量，g；

m'_s——细集料在水中的质量，g；

ρ_s——处于干燥状态下的细集料的表观密度，g/cm^3。

计算应精确至 1 g。

③ 试样中的水的质量应按下式计算

$$m_w = m_0 - (m_g + m_s + m_c)$$

式中 m_w——试样中的水的质量，g；

m_0——混合料试样质量，g；

m_g，m_s，m_c——分别为试样中粗集料、细集料和水泥的质量，g。

计算应精确至 1 g。

④ 混凝土拌合物试样中粗集料的质量为试验步骤③中得出的粗集料质量 m_g，单位 g。

(2) 混凝土拌合物中水泥、水、粗集料、细集料的单位用量，分别按下式计算：

$$C = \frac{m_c}{V} \times 1\,000$$

$$W = \frac{m_w}{V} \times 1\,000$$

$$G = \frac{m_g}{V} \times 1\,000$$

$$S = \frac{m_s}{V} \times 1\,000$$

式中 C，W，G，S——分别为水泥、水、粗集料、细集料的单位用量，kg/m^3；

m_c，m_w，m_g，m_s——分别为试样中水泥、水、粗集料、细集料的质量，g；

V——试样体积，cm^3。

计算应精确至 1 kg/m^3。

(3) 以两个试样试验结果的算术平均值作为测定值，两次试验结果差值的绝对值应符合下列规定：水泥≤6 kg/m^3；水≤4 kg/m^3；砂≤20 kg/m^3；石≤30 kg/m^3，否则，此次试验无效。

思考题与习题

11.1 采用坍落度试验如何判定混凝土混合料工作性的好坏？

11.2 进行混凝土拌合物拌合及和易性测定时，为什么首先要用湿布润湿有关工器具？

11.3 若配制的混凝土拌合物的坍落度过小或过大时，如何进行调整？

11.4 对于坍落度大于 70 mm 的试件，制作时将其分两层装入试模，为什么用捣棒插捣而不用振动台振实？

第 12 章　硬化混凝土性能检测试验

本章提要

本章主要介绍了硬化混凝土的性能检验，包括力学性能、变形性能、耐久性能试验的主要仪器及设备、试验条件、试验步骤和方法、试验结果的处理和评定。

学习要求

（1）了解有关试验的主要仪器及设备、试验条件。

（2）掌握有关试验的试验原理、试验方法及试验结果的处理与评定。

12.1　混凝土力学性能检测试验

12.1.1　抗压强度试验

本方法适用于测定水泥混凝土立方体试件的抗压极限强度，可用于确定水泥混凝土的强度等级，作为评定水泥混凝土品质的主要指标。本方法也适用于各类水泥混凝土立方体试件的极限强度试验。

对属于检验现浇混凝土工程或预制构件中混凝土强度，则可与工程、构件同条件养护，也可用非 28 d 龄期测定混凝土强度，以确定混凝土何时能拆模、起吊或施加预应力或承受工程荷载。

1. 试验主要仪器设备

（1）振动台：混凝土试验室用振动台，符合 JG/T3020 中技术要求的规定；

（2）压力试验机：符合《液压式压力试验机》（GB/T3722）及《试验通用技术要求》（GB/T2611）中的技术要求外，其测量精度为±1%，试件破坏荷载值应大于压力机全量程的 20% 且小于压力机全量程的 80%；

（3）标准养护室：温度为（20±2）℃，相对湿度 95%以上；

（4）试模：符合《混凝土试模》（JG3019）中技术要求规定；

（5）其他量具及器具：钢板尺、卡尺及捣棒等。

2. 试验步骤

（1）试件从养护地点取出后应及时进行试验，将试件表面与上下承压面擦拭干净。

（2）测量尺寸并检查其外观：试件尺寸精确至 1 mm，并据此计算试件的承压面积 A，如实测尺寸与公称尺寸之差不超过 1 mm，可按公称尺寸进行计算；试件不得有明显缺损，承压面与相邻面的垂直度偏差应不大于±1°。

(3) 将试件安放在试验机下压板或垫板上，试件的中心与试验机下压板中心对准。试件的承压面应与成型时的顶面垂直。

(4) 开动试验机，当上压板与试件接近时，调整球座，使接触均衡。

(5) 试验过程中应连续而均匀地加荷，加荷速度为：当混凝土强度等级＜C30 时，取 0.3～0.5 MPa/s；当 C30≤混凝土强度等级＜C60 时，取 0.5～0.8 MPa/s；当混凝土强度等级≥C60 时，取 0.8～1.0 MPa/s。

(6) 当试件接近破坏（示力指针不动）而开始急剧变形时，应停止调整试验机油门，直至试件破坏，随即记录破坏荷载 F。

3. 试验结果计算与评定

(1) 混凝土抗压强度按下式计算（精确至 0.1 MPa）：

$$f_{cc}=\frac{F}{A}$$

式中 f_{cc}——混凝土立方体试件抗压强度，MPa；

F——试件破坏荷载，N；

A——试件承压面积，mm^2。

(2) 以三个试件测值的算术平均值作为该组试件的强度值（精确至 0.1 MPa）。三个试件测值中的最大值或最小值中如有一个与中间值的差值超过中间值的 15%，则把最大值与最小值一并舍除，取中间值作为该组试件的强度值；如最大值和最小值之差均超过中间值的 15%，则该组试件的试验结果无效。

(3) 当混凝土强度等级＜C60 时，非标准试件测得的强度值均应乘以尺寸换算系数，其值为对 200 mm×200 mm×200 mm 试件为 1.05；对 100 mm×100 mm×100 mm 试件为 0.95。当混凝土强度等级≥C60 时，宜采用标准试件；使用非标准试件时，尺寸换算系数应由试验确定。

12.1.2 轴心抗压强度试验

本方法适用于测定棱柱体混凝土试件的轴心抗压强度。

1. 试验主要仪器设备

(1) 振动台、压力试验机、养护室、试模及其他量具及器具：同 12.1.1 抗压强度试验要求；

(2) 钢垫板：承压面的平面度公差为 0.04 mm；表面硬度不小于 55 HRC；碳化层厚度约为 5 mm；平面尺寸不小于试件的承压面积；厚度不小于 25 mm。

2. 测定步骤

(1) 试件从养护地点取出后应及时进行试验，用干毛巾将试件表面与上下承压板面擦干净。

(2) 测量尺寸并检查其外观：试件尺寸精确至 1 mm，并据此计算试件的承压面积 A，如实测尺寸与公称尺寸之差不超过 1 mm，可按公称尺寸进行计算；试件不得有明显缺损，承压面与相邻面的垂直度偏差应不大于±1°。

(3) 将试件直立放置在试验机的下压板或钢垫板上，并使试件轴心与下压板中心对准。

(4) 开动试验机，当上压板与试件或钢垫板接近时，调整球座，使接触均衡。

(5) 应连续均匀地加荷，不得有冲击。所用加荷速度同 12.1.1 抗压强度试验的规定。

(6) 试件接近破坏而开始急剧变形时，应停止调整试验机油门，直至破坏。然后记录破坏荷载。

3. 试验结果计算与评定

(1) 混凝土试件轴心抗压强度应按下式计算(精确至 0.1 MPa)：

$$f_{cp} = \frac{F}{A}$$

式中　f_{cp}——混凝土轴心抗压强度，MPa；

F——试件破坏荷载，N；

A——试件承压面积，mm^2。

(2) 以三个试件测值的算术平均值作为该组试件的强度值(精确至 0.1 MPa)。三个试件测值中的最大值或最小值中如有一个与中间值的差值超过中间值的 15%，则把最大值与最小值一并舍除，取中间值作为该组试件的强度值；如最大值和最小值之差均超过中间值的 15%，则该组试件的试验结果无效。

(3) 当混凝土强度等级<C60 时，非标准试件测得的强度值均应乘以尺寸换算系数，其值为对 200 mm×200 mm×400 mm 试件为 1.05；对 100 mm×100 mm×300 mm 试件为 0.95。当混凝土强度等级≥C60 时，宜采用标准试件；使用非标准试件时，尺寸换算系数应由试验确定。

12.1.3　劈裂抗拉强度试验

混凝土的抗拉强度在混凝土结构设计中是确定其抗裂度的重要指标，有时也用它来间接衡量混凝土与钢筋的黏结强度。

利用长条试件作混凝土轴心受拉试件时往往因偏心受拉而难以测准其抗拉强度，一般采用劈裂法来测定。方法是在立方体(或圆柱体)试件两个相对的表面上施加均匀分布的压力，使在荷载作用的竖向平面内产生均匀分布的拉伸应力，当拉伸应力达到混凝土极限抗拉强度时，试件将被劈裂破坏，由此可根据力学原理，由破坏荷载除以劈裂面面积乘以 $2/\pi$ 求得混凝土的劈裂抗拉强度。

1. 试验主要仪器设备

(1) 振动台、压力试验机、养护室、试模及其他量具及器具：同 12.1.1 抗压强度试验要求。

(2) 劈裂钢垫块、垫条与支架：垫块采用半径为 75 mm 的钢制弧形垫块，其横截面尺寸如图 12.1 所示，垫块的长度与试件相同；垫条为三层胶合板，宽度 3～4 mm，长度不小于试件长度，垫条不得重复使用；支架为钢支架，如图 12.2 所示。

2. 试验步骤

(1) 试件从养护地点取出后应及时进行试验，将试件表面与上下承压面擦干净。

(2) 测量尺寸并检查其外观：试件尺寸精确至 1 mm，并据此计算试件的劈裂面积 A，如实测尺寸与公称尺寸之差不超过 1 mm，可按公称尺寸进行计算；试件不得有明显缺损。

(3) 将试件放在试验机下压板中心位置，劈裂承压面和劈裂面应与试件成型时的顶面垂直；在上、下压板与试件之间各垫以圆弧形垫块及垫条各一条，垫块与垫条应与试件上下面的中心线对准并与成型时的顶面垂直。宜把垫条及试件安装在专用定位架上使用，见图 12.2。

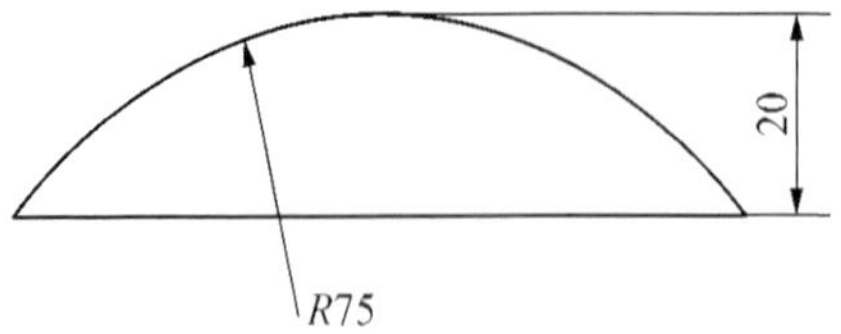

图 12.1 垫块

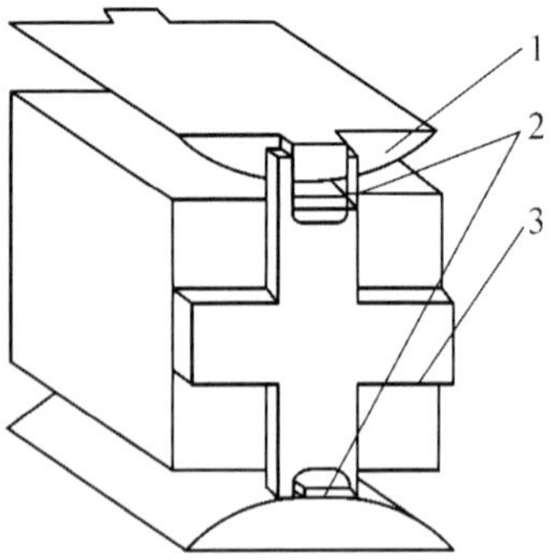

图 12.2 支架示意图

1—垫块；2—垫条；3—支架件

(4) 开动试验机，当上压板与圆弧形垫块接近时，调整球座，使接触均匀。加荷应连续而均匀，当混凝土强度等级＜C30 时，取 0.02～0.05 MPa/s 的加荷速度；当 C30≤混凝土强度等级＜C60 时，取 0.05～0.08 MPa/s；当混凝土强度等级≥C60 时，取 0.08～0.10 MPa/s；当试件接近破坏时，应停止调整油门，直至试件破坏，然后记录破坏荷载。

3. 试验结果计算与评定

(1) 混凝土立方体劈裂抗拉强度按下式计算(精确至 0.01 MPa)：

$$f_{ts} = \frac{2F}{\pi A} = 0.637\frac{F}{A}$$

式中 f_{ts}——混凝土劈裂抗拉强度，MPa；

F——试件破坏荷载，N；

A——试件劈裂面积，mm^2。

(2) 以三个试件测值的算术平均值作为该组试件的强度值(精确至 0.1 MPa)。三个试件测值中的最大值或最小值中如有一个与中间值的差值超过中间值的 15%，则把最大值与最小值一并舍除，取中间值作为该组试件的强度值；如最大值和最小值之差均超过中间值的 15%，则该组试件的试验结果无效。

(3) 采用 100 mm×100 mm×100 mm 非标准试件测得的劈裂抗拉强度值，应乘以尺寸换算系数 0.85；当混凝土强度等级≥C60 时，宜采用标准试件；使用非标准试件时，尺寸换算系数应由试验确定。

12.1.4 抗折强度试验

本方法适用于测定混凝土的抗折强度。

1. 试验主要仪器设备

(1) 振动台、压力试验机、养护室、试模及其他量具及器具：同 12.1.1 抗压强度试验要求；

(2) 抗折试验装置：能使两个相等的荷载同时作用在试件跨度三分点处的装置。试件的支座和加荷头应采用直径为 20～40 mm、长度不小于(b+10)mm 的硬钢圆柱，支座立脚点固定铰支，其他应为滚动支点。

2. 试验步骤

(1) 试件从养护地点取出后应及时进行试验，将试件表面擦干净。

(2) 测量尺寸并检查其外观：试件尺寸测量精确至 1 mm，并据此进行强度计算；试件不得有明显缺损，在长向中部 1/3 区段内不得有表面直径超过 5 mm、深度超过 2 mm 的孔洞。

(3) 按图 12.3 装置试件，安装尺寸偏差不应大于 1 mm。试件的承压面应为试件成型时的侧面。支座及承压面与圆柱的接触面应平稳、均匀，否则应予垫平。

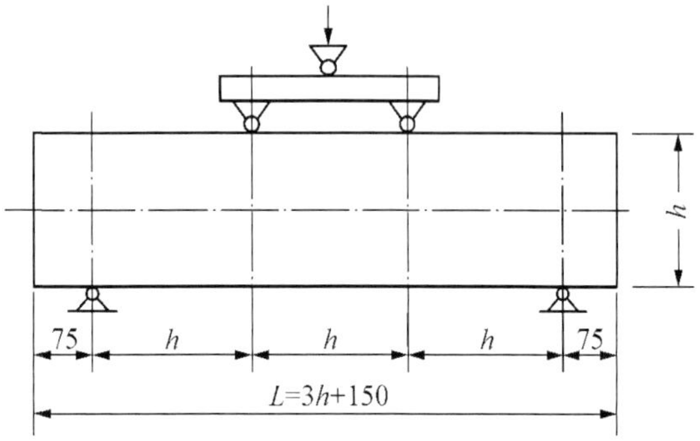

图 12.3 抗折试验示意图

(4) 开动试验机，施加荷载应保持均匀连续。当混凝土强度等级＜C30 时，取 0.02～0.05 MPa/s 的加荷速度；当 C30≤混凝土强度等级＜C60 时，取 0.05～0.08 MPa/s；当混凝土强度等级≥C60 时，取 0.08～0.10 MPa/s；当试件接近破坏时，应停止调整试验机油门，直至试件破坏，然后记录破坏荷载及试件下边缘断裂位置。

3. 试验结果计算与评定

(1) 若试件下边缘断裂位置处于两个集中荷载作用线之间，则试件的抗折强度 f_f 按下式计算(精确至 0.1 MPa)：

$$f_f = \frac{Fl}{bh^2}$$

式中 f_f——混凝土抗折强度，MPa ；

F——试件破坏荷载，N；

l——支座间跨度，mm；

b——试件截面宽度，mm；

h——试件截面高度，mm。

(2) 以三个试件测值的算术平均值作为该组试件的强度值(精确至 0.1 MPa)。三个试件测值中的最大值或最小值中如有一个与中间值的差值超过中间值的 15%，则把最大值与最小值一并舍除，取中间值作为该组试件的强度值；如最大值和最小值之差均超过中间值的 15%，则该组试件的试验结果无效。

(3) 三个试件中若有一个折断面位于两个集中荷载之外，则混凝土抗折强度值按另两个试件的试验结果计算。若这两个测值的差值不大于这两个测值的较小值的 15%时，则该组试件的抗折强度值按这两个测值的平均值计算，否则该组试件的试验无效。若有两个试件的下边缘断裂位置位于两个集中荷载作用线之外，则该组试件试验无效。

(4) 当试件尺寸为 100 mm×100 mm×100 mm 非标准试件时，取得的抗折强度值应乘以尺寸换算系数 0.85；当混凝土强度等级≥C60 时，宜采用标准试件；使用非标准试件时，尺寸换算系数应由试验确定。

12.1.5 静力受压弹性模量试验

1. 目的及适用范围

测定混凝土的静力受压弹性模量(简称弹性模量),测定混凝土的弹性模量值是指应力为轴心抗压强度 1/3 时的加荷割线模量,为结构物变形计算提供依据。

2. 试验设备

(1) 振动台、压力试验机、养护室、试模及其他量具及器具:同 12.1.1 抗压强度试验要求;

(2) 变形测量仪表:精度不低于 0.001 mm,当使用镜式引伸仪时,允许精度不低于 0.002 mm。

3. 试验步骤

(1) 试件从标准养护室中取出后将试件表面与上下承压面擦拭干净。

(2) 测量尺寸并检查其外观:试件尺寸测量精确至 1 mm,并依此计算试件的承压面积(A),如实测尺寸与公称尺寸之差不超过 1 mm,则可按公称尺寸计算;试件承压面的不平度应符合要求,承压面与相邻面的垂直度偏差应不大于$\pm 1^\circ$。

(3) 取三个试件测轴心抗压强度 f_{cp},另三个试件用于测定混凝土的弹性模量。

(4) 在测定混凝土弹性模量时,将变形测量仪安装在试件成型时两侧面的中心线上,并对称于试件的两端。标准试件的测量距离采用 150 mm,非标准试件的测量距离应不大于试件高度的 1/2,也不应小于 100 mm 及骨料最大粒径的三倍。

(5) 测量仪安装好后,应仔细调整试件在试验机上的位置,使其轴心与下压板的中心线对准。

(6) 开动压力试验机,当上压板与试件按近时调整球座,使其接触均衡。

(7) 加荷至基准应力为 0.5 MPa 的初始荷载值 F_0,保持恒载 60 s 并在以后的 30 s 内记录每测点的变形读数 ε_0。应立即连续均匀地加荷至应力为轴心抗拉强度 f_{cp}的 1/3 的荷载值 F_a,保持恒载 60 s 并在以后的 30 s 内记录每一测点的变形读数 ε_a。所用加荷速度同 12.1.1 抗压强度试验规定。

(8) 当以上这些变形值之差与它们平均值之比大于 20%时,应重新对中试件后重复本条第(7)款的试验。如果无法使其减少到低于 20%时,则此次试验无效。

(9) 在确认试件对中符合本条第(8)款规定后,以与加荷速度相同的速度卸荷至基准应力 0.5 MPa(F_0),恒载 60 s;然后用同样的加荷和卸荷速度以及 60 s 的保持恒载(F_0 及 F_a)至少进行两次反复预压。在最后一次预压完成后,在基准应力 0.5 MPa(F_0)持荷 60 s 并在以后的 30 s 内记录每一测点的变形读数 ε_0;再用同样的加荷速度加荷至 F_a,持续 60 s 并在以后的 30 s 内记录每一测点的变形读数 ε_a。

(10) 卸除变形测量仪,以同样的速度加荷至破坏,记录破坏荷载;如果试件的抗压强度与 f_{cp}之差超过 f_{cp}的 20%时,则应在报告中注明。

4. 试验结果计算与评定

(1) 混凝土的弹性模量按下式计算(计算精确至 100 MPa):

$$E_c = \frac{F_a - F_0}{A} \times \frac{L}{\Delta n}$$

式中　E_c——混凝土的弹性模量，MPa；

F_a——应力为 1/3 轴心抗压强度时的荷载，N；

F_0——应力为 0.5 MPa 时的初始荷载，N；

A——试件承压面积，mm^2；

L——测量标距，mm；

其中

$$\Delta n = \varepsilon_a - \varepsilon_0$$

式中　Δn——最后一次从 F_0 加荷至 F_a 时试件两侧变形的平均值，mm；

ε_a——F_a 时试件两侧变形的平均值，mm；

ε_0——F_0 时试件两侧变形的平均值，mm。

(2) 弹性模量按三个试件测量的算术平均值计算。如果其中有一个试件的轴心抗压强度值与用以确定检验控制荷载的轴心抗压强度值相差超过后者的 20%时，则弹性模量值按另两个试件测值的算术平均值计算；如有两个试件超过上述规定时，则此次试验无效。

12.2　混凝土变形性能试验

12.2.1　收缩试验

本方法适用于测定混凝土试件在规定的温、湿度条件下，不受外力作用所引起的长度变化，即收缩。也可用以测定在其他条件下混凝土的收缩与膨胀。

1. 试件制作及测量要求

(1) 测定混凝土收缩时以 100 mm×100 mm×515 mm 的棱柱体试件为标准试件，它适用于集料最大粒径不超过 30 mm 的混凝土。当混凝土集料最大粒径大于 30 mm 时，可采用截面为 150 mm×150 mm(集料最大粒径不超过 40 mm)或截面为 200 mm×200 mm(集料最大粒径不超过 60 mm)的棱柱体试件。

(2) 采用混凝土收缩仪时应用外形为 100 mm×100 mm×515 mm 的棱柱体标准试件。试件两端应预埋测头或留有埋设测头的凹槽。测头应用不锈钢或其他不锈的材料制成。

(3) 非标准试件采用接触式引伸仪时，所用试件的长度应至少比仪器的测量标距长出一个截面边长。测钉应粘贴在试件两测面的轴线上。

(4) 使用混凝土收缩仪时，制作试件的试模应具有能固定测头或预留凹槽的端板。使用接触式引伸仪时，可用一般棱柱体试模制作试件。试件成型时如用机油作隔离剂则所用机油的黏度不应过大，以免阻碍以后试件的湿度交换，影响测值。

(5) 如无特殊规定，试件应带模养护 1～2 d(视当时混凝土实际强度而定)。拆模后应立即粘或埋好测头或测钉，送至温度为(20±2)℃，温度为 95%以上的标准养护室养护。

2. 试验主要仪器设备

(1) 变形测量装置：可以有以下两种形式。

① 混凝土收缩仪：测量标距为 540 mm，装有精度为 0.01 mm 的百分表或测微器；

② 其他形式的变形测量仪表：其测量标距不应小于 100 mm 及集料最大粒径的 3 倍，并至少能达到相对变形为 20×10^{-6} 的测量精度。测量混凝土变形的装置应具有殷钢或石英玻

璃制作的标准杆，以便在测量前及测量过程中校核仪表的读数。

(2) 恒温恒湿室：能使室温保持在(20±2)℃，相对湿度保持在(60±5)%。

3. 试验步骤

(1) 测定代表某一混凝土收缩性能的特征值时，试件应在 3 d 龄期(从搅拌混凝土加水时算起)从标准养护室取出并立即移入恒温恒湿室测定其初始长度，此后至少应按以下规定的时间间隔测量其变形读数：1 d、3 d、7 d、14 d、28 d、45 d、60 d、90 d、120 d、150 d、180 d(从移入恒温恒湿室内算起)。测定混凝土在某一具体条件下的相对收缩值时(包括在徐变试验时的混凝土收缩变形测定)应按要求的条件安排试验，对非标准养护试件如需移入恒温恒湿室进行试验，应先在该室内预置 4 h，再测其初始值，以使它们具有同样的温度基准。测量时并应记下试件的初始干湿状态。

(2) 测量前应先用标准杆校正仪表的零点，并应在半天的测定过程中至少再复核 1～2 次(其中一次在全部试件测定完后)。如复核时发现零点与原值的偏差超过±0.01 mm，调零后应重新测定。

(3) 试件每次在收缩仪上放置的位置、方向均应保持一致。为此，试件上应标明相应的记号。试件在放置及取出时间应轻稳仔细，勿使碰撞表架及表杆，如发生碰撞，则应取下试件，重新以标准杆复核零点。用接触式引伸仪测定时，也应注意使每次测量时试件与仪表保持同样的方向性。每次读数应重复 3 次。

(4) 试件在恒温恒湿室内放置在不吸水的搁架上，底面架空，其总支承面积不应大于 100 乘以试件截面边(mm)，每个试件之间应至少留有 30 mm 的间隙。

(5) 需要测定混凝土自缩值的试件，在 3 d 龄期时从标准养护室取出后应立即密封处理，密封处理可采用金属套或蜡封，采用金属套时试件装入后应盖严焊死，不得留有任何能使内外湿度交换的缝隙。外露测头的周围也应用石蜡反复封堵严实。采用蜡封时至少应涂蜡 3 次，每次涂蜡前应用浸蜡的纱布或蜡纸包缠严实，蜡封完毕后应套以塑料袋加以保护。

自缩试验期间，试件应无重量变化，如在 180 d 试验间隔期内重量变化超过 10 g，该试件的试验结果无效。

4. 试验结果计算与评定

(1) 混凝土收缩值应按下式计算：

$$\varepsilon_{st} = \frac{L_0 - L_t}{L_b}$$

式中 ε_{st}——试验期为 t 天的混凝土收缩值，t 从测定初始长度时算起；

L_b——试件的测量标距，用混凝土收缩仪测定时应等于两测头内侧的距离，即等于混凝土试件的长度(不计测头凸出部分)减去 2 倍测头埋入深度，mm；

L_0——试件长度的初始读数，mm；

L_t——试件在试验期为 t 天时测得的长度读数，mm。

(2) 取 3 个试件值的算术平均值作为该混凝土的收缩值，计算精确到 10×10^{-6}。

(3) 作为相互比较的混凝土收缩值为不密封试件于 3 d 龄期自标准养护室移入恒温恒湿室中放置 180 d 所测得的收缩值。

12.2.2　受压徐变试验

本方法适用于测定混凝土试件在长期恒定轴向压力作用下的变形性能。

1. 试件制作及测量要求

(1) 徐变试验应采用棱柱体试件，每组 3 块。试件的截面尺寸应根据混凝土中集料的最大粒径按表 12.1 选定。

表 12.1　徐变试验试件尺寸选用表

试件最小边长/mm	集料最大粒径/mm	试件最小边长/mm	集料最大粒径/mm
100	30	200	60
150	40		

(2) 试件的长度至少应比拟采用的测量标距长出一个截面边长。

(3) 采用外装式变形测量装置时，徐变试验两侧面应有安装测量仪表的测头，测头宜采用埋入式。在对黏结的工艺及材料确有把握时允许采用胶粘。采用内埋式应变测量装置时，应注意使测头埋设在试件中部并保持其轴线与试件长轴一致。

(4) 采用埋入式测头时，试模的侧壁应具有能在成型时使测头定位的装置。

(5) 如无特殊要求，试件拆模后应立即送入标准养护室养护到 7 d 龄期(自混凝土搅拌加水开始起算)，然后移入恒温恒湿室待试。

(6) 作对比或检验混凝土的徐变性能时，试件应在 28 d 龄期时加荷。

(7) 当研究某一混凝土的徐变特性时，应至少制备 4 组徐变试件，并分别在龄期为 7 d、14 d、28 d、90 d 时加荷。

(8) 如需确定在具体使用条件下的混凝土徐变值，则应根据具体情况确定试件的养护及试验制度。

(9) 制作徐变试件时应同时制作相应的棱柱体抗压试件及收缩试件以供确定试验荷载大小及测定收缩之用，收缩试件应与徐变试件相同，并装有与徐变试件相同的测量装置。抗压试件及收缩试件应随徐变试件一并养护。

2. 试验主要仪器设备

(1) 徐变仪：包括上、下压板、弹簧持荷装置以及 2～3 根承力丝杆，弹簧及丝杆的数量、尺寸应按徐变仪所要求的试验吨位而定。在试验荷载下，丝杆的拉应力一般不应大于材料屈服点的 30%，弹簧的工作压力不应超过允许极限荷载的 80%，但工作时弹簧的压缩变形也不得小于 20 mm，以使它具有足够的调整能力。

(2) 加荷装置：包括加荷架、千斤顶及测力装置。

① 加荷架：由接长杆及顶板组成，用以承受加荷时的反力。加荷时加荷架与徐变仪丝杆顶部相连。

② 千斤顶：一般起重千斤顶，其吨位应大于所要求的试验荷载。

③ 测力装置：标准箱(压力环)或其他形式的压力测定装置，其测量精度应达到所加荷载的 2%，其量程应能使试验压力值不小于全量程的 20%，也不大于全量程的 80%。

(3) 变形测量装置：可采用外装的带接长杆的千分表，差动式应变计或移动式的接触式引伸仪，它应能保证所测量的应变值至少具有 20×10^{-6} 的精度。

(4) 恒温恒湿室：能使室温保持在(20±2)℃，相对湿度保持在(60±5)%。

有条件时也可采用两个试件串叠受荷，以提高设备的利用率。

3. 试验步骤

(1) 试验前应充分作好准备工作，需要粘贴测头或测点的应在一天以前粘好，仪表安装好后应仔细检查，不得有任何松动或异常现象。加荷用的千斤顶、测力计等也应予以检查。

(2) 把同条件养护的棱柱体抗压强度试件取出，试压，取得混凝土的棱柱体轴心抗压强度。

(3) 把徐变试件放在徐变仪的下压板上，此时试件、加荷千斤顶、测力计及徐变仪的轴线应重合。再次检查变形测量仪表的调零情况，记下初始读数。

(4) 试件放好后，开始加荷。如无特殊要求，试验时取徐变应力为所测得的棱柱体轴心抗压强度的 40%。如果采用外装仪表或接触式引伸仪，用千斤顶先加压至徐变应力的 20% 进行对中。此时，两侧的变形相差应小于其平均值的 10%，如超出此值，应松开千斤顶，重新调整后，再加荷到徐变应力的 20%，检查对中的情况。对中完毕后，应立即继续加荷直到徐变应力，读出两边的变形值。此时，两边变形的平均值即为在徐变荷载下的初始变形值。从对中完毕到测初始变形值之间的加荷及测量时间不得超过 1 min。拧紧承力螺杆上端的螺帽，放松千斤顶，观察两边变形值的变化情况。此时，试件两侧的读数相差应不超过平均值的 10%，否则应予以调整，调整应在试件持荷的情况下进行，调整过程中所产生的变形增值应计入徐变变形之中。再加荷到徐变应力，检查两侧变形读数，其总和与加荷前读数相比，误差不应超过 2%。否则应予以补足。

(5) 按下列试验周期(由试件加荷时起算)测定混凝土试件的变形值：1 d、3 d、7 d、14 d、28 d、45 d、60 d、90 d、120 d、150 d、180 d、360 d。

在测读变形读数的同时应测定同条件放置收缩试件的收缩值。

(6) 试件受压后应定期检查荷载的保持情况，一般在 7 d、28 d、60 d、90 d 各校核一次，如荷载变化大于 2%，应予以补足。

4. 试验结果计算与评定

(1) 混凝土的徐变值应按下式计算：

$$\varepsilon_{ct}=\frac{\Delta L_t-\Delta L_0}{L_b}-\varepsilon_t$$

式中 ε_{ct}——加荷 t 天后的混凝土徐变值；

ΔL_t——加荷 t 天后的混凝土总变形值，mm；

ΔL_0——加荷时测得的混凝土初始变形值，mm；

L_b——测量标距，mm；

ε_t——同龄期混凝土的收缩值。

作为供对比的混凝土徐变值为标准养护的混凝土试件，在 28 d 龄期时经受 0.4 倍棱柱体抗压强度的恒定荷载 360 d 的徐变值。

(2) 混凝土的徐变度应按下式计算：

$$C_t=\frac{\varepsilon_{ct}}{\delta}$$

式中　C_t——加荷 t 天混凝土徐变度，MPa；

δ——徐变应力，MPa。

混凝土的徐变系数可按下式计算：

$$\varphi_t = \frac{\varepsilon_{ct}}{\varepsilon_0}$$

式中　φ_t——加荷 t 天的混凝土徐变系数；

ε_0——混凝土在加荷时测得的初始应变值，即

$$\varepsilon_0 = \frac{\Delta L_0}{L_b}$$

12.3　混凝土耐久性能试验

12.3.1　混凝土抗渗性试验

1. 试验原理

测定在一定条件下混凝土所能承受的最大水压力，借以评定混凝土的抗渗等级。当混凝土的两面与底面之间存在着水头压力差或湿度差时，水分子将会渗透过混凝土。混凝土密实度高，开口孔隙少，水分不易渗透时，抗渗性能好；反之，抗渗性能差。

2. 试验主要仪器设备

(1) 水泥混凝土渗透仪，应能使水压按规定方法稳定作用在试件上；

(2) 成型试模，其规格为上口直径 175 mm、下口直径 185 mm、高 150 mm 的锥台；或上下直径与高均为 150 mm 的圆柱体；

(3) 螺旋加压器、烘箱、电炉、浅盘、铁锅、钢丝刷等；

(4) 密封材料，如石蜡，内掺松香约 2%。

3. 试验步骤

(1) 按规定方法成型与养护混凝土试件，每组六个试件。

(2) 试件到达试验龄期时，取出试件，擦干表面，用钢丝刷刷净两端面，待表面干燥后，在试件侧面滚涂一层熔化的密封材料，然后立即在螺旋加压器上压入经过烘箱或电炉预热过的试模中，使试件底面和试模平齐，待试模变冷后，即可解除压力。

(3) 排除渗透仪管路系统中的空气，并将密封好的试件连同成型试模安放在渗透仪上。

(4) 试验时，水压从 0.1 MPa 开始，以后每隔 8 h 增加水压 0.1 MPa，并随时注意观察试件端面情况。一直加至 6 个试件中有 3 个试件表面发现渗水时，记下此时的水压力，即可停止试验。(注：当所加压力至设计抗渗等级，经 8 h 后 6 个试件中表面渗水的试件不超过 2 个时，表明混凝土已满足设计要求，也可停止试验。)

4. 试验结果处理

混凝土的抗渗等级以每组 6 个试件中 4 个未出现有渗水现象时的最大压力表示，抗渗等级按下式计算：

$$S = 10H - 1$$

式中　S——6 个试件中 3 个渗水时的水压力，MPa；

　　H——第三个试件顶面开始有渗水时的水压力，MPa。

12.3.2　混凝土抗冻性试验

A. 慢冻法

1. 试验原理

饱水状态下的混凝土，在负温度下，吸附于毛细孔内的水结冰，体积膨胀，使孔隙产生内应力，引起混凝土内部微细裂缝，升温融化时又产生内外层应力差，这样经过多次反复冻融的作用，使混凝土强度降低，同时会引起脱皮、掉角现象，以此评定混凝土抗冻性能。

2. 试验主要仪器设备

(1) 冷冻设备：装有试件时能使温度在 16 h 内降至 −17～−20℃（即一昼夜至少能做一个循环）；

(2) 融化水槽：能自动控制水温在(20±3)℃；

(3) 试件盒：边长为 160 mm×160 mm，高为 50 mm 的金属盒。

3. 试验步骤

(1) 按集料最大粒径及规定方法制备混凝土立方体试件，试件数量参考表 12.2 所列的最低数量。

表 12.2　抗冻试验试件数量参考表

抗冻标号	D_{25}	D_{50}	D_{100}	D_{150}	D_{200}	D_{250}	D_{300}
做压力试验前 冻融循环次数	25	50	50 100	100 150	150 200	200 250	250 300
测定 28 d 强度试件数	3	3	3	3	3	3	3
冻融试件数	3	3	6	6	6	6	6
对比试件数	3	3	6	6	6	6	6

(2) 在没有特殊要求的情况下，试验龄期为 28 d，到达龄期的前 4 d，将冻融试件放入(20±3)℃的水中浸泡，水深由 1/4 试件高度逐步升到 1/2、3/4 及超过顶面 2 cm 以上各24 h。

(3) 到达龄期时，将试件从水中取出，擦干表面称量后，装入底部放有垫条（可用 2～3 mm的橡皮）的试件盒中，注入清水使试件浸在水中 2～3 cm，然后将其放入冷冻设备中，试件水平向间距不小于 5 cm，垂直向不小于 25 cm，在 −17～−20℃的负温中冻 4 h（未达此负温的时间不计），然后连同试件盒一起放入温度为(20±3)℃的水中融化 4 h（水面应高于试件顶面 2 cm，试件间距不小于 2 cm），至此为一次循环。其后反复进行。

(4) 达到规定的循环次数时，取出冻融试件，擦干表面再称量，进行外观检查，并立即测定其抗压强度。同时从养护室中取出对比试件 3 个测定抗压强度。

(5) 当冻融试件的抗压强度损失＞25％或质量损失＞5％时，试验即可停止。

如因故试验中断时，应将冻融试件移入标准养护室暂存，累计存放时间不得大于试件养护龄期的 1/4，并在试验结果中注明。

4. 试验结果计算与评定

(1) 强度损失率按下式计算：

$$D_n=(R_0-R_n)/R_n$$

式中　D_n——n 次冻融循环后混凝土强度损失率，%；

R_0——对比试件的抗压强度平均值，MPa；

R_n——经 n 次冻融循环后试件的抗压强度平均值，MPa。

(2) 质量损失率按下式计算：

$$W_n=(G_0-G_n)/G_n$$

式中　W_n——n 次冻融循环后混凝土质量损失率，%；

G_0——冻融循环试验前的试件质量，kg；

G_n——经 n 次冻融循环后试件的质量，kg。

(3) $D_n \leqslant 25\%$及 $W_n \leqslant 5\%$时的最大冻融循环次数，即为抗冻标号。

B. **快冻法**

1. 试验原理

本试验利用谐振法测定混凝土的动弹性模量，可判定混凝土快速冻融试验结果。用以检验混凝土在经受冻融或其他侵蚀作用后遭受破坏的程度，并以此来评定混凝土的耐久性。当外部振源频率与试件自振频率相等或成倍数关系时，即产生共振现象，此时振幅最大，如试验设备装有示波管时，便可显示出共振时的李沙如图形。根据试件所处状态与材料特性及测试方式，用测得的共振频率计算材料的动弹性模量。根据混凝土冻融循环前后共振频率的变化来判断其抗冻性能。主要有纵向与横向两种测试方法。

2. 主要仪器设备

(1) 动弹性模量测定仪：DT－2 型或其他型号的动态弹性测定仪；

(2) 100 mm×100 mm×400 mm 的试模；

(3) 400 mm×100 mm×20 mm 的海绵垫；

(4) 案秤(称量 10 kg，感量 5 g)、直尺等。

3. 试验步骤

(1) 按规定方法制备 100 mm×100 mm×400 mm 的混凝土试件 3 块。

(2) 测定试件尺寸及质量。在两端面画对角线，在长度中央画垂直线与水平中心线，以及离端面 5 mm 处画垂直线。

(3) 将试件安放在海绵垫上，并将测定仪的激振探头对准相应的测试点。采用纵向振动法时，对准端面中心；横向振动法时对准 A 点与 B 点。探头顶在试件表面以不松动、不产生噪声为宜。

(4) 通电源，将功率调至最小位置，预热 5 min，20 min 后测量。

(5) 试件的共振频率范围，按下相应的频率开关，旋转调谐旋钮，寻找共振频率。当微安表上指针偏转至最大时，调节功率输出，使示波管上显示李沙如图形，此时的频率便是试件的自振频率，从荧光数码管上读出共振频率值。

4. 试验结果处理

(1) 动弹性模量的计算

① 纵向振动法

$$E_d = 4.00 \times 10^{-7} \frac{l f_1^2 G}{bh}$$

式中 E_d——动弹性模量，GPa，准确至 0.1 GPa；

b，h，l——分别为试件的宽、高、长，cm；

G——试件的质量，kg；

f_1——试件纵向振动的基本频率，Hz。

取 3 个试件 E_d 的算术平均值作为该组试件的动弹性模量，若 3 个试件中最小或最大之 E_d 与中间值相比差值超过±15%时，以中间值代表该组试件的动弹性模量。

② 横向振动法

$$E_d = 9.46 \times 10^{-8} \frac{l^3 f_2^2 G}{Bh^3} K$$

式中 f_2——试件横向振动的基本频率，Hz；

K——取 1.4～1.5。

其余符号同纵向振动法。

结果的取值与纵向振动法相同。

(2) 判断混凝土在冻融循环作用下的性能

① 相对动弹性模量按下式计算

$$P_n(\%) = \frac{f_n^2}{f_0^2} \times 100$$

式中 P_n——冻融 n 周期时的相对动弹性模量，%；

f_0——试件未受冻融时的基本频率，Hz；

f_n——冻融 n 周期的基本频率，Hz。

取 3 块试件的相对动弹性模量的算术平均值(%)，若 3 个试件中最大或最小的相对动弹性模量与中间值相比差值超过±15%时，以中间值代表该组试件的相对动弹性模量。

② 当试件经 n 次快速冻融循环试验后，其相对动弹性模量值不低于 60%、质量损失不超过 5%时，则试件能承受 n 次冻融循环作用。

思考题与习题

12.1 在做混凝土抗压强度试验时，有哪些注意事项？

12.2 现有两组混凝土试件，其试件尺寸为 100 mm×100 mm×100 mm，每组混凝土抗压强度荷载分别为：①312 kN，②436 kN，③487 kN；①424 kN，②502 kN，③448 kN。请分别计算其抗压强度。

12.3 试述混凝土抗冻性原理。

12.4　如何采用慢冻法做混凝土抗冻性试验?

12.5　试述逐级加压测定混凝土抗渗性的原理。

12.6　在进行混凝土抗渗试验时,当加压到何种情况时可停止试验?

12.7　现有两组混凝土试件,试件尺寸为 150 mm×150 mm×600 mm,分别进行混凝土抗折强度试验,其破坏荷载分别为:①31.2 kN,②37.6 kN,③44.7 kN;①27.4 kN,②35.2 kN,③31.8 kN。其中第一组第 1 块试件和第二组第 2 块试件折断面位于两个集中荷载之外,其他试件断裂位置都处于两个集中荷载作用线之间,请分别计算其抗折强度。

第 13 章　建筑砂浆性能检测试验

本章提要

本章主要介绍建筑砂浆的性能检验，包括砂浆稠度、分层度、抗压强度试验的主要仪器及设备、试验条件、试验步骤和方法、试验结果的处理和评定。

学习要求

(1) 了解有关试验的主要仪器及设备、试验条件。

(2) 掌握有关试验的试验原理、试验方法及试验结果的处理与评定。

本试验方法适用于以无机胶凝材料、细集料、掺和料为主要材料，用于工业与民用建筑物(构筑物)的砌筑、抹灰、地面工程及其他用途的建筑砂浆的基本性能试验。

13.1　砂浆稠度试验

本方法适用于确定配合比或施工过程中控制砂浆的稠度，以达到控制用水量的目的。

1. 试验主要仪器设备

(1) 砂浆稠度仪：如图 13.1 所示，由试锥、容器和支座三部分组成。试锥由钢材或铜材制成，试锥高度为 145 mm，锥底直径为 75 mm，试锥连同滑杆的质量应为(300±2) g；盛载砂浆容器由钢板制成，筒高为 180 mm，锥底内径为 150 mm；支座分底座、支架及刻度显示三个部分，由铸铁、钢及其他金属制成。

(2) 钢制捣棒：直径 10 mm、长 350 mm，端部磨圆。

(3) 秒表等。

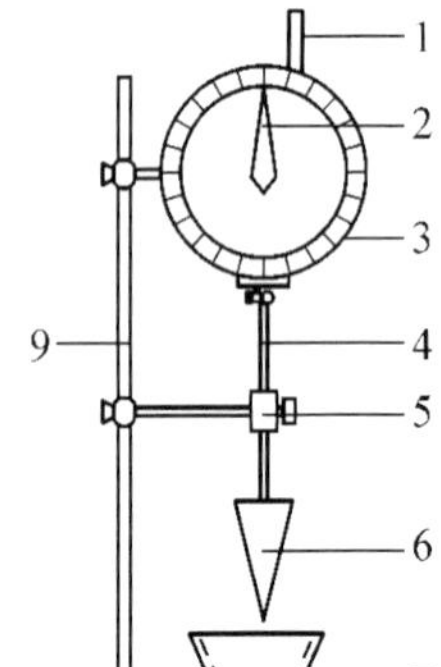

图 13.1　砂浆稠度测定仪

1—齿条测杆；2—摆针；3—刻度盘；4—滑杆；5—制动螺丝；6—试锥；7—盛装容器；8—底座；9—支架

2. 试验步骤

(1) 用少量润滑油轻擦滑杆，再将滑杆上多余的油用吸油纸擦净，使滑杆能自由滑动。

(2) 用湿布擦净盛浆容器和试锥表面，将砂浆拌合物一次装入容器，使砂浆表面低于容器口约 10 mm。用捣棒自容器中心向边缘均匀地插捣 25 次，然后轻轻地将容器摇动或敲击 5～6 下，使砂浆表面平整，然后将容器置于稠度测定仪的底座上。

(3) 拧松制动螺丝，向下移动滑杆，当试锥尖端与砂浆表面刚接触时，拧紧制动螺丝，使齿条侧杆下端刚接触滑杆上端，读出刻度盘上的读数(精确至 1 mm)。

(4) 拧松制动螺丝,同时计时间,10 s 时立即拧紧螺丝,将齿条测杆下端接触滑杆上端,从刻度盘上读出下沉深度(精确至 1 mm),两次读数的差值即为砂浆的稠度值。

(5) 盛装容器内的砂浆,只允许测定一次稠度,重复测定时,应重新取样测定。

3. 试验结果表示

稠度试验结果应按下列要求确定:

(1) 取两次试验结果的算术平均值,精确至 1 mm;

(2) 如两次试验值之差大于 10 mm,应重新取样测定。

13.2　砂浆分层度试验

本方法适用于测定砂浆拌合物在运输及停放时内部组分的稳定性。

1. 试验主要仪器设备

(1) 砂浆分层度筒:如图 13.2,内径为 150 mm,上节高度为 200 mm,下节带底净高为 100 mm,用金属板制成,上、下层连接处需加宽到 3～5 mm,并设有橡胶垫圈;

(2) 振动台:振幅(0.5±0.05)mm,频率(50±3)Hz;

(3) 稠度仪、木锤等。

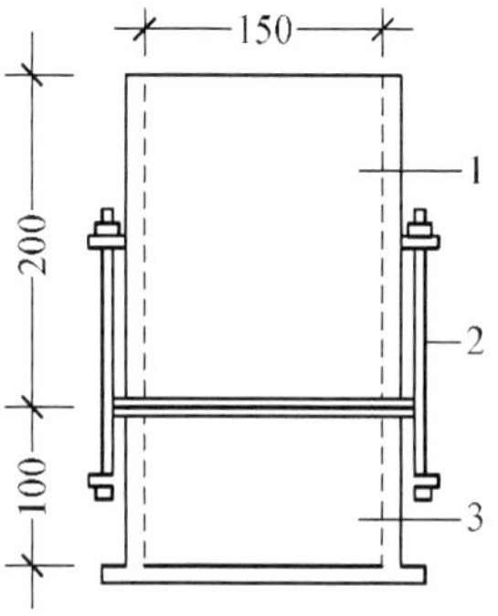

图 13.2　砂浆分层度测定仪

1—无底圆筒;
2—连接螺栓;
3—有底圆筒

2. 试验步骤

(1) 首先将砂浆拌合物按砂浆稠度试验方法测定稠度。

(2) 将砂浆拌合物一次装入分层度筒内,待装满后,用木锤在容器周围距离大致相等的四个不同部位轻轻敲击 1～2 下,如砂浆沉落到低于筒口,则应随时添加,然后刮去多余的砂浆并用抹刀抹平。

(3) 静置 30 min 后,去掉上节 200 mm 砂浆,剩余的 100 mm 砂浆倒出放在拌合锅内拌 2 min,再按砂浆稠度试验方法测其稠度。前后测得的稠度之差即为该砂浆的分层度值(mm)。(注:也可采用快速法测定分层度,其步骤是:①按照稠度试验方法测定稠度;②将分层度筒预先固定在振动台上,砂浆一次装入分层度筒内,振动 20 s;③然后去掉上节 200 mm 砂浆,剩余 100 mm 砂浆倒出放在拌合锅内拌 2 min,再按稠度试验方法测其稠度,前后测得的稠度之差即为该砂浆分层度值。但如有争议时,以标准法为准。)

3. 试验结果

分层度试验结果应按下列要求确定:

(1) 取两次试验结果的算术平均值作为该砂浆的分层度值;

(2) 两次分层度试验值之差如大于 10 mm,应重新取样测定。

13.3　砂浆立方体抗压强度试验

本方法适用于测定砂浆立方体的抗压强度。

1. 试验主要仪器设备

(1) 试模:尺寸为 70.7 mm×70.7 mm×70.7 mm 的带底试模,材质规定参照 JG3019 中 4.1.3 及 4.2.1 条,应具有足够的刚度并拆装方便。试模的内表面应机械加工,其不平度应为每 100 mm 不超过 0.05 mm,组装后各相邻面的不垂直度不应超过±0.5°。

(2) 钢制捣棒:直径为 10 mm,长为 350 mm,端部应磨圆。

(3) 压力试验机:精度为 1%,试件破坏荷载应不小于压力机量程的 20%,且不大于全量程的 80%。

(4) 垫板:试验机上、下压板及试件之间可垫以钢垫板,垫板的尺寸应大于试件的承压面,其不平度应为每 100 mm 不超过 0.02 mm。

(5) 振动台:空载中台面的垂直振幅应为(0.5±0.05)mm,空载频率应为(50±3)Hz,空载台面振幅均匀度不大于 10%,一次试验至少能固定(或用磁力吸盘)三个试模。

2. 立方体抗压强度试件的制作及养护步骤

(1) 采用立方体试件,每组试件三个。

(2) 应用黄油等密封材料涂抹试模的外接缝,试模内涂刷薄层机油或脱模剂,将拌制好的砂浆一次性装满砂浆试模,成型方法根据稠度而定。当稠度≥50 mm 时采用人工振捣成型,当稠度<50 mm 时采用振动台振实成型。

① 人工振捣:用捣棒均匀地由边缘向中心按螺旋方式插捣 25 次,插捣过程中如砂浆沉落低于试模口,应随时添加砂浆,可用油灰刀插捣数次,并用手将试模一边抬高 5~10 mm 各振动 5 次,使砂浆高出试模顶面 6~8 mm。

② 机械振动:将砂浆一次装满试模,放置到振动台上,振动时试模不得跳动,振动 5~10 s或持续到表面出浆为止;不得过振。

(3) 待表面水分稍干后,将高出试模部分的砂浆沿试模顶面刮去并抹平。

(4) 试件制作后应在室温为(20±5)℃的环境下静置(24±2)h,当气温较低时,可适当延长时间,但不应超过两昼夜,然后对试件进行编号、拆模。试件拆模后应立即放入温度为(20±2)℃,相对湿度为 95%以上的标准养护室中养护。养护期间,试件彼此间隔不小于 10 mm,混合砂浆试件上面应覆盖以防有水滴在试件上。

3. 砂浆立方体试件抗压强度试验步骤

(1) 试件从养护地点取出后应及时进行试验。试验前将试件表面擦拭干净,测量尺寸,并检查其外观。并据此计算试件的承压面积,如实测尺寸与公称尺寸之差不超过 1 mm,可按公称尺寸进行计算。

(2) 将试件安放在试验机的下压板(或下垫板)上,试件的承压面应与成型时的顶面垂直,试件中心应与试验机下压板(或下垫板)中心对准。开动试验机,当上压板与试件(或上垫板)接近时,调整球座,使接触面均衡受压。承压试验应连续而均匀地加荷,加荷速度应为 0.25~1.5 kN/s(砂浆强度不大于 5 MPa 时,宜取下限,砂浆强度大于 5 MPa 时,宜取上限),当试件接近破坏而开始迅速变形时,停止调整试验机油门,直至试件破坏,然后记录破坏荷载。

4. 试验结果表示与评定

(1) 砂浆立方体抗压强度按下式计算:

$$f_{\mathrm{m,cu}} = \frac{N_{\mathrm{u}}}{A}$$

式中　$f_{m,cu}$——砂浆立方体试件抗压强度，MPa；

N_u——试件破坏荷，N；

A——试件承压面积，mm^2。

(2) 砂浆立方体试件抗压强度应精确至 0.1 MPa。

(3) 以三个试件测值的算术平均值的 1.3 倍(f_2)作为该组试件的砂浆立方体试件抗压强度平均值，精确至 0.1 MPa。

(4) 三个测值的最大值或最小值中如有一个与中间值的差值超过中间值的 15%时，则把最大值及最小值一并舍除，取中间值作为该组试件的抗压强度值；如有两个测值与中间值的差值均超过中间值的 15%时，则该组试件的试验结果无效。

思考题与习题

13.1　水泥砂浆和水泥混合砂浆的养护条件是什么？

13.2　砂浆抗压强度试验的加荷速度应如何控制？

13.3　砂浆抗压强度结果如何评定？

参考文献

[1] 瞿金东.减水剂对建筑石膏性能的影响与作用机理研究[D].重庆:重庆大学,2002.

[2] 川陈燕,岳文海,董若兰.石膏建筑材料[M].北京:中国建材工业出版社,2003.

[3] Felix Brandt,Dirk Bosbach. Bassanite Dissolution and Gypsum Precipitation in the Presence of Cellulose Ethers[J]. Journal of Crystal Gorwth,2001,(3):312-316.

[4] 桂苗苗.化学石膏的综合利用[D].重庆:重庆建筑大学,1999.

[5] 吴莉.缓凝剂对建筑石膏性能的影响和作用机理研究[D].重庆:重庆大学,2002.

[6] 罗惠莉.硬石膏煅烧与复合改性的效应研究[D].武汉:武汉理工大学,2003.

[7] П.П.布德尼柯夫,С.П.佐林.无水石膏水泥[M].王禹言,陶遵谦,译.北京:建筑工业出版社,1958.

[8] [美]Kumar Mehta P.混凝土的结构、性能与材料[M].祝永年,沈威,陈志源,译.上海:同济大学出版社,1991.

[9] [加]Sidney Mindess,[美]Francis Young J, David Darwin.混凝土[M].吴科如,张雄,姚武,张东,译.北京:化学工业出版社,2005.

[10] [意]Mario Collepardi, Silvia Collepardi, Roberto Troli.混凝土配合比设计[M].刘数华,李家正,译.北京:中国建材工业出版社,2009.

[11] 高强与高性能混凝土委员会.高强混凝土工程应用[M].北京:清华大学出版社,1998.

[12] 葛新亚.混凝土原理[M].武汉:武汉工业大学出版社,1994.

[13] 蒋亚清.混凝土外加剂应用基础[M].北京:化学工业出版社,2004.

[14] 陈建奎.混凝土外加剂原理与应用[M].2版.北京:中国计划出版社,2004.

[15] 中国建筑学会混凝土外加剂应用技术委员会.混凝土外加剂及其应用技术新进展[M].北京:北京理工大学出版社,2009.

[16] 葛燕,等.混凝土中钢筋的腐蚀与阴极保护[M].北京:化学工业出版社,2007.

[17] 朱宏军,程海丽,姜德民.特种混凝土和新型混凝土[M].北京:化学工业出版社,2004.

[18] 姚武.绿色混凝土[M].北京:化学工业出版社,2006.

[19] 肖建庄.再生混凝土[M].北京:中国建筑工业出版社,2008.

[20] 胡曙光,王发洲.轻集料混凝土[M].北京:化学工业出版社,2006.

[21] 焦宝祥,等.土木工程材料[M].北京:高等教育出版社,2009.

[22] 符芳,张亚梅,孙道胜.土木工程材料[M].3版.南京:东南大学出版社,2006.

[23] 苏达根.土木工程材料[M].2版.北京:高等教育出版社,2008.

[24] 吴科如,张雄.土木工程材料[M].上海:同济大学出版社,2003.

[25] 王培铭，张国防. 干混砂浆的应用研究进展及发展对策[J]. 中国砂浆，2010(4).
[26] 文梓芸，钱春香，杨长辉. 混凝土工程与技术[M]. 武汉：武汉理工大学出版社，2004.
[27] 庞强特. 混凝土制品工艺学[M]. 武汉：武汉工业大学出版社，1990.
[28] 毛鹤琴. 土木工程施工[M]. 武汉：武汉工业大学出版社，2000.
[29] 王异，周兆桐. 混凝土手册[M]. 长春：吉林科学技术出版社，1985.
[30] 刘良季. 钢筋混凝土预制技术实用手册[M]. 沈阳：辽宁科学技术出版社，1986.
[31] 冯乃谦. 新实用混凝土大全[M]. 2 版. 北京：科学出版社，2005.
[32] 国家建筑工程总局，东北建筑设计院. 混凝土制品厂工艺设计[M]. 北京：中国建筑工业出版社，1982.
[33] 陈应钦. 新型建筑材料的生产与应用[M]. 广州：广东科技出版社，1993.
[34] 徐惠忠，周明. 新型建筑围护材料生产工艺与实用技术[M]. 北京：化学工业出版社，2008.
[35] GB 13476—1999，先张法预应力混凝土管桩[S]. 北京：中国建筑工业出版社，2000.
[36] JC 888—2001，先张法预应力混凝土薄壁管桩[S]. 北京：中国标准出版社，2002.
[37] JC 934—2004，预制钢筋混凝土方桩[S]. 北京：中国标准出版社，2005.
[38] JG 197—2006，预应力混凝土空心方桩[S]. 北京：中国标准出版社，2007.
[39] JGJ 17—84，蒸压加气混凝土应用技术规程[S]. 北京：中国标准出版社，1985.
[40] GB/T 4623—2006，环形混凝土电杆[S]. 北京：中国建筑工业出版社，2007.
[41] 中国混凝土与水泥制品协会. 混凝土与水泥制品行业技术进步指南(2009)[J]. 混凝土世界，2009，(10)：42-45.
[42] 张树凯. 我国水泥制品工业六十年发展回顾和前景展望[J]. 21 世纪建筑材料，2010，2(1)：3-11.
[43] 余奎. 预应力管桩生产线的组建与生产[J]. 民营科技，2009，(7)：163-164.
[44] 阮起南. 预应力混凝土管桩[M]. 北京：中国建材工业出版社，2000.
[45] 程学军. 混凝土小型空心砌块生产工艺与设备维护[J]. 墙材革新与建筑节能，2008，(9)：40-43.
[46] SD 149—85，环形预应力混凝土电杆制造工艺规程(离心成型)[S]. 北京：中国标准出版社，1986.
[47] DBJ 13—86—2007，先张法预应力混凝土管桩基础技术规程[S]. 北京：中国标准出版社，2008.
[48] 王广宇. 预应力混凝土空心方桩成套技术研究[D]. 北京：中国建筑科学研究院所，2007.
[49] 蒋元海，王莉. 先张法预应力离心混凝土方桩及制作工艺简介[J]. 山东建材，2008，(5)：53-56.
[50] 苑辉. 谈预应力混凝土空心方桩较管桩性能的优越性[J]. 山西建筑，2010，22(8)：101.
[51] GB 175—2007，通用硅酸盐水泥[S]. 北京：中国标准出版社，2007.
[52] GB/T 1346—2001，水泥标准稠度、凝结时间、安定性检验方法[S]. 北京：中国标准出版社，2002.

[53] GB/T 17671—1999，水泥胶砂强度检验方法 ISO[S]. 北京：中国标准出版社，2000.
[54] GB/T 14684—2001，建筑用砂[S]. 北京：中国标准出版社，2002.
[55] JGJ 52—92，普通混凝土用砂质量标准及检验方法[S]. 北京：中国建筑工业出版社，1993.
[56] GB/T 14685—2001，建筑用碎石或卵石[S]. 北京：中国标准出版社，2002.
[57] JGJ 53—92，普通混凝土用碎石或卵石质量标准及检验方法[S]. 北京：中国建筑工业出版社，1993.
[58] GB 8076—1997，混凝土外加剂[S]. 北京：中国标准出版社，1998.
[59] GB/T 1596—2005，用于水泥和混凝土中的粉煤灰[S]. 北京：中国标准出版社，2006.
[60] GB/T 18046—2000，用于水泥和混凝土中粒化高炉矿渣[S]. 北京：中国标准出版社，2001.
[61] GB/T 50080—2002，普通混凝土拌合物性能试验方法标准[S]. 北京：中国标准出版社，2003.
[62] GB/T 50081—2002，普通混凝土力学性能试验方法标准[S]. 北京：中国标准出版社，2003.
[63] JGJ 55—2000，普通混凝土配合比设计规程[S]. 北京：中国建筑工业出版社，2001.
[64] JGJ 98—2000，砌筑砂浆配合比设计规程 [S]. 北京：中国建筑工业出版社，2001.
[65] JGJ/T 70—2009，建筑砂浆基本性能试验方法标准[S]. 北京：中国建筑工业出版社，2009.

内 容 简 介

本书根据材料科学与工程专业应用型本科人才培养目标的课程体系而编写。主要内容包括:气硬性和水硬性胶凝材料的水化硬化机理及其性能;普通混凝土的原材料、结构形成与基本性能、配合比设计;新型混凝土和特殊用途混凝土的组成材料及其性能与配合比设计;砂浆的组成材料及其性能与配合比设计;钢筋的加工工艺及预应力制品生产工艺;混凝土混合料的制备工艺;混凝土的密实成型工艺;混凝土的养护工艺;混凝土制品的生产过程组织方法及主要类型制品的生产工艺;混凝土的性能检测等。本书力求联系我国混凝土工业的生产实际,并注意吸收国内外先进科学技术成就,涉及较广,内容丰富。

本书可作为高等学校材料与科学工程学科中无机非金属材料类专业本科生教学用书,也可供建筑工程类各专业和交通、能源、建设等工程类专业选用,还可供从事混凝土及其制品生产、建筑施工的工程技术人员参考。